ŒUVRES
DE FOURIER

PUBLIÉES PAR LES SOINS DE

M. GASTON DARBOUX,

SECRÉTAIRE PERPÉTUEL DE L'ACADÉMIE DES SCIENCES

SOUS LES AUSPICES DU

MINISTÈRE DE L'INSTRUCTION PUBLIQUE.

TOME SECOND.

MÉMOIRES PUBLIÉS DANS DIVERS RECUEILS.

PARIS,

GAUTHIER-VILLARS ET FILS, IMPRIMEURS-LIBRAIRES

DU BUREAU DES LONGITUDES, DE L'ÉCOLE POLYTECHNIQUE,

Quai des Grands-Augustins, 55.

-MDCCCXC

ŒUVRES
DE FOURIER

PUBLIÉES PAR LES SOINS DE

M. GASTON DARBOUX,

SOUS LES AUSPICES DU

MINISTÈRE DE L'INSTRUCTION PUBLIQUE.

TOME SECOND.
MÉMOIRES PUBLIÉS DANS DIVERS RECUEILS.

PARIS,

GAUTHIER-VILLARS ET FILS, IMPRIMEURS-LIBRAIRES

DU BUREAU DES LONGITUDES, DE L'ÉCOLE POLYTECHNIQUE,

Quai des Grands-Augustins, 55.

—

M DCCC XC

ŒUVRES

DE FOURIER.

PARIS. — IMPRIMERIE GAUTHIER-VILLARS ET FILS,
Quai des Grands-Augustins, 55.

SUITE DU MÉMOIRE INTITULÉ :

THÉORIE

DU

MOUVEMENT DE LA CHALEUR

DANS LES CORPS SOLIDES.

La première Partie de ce Mémoire a paru en 1824 dans le Tome IV des *Mémoires* de l'Académie des Sciences (pour les années 1819 et 1820).
Nous avons indiqué dans l'Avant-Propos du Tome I les raisons pour lesquelles il nous paraît inutile de le reproduire ici. Voici d'ailleurs les titres des principales divisions :

I. Exposition.

II. Notions générales et définitions préliminaires.

III. Équations du mouvement de la chaleur.

IV. De la propagation de la chaleur dans une lame rectangulaire dont les températures sont constantes.

V. Du mouvement linéaire et varié de la chaleur dans une armille.

VI. De la communication de la chaleur entre les masses disjointes.

VII. Du mouvement varié de la chaleur dans une sphère solide.

VIII. Du mouvement varié de la chaleur dans un cylindre solide.

IX. De la propagation de la chaleur dans un prisme dont l'extrémité est assujettie à une température constante.

X. Du mouvement varié de la chaleur dans un solide de forme cubique.

XI. Du mouvement linéaire et varié de la chaleur dans les corps dont une dimension est infinie.

G. D.

THÉORIE

DU

MOUVEMENT DE LA CHALEUR

DANS LES CORPS SOLIDES.

Mémoires de l'Académie Royale des Sciences de l'Institut de France, années 1821 et 1822, t. V, p. 153 à 246; 1826. Imprimerie Royale.

XII.

Des températures terrestres, et du mouvement de la chaleur dans l'intérieur d'une sphère solide, dont la surface est assujettie à des changements périodiques de températures.

80.

Après avoir exposé les lois générales du mouvement de la chaleur dans les corps solides, il ne sera point inutile d'indiquer une des principales applications de cette théorie. On a choisi pour cet objet la question des températures terrestres. Aucune branche de l'étude de la nature ne nous intéresse davantage, et ne peut nous offrir un sujet plus digne de nos recherches. A la vérité, l'examen de cette grande question exigerait des observations exactes et multipliées, qui n'ont point encore été faites; mais on peut maintenant déterminer par le calcul les lois de la propagation de la chaleur dans le globe terrestre, et ramener à une théorie commune les observations qui ont été recueillies jusqu'ici.

Les différents points de la surface de la Terre sont inégalement exposés à l'action des rayons solaires. Les mouvements que cette planète accomplit sur elle-même et dans son orbite rendent très variables les effets successifs de la chaleur du Soleil. Si l'on plaçait des thermomètres dans les différents points de la partie solide du globe, immédiatement au-dessous de la surface, on remarquerait des changements continuels dans chacun de ces instruments. Ces mouvements de la chaleur à la surface ont des relations nécessaires avec tous ceux qu'elle éprouve dans l'intérieur du globe. On se propose ici d'exprimer ces relations par l'Analyse.

Les grandes variations de la température à la surface du globe sont périodiques : elles se reproduisent et redeviennent sensiblement les mêmes après l'intervalle d'une année. Ainsi la question consiste principalement à déterminer le mouvement de la chaleur dans un globe solide, d'un diamètre immense, dont la surface est assujettie à l'action périodique d'un foyer extérieur. On fait ici abstraction des causes propres qui pourraient faire varier la chaleur dans l'intérieur même de la Terre; car elles n'ont qu'une influence extrêmement bornée sur le système général des températures. Au reste, il convient d'étudier séparément toutes les causes qui concourent aux températures terrestres, et de soumettre d'abord à une analyse rigoureuse les effets des causes principales. En comparant ensuite les résultats du calcul et ceux de l'observation, on distinguera les effets accidentels, et l'on parviendra à déterminer les lois constantes des grands mouvements que les variations de température occasionnent dans les mers et dans l'atmosphère.

Si l'on suppose que tous les points de la surface d'un globe solide immense soient assujettis, par une cause extérieure quelconque et pendant un temps infini, à des changements périodiques de température pareils à ceux que nous observons, ces variations ne pourront affecter qu'une enveloppe sphérique dont l'épaisseur est infiniment petite par rapport au rayon; c'est-à-dire qu'à une profondeur verticale peu considérable la température d'un point aura une valeur constante qui dépend, suivant une certaine loi, de toutes les températures variables du point de la même verticale situé à la surface. Ce résultat important est donné par les observations, et l'on verra aussi qu'il est facile de le déduire de la théorie. Mais il faut remarquer que la valeur fixe de la température n'est point la même lorsqu'on change de verticale, parce qu'on suppose que les points correspondants de la surface éprouvent inégalement l'action du foyer extérieur. Si donc on fait abstraction de l'enveloppe du globe solide, on pourra dire que les divers points de sa surface sont assujettis à des températures constantes pour chacun de ces points, mais inégales pour des points différents. La question consistera maintenant à connaître quel doit être l'état intérieur résultant de l'état donné de la surface. Il faudra représenter par des formules générales le mouvement constant de la chaleur dans l'intérieur de la sphère, et déterminer la température fixe d'un point désigné. On voit, par cet exposé, que nous avons ici deux questions à traiter : dans la première, on considère les oscillations périodiques de la chaleur, dans l'enveloppe de la sphère, à des profondeurs accessibles ; et dans la seconde, qui n'intéresse, pour ainsi dire, que la théorie, il s'agit de déterminer les températures fixes et inégales de la partie inférieure du solide qui ne participe point aux perturbations observées à la surface.

81.

On supposera donc, en premier lieu, que la surface d'une sphère solide, d'un très grand diamètre, est assujettie en ses divers points à des changements périodiques de température, analogues à ceux que l'on remarque vers la surface de la Terre ; et l'on déterminera quel est l'effet de ces variations à une profondeur peu considérable.

Il faut d'abord considérer que l'on doit ici faire abstraction du mouvement de la chaleur dans le sens horizontal. En effet, tous les points de la surface qui sont contigus, et compris dans une assez grande étendue, doivent être regardés comme également affectés par les causes extérieures : il en résulte que les points correspondants placés dans l'intérieur à une profondeur peu considérable ont aussi, dans le même instant, des températures sensiblement égales ; donc ils se communiquent des quantités de chaleur extrêmement petites. Il n'en est pas de même des points contigus d'une même ligne verticale; leurs températures, prises dans un même instant, diffèrent entre elles de quantités incomparablement plus grandes que celles des points également distants de la surface. Par conséquent, le mouvement de la chaleur qu'il s'agit de connaître, pour une ligne verticale donnée, est sensiblement le même que si tous les points de la surface de la sphère subissaient des changements périodiques entièrement semblables. Il reste donc à considérer le mouvement de la chaleur dans cette dernière hypothèse. Les points également distants du centre de la sphère conservent alors une température commune v qui varie avec le temps écoulé t. En désignant par x la distance au centre, on voit que v est une fonction de x et t qu'il faut déterminer. L'équation

$$\frac{\partial v}{\partial t} = \frac{K}{CD}\left(\frac{\partial^2 v}{\partial x^2} + \frac{2}{x}\frac{\partial v}{\partial x}\right),$$

que l'on a obtenue précédemment (art. 11) [1], représente les variations instantanées des températures dans une sphère solide dont les couches sphériques sont inégalement échauffées; c'est-à-dire que, si l'on donnait actuellement aux points de la sphère placés à la distance x une température v, v étant une fonction de x donnée, et que l'on voulût connaître le résultat instantané de l'action mutuelle de toutes les particules, il faudrait ajouter à la température de chaque point la différentielle

$$\frac{K}{CD}\left(\frac{\partial^2 v}{\partial x^2} + \frac{2}{x}\frac{\partial v}{\partial x}\right)dt.$$

On voit par là que cette équation, que l'on avait trouvée pour le cas où le solide se refroidit librement après son immersion dans un liquide, exprime aussi la condition générale à laquelle la fonction v doit satisfaire, dans la question que l'on traite maintenant. On remplacera la variable x par $X - u$, X désignant le rayon total de la sphère, et u la distance perpendiculaire entre la surface et le point dont la température est v. On obtient par cette substitution, et en considérant X comme un très grand nombre,

$$\frac{\partial v}{\partial t} = \frac{K}{CD} \frac{\partial^2 v}{\partial u^2}.$$

On aurait pu parvenir à ce même résultat en considérant immédiatement le mouvement linéaire de la chaleur dans un solide terminé par un plan infini; mais il y a, dans la question des températures terrestres, divers points que l'on ne peut éclaircir qu'en employant l'équation plus générale qui convient à la sphère.

Il faut ajouter aux remarques précédentes que l'on peut encore faire abstraction de l'état primitif dans lequel se trouvait le solide lorsqu'on a commencé à assujettir la surface aux variations périodiques de température. En effet, cet état initial a été continuellement changé, et pendant un temps infini, en sorte qu'il s'est transformé progressivement en un autre état, qui ne dépend plus que des températures variables de la surface, et qui est lui-même périodique. La différence entre cet état final et celui qui avait eu lieu au commencement a diminué de plus en plus, et a disparu d'elle-même entièrement; elle résultait d'une chaleur excédante qui s'est dissipée librement dans l'espace extérieur ou dans le solide infini. Au reste, ce même résultat, qu'il est facile d'apercevoir *a priori*, se déduit aussi du calcul. Il est exprimé par les formules générales que l'on obtient en ayant égard à l'état initial; et l'on reconnaît facilement que les températures finales du solide sont périodiques, et redeviennent les mêmes après un intervalle de temps égal à celui qui détermine le retour des températures de la surface. Il a paru superflu d'entrer ici dans ce développement.

On voit maintenant que la fonction cherchée v de x et t est périodique par rapport au temps t, et qu'elle satisfait à l'équation générale

(e)
$$\frac{\partial v}{\partial t} = \frac{K}{CD} \frac{\partial^2 v}{\partial u^2} = k \frac{\partial^2 v}{\partial u^2}.$$

Elle satisfait aussi, lorsqu'on fait $u = 0$, à l'équation déterminée

$$v = \varphi(t),$$

φ étant une fonction périodique que l'on suppose connue. C'est au moyen de ces conditions qu'il faut déterminer la fonction v.

La nature de la fonction φ est telle, par hypothèse, qu'elle ne change point de valeur si l'on écrit $t + \theta$ au lieu de t, θ étant la durée de la période; il doit en être de même de la fonction v.

On satisfait à l'équation (c) en supposant

$$v = ae^{-gu}\cos(2g^2kt - gu),$$

ou

$$v = ae^{-gu}\sin(2g^2kt - gu).$$

Ces valeurs particulières se déduisent de celles que nous avons employées jusqu'ici; il suffit de rendre les exposants imaginaires. Les quantités g et a sont arbitraires. On peut donc exprimer la valeur générale de v par l'équation suivante :

$$(c)\begin{cases} v = + e^{-gu}\,[a\,\cos(2g^2kt - gu) + b\,\sin(2g^2kt - gu)] \\ + e^{-g_1u}[a_1\cos(2g_1^2kt - g_1u) + b_1\sin(2g_1^2kt - g_1u)] \\ + e^{-g_2u}[a_2\cos(2g_2^2kt - g_2u) + b_2\sin(2g_2^2kt - g_2u)] \\ + \dots\dots\dots\dots\dots\dots\dots\dots\dots\dots\dots\dots\dots\dots\dots \end{cases}$$

En supposant $u = 0$, on aura l'équation de condition

$$\begin{aligned}\varphi(t) = &+ a\,\cos 2g^2kt + b\,\sin 2g^2kt \\ &+ a_1\cos 2g_1^2kt + b_1\sin 2g_1^2kt \\ &+ a_2\cos 2g_2^2kt + b_2\sin 2g_2^2kt \\ &+\dots\dots\dots\dots\dots\dots\end{aligned}$$

Pour que cette fonction soit périodique et qu'elle reprenne sa valeur lorsqu'on augmente t de l'intervalle θ, il suffit que

$$2g^2k\theta = 2i\pi,$$

i étant un nombre entier quelconque. Si l'on prend pour g, g_1, g_2, $\dots$ des nombres qui satisfassent à cette condition, la valeur générale de v

donnée par l'équation (e) sera périodique aussi, et ne changera point lorsqu'on écrira $t + \theta$ au lieu de t; car cette substitution ne fera qu'augmenter d'un multiple de la circonférence entière toutes les quantités qui sont sous les signes sinus ou cosinus.

On a donc

$$\varphi(t) = a + a_1 \cos\left(1\,\frac{2\pi}{\theta}\,t\right) + b_1 \sin\left(1\,\frac{2\pi}{\theta}\,t\right)$$

$$+ a_2 \cos\left(2\,\frac{2\pi}{\theta}\,t\right) + b_2 \sin\left(2\,\frac{2\pi}{\theta}\,t\right)$$

$$+ a_3 \cos\left(3\,\frac{2\pi}{\theta}\,t\right) + b_3 \sin\left(3\,\frac{2\pi}{\theta}\,t\right)$$

$$+ \dots\dots\dots\dots\dots\dots\dots$$

La fonction $\varphi(t)$ étant supposée connue, il sera facile d'en déduire les valeurs des coefficients a_1, a_2, a_3, a_4, ..., b_1, b_2, b_3, b_1, ... On trouvera (art. 31) [1]

$$\pi a = \frac{1}{2}\,\frac{2\pi}{\theta} \int \varphi(t)\,dt,$$

$$\pi a_1 = \frac{2\pi}{\theta} \int \varphi(t) \cos\left(\frac{2\pi}{\theta}\,t\right) dt,$$

$$\pi b_1 = \frac{2\pi}{\theta} \int \varphi(t) \sin\left(\frac{2\pi}{\theta}\,t\right) dt;$$

et en général

$$\pi a_i = \frac{2\pi}{\theta} \int \varphi(t) \cos\left(i\,\frac{2\pi}{\theta}\,t\right) dt,$$

$$\pi b_i = \frac{2\pi}{\theta} \int \varphi(t) \sin\left(i\,\frac{2\pi}{\theta}\,t\right) dt.$$

Les intégrales doivent être prises depuis $\frac{2\pi}{\theta}\,t = 0$ jusqu'à $\frac{2\pi}{\theta}\,t = 2\pi$, ou depuis $t = 0$ jusqu'à $t = \theta$. Les coefficients étant ainsi déterminés, et les exposants g, g_1, g_2, g_3, ..., g_i, ... étant 0, $\sqrt{\dfrac{\pi}{k\theta}}$, $\sqrt{\dfrac{2\pi}{k\theta}}$,

[1] *Théorie de la chaleur*, art. 241, p. 244.

G. D.

II.

2

$\sqrt{\dfrac{3\pi}{k\theta}}, \cdots, \sqrt{i\,\dfrac{\pi}{k\theta}}, \cdots,$ il ne reste rien d'inconnu dans la valeur de v.

L'équation suivante fournit donc la solution complète de la question :

$$
(E) \left\{
\begin{aligned}
v = {}& \frac{1}{\theta}\int_0^0 \varphi(t)\,dt + \frac{2}{\theta}e^{-u\sqrt{\frac{\pi}{k\theta}}}\left\{
\begin{aligned}
&\cos\left(\frac{2\pi}{\theta}t - u\sqrt{\frac{\pi}{k\theta}}\right)\int_0^0 \varphi(t)\cos\left(\frac{2\pi}{\theta}t\right)dt\\
&\sin\left(\frac{2\pi}{\theta}t - u\sqrt{\frac{\pi}{k\theta}}\right)\int_0^0 \varphi(t)\sin\left(\frac{2\pi}{\theta}t\right)dt
\end{aligned}
\right.\\[2mm]
&+ \frac{2}{\theta}e^{-u\sqrt{\frac{2\pi}{k\theta}}}\left\{
\begin{aligned}
&\cos\left(2\frac{2\pi}{\theta}t - u\sqrt{2\frac{\pi}{k\theta}}\right)\int_0^0 \varphi(t)\cos\left(2\frac{2\pi}{\theta}t\right)dt\\
&\sin\left(2\frac{2\pi}{\theta}t - u\sqrt{2\frac{\pi}{k\theta}}\right)\int_0^0 \varphi(t)\sin\left(2\frac{2\pi}{\theta}t\right)dt
\end{aligned}
\right.\\[2mm]
&+ \cdots\cdots\cdots\cdots\cdots\cdots\cdots\cdots\cdots\cdots\cdots\\[2mm]
&+ \frac{2}{\theta}e^{-u\sqrt{\frac{i\pi}{k\theta}}}\left\{
\begin{aligned}
&\cos\left(i\frac{2\pi}{\theta}t - u\sqrt{i\frac{\pi}{k\theta}}\right)\int_0^0 \varphi(t)\cos\left(i\frac{2\pi}{\theta}t\right)dt\\
&\sin\left(i\frac{2\pi}{\theta}t - u\sqrt{i\frac{\pi}{k\theta}}\right)\int_0^0 \varphi(t)\sin\left(i\frac{2\pi}{\theta}t\right)dt
\end{aligned}
\right.\\[2mm]
&+ \cdots\cdots\cdots\cdots\cdots\cdots\cdots\cdots\cdots\cdots\cdots
\end{aligned}
\right.
$$

82.

Cette solution fournit diverses conséquences remarquables. Les quantités exponentielles

$$
e^{-u\sqrt{\frac{\pi}{k\theta}}},\quad e^{-u\sqrt{2\frac{\pi}{k\theta}}},\quad e^{-u\sqrt{3\frac{\pi}{k\theta}}},\quad \cdots
$$

forment une suite décroissante, et la diminution est d'autant plus rapide que la quantité u est plus grande. Il en résulte que la température des points du solide placés à une profondeur un peu considérable est représentée sensiblement par les deux premiers termes de la valeur de v. En effet, il faut remarquer que les quantités variables qui multiplient les exponentielles sont toutes affectées des signes cosinus ou sinus; elles ne peuvent donc acquérir, lorsqu'on fait varier t ou u, que des valeurs comprises entre 1 et — 1. A l'égard des coefficients qui contiennent le signe intégral, ils sont tous constants; donc les termes successifs de la valeur de v diminuent très rapidement si l'on augmente la valeur de u.

En donnant à cette quantité u une certaine valeur U, qu'il est aisé de déterminer, le second terme de la série devient une quantité extrêmement petite, et alors la valeur de v est constante et demeure ainsi la même pour toutes les profondeurs qui surpassent U. Ainsi l'Analyse nous fait connaître que la température des lieux profonds est fixe et ne participe aucunement aux variations qui ont lieu à la surface.

83.

De plus, cette température fondamentale équivaut à

$$\frac{1}{\theta} \int_0^\theta \varphi(t)\, dt,$$

$\varphi(t)$ représentant la température variable du point de la surface. Donc la température fixe des lieux profonds est la valeur moyenne de toutes les températures variables observées à la surface. Les observations ont donné depuis longtemps les mêmes résultats; ils se présentent aujourd'hui comme des conséquences évidentes de la théorie mathématique de la chaleur.

84.

En désignant par w la différence entre la température moyenne et celle des points qui sont placés à une profondeur u peu différente de U, on aura

$$(E')\left\{
\begin{aligned}
w &= v - \frac{1}{\theta}\int_0^\theta \varphi(t)\,dt \\
&= \frac{2}{\theta}e^{-u\sqrt{\frac{\pi}{k\theta}}}\left\{
\begin{aligned}
&\cos\left(2\frac{\pi t}{\theta} - u\sqrt{\frac{\pi}{k\theta}}\right)\int_0^\theta \varphi(t)\cos\left(2\frac{\pi t}{\theta}\right)dt \\
&\sin\left(2\frac{\pi t}{\theta} - u\sqrt{\frac{\pi}{k\theta}}\right)\int_0^\theta \varphi(t)\sin\left(2\frac{\pi t}{\theta}\right)dt
\end{aligned}\right\} \\
&= e^{-gu}[a\cos(2g^2 kt - gu) + b\sin(2g^2 kt - gu)],
\end{aligned}\right.$$

a, b et g ayant les valeurs désignées précédemment par a_1, b_1 et g_1.

Cette dernière équation peut être transformée en celle-ci

$$w = v - \frac{1}{g} \int \varphi(t)\, dt = e^{-gu}(a^2 + b^2)^{\frac{1}{2}} \sin\left(2g^2 kt - gu + \text{arc tang}\frac{a}{b}\right).$$

Si maintenant on regarde u comme constante, et que l'on fasse varier t, la quantité w aura pour plus grande valeur

$$e^{-gu}(a^2 + b^2)^{\frac{1}{2}}.$$

Donc la température d'un point placé à une profondeur assez considérable est alternativement plus grande ou moindre que la température moyenne; la différence, qui est très petite, varie comme le sinus du temps écoulé depuis l'instant où elle était nulle. Le maximum de la différence décroît en progression géométrique lorsque la profondeur augmente en progression arithmétique.

Les différents points d'une même ligne verticale ne parviennent point tous en même temps à la température moyenne; en sorte que, si l'on observait dans le même instant les températures des points d'une verticale, on trouverait alternativement des points plus chauds et des points plus froids. Si l'on veut connaître à quelle distance sont deux points qui parviennent en même temps à la température moyenne, il faut écrire l'équation

$$\sin\left(2g^2 kt - gu + \text{arc tang}\frac{a}{b}\right) = 0,$$

d'où l'on conclut que la différence $u' - u$ entre les profondeurs doit être telle que l'on ait

$$g(u' - u) = i\pi,$$

i étant un nombre entier quelconque. Ainsi deux points dont la distance verticale est $\frac{\pi}{g}$ ont dans le même instant la température moyenne; mais, pour l'un, cette température est croissante; et, pour l'autre, elle diminue lorsque le temps augmente.

On voit par là que chaque point de l'intérieur du globe subit des variations de température analogues à celles que nous observons à la surface. Ces variations se renouvellent aussi après un même intervalle de temps, qui est la durée de l'année ; mais elles sont d'autant moindres que les points sont placés à une plus grande profondeur, en sorte qu'elles deviennent insensibles lorsqu'on pénètre dans des souterrains profonds. Chaque point parvient, soit à son maximum de chaleur, soit à la température moyenne, à une époque qui dépend de la distance à la surface. Si l'on suivait cette température moyenne depuis l'instant où elle affecte un point donné de l'intérieur du globe, en passant avec elle dans les points inférieurs, on parcourrait la verticale d'un mouvement uniforme.

La durée de la période qui détermine le retour des températures de la surface influe beaucoup sur l'étendue des oscillations et sur la distance des points qui atteignent en même temps leur maximum de chaleur. En effet, la plus grande variation ayant pour valeur

$$e^{-gu}(a^2 + b^2)^{\frac{1}{2}} \quad \text{ou} \quad e^{-u\sqrt{\frac{\pi}{k\theta}}}(a^2 + b^2)^{\frac{1}{2}},$$

il s'ensuit que, pour qu'elle demeurât la même lorsque θ augmente, il faudrait que le quotient $\frac{u}{\sqrt{\theta}}$ ne changeât point de valeur : donc les profondeurs pour lesquelles les plus grandes variations sont également insensibles dépendent du nombre θ, et elles croissent comme les racines carrées de la durée des périodes. Il en est de même de la distance de deux points d'une même verticale qui atteignent en même temps leur maximum de température. Ainsi les petites variations diurnes de la chaleur pénètrent à des distances dix-neuf fois moins grandes que les variations annuelles; et les points qui atteignent en même temps leur maximum de la chaleur du jour sont environ dix-neuf fois moins éloignés que ceux qui parviennent ensemble à leur maximum de la chaleur annuelle.

A l'égard de la constante k, qui représente $\frac{K}{CD}$, elle influe selon le même rapport que le nombre θ, et les oscillations de la chaleur sont d'autant plus amples et plus profondes que la masse qui est exposée à son action a une plus grande conducibilité.

Par exemple, si la constante k était infinie, l'état intérieur du solide serait partout le même que celui de la surface : on pourrait le conclure aussi de l'analyse précédente ; car, en supposant $k = \infty$ dans l'équation générale (E), tous les termes qui contiennent $\overset{\bullet}{u}$ disparaissent, quel que soit le temps t; et la valeur de v est la même que si l'on fait $u = 0$.

Les résultats précédents, déduits de l'équation (E'), n'ont point lieu, en général, lorsque les points sont placés à de très petites profondeurs : il faut alors employer les termes subséquents de la valeur de v. L'état variable des points voisins de la surface dépend de la fonction périodique qui détermine les températures extérieures; mais, à mesure que la chaleur pénètre dans le solide, elle y affecte une disposition régulière, qui ne dépend que des propriétés les plus simples des sinus et des logarithmes, et ne participe plus de l'état arbitraire de la surface.

85.

Il est facile de connaître les valeurs numériques des quantités que l'on vient de considérer, mais nous ne pouvons appliquer aujourd'hui cette théorie qu'aux substances solides qui ont été l'objet de nos propres expériences; car ces quantités h et K, qui expriment des qualités spécifiques des corps, n'avaient jamais été mesurées. Nous déterminerons donc les mouvements périodiques de la chaleur dans un globe de fer d'un très grand diamètre.

Pour trouver la conducibilité spécifique de cette substance, on a observé les températures fixes des divers points d'une armille de fer exposée à l'action permanente d'un foyer de chaleur. Du rapport constant $\frac{z_2 + z_4}{z_3}$, on a déduit la valeur approchée de $\frac{h}{K}$. Ensuite on a observé le refroidissement d'une sphère solide de fer : on a conclu la valeur numérique de $\frac{h}{CD}$. La comparaison de ces résultats a fourni la valeur de K, qui diffère peu de $\frac{2}{3}$. A l'égard des constantes C et D, on en connaissait déjà les valeurs approchées.

L'unité de longueur étant le mètre, l'unité de temps une minute, l'unité de poids un kilogramme, les valeurs approchées de h et K peuvent être exprimées ainsi :

$$h = \tfrac{1}{5}, \qquad K = \tfrac{3}{4}.$$

Quant aux valeurs approchées de C et D, on a

$$C = \tfrac{5}{24}, \qquad D = 7800.$$

L'unité qui sert à mesurer les quantités de chaleur est la quantité nécessaire pour convertir un kilogramme de glace à la température o en un kilogramme d'eau à la même température o.

Pour calculer l'effet des variations diurnes de la température, il faut prendre

$$\theta = 1440 \text{ minutes.}$$

Si l'on fait ces substitutions, et que l'on cherche la valeur de g ou $\sqrt{\dfrac{CD\pi}{K\theta}}$, on trouvera qu'en supposant $u = 2^{m},3025$ l'exponentielle e^{-gu} est environ $\tfrac{1}{100}$. Par conséquent, à cette profondeur de $2^{m},3025$, les variations diurnes seront très petites. On calculera les variations annuelles de température en conservant les valeurs précédentes de K, C, D, et prenant $\theta = 365 \times 1440$ minutes : il sera facile de voir que ces variations sont très peu sensibles à une profondeur d'environ 60 mètres.

Quant à la distance qui sépare deux points intérieurs de la même verticale qui parviennent en même temps à la température moyenne annuelle, elle a pour valeur $\dfrac{\pi}{g}$ et, par conséquent, diffère peu de 30 mètres.

Si l'on suivait la température moyenne à mesure qu'elle passe d'un point intérieur du globe à tous ceux qui sont placés au-dessous de lui, on descendrait d'un mouvement uniforme, en parcourant environ 30 mètres en six mois. Les substances qui forment l'enveloppe extérieure du globe terrestre ayant une conducibilité spécifique et une capacité de chaleur différentes de celles du fer, on observe que les variations diurnes ou annuelles deviennent insensibles à des profon-

deurs moins considérables, et que la propagation de la température
moyenne s'opère plus lentement.

L'expérience nous a fait connaître depuis longtemps que la température des lieux profonds est invariable, et qu'elle est égale à la valeur
moyenne des température observées à la surface dans le cours d'une
année ; que les plus grandes variations des températures, soit diurnes,
soit annuelles, diminuent très rapidement à mesure que la profondeur
augmente; que ces dernières pénètrent à des distances beaucoup plus
considérables; qu'elles n'ont point lieu en même temps dans les différents points, et qu'à une certaine profondeur les époques des plus
grandes et des moindres températures sont entièrement opposées.
L'Analyse mathématique fournit aujourd'hui l'explication complète de
ces phénomènes : elle les ramène à une théorie commune et en donne
la mesure exacte. Si ces résultats n'eussent point été connus, nous les
déduirions de la théorie, comme des conséquences simples et évidentes de l'équation générale que nous avons rapportée.

86.

Nous allons maintenant indiquer une autre application des formules
qui représentent le mouvement périodique de la chaleur dans un globe
d'un très grand diamètre. Il s'agit d'évaluer la quantité totale de chaleur qui, dans un lieu déterminé, pénètre la surface du globe terrestre
pendant un an.

On ne peut connaître que par des observations assidues quel est,
pour un lieu donné, l'ordre successif des températures pendant le
cours d'une année. A défaut de ces observations, qui n'ont point
encore été faites avec une précision suffisante, nous choisirons pour
exemple l'effet résultant d'une loi semblable à celle qui s'établit d'elle-
même dans l'intérieur du solide. Cette loi consiste en ce que la différence de la température actuelle à la température moyenne augmente
proportionnellement au sinus du temps écoulé depuis l'instant où cette
température moyenne avait lieu.

Si l'on suppose que deux thermomètres soient placés en deux points

très voisins d'une même verticale, et que le premier soit immédiatement au-dessous de la surface, la marche comparée de ces instruments
fera connaître les effets respectifs de la chaleur extérieure et de la
chaleur terrestre. Lorsque le thermomètre supérieur marquera une
température plus élevée que celle du second, il s'ensuivra que la chaleur communiquée par les rayons solaires, ou d'autres causes extérieures, pénètre alors dans le globe et l'échauffe; mais, lorsque le
thermomètre inférieur deviendra le plus élevé, on en conclura que la
chaleur excédante que la Terre avait acquise commence à se dissiper
dans l'atmosphère. La Terre acquiert ainsi une chaleur nouvelle pendant une partie de l'année; elle la perd ensuite entièrement pendant
l'autre partie de la même année. Cette période se trouve par là divisée
en deux saisons contraires. La question consiste à exprimer exactement la quantité de la chaleur qui, traversant une surface d'une étendue donnée (un mètre carré), pénètre l'intérieur du globe pendant la
durée de l'échauffement annuel. Pour mesurer cette quantité de chaleur, on déterminera combien elle pourrait fondre de kilogrammes de
glace.

Dans le cas que nous examinons, le mouvement périodique de la
chaleur est exprimé par l'équation suivante :

$$w = v - \frac{1}{\theta} \int \varphi(t)\, dt = e^{-gu}(a^2 + b^2)^{\frac{1}{2}} \sin\left(2 g^2 kt - gu + \text{arc tang}\frac{a}{b}\right).$$

Selon les principes que nous avons démontrés dans le cours de cet
Ouvrage, la quantité de chaleur qui, pendant un instant infiniment
petit dt, passe d'un point de la verticale à un point inférieur, dans un
filet solide dont la section est ω, a pour expression $- K \frac{\partial v}{\partial u} \omega\, dt$; K représente la conducibilité intérieure (*voir* le lemme I, art. 4) (¹). Pre-

(¹) *Théorie de la chaleur*, art. 137, p. 111, ou art. 67 et 68, p. 42. Voici d'ailleurs
l'énoncé du lemme auquel renvoie Fourier :
La quantité de chaleur qui passe pendant un temps déterminé T dans une section S d'un
prisme solide dont les bases correspondantes aux abscisses x et X sont assujetties à des
températures fixes a et b, et qui se meut dans le sens suivant lequel les x augmentent, est
proportionnelle à l'étendue de la section, à la durée du temps, à la différence des tempé-

II. 3

nant la valeur de $\dfrac{\partial v}{\partial u}$, on aura l'équation

$$- \frac{\partial v}{\partial u} = e^{-gu} g \sqrt{2} \, (a^2 + b^2)^{\frac{1}{4}} \sin \left[2 g^2 kt - gu - \text{arc tang} \left(\frac{a+b}{a-b} \right) \right].$$

L'échauffement annuel commence donc lorsqu'à la surface de la Terre la quantité qui est sous le signe du sinus, étant nulle, commence à devenir positive. Il dure six mois, et le refroidissement a lieu pendant l'autre moitié de l'année. La vitesse avec laquelle la chaleur pénètre dans l'intérieur est proportionnelle à la valeur de $- \dfrac{\partial v}{\partial u}.$ Ce flux de chaleur, à la surface où la quantité u est nulle, est représenté par

$$g \sqrt{2} \, (a^2 + b^2)^{\frac{1}{4}} \sin \left[2 g^2 kt - \text{arc tang} \left(\frac{a+b}{a-b} \right) \right].$$

Il faut maintenant, pour déterminer la quantité acquise pendant la durée de l'échauffement, multiplier l'expression précédente par dt, et intégrer depuis la valeur de t qui rend nulle la quantité

$$2 g^2 kt - \text{arc tang} \left(\frac{a+b}{a-b} \right)$$

jusqu'à la valeur de t qui rend cette même quantité égale à π.

Si l'on prend entre ces limites l'intégrale $- \int \dfrac{\partial v}{\partial u} dt$, on aura

$$(a^2 + b^2)^{\frac{1}{4}} \frac{\sqrt{2}}{gk}.$$

On voit, par l'expression générale de la valeur de v, que $(a^2 + b^2)^{\frac{1}{2}}$ représente le maximum de la différence entre la température variable et la température moyenne. Soient A cette plus grande variation, dont la valeur est donnée par l'observation, et M la quantité totale de cha-

ratures extrêmes, et elle est en raison inverse de la distance perpendiculaire des bases. Cette quantité est exprimée par

$$- KST \frac{b-a}{X-x},$$

K étant un coefficient constant qui dépend de la nature du solide.   G. D.

leur qu'il s'agissait de déterminer. Il faudra multiplier l'expression précédente $\frac{A\sqrt{2}}{gk}$ par le nombre K qui mesure la conducibilité intérieure, et par l'étendue de la surface, qui est ici un mètre carré. En remarquant que l'on a désigné par k la quantité $\frac{K}{CD}$, et que $g = \sqrt{\frac{\pi CD}{K\theta}}$, on aura le résultat suivant :

$$M = A\sqrt{\frac{2K\theta CD}{\pi}}.$$

La valeur de w, prise à la surface, est

$$(a^2 + b^2)^{\frac{1}{2}} \sin\left(2g^2 kt + \text{arc tang } \frac{a}{b}\right);$$

et celle de $-\frac{\partial v}{\partial u}$ est

$$g\sqrt{2}(a^2 + b^2)^{\frac{1}{2}} \sin\left[2g^2 kt - \text{arc tang}\left(\frac{a+b}{a-b}\right)\right].$$

Si l'on suppose que le temps t commence lorsque w est nul, c'est-à-dire lorsque la température a sa valeur moyenne, le terme arc.tang $\frac{a}{b}$ s'évanouit : ainsi la quantité a est nulle. On aura donc

$$w = b \sin 2g^2 kt$$

et

$$-\frac{\partial v}{\partial u} = gb\sqrt{2}\sin\left(2g^2 kt + \tfrac{1}{4}\pi\right) :$$

donc $-\frac{\partial v}{\partial u}$ commence à devenir positive lorsque $2g^2 kt + \tfrac{1}{4}\pi$ est égal à zéro ; ce qui donne, en mettant pour g sa valeur,

$$t = -\tfrac{1}{8}\theta.$$

Il suit de là que l'échauffement commence $\frac{1}{8}$ d'année avant que la température de la surface soit parvenue à la valeur moyenne : jusqu'à ce terme, l'intérieur de la Terre, étant plus échauffé que la surface, fait passer une partie de sa chaleur dans l'atmosphère ; mais ensuite le mouvement de la chaleur se fait en sens contraire, parce que la surface est devenue plus chaude que les couches inférieures. La saison du refroidissement commence donc $\frac{1}{8}$ d'année avant que la température décroissante de la surface soit parvenue à sa valeur moyenne; et cette saison dure une demi-année. Si l'on voulait appliquer ces résultats au climat de Paris, on pourrait supposer $A = 8^d$ (division octogésimale). A l'égard des constantes K, C, D, si l'on choisit celles qui conviennent à une masse solide de fer, on aura pour valeurs approchées

$$K = \tfrac{3}{2}, \qquad C = \tfrac{5}{24}, \qquad D = 7800.$$

Faisant ensuite $\theta = 60.24.365$, on trouvera

$$M = A\sqrt{\frac{2\,KCD\,\theta}{\pi}} = 2856.$$

On voit par cet exemple de calcul que la théorie fournit le moyen de déterminer exactement la quantité totale de chaleur qui passe dans le cours d'une demi-année de l'atmosphère à l'intérieur de la Terre, en traversant une surface d'une étendue donnée (un mètre carré). Cette quantité de chaleur équivaut, dans le cas que nous venons d'examiner, à celle qui peut fondre environ 2856^{kg} de glace, ou une colonne de glace d'un mètre carré de base sur $3^m,1$ de hauteur.

87.

Il nous reste maintenant à considérer le mouvement constant de la chaleur dans l'intérieur du globe. On a vu que les perturbations périodiques qui se manifestent à la surface n'affectent point sensiblement les points situés à une certaine distance au-dessous de cette surface. Il faut donc faire abstraction de l'enveloppe extérieure du solide, dans laquelle s'accomplissent les oscillations sensibles de la chaleur, et dont l'épaisseur est extrêmement petite par rapport au rayon de la Terre. L'état du solide intérieur est très différent de celui de cette enveloppe. Chaque point conservant une température fixe, la chaleur s'y propage d'un mouvement uniforme, et passe avec une extrême lenteur des parties plus échauffées dans celles qui le sont moins : elle pénètre à chaque instant et de plus en plus dans l'intérieur du globe pour remplacer la chaleur qui se détourne vers les régions polaires. On n'entreprendra point ici de traiter cette question dans toute son étendue, parce qu'elle nous parait seulement analytique, et qu'elle n'a point d'ailleurs une connexion nécessaire avec les fondements de la théorie : mais il convenait à l'objet de cet Ouvrage de montrer que toutes les questions de ce genre peuvent maintenant être soumises à l'Analyse mathématique.

On suppose que tous les points de la circonférence d'un grand cercle tracé sur la surface d'une sphère solide ont acquis et conservent une température commune; que tous les points de la circonférence d'un cercle quelconque, tracé sur la surface parallèlement au premier, ont aussi une température permanente et commune, différente de celle des points de l'équateur, et que la température fixe décroît ainsi depuis l'équateur jusqu'au pôle suivant une loi déterminée. La surface étant maintenue, durant un temps infini et par des causes extérieures quelconques, dans l'état que nous venons de décrire, il est nécessaire que le solide parvienne aussi à un dernier état, et alors la température d'un point intérieur quelconque n'éprouvera aucun changement. Il est manifeste que, si, par le centre d'un parallèle et dans son plan, on décrit une circonférence d'un rayon quelconque, tous les points de cette circonférence auront la même température.

Cela posé, l'on va démontrer que l'équation suivante

$$v = \cos x \int e^{y \cos r} \, dr$$

représente un état particulier du solide qui subsisterait de lui-même s'il était formé : x désigne la distance d'un point du solide au plan de l'équateur, et y sa distance à l'axe perpendiculaire à l'équateur; v est la température permanente du même point; l'indéterminée r disparait après l'intégration, qui doit être prise depuis $r = 0$ jusqu'à $r = \pi$. L'équation

$$v = \cos x \int_0^\pi e^{y \cos r} \, dr$$

satisfait à la question en ce que, si chaque point du solide recevait la température indiquée par cette équation, et que tous les points de la surface fussent entretenus par un foyer extérieur à cette température initiale, il n'y aurait dans l'intérieur de la sphère aucun changement de température. Pour vérifier cette solution, on établira : 1° que la valeur de v donnée par l'équation

$$v = \cos x \int e^{y \cos r} dr$$

satisfait à l'équation aux différences partielles

$$\frac{\partial^2 v}{\partial x^2} + \frac{\partial^2 v}{\partial y^2} + \frac{1}{y} \frac{\partial v}{\partial y} = 0 ;$$

2° que l'état du solide est permanent lorsque cette dernière équation est satisfaite et que les points de la surface sont entretenus à leur température initiale.

En désignant par u la fonction de y qui équivaut à l'intégrale définie $\int_0^\pi e^{y \cos r} dr$, on aura

$$v = u \cos x ;$$

et, substituant, on a

$$- u + \frac{d^2 u}{dy^2} + \frac{1}{y} \frac{du}{dy} = 0,$$

équation différentielle du second ordre à laquelle la valeur de u satisfait. Pour s'en assurer, on donnera à l'intégrale définie $\int_0^\pi e^{y \cos r} dr$ la forme exprimée par l'équation suivante

$$\int_0^\pi e^{y \cos r} dr = \pi \left(1 + \frac{y^2}{2^2} + \frac{y^4}{2^2 . 4^2} + \frac{y^6}{2^2 . 4^2 . 6^2} + \frac{y^8}{2^2 . 4^2 . 6^2 . 8^2} + \cdots \right),$$

qu'il est facile de vérifier. Cette expression de la somme de la série

$$1 + \frac{y^2}{2^2} + \frac{y^4}{2^2 . 4^2} + \frac{y^6}{2^2 . 4^2 . 6^2} + \cdots$$

est une conséquence évidente de la proposition générale énoncée dans l'article 53 (^{1}), et qui donne le développement de l'intégrale $\int \varphi(t \sin u)\, du$, φ étant une fonction quelconque. Or l'équation

$$u = \pi \left(1 + \frac{y^2}{2^2} + \frac{y^4}{2^2 \cdot 4^2} + \frac{y^6}{2^2 \cdot 4^2 \cdot 6^2} + \dots \right)$$

satisfait évidemment à l'équation différentielle

$$u = \frac{d^2 u}{dy^2} + \frac{1}{y}\frac{du}{dy};$$

donc la valeur particulière donnée par l'équation

$$v = \cos x \int_0^\pi e^{y \cos r}\, dr$$

satisfait à l'équation aux différences partielles

$$\frac{\partial^2 v}{\partial x^2} + \frac{\partial^2 v}{\partial y^2} + \frac{1}{y}\frac{\partial v}{\partial y} = 0.$$

Cette dernière équation exprime la condition nécessaire pour que chaque point du solide conserve sa température. En effet, imaginons que, l'axe étant divisé en une infinité de parties égales dx, on élève dans le plan d'un méridien toutes les coordonnées perpendiculaires à cet axe et qui passent par les points de division; et pareillement, que, le diamètre de l'équateur, dans le plan du même méridien, étant divisé en un nombre infini de parties égales dy, on élève, par tous les points de division, des perpendiculaires qui coupent les précédentes. On aura divisé ainsi l'aire du méridien en rectangles infiniment petits; et si le plan de ce méridien tourne sur l'axe, le solide sera divisé lui-même en une infinité d'éléments dont la figure est celle d'une armille.

Chacun de ces éléments est placé entre deux autres dans le sens des x, et entre deux autres dans le sens des y. La quantité de chaleur qui passe d'un élément à celui qui est placé après lui dans le sens des x est égale à

$$- k \frac{\partial v}{\partial x} 2 \pi y\, dy.$$

(^{1}) *Théorie de la Chaleur*, art. 311, p. 343, 344.   G. D.

Ce second élément transmet donc à celui qui le suit dans le sens des x une quantité de chaleur exprimée par

$$- k \frac{\partial v}{\partial x} 2 \pi y \, dy - d \left(k \frac{\partial v}{\partial x} 2 \pi y \, dy \right),$$

d indiquant la différentiation par rapport à x. Donc l'élément intermédiaire acquiert, à raison de sa place dans le sens des x, une quantité de chaleur égale à

$$d \left(k \frac{\partial v}{\partial x} 2 \pi y \, dy \right).$$

On voit de la même manière qu'un élément transmet à celui qui est placé après lui dans le sens des y une quantité de chaleur exprimée par $- k \frac{\partial v}{\partial y} 2 \pi y \, dx$; que ce second élément communique à celui qui le suit dans le même sens une quantité de chaleur égale à

$$- k \frac{\partial v}{\partial y} 2 \pi y \, dx - \delta \left(k \frac{\partial v}{\partial y} 2 \pi y \, dx \right),$$

δ étant ici le signe de la différentiation par rapport à y. Donc l'élément intermédiaire acquiert, à raison de sa place dans le sens des y, une quantité de chaleur égale à

$$\delta \left(k \frac{\partial v}{\partial y} 2 \pi y \, dx \right).$$

Il suit de là que la température de chaque point du solide sera invariable si l'on a l'équation

$$d \left(\frac{\partial v}{\partial x} y \, dy \right) + \delta \left(\frac{\partial v}{\partial y} y \, dx \right) = 0$$

ou

$$\frac{\partial^2 v}{\partial x^2} + \frac{\partial^2 v}{\partial y^2} + \frac{1}{y} \frac{\partial v}{\partial y} = 0,$$

et si, en même temps, tous les points de la surface sont exposés à une action extérieure qui les oblige de conserver leurs températures initiales. On pourrait aussi déduire cette équation de l'équation générale (A), article 15 ([1]).

([1]) *Théorie de la Chaleur*, art. 142, p. 120.　　　　　　　　G. D.

88.

Il est nécessaire de remarquer que l'équation

$$v = \cos x \int_0^\pi e^{y\cos r}\, dr$$

n'exprime qu'un état particulier et possible; il y a une infinité de solutions pareilles, et cette dernière n'aurait lieu qu'autant que la température fixe diminuerait à la surface, depuis l'équateur jusqu'au pôle, suivant une loi conforme à cette même équation. On pourrait aussi choisir l'équation

$$v = a\cos nx \int_0^\pi e^{n y \cos r}\, dr,$$

ou

$$v = a\pi \cos nx \left(1 + \frac{n^2 y^2}{2^2} + \frac{n^4 y^4}{2^2.4^2} + \frac{n^6 y^6}{2^2.4^2.6^2} + \dots \right),$$

dans laquelle a est une constante indéterminée et n un nombre arbitraire; et l'on voit que la somme de plusieurs de ces valeurs particulières satisfait encore à l'équation aux différences partielles. Mais on n'a en vue dans cet Article que de faire distinguer, par l'examen d'un cas particulier, comment la chaleur se propage dans la sphère solide dont la surface est inégalement échauffée. C'est ce qu'on peut facilement reconnaître par l'analyse précédente.

Dans l'état particulier que nous considérons, qui est exprimé par l'équation

$$v = \cos x \left(1 + \frac{y^2}{2^2} + \frac{y^4}{2^2.4^2} + \frac{y^6}{2^2.4^2.6^2} + \dots \right),$$

le rayon de la sphère étant pris pour l'unité, il est facile de voir que la température des points de la surface décroît depuis l'équateur jusqu'au pôle; que si, par un point quelconque du plan de l'équateur, on élève une perpendiculaire jusqu'à la surface de la sphère, la température décroît comme le cosinus de la distance perpendiculaire à l'équateur; et que pour un parallèle quelconque la température augmente dans le plan de ce parallèle suivant le rayon, depuis le centre jusqu'à la surface.

II. 4

Ainsi la température du centre de la sphère est plus grande que celle du pôle et moindre que celle de l'équateur, et le point le moins échauffé de la sphère est celui qui est placé au pôle.

Pour connaître les directions suivant lesquelles la chaleur se propage, il faut imaginer que le solide est divisé, comme précédemment, en une infinité d'anneaux dont tous les centres sont placés sur l'axe de la sphère. Tous les éléments qui, ayant un même rayon y, ne diffèrent que par leur distance x à l'équateur sont inégalement échauffés, et leur température décroît en s'éloignant de l'équateur. Un de ces éléments communique donc une certaine quantité de chaleur à celui qui est placé après lui, et ce second en communique aussi à l'élément suivant. Mais l'anneau intermédiaire donne à celui qui le suit plus de chaleur qu'il n'en reçoit de celui qui le précède; résultat qui est indiqué par le facteur $\cos x$, dont la différentielle seconde est négative. Les éléments du solide qui sont placés à la même distance x de l'équateur et diffèrent par la grandeur du rayon y sont aussi inégalement échauffés, et leur température va en augmentant à mesure qu'on s'éloigne de la surface. Chacun de ces anneaux concentriques échauffe celui qu'il renferme : mais il transmet à l'anneau qui est au-dessous moins de chaleur qu'il n'en reçoit de l'anneau supérieur; ce qui se conclut du facteur $1 + \frac{y^2}{2^2} + \frac{y^4}{2^2 \cdot 4^2} + \ldots$, dont la différentielle seconde est positive.

Il résulte de cette distribution de la chaleur qu'un élément quelconque du solide transmet au suivant, dans le sens perpendiculaire à l'équateur, plus de chaleur qu'il n'en reçoit dans le même sens de celui qui le précède, et que ce même élément donne à celui qui est placé au-dessous de lui, dans le sens du rayon perpendiculaire à l'axe de la sphère, une quantité de chaleur moindre que celle qu'il reçoit en même temps et dans le même sens de l'anneau supérieur. Ces deux effets opposés se compensent exactement, et il arrive que chaque élément perd dans le sens parallèle à l'axe toute la chaleur qu'il acquiert dans le sens perpendiculaire à l'axe, en sorte que sa température ne

varie point. On reconnaît distinctement, d'après cela, la route que suit
la chaleur dans l'intérieur de la sphère. Elle pénètre par les parties de
la surface voisines de l'équateur, et se dissipe par les régions polaires.
Chacun des éléments infiniment petits placés dans l'intérieur du solide
échauffe celui qui est placé au-dessous de lui et plus près de l'axe, et
il échauffe aussi celui qui est placé, à côté de lui, plus loin de l'équateur. Ainsi la chaleur émanée du foyer extérieur se propage dans ces
deux sens à la fois; une partie se détourne du côté des pôles, et une
autre partie s'avance plus près du centre de la sphère. C'est de cette
manière qu'elle se transmet dans toute la masse, et que chacun des
points, recevant autant qu'il perd, conserve sa température.

Le mouvement uniforme qu'on vient de considérer est extrêmement
lent si on le compare à celui qui s'accomplit dans l'enveloppe extérieure du globe. Le premier résulte de la différence des températures
de deux parallèles voisins, et le second, de la différence des températures entre deux points, voisins de la surface, et placés dans une même
verticale. Or cette différence, prise entre deux points dont la distance
est donnée, est incomparablement plus grande dans le sens vertical
que dans le sens horizontal.

Indépendamment des changements de température que la présence
du Soleil reproduit chaque jour et dans le cours de chaque année,
toutes les autres inégalités qui affectent le mouvement apparent de cet
astre occasionnent aussi des variations semblables. C'est par là que
cette quantité immense de chaleur qui pénètre la masse du globe est
assujettie dans tous ses mouvements aux lois générales qui régissent
l'univers. Toutes les causes qui font varier l'excentricité et les éléments
de l'ellipse solaire produisent autant d'inégalités correspondantes dans
l'ordre des températures; cet ordre s'altère insensiblement, et se rétablit ensuite dans le cours de ces mêmes périodes qui conviennent aux
diverses inégalités.

Le mouvement elliptique, qui rend les saisons inégales, n'empêche
point que la chaleur qui émane du Soleil dans le cours de chaque
année ne se distribue également entre les deux hémisphères; mais

cette différence dans la durée des saisons influe sur la nature de la
fonction périodique qui règle les températures de chaque climat. Il
suit de là que le déplacement du grand axe de l'orbe solaire transporte alternativement d'un hémisphère à l'autre ces mêmes variations
de température. Au reste, les différences dont il s'agit sont très peu
sensibles, et le progrès en est extrêmement lent. On doit surtout les
distinguer de celles qui résultent des causes locales, telles que la configuration du sol, son élévation dans l'atmosphère, la nature, solide
ou liquide, de la surface qui reçoit la chaleur. C'est aux circonstances
propres à chaque région qu'il faut attribuer les différences notables
qu'on observe entre les températures moyennes des climats pareillement situés dans les deux hémisphères. Les effets des causes locales
diffèrent de ceux dont on a parlé en ce qu'ils ne sont point périodiques,
et qu'ils affectent sensiblement la valeur de la température moyenne
annuelle.

XIII.

Des lois mathématiques de l'équilibre de la chaleur rayonnante.

89.

Si l'on place divers corps, M, N, P, ..., dans un espace vide d'air,
que termine de toutes parts une enceinte solide entretenue par des
causes extérieures quelconques à une température constante $\imath$, tous
ces corps, quoique distants les uns des autres, prendront une température commune; et cette température finale, dont celle de chaque
molécule s'approche de plus en plus, est la même que celle de l'enceinte. Ce résultat ne dépend ni de l'espèce, ni de la forme des corps,
ni du lieu où ils sont placés; quelles que soient ces circonstances, la
température finale sera toujours commune et égale à celle de l'enceinte. Le fait général qu'on vient d'énoncer donne lieu à différentes
questions que nous allons traiter dans cet article, en exposant la
théorie de la chaleur rayonnante.

Il est certain que l'équilibre de température entre les corps distants s'établit par l'irradiation de la chaleur; en sorte que chaque portion infiniment petite de la surface des corps est le centre d'un hémisphère composé d'une infinité de rayons. Il se présente d'abord la question de savoir si tous ces rayons ont une égale intensité, ou si leur intensité varie en même temps que l'angle qu'ils font avec la surface dont ils s'éloignent. En général, si deux surfaces infiniment petites s et σ inégalement échauffées sont présentées l'une à l'autre, la plus froide acquerra, en vertu de leur action mutuelle, une nouvelle quantité de chaleur qui dépend de la distance y des deux surfaces, de l'angle p que fait avec s la ligne y, de l'angle φ que fait avec σ la même ligne y, de l'étendue infiniment petite s et σ de ces deux surfaces, enfin de leurs températures a et b. Nous démontrerons que le résultat de l'action mutuelle de s et σ est exprimé par

$$g \frac{s\sigma \sin p \sin \varphi}{y^2} (a - b);$$

g est un coefficient constant qui mesure la conducibilité extérieure des deux surfaces. Ensuite nous ferons voir que ce théorème suffit pour expliquer distinctement comment s'établit et subsiste, dans tous les cas, l'égalité de température qu'on observe entre divers corps placés dans une même enceinte.

On ignore entièrement aujourd'hui la nature de cette force intérieure dont résulte l'émission de la chaleur, et la cause qui produit les réflexions à la surface. Parmi les physiciens qui ont traité de la chaleur, les uns la considèrent comme une matière propre, qui traverse les milieux élastiques et les espaces vides; d'autres font consister sa propagation dans les vibrations d'un fluide extrêmement subtil. Quoi qu'il en soit, il est naturel de comparer les rayons de la chaleur à ceux de la lumière, et de supposer que les corps se transmettent mutuellement la chaleur dont ils sont pénétrés, de même que deux surfaces qui sont inégalement ou également éclairées s'envoient réciproquement leur lumière. C'est dans cet échange de rayons que consiste principalement l'hypothèse proposée par M. le professeur Prevost, de Genève. Cette hypothèse fournit des explications claires de tous les phénomènes connus ; elle se prête plus facilement qu'aucune autre aux applications du calcul ; il nous paraît donc utile de la choisir, et l'on peut même l'employer avec avantage pour se représenter le mode de la propagation de la chaleur dans les corps solides. Mais, si l'on examine attentivement les lois mathématiques que suivent les effets de la chaleur, on voit que la certitude de ces lois ne repose sur aucune hypothèse physique. Quelque idée qu'on puisse se former de la cause qui lie tous les faits entre eux, et dans quelque ordre qu'on veuille disposer ces faits, pourvu que le système qu'on adopte les comprenne tous, on en déduira toujours les lois mathématiques auxquelles ils sont assujettis. Ainsi l'on ne peut point affirmer que les deux surfaces infiniment petites s et σ s'envoient toutes les deux des rayons de chaleur, quelles que soient leurs températures ; on pourrait supposer indifféremment que celle dont la température est la plus élevée est la seule qui transmette à l'autre une partie de sa chaleur ; mais, soit qu'on préfère l'une ou l'autre supposition, on ne peut douter que l'effet résultant de l'action des deux surfaces ne soit proportionnel à la différence des températures, aux sinus des angles d'émission et d'incidence, à l'étendue des surfaces, et réciproquement proportionnel au carré de la distance. En effet, il nous sera facile de prouver que, si ces conditions n'étaient point remplies, l'équilibre des températures ne pourrait pas subsister.

On exprime par le coefficient h la quantité de chaleur qui, pendant l'unité de temps, sort de l'unité de surface échauffée à la température 1, et s'échappe dans l'espace vide d'air. Pour faciliter l'application du calcul, on attribue à cet espace infini une température fondamentale, désignée par o, et l'on conçoit qu'une masse dont la température est a envoie d'elle-même dans cet espace, quelles que soient d'ailleurs les températures de tous les corps environnants, une quantité de chaleur proportionnelle à la température a, et exprimée par ash ; s est l'étendue de la surface extérieure, et h le coefficient qui mesure la conducibilité.

90.

Chaque partie infiniment petite ω d'une surface échauffée est le centre d'un hémisphère continuellement rempli par la chaleur rayonnante; et si l'on pouvait recevoir toute la quantité que cette particule envoie à l'espace environnant pendant l'unité de temps, cette chaleur totale serait exprimée par $a\omega h$. L'intensité des rayons émis peut n'être pas la même dans tout l'hémisphère, et dépendre d'une manière quelconque de l'angle φ que la direction du rayon fait avec la surface. Pour mesurer l'intensité d'un rayon donné, on supposera que tous les autres qui remplissent en même temps l'hémisphère contiennent autant de chaleur que lui. Dans cette supposition, la quantité totale envoyée par l'unité de surface pendant l'unité de temps ne sera plus h. On désignera par G cette chaleur totale, et l'on prendra G pour la mesure de l'intensité du rayon dont il s'agit. G est une fonction inconnue du sinus de φ. On aura généralement

$$G = ag\, F(\sin\varphi),$$

la température étant désignée par a. Si, dans la surface hémisphérique dont le centre est un point de la surface échauffée, on trace une zone qui ait pour hauteur l'arc $d\varphi$ (le rayon étant 1), on aura $2\pi\cos\varphi\, d\varphi$ pour la surface de cette zone. Il est facile d'exprimer la quantité totale de chaleur qui, pendant une minute, traverse cette zone. En effet, si tous les rayons qui traversent la surface hémisphérique 2π avaient la même intensité que ceux qui passent par la zone $2\pi\cos\varphi\, d\varphi$, le produit de l'émission pendant l'unité de temps serait, par hypothèse, G ou $ag\, F(\sin\varphi)$: donc la chaleur totale qui, dans le même temps, passe par la zone est moindre que G dans le rapport des deux surfaces $2\pi\cos\varphi\, d\varphi$ et 2π. Cette chaleur totale est $\dfrac{2\,G\pi\cos\varphi\, d\varphi}{2\pi}$ ou

$$ag\, F(\sin\varphi)\cos\varphi\, d\varphi.$$

En intégrant cette différentielle depuis $\varphi = 0$ jusqu'à $\varphi = \frac{\pi}{2}$, on doit

avoir la quantité ah : on trouve donc en premier lieu la condition suivante

(A) $$h = g \int_0^{\frac{\pi}{2}} \mathrm{F}(\sin\varphi)\cos\varphi\, d\varphi.$$

Par exemple, si l'intensité était indépendante de l'angle d'émission et
la même pour tous les rayons, on aurait $\mathrm{F}(\sin\varphi) = 1$, et, en intégrant,
$h = g$.

Si l'intensité est proportionnelle au sinus de l'angle d'émission, ce
qui est le cas de la nature, comme on le verra bientôt, on aura

$$\mathrm{F}(\sin\varphi) = \sin\varphi,$$

d'où l'on conclut

$$h = \tfrac{1}{2} g.$$

L'équation (A) exprime que h est l'intensité moyenne de tous les rayons
émis. Lorsque l'intensité varie comme le sinus, elle est exprimée par
$g\sin\varphi$ ou $2h\sin\varphi$: ainsi les rayons émis sous un angle égal à $\frac{1}{2}$ de
droit ont une intensité égale à la valeur moyenne; et si tous les rayons
étaient semblables à ceux qui sortent perpendiculairement de la surface, le produit de l'émission serait double de ce qu'il est en effet.

91.

Ces principes étant établis, nous résoudrons successivement plusieurs questions particulières; et la comparaison des résultats fera
connaître sans aucun doute la loi du décroissement de l'intensité des
rayons.

1° On suppose que deux surfaces planes, parallèles et infinies,
soient entretenues à une température constante, et que, ensuite, on
introduise dans l'espace vide d'air compris entre ces deux plans un
disque infiniment petit, dont la base soit située parallèlement aux
deux surfaces (*fig.* 1); il s'agit de déterminer la température finale
que ces plans échauffés communiquent au disque; a désigne la température constante des plans, μ est le rayon infiniment petit de la base
du disque, dont l'épaisseur est elle-même infiniment petite par rapport

à μ. La conducibilité h des deux surfaces échauffées est supposée la même que celle du disque. On fait abstraction de la propriété que toutes ces surfaces pourraient avoir de réfléchir une partie de la chaleur incidente; c'est-à-dire qu'on suppose qu'aucun rayon de chaleur envoyé au disque ne peut être réfléchi. On verra par la suite que la propriété dont il s'agit, à quelque degré que les corps en jouissent, n'apporte aucun changement à l'équilibre de la chaleur rayonnante;

Fig. 1.

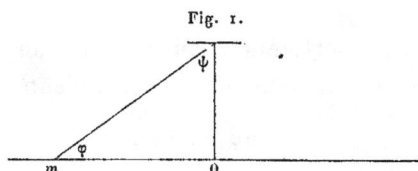

f est la distance connue du centre du disque à l'un des plans; r désigne la distance variable du disque à un point m du plan, x la distance de m au point fixe O, et φ l'angle entre r et x. G ou agF$(\sin\varphi)$ désigne, comme précédemment, l'intensité du rayon émis sous l'angle φ à la température a, et l'on a l'équation de condition (A) entre h et g. Cela posé, le point m envoie au disque infiniment petit un rayon de chaleur qui, traversant la surface sphérique dont le rayon est r, occupe une surface égale à $\pi\mu^2 \sin\varphi$. En effet, la forme de ce rayon étant celle d'un cône dont les côtés font un angle infiniment petit, le rapport de la surface de la base à celle de la section perpendiculaire est celui de l'unité au sinus de l'angle φ. Désignons par ω la portion infiniment petite du plan qui envoie la chaleur de m en μ sous l'angle φ. Si tous les rayons qui traversent la surface hémisphérique $2\pi r^2$ avaient la même intensité que le rayon dont il s'agit, le produit de l'émission serait ωG : donc la quantité totale de chaleur qui, partant de ω, tombe sur le disque est $\dfrac{\omega \, G \pi \mu^2 \sin\varphi}{2\pi r^2}$. Or tous les points de la couronne circulaire $2\pi x \, dx$, qui a son centre au point O et pour hauteur dx, envoient leurs rayons au disque sous l'angle φ. On remplacera donc ω par $2\pi x \, dx$; ensuite on mettra au lieu de G sa valeur agF$(\sin\varphi)$. On

II.   5

a donc la différentielle

$$\frac{2\pi\,x\,dx\,ag\,\mathrm{F}(\sin\varphi)\,\mu^2\sin\varphi}{2\,r^2}.$$

Si l'on met au lieu de x et de r leurs valeurs $f\cot\varphi$ et $f\,\mathrm{coséc}\varphi$, la différentielle précédente deviendra

$$-\,ag\,\pi\mu^2\,\mathrm{F}(\sin\varphi)\cos\varphi\,d\varphi$$

ou, faisant $\sin\varphi = z$,

$$-\,ag\,\pi\mu^2\,\mathrm{F}(z)\,dz.$$

Si l'on veut connaître l'action exercée sur le disque par un plan circulaire dont le rayon est X, on désignera par Z la dernière valeur du sinus de φ, et l'on prendra l'intégrale précédente depuis $z = 1$ jusqu'à $z = \mathrm{Z}$, ou, ce qui est la même chose, on prendra l'intégrale $ag\,\pi\mu^2\int\mathrm{F}(z)\,dz$ de $z = \mathrm{Z}$ à $z = 1$. De plus, on aura

$$g = \frac{h}{\int\mathrm{F}(z)\,dz},$$

l'intégrale étant prise de $z = 0$ à $z = 1$. Donc la quantité totale de chaleur que le disque reçoit du plan circulaire est

$$ah\pi\mu^2\,\frac{\displaystyle\int_{\mathrm{Z}}^{1}\mathrm{F}(z)\,dz}{\displaystyle\int_{0}^{1}\mathrm{F}(z)\,dz}.$$

Si l'intensité des rayons est indépendante de l'angle d'émission, la quantité de chaleur que le disque reçoit du plan circulaire est

$$ah\pi\,\mu^2(1 - \sin\Phi) \qquad \text{ou} \qquad ah\,\pi\mu^2\sin\text{verse}\,\Psi,$$

en désignant par Φ la dernière valeur de la variable φ et par Ψ la moitié de l'angle dont le sommet est au centre du disque et dont les côtés embrassent le plan.

Si l'intensité décroît comme le sinus de l'angle d'émission, on trouve

$$ah\pi\mu^2\cos^2\Phi \qquad \text{ou} \qquad ah\pi\mu^2\sin^2\Psi.$$

Si l'on éloigne de plus en plus le disque du plan échauffé, toutes les autres conditions demeurant les mêmes, l'action du plan décroit dans le premier cas comme le sinus verse du demi-angle au centre, et dans le second, comme le carré du sinus du demi-angle au centre. Dans l'un et l'autre cas, si le plan est infini, la quantité de chaleur que le disque reçoit est $ah\pi\mu^2$, et ne dépend nullement de la distance f.

En général, quelle que soit la fonction $F(\sin\varphi)$, l'expression

$$ah\,\pi\mu^2\,\frac{\displaystyle\int_z^1 F(z)\,dz}{\displaystyle\int_0^1 F(z)\,dz}$$

se réduit à $ah\pi\mu^2$ lorsque le plan circulaire est infini; car les termes de la première intégrale deviennent les mêmes que les termes de la seconde. Si donc on suppose que l'intensité des rayons varie suivant une fonction quelconque de l'angle d'émission, et si l'on place le disque parallèlement au plan infini à une distance quelconque, la quantité de chaleur envoyée au disque pendant l'unité de temps sera $ah\pi\mu^2$. Il en sera de même du plan infini supérieur au disque : donc la quantité totale de chaleur reçue par le disque sera $2ah\pi\mu^2$.

Soit b la température finale que le disque doit acquérir. La surface totale étant $2\pi\mu^2$, et la conducibilité h, il s'en échappera pendant l'unité de temps une quantité de chaleur égale à $2bh\pi\mu^2$. Or, pour que la température acquise par le disque soit permanente, il faut qu'il reçoive autant de chaleur qu'il en perd; on a donc

$$2\,bh\,\pi\mu^2 = 2\,ah\,\pi\mu^2$$

ou

$$b = a.$$

Il suit de là que le disque infiniment petit placé parallèlement aux deux plans en un point quelconque de l'espace qu'ils comprennent parviendra toujours à une température finale égale à celle des deux plans. Ce résultat ne dépend point de la loi suivant laquelle l'intensité des rayons peut décroître à mesure qu'ils deviennent plus obliques.

92.

On place une molécule sphérique infiniment petite au centre d'un espace terminé par une surface sphérique qu'on entretient à la température constante a. Il s'agit de déterminer la température finale de la molécule. La conducibilité des surfaces est désignée par h, ρ est le rayon de la molécule; on exprime par G ou $ag\mathrm{F}(\sin\varphi)$ l'intensité du rayon émis sous l'angle φ; et l'on a, comme précédemment,

$$h = g\int_0^{\frac{\pi}{2}} \mathrm{F}(\sin\varphi)\cos\varphi\,d\varphi.$$

Une portion infiniment petite ω de la surface intérieure de la sphère envoie des rayons de chaleur qui remplissent continuellement l'hémisphère dont le rayon est r. Le rayon qui, parti de ω, tombe sur la molécule occupe sur la surface hémisphérique égale à $2\pi r^2$ une portion égale à $\pi\rho^2$. Si tous les rayons sortis de ω avaient l'intensité G, la quantité totale de chaleur envoyée par ω pendant l'unité de temps serait ωG. Donc le rayon qui tombe sur la molécule fournit pendant ce même temps une quantité de chaleur égale à $\omega\mathrm{G}\dfrac{\pi\rho^2}{2\pi r^2}$. On a aussi, $\sin\varphi$ étant 1,

$$\mathrm{G} = ag\,\mathrm{F}(1) = \frac{ah\mathrm{F}(1)}{\displaystyle\int_0^{\frac{\pi}{2}} \mathrm{F}(\sin\varphi)\cos\varphi\,d\varphi}.$$

Donc la chaleur que la portion ω donne à la molécule est

$$\frac{\rho^2}{2\,r^2}\,\omega ah\,\frac{\mathrm{F}(1)}{\displaystyle\int_0^{\frac{\pi}{2}} \mathrm{F}(\sin\varphi)\cos\varphi\,d\varphi}.$$

Le rapport de la surface sphérique à ω étant $\dfrac{4\pi r^2}{\omega}$, on aura, pour l'expression de la chaleur totale reçue par la molécule,

$$2\,ah\pi\rho^2 \frac{F(1)}{\displaystyle\int_0^{\frac{\pi}{2}} F(\sin\varphi)\cos\varphi\,d\varphi}$$

ou, faisant $\sin\varphi = z$,

$$2\,ah\pi\rho^2 \frac{F(1)}{\displaystyle\int_0^1 F(z)\,dz}.$$

Soit b la température finale acquise par la molécule; elle dissiperait par sa surface une quantité de chaleur égale à $4\,bh\pi\rho^2$. Donc on aura l'équation

$$4\,bh\pi\rho^2 = 2\,ah^2\pi\rho^2 \frac{F(1)}{\int F(z)\,dz}$$

ou

$$b = \frac{a}{2}\,\frac{F(1)}{\displaystyle\int_0^1 F(z)\,dz}.$$

Si l'intensité des rayons ne varie point, on a $F(z) = 1$ et $b = \frac{a}{2}$. Il arriverait donc que la molécule placée au centre de la sphère prendrait une température finale égale à la moitié de celle de l'enceinte.

Si l'intensité des rayons décroît proportionnellement au sinus de l'obliquité, on a $F(z) = z$ et $b = a$. Dans ce cas, la molécule acquiert et conserve une température égale à celle de l'enceinte.

93.

On propose maintenant de déterminer l'action d'un plan circulaire sur une molécule sphérique placée dans l'axe du plan.

On désigne, comme ci-dessus, par x, r, f, φ les quantités relatives à la position de la molécule et à celle du point qui lui envoie de la chaleur; h est la conducibilité de la surface, a la température du plan, G ou $ag\,F(\sin\varphi)$ l'intensité du rayon émis par le plan sous l'angle φ.

On trouve facilement, pour l'expression de la quantité de chaleur envoyée à la molécule par la couronne dont la hauteur est dx, la différentielle suivante :

$$2\pi x\, dx\, ag\, \mathrm{F}(\sin\varphi)\frac{\pi\rho^2}{2\pi r^2}$$

ou

$$\pi ag\, \mathrm{F}(\sin\varphi)\frac{\rho^2}{2\,r^2}\, d(x^2).$$

Mettant pour x et r leurs valeurs $f\cot\varphi$ et $f\,\mathrm{coséc}\varphi$, on aura la différentielle

$$-\,ag\,\pi\rho^2\,\mathrm{F}(\sin\varphi)\,\frac{\cos\varphi\, d\varphi}{\sin\varphi},$$

ou, faisant $\sin\varphi = z$,

$$-\,ag\,\pi\rho^2\,\frac{\mathrm{F}(z)\, dz}{z}.$$

Mettant pour g sa valeur

$$\frac{h}{\displaystyle\int_0^1 \mathrm{F}(z)\, dz},$$

on aura, pour l'expression de la chaleur totale reçue par la molécule,

$$-\,ah\pi\rho^2\,\frac{\displaystyle\int_0^Z \frac{\mathrm{F}(z)\, dz}{z}}{\displaystyle\int_0^1 \mathrm{F}(z)\, dz}.$$

Si l'intensité des rayons émis est la même pour toutes les obliquités, on a $\mathrm{F}(z) = 1$, et la quantité de chaleur reçue par la molécule est $ah\pi\rho^2\log\frac{1}{\sin\Phi}$, en désignant par Φ la dernière valeur de φ. L'action du disque sur la molécule est donc toujours proportionnelle au logarithme de la sécante du demi-angle au centre. Si, en conservant la distance f, on faisait varier le rayon du disque, et que les distances extrêmes R, R', R", ... crussent comme les nombres 1, 2, 4, 8, 16, ..., les quantités de chaleur reçues augmenteraient comme les nombres naturels. On pourrait donc rendre ces quantités aussi grandes qu'on le voudrait.

Il suit de là que, si tous les rayons qui s'échappent d'un point d'une surface échauffée avaient une égale intensité, on pourrait, au moyen d'un plan circulaire entretenu à la température constante a, communiquer à la molécule sphérique une température b supérieure à a et aussi grande qu'on voudrait. En effet, la molécule laisserait échapper par sa surface une quantité de chaleur égale à $4bh\pi\rho^2$; écrivant donc

$$4\,bh\pi\rho^2 = ah\,\pi\rho^2\log\frac{1}{\sin\Phi},$$

on a

$$\sin\Phi = e^{-\frac{4b}{a}}.$$

Ainsi l'on pourrait toujours déterminer l'angle Φ en sorte que la température b reçût une valeur quelconque.

Il est facile de voir que ce résultat est entièrement contraire aux faits, et que, par conséquent, l'intensité des rayons émis n'est point la même pour tous les rayons.

Si, dans l'expression

$$ah\pi\rho^2\,\frac{\displaystyle\int_z^1\frac{F(z)\,dz}{z}}{\displaystyle\int_0^1 F(z)\,dz},$$

on suppose $F(z) = z$, c'est-à-dire si l'intensité décroît proportionnellement au sinus de l'angle d'émission, on trouvera, après l'intégration,

$$2\,ah\,\pi\rho^2(1-\sin\Phi).$$

Dans cette seconde hypothèse, l'action du disque est proportionnelle au sinus verse du demi-angle au centre : elle est toujours moindre que $2\,ah\pi\rho^2$.

Si le plan échauffé est infini, la chaleur qu'il donne à la molécule est $2ah\pi\rho^2$, quelle que soit d'ailleurs la distance f. En supposant au-dessus de la molécule un second plan infini, également entretenu à la température a, la quantité totale de chaleur reçue par la molécule sera $4ah\pi\rho^2$. Si la température acquise était b, cette même molécule perdrait $4bh\pi\rho^2$. Donc $b = a$, et, par conséquent, si l'on place une molécule sphérique en un point quelconque de l'espace compris entre deux plans entretenus à une température constante, elle acquerra une température égale à celle des deux plans. Ce résultat doit avoir lieu si l'intensité des rayons varie comme le sinus de l'angle d'émission.

94.

On déterminera encore l'action d'une surface cylindrique sur une molécule sphérique placée dans un point de son axe.

Le point m (*fig.* 2) envoie à la molécule un rayon de chaleur dont la longueur est r, et qui fait avec la surface dont il sort un angle φ. Il

Fig. 2.

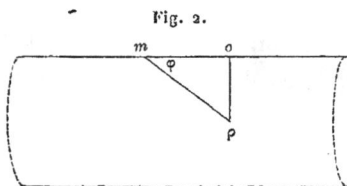

en est de même de tous les points qui sont placés comme le point m dans une zone cylindrique dont le rayon est f et la hauteur dx. Il suit de là que la quantité de chaleur envoyée par la zone à la molécule dont le rayon est ρ a pour expression

$$\frac{\pi \rho^2}{2\pi r^2} ag\, F(\sin\varphi)\, 2\pi f\, dx.$$

On mettra au lieu de x et r leurs valeurs $f\cot\varphi$ et $f\coséc\varphi$; on trouvera alors

$$\frac{f\,dx}{r^2} = -\,d\varphi.$$

Donc la différentielle précédente deviendra

$$-\,ag\,\pi\rho^2\,F(\sin\varphi)\,d\varphi.$$

Prenant donc l'intégrale depuis $\varphi = \frac{\pi}{2}$ jusqu'à $\varphi = \Phi$, ou prenant l'intégrale, avec un signe contraire, depuis $\varphi = \Phi$ jusqu'à $\varphi = \frac{\pi}{2}$, on aura la quantité de chaleur envoyée à la molécule par la partie de la surface cylindrique qui est située à la gauche. Cette quantité est

$$ah\pi\rho^2 \frac{\displaystyle\int_\Phi^{\frac{\pi}{2}} F(\sin\varphi)\,d\varphi}{\displaystyle\int_0^{\frac{\pi}{2}} F(\sin\varphi)\cos\varphi\,d\varphi}.$$

On aura un résultat analogue pour la partie de la surface cylindrique qui est à la droite de la molécule. L'action totale de cette surface sera exprimée par la somme des deux termes.

Si $F(\sin\varphi) = 1$, l'action totale de la surface cylindrique sur la molécule sera $ah\pi\rho^2(\psi + \psi')$, en désignant par ψ et ψ' (*fig.* 3) les angles

Fig. 3.

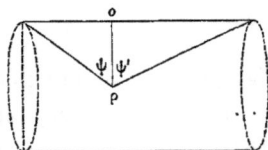

que font avec la perpendiculaire les deux rayons qui, partant de la molécule, aboutissent aux extrémités du cylindre. Cette action est donc proportionnelle, toutes choses d'ailleurs égales, à l'angle au centre, c'est-à-dire à celui qui a son sommet à la molécule, et dont les côtés comprennent la surface cylindrique. Si la longueur de cette surface est infinie, la quantité de chaleur reçue par la molécule est $a\pi\rho^2 h\pi$. La quantité qu'elle laisserait échapper si elle avait la température b serait $4\pi\rho^2 hb$; on a donc $b = \frac{\pi}{4} a$. Donc la molécule placée en un point quelconque de l'axe d'une surface cylindrique échauffée acquerrait une température moindre que celle de l'enceinte dans la raison des nombres π et 4, en supposant que l'intensité des rayons fût constante sous tous les angles d'émission.

Si cette intensité est proportionnelle au sinus de l'angle d'émission, on aura $F(\sin\varphi) = \sin\varphi$; et l'on trouvera, pour exprimer l'action de

II. 6

la surface cylindrique, la quantité suivante :

$$a h \pi \rho^2 (2 \sin \psi + 2 \sin \psi').$$

Les deux angles ψ et ψ', qui, dans le cas précédent, entrent dans la valeur de l'action totale, sont ici remplacés par leurs doubles sinus. Lorsque la longueur de la surface échauffée est infinie, la mesure de la quantité de chaleur reçue est $4 a h \pi \rho^2$; et comme la molécule, ayant la température b, dissiperait une quantité de chaleur égale à $4 b h \pi \rho^2$, il s'ensuit que $b = a$. Donc, si l'on place une molécule sphérique dans l'axe d'une surface cylindrique dont la température est fixe, la molécule acquerra la température de l'enceinte, en supposant que l'intensité des rayons émis décroît proportionnellement au sinus de l'angle d'émission.

95.

Nous déterminerons en dernier lieu quelle est, dans les deux hypothèses précédentes, la température que doit acquérir une molécule sphérique lorsqu'on la place dans l'axe d'une enveloppe cylindrique fermée à ses deux extrémités par des plans circulaires.

Fig. 4.

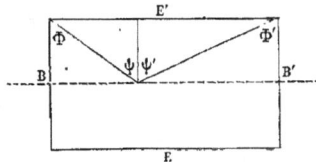

Il résulte des théorèmes précédents (art. 93 et 94) que, si l'intensité des rayons varie proportionnellement au sinus de l'angle d'émission, l'action de l'enveloppe E (*fig.* 4) équivaut à

$$a h \pi \rho^2 (2 \sin \psi + 2 \sin \psi');$$

que l'action du plan B est

$$a h \pi \rho^2 (2 - 2 \sin \Phi) \quad \text{ou} \quad a h \pi \rho^2 (2 - 2 \sin \psi),$$

et que celle du plan B′ est

$$ah\pi\rho^2(2 - 2\sin\psi').$$

Donc l'action totale de l'enceinte est $4ah\pi\rho^2$; et, par conséquent, la molécule, étant placée en un point quelconque de l'axe, doit acquérir une température égale à celle que conserve l'enceinte. Ce résultat ne dépend ni des dimensions, ni du rapport de la longueur du cylindre au diamètre de la base. Mais, si l'intensité était invariable, quel que fût l'angle d'émission, l'action de l'enveloppe serait, comme on l'a vu précédemment,

$$ah\pi\rho^2(\psi + \psi');$$

celle du plan B serait

$$ah\pi\rho^2\log\frac{1}{\sin\psi};$$

celle du plan B′ serait

$$ah\pi\rho^2\log\frac{1}{\sin\psi'}.$$

Donc l'action totale des surfaces serait

$$ah\pi\rho^2(\psi - \log\sin\psi + \psi' - \log\sin\psi').$$

Désignant par b la température finale de la molécule, on aurait

$$b = \tfrac{1}{4}a(\psi - \log\sin\psi + \psi' - \log\sin\psi').$$

Cette température dépendrait donc de la position de la molécule et de la forme de l'enceinte; elle pourrait devenir, ou moindre que celle de l'enveloppe, ou infiniment plus grande, si l'on plaçait la molécule au centre, ou si on la rapprochait de l'une des bases. Or ce résultat est entièrement contraire aux observations communes : il est donc impossible de supposer que les rayons de chaleur qui sortent sous divers angles d'un même point de la surface des corps ont une égale intensité.

96.

Nous allons présentement démontrer qu'en supposant l'intensité décroissante et proportionnelle au sinus de l'angle d'émission, il doit s'établir entre tous les corps placés dans un même lieu une température commune, indépendante de leur forme, de leur nombre et de leur situation. Soient deux surfaces planes infiniment petites s et σ, placées à une distance finie; c'est-à-dire que les dimensions des deux figures sont incomparablement plus petites que leur distance y. On suppose que l'une des surfaces est entretenue à la température finie a; il s'agit de trouver combien la seconde σ en reçoit de chaleur dans un temps donné. On n'a point égard ici à la partie de cette chaleur qui pourrait être réfléchie par σ; on veut connaître la quantité totale qui tombe sur cette surface. Soient p l'angle que la distance y fait avec s, et φ l'angle qu'elle fait avec σ. Il est évident qu'on peut prendre pour les termes de la distance y deux points quelconques des deux figures s et σ, et que l'on doit regarder comme nulles les variations que les changements de ces points occasionneraient dans la longueur y et dans les angles p et φ. Chaque portion infiniment petite ω prise sur la surface échauffée est le centre d'un rayon de chaleur qui tombe sur σ. Il faut d'abord connaître combien ce rayon contient de chaleur. Si par un point de la surface σ on mène dans le rayon une section qui soit perpendiculaire à sa direction, il est facile de voir que l'étendue de cette section est $\sigma \sin \varphi$. En effet, les lignes dont le rayon est formé faisant entre elles un angle infiniment petit, on considérera, selon les principes du Calcul différentiel, la forme de ce rayon comme prismatique. Or, si l'on mène dans un prisme oblique une section perpendiculaire à l'arête, l'étendue de cette section est $\sigma \sin \varphi$, en désignant par σ la surface de la base et par φ l'angle que fait l'arête avec la base. Pour rendre ce résultat évident, il faut, après avoir divisé le prisme oblique en deux parties au moyen de la section perpendiculaire, transposer ces deux parties, en sorte qu'elles forment un prisme droit ayant pour base les deux sections perpendiculaires : la hauteur du nouveau prisme devient alors égale à la longueur du prisme oblique; donc le rapport des hauteurs respectives de ces deux solides est le rapport inverse de leurs bases, c'est-à-dire que la surface de la section perpendiculaire équivaut à $\sigma \sin \varphi$. Au reste, cette proposition se conclut facilement de la compa-

raison des pyramides qui, ayant leur sommet en ω (*fig.* 5), ont pour
base la surface inclinée *mn*, ou les trois surfaces *mp*, *rt*, *qn*, perpendiculaires à l'axe *y*; il est évident que la dernière raison de ces solides
est l'unité. Maintenant le rayon qui tombe sur la base $\sigma \sin \varphi$ appartient
à un hémisphère dont la surface est $2\pi y^2$. La direction de ce rayon

Fig. 5.

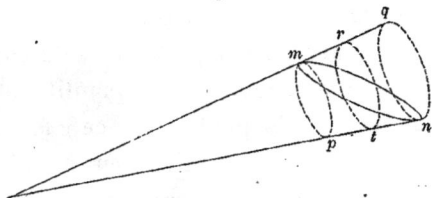

faisant avec le plan dont il sort un angle *p*, son intensité est $ag\,\mathrm{F}(\sin p)$;
a est la température et *g* un coefficient constant. Donc la quantité de
chaleur envoyée par la portion ω est $\omega a g\,\mathrm{F}(\sin p)\,\dfrac{\sigma \sin \varphi}{2\pi y^2}$. Si l'on multiplie cette quantité par le rapport de *s* à ω, on aura la quantité totale
de chaleur que *s* envoie à ω : cette quantité est

$$\frac{ags}{2\pi y^2}\,\mathrm{F}(\sin p)\,\sigma \sin \varphi.$$

Supposons maintenant que la surface σ soit aussi à la température *a*;
il est visible qu'elle enverra à *s* une quantité de chaleur égale à

$$\frac{ag\sigma}{2\pi y^2}\,\mathrm{F}(\sin \varphi)\,s \sin p.$$

On voit distinctement par ces deux résultats que, si la fonction
$\mathrm{F}(\sin \varphi)$ est le sinus même, l'action de *s* sur σ sera égale à celle de σ
sur *s*, et que, si cette fonction n'est pas proportionnelle au sinus, les
deux actions ne seront point égales. Or il est facile de reconnaître que
cette égalité des deux actions réciproques est précisément ce qui constitue l'équilibre des températures. Donc il est nécessaire que l'intensité des rayons qui s'échappent ensemble d'un point d'une surface soit
proportionnelle au sinus de l'angle d'émission.

On a vu précédemment (art. 90, p. 32) que le coefficient g est donné par l'équation

$$h = g \int_0^{\frac{\pi}{2}} \mathrm{F}(\sin\varphi)\cos\varphi\, d\varphi,$$

de sorte que l'on a ici $g = 2h$. Donc l'action de s sur σ est

$$\frac{ah}{\pi y^2}\, s \sin p\, \sigma \sin \varphi.$$

Si les deux surfaces ont des températures inégales a et b, le résultat de leur action mutuelle sera, comme nous l'avons annoncé, proportionnel à

$$(a-b)h\,\frac{s\sin p\,\sigma\sin\varphi}{y^2}.$$

97.

Supposons maintenant qu'un espace vide d'air soit terminé de toutes parts, et que l'enceinte qui le renferme soit, par une cause extérieure quelconque, maintenue à une température fixe a : il faut déterminer l'état final auquel un corps parviendrait si on le plaçait dans un point de cet espace.

Il est visible que l'état dont il s'agit est celui que le corps conserverait sans aucun changement, si on le lui donnait d'abord et si on le plaçait ensuite dans un point de l'espace échauffé. Or on peut s'assurer facilement que cela aurait lieu si chaque point du corps recevait d'abord la température a de l'enceinte. En effet, une partie infiniment petite quelconque σ de la surface de ce corps est exposée à l'action d'une infinité de petites surfaces s, s', s'', s''', ...; elle envoie à chacune d'elles, d'après le théorème précédent, une quantité de chaleur exactement égale à celle qu'elle en reçoit. Donc cette partie σ de la surface du corps ne peut éprouver aucun changement de température. Le corps lui-même, dont tous les points intérieurs ont la température commune a, doit donc aussi conserver cette même température; donc il tendrait continuellement à l'acquérir, si son état initial était différent.

Ces résultats sont entièrement indépendants de la forme de l'enceinte, de celle du corps et du lieu où on le place. Ainsi tous les points de l'espace dont il s'agit ont une même température, savoir, celle que prendraient les molécules que l'on y placerait; et cette température de l'espace est celle de l'enceinte qui le borne. Lorsque plusieurs corps ont acquis la température commune de l'espace dans lequel ils ont été placés, ils conservent toujours cette température. Un élément quelconque de la surface d'un de ces corps est le centre d'une infinité de rayons qui composent un hémisphère continuellement rempli de chaleur. L'intensité d'un rayon est proportionnelle au sinus de l'angle qu'il fait avec l'élément de la surface dont il sort. Ce même rayon est toujours accompagné d'un rayon contraire qui, ayant la même intensité, se meut dans le sens opposé, et s'avance vers la surface dont le premier s'éloigne. C'est ainsi que chaque point de la surface d'un corps est le centre de deux hémisphères qui se pénètrent mutuellement; l'un est composé des rayons émis et l'autre des rayons contraires envoyés par les autres corps.

98.

Si l'on imagine une surface plane infiniment petite ω tracée dans l'espace et pouvant être librement traversée par les rayons de chaleur, lorsque l'équilibre de température sera établi, cet élément recevra une infinité de rayons sur les deux côtés opposés A et A' de sa surface. Ce disque infiniment petit est donc en même temps le centre d'un hémisphère composé de rayons qui tombent sur le côté A de la surface, et celui d'un hémisphère composé de rayons qui s'éloignent de cette même surface A; et il est très facile de voir que l'intensité de ces rayons incidents ou émis est nécessairement proportionnelle au sinus de l'angle d'incidence ou d'émission. Donc ce côté A de la surface de l'élément ω produit exactement le même effet que si ω faisait partie de la surface d'un corps solide parvenu à la température commune. Le même raisonnement s'applique à toutes les parties d'une surface quelconque qui, ayant été tracée dans l'espace, serait traversée dans tous les sens par les rayons de chaleur. Donc, si des corps placés dans l'espace ont acquis des températures égales, et si l'on supprime tout à coup un de ces corps, l'équilibre de la chaleur s'établira et subsistera de la même manière qu'auparavant. En effet, les surfaces qui terminent la portion de l'espace que le corps occupait recevront ou transmettront des quantités de chaleur exactement égales à celles que le corps recevait lui-même, ou envoyait aux corps environnants dont la température était égale à la sienne. Il faut bien remarquer que cette compensation ne peut avoir lieu qu'autant que l'intensité des rayons décroît suivant la loi que nous avons démontrée. Dans toute autre hypothèse, l'effet des rayons envoyés par un corps solide parvenu à la température commune ne serait point le même que celui des rayons qui, après la suppression du corps, traversent librement l'espace qu'il occupait. On voit, d'après cela, pourquoi le déplacement de diverses masses parvenues à des températures égales n'apporte aucun changement dans l'équilibre de la chaleur.

99.

Il faut considérer maintenant que les rayons de chaleur qui tombent sur la surface d'un corps ne pénètrent point tous au delà de la surface qui les reçoit : une partie de cette chaleur est réfléchie dans l'espace environnant, et s'ajoute à celle que le corps lui-même lui envoie. Cette propriété dépend de l'état de la surface sur laquelle tombent les rayons de chaleur. La quantité des rayons réfléchis est très grande lorsque la surface est métallique et exactement polie. On remarque aussi des différences considérables dans les quantités de chaleur que les divers corps peuvent envoyer, à températures égales. Ainsi deux surfaces planes, égales et également échauffées, envoient à l'espace environnant des quantités de chaleur très inégales si l'une est polie et l'autre dépolie, ou couverte d'un enduit. Or les observations nous ont appris qu'il y a une relation constante entre la propriété de réfléchir les rayons et celle de les transmettre. Cette même cause, inconnue jusqu'ici, qui s'oppose à l'admission des rayons incidents et en réflé-

chit une partie, est également contraire à la projection des rayons que
les corps échauffés tendent à envoyer dans l'espace ; elle tend aussi à
les réfléchir vers l'intérieur des corps, et ne laisse échapper dans
l'espace qu'une partie de ces rayons. Toutes les fois que, par un changement quelconque opéré à la surface, on diminue la faculté d'admettre les rayons incidents, on diminue aussi, et dans le même rapport,
la faculté de les projeter au dehors. Si l'élément ω de la surface d'un
corps parvenu à la température commune de l'espace reçoit un rayon R
(*fig.* 6) qui fait avec la surface un angle φ, ce rayon se divise en deux

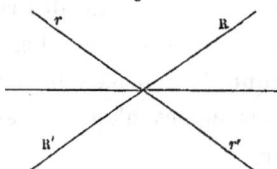

Fig. 6.

parties Rα et R(1 — α), dont l'une poursuit sa route en pénétrant dans
la masse, et l'autre se réfléchit, comme la lumière, sous le même
angle φ. Puisqu'on suppose que le corps est parvenu à la température
de l'espace, il suit des principes que nous avons exposés qu'il doit y
avoir en même temps un second rayon r égal au précédent, et qui
tombe aussi sur la surface en faisant avec elle l'angle φ, suivant une
direction contraire à celle du rayon réfléchi R(1 — α). Ce rayon incident
alterne r se divise, comme le précédent, en deux parties, dont l'une rα
pénètre dans la masse et l'autre r(1 — α) suit une route contraire à
celle du rayon incident R. Si la surface au point ω n'avait point la propriété de s'opposer à l'émission de la chaleur, la température du corps
étant devenue constante, il s'échapperait sous l'angle φ un rayon R′
égal à R et suivant une direction contraire ; mais ce rayon projeté R′
est, comme le rayon incident R, divisé en deux parties R′α et R′(1 — α) ;
l'une poursuit sa route et s'éloigne du corps, tandis que l'autre partie
R′(1 — α) se réfléchit vers l'intérieur, en suivant la même route que
le rayon r. Enfin un quatrième rayon r′ égal à R tend également à sortir

II.   7

sous le même angle φ, suivant une direction opposée à celle de r; mais il se divise en deux parties $r'\alpha$ et $r'(1-\alpha)$, dont l'une s'éloigne du corps et dont l'autre est réfléchie vers l'intérieur de la masse.

On voit par là que le point ω envoie selon la direction de r' les deux rayons $r'\alpha$ et $R(1-\alpha)$, et qu'il envoie aussi selon la direction de R' les deux rayons $R'\alpha$ et $r(1-\alpha)$. Ce même point reçoit dans l'intérieur du solide, selon la direction R, les deux rayons $R\alpha$ et $r'(1-\alpha)$; enfin il reçoit, selon la direction r, les deux rayons $r\alpha$ et $R'(1-\alpha)$. Comme les quantités R, r, R', r' sont égales par l'hypothèse, il s'ensuit que l'élément ω reçoit sous l'angle φ un rayon égal à R, et qu'il envoie aussi sous cet angle un même rayon R; c'est ce qui aurait lieu si la surface était entièrement privée de la propriété de réfléchir les rayons. Donc l'existence de cette propriété, et son plus ou moins d'intensité, n'apportent aucun changement dans l'équilibre de la chaleur.

Il n'en serait pas de même si la fraction α qui convient aux rayons incidents R et r n'était point la même que celle qui convient aux rayons projetés R' et r'. Il arriverait alors que la quantité de chaleur admise différerait de la quantité de chaleur émise, et la température du corps ne serait point constante. Supposons, par exemple, que le corps M, parvenu à la température commune A de l'espace, soit tout à coup remplacé par un corps N de même forme, de même substance et de même température que le premier, mais qui en diffère par l'état de la surface. Ce corps N ne pourrait point conserver la température A si le changement de la surface, qui augmente ou diminue la facilité de réfléchir les rayons, ne modifiait pas également la facilité de les émettre dans l'espace; or il est entièrement contraire aux faits de supposer que le corps N prenne une température différente de A; donc il n'y a aucun doute que la surface réfléchissante n'exerce également son action contre les rayons qui tendent à pénétrer dans le solide et contre ceux qui tendent à en sortir. Il suit de là que, dans l'équilibre de la chaleur, l'intensité des rayons émis décroît proportionnellement au sinus de l'angle d'émission, quelle que soit d'ailleurs la nature des surfaces; il faut seulement concevoir que les rayons réfléchis s'ajoutent à ceux que le corps envoie de lui-même, et que ces deux parties composent le rayon émis, dont l'intensité décroît comme le sinus de l'angle d'émission.

Cette propriété de repousser les rayons incidents, qui varie beaucoup avec l'état des surfaces, et qui n'apporte aucun changement dans l'état d'équilibre, a une influence considérable sur les progrès de l'échauffement et du refroidissement. Si le corps M, placé dans l'espace dont la température commune est A, a lui-même une température inférieure B, les rayons R et R' n'auront plus la même intensité, et il est facile de voir que l'augmentation de chaleur produite par le rayon R sera proportionnelle à $\alpha(R - R')$. Donc la masse s'échauffera d'autant plus vite que la fraction α approchera plus de l'unité. Si la surface jouissait à un très haut degré de la propriété de réfléchir la chaleur, le coefficient α serait très petit, et le corps s'échaufferait ou se refroidirait avec une extrême lenteur.

Ainsi, lorsque, dans un espace vide d'air que termine une enceinte solide entretenue à une température constante, on place plusieurs masses solides qui diffèrent par la substance et par la figure ou par l'état des surfaces, ces divers corps, quelle que soit leur température initiale, tendent continuellement à acquérir une température commune, qui est celle de l'enceinte. Ils s'échauffent ou se refroidissent plus ou moins lentement, selon qu'ils jouissent à un plus haut degré de la propriété de réfléchir les rayons incidents; mais cette qualité n'influe ni sur la valeur de la température finale, ni sur la loi du décroissement de l'intensité des rayons émis dans l'état d'équilibre. Si, par exemple, l'un de ces corps réfléchit toute la chaleur qui lui est envoyée, en sorte que la valeur de α soit nulle, il n'acquerra jamais la température commune; mais il contribuera également à l'équilibre de la chaleur, en réfléchissant les rayons qui tombent sur lui, et dont il ne change point la température.

Il faut bien remarquer que les rayons qui sortent de l'intérieur du solide, et qui, après avoir rencontré une surface propre à les réfléchir, changent de direction en continuant de se propager dans l'espace,

conservent toujours leur température primitive; celle de la surface
réfléchissante ne peut ni augmenter ni diminuer la température des
rayons réfléchis, en sorte que le corps qui absorbe ces derniers rayons
en reçoit la même impression que s'ils lui étaient envoyés directement. Ce fait est connu depuis longtemps, et se manifeste dans les
observations sur la réflexion du froid; il est devenu très sensible dans
plusieurs expériences que nous avons faites récemment pour observer
les lois de l'émission de la chaleur. Par exemple, on a transporté un
plateau de glace G (*fig.* 7) dans une pièce fermée, dont toutes les par-

Fig. 7.

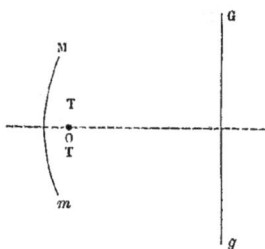

ties avaient acquis une température constante supérieure à o. On y
avait placé un thermoscope T très sensible et qui était devenu stationnaire. Lorsqu'on présentait le plateau G à une certaine distance du
thermoscope, l'indice se mettait aussitôt en mouvement et se rapprochait de la boule. En effet, avant que le plateau de glace fût apporté,
la boule du thermoscope recevait de toutes parts des rayons également
chauds, et, comme elle envoyait elle-même une quantité de chaleur
égale à celle qu'elle recevait, elle conservait sa température; mais,
lorsque la masse G était placée, cette masse interceptait une partie des
rayons qui tombaient auparavant sur la boule, et ces rayons étaient
remplacés par des rayons plus froids, sortis de la glace. C'est pour cela
que la température du thermoscope s'abaissait jusqu'à ce que la quantité de chaleur envoyée par la boule devînt égale à celle qu'elle recevait. On approchait ensuite une surface métallique polie M, propre à
réfléchir sur la boule T les rayons sortis du corps glacé G; alors la

température du thermoscope s'abaissait de nouveau d'une quantité considérable. En effet, en plaçant le miroir M, on interceptait encore une partie des rayons que la boule T recevait des corps environnants; ces rayons étaient remplacés par ceux qui sortaient de l'intérieur même du miroir, et aussi par ceux qui, sortis de la masse froide G, se réfléchissaient à la surface du miroir et tombaient sur la boule T. Cette boule recevait donc, après qu'on avait approché le miroir, plus de rayons froids et moins de rayons chauds qu'auparavant; c'est pour cette raison que la présence du miroir M fait toujours abaisser la température. Lorsque le miroir M n'était point placé, la boule T se trouvait seulement exposée aux émanations d'un plateau de glace; mais, lorsque le miroir était en *m*, cette boule se trouvait, pour ainsi dire, placée entre deux masses froides, en sorte qu'elle perdait une nouvelle partie de sa chaleur.

Avant qu'on plaçât le miroir M, il était ordinairement entretenu à la température de l'appartement; mais nous avons plusieurs fois échauffé ce miroir de quelques degrés au-dessus de cette température commune; dans cet état, on le plaçait en *m*, et il arrivait encore que la boule T se refroidissait très sensiblement. Les rayons plus chauds sortis du miroir même ne suffisaient point pour compenser l'effet des rayons émanés du plateau et réfléchis par sa surface sur la boule T. Nous avons toujours observé que, si l'on approchait de T le miroir M, en plaçant cette dernière surface de telle manière qu'elle ne pût réfléchir sur T les rayons émanés de G*g*, la température du thermoscope s'élevait, le miroir M étant plus échauffé que les corps environnants; mais, lorsqu'on mettait cette même surface M dans la situation propre à réfléchir sur la boule T les rayons sortis de G*g*, la température du thermoscope s'abaissait.

Si ensuite on enlevait le plateau de glace, l'indice du thermoscope commençait aussitôt à se mouvoir; il s'élevait jusqu'à ce qu'il marquât une température supérieure à celle de l'appartement. Enfin, en retirant le miroir, l'indice se rapprochait de la boule et marquait la température commune. Au reste, ces résultats sont connus de tous les physiciens qui ont observé attentivement les effets de la chaleur. Ils s'expliquent très facilement lorsque l'on considère que la température des surfaces réfléchissantes n'influe point sur celle des rayons réfléchis.

100.

Pour achever cette théorie de l'équilibre de la chaleur rayonnante, il·nous reste à découvrir la cause qui fait diminuer l'intensité des rayons émis proportionnellement au sinus de l'angle d'émission. On parviendra à l'explication mathématique de ce phénomène en examinant comment toutes les molécules infiniment voisines de la surface concourent à l'émission perpendiculaire ou oblique de la chaleur.

Supposons que le plan AB (*fig.* 8) termine une masse solide échauf-

Fig. 8.

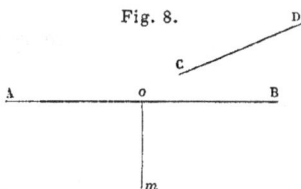

fée qui conserve la température *a* et sépare cette masse du milieu environnant, qui conserve la température o; chaque point du plan AB pourra être regardé comme le centre d'un hémisphère continuellement rempli de chaleur. La question consiste à comparer l'intensité des rayons obliques à celle des rayons perpendiculaires.

Il résulte, en premier lieu, de toutes les observations qu'il n'y a qu'une couche extrêmement mince des corps opaques qui puisse contribuer à la projection immédiate de la chaleur. Ainsi, en concevant le solide divisé en un très grand nombre de couches parallèles d'une très petite épaisseur, on voit que la couche extrême terminée par le plan AB est la seule qui puisse porter immédiatement jusque dans le vide la chaleur dont elle est pénétrée. Mais les différentes parties de cette dernière couche ne concourent point également à cet effet, quoiqu'elles aient toutes la même température que les points de la surface. Les points qui sont situés à la superficie envoient la chaleur dans tous les sens avec une égale facilité : ceux qui sont un peu au-dessous de la surface n'envoient pas aussi facilement la chaleur au delà des limites du corps; celle qu'ils projettent s'arrête en partie sur les molécules solides qui les séparent de l'espace extérieur : il n'y a qu'une partie de cette chaleur projetée qui parvient jusqu'à l'espace et qui s'y répand. De plus, ces mêmes points envoient moins de chaleur jusqu'aux limites du corps en suivant une direction oblique que selon la perpendiculaire. Cette différence provient encore de l'interposition des molécules solides, qui sont en plus grand nombre dans les directions obliques.

Chaque point de la normale *om* envoie perpendiculairement à la surface, suivant *mo*, une certaine quantité de chaleur, et chaque point de cette même normale envoie aussi jusque dans l'espace E une certaine quantité de chaleur suivant une direction oblique, parallèle à une ligne donnée CD. Soit μ la quantité totale de chaleur que le filet solide *om* projette jusque dans l'espace extérieur E, perpendiculairement à la surface AB, et soit ν la quantité totale de chaleur que le même filet solide projette jusque dans l'espace, selon la direction parallèle à CD : on va démontrer qu'on a toujours l'équation $\nu = \mu \sin \varphi$, φ étant l'angle que CD fait avec le plan. Le même raisonnement pouvant s'appliquer à tous les filets perpendiculaires dont la base est sur le plan AB, on en conclura que la quantité totale de chaleur qui traverse le plan selon la direction perpendiculaire est à la quantité totale qui le traverse selon la direction parallèle à CD dans le rapport de 1 à $\sin \varphi$: tout se réduit donc à comparer les quantités μ et ν.

Supposons qu'à la distance Oα (*fig.* 9) la molécule α puisse envoyer selon la normale, et jusque dans l'espace extérieur, une quantité de chaleur désignée par l'ordonnée αp. Concevons, en général, que l'on ait décrit une courbe *mpq* dont chaque ordonnée αp, ou βq, représente la quantité de chaleur qui peut être envoyée dans l'espace, selon la normale, par la molécule α, ou β, placée à l'extrémité de l'abscisse qui répond à cette ordonnée αp, ou βq. La ligne mpq dépend, suivant une loi inconnue, de la nature de la substance solide, et l'on peut dire que chacune de ces substances a une certaine courbe qui lui est propre. Le point d'intersection entre la courbe et l'axe Om est le dernier point de cette normale qui puisse projeter une partie de la chaleur jusque dans l'espace E; celle qui est envoyée par les autres points plus éloignés de O ne parvient point jusqu'aux limites du solide. Il est facile de voir que la quantité totale de chaleur μ envoyée perpendiculairement par la ligne Om dans l'espace E est représentée par l'aire comprise entre Om et mpq.

Fig. 9.

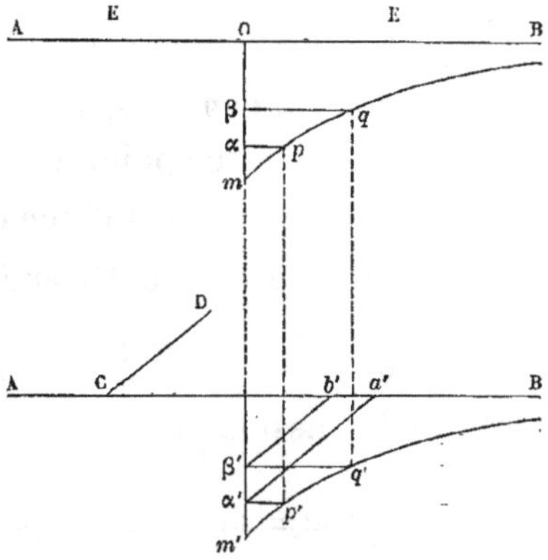

On trouvera maintenant la quantité totale ν que cette même ligne envoie à l'espace parallèlement à la direction CD, en concevant une seconde courbe $m'p'q'$ dont les ordonnées représentent les quantités de chaleur envoyées selon la direction CD. Ainsi, pour connaître combien le point α' envoie de chaleur parallèlement à CD jusque dans l'espace E, on mènera par ce point α' l'oblique $\alpha'a'$ parallèle à CD; ensuite on portera cette ligne $\alpha'a'$, de O en α, sur l'axe de la première courbe. L'ordonnée αp désignera la quantité de chaleur envoyée obliquement. On élèvera donc en α' l'ordonnée $\alpha'p'$ égale à αp. On construirait, par ce moyen, la seconde courbe $m'p'q'$, et l'aire comprise entre cette courbe et la normale Om' exprimerait le produit total ν de l'émission oblique. Or, si l'on compare ces deux courbes, on voit que, pour une même abscisse αp ou $\alpha'p'$, les ordonnées correspondantes sont dans un rapport constant, qui est celui de 1 à $\sin\varphi$. Donc ce rapport est celui des aires μ et ν; ainsi l'on a cette relation

$$\nu = \mu \sin\varphi.$$

On obtient aisément ce résultat sans employer les constructions. En effet, soit $\varphi(\alpha)$ la fonction inconnue qui exprime combien le point placé au-dessous de la surface, à une distance perpendiculaire α, peut envoyer de chaleur au delà de cette surface, selon la direction de la normale; et soit a la plus grande valeur que puisse avoir α; c'est-à-dire que, si la distance α est plus grande que a, la valeur de $\varphi(\alpha)$ est toujours nulle. L'intégrale $\int_0^a \varphi(\alpha)\,d\alpha$ donnera la valeur de la quantité totale μ envoyée perpendiculairement dans l'espace par le filet solide Om. Mais, si l'émission est oblique, le même point α se trouvera distant du point de la surface où il dirige ses rayons d'une quantité égale $\dfrac{\alpha}{\sin\varphi}$; donc il ne pourra envoyer dans l'espace extérieur qu'une quantité de chaleur exprimée par $\varphi\left(\dfrac{\alpha}{\sin\varphi}\right)$. L'intégrale $\int_0^a \varphi\left(\dfrac{\alpha}{\sin\varphi}\right) d\alpha$ sera donc la valeur du produit total ν de l'émission oblique. Soit $\dfrac{\alpha}{\sin\varphi} = \beta$; on aura

$$\int \varphi\left(\frac{\alpha}{\sin\varphi}\right) d\alpha = \sin\varphi \int \varphi(\beta)\,d\beta,$$

et cette seconde intégrale devra être prise depuis $\alpha = 0$ jusqu'à $\alpha = a$, ou, ce qui est la même chose, depuis $\beta = 0$ jusqu'à $\beta = \dfrac{a}{\sin\varphi}$. Mais il est évident, d'après l'hypothèse, que toute valeur de β plus grande que a donnerait des valeurs nulles pour $\varphi(\beta)$: donc l'intégrale $\int \varphi(\beta)\,d\beta$ peut être prise depuis $\beta = 0$ jusqu'à $\beta = a$; ainsi elle ne diffère point de $\int \varphi(\alpha)\,d\alpha$ prise depuis $\alpha = 0$ jusqu'à $\alpha = a$. On a donc

$$\nu = \sin\varphi \int_0^a \varphi(\alpha)\,d\alpha = \mu \sin\varphi.$$

Il suit de là que, sans connaître la fonction $\varphi(\alpha)$, qui varie avec la

II.   8

nature de chaque substance solide, on est assuré que la quantité totale de chaleur qui sort perpendiculairement d'une surface échauffée est plus grande que la quantité qui sort obliquement de cette même surface, et que le rapport de ces deux quantités est celui du rayon au sinus de l'angle d'émission.

On voit maintenant que l'on pourrait parvenir de différentes manières à déterminer cette loi du décroissement de l'intensité des rayons. Nous avons obtenu ce résultat en considérant l'égalité qui s'établit entre les températures des corps placés dans une enceinte commune; nous aurions pu le déduire de l'examen même de la cause qui le produit; enfin il est expressément indiqué par les expériences, comme le prouvent les Ouvrages de MM. Leslie, Rumford et Prevost, de Genève.

L'existence de cette loi est une conséquence certaine des causes qui déterminent la propagation de la chaleur dans les corps solides. C'est pour cette raison que le théorème énoncé en la page 28 nous a paru avoir une connexion nécessaire avec la matière que nous traitons, quoiqu'il se rapporte au mouvement de la chaleur dans le vide. Nous aurions regardé comme incomplète la théorie de la propagation de la chaleur dans les solides, si nous n'avions point considéré la loi à laquelle cette propagation est assujettie dans l'enveloppe extrêmement mince qui termine les corps, et si nous n'avions point expliqué comment ces mêmes corps solides parviennent, indépendamment du contact, à l'équilibre de température. Nous devons donc espérer que cette partie de notre Ouvrage ne sera point regardée comme étrangère à l'objet principal que nous nous sommes proposé.

Le traité que M. le professeur Prevost a publié en 1809 sur la chaleur rayonnante contient l'exposition des phénomènes connus qui dépendent de cette théorie. L'auteur a donné le premier une hypothèse physique qui explique très clairement la réflexion apparente du froid et toutes les circonstances de l'équilibre de la chaleur. M. le Dr Leslie, d'Édimbourg, et M. le comte de Rumford ont enrichi cette branche de la Physique d'un grand nombre de faits nouveaux. Toutes ces découvertes ont été préparées et excitées par les recherches de

M. M.-A. Pictet, à qui l'on doit des expériences capitales, et qui a fait connaître le premier toute l'importance des recherches de ce genre (*Essai sur le feu*, publié en 1790).

MM. Leslie et Prevost avaient déjà considéré comme indiquée par les observations la loi du décroissement de l'intensité des rayons obliques. Le premier attribue d'abord cette loi à l'émission de la lumière. Voici ses expressions : « Puisque le boulet devenu rouge ne se distingue pas d'un disque lumineux, il s'ensuit que la lumière est émise avec moins d'abondance dans les directions obliques, et que la densité des rayons est à peu près comme le sinus de leur déviation de la perpendiculaire. »

M. Prevost, après avoir cité ces mêmes expressions, ajoute : « Voilà une analogie dont on peut faire l'application au calorique rayonnant; et, en effet, des expériences que nous rapporterons portent à croire que l'émission du calorique est assujettie à la même loi. » Et plus loin : « J'ai dit ci-dessus qu'il paraissait, par quelques expériences de M. Leslie, que le calorique émanait avec plus d'abondance selon la direction perpendiculaire à la surface qui l'émet que selon toute autre direction : voici les expériences qui rendent ce fait probable. »

Elles consistent principalement dans l'observation, qu'a faite M. Leslie, de l'effet produit par une surface échauffée à laquelle on donnait des situations plus ou moins obliques.

On place un miroir métallique concave *m* (*fig.* 10), d'une forme

Fig. 10.

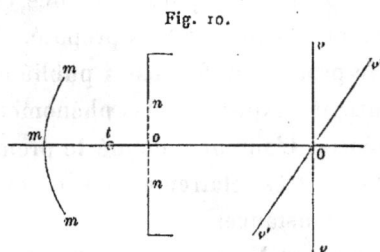

parabolique, devant une surface plane échauffée *vv*, dont les rayons, réfléchis par le miroir, échauffent la boule *t* d'un thermoscope placé près du foyer. Deux plans e, e interceptent une partie des rayons envoyés par le plan échauffé vv, et ces écrans sont séparés par un intervalle nn, qui laisse parvenir une partie des rayons en mmm. Après avoir observé et mesuré l'effet que produisent sur le thermoscope les rayons émanés du plan échauffé dans la position vv, on change cette position, et l'on donne à la surface la direction $v'v'$, sans changer la place du centre. On observe alors que l'effet produit sur le thermoscope est à très peu près le même qu'auparavant.

Il faut supposer : 1° que la température de la surface est la même en vv et en $v'v'$, ou qu'on tient compte de la diminution de température ; 2° que le déplacement n'est point assez grand pour que la ligne $v'n$, qui passe par l'extrémité du plan échauffé et celle de l'écran, cesse de rencontrer le miroir.

M. Leslie, après avoir rapporté ces expériences, et remarqué des circonstances accessoires qui lui paraissent devoir se compenser presque exactement, ajoute : « Je suis disposé à compenser ce déficit par ce que j'ai remarqué ci-dessus. Nous pouvons donc conclure en général que l'action éloignée d'une surface échauffée est équivalente à celle de sa projection orthographique, et doit être estimée par la grandeur visuelle de la source. »

On voit par ces citations que, en observant les effets des rayons obliques, on a été naturellement conduit à leur attribuer une intensité variable et proportionnelle au sinus de l'angle d'émission.

L'action de la chaleur rayonnante est assujettie dans les espaces vides d'air aux lois mathématiques que nous avons exposées; mais, lorsqu'elle se propage dans l'atmosphère, elle suit des lois différentes et beaucoup moins simples, qui sont aujourd'hui presque entièrement ignorées. L'air interposé reçoit en partie la chaleur rayonnante, et il agit ensuite lui-même sur les corps voisins. Nous avons plusieurs fois constaté par des expériences attentives cette influence marquée par la présence de l'air. Comme l'emploi des miroirs concaves complique les résultats en même temps qu'il les rend plus sensibles, nous avons mesuré l'action directe d'une surface échauffée sur la boule d'un thermoscope qu'on plaçait à différentes distances. On a apporté un soin extrême dans ces observations, et l'on a reconnu que les lois qui seraient observées dans les espaces vides sont notablement altérées par l'action de l'air intermédiaire. Ainsi l'effet produit par une surface inclinée se rapproche visiblement de celui de la projection orthographique; mais il y a toujours une différence très sensible entre les deux résultats.

Pour rendre plus manifeste cet effet de l'interposition de l'air, on avait introduit dans une enveloppe conique, et vers le sommet en t' (*fig.* 11), la boule d'un thermoscope; on plaçait ensuite ce récipient

Fig. 11.

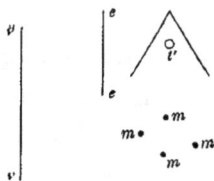

à côté et au-dessus d'une surface échauffée vv; un écran ee empêchait les rayons sortis de vv de tomber directement sur la surface intérieure du récipient. On a toujours remarqué que la boule du thermoscope s'échauffait rapidement, et il a été facile de reconnaître que cela provenait de l'air intermédiaire mmm, qui, étant échauffé, montait dans le récipient. Ainsi tout corps exposé dans l'air à l'action directe d'une surface échauffée éprouve en même temps celle d'une masse fluide qui l'environne de toutes parts, et cet effet accessoire est une partie notable de l'effet principal.

Ces mêmes expériences, qui avaient pour objet de mesurer avec précision l'action directe d'une surface échauffée sur la boule du thermoscope, nous ont donné lieu d'examiner comment l'accroissement de la distance, en augmentant la quantité d'air interposé, concourt à la diminution de l'effet produit; mais nous avons obtenu des résultats sensiblement différents de ceux qui auraient lieu d'après la règle proposée par M. Leslie, et qu'il a conclue de quelques-unes de ses observations sur la chaleur réfléchie.

Quant à l'action des rayons solaires, elle doit, à plusieurs égards, être distinguée de celle de la chaleur obscure. Nous appelons ainsi celle qui, ne pouvant traverser directement les liquides diaphanes, ne rend point les corps visibles. Pour faire connaître la nécessité de cette distinction, il nous suffira de rapporter l'expérience suivante, que nous avons faite récemment.

On a placé au devant de la boule d'un thermoscope un plateau de glace transparente, d'une épaisseur assez considérable; on a ensuite approché rapidement au devant du plateau une plaque de fer très échauffée, mais non lumineuse; on n'a remarqué aucun mouvement dans l'indice du thermoscope (la boule était garantie, de toutes parts, de l'accès de l'air échauffé, et l'on avait pris toutes les précautions requises). On a ensuite retiré la plaque échauffée, et on l'a remplacée par la flamme d'une bougie ordinaire : aussitôt l'indice du thermoscope s'est mis en mouvement. On a répété plusieurs fois ces épreuves, et l'on n'a pu observer quelque mouvement dans le thermoscope qu'en faisant rougir la plaque métallique. L'instrument était très sensible, car l'étendue d'un degré octogésimal était d'environ deux pouces ; et il était aussi très mobile, car l'indice commençait à marcher lorsqu'on présentait la main étendue au devant de la boule à quatre ou cinq pieds de distance.

Il résulte de cette expérience et de plusieurs autres que la chaleur rayonnante, qui ne pénètre point directement les liquides diaphanes, soit parce qu'elle manque de vitesse, soit pour toute autre cause, ne se comporte point dans l'air et dans les solides transparents comme celle qui émane des foyers lumineux. Il faudra donc avoir égard à cette distinction lorsqu'on entreprendra de déterminer l'action des rayons solaires sur l'atmosphère et sur les eaux. Ces recherches ne peuvent être fondées que sur une longue série d'observations. Au reste, elles n'appartiennent point à la matière que nous traitons aujourd'hui. Il faut bien remarquer qu'en soumettant au calcul la question des températures terrestres, nous avons écarté tout ce qu'il pourrait y avoir d'hypothétique et d'incertain dans la mesure de l'effet des rayons solaires. En effet, on peut regarder l'état de la surface du globe comme donné par les observations, et il s'agit ensuite d'en déduire l'état des molécules intérieures. Cette dernière question dépend entièrement de notre théorie du mouvement de la chaleur dans les corps solides.

XIV.

Comparaison des résultats de la théorie avec ceux de diverses expériences.

101.

Il nous reste à comparer les résultats que fournit l'analyse avec ceux de nos propres expériences. Ces observations ont été faites avec beaucoup de soin, et souvent répétées. Le nouveau degré de précision que nous sommes parvenu à leur donner nous a fait reconnaître une conformité encore plus exacte entre les faits et la théorie. Pour établir avec ordre cette comparaison, nous avons considéré, dans les diverses questions, les résultats les plus remarquables et qu'on peut constater avec précision. Ainsi, la théorie faisant connaître que les températures fixes de divers points placés à distances égales sur la circonférence de l'armille forment une série récurrente (art. 10) ([1]), nous avons cherché à vérifier ce résultat en mesurant les températures a, b, c, d de quatre points consécutifs et en comparant le quotient $\frac{a+c}{b}$ au quotient $\frac{b+d}{c}$, qui doit être le même que le précédent.

Il n'est pas moins facile d'observer, pendant le refroidissement de l'armille, les températures A et A' de deux points situés aux deux extrémités d'un même diamètre, et de les comparer aux températures B et B' de deux autres points situés aux extrémités d'un autre diamètre.

([1]) *Théorie de la chaleur,* art. 109, p. 89.   G. D.

Les deux sommes A + A' et B + B' doivent tendre de plus en plus à devenir et à demeurer égales pendant la durée du refroidissement (art. 37) ([1]). Il faut examiner si cette relation, donnée par la théorie, se manifeste dans les expériences.

On a vu aussi que le système variable des températures des différents points d'un corps donné s'approche continuellement d'un état régulier et final, dans lequel les rapports des températures ne changent plus avec le temps, chacune d'elles décroissant comme l'ordonnée d'une même logarithmique dont le temps est l'abscisse. Il s'agit donc d'observer les températures v_1, v_2, v_3, ... d'un point déterminé, correspondantes aux temps t_1, t_2, t_3, ..., et de comparer entre elles les quantités $\dfrac{\log v_1 - \log v_2}{t_2 - t_1}$, $\dfrac{\log v_2 - \log v_3}{t_3 - t_2}$, ... afin de reconnaître si ces quantités sont ou deviennent sensiblement égales, comme la théorie le suppose.

En général, le calcul nous apprenant que la chaleur affecte toujours dans l'intérieur des solides une disposition régulière et symétrique, il est intéressant de rendre ces propriétés sensibles par l'expérience, et de pouvoir distinguer à quelque caractère certain si le système des températures est entré et persiste dans cet état régulier, indépendant de l'échauffement initial.

Nous n'avons pas eu seulement pour but dans ces expériences de vérifier les résultats remarquables de la théorie; nous les avons encore choisies telles qu'on pût connaître pour une substance (le fer) les trois qualités spécifiques qu'il est nécessaire de mesurer pour faire l'application des formules. Ces éléments sont la conducibilité propre, la conducibilité extérieure et la capacité spécifique de chaleur.

La première expérience a été faite sur un anneau de fer poli, exposé par l'un de ses points à l'action d'une chaleur constante. On a placé sur trois supports de bois sec un anneau de fer poli d'environ un pied de diamètre; son plan est horizontal; il est percé de six trous, comme

[1] *Théorie de la chaleur*, art. 245, p. 249.   G. D.

on le voit dans la *fig.* 12. Les trois premiers occupent le quart de la circonférence, et leur distance est du huitième de cette circonférence ; les trois autres leur sont diamétralement opposés (¹). Les trous ne pénètrent point jusqu'à la surface inférieure, mais seulement au delà du milieu de l'épaisseur. On a placé dans l'armille divers thermomètres, en sorte que le centre du réservoir de chacun correspondit au milieu de l'épaisseur ; on a ensuite rempli avec du mercure les trous où l'on avait mis les thermomètres ; ceux qui restaient et qui n'avaient pas de thermomètres ont aussi été remplis avec du mercure. On a échauffé l'anneau en plaçant au-dessous une lampe d'Argant dont on

Fig. 12.

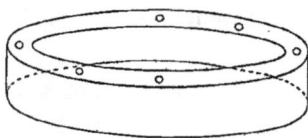

pouvait augmenter ou diminuer la flamme. On observait la température de l'appartement au moyen d'un thermomètre libre ; l'air était tranquille ; on tenait échauffée une pièce voisine du lieu de l'expérience, et l'on entr'ouvrait, lorsqu'il était nécessaire, la porte de communication avec cette étuve. On est parvenu ainsi à retenir dans un degré fixe la température de l'air. Le point au-dessous duquel on avait mis le foyer était très voisin d'un des thermomètres placés dans l'armille, et l'on réglait continuellement l'activité de la flamme en sorte que ce thermomètre marquait un degré fixe. En apportant beaucoup de soin dans ces expériences, on est parvenu, après des tentatives réitérées, à entretenir dans un état fixe, pendant plus de cinq heures consécutives, la température de l'air et celle du thermomètre voisin du foyer. Les thermomètres plus éloignés se sont élevés successivement ;

(¹) Le diamètre total *pm* est o^m,345 ; le diamètre intérieur *nr* est o^m,293 ; l'épaisseur *nn* est o^m,026 ; la hauteur *pq* est o^m,040 : pour chacun des trous le diamètre est o^m,0145 ; la hauteur o^m,0270.

II.

9

leur mouvement s'est ralenti de plus en plus, ensuite il a cessé. Les
températures ont été stationnaires pendant un long temps, et alors
on les a observées. On a fait plusieurs expériences de ce genre, en
variant la position des foyers, celle des thermomètres, et l'état des surfaces, qui étaient très polies, ou enduites, ou recouvertes de diverses
enveloppes. Quelquefois on a exposé l'anneau à l'action constante de
plusieurs foyers appliqués à des points différents. Dans tous ces cas,
on observait les températures stationnaires A, B, C de trois thermomètres consécutifs, et, retranchant la température commune de l'air,
on comparait les trois élévations a, b, c, afin de connaitre le rapport $\frac{a + c}{b}$. Chaque expérience donnait au moins une valeur de ce
rapport, et l'on a remarqué, en effet, que cette valeur était constante ([1]), et qu'elle ne dépendait ni de l'intensité des foyers, ni
des points où ils étaient placés. Mais ce quotient change avec l'état
des surfaces, et il varie aussi lorsque la distance de deux thermomètres consécutifs devient plus grande. En désignant par q la valeur
que prend ce rapport lorsque la distance de deux thermomètres est $\frac{1}{8}$
de la circonférence, et par r la valeur qui convient à une distance
double, on a trouvé par la théorie la relation suivante $q = \sqrt{r + 2}$;
ce qui est exactement conforme aux observations (*voir* ci-dessous,
p. 68 et suiv.).

On va maintenant rapporter les résultats numériques des six observations qui ont été faites sans que l'état des surfaces fût changé. Les
thermomètres a, b, c, d étaient placés comme l'indique la *fig.* 13. Le
foyer permanent était au-dessous du point f, voisin du point c; le
thermomètre c, qui était en ce dernier point, a marqué constamment
$99°\frac{1}{3}$ à l'échelle octogésimale, et la température permanente de l'air
était de $17°\frac{1}{3}$. Il s'est écoulé $4^h 24^m$ depuis le moment où l'on a posé le
foyer jusqu'à celui où l'on a mesuré les températures stationnaires :
on les a trouvées alors telles qu'elles sont indiquées dans la Table
ci-jointe. Les points o, 1, 2, 3, 4, 5, 6, 7 désignent les points de divi-

([1]) *Théorie de la chaleur*, art. 107, p. 88.

sion de la circonférence, partagée en huit parties égales; z_0, z_1, z_2, z_3, z_4, z_5, z_6, z_7 désignent les quantités dont la température de ces points

Fig. 13.

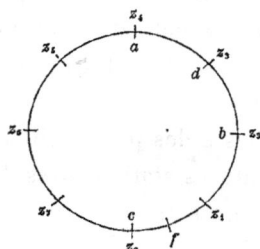

surpasse la température de l'air. Le point c correspond au point o, et l'on connaît par l'expérience les quatre quantités z_0, z_2, z_3, z_4.

Thermomètre.	Température.	Excès de la température du point sur celle de l'air.	Température de l'air.
c	$99\frac{1}{3}$	$z_0 = 81\frac{2}{3}$	
b	66	$z_2 = 48\frac{1}{3}$	$17°\frac{2}{3}$
d	$50\frac{7}{12}$	$z_3 = 32\frac{11}{12}$	
a	44	$z_4 = 26\frac{1}{3}$	

Il résulte de la théorie (¹) que les élévations z_0, z_1, z_2, z_3, z_4, z_5, z_6, z_7 forment une série récurrente, et que le quotient $\frac{z_2 + z_4}{z_3}$ est un nombre constant, qui ne dépend que de la nature et des dimensions de l'anneau, et se trouverait toujours le même, de quelque côté qu'on plaçât les foyers de chaleur constante. On avait pour objet de trouver ce quotient, afin de le comparer à celui que donneraient d'autres observations : on n'avait alors que quatre thermomètres que l'on pût appliquer à l'armille; mais on pouvait suppléer au nombre des thermomètres en variant les observations.

On a trouvé $\frac{z_2 + z_4}{z_3} = 2{,}2683$, valeur du quotient cherché. On pouvait d'abord vérifier ce résultat par le calcul suivant. On a vu que le

(¹) *Théorie de la chaleur*, art. 109, p. 89.   G. D.

quotient $\dfrac{z_2 + z_4}{z_3}$ serait différent si la distance de deux thermomètres consécutifs, au lieu d'être égale à $\frac{1}{8}$ de la circonférence, était égale à la quatrième partie de cette circonférence. On suppose qu'il y ait un thermomètre au point 6, et l'on désigne par z_6 l'élévation de la température de ce point au-dessus de celle de l'air. Soient $\dfrac{z_2 + z_4}{z_3} = q$ et $\dfrac{z_2 + z_6}{z_4} = r$; il est facile de trouver (¹) entre q et r la relation suivante :

$$q = \omega + \frac{1}{\omega} \quad \text{et} \quad r = \omega^2 + \frac{1}{\omega^2}.$$

Éliminons ω, on a

$$q = \sqrt{r + 2}.$$

Ainsi, en déterminant r, on en pourra conclure une nouvelle valeur de q.

Pour trouver r, on aura les deux équations

$$\frac{z_2 + z_6}{z_4} = r \quad \text{et} \quad \frac{z_4 + z_0}{z_6} = r;$$

éliminant z_6, qui est inconnue, on a

$$r^2 z_4 - r z_2 = z_4 + z_0.$$

On peut donc obtenir la valeur de r au moyen de z_0, z_2, z_4, comme on a obtenu celle de q au moyen de z_2, z_3, z_4. En faisant ce calcul, on a trouvé $r = 3,140$; et de l'équation $q = \sqrt{r + 2}$ on a conclu $q = 2,2673$. Cette seconde valeur diffère extrêmement peu de la première. Au reste, il est probable que cette conformité résulte en partie de la compensation fortuite des erreurs.

On a fait diverses expériences du même genre, en variant la position des quatre thermomètres. Quelquefois on a placé plusieurs foyers, en apportant la plus grande attention pour que les thermomètres demeurassent stationnaires, ce à quoi l'on peut toujours parvenir. On a changé aussi la température de l'appartement, et l'on a prolongé la

(¹) *Théorie de la chaleur*, art. 110, p. 89.   G. D.

durée de l'état fixe des températures. Voici les résultats qu'on a obtenus :

La première expérience, que nous venons de rapporter, a donné deux valeurs de q, savoir : $q = 2,267$ et $q = 2,268$.

Une seconde expérience a donné deux valeurs de q exprimées ainsi : $q = 2,29$ et $q = 2,28$.

Une troisième expérience a aussi donné deux valeurs de q, savoir : $q = 2,32$ et $q = 2,30$.

Une quatrième, où l'on n'avait employé que trois thermomètres, a donné une seule valeur, savoir : $q = 2,284$.

Une cinquième expérience a donné deux valeurs, savoir : $q = 2,29$ et $q = 2,29$.

Enfin la dernière expérience, que nous allons rapporter, a donné deux autres valeurs de q, savoir : $q = 2,32$ et $q = 2,31$.

On a placé quatre thermomètres aux points a, b, c, d (*fig.* 14) et le

Fig. 14.

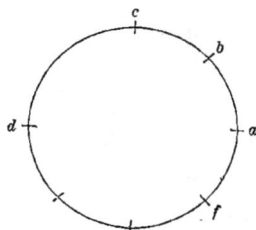

foyer au-dessous du point f : l'échauffement a duré $5^h 2^m$. Alors on a observé les températures, qui étaient toutes stationnaires depuis environ 5o minutes. La Table suivante indique ces températures fixes :

Thermomètre.	Température.	Excès de la température du thermomètre sur celle de l'air.	Température de l'air.
a	117,00	98,67	
b	78,87	60,54	
c	60,14	41,81	18°,33
d	59,10	40,77	

Le quotient q ou $\frac{a+c}{b}$ est 2,320; le quotient r ou $\frac{a+d}{c}$ est 3,335, et si l'on calcule une seconde valeur de q au moyen de la relation $q = \sqrt{r+2}$, on trouve $q = 2,3098$.

Les six expériences ont donné onze valeurs du nombre q, qui peuvent servir à déterminer ce nombre très exactement. L'erreur sera moindre que la quatre-vingt-dixième partie de la valeur du nombre si l'on emploie les expériences faites en divers temps; et si l'on ne se sert que des expériences faites le même jour, l'erreur sur la valeur de q sera beaucoup moindre que la deux-centième partie de cette valeur. On peut donc calculer avec précision le rapport $\frac{h}{K}$ des deux conducibilités.

Nous ferons remarquer que la valeur numérique de q, changeant avec l'état des surfaces ([1]), a dû subir quelque altération dans notre armille. Les premières expériences ont été faites en 1806 et les dernières en 1811 : dans cet intervalle on entretenait de temps à autre l'état net et poli de la surface; mais on n'a pu éviter quelque léger changement. C'est pour cela que les deux valeurs de q conclues d'une seule expérience sont en général plus voisines que celles qui ont été données par des expériences différentes. Au reste, on ne pouvait point attendre des résultats plus conformes entre eux, soit à cause des erreurs provenant des thermomètres, soit à raison des circonstances propres à l'expérience. En effet, les résultats théoriques auxquels nous sommes parvenus supposent que l'air est déplacé avec une vitesse uniforme; mais le courant d'air qui s'établit près de la surface de l'anneau, et emporte dans le sens vertical les molécules échauffées devenues plus légères, a une vitesse moindre dans les parties dont la température est moins élevée. Les points de l'anneau situés dans une même section perpendiculaire à l'axe n'ont point, comme on le suppose, une égale température. La différence, quelque petite qu'elle soit, influe sur les valeurs des températures fixes; il en est de même des interruptions

([1]) *Théorie de la chaleur*, art. 79, p. 56.　　　　　　　　　　　　G. D.

qu'éprouve la masse de l'anneau, à raison des trous qui reçoivent les thermomètres et sont remplis de mercure; enfin il doit s'écouler une petite quantité de chaleur dans les supports. Toutes ces circonstances doivent altérer les résultats, et les éloigner de ceux que donne la théorie. On voit cependant qu'elles n'empêchent point qu'on n'obtienne des valeurs très voisines des véritables.

102.

On a observé aussi le mouvement de la chaleur dans cette même armille qui à servi aux expériences précédentes. Ce solide avait été placé sur trois supports de bois sec; son plan était horizontal, et l'on avait mis quatre thermomètres a, b, c, d (*fig.* 15) aux points désignés

Fig. 15.

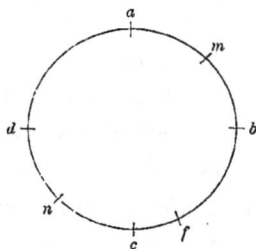

par ces lettres dans la figure; ensuite on avait rempli de mercure les trous a, b, c, d, et les deux autres m et n, qui n'avaient point de thermomètres. Un cinquième thermomètre était libre et servait à mesurer la température du lieu de l'expérience. La pièce où l'on observait était assez vaste, et l'on prenait soin de ne pas agiter l'air. Elle communiquait avec une seconde pièce échauffée, et l'on ouvrait, lorsqu'il était nécessaire, la porte de communication, afin d'obtenir une température constante; ce qui a eu lieu en effet.

Le point f ayant été exposé pendant 26 minutes environ à la flamme d'une lampe d'Argant, les thermomètres c, b, d, a se sont élevés successivement. Après 26 minutes écoulées, on a ôté le foyer, et dans ce moment, à 7^h31^m, le thermomètre c marquait $127°\frac{2}{3}$ environ, et les autres marquaient exactement, savoir :

Thermomètre.	Température.
b	$55°\frac{1}{2}$
a	25
d	$35.\frac{5}{6}$

celui de la chambre, désigné par t,

t	$18\frac{1}{2}$

A 7^h34^m, le thermomètre c était descendu à $111°\frac{2}{3}$ environ; et les autres thermomètres marquaient exactement, savoir :

Thermomètre.	Température.
b	$57°\frac{4}{6}$
c	26
d	$37\frac{5}{6}$
t	$18\frac{1}{2}$

On a commencé à mesurer les températures avec le plus grand soin; une personne observait un seul thermomètre, et toutes étaient averties au même instant par celle qui observait le temps écoulé. On remarquait aussitôt la position du mercure dans le thermomètre, et l'on en tenait note.

La Table suivante contient ces résultats :

TEMPS.	THERMOMÈTRES					SOMMES		DIFFÉRENCE des demi-sommes.
	$c.$	$b.$	$a.$	$d.$	$t.$	$\frac{1}{2}(a+c).$	$\frac{1}{2}(b+d).$	
h m 7.39	$89\frac{5}{6}$	59	28	$40\frac{2}{3}$	$18\frac{1}{2}$ un peu haut	58,916	49,833	+ 9,083
7.45	$75\frac{5}{6}$	$56\frac{1}{2}$	$30\frac{1}{2}$	$42\frac{1}{3}$	$18\frac{1}{2}$ id.	53,167	49,417	+ 3,750
7.51	$66\frac{1}{4}$	$53\frac{1}{3}$	$32\frac{1}{4}$	$42\frac{1}{3}$	$18\frac{1}{2}$ id.	49,250	47,833	+ 1,417
7.56	60	$50\frac{1}{2}$	$33\frac{2}{3}$	$41\frac{5}{6}$	$18\frac{1}{2}$ id.	46,833	46,167	+ 0,666
8. 1	$55\frac{1}{10}$	$47\frac{5}{6}$	$34\frac{1}{2}$	$41\frac{2}{15}$	$18\frac{3}{4}$	44,800	44,483	+ 0,317
8. 5	$51\frac{5}{6}$	$45\frac{4}{5}$	$34\frac{5}{6}$	$40\frac{1}{3}$	$18\frac{3}{4}$	43,333	43,067	+ 0,266
8.12	47	43	35	$38\frac{14}{15}$	$18\frac{3}{4}$	41,000	40,967	+ 0,033
8.17	$43\frac{5}{6}$	41	$34\frac{7}{8}$	38	$18\frac{3}{4}$	39,354	39,500	— 0,146
8.21	$42\frac{1}{2}$	$39\frac{5}{6}$	$34\frac{1}{2}$	$37\frac{1}{6}$	$18\frac{3}{4}$	38,500	38,483	+ 0,017
8.25	$40\frac{1}{2}$	$37\frac{3}{4}$	$34\frac{1}{4}$	$36\frac{1}{3}$	$18\frac{3}{4}$	37,375	37,041	+ 0,334
8.27	$39\frac{7}{10}$	37	34	$35\frac{14}{15}$	$18\frac{3}{4}$	36,830	36,467	+ 0,383
8.34	$37\frac{1}{3}$	36	33 faible	$34\frac{11}{15}$	19 faible	35,167	35,367	— 0,200
8.38	36	35	$32\frac{3}{4}$	$33\frac{3}{5}$	19 un peu faible	34,365	34,300	+ 0,065
8.43	$34\frac{1}{2}$	$33\frac{5}{6}$	$32\frac{1}{5}$	$33\frac{1}{6}$	19 id.	33,350	33,500	— 0,150
8 oublié	$33\frac{5}{6}$	$33\frac{1}{6}$	$31\frac{3}{4}$	$32\frac{11}{15}$	19 id.	32,791	32,950	— 0,159
8.50	33	$32\frac{2}{3}$	$31\frac{1}{4}$	32	19 id.	32,125	32,200	— 0,075
8.53	32	$31\frac{1}{5}$	$31\frac{1}{15}$	$31\frac{2}{3}$	19 id.	31,533	31,733	— 0,200
9	$30\frac{1}{2}$	$30\frac{2}{3}$	$30\frac{1}{8}$	$30\frac{1}{3}$ un peu fort	19 id.	30,312	30,500	— 0,188
9.24	$27\frac{1}{2}$	$27\frac{2}{3}$	$27\frac{5}{6}$	$27\frac{5}{6}$	19 id.	27,666	27,750	— 0,084
9.29	27	$27\frac{1}{4}$	$27\frac{1}{4}$	$27\frac{1}{3}$	19 id.	27,125	27,291	— 0,166
9.34	$26\frac{1}{2}$	$26\frac{5}{6}$ un peu fort	$26\frac{3}{4}$	$26\frac{1}{4}$	19 id.	26,625	26,666	— 0,041

II.

L'expérience a été terminée à 10ʰ28ᵐ du soir.

Nous avons vu ([1]) que la loi de la propagation de la chaleur dans une armille devient de plus en plus simple à mesure que le refroidissement s'opère, et qu'après un certain temps écoulé la chaleur est distribuée symétriquement. Dans ce dernier état, qui dure jusqu'à la fin du refroidissement, la circonférence est divisée en deux parties inégalement échauffées. Tous les points d'une moitié de l'armille ont une température supérieure à la température moyenne, et tous les points de la moitié opposée ont des températures inférieures à cette valeur moyenne. La quantité de la différence est représentée par le sinus de l'arc compris depuis chaque point jusqu'à l'extrémité du diamètre mené par le point qui a la température moyenne. On avait pour but, dans l'expérience précédente, de connaître le moment où le solide commence à entrer dans l'état que nous venons de décrire. Comme la température moyenne équivaut, dans cet état, à la demi-somme des températures de deux points situés aux extrémités d'un même diamètre et que, par conséquent, cette demi-somme est la même pour deux points quelconques, pourvu qu'ils soient opposés, on a choisi cette propriété comme l'indice de la disposition symétrique qu'il s'agit de rendre sensible. Tout se réduit donc à observer pour le même instant la valeur de la différence de la demi-somme des températures $a + c$ et la demi-somme des températures $b + d$, et à examiner au moyen des résultats précédents s'il arrive, après un certain temps, que ces températures deviennent et demeurent égales. Or les résultats des expériences sont à cet égard très remarquables, et ne laissent aucun doute sur cette distribution régulière de la chaleur.

En effet, lorsqu'on a éloigné le foyer, à 7ʰ31ᵐ, la demi-somme $\frac{1}{2}(a + c)$ valait environ 76°$\frac{1}{3}$, et la demi-somme $\frac{1}{2}(b + d)$ valait 45°$\frac{2}{3}$. Ces deux quantités, loin d'être égales, différaient de 30°$\frac{2}{3}$. A 7ʰ34ᵐ, la demi-somme $\frac{1}{2}(a + c)$ valait environ 68°$\frac{5}{6}$, et la demi-somme $\frac{1}{2}(b+d)$ valait environ 47°$\frac{5}{6}$: ainsi la différence était encore de 21°. En conti-

---

([1]) *Théorie de la chaleur,* art. 243, p. 250.   G. D.

nuant jusqu'à la fin de l'expérience cette comparaison des deux demi-sommes, il est facile de juger si elles tendent à devenir égales, et restent sensiblement dans cet état d'égalité; ou si, au contraire, elles peuvent se séparer et donner des différences croissantes de signe opposé.

On a marqué dans la Table, pour chaque valeur du temps écoulé, la valeur correspondante de la demi-somme $\frac{1}{2}(a + c)$, celle de la demi-somme $\frac{1}{2}(b + d)$, et la différence des deux valeurs. On voit par cette Table que la différence des demi-sommes, qui était d'abord 30°,66, a été réduite, en 3 minutes, à 21°; elle est devenue 9° pendant les 5 minutes suivantes, et elle a ensuite continué à décroître; mais elle n'a pu acquérir aucune valeur négative de quelque étendue. Cette différence des demi-sommes a passé, en 26 minutes, de la valeur de 30° à celle d'un demi-degré environ; elle a conservé des valeurs très petites, qui se sont abaissées successivement au-dessous d'un tiers et d'un cinquième de degré. Il faut ajouter que les valeurs apparentes de cette différence résultent en majeure partie des erreurs presque inévitables des instruments et des observations. D'ailleurs on a fait l'expérience dans l'air tranquille, au lieu de déterminer un courant d'air d'une vitesse uniforme; il était facile de prévoir que l'omission de cette condition n'aurait point une influence considérable sur les résultats.

On a souvent répété des expériences de ce genre, en faisant varier toutes les circonstances, ou successivement, ou ensemble. On a plusieurs fois employé six thermomètres, dont trois étaient opposés à trois autres; alors on a comparé les trois demi-sommes, et l'on a toujours reconnu qu'elles tendaient rapidement à devenir égales, et qu'ensuite elles demeuraient dans cet état pendant toute la durée de l'expérience. On a échauffé l'anneau au moyen de deux foyers, et d'autres fois on a transporté le foyer en divers endroits, afin d'occasionner le plus d'inégalité possible dans la distribution de la chaleur. Enfin, on a fait concourir le frottement à la production de la chaleur; et, de quelque manière que l'anneau ait été échauffé, on a toujours observé que les demi-sommes convergent rapidement vers une valeur commune, en sorte qu'on a reconnu par le fait l'impossibilité d'obtenir un résultat différent de celui que l'analyse nous a fait connaître. Au reste, l'observation de ces faits n'ajoute rien à la certitude des conséquences théoriques : elles dérivent nécessairement du principe de la communication de la chaleur ; elles ont toute l'exactitude de ce principe, et seraient assujetties aux mêmes corrections, si des expériences ultérieures en faisaient connaître la nécessité.

103.

On a exposé, pendant 30 minutes environ, à l'action d'un foyer de chaleur une masse de fer de forme sphérique, et dont la surface avait été polie avec le plus grand soin : le diamètre de la sphère est d'environ 4 pouces ([1]); un thermomètre exactement construit pénétrait au delà du centre de la sphère; le trou cylindrique qui recevait ce thermomètre était rempli de mercure.

L'expérience avait lieu dans l'air tranquille, au milieu d'une pièce assez vaste, entretenue à une température constante. Le thermomètre libre qui indiquait la température de l'air marquait $12°\frac{1}{2}$.

La température de la sphère s'est élevée au delà de 100° (division octogésimale). Alors on l'a séparée du foyer et on l'a exposée isolément à l'air; elle était suspendue par deux cordons de soie, qui passaient dans deux anneaux extrêmement petits fixés à la surface. On a essuyé la surface, afin de faire disparaître les taches que la flamme aurait pu laisser. Le thermomètre s'est abaissé successivement. La Table suivante donne : 1° les valeurs du temps; 2° les élévations correspondantes du thermomètre de la sphère depuis 63° jusqu'à 43°; 3° les élévations du thermomètre libre.

([1]) Le diamètre de la sphère est de 0^m,1106; le diamètre du trou cylindrique est de 0^m,015; la profondeur de ce trou est de 0^m,080; le poids du solide, sans celui du mercure, est de 5310^{gr},7.

Valeurs du temps t.	Différence des temps.	Valeur de z, température de la sphère. Le thermomètre marque	Valeur de a, température de la chambre. Le thermomètre marque	Valeur de y, élévation au-dessus de la température de l'air.	Valeur de α dans l'équation $y = A\alpha^t$.
h m	m	°	°		
8.41		63	12 ¼	50,5	
8.58 ½	17 ½	58	12 ½	45,5	0,99406
9.18 ½	20	53	12 ½	40,5	0,99420
9.40 ⅝	22 ½	48	12 ½	35,5	0,99416
10. 7 ¼	26 ½	43	12 ½	30,5	0,99422

En résolvant la question de la propagation de la chaleur dans une sphère, nous avons remarqué que les températures se rapprochent continuellement du système durable dans lequel elles décroissent en même temps, sans que leurs rapports soient changés (¹). Alors ces températures varient, depuis le centre jusqu'à la surface, de même que le rapport du sinus à l'arc varie depuis une extrémité de la demi-circonférence jusqu'à l'extrémité d'un certain arc moindre que cette demi-circonférence. Chacune des températures en particulier, et par conséquent la température moyenne, décroît comme l'ordonnée d'une logarithmique dont le temps est l'abscisse. On peut reconnaître, au moyen de l'observation, le moment où cette distribution régulière de la chaleur est établie. En effet, il suffit d'examiner si le mouvement du thermomètre peut être représenté par une logarithmique; car cette dernière propriété n'appartient qu'à l'état régulier dont il s'agit.

Soient z_1 et z_2 deux températures indiquées par le thermomètre de la sphère et correspondantes aux temps t_1 et t_2; soient a la température constante de l'air, et y l'élévation $z - a$. Si la valeur de y est donnée par l'équation $y = A\alpha^t$, A étant une quantité constante et α une fraction, on aura

$$y_1 = A\alpha^{t_1} \quad \text{et} \quad y_2 = A\alpha^{t_2};$$

d'où l'on tire

$$\log \alpha = \frac{\log y_1 - \log y_2}{t_2 - t_1}.$$

En prenant les deux températures 63° et 58° qui donnent 50,5 et 45,5

(¹) *Théorie de la chaleur*, art. 292, p. 315, et art. 295, p. 318.   G. D.

pour les deux valeurs y_1 et y_2, on trouve, pour la fraction α,

$$0,99406.$$

Si l'on fait le même calcul pour l'intervalle suivant, c'est-à-dire en prenant

$$y_1 = 45,5, \qquad y_2 = 40,5 \quad \text{et} \quad t_2 - t_1 = 20,$$

on trouve une seconde valeur $0,99420$ de α. Le troisième intervalle donne

$$\alpha = 0,99416;$$

le quatrième

$$\alpha = 0,99422.$$

On a rapporté dans la Table précédente ces différentes valeurs de α.

On voit par ces résultats que, si l'on considère deux élévations consécutives, par exemple $50°\frac{1}{2}$ et $45°\frac{1}{2}$, comme les deux termes extrêmes d'une progression géométrique, et que l'on insère entre eux un nombre de moyens proportionnels géométriques égal au nombre de minutes écoulées moins un, on trouve pour la raison de la progression une fraction α qui diffère très peu de celle qu'on aurait trouvée pour l'intervalle suivant, formé des élévations $45°\frac{1}{2}$ et $40°\frac{1}{2}$. Le mouvement du thermomètre peut donc sensiblement être représenté par une courbe logarithmique. En effet, si l'on suppose, dans l'équation $y = A\alpha^t$,

$$A = 50,406 \qquad \text{et} \qquad \alpha = 0,99415,$$

on aura les valeurs suivantes, qui diffèrent très peu de celles que l'on a observées.

Valeurs observées.	Valeurs déduites de l'équation.	Différences.
50,5	50,406	0,094
45,5	45,500	0,000
40,5	40,466	0,034
35,5	35,500	0,000
30,5	30,352	0,148

Le refroidissement depuis 63° jusqu'à 43° a duré plus de 86 minutes, et dans cet intervalle le mouvement du thermomètre est exprimé par l'équation $y = A\alpha^t$ à moins d'un sixième de degré près, erreur qui n'est pas la deux-centième partie de la température observée.

Au reste, il y a diverses circonstances qui troublent ici le mouvement de la chaleur et doivent altérer un peu l'exactitude des résultats. La partie de la masse qui est formée du mercure et du thermomètre est dans un état bien différent de celui que la théorie considère, et le thermomètre n'indique pas exactement la température moyenne du solide; mais la cause qui influe le plus sur les résultats est la diminution continuelle de la vitesse de l'air. Ses molécules, qui s'échauffent à la surface de la sphère, sont emportées vers le haut par un courant dont la vitesse se ralentit à mesure que le corps devient plus froid. Or il y a une partie de la chaleur perdue par la surface qui dépend de la vitesse du courant; par conséquent le refroidissement devient moins prompt, et la fraction α, par laquelle on doit multiplier la température pour connaître ce qu'elle devient après une minute, acquiert des valeurs de plus en plus grandes. Cet effet s'est manifesté dans toutes nos observations; mais il est peu sensible dans celle-ci, parce que l'on s'est borné à un intervalle de 20°. La loi du refroidissement dans un air tranquille diffère donc un peu de celle qu'on observerait si le corps était exposé à un courant d'air invariable. Il serait facile de déterminer cette première loi avec une approximation suffisante, et l'on en conclurait les différences qui existent entre les résultats de la première hypothèse et ceux de la seconde; mais nous ne nous sommes point proposé de traiter cette question, qui se rapporte à la propagation de la chaleur dans les fluides.

Indépendamment de l'expérience précédente, on en a fait plusieurs du même genre sur des sphères de diverses dimensions. Lorsqu'on a commencé ces observations, on prenait soin d'échauffer les solides uniformément, en les retenant dans un bain de mercure entretenu à une température permanente. Après que l'immersion avait duré un temps assez considérable, et que le thermomètre plongé dans la masse indiquait constamment la température requise, on retirait ce solide, et on le suspendait au milieu de l'air plus froid, afin d'observer les abaissements successifs du thermomètre. On a toujours remarqué que la valeur de la fraction α augmente, quoique très lentement, à mesure

que la durée du refroidissement augmente. Cette valeur peut être regardée comme constante lorsque la différence des deux températures
extrêmes n'est pas considérable. On a plusieurs fois, dans nos expériences, observé les abaissements du thermomètre de degré en degré,
depuis 100° jusqu'à 12° ou 15°. On est parvenu, dans tous les cas, à des
résultats semblables à ceux que l'on vient d'exposer. On a enfoncé les
sphères dans un liquide entretenu à une température constante, ou on
les a entourées de sable ou de limaille continuellement échauffés. On
a placé au-dessous une lampe allumée que l'on retirait ensuite. On n'a
point remarqué, dans les résultats, de différence qui pût être attribuée
à la manière dont le solide avait été échauffé. Il paraît que la diffusion
de la chaleur dans la masse s'opère assez facilement, et que, dans une
sphère de dimensions médiocres, les températures arrivent bientôt à
cet état où elles sont représentées par les quotients du sinus par l'arc.
On peut dans ces expériences, et sans craindre d'altérer la précision
des résultats, suspendre les corps dans l'air, et les échauffer au moyen
d'une ou plusieurs lampes d'Argant; on retire ensuite les foyers, et
l'on attend que le refroidissement ait duré quelque temps avant d'observer les abaissements du thermomètre. Nous avons fait aussi d'autres
expériences afin de connaître les effets de la chaleur dans des solides
de diverses formes et dimensions, dans différents liquides, dans les
fluides élastiques et dans le vide ; mais ces observations sont imparfaites et mériteraient peu l'attention du lecteur; elles n'ont point d'ailleurs un rapport direct avec la matière que nous avons traitée dans
ces Mémoires. On rapportera seulement deux observations faites avec
beaucoup de soin sur une sphère et sur un cube de fer.

104.

On a placé dans l'air, entretenu à une température constante, une
sphère solide de fer d'environ 2 pouces de diamètre (¹); la surface

---

(¹) Le diamètre de la sphère est de $0^m,0552$; le diamètre du trou cylindrique est de
$0^m,015$; la profondeur de ce trou est de $0^m,038$; le poids de la sphère, sans celui du mercure, est de $653^{gr},7$.

était parfaitement polie, et l'on y avait fixé deux anneaux très petits, où l'on passait deux cordons destinés à suspendre la masse. La sphère est percée d'un trou cylindrique où l'on mettait un thermomètre. Le centre du réservoir coïncide avec le centre de la sphère, et l'on remplissait le trou avec du mercure. On a placé sous la sphère une lampe allumée. Le thermomètre s'est élevé à plus de 103°; on a retiré le foyer, et l'on a observé, assez longtemps après, les températures suivantes :

A 6ʰ34ᵐ   le thermomètre a passé à.............. 63°
A 7ʰ 7ᵐ40ˢ le thermomètre a passé à.............. 43°

L'expérience a eu lieu dans l'air tranquille. Un poêle échauffait une pièce voisine, et l'on entr'ouvrait, s'il était nécessaire, la porte de communication, afin de maintenir la température de l'appartement, qui était de 12°$\frac{3}{16}$.

On a exposé de la même manière à l'action du foyer, et dans des circonstances semblables, une masse cubique de fer dont la surface avait été exactement polie; le côté du cube est d'environ deux pouces ('). Le thermomètre dont on s'est servi pour la sphère a été placé dans le cube, au milieu du trou cylindrique, qui pénétrait un peu au delà du centre et que l'on a rempli avec du mercure; le thermomètre s'est élevé à 80° (une plus grande élévation ne changerait pas les résultats). Alors on a éloigné le foyer, et l'on a observé, quelque temps après, les températures suivantes :

A 8ʰ17ᵐ36ˢ le thermomètre a passé à.............. 63°
A 8ʰ56ᵐ40ˢ le thermomètre a passé à.............. 43°

Le thermomètre placé dans l'air marquait 12°$\frac{3}{8}$.

Ainsi la température s'est abaissée de 63° à 43° en 33ᵐ40ˢ pour la sphère, et de 63° à 43° en 39ᵐ4ˢ pour le cube, dont le côté est sensiblement égal au diamètre de la sphère.

En comparant ces résultats, il est nécessaire de remarquer, comme

(¹) Le côté du cube est de 0ᵐ,05535; le diamètre du trou cylindrique est de 0ᵐ,015; la profondeur de ce trou est de 0ᵐ,042; le poids du cube, sans celui du mercure, est de 1245ᵍʳ.

II.   11

on l'a fait précédemment (art. 101), que plusieurs circonstances concourent à en altérer l'exactitude. Il faut observer surtout que la partie
du solide qui est formée de mercure se trouve dans un état très différent de celui que la théorie suppose; et les dimensions des trous cylin-
driques sont telles dans les différents solides que la cause précédente
a d'autant plus d'effet que les corps ont de moindres dimensions :
cette cause tend à augmenter le rapport des durées du refroidissement.

105.

Nous terminons ici toutes nos recherches sur la propagation de la
chaleur dans les corps solides. La Table placée à la fin de cet Ouvrage
indique l'ensemble et les résultats généraux de notre théorie. Aucun
ne nous paraît plus remarquable que cette disposition régulière que la
chaleur affecte toujours dans l'intérieur des solides, et que l'Analyse
mathématique, devançant toutes les observations, nous fait connaître
aujourd'hui. Pour représenter généralement cet effet, il faut concevoir
que tous les points d'un corps d'une figure donnée, par exemple d'une
sphère ou d'un cube, ont d'abord reçu des températures différentes,
qui diminuent toutes en même temps lorsque le corps est placé dans
un milieu plus froid. Or le système des températures initiales peut être
tel, que les rapports établis primitivement entre elles se conservent
sans aucune altération pendant toute la durée du refroidissement. Cet
état singulier, qui jouit de la propriété de subsister lorsqu'il est formé,
peut être comparé à la figure que prend une corde sonore lorsqu'elle
fait entendre le son principal. Le même état est susceptible aussi de
diverses formes, analogues à celles qui répondent dans la corde élastique aux sons subordonnés. Il y a donc, pour chaque solide, une infinité de modes simples suivant lesquels la chaleur peut se propager et
se dissiper sans que la loi de la distribution initiale éprouve aucun
changement. Si l'on formait dans le solide un seul de ces états simples,
toutes les températures s'abaisseraient en même temps, en conservant
leurs premiers rapports, et chacune d'elles diminuerait comme l'ordonnée d'une même logarithmique, le temps étant pris pour abscisse.

De quelque manière que les différents points d'un corps aient été échauffés, le système initial et arbitraire des températures se décompose en plusieurs états simples et durables, pareils à ceux que nous venons de décrire. Chacun de ces états subsiste indépendamment de tous les autres, et n'éprouve d'autres changements que ceux qu'il éprouverait s'il était seul. La décomposition dont il s'agit n'est point un résultat purement rationnel et analytique; elle a lieu effectivement et résulte des propriétés physiques de la chaleur. En effet, la vitesse avec laquelle les températures décroissent dans chacun des systèmes simples n'est pas la même pour les différents systèmes; elle est extrêmement grande pour les états subordonnés. Il arrive de là que ces derniers états n'ont une influence sensible que pendant un certain intervalle de temps : ils finissent en quelque sorte par disparaître, et s'effacent pour ne laisser subsister visiblement que l'état principal. On en tire cette conséquence que, de quelque manière que la chaleur initiale ait été répartie entre les points du solide, elle ne tarde point à se distribuer d'elle-même suivant un ordre constant. Le système des températures passe dans tous les cas possibles à un même état, déterminé par la figure du solide et indépendant du système initial : on peut connaître par l'observation le moment où cet état principal est formé; car, lorsqu'il a lieu, la température d'un point quelconque décroît comme les puissances successives d'une même fraction. Il suffit donc de mesurer la température variable d'un point du solide, afin de distinguer le moment où la loi précédente commence d'être observée.

La propriété que la chaleur a d'affecter dans les solides une distribution régulière indépendante des causes extérieures se manifeste encore lorsque les températures sont devenues permanentes. Ainsi, lorsqu'un cylindre, ou un prisme métallique d'une longueur considérable, est exposé par une extrémité à l'action durable et uniforme d'un foyer de chaleur, chaque point du solide acquiert une température fixe. La loi suivant laquelle la chaleur se distribue est d'autant plus simple que les points observés sont plus éloignés de l'extrémité échauffée. L'état du solide, dans la partie qui est soumise à l'influence prochaîne du foyer, se compose de plusieurs états particuliers dont chacun peut subsister indépendamment des autres; mais les températures prises à une certaine distance de l'origine jusqu'à l'extrémité opposée ne forment plus qu'un système unique et principal, qui serait encore le même si l'on changeait d'une manière quelconque l'action permanente du foyer.

Les phénomènes dynamiques présentent aussi des propriétés analogues, telles que l'isochronisme des dernières oscillations ou la résonance multiple des corps sonores. Ces résultats, que des expériences journalières avaient rendus manifestes, ont été ensuite expliqués par le calcul. Ceux qui dépendent du mouvement de la chaleur ne peuvent être constatés que par des observations plus attentives; mais l'Analyse mathématique, empruntant la connaissance d'un petit nombre de faits généraux, supplée à nos sens et nous rend en quelque sorte témoins de tous les changements qui s'accomplissent dans l'intérieur des corps. Elle nous dévoile cette composition harmonique des mouvements simples auxquels la chaleur est assujettie, soit qu'elle se propage uniformément pour entretenir des températures fixes, soit qu'elle tende et se dispose par degrés insensibles à ce dernier état.

Des observations plus précises et plus variées feront connaître par la suite si les effets de la chaleur sont modifiés par des causes que l'on n'a point aperçues jusqu'ici, et la théorie acquerra une nouvelle perfection par la comparaison continuelle de ses résultats avec ceux des expériences; elle expliquera des phénomènes importants que l'on ne pouvait point encore soumettre au calcul; elle apprendra à déterminer les effets variables des rayons solaires, les changements que subit la température dans l'intérieur du globe terrestre, aux sommités des montagnes, à différentes distances de l'équateur, et les grands mouvements que les variations de la chaleur occasionnent dans l'Océan et dans l'atmosphère; elle servira à mesurer la conducibilité intérieure ou extérieure des différents corps et leur capacité de chaleur, à distinguer toutes les causes qui modifient l'émission de la chaleur à la surface des solides et à perfectionner les instruments thermométriques.

Cette théorie excitera dans tous les temps l'attention des géomètres ; elle les intéressera par les difficultés d'analyse qu'elle présente et par la grandeur et l'utilité qui lui sont propres. Aucun sujet n'a des rapports plus étendus avec l'étude de la nature et les progrès de l'industrie ; car l'action de la chaleur est toujours présente ; elle pénètre les corps et les espaces ; elle influe sur les procédés de tous les arts et concourt à tous les phénomènes de l'univers.

TABLE DES MATIÈRES

CONTENUES DANS LA SUITE DU MÉMOIRE INTITULÉ :

THÉORIE DU MOUVEMENT DE LA CHALEUR

DANS LES CORPS SOLIDES.

XII.

Des températures terrestres et du mouvement de la chaleur dans l'intérieur d'une sphère solide dont la surface est assujettie à des changements périodiques de température.

Articles   Pages

80. Remarques générales sur la question des températures terrestres............ 3

81. On suppose que tous les points de la surface d'une sphère d'un très grand diamètre ont une température commune v, qui est une fonction périodique du temps écoulé. Cette fonction $\varphi(t)$ ne change point de valeur lorsqu'on écrit $t + \theta$ au lieu de t ; θ est une constante égale à la durée de la période. Quelles que soient les températures primitives des molécules du solide, elles s'approchent de plus en plus d'un certain état périodique, qui ne dépend que des variations auxquelles la surface est assujettie. Cet état est représenté par l'équation suivante :

$$v = \frac{1}{\theta}\int \varphi(t)\,dt + \sum \left\{ \frac{2}{\theta} e^{-u\sqrt{\frac{i\pi}{k\theta}}} \left[\begin{array}{l} \cos\left(i\frac{2\pi}{\theta}t - u\sqrt{i\frac{\pi}{k\theta}}\right)\int \varphi(t)\cos\left(i\frac{2\pi}{\theta}t\right)dt \\ \sin\left(i\frac{2\pi}{\theta}t - u\sqrt{i\frac{\pi}{k\theta}}\right)\int \varphi(t)\cos\left(i\frac{2\pi}{\theta}t\right)dt \end{array} \right] \right\}.$$

v est la température que doit prendre, après le temps t, la couche sphérique qui est placée au-dessous de la surface à la profondeur u. Il faut développer le signe Σ en mettant au lieu de i les valeurs successives $1, 2, 3, 4, \ldots, i\ldots$ 5

82. Lorsqu'on donne à la variable u une valeur un peu considérable, les termes placés sous le signe Σ s'évanouissent presque entièrement, d'où il suit que les variations périodiques de la surface deviennent insensibles à une certaine profondeur... 10

83. La température permanente des lieux profonds, étant exprimée par le premier terme de la valeur de v, est égale à la valeur moyenne de toutes les températures que l'on observerait à la surface pendant la durée θ de la période... 11

Articles **Pages**

84. Lorsque la profondeur est telle que les variations périodiques ne sont pas entièrement insensibles, mais ont seulement de petites valeurs, ces variations $v - \frac{1}{\theta}\int_0^\theta \varphi(t)\,dt$, ou w, sont exprimées par le premier des termes qui entrent sous le signe Σ.

Cette différence w entre la température d'un point intérieur et la température moyenne varie avec le temps, et comme le sinus du temps qui s'est écoulé depuis l'instant où elle était nulle. Elle reprend toutes ses premières valeurs pendant la durée θ de la période suivante.

Le maximum de la différence w n'est pas le même pour différentes profondeurs; il décroît en progression géométrique à mesure que la profondeur augmente de quantités égales. Les différents points d'une même verticale ne parviennent point dans le même temps à la température moyenne, et cette dernière température passe d'un point à un autre avec une vitesse uniforme.

La durée θ de la période et la conducibilité du solide influent beaucoup sur la profondeur à laquelle les variations deviennent insensibles, et sur la distance des deux points d'une même verticale qui atteignent en même temps la température moyenne.. 11

85. On applique ces résultats à une masse sphérique homogène de fer, dont la surface serait assujettie à des variations diurnes et annuelles de température. Ayant déterminé, par les expériences rapportées dans ce Mémoire, la valeur approchée du nombre K, on trouve que les variations diurnes sont presque nulles à $2^m,3$, et que les variations annuelles sont insensibles à 60^m environ. La température moyenne descend dans l'intérieur du globe avec une vitesse d'environ 30^m en six mois 14

86. On applique la solution générale au cas où les températures de la surface varieraient comme les sinus des temps écoulés.

La durée θ de la période est partagée en deux saisons égales. Pendant la première, le globe s'échauffe, le foyer lui communiquant une nouvelle quantité de chaleur; pendant la seconde, le solide perd cette même chaleur qu'il avait acquise et la rend à l'espace extérieur.

Le globe commence à s'échauffer un huitième d'année avant que la température de la surface passe au-dessus de sa valeur moyenne; il commence à se refroidir six mois après. On peut déterminer toute la quantité de chaleur qui, pendant la saison de l'échauffement, pénètre dans le solide en traversant une portion déterminée de la surface.

Dans le climat où la température annuelle s'élève de 8° (octogésim.) au-dessus de la valeur moyenne, la chaleur totale qui pénètre pendant le cours d'une année une surface de 1^{mq} serait, pour un globe de fer, équivalente à 2856; c'est-à-dire qu'elle pourrait fondre 2856^{kg} de glace................ 16

87. La température fixe des lieux profonds n'est pas le même dans tous les climats, et elle diminue à mesure que l'on s'éloigne de l'équateur. Si l'on fait abstraction de l'enveloppe sphérique dont les points sont assujettis à des variations périodiques de température, on peut considérer le globe terrestre comme une sphère solide dont les points situés à la surface sont entretenus à des températures fixes, mais qui diffèrent d'un point à un autre. On peut déterminer par le calcul l'état des molécules intérieures.

x désigne la distance d'un point du solide au plan de l'équateur, et y la distance de ce point à l'axe de l'équateur. X et Y sont les valeurs de x et de y pour les points de la surface. Des causes extérieures quelconques retiennent tous les points de la surface situés sur un même parallèle à une température commune et fixe F(X); il en est de même de chacun des parallèles, en sorte que la loi suivant laquelle les températures diminuent, depuis le pôle jusqu'à l'équateur, est représentée par la fonction connue F(X); quelles que soient les températures initiales des points intérieurs, elles changent continuellement et elles s'approchent de plus en-plus d'un état final permanent.

Cet état est exprimé par l'équation

$$\frac{\partial^2 v}{\partial x^2} + \frac{\partial^2 v}{\partial y^2} + \frac{1}{y} \frac{\partial v}{\partial y} = 0.$$

v est la température fixe du point dont les coordonnées sont x et y.

On peut assigner pour une valeur particulière de v la fonction $\cos x \int e^{y \cos q} q \, dq$, ou

$$\cos x \left(1 + \frac{y^2}{2^2} + \frac{y^4}{2^2 . 4^2} + \frac{y^6}{2^2 . 4^2 . 6^2} + \dots \right).$$

Si donc on donne aux différents points d'une sphère solide les températures exprimées par cette fonction, et si l'on maintient ensuite dans leur état actuel les températures de la surface, il ne pourra y avoir aucun changement dans l'intérieur de la sphère 20

88. Cette solution, quoique particulière, fait connaître comment la chaleur pénètre par les régions équatoriales, et s'avance de plus en plus dans l'intérieur du globe pour remplacer celle qui se détourne et se dissipe vers les pôles..... 25

XIII.

Des lois mathématiques de l'équilibre de la chaleur rayonnante.

89. Principe général de l'équilibre des températures......................... 28

90. Mesure de l'intensité des rayons de chaleur............................... 31

91. Un plan circulaire étant maintenu à la température a, on place, en un point de la perpendiculaire élevée par le centre du cercle sur son plan, un disque infiniment petit, dont le rayon est μ et dont le plan est parallèle à celui du cercle. La quantité de chaleur que le plan envoie sur le disque est

$$ah \pi \mu^2 \frac{\displaystyle\int_z^1 F(z) \, dz}{\displaystyle\int_0^1 F(z) \, dz}.$$

h est la conducibilité de la surface échauffée; z est le sinus de l'angle φ que fait avec le plan la direction d'un rayon qui, ayant son centre sur ce plan, embrasse le disque infiniment petit; F(z) ou F($\sin \varphi$) représente la loi indé-

Articles   Pages

terminée suivant laquelle l'intensité varie avec l'angle φ. Z ou sin Φ représente la valeur extrême de z, ou celle qui répond à un point de la circonférence qui termine le plan.

Si l'intensité des rayons est constante quel que soit l'angle φ, l'action du
plan sur le disque est $ah\pi\mu^2$ sin verse Ψ, en désignant par Ψ la moitié de
l'angle dont le sommet est au centre du plan, et dont les côtés comprennent
le disque.

Si l'intensité décroît comme le sinus de l'angle d'émission, c'est-à-dire si
F(sinφ) = sinφ, l'action du plan sur le disque est $ah\pi\mu^2$ sin² Ψ.

Si le plan circulaire a un rayon infini, l'action totale du plan sur le disque
est toujours $ah\pi\mu^2$; cela a lieu quelle que soit la distance du disque à la surface échauffée et quelle que soit la fonction de sinφ qui exprime la loi des
intensités.

Si, en un point quelconque de l'espace compris entre deux surfaces planes,
parallèles et infinies, maintenues à la température a, on place un disque
infiniment petit parallèlement aux plans, il acquerra et conservera une température a égale à celle des deux surfaces. Ce résultat a lieu quelle que soit
la fonction F(sinφ)... 32

92. Si l'on place une molécule sphérique, dont le rayon est ρ, au centre d'une
enceinte sphérique entretenue par une cause quelconque à la température a,
l'action de la surface intérieure de la sphère sur la molécule sera

$$2\,ah\,\pi\rho^2 \frac{F(1)}{\displaystyle\int_0^1 F(z)\,dz}.$$

Si l'intensité des rayons était la même pour tous les angles φ, la molécule
acquerrait la moitié seulement de la température de l'enceinte.

Si l'intensité des rayons décroît proportionnellement à sinφ, la molécule
acquerra une température égale à celle de l'enceinte.................... 36

93. L'action d'un plan circulaire sur une molécule sphérique placée en un point de
l'axe du plan est

$$ah\,\pi\rho^2 \frac{\displaystyle\int_Z^1 \frac{F(z)\,dz}{z}}{\displaystyle\int_0^1 F(z)\,dz}.$$

Si l'intensité des rayons émis est invariable, l'action de la surface échauffée
est $ah\pi\rho^2 \log \dfrac{1}{\sin\Phi}$, Φ étant la valeur extrême de φ. La molécule pourrait
acquérir, en vertu de l'action du plan, une température infiniment plus grande
que a.

Si l'intensité des rayons émis est proportionnelle au sinus de l'angle d'é-
mission, l'action du plan sur la molécule est

$$2ah\pi\rho^2(1 - \sin\Phi);$$

et si, dans ce même cas, on place une molécule sphérique en un point quel-

Articles   Pages

conque de l'espace compris entre les deux surfaces échauffées, cette molécule acquerra et conservera la température a des deux surfaces........... 37

94. Si l'on place une molécule sphérique en un point quelconque de l'axe d'une
enveloppe cylindrique entretenue à la température a, on déterminera facilement l'action de cette enveloppe sur la molécule.
    Si l'intensité des rayons émis est invariable, l'action de la surface sur la
molécule sera $ah\pi\rho^2(\Psi' + \Psi'')$. Ψ' et Ψ'' sont les angles que font, avec la perpendiculaire abaissée de la molécule sur la surface, des lignes qui, partant
de cette molécule, aboutissent aux deux extrémités de la surface. Dans ce
cas, la longueur de l'enveloppe étant infinie, la molécule acquerrait une température moindre que a dans la raison de π à 4.
    Si l'intensité des rayons émis décroît comme le sinus de l'angle d'émission,
l'action de l'enveloppe sur la molécule est

$$ah\pi\rho^2(2\sin\Psi' + 2\sin\Psi'');$$

et si la longueur du cylindre est infinie, la molécule acquiert et conserve la
température a de la surface échauffée ....: 40

95. Si l'on place une molécule sphérique en un point quelconque de l'axe d'une
enveloppe cylindrique fermée par deux plans circulaires, et que cette enceinte
soit maintenue par une cause extérieure quelconque à la température a, il est
facile de connaître la température que la molécule doit acquérir, soit que
l'intensité des rayons ne dépende point de l'angle d'émission, soit qu'elle
varie proportionnellement au sinus de cet angle. Dans le premier cas, la température acquise dépend de la place qu'occupe la molécule, et elle peut être
ou moindre ou infiniment plus grande que a; dans le second cas, la température acquise est toujours égale à celle de la surface échauffée, en quelque
lieu que l'on place la molécule...................................... 42

96. On suppose qu'une enceinte d'une figure quelconque, terminant de toutes parts
un espace vide d'air, soit maintenue à une température constante a, et que
l'on mette en un point de cet espace un corps d'une figure quelconque. On
prouve que ce corps doit acquérir et conserver la même température que
l'enceinte, si l'intensité des rayons émis décroît proportionnellement au sinus
de l'angle d'émission. Dans ce cas, la partie infiniment petite s de la surface
du corps reçoit d'une portion infiniment petite σ de l'enceinte autant de chaleur qu'elle lui en envoie.
    Cette égalité des actions réciproques qui constitue l'équilibre n'a lieu qu'au-
tant que l'intensité décroît proportionnellement au sinus de l'angle d'émission; elle ne peut résulter d'aucune autre loi.
    Ce résultat de l'action mutuelle de deux surfaces infiniment petites s et σ,
dont l'une a la température a et l'autre la température b, est

$$h(a - b)\frac{s\sin p \times \sigma\sin\varphi}{y^2};$$

y est la distance des deux éléments s et σ; p est l'angle que fait la distance
y avec s; φ est l'angle que fait y avec σ; h est la conducibilité des deux surfaces. Cette proposition est indépendante de toute hypothèse physique sur la

Articles

Pages

nature de la chaleur; elle contient la théorie mathématique de l'équilibre de la chaleur rayonnante 43

97. Lorsque l'équilibre des températures est formé, on peut concevoir qu'une portion infiniment petite quelconque de la surface extérieure du corps ou de l'enceinte est le centre d'un hémisphère continuellement rempli de rayons de chaleur; l'intensité du rayon est proportionnelle au sinus de l'angle que fait sa direction avec la surface dont il s'éloigne. A chacun des rayons émis correspond un rayon incident qui a la même intensité que lui, et qui, suivant une route opposée, pénètre la surface dans le point même dont s'éloigne le rayon émis 46

98. Cet équilibre s'établit de la même manière lorsque les corps changent de lieu; il ne dépend ni de la forme ni du nombre de ces corps................... 47

99. Toute modification de la surface des corps qui augmente la faculté de réfléchir une partie des rayons incidents diminue aussi, et dans le même rapport, la faculté de projeter dans l'espace la chaleur intérieure. Cette relation est connue des physiciens, et elle est prouvée par l'expérience. Il en résulte que l'équilibre de la chaleur rayonnante subsiste, dans tous les corps, de la même manière que s'ils étaient tous privés de la propriété de réfléchir les rayons de chaleur à leur surface 48

100. Examen de la cause qui rend l'intensité des rayons émis d'autant moindre que leur direction est plus oblique. La loi mathématique du décroissement de cette intensité est indiquée par des expériences déjà publiées : elle est une conséquence nécessaire du mode de propagation de la chaleur à travers la surface des corps solides.. 54

XIV.

Comparaison des résultats de la théorie avec ceux de diverses expériences.

101. On a mesuré avec beaucoup de soin les températures stationnaires d'un anneau de fer très poli exposé à l'action constante d'un ou de plusieurs foyers de chaleur. La circonférence était divisée en plusieurs parties égales, et l'on observait les températures fixes de plusieurs points de division. On a toujours remarqué entre ces températures les relations que la théorie avait fait connaître. Ainsi l'on a mesuré les élévations de trois thermomètres consécutifs ; et en divisant la somme des élévations du premier et du troisième par celle du deuxième, on a trouvé pour quotient un nombre très voisin de 2.3. On a mesuré onze valeurs de ce rapport, prises dans des circonstances très différentes : trois thermomètres consécutifs quelconques donnent toujours ce même quotient, et il ne dépend ni du nombre des foyers, ni de leur intensité, ni du lieu où ils sont placés. Chacune des onze valeurs observées ne s'éloigne pas de la valeur moyenne de la quatre-vingt-dixième partie de cette valeur; et si l'on n'emploie que les expériences faites le même jour, cette différence est moindre que la deux-centième partie de la valeur cherchée ... 63

Articles   Pages

102. On a observé les températures variables de ce même anneau pendant qu'il se
refroidissait librement dans l'air. Les thermomètres A et A' étaient placés
aux extrémités d'un même diamètre; deux thermomètres B et B', et deux
autres C et C', étaient aussi placés respectivement aux deux extrémités d'un
diamètre. On mesurait dans le même instant les trois élévations a et a', b et
b', c et c' des six thermomètres, et l'on comparait les trois demi-sommes
$\frac{1}{2}(a + a')$, $\frac{1}{2}(b + b')$, $\frac{1}{2}(c + c')$.

On a toujours remarqué que ces demi-sommes, qui étaient d'abord très
inégales, tendaient rapidement à devenir les mêmes et persistaient ensuite
dans cet état.

Quoiqu'on ait fait un grand nombre d'expériences de ce genre, on n'a jamais observé que les demi-sommes, après s'être approchées d'une valeur
moyenne, s'en écartassent de plus d'un sixième du degré de l'échelle octogésimale. On a donc reconnu par le fait l'impossibilité d'obtenir un résultat différent de celui que la théorie indique...................................... 71

103. On a observé la température décroissante d'une masse sphérique de fer poli
qui, après avoir été échauffée, était exposée isolément à l'air froid. Il s'est
écoulé plus de 86 minutes pendant que la température s'est abaissée de 63° octogésimaux à 43°, et l'on a mesuré les températures intermédiaires.

Pendant toute la durée du refroidissement, l'état du solide a été exactement représenté par l'équation exponentielle que donne la théorie. En comparant les températures observées avec celles que l'on aurait pu déduire du
calcul, on n'a trouvé que des différences moindres qu'un sixième de degré.
Plusieurs expériences de ce genre ont donné des résultats également conformes à ceux de la théorie... 76

104. On a rapporté aussi deux expériences faites avec beaucoup de soin, pour comparer les durées du refroidissement dans une sphère solide de fer poli et un
cube de même matière dont le côté est égal au rayon de la sphère.

Ces diverses expériences ont eu pour but de vérifier les résultats les plus
remarquables de la théorie, et de fournir, pour une substance déterminée
(le fer), les valeurs numériques des coefficients h et K qui mesurent la conducibilité extérieure et la conducibilité propre de cette substance.......... 80

105. Remarques générales.. 82

NOTA.

Cette Table termine le Mémoire de M. Fourier sur la Théorie de la chaleur.
Une première Partie de la Table, celle qui se rapporte à la Partie principale
du Mémoire, où l'auteur traite des lois générales de la distribution de la chaleur, a été insérée dans le Volume précédent.

Ces deux Parties de l'Ouvrage de M. Fourier, et l'une et l'autre Tables, sont ici publiées sans aucun changement ni addition quelconque. Le texte est littéralement conforme au manuscrit déposé, qui fait partie des archives de l'Institut, afin qu'il puisse toujours être représenté.

Les premières recherches analytiques de l'auteur sur la communication de la chaleur ont eu pour objet la distribution entre des masses disjointes : on les a conservées dans la première Partie du Mémoire.

Les questions relatives aux corps continus ont été résolues par l'auteur plusieurs années après. Il a exposé pour la première fois cette théorie dans un Ouvrage manuscrit remis à l'Institut de France à la fin de l'année 1807, et dont il a été publié un extrait dans le *Bulletin des Sciences de la Société Philomathique*, année 1808, p. 112. Il a joint ensuite à ce premier Ouvrage des Notes sur la convergence des séries, la diffusion de la chaleur dans un prisme infini, son émission dans un espace vide d'air, les constructions qui servent à rendre sensibles les principaux théorèmes de cette analyse; enfin la solution d'une question qui était alors entièrement nouvelle, celle du mouvement périodique de la chaleur à la surface du globe terrestre.

Le second Mémoire sur la propagation de la chaleur a été déposé aux archives de l'Institut le 28 septembre 1811 : il est formé du précédent et des Notes déjà remises. L'auteur a seulement retranché des constructions géométriques et des détails d'analyse qui n'avaient pas un rapport nécessaire avec la question physique, et il a ajouté l'équation générale qui exprime l'état de la surface. C'est cet Ouvrage qui, ayant été couronné au commencement de 1812, est textuellement inséré dans la collection des Mémoires. Il a été livré à l'impression en 1821 par M. Delambre, secrétaire perpétuel; savoir : la première Partie, dans le Volume de 1819; la seconde, dans le Volume suivant.

Les résultats de ces recherches, et de celles que l'auteur a faites depuis, sont aussi indiqués dans divers Articles rendus publics. (Voir les *Annales de Chimie et de Physique*, t. III, p. 250, année 1816; t. IV, p. 128, année 1817; t. VI, p. 259, année 1817; le *Bulletin des Sciences de la Société Philomathique*, année 1818, p. 1, et année 1820, p. 60; l'*Analyse des travaux de l'Académie des Sciences* par M. Delambre, année 1820, etc., et l'Ouvrage publié par l'auteur sous ce titre : *Théorie analytique de la chaleur*, in-4°; Paris, 1822).

MÉMOIRE

SUR LES

TEMPÉRATURES DU GLOBE TERRESTRE

ET

DES ESPACES PLANÉTAIRES.

MÉMOIRE

SUR LES

TEMPÉRATURES DU GLOBE TERRESTRE

ET

DES ESPACES PLANÉTAIRES.

Mémoires de l'Académie Royale des Sciences de l'Institut de France,
t. VII, p. 570 à 604. Paris, Didot; 1827 (¹).

La question des températures terrestres, l'une des plus importantes et des plus difficiles de toute la Philosophie naturelle, se compose d'éléments assez divers qui doivent être considérés sous un point de vue général. J'ai pensé qu'il serait utile de réunir dans un seul écrit les conséquences principales de cette théorie; les détails analytiques que l'on omet ici se trouvent pour la plupart dans les Ouvrages que j'ai déjà publiés. J'ai désiré surtout présenter aux physiciens, dans un tableau peu étendu, l'ensemble des phénomènes et les rapports mathématiques qu'ils ont entre eux.

La chaleur du globe terrestre dérive de trois sources qu'il est d'abord nécessaire de distinguer :

1° La Terre est échauffée par les rayons solaires, dont l'inégale distribution produit la diversité des climats;

2° Elle participe à la température commune des espaces planétaires,

---

(¹) Ce Mémoire a été aussi imprimé, avec de très légères modifications, dans les *Annales de Chimie et de Physique* (t. XXVII, p. 136 à 167; 1824) sous le titre suivant : *Remarques générales sur les températures du globe terrestre et des espaces planétaires.* G. D.

II.   13

étant exposée à l'irradiation des astres innombrables qui environnent de toutes parts le système solaire;

3° La Terre a conservé dans l'intérieur de sa masse une partie de la chaleur primitive qu'elle contenait lorsque les planètes ont été formées.

En considérant chacune de ces trois causes et les phénomènes qu'elle produit, nous ferons connaître le plus clairement qu'il nous sera possible, et autant que l'état de la Science le permet aujourd'hui, les principaux caractères de ces phénomènes. Afin de donner une idée générale de cette grande question et d'indiquer d'abord les résultats de nos recherches, nous les présentons dans le résumé suivant, qui est en quelque sorte une Table raisonnée des matières traitées dans cet écrit et dans plusieurs des Mémoires qui l'ont précédé.

Notre système solaire est placé dans une région de l'univers dont tous les points ont une température commune et constante, déterminée par les rayons de lumière et de chaleur qu'envoient tous les astres environnants. Cette température froide du ciel planétaire est peu inférieure à celle des régions polaires du globe terrestre. La Terre n'aurait que cette même température du Ciel, si deux causes ne concouraient à l'échauffer. L'une est la chaleur intérieure que ce globe possédait lorsque les corps planétaires ont été formés, et dont une partie seulement s'est dissipée à travers la surface. La seconde cause est l'action continuelle des rayons solaires qui ont pénétré toute la masse, et qui entretiennent à la superficie la différence des climats.

La chaleur primitive du globe ne cause plus d'effet sensible à la surface, mais elle peut être immense dans l'intérieur de la Terre. La température de la surface ne surpasse pas d'un trentième de degré centésimal la dernière valeur à laquelle elle doit parvenir : elle a d'abord diminué très rapidement; mais, dans son état actuel, ce changement continue avec une extrême lenteur.

Les observations recueillies jusqu'à ce jour indiquent que les divers points d'une même verticale, prolongée dans la terre solide, sont d'autant plus échauffés que la profondeur est plus grande, et l'on a évalué cet accroissement à 1° pour 30ᵐ ou 40ᵐ. Un tel résultat suppose une température intérieure très élevée; il ne peut provenir de l'action des rayons solaires : il s'explique naturellement par la chaleur propre que la Terre tient de son origine.

Cet accroissement, d'environ 1° pour 32ᵐ, ne sera pas toujours le même : il diminue progressivement; mais il s'écoulera un grand nombre de siècles (beaucoup plus de trente mille années) avant qu'il soit réduit à la moitié de sa valeur actuelle.

Si d'autres causes jusqu'ici ignorées peuvent expliquer les mêmes faits, et s'il existe d'autres sources ou générales ou accidentelles de la chaleur terrestre, on les découvrira par la comparaison des résultats de cette théorie avec ceux des observations.

Les rayons de chaleur que le Soleil envoie incessamment au globe terrestre y produisent deux effets très distincts : l'un est périodique et s'accomplit tout entier dans l'enveloppe extérieure, l'autre est constant; on l'observe dans les lieux profonds, par exemple à 30ᵐ au-dessous de la surface. La température de ces lieux ne subit aucun changement sensible dans le cours de l'année, elle est fixe ; mais elle est très différente dans les différents climats : elle résulte de l'action perpétuelle des rayons solaires et de l'inégale exposition des parties de la surface, depuis l'équateur jusqu'aux pôles. On peut déterminer le temps qui a dû s'écouler pour que cette impression des rayons du Soleil ait produit la diversité des climats telle que nous l'observons aujourd'hui. Tous ces résultats s'accordent avec ceux des théories dynamiques qui nous ont fait connaître la stabilité de l'axe de rotation de la Terre.

L'effet périodique de la chaleur solaire consiste dans les variations diurnes ou annuelles. Cet ordre de faits est représenté exactement et dans tous ses détails par la théorie. La comparaison des résultats avec les observations servira à mesurer la faculté conductrice des matières dont l'enveloppe terrestre est formée.

La présence de l'atmosphère et des eaux a pour effet général de rendre la distribution de la chaleur plus uniforme. Dans l'Océan et les lacs, les molécules les plus froides, ou plutôt celles dont la densité est la plus grande, se dirigent continuellement vers les régions inférieures, et les mouvements de la chaleur dus à cette cause sont beaucoup plus rapides que ceux qui s'accomplissent dans les masses solides en vertu de la faculté conductrice. L'examen mathématique de cet effet exigerait des observations exactes et nombreuses : elles serviraient à reconnaître comment ces mouvements intérieurs empêchent que les effets de la chaleur propre du globe soient sensibles dans la profondeur des eaux.

Les liquides conduisent très difficilement la chaleur; mais ils ont, comme les milieux aériformes, la propriété de la transporter rapidement dans certaines directions. C'est cette même propriété qui, se combinant avec la force centrifuge, déplace et mêle toutes les parties de l'atmosphère et celles de l'Océan; elle y entretient des courants réguliers et immenses.

L'interposition de l'air modifie beaucoup les effets de la chaleur à la surface du globe. Les rayons du Soleil, traversant les couches atmosphériques condensées par leur propre poids, les échauffent très inégalement : celles qui sont plus rares sont aussi plus froides, parce qu'elles éteignent et absorbent une moindre partie de ces rayons. La chaleur du Soleil, arrivant à l'état de lumière, possède la propriété de pénétrer les substances solides ou liquides diaphanes, et la perd presque entièrement lorsqu'elle s'est convertie, par sa communication aux corps terrestres, en chaleur rayonnante obscure.

Cette distinction de la chaleur lumineuse et de la chaleur obscure explique l'élévation de température causée par les corps transparents. La masse des eaux qui couvrent une grande partie du globe et les glaces polaires opposent moins d'obstacles à la chaleur lumineuse affluente qu'à la chaleur obscure, qui retourne en sens contraire dans l'espace extérieur. La présence de l'atmosphère produit un effet du même genre, mais qui, dans l'état actuel de la théorie et à raison du manque d'observations comparées, ne peut encore être exactement défini. Quoi qu'il en soit, on ne peut douter que l'effet dû à l'impres-

sion des rayons du Soleil sur un corps solide d'une dimension extrèmement grande ne surpasse beaucoup celui qu'on observerait en exposant un thermomètre à la lumière de cet astre.

Le rayonnement des couches les plus élevées de l'atmosphère, dont
le froid est très intense et presque constant, influe sur tous les faits
météorologiques que nous observons : il peut être rendu plus sensible
par la réflexion à la surface des miroirs concaves. La présence des
nuages, qui interceptent ces rayons, tempère le froid des nuits.

On voit que la superficie du globe terrestre est placée entre une
masse solide, dont la chaleur centrale peut surpasser celle des matières
incandescentes, et une enceinte immense, dont la température est inférieure à celle de la congélation du mercure.

Toutes les conséquences précédentes s'appliquent aux autres corps
planétaires. On peut les considérer comme placés dans une enceinte
dont la température commune et constante est peu inférieure à celle
des pôles terrestres. Cette même température du ciel est celle de la
surface des planètes les plus éloignées, car l'impression des rayons du
Soleil, même augmentée par la disposition de la superficie, serait trop
faible pour occasionner des effets sensibles; et nous connaissons, par
l'état du globe terrestre, que, dans les planètes, dont la formation ne
peut être moins ancienne, il ne subsiste plus à la surface aucune élévation de température due à la chaleur propre.

Il est également vraisemblable que, pour la plupart des planètes, la
température des pôles est assez peu élevée au-dessus de celle de l'espace planétaire. Quant à la température moyenne que chacun de ces
corps doit à l'action du Soleil, elle n'est point connue, parce qu'elle
peut dépendre de la présence d'une atmosphère et de l'état de la surface. On peut seulement assigner d'une manière approchée la température moyenne que la Terre acquerrait si elle était transportée dans le
même lieu que la planète.

Après cet exposé, nous examinerons successivement les différentes
parties de la question, et nous avons d'abord à exprimer une remarque
qui s'étend à toutes ces parties, parce qu'elle est fondée sur la nature

des équations différentielles du mouvement de la chaleur. Elle consiste en ce que les effets qui proviennent de chacune des trois causes que l'on a indiquées peuvent être calculés séparément, comme si chacune de ces causes existait seule. Il suffit ensuite de réunir les effets partiels; ils se superposent librement comme les dernières oscillations des corps.

Nous décrirons, en premier lieu, les résultats principaux dus à l'action prolongée des rayons solaires sur le globe terrestre.

Si l'on place un thermomètre à une profondeur considérable au-dessous de la surface de la terre solide, par exemple à 40^m, cet instrument marque une température fixe.

On observe ce fait dans tous les points du globe. Cette température des lieux profonds est constante pour un lieu déterminé; mais elle n'est pas la même dans les divers climats. Elle décroît en général lorsqu'on s'avance vers les pôles.

Si l'on observe la température des points beaucoup plus voisins de la surface, par exemple à 1^m ou 5^m ou 10^m de profondeur, on remarque des effets très différents. La température varie pendant la durée d'un jour ou d'un an; mais nous faisons d'abord abstraction de l'enveloppe terrestre où ces variations s'accomplissent et, supposant que cette enveloppe est supprimée, nous considérons les températures fixes de tous les points de la nouvelle superficie du globe.

On peut concevoir que l'état de la masse a varié continuellement à mesure qu'elle recevait la chaleur sortie du foyer. Cet état variable des températures intérieures s'est altéré par degrés, et s'est approché de plus en plus d'un état final qui n'est sujet à aucun changement. Alors chaque point de la sphère solide a acquis et conserve une température déterminée, qui ne dépend que de la situation de ce point.

L'état final de la masse, dont la chaleur a pénétré toutes les parties, est exactement comparable à celui d'un vase qui reçoit, par des ouvertures supérieures, le liquide que lui fournit une source constante et en laisse échapper une quantité précisément égale par une ou plusieurs issues.

Ainsi la chaleur solaire s'est accumulée dans l'intérieur du globe et s'y renouvelle continuellement. Elle pénètre les parties de la surface voisines de l'équateur et se dissipe à travers les régions polaires. La première question de ce genre qui ait été soumise au calcul se trouve dans un Mémoire que j'ai lu à l'Institut de France sur la fin de 1807, article 115, p. 167 ([1]) : cette pièce est déposée aux Archives de l'Académie des Sciences. J'ai traité alors cette première question pour offrir un exemple remarquable de l'application de la nouvelle théorie exposée dans le Mémoire, et pour montrer comment l'analyse fait connaître les routes que suit la chaleur solaire dans l'intérieur du globe terrestre.

Si nous rétablissons présentement cette enveloppe supérieure de la Terre, dont les points ne sont pas assez profondément situés pour que leurs températures soient devenues fixes, on remarque un ordre de faits plus composés dont notre analyse donne l'expression complète. A une profondeur médiocre, comme 3^m à 4^m, la température observée ne varie pas pendant la durée de chaque jour ; mais elle change très sensiblement dans le cours d'une année ; elle s'élève et s'abaisse alternativement. L'étendue de ces variations, c'est-à-dire la différence entre le *maximum* et le *minimum* de température, n'est pas la même à toutes les profondeurs ; elle est d'autant moindre que la distance à la surface est plus grande. Les différents points d'une même verticale ne parviennent pas en même temps à ces températures extrêmes. L'étendue des variations, les temps de l'année qui correspondent aux plus grandes, aux moyennes ou aux moindres températures changent avec la position du point dans la verticale. Il en est de même des quantités de chaleur qui descendent et s'élèvent alternativement : toutes ces valeurs ont entre elles des relations certaines, que les expériences indiquent et que l'analyse exprime très distinctement. Les résultats observés sont conformes à ceux que la théorie fournit ; il n'y a pas d'effet naturel plus complètement expliqué. La température moyenne annuelle d'un point quelconque de la verticale, c'est-à dire la valeur moyenne

([1]) *Voir* le Mémoire précédent, p. 3 à 28.   G. D.

de toutes celles qu'on observerait en ce point dans le cours d'une
année, est indépendante de la profondeur. Elle est la même pour tous
les points de la verticale, et, par conséquent, celle que l'on observerait
immédiatement au-dessous de la surface : c'est la température fixe des
lieux profonds.

Il est évident que, dans l'énoncé de cette proposition, nous faisons
abstraction de la chaleur intérieure du globe, et à plus forte raison des
causes accessoires qui pourraient modifier ce résultat en un lieu déterminé. Notre objet principal est de reconnaître les phénomènes généraux.

Nous avons dit plus haut que les divers effets peuvent être considérés séparément. Nous devons observer aussi, par rapport à toutes les
évaluations numériques citées dans ce Mémoire, qu'on ne les présente
que comme des exemples de calcul. Les observations météorologiques
propres à fournir les données nécessaires, celles qui feraient connaître
la capacité de chaleur et la perméabilité des matières qui composent
le globe, sont trop incertaines et trop bornées pour qu'on puisse maintenant déduire du calcul des résultats précis; mais nous indiquons ces
nombres pour montrer comment les formules doivent être appliquées.
Quelque peu approchées que soient ces évaluations, elles sont beaucoup plus propres à donner une juste idée des phénomènes que des
expressions générales dénuées d'applications numériques.

Dans les parties de l'enveloppe les plus voisines de la superficie, le
thermomètre s'élève et s'abaisse pendant la durée de chaque jour. Ces
variations diurnes cessent d'être sensibles à la profondeur de 2^m ou 3^m.
On ne peut observer au-dessous que les variations annuelles, qui disparaissent elles-mêmes à une plus grande profondeur.

Si la vitesse de rotation de la Terre autour de son axe devenait incomparablement plus grande, et s'il en était de même du mouvement de
cette planète autour du Soleil, les variations diurnes et les variations
annuelles cesseraient d'être observées; les points de la superficie
auraient acquis et conserveraient les températures fixes des lieux profonds. En général, la profondeur qu'il faut atteindre pour que les
variations cessent d'être sensibles a un rapport très simple avec la

durée de la période qui ramène les mêmes effets à la surface. Cette profondeur est exactement proportionnelle à la racine carrée de la période. C'est pour cette raison que les variations diurnes ne pénètrent qu'à une profondeur dix-neuf fois moindre que celle où l'on observe encore les variations annuelles.

La question du mouvement périodique de la chaleur solaire a été traitée pour la première fois et résolue dans un écrit séparé que j'ai remis à l'Institut de France en octobre 1809. J'ai reproduit cette solution dans une pièce envoyée sur la fin de 1811, et imprimée dans la Collection de nos Mémoires.

La même théorie donne le moyen de mesurer la quantité totale de chaleur qui, dans le cours d'une année, détermine les alternatives des saisons. On a eu pour but, en choisissant cet exemple de l'application des formules, de montrer qu'il existe une relation nécessaire entre la loi des variations périodiques et la quantité totale de chaleur qui accomplit cette oscillation; en sorte que, cette loi étant connue par les observations faites en un climat donné, on peut en conclure la quantité de chaleur qui s'introduit dans la terre et retourne dans l'air.

Considérant donc une loi semblable à celle qui s'établit d'elle-même dans l'intérieur du globe, on trouve les résultats suivants. Un huitième d'année avant que la température de la surface s'élève à sa valeur moyenne, la terre commence à s'échauffer; les rayons du Soleil la pénètrent pendant six mois. Ensuite la chaleur de la terre prend un mouvement opposé; elle sort et se répand dans l'air et l'espace extérieur : or la quantité de chaleur qui subit ces oscillations dans le cours d'un an est exprimée par le calcul. Si l'enveloppe terrestre était formée d'une substance métallique, le fer forgé (matière que j'ai choisie pour exemple après en avoir mesuré les coefficients spécifiques), la chaleur qui produit l'alternative des saisons serait, pour le climat de Paris et pour un mètre carré de superficie, équivalente à celle qui fondrait une colonne cylindrique de glace ayant pour base ce mètre carré, et dont la hauteur serait environ $3^m,1$. Quoique l'on n'ait pas encore mesuré la valeur des coefficients propres aux matières dont le globe est formé,

II.   14

on voit facilement qu'ils donneraient un résultat beaucoup moindre
que celui qui vient d'être indiqué. Il est proportionnel à la racine carrée
du produit de la capacité de chaleur rapportée au volume et de la perméabilité.

Considérons maintenant cette seconde cause de la chaleur terrestre
qui réside, selon nous, dans les espaces planétaires. La température
de cet espace exactement définie est celle que marquerait le thermomètre si l'on pouvait concevoir que le Soleil et tous les corps planétaires qui l'accompagnent cessent d'exister, et que l'instrument fût
placé dans un point quelconque de la région du ciel présentement occupée par le système solaire.

Nous allons indiquer les faits principaux qui nous ont fait reconnaître
l'existence de cette chaleur propre aux espaces planétaires, indépendante de la présence du Soleil, et indépendante de la chaleur primitive
que le globe a pu conserver. Pour acquérir la connaissance de ce singulier phénomène, il faut examiner quel serait l'état thermométrique
de la masse terrestre si elle ne recevait que la chaleur du Soleil; et
pour rendre cet examen plus facile, on peut d'abord supposer que l'atmosphère est supprimée. Or, s'il n'existait aucune cause propre à donner
aux espaces planétaires une température commune et constante, c'est-
à-dire si le globe terrestre et tous les corps qui forment le système
solaire étaient placés dans une enceinte privée de toute chaleur, on
observerait des effets entièrement contraires à ceux que nous connaissons. Les régions polaires subiraient un froid immense, et le décroissement des températures depuis l'équateur jusqu'aux pôles serait
incomparablement plus rapide et plus étendu que le décroissement
observé.

Dans cette hypothèse du froid absolu de l'espace, s'il est possible
de la concevoir, tous les effets de la chaleur, tels que nous les observons à la surface du globe, seraient dus à la présence du Soleil. Les
moindres variations de la distance de cet astre à la Terre occasionneraient des changements très considérables dans les températures, l'excentricité de l'orbite terrestre donnerait naissance à diverses saisons.

L'intermittence des jours et des nuits produirait des effets subits et totalement différents de ceux que nous observons. La surface des corps serait exposée tout à coup, au commencement de la nuit, à un froid infiniment intense. Les corps animés et les végétaux ne résisteraient point à une action aussi forte et aussi prompte, qui se reproduirait en sens contraire au lever du Soleil.

La chaleur primitive conservée dans l'intérieur de la masse terrestre ne pourrait point suppléer à la température extérieure de l'espace, et n'empêcherait aucun des effets que l'on vient de décrire ; car nous connaissons avec certitude, par la théorie et par les observations, que cette chaleur centrale est devenue depuis longtemps insensible à la superficie, quoiqu'elle puisse être très grande à une profondeur médiocre.

Nous concluons de ces diverses remarques, et principalement de l'examen mathématique de la question, qu'il existe une cause physique toujours présente qui modère les températures à la surface du globe terrestre, et donne à cette planète une chaleur fondamentale, indépendante de l'action du Soleil et de la chaleur propre que sa masse intérieure a conservée. Cette température fixe que la Terre reçoit ainsi de l'espace diffère peu de celle que l'on mesurerait aux pôles terrestres. Elle est nécessairement moindre que la température qui appartient aux contrées les plus froides ; mais, dans cette comparaison, l'on ne doit admettre que des observations certaines, et ne point considérer les effets accidentels d'un froid très intense qui serait occasionné par l'évaporation, par des vents violents et une dilatation extraordinaire de l'air.

Après avoir reconnu l'existence de cette température fondamentale de l'espace sans laquelle les effets de chaleur observés à la superficie du globe seraient inexplicables, nous ajouterons que l'origine de ce phénomène est pour ainsi dire évidente. Il est dû au rayonnement de tous les corps de l'univers dont la lumière et la chaleur peuvent arriver jusqu'à nous. Les astres que nous apercevons à la vue simple, la multitude innombrable des astres télescopiques ou des corps obscurs qui remplissent l'univers, les atmosphères qui environnent ces corps immenses, la matière rare disséminée dans diverses parties de l'espace, concourent à former ces rayons qui pénètrent de toutes parts dans les régions planétaires. On ne peut concevoir qu'il existe un tel système de corps lumineux ou échauffés, sans admettre qu'un point quelconque de l'espace qui les contient acquiert une température déterminée.

Le nombre immense des corps compense les inégalités de leurs températures, et rend l'irradiation sensiblement uniforme.

Cette température de l'espace n'est pas la même dans les différentes régions de l'univers; mais elle ne varie pas dans celles où les corps planétaires sont renfermés, parce que les dimensions de cet espace sont incomparablement plus petites que les distances qui le séparent des corps rayonnants. Ainsi, dans tous les points de l'orbite de la Terre, cette planète trouve la même température du ciel.

Il en est de même des autres planètes de notre système ; elles participent toutes également à la température commune, qui est plus ou moins augmentée, pour chacune d'elles, par l'impression des rayons du Soleil, selon la distance de la planète à cet astre. Quant à la question qui aurait pour objet d'assigner la température que chaque planète a dû acquérir, voici les principes que fournit une théorie exacte. L'intensité et la distribution de la chaleur à la surface de ces corps résulte de la distance au Soleil, de l'inclinaison de l'axe de rotation sur l'orbite et de l'état de la superficie. Elle est très différente, même dans sa valeur moyenne, de celle que marquerait un thermomètre isolé que l'on placerait au lieu de la planète ; car l'état solide, la très grande dimension, et sans doute la présence de l'atmosphère et la nature de la surface concourent à déterminer cette valeur moyenne.

La chaleur d'origine qui s'est conservée dans l'intérieur de la masse a cessé depuis longtemps d'avoir un effet très sensible à la superficie ; l'état présent de l'enveloppe terrestre nous fait connaître avec certitude que la chaleur primitive de la surface s'est presque entièrement dissipée. Nous regardons comme très vraisemblable, d'après la constitution de notre système solaire, que la température des pôles de chaque planète, ou du moins de la plupart d'entre elles, est peu différente de celle de l'espace. Cette température polaire est sensiblement la même pour tous ces corps, quoique leurs distances au Soleil soient très inégales.

On peut déterminer d'une manière assez approchée le degré de chaleur que le globe terrestre acquerrait s'il était substitué à chacune de ces planètes; mais la température de la planète elle-même ne peut être assignée; car il faudrait connaître l'état de la superficie et de l'atmosphère. Toutefois cette incertitude n'a plus lieu pour les corps situés aux extrémités du système solaire, comme la planète découverte par Herschel. L'impression des rayons du Soleil sur cette planète est presque insensible. La température de sa superficie est donc très peu différente de celle des espaces planétaires. Nous avons indiqué ce dernier résultat dans un discours public prononcé récemment en présence de l'Académie. On voit que cette conséquence ne peut s'appliquer qu'aux planètes les plus éloignées. Nous ne connaissons aucun moyen d'assigner avec quelque précision la température moyenne des autres corps planétaires.

Les mouvements de l'air et des eaux, l'étendue des mers, l'élévation et la forme du sol, les effets de l'industrie humaine et tous les changements accidentels de la surface terrestre modifient les températures dans chaque climat. Les caractères des phénomènes dus aux causes générales subsistent; mais les effets thermométriques observés à la superficie sont différents de ceux qui auraient lieu sans l'influence des causes accessoires.

La mobilité des eaux et de l'air tend à modérer les effets de la chaleur et du froid; elle rend la distribution plus uniforme; mais il serait impossible que l'action de l'atmosphère suppléât à cette cause universelle qui entretient la température commune des espaces planétaires; et, si cette cause n'existait point, on observerait, nonobstant l'action de l'atmosphère et des mers, des différences énormes entre les températures des régions équatoriales et celle des pôles.

Il est difficile de connaître jusqu'à quel point l'atmosphère influe sur la température moyenne du globe, et l'on cesse d'être guidé dans cet examen par une théorie mathématique régulière. On doit au célèbre voyageur M. de Saussure une expérience qui paraît très propre à éclairer cette question. Elle consiste à exposer aux rayons du Soleil un vase couvert d'une ou de plusieurs lames de verre bien transparent, placées à quelque distance les unes au-dessus des autres. L'intérieur du vase est garni d'une enveloppe épaisse de liège noirci, propre à recevoir et à conserver la chaleur. L'air échauffé est contenu de toutes parts, soit dans l'intérieur de la boîte, soit dans chaque intervalle compris entre deux plaques. Des thermomètres placés dans ce vase et dans les intervalles supérieurs marquent le degré de chaleur acquise dans chacune de ces capacités. Cet instrument a été exposé au soleil vers l'heure de midi, et l'on a vu, dans diverses expériences, le thermomètre du vase s'élever à 70°, 80°, 100°, 110° et au delà (division octogésimale). Les thermomètres placés dans les intervalles ont acquis des degrés de chaleur beaucoup moindres, et qui décroissaient depuis le fond de la boîte jusqu'à l'intervalle supérieur.

L'effet de la chaleur solaire sur l'air contenu par des enveloppes transparentes avait été depuis longtemps observé. L'appareil que nous venons de décrire a pour objet de porter la chaleur acquise à son maximum, et surtout de comparer l'effet solaire sur une montagne très élevée à celui qui avait lieu dans une plaine inférieure. Cette observation est principalement remarquable par les conséquences justes et étendues que l'inventeur en a tirées : elle a été répétée plusieurs fois à Paris et à Édimbourg, et a donné des résultats analogues.

La théorie de cet instrument est facile à concevoir. Il suffit de remarquer : 1° que la chaleur acquise se concentre, parce qu'elle n'est point dissipée immédiatement par le renouvellement de l'air; 2° que la chaleur émanée du Soleil a des propriétés différentes de celles de la chaleur obscure. Les rayons de cet astre se transmettent en assez grande partie au delà des verres dans toutes les capacités et jusqu'au fond de la boîte. Ils échauffent l'air et les parois qui le contiennent : alors leur

chaleur ainsi communiquée cesse d'être lumineuse; elle ne conserve
que les propriétés communes de la chaleur rayonnante obscure. Dans
cet état, elle ne peut traverser librement les plans de verre qui couvrent le vase; elle s'accumule de plus en plus dans une capacité enveloppée d'une matière très peu conductrice, et la température s'élève
jusqu'à ce que la chaleur affluente soit exactement compensée par
celle qui se dissipe. On vérifierait cette explication, et l'on en rendrait les conséquences plus sensibles, si l'on variait les conditions, en
employant des verres colorés ou noircis, et si les capacités qui contiennent les thermomètres étaient vides d'air. Lorsqu'on examine cet
effet par le calcul, on trouve des résultats entièrement conformes à
ceux que les observations ont donnés. Il est nécessaire de considérer
attentivement cet ordre de faits et les résultats du calcul lorsqu'on veut
connaître l'influence de l'atmosphère et des eaux sur l'état thermométrique du globe terrestre.

En effet, si toutes les couches d'air dont l'atmosphère est formée
conservaient leur densité avec leur transparence, et perdaient seulement la mobilité qui leur est propre, cette masse d'air ainsi devenue
solide, étant exposée aux rayons du Soleil, produirait un effet du même
genre que celui que l'on vient de décrire. La chaleur, arrivant à l'état
de lumière jusqu'à la terre solide, perdrait tout à coup et presque
entièrement la faculté qu'elle avait de traverser les solides diaphanes;
elle s'accumulerait dans les couches inférieures de l'atmosphère, qui
acquerraient ainsi des températures élevées. On observerait en même
temps une diminution du degré de chaleur acquise, à partir de la surface de la Terre. La mobilité de l'air, qui se déplace rapidement dans
tous les sens et qui s'élève lorsqu'il est échauffé, le rayonnement de la
chaleur obscure dans l'air diminuent l'intensité des effets qui auraient
lieu sous une atmosphère transparente et solide, mais ne dénaturent
point entièrement ces effets. Le décroissement de la chaleur dans les
régions élevées de l'air ne cesse point d'avoir lieu; c'est ainsi que la
température est augmentée par l'interposition de l'atmosphère, parce
que la chaleur trouve moins d'obstacle pour pénétrer l'air, étant à

l'état de lumière, qu'elle n'en trouve pour repasser dans l'air lorsqu'elle est convertie en chaleur obscure.

Nous considérerons maintenant la chaleur propre que le globe terrestre possédait aux époques où les planètes ont été formées, et qui
continue de se dissiper à la surface sous l'influence de la température
froide du ciel planétaire.

L'opinion d'un feu intérieur, cause perpétuelle de plusieurs grands
phénomènes, s'est renouvelée dans tous les âges de la Philosophie. Le
but que je me suis proposé est de connaître exactement suivant quelles
lois une sphère solide, échauffée par une longue immersion dans un
milieu, perdrait cette chaleur primitive si elle était transportée dans
un espace d'une température constante inférieure à celle du premier
milieu. Cette question difficile, et qui n'appartenait point encore aux
sciences mathématiques, a été résolue par une nouvelle méthode de
calcul qui s'applique à divers autres phénomènes.

La forme du sphéroïde terrestre, la disposition régulière des couches
intérieures rendue manifeste par les expériences du pendule, leur densité croissante avec la profondeur et diverses autres considérations concourent à prouver qu'une chaleur très intense a pénétré autrefois toutes
les parties du globe. Cette chaleur se dissipe par l'irradiation dans l'espace environnant, dont la température est très inférieure à celle de la
congélation de l'eau. Or l'expression mathématique de la loi du refroidissement montre que la chaleur primitive contenue dans une masse
sphérique d'une aussi grande dimension que la Terre diminue beaucoup plus rapidement à la superficie que dans les parties situées à
une grande profondeur. Celles-ci conservent presque toute leur chaleur durant un temps immense; et il n'y a aucun doute sur la vérité
des conséquences, parce que j'ai calculé ces temps pour des substances
métalliques plus conductrices que les matières du globe.

Mais il est évident que la théorie seule ne peut nous enseigner que
les lois auxquelles les phénomènes sont assujettis. Il reste à examiner
si, dans les couches du globe où nous pouvons pénétrer, on trouve
quelque indice de cette chaleur centrale. Il faut vérifier, par exemple,

si, au-dessous de la surface, à des distances où les variations diurnes et annuelles ont entièrement cessé, les températures des points d'une verticale prolongée dans la terre solide augmentent avec la profondeur : or tous les faits qui ont été recueillis et discutés par les plus habiles observateurs nous apprennent que cet accroissement subsiste : il a été estimé d'environ 1° pour 30^m ou 40^m.

La question mathématique a pour objet de découvrir les conséquences certaines que l'on peut déduire de ce seul fait, en l'admettant comme donné par l'observation directe, et de prouver qu'il détermine : 1° la situation de la source de chaleur; 2° l'excès de température qui subsiste encore à la surface.

Il est facile de conclure, et il résulte d'ailleurs d'une analyse exacte, que l'augmentation de température dans le sens de la profondeur ne peut être produite par l'action prolongée des rayons du Soleil. La chaleur émanée de cet astre s'est accumulée dans l'intérieur du globe; mais le progrès a cessé presque entièrement; et, si l'accumulation continuait encore, on observerait l'accroissement dans un sens précisément contraire à celui que nous venons d'indiquer.

La cause qui donne aux couches plus profondes une plus haute température est donc une source intérieure de chaleur constante ou variable placée au-dessous des points du globe où l'on a pu pénétrer. Cette cause élève la température de la surface terrestre au-dessus de la valeur que lui donnerait la seule action du Soleil. Mais cet excès de la température de la superficie est devenu presque insensible; et nous en sommes assurés, parce qu'il existe un rapport mathématique entre la valeur de l'accroissement par mètre et la quantité dont la température de la surface excède encore celle qui aurait lieu si la cause intérieure dont il s'agit n'existait pas. C'est pour nous une même chose de mesurer l'accroissement par unité de profondeur ou de mesurer l'excès de température de la surface.

Dans un globe de fer, l'accroissement d'un trentième de degré par mètre donnerait seulement un quart de degré centésimal pour l'élévation actuelle de la température de la surface. Cette élévation est en

raison directe de la conducibilité propre de la substance dont l'enveloppe est formée, toutes les autres conditions demeurant les mêmes.
Ainsi l'excès de température que la surface terrestre a présentement
en vertu de cette source intérieure est très petit; il est vraisemblablement au-dessous d'un trentième de degré centésimal. Il faut bien
remarquer que cette dernière conséquence s'applique à toutes les sup-
positions que l'on pourrait faire sur la nature de la cause, soit qu'on
la regarde comme locale ou universelle, constante ou variable.

Lorsqu'on examine attentivement et selon les principes des théories
dynamiques toutes les observations relatives à la figure de la Terre, on
ne peut douter que cette planète n'ait reçu à son origine une température très élevée; et, d'un autre côté, les observations thermométriques
montrent que la distribution actuelle de la chaleur dans l'enveloppe
terrestre est celle qui aurait lieu si le globe avait été formé dans un
milieu d'une très haute température, et qu'ensuite il se fût continuellement refroidi.

La question des températures terrestres m'a toujours paru un des
plus grands objets des études cosmologiques, et je l'avais principalement en vue en établissant la théorie mathématique de la chaleur.
J'ai d'abord déterminé l'état variable d'un globe solide qui, après avoir
été longtemps plongé dans un milieu échauffé, est transporté dans un
espace froid. J'ai considéré aussi l'état variable d'une sphère solide qui,
ayant été plongée successivement et durant un temps quelconque dans
deux ou plusieurs milieux de températures diverses, subirait un refroidissement final dans un espace de température constante. Après avoir
remarqué les conséquences générales de la solution de cette question,
j'ai examiné plus spécialement le cas où la température primitive
acquise dans le milieu échauffé serait devenue commune à toute la
masse; et, attribuant à la sphère une dimension extrêmement grande,
j'ai cherché quelles seraient les diminutions progressives de la température dans les couches assez voisines de la surface. Si l'on applique
les résultats de cette analyse au globe terrestre pour connaître quels
seraient les effets successifs d'une formation initiale semblable à celle

que l'on vient de considérer, on voit que l'accroissement d'un trentième de degré par mètre, considéré comme résultant de la chaleur
centrale, a été autrefois beaucoup plus grand, et qu'il varie maintenant avec une lenteur extrême. Quant à l'excès de température de la
surface, il varie suivant la même loi; la diminution séculaire ou la
quantité dont il s'abaisse durant un siècle est égale à la valeur actuelle
divisée par le double du nombre de siècles qui se sont écoulés depuis
l'origine du refroidissement; et, comme une limite de ce nombre nous
est donnée par les monuments historiques, on en conclut que, depuis
l'école grecque d'Alexandrie jusqu'à nous, la température de la surface
terrestre n'a pas diminué, pour cette cause, de la trois-centième partie
d'un degré. On retrouve ici ce caractère de stabilité que présentent
tous les grands phénomènes de l'univers. Cette stabilité est d'ailleurs
un résultat nécessaire, et indépendant de toute considération de l'état
initial, puisque l'excès actuel de la température est extrêmement petit,
et qu'il ne peut que diminuer pendant un temps indéfiniment prolongé.

L'effet de la chaleur primitive que le globe a conservée est donc
devenu pour ainsi dire insensible à la superficie de l'enveloppe terrestre; mais il se manifeste dans les profondeurs accessibles, puisque
la température des couches augmente avec leur distance à la surface.
Cet accroissement, rapporté à l'unité de mesure, n'aurait pas la même
valeur à des profondeurs beaucoup plus grandes : il diminue avec
cette profondeur; mais la même théorie nous montre que la température excédante, qui est presque nulle à la dernière surface, peut être
énorme à la distance de quelques myriamètres; en sorte que la chaleur des couches intermédiaires pourrait surpasser beaucoup celle des
matières incandescentes.

Le cours des siècles apportera de grands changements dans ces températures intérieures; mais à la surface ces changements sont accom-
plis, et la déperdition continuelle de la chaleur propre ne peut occasionner désormais aucun refroidissement du climat.

Il est important d'observer que la température moyenne d'un lieu

peut subir, pour d'autres causes accessoires, des variations incomparablement plus sensibles que celles qui proviendraient du refroidissement séculaire du globe.

L'établissement et le progrès des sociétés humaines, l'action des
forces naturelles peuvent changer notablement, et dans de vastes contrées, l'état de la surface du sol, la distribution des eaux et les grands
mouvements de l'air. De tels effets sont propres à faire varier, dans le
cours de plusieurs siècles, le degré de la chaleur moyenne ; car les
expressions analytiques comprennent des coefficients qui se rapportent
à l'état superficiel et qui influent beaucoup sur la valeur de la température.

Quoique l'effet de la chaleur intérieure ne soit plus sensible à la surface de la Terre, la quantité totale de cette chaleur qui se dissipe dans
un temps donné, comme une année ou un siècle, est mesurable, et
nous l'avons déterminée : celle qui traverse durant un siècle un mètre
carré de superficie et se répand dans les espaces célestes pourrait fondre
une colonne de glace qui aurait pour base ce mètre carré et une hauteur d'environ 3^m.

Cette conséquence dérive d'une proposition fondamentale qui appartient à toutes les questions du mouvement de la chaleur, et qui s'applique surtout à celle des températures terrestres : je veux parler de
l'équation différentielle qui exprime pour chaque instant l'état de la
surface. Cette équation, dont la vérité est sensible et facile à démontrer, établit une relation simple entre la température d'un élément de
la surface et le mouvement normal de la chaleur. Ce qui rend ce résultat théorique très important, et plus propre qu'aucun autre à éclairer
les questions qui sont l'objet de ce Mémoire, c'est qu'il subsiste indépendamment de la forme et des dimensions des corps, et quelle que
soit la nature des substances, homogènes ou diverses, dont la masse
intérieure serait composée. Ainsi les conséquences que l'on déduit de
cette équation sont absolues ; elles subsistent quels que puissent être
la constitution matérielle et l'état originaire du globe.

Nous avons publié, dans le cours de l'année 1820, l'extrait d'un

Mémoire sur le refroidissement séculaire du globe terrestre (*Bulletin des Sciences, Société philomathique*, année 1820, p. 58 et suiv.). On y a rapporté les formules principales, et notamment celles qui expriment l'état variable du solide uniformément échauffé jusqu'à une profondeur déterminée et extrêmement grande. Si la température initiale, au lieu d'être la même jusqu'à une très grande distance de la surface, résulte d'une immersion successive dans plusieurs milieux, les conséquences ne sont ni moins simples ni moins remarquables. Au reste, ce cas et plusieurs autres que nous avons considérés sont compris dans les expressions générales qui ont été indiquées.

La lecture de cet extrait me donne lieu de remarquer que les formules (1) et (2) qui y sont rapportées n'avaient pas été transcrites exactement. Je suppléerai par la suite à cette omission, qui, au reste, ne change rien aux autres formules, ni aux conséquences dont l'extrait renferme l'énoncé.

Pour décrire les principaux effets thermométriques qui proviennent de la présence des mers, concevons d'abord que les eaux de l'Océan sont retirées des bassins qui les renferment; en sorte qu'il ne reste que des cavités immenses dans les terres solides. Si cet état de la superficie terrestre, privée de l'atmosphère et des eaux, avait duré pendant un très grand nombre de siècles, la chaleur solaire produirait des alternatives de température semblables à celles que nous observons dans les continents, et assujetties aux mêmes lois. Les variations diurnes ou annuelles cesseraient à de certaines profondeurs, et il se formerait dans les couches inférieures un état invariable qui consisterait dans le transport continuel de la chaleur équatoriale vers les régions polaires.

Dans le même temps, la chaleur originaire du globe se dissipant à travers la surface extérieure des bassins, on y observerait, comme dans toutes les autres parties de la superficie, un accroissement de température en pénétrant à de plus grandes profondeurs, suivant une ligne normale à la surface du fond.

Il est nécessaire de remarquer ici que l'accroissement de température dû à la chaleur d'origine dépend principalement de la profondeur normale. Si la surface extérieure était horizontale, on trouverait d'égales températures dans une couche horizontale inférieure : mais si la superficie de la Terre solide est concave, ces couches d'égale température ne sont point horizontales, et diffèrent entièrement des couches de niveau. Elles suivent les formes sinueuses de la superficie : c'est pour cette raison que, dans l'intérieur des montagnes, la chaleur centrale peut pénétrer jusqu'à une grande hauteur. C'est un effet composé, que l'on détermine par l'Analyse mathématique, en ayant égard à la forme et à l'élévation absolue des masses.

Si la superficie était concave, on observerait en sens inverse un effet analogue, et cela aurait lieu dans l'hypothèse que nous considérons. Les couches d'égale température seraient concaves, et cet état continuerait de subsister si la Terre n'était point recouverte par les eaux.

Concevons maintenant que, ce même état ayant duré un grand nombre de siècles, on rétablisse ensuite les eaux dans le fond des mers et des lacs, et qu'elles demeurent exposées aux alternatives des saisons. Lorsque la température des couches supérieures du liquide deviendra moindre que celle des parties inférieures, quoique surpassant de quelques degrés seulement la température de la glace fondante, la densité de ces couches supérieures augmentera; elles descendront de plus en plus, et viendront occuper le fond des bassins qu'elles refroidiront par leur contact : dans le même temps, les eaux plus échauffées et plus légères s'élèveront pour remplacer les eaux supérieures, et il s'établira dans les masses liquides des mouvements infiniment variés dont l'effet général sera de transporter la chaleur vers les régions élevées.

Ces phénomènes sont plus composés dans l'intérieur des grandes mers, parce que les inégalités de température y occasionnent des courants dirigés en sens contraires et déplacent ainsi les eaux des régions les plus éloignées.

L'action continuelle de ces causes est modifiée par une autre propriété de l'eau, celle qui limite l'accroissement de la densité et la fait varier en sens opposé lorsque la température continue de s'abaisser et s'approche de celle qui détermine la formation de la glace. Le fond solide des mers est donc soumis à une action spéciale qui se renouvelle toujours, et qui le refroidit perpétuellement depuis un temps immense par le contact d'un liquide entretenu à une température supérieure de quelques degrés seulement à celle de la glace fondante. On trouve en effet que la température des eaux diminue à mesure que l'on augmente la profondeur des sondes ; cette température est dans nos climats d'environ 4° au fond de la plupart des lacs. En général, si l'on observe la température de la mer à des profondeurs de plus en plus grandes, on approche sensiblement de la limite qui convient à la plus grande densité ; mais il faut, dans les questions de ce genre, avoir égard à la nature des eaux, et surtout aux communications établies par les courants : cette dernière cause peut changer totalement les résultats.

•Cet accroissement de température, que nous observons en Europe en portant le thermomètre dans l'intérieur du globe solide à de grandes profondeurs, ne doit donc pas subsister dans l'intérieur des mers, et le plus généralement l'ordre des températures doit être inverse.

Quant aux parties immédiatement placées au-dessous du fond des mers, la loi de l'accroissement de chaleur n'est pas celle qui convient aux terres continentales. Ces températures sont déterminées par une cause spéciale de refroidissement, le vase étant exposé, comme on l'a dit, au contact perpétuel d'un liquide qui conserve la même température. C'est pour éclairer cette partie de la question des températures terrestres que j'ai déterminé, dans la théorie analytique de la chaleur (Chapitre IX, p. 427 et suiv.), l'expression de l'état variable d'un solide primitivement échauffé d'une manière quelconque, et dont la surface est retenue pendant un temps indéfini à une température constante. L'analyse de ce problème fait connaître distinctement suivant quelle loi la cause extérieure fait varier les températures du solide. En général, après avoir établi les équations fondamentales du mouvement

de la chaleur et la méthode de calcul qui sert à les intégrer, je me suis
attaché à résoudre les questions qui intéressent l'étude des températures terrestres et font connaître les rapports de cette étude avec le
système du monde.

Après avoir expliqué séparément les principes de la question des
températures terrestres, il faut réunir sous un point de vue général
tous les effets que l'on vient de décrire, et par là on se formera une
juste idée de l'ensemble des phénomènes.

La Terre reçoit les rayons du Soleil, qui pénètrent sa masse et s'y
convertissent en chaleur obscure; elle possède aussi une chaleur
propre qu'elle tient de son origine, et qui se dissipe continuellement
à la superficie; enfin, cette planète reçoit des rayons de lumière et de
chaleur des astres innombrables parmi lesquels le système solaire est
placé. Voilà les trois causes générales qui déterminent les températures
terrestres. La troisième, c'est-à-dire l'influence des astres, équivaut à
la présence d'une enceinte immense fermée de toutes parts, dont la
température constante serait peu inférieure à celle que nous observe-
rions dans les contrées polaires terrestres.

On pourrait sans doute supposer à la chaleur rayonnante des propriétés jusqu'ici inconnues, qui tiendraient lieu en quelque sorte de
cette température fondamentale que nous attribuons à l'espace; mais,
dans l'état actuel des sciences physiques et sans recourir à d'autres
propriétés que celles qui dérivent d'observations positives, tous les
faits connus s'expliquent naturellement. Il suffit de se représenter que
les corps planétaires sont dans un espace dont la température est constante. Nous avons donc cherché quelle devrait être cette température
pour que les effets thermométriques fussent semblables à ceux que
nous observons : or ils en différeraient entièrement si l'on admettait
un froid absolu de l'espace; mais, si l'on élève progressivement la température commune de l'enceinte qui enfermerait cet espace, on voit
naître des effets semblables à ceux que nous connaissons. On peut
affirmer que les phénomènes actuels sont ceux qui seraient produits
si le rayonnement des astres donnait à tous les points de l'espace pla-

nétaire la température d'environ 40° au-dessous de zéro (division octogésimale).

La chaleur primitive intérieure qui n'est point encore dissipée ne produit plus qu'un effet très petit à la surface du globe terrestre; elle se manifeste, par une augmentation de température, dans les couches profondes. A de plus grandes distances de la surface, elle peut surpasser les plus hautes températures que l'on ait encore mesurées.

L'effet des rayons solaires est périodique dans les couches superficielles de l'enveloppe terrestre; il est fixe dans tous les lieux profonds. Cette température fixe des parties inférieures n'est point la même pour toutes; elle dépend principalement de la latitude du lieu.

La chaleur solaire s'est accumulée dans l'intérieur du globe, dont l'état est devenu invariable. Celle qui pénètre par les régions équatoriales est exactement compensée par la chaleur qui s'écoule à travers les régions polaires. Ainsi la Terre rend aux espaces célestes toute la chaleur qu'elle reçoit du Soleil, et elle y ajoute une partie de celle qui lui est propre.

Tous les effets terrestres de la chaleur du Soleil sont modifiés par l'interposition de l'atmosphère et par la présence des eaux. Les grands mouvements de ces fluides rendent la distribution plus uniforme.

La transparence des eaux et celle de l'air concourent à augmenter le degré de chaleur acquise, parce que la chaleur lumineuse affluente pénètre assez facilement dans l'intérieur de la masse, et que la chaleur obscure sort plus difficilement suivant une route contraire.

Les alternatives des saisons sont entretenues par une quantité immense de chaleur solaire qui oscille dans l'enveloppe terrestre, passant au-dessous de la surface durant six mois, et retournant de la Terre dans l'air pendant l'autre moitié de l'année. Rien ne peut contribuer davantage à éclairer cette partie de la question que les expériences qui ont pour objet de mesurer avec précision l'effet produit par les rayons du Soleil à la surface terrestre.

J'ai résumé, dans ce Mémoire, tous les éléments principaux de l'analyse des températures terrestres. Il est formé de plusieurs résultats

II.   16

de mes recherches, depuis longtemps publiées. Lorsque j'ai entrepris
de traiter ce genre de questions, il n'existait aucune théorie mathématique de la chaleur, et l'on pouvait même douter qu'une telle théorie
fût possible. Les Mémoires et Ouvrages dans lesquels je l'ai établie
contiennent la solution exacte des questions fondamentales ; ils ont été
remis et communiqués publiquement, ou imprimés et analysés dans
les Recueils scientifiques depuis plusieurs années.

Dans le présent écrit, je me suis proposé un autre but, celui d'appeler l'attention sur un des plus grands objets de la Philosophie naturelle, et de présenter les vues et les conséquences générales. J'ai espéré
que les géomètres ne verraient pas seulement dans ces recherches des
questions de calcul, mais qu'ils considéreraient aussi l'importance du
sujet. On ne pourrait point aujourd'hui résoudre tous les doutes dans
une matière aussi étendue, qui comprend, outre les résultats d'une
analyse difficile et nouvelle, des notions physiques très variées. On
multipliera par la suite les observations exactes ; on étudiera les lois
du mouvement de la chaleur dans les liquides et dans l'air. On découvrira peut-être d'autres propriétés de la chaleur rayonnante, ou des
causes qui modifient les températures du globe. Mais toutes les lois
principales du mouvement de la chaleur sont connues ; cette théorie,
qui repose sur des fondements invariables, forme une nouvelle branche
des Sciences mathématiques : elle se compose aujourd'hui des équations différentielles du mouvement de la chaleur dans les solides et
dans les liquides, des intégrales de ces premières équations et des
théorèmes relatifs à l'équilibre de la chaleur rayonnante.

Un des principaux caractères de l'analyse qui exprime la distribution
de la chaleur dans les corps solides consiste dans la composition des
mouvements simples. Cette propriété dérive de la nature des équations
différentielles du mouvement de la chaleur, et elle convient aussi aux
dernières oscillations des corps ; mais elle appartient plus spécialement à la théorie de la chaleur, parce que les effets les plus complexes
se résolvent réellement en ces mouvements simples. Cette proposition
n'exprime pas une loi de la nature, et ce n'est pas le sens que je lui

attribue; elle exprime un fait subsistant, et non une cause. On trouverait ce même résultat dans les questions dynamiques où l'on consi-
dérerait les forces résistantes qui font cesser rapidement l'effet produit.

Les applications de la théorie de la chaleur ont exigé de longues
recherches analytiques, et il était d'abord nécessaire de former la
méthode du calcul, en regardant comme constants les coefficients spécifiques qui entrent dans les équations; car cette condition s'établit
d'elle-même et dure un temps infini lorsque les différences de températures sont devenues assez petites, comme on l'observe dans la
question des températures terrestres. D'ailleurs, dans cette question,
qui est l'application la plus importante, la démonstration des principaux résultats est indépendante de l'homogénéité et de la nature des
couches intérieures.

On peut donner à la théorie analytique de la chaleur toute l'extension qu'exigeraient les applications les plus variées. Voici l'énumération des principes qui servent à généraliser cette théorie :

1° Les coefficients étant assujettis à des variations très petites que
les observations font connaître, on détermine, par le procédé des substitutions successives, les corrections qu'il faut apporter aux résultats
du premier calcul.

2° Nous avons démontré plusieurs théorèmes généraux qui ne dépendent point de la forme des corps, ou de leur homogénéité. L'équation générale relative à la surface est une proposition de ce genre. On
en trouve un autre exemple très remarquable si l'on compare les mouvements de la chaleur dans des corps semblables, quelle que puisse
être la nature de ces corps.

3° Lorsque la résolution complète des équations différentielles dépend d'expressions difficiles à découvrir, ou de tables qui ne sont
point encore formées, on détermine les limites entre lesquelles les
quantités inconnues sont nécessairement comprises; on arrive ainsi
à des conséquences certaines sur l'objet de la question.

4° Dans les recherches sur les températures du globe terrestre, la grandeur des dimensions donne une forme spéciale aux résultats du calcul et en rend l'interprétation plus facile. Quoique l'on ignore la nature des masses intérieures et leurs propriétés relatives à la chaleur, on peut déduire des seules observations faites dans les profondeurs accessibles des conséquences fort importantes sur la stabilité des climats, sur l'excès actuel de température dû à la chaleur d'origine, sur la variation séculaire de l'accroissement de température dans le sens de la profondeur. C'est ainsi que nous avons pu démontrer que cet accroissement, qui est, en divers lieux de l'Europe, d'environ $1°$ pour 32^m, a eu précédemment une valeur beaucoup plus grande, qu'il diminue insensiblement, et qu'il s'écoulera plus de trente mille années avant qu'il soit réduit à la moitié de sa valeur actuelle. Cette conséquence n'est point incertaine, quoique nous ignorions l'état intérieur du globe; car les masses intérieures, quels que puissent être leur état et leur température, ne communiqueront à la surface qu'une chaleur insensible pendant un laps de temps immense. Par exemple, j'ai voulu connaître quel serait l'effet d'une masse extrêmement échauffée, de même étendue que la Terre, et que l'on placerait au-dessous de la surface à quelques lieues de profondeur. Voici le résultat de cette recherche.

Si, à partir de la profondeur de 12 lieues, on remplaçait la masse terrestre inférieure jusqu'au centre du globe par une matière quelconque dont la température serait égale à cinq cents fois celle de l'eau bouillante, la chaleur communiquée par cette masse aux parties voisines de la superficie demeurerait très longtemps insensible; il s'écoulerait certainement plus de deux cent mille années avant que l'on pût observer à la surface un accroissement de chaleur d'un seul degré. La chaleur pénètre si lentement les masses solides, et surtout celles dont l'enveloppe terrestre est formée, qu'un intervalle d'un très petit nombre de lieues suffirait pour rendre inappréciable pendant vingt siècles l'impression de la chaleur la plus intense.

L'examen attentif des conditions auxquelles le système des planètes est assujetti donne lieu de conclure que ces corps ont fait partie de la masse du Soleil, et l'on peut dire qu'il n'y a aucun phénomène observé qui ne concoure à fonder cette opinion. Nous ne connaissons pas combien l'intérieur de la Terre a perdu de cette chaleur d'origine ; on peut seulement affirmer qu'à l'extrême superficie l'excès de chaleur dû à cette seule cause est devenu pour ainsi dire insensible ; l'état thermométrique du globe ne varie plus qu'avec une extrême lenteur ; et, si l'on pouvait concevoir qu'à partir d'une distance de quelques lieues au-dessous de la surface. on remplace les masses inférieures jusqu'au centre du globe soit par des corps glacés, soit par des portions de la substance même du Soleil qui auraient la température de cet astre, il s'écoulerait un grand nombre de siècles avant qu'on pût observer aucun changement appréciable dans la température de la surface. La théorie mathématique de la chaleur fournit plusieurs autres conséquences de ce genre dont la certitude est indépendante de toute hypothèse sur l'état intérieur du globe terrestre.

Ces théories acquerront à l'avenir beaucoup plus d'étendue, et rien ne contribuera plus à les perfectionner que des séries nombreuses d'expériences précises ; car l'Analyse mathématique (qu'il nous soit permis de reproduire ici cette réflexion) (¹) peut déduire des phénomènes généraux et simples l'expression des lois de la nature ; mais l'application de ces lois à des effets très composés exige une longue suite d'observations exactes.

(¹) Discours préliminaire de la *Théorie de la Chaleur*.

MÉMOIRE

SUR LA

DISTINCTION DES RACINES IMAGINAIRES

ET SUR

L'APPLICATION DES THÉORÈMES D'ANALYSE ALGÉBRIQUE

AUX ÉQUATIONS TRANSCENDANTES
QUI DÉPENDENT DE LA THÉORIE DE LA CHALEUR.

MÉMOIRE

SUR LA

DISTINCTION DES RACINES IMAGINAIRES

ET SUR

L'APPLICATION DES THÉORÈMES D'ANALYSE ALGÉBRIQUE

AUX ÉQUATIONS TRANSCENDANTES
QUI DÉPENDENT DE LA THÉORIE DE LA CHALEUR.

Mémoires de l'Académie Royale des Sciences de l'Institut de France,
t. VII, p. 605. Paris, Didot; 1827.

Le premier article de ce Mémoire fait partie d'un Traité qui ne tardera point à être publié, et qui contient les résultats de mes recherches sur la théorie des équations. On démontre dans ce premier article une proposition relative à l'emploi des fractions continues pour la distinction des racines imaginaires. L'illustre auteur du *Traité de la résolution des équations numériques* avait proposé, ainsi que Waring, pour la détermination des limites, l'usage d'une équation dont les racines sont les différences des racines de l'équation que l'on veut résoudre. Cette méthode est sujette à deux difficultés très graves qui la rendent inapplicable : l'une consiste dans l'étendue excessive du calcul qui sert à former l'équation aux différences; la seconde, dans le très grand nombre des substitutions que l'on aurait à effectuer. J'ai recherché avec le plus grand soin les moyens de résoudre ces deux difficultés, et j'y suis parvenu par deux méthodes différentes, qui font connaître facilement la nature et les limites des racines. La première est exposée

II.   17

avec beaucoup de détails dans l'Ouvrage cité; la seconde est fondée sur la proposition suivante.

On peut omettre dans tous les cas l'emploi de l'équation aux différences, et procéder immédiatement au calcul des fractions continues qui doivent exprimer les valeurs des racines; il suffit d'établir ce calcul de la même manière que si l'on était assuré que toutes les racines sont réelles. On détermine sur-le-champ, et par l'application d'un théorème général, combien on doit chercher de racines dans chaque intervalle donné; or on distinguera par le résultat même de l'opération celles de ces racines qui sont réelles. Quant au nombre des racines imaginaires, il est précisément égal au nombre des variations de signes qui disparaissent dans les équations successives. Le Mémoire contient la démonstration de cette dernière proposition; il en résulte une méthode très simple pour distinguer avec certitude les racines imaginaires, et pour assigner deux limites entre lesquelles chacune des racines réelles est seule comprise.

Le second article du Mémoire concerne les équations que l'on a appelées *transcendantes*. Je démontre que les théorèmes généraux d'Analyse algébrique s'appliquent aux équations de ce genre que présentent la théorie de la chaleur ou d'autres questions naturelles. Le principe sur lequel cette application est fondée consiste en ce que, dans toute équation algébrique ou transcendante formée d'un nombre fini ou infini de facteurs, parmi lesquels il se trouve un ou plusieurs facteurs du second degré ayant deux racines imaginaires, chacun de ces derniers facteurs correspond à une certaine valeur *réelle* qui indique deux racines imaginaires, parce qu'elle fait disparaître deux variations de signes à la fois; et l'on prouve que, si l'équation proposée n'a aucune de ces valeurs *réelles et critiques,* il est impossible qu'elle n'ait pas toutes ses racines réelles. En général, c'est une même méthode qu'il faut employer, soit pour distinguer les racines imaginaires dans les équations algébriques et pour calculer les valeurs de leurs racines réelles, soit pour distinguer les racines imaginaires des équations transcendantes et calculer leurs racines réelles. La convergence des séries qui expriment les fonc-

tions transcendantes supplée à la propriété qu'ont les fonctions algébriques d'être réduites à une constante par des différentiations successives.

On peut faire l'application de ces principes aux équations transcendantes qui servent à former l'expression du mouvement de la chaleur
dans la sphère, dans les prismes rectangulaires, et dans le cylindre.
J'ai rappelé les trois procédés différents dont je me suis servi, dans
mes recherches analytiques sur la chaleur, pour résoudre les équations
dont il s'agit; ils donnent tous les trois le même résultat :

1° On emploie les constructions géométriques, parce qu'elles font
connaître très clairement les limites de chaque racine.

2° J'ai démontré que toutes les racines des équations trigonométriques qui se rapportent à la sphère ou aux prismes sont réelles, en
substituant à la place de la variable un binôme dont le second terme
est imaginaire. On voit, par le résultat de cette substitution, que le
coefficient du second terme est nécessairement nul.

3° On démontre aussi que les équations trigonométriques dont il
s'agit ont toutes leurs racines réelles, sans qu'il soit nécessaire de
regarder comme connue la forme des racines imaginaires; car la fonction trigonométrique est le produit d'un nombre de facteurs qui croît
de plus en plus, et sans limites. Or j'ai prouvé rigoureusement que
chacune des équations successives qui en résulte ne peut avoir que
des racines réelles. Cette propriété est totalement indépendante du
nombre des facteurs.

Il me reste à indiquer l'objet du troisième article du Mémoire. Cet
objet a un rapport plus sensible avec les phénomènes naturels; il concerne la question du mouvement séculaire de la chaleur dans l'intérieur du globe terrestre.

Nous avons dit que l'expression du mouvement de la chaleur dans
la sphère, dans les prismes rectangulaires et dans le cylindre, contient
les racines d'une équation transcendante déterminée, et que toutes ces
racines sont réelles. Il est facile maintenant de donner différentes démonstrations de cette proposition, et toutes les recherches ultérieures

n'ont pu que la confirmer. Mais quelle est la cause naturelle de cette, propriété? Pour quelle raison physique est-il impossible qu'il entre des expressions différentes dans les solutions données par le calcul? Quel rapport nécessaire y a-t-il entre le principe de la communication de la chaleur et un théorème abstrait sur la nature des équations?

On résoudra clairement cette dernière question en considérant ce qui aurait lieu si l'équation qui détermine les exposants de chaque terme contenait des facteurs du second degré dont les deux racines seraient imaginaires. En effet, chacun de ces derniers facteurs pourrait servir à former une solution particulière de la question, et cette solution contiendrait la valeur du temps sous les signes trigonométriques; il en résulterait que la température moyenne du solide correspondante à chaque instant serait exprimée par une quantité périodique. Cette expression serait formée d'un facteur exponentiel et d'un facteur trigonométrique variable avec le temps. La température fixe du milieu étant supposée celle de la glace fondante, la température moyenne du solide serait successivement positive, nulle et négative ; ensuite, en continuant de changer, elle deviendrait de nouveau égale et supérieure à celle du milieu. Ces alternatives se reproduiraient durant un temps infini divisé en mesures égales, comme il arrive dans les dernières oscillations des lames ou des surfaces sonores. Or de tels effets ne peuvent avoir lieu; et, pour rendre cette impossibilité manifeste, il suffit d'appliquer la solution dont on vient de parler au cas où la conducibilité propre du solide a une valeur immensément grande; car, si le coefficient qui mesure cette qualité spécifique ou la perméabilité intérieure acquiert une valeur infiniment grande, le corps dont la température varie doit être comparé à un vase contenant un liquide perpétuellement agité, et dont toutes les parties ont à chaque instant la même température. Il est évident que, dans ce cas, la chaleur du liquide se dissipe continuellement à travers l'enveloppe. On ne peut pas supposer que la température devient alternativement négative, nulle et positive, et que cela constitue le dernier état du vase durant un temps infini. Nous connaissons avec certitude en quoi consiste ce dernier état : la température du vase se rapproche de plus en plus de celle du milieu ; la chaleur, quelle que puisse être sa nature, n'est point sujette à cette fluctuation que nous avons décrite, parce qu'elle ne se communique que par voie de partage ; par conséquent, la température finale est toujours plus grande, ou est toujours moindre, que celle du milieu. Ainsi il est physiquement impossible qu'il entre des exposants imaginaires, ou, ce qui est la même chose, des facteurs périodiques, dans l'expression de la température variable d'un solide, par exemple d'un cylindre primitivement échauffé et placé dans un milieu dont la température est constante. Il en résulterait un état final oscillatoire contraire au principe de la communication de la chaleur, et l'on est assuré que ces alternatives n'ont point lieu dans un corps solide, parce que la solution qui les exprimerait s'appliquerait aussi à un état très simple où elles sont manifestement impossibles.

On arrive à la même conclusion si l'on considère dans la théorie analytique des mouvements de la chaleur les relations qui doivent subsister entre les divers éléments du calcul pour qu'une même solution convienne à une multitude de questions différentes ; car on peut changer à son gré les valeurs des coefficients spécifiques et les dimensions du solide si l'on change aussi, et dans un certain rapport, l'unité de mesure des temps écoulés.

Voici une application remarquable de ce nouveau principe : elle concerne la distribution de la chaleur dans les corps de figure semblable qui ne diffèrent que par leurs dimensions. Que l'on se représente deux solides dont les divers points ont reçu des températures initiales ; chacun de ces corps peut n'être pas homogène ; la densité, la capacité de chaleur, la conducibilité pourraient varier d'une manière quelconque dans l'intérieur de ces corps ou à leur surface ; mais, pour ne comparer que les deux effets qui proviennent de la différence de dimensions, on suppose que les deux corps, de surface convexe, ont des figures semblables ; que les molécules homologues sont de même nature, de même densité ; qu'elles ont reçu la même température initiale ; et que les deux solides sont ensuite exposés dans le vide, et

séparément, à l'action constante d'une même cause qui absorbe la
chaleur émise. On conçoit que chacun de ces deux corps passe successivement par une suite d'états très différents du premier, et il est
manifeste que les changements de température s'accompliraient beaucoup plus rapidement dans celui des deux corps dont la dimension
serait beaucoup plus petite. Or nous démontrons que, si l'on mesure
les temps écoulés avec deux unités différentes dont le rapport soit
celui du carré des dimensions homologues, on trouvera que l'état
variable du premier solide est perpétuellement le même que l'état du
second. Cette proposition est la plus générale de toutes celles que j'ai
démontrées dans mes recherches sur la chaleur; car elle ne dépend
ni de la forme des corps, ni de la nature de la substance dont ils
sont formés, ni de la distribution initiale. En général, la durée des
temps nécessaires pour que des solides semblables, et semblablement
échauffés, parviennent au même état est en raison directe du carré
des dimensions.

Cette proposition s'applique au mouvement séculaire de la chaleur
qui a pénétré la masse du globe terrestre, aux époques où cette planète a été formée; elle nous donne une juste idée du temps immense
qui a dû s'écouler pour qu'une masse d'une aussi grande dimension
pût subir un refroidissement sensible. On comparera, au moyen du
théorème précédent, les effets qui seraient observés si l'on assujettissait à une température fixe (celle de la glace fondante) les surfaces de
deux sphères solides dont l'une aurait 1^m de rayon, et l'autre un rayon
égal à celui de la Terre. On trouve que l'effet produit sur la sphère
terrestre par un refroidissement qui durerait mille années équivaut
précisément à l'effet produit sur la sphère de 1^m de rayon par l'action
de la même cause qui ne durerait que la $\frac{1}{1280}$ partie d'une seconde. On
voit par ce résultat que, si la Terre a possédé, comme l'indiquent les
théories dynamiques et un grand nombre d'observations thermométriques, une chaleur primitive qui se dissipe progressivement dans les
espaces planétaires, la déperdition de cette chaleur d'origine s'opère
avec une lenteur extrême. La durée de ces grands phénomènes répond

aux dimensions de l'univers; elle est mesurée par des nombres du même ordre que ceux qui expriment les distances des étoiles fixes.

Cette question du mouvement séculaire de la chaleur dans le globe terrestre est éclairée par deux propositions très générales que nous fournit la théorie de la chaleur, et qui sont faciles à démontrer : l'une est celle que nous venons d'énoncer concernant les changements de température des corps semblables; l'autre est l'équation différentielle du mouvement de la chaleur à la surface d'un corps quelconque. Cette dernière proposition, que j'ai donnée autrefois, est, comme la précédente, totalement indépendante de l'état intérieur du globe, de la nature des substances, de la chaleur actuelle ou originaire; elle convient à tous les corps solides, quels que soient leur forme et l'état physique de la superficie.

Nous terminerons cet extrait en rapportant la démonstration du théorème relatif au mouvement de la chaleur dans les corps semblables. On pourrait déduire cette proposition des équations différentielles que j'ai données dans mes recherches précédentes; mais la démonstration synthétique fait mieux connaître que ce théorème est une conséquence évidente du principe de la communication de la chaleur. J'indiquerai d'abord comment ces conséquences se sont présentées pour la première fois à l'inspection des formules qui expriment le mouvement de la chaleur dans différents corps. Ensuite je montrerai comment on arrive aux mêmes résultats sans l'emploi du calcul et par les considérations les plus élémentaires. Nous prenons pour exemple la question du mouvement de la chaleur dans une sphère qui a été plongée une ou plusieurs fois dans un milieu échauffé, et a reçu ainsi dans les différentes couches sphériques dont elle est formée des températures initiales différentes d'une couche à une autre suivant une loi quelconque, mais égales pour les points d'une même couche. Nous supposons qu'après avoir retiré cette sphère du milieu échauffé, on assujettit les points de la surface à une température constante et commune à tous ces points. On trouve, dans le Chapitre V de *la Théorie de la chaleur,* la solution des questions de ce genre, soit qu'on la déduise de la formule générale rapportée page 314 de cet Ouvrage, soit qu'on résolve directement ce problème, qui, aujourd'hui, ne présente aucune difficulté. On obtient l'expression suivante des températures variables de la sphère :

$$v = \frac{2}{x\,\mathrm{X}} \sum_{i=1}^{i=\infty} \left[e^{-\frac{\mathrm{K}}{\mathrm{CD}}\frac{i^2\pi^2}{\mathrm{X}^2}t} \sin i\pi\frac{x}{\mathrm{X}} \int_0^{\mathrm{X}} \alpha\,\mathrm{F}(\alpha)\sin\frac{i\pi\alpha}{\mathrm{X}}\,d\alpha \right].$$

Les coefficients K, C, D représentent respectivement la conducibilité propre, la capacité de chaleur, la densité; X est le rayon total de la sphère; x est le rayon de la couche sphérique dont on veut déterminer la température v; et t mesure le temps écoulé depuis l'instant où le refroidissement commence jusqu'à l'instant où la température prend la valeur désignée par v; $\mathrm{F}(\alpha)$ est la température initiale de la couche sphérique dont le rayon est α.

Cela posé, concevons que deux sphères solides de différents diamètres, mais formées d'une même substance, ont reçu des températures initiales telles que la valeur de cette température pour une certaine couche de la moindre sphère est la même que celle de la couche homologue de la plus grande, la fonction $\mathrm{F}(\alpha)$ étant d'ailleurs entièrement arbitraire. Soit n le rapport des dimensions des deux solides; on aura les relations suivantes, en désignant par x et x' les longueurs variables des rayons dans la première sphère et dans la seconde, qui est la plus grande, $\mathrm{X} = n\mathrm{X}'$, $x = nx'$, $\alpha = n\alpha'$. Quant à la fonction $\mathrm{F}(\alpha)$, elle est, par hypothèse, la même que $\mathrm{F}(\alpha')$ ou $\mathrm{F}(n\alpha)$; les coefficients D, C, K sont aussi les mêmes pour la sphère dont le rayon total est X et pour celle dont le rayon est X'. Si actuellement on suppose que le temps t, après lequel on mesure les températures de la première sphère, diffère du temps t', après lequel on mesure les températures de la seconde sphère, et si l'on établit la relation $t = n^2 t'$, on trouvera, après toutes les substitutions, que la valeur de v est la même pour la moindre sphère et pour la plus grande. Il suit de là que, si, dans les deux sphères, les couches homologues ont reçu des températures initiales quelconques, mais égales entre elles, ces

deux solides se trouveront toujours dans un état thermométrique semblable après des temps écoulés différents pour les deux sphères, et
dont le rapport soit celui du carré des dimensions.

Nous allons prouver maintenant que cette dernière proposition est
vraie dans le sens le plus étendu; elle ne dépend ni de la forme des
corps semblables que l'on compare, ni de leur homogénéité ou de
leurs qualités spécifiques relatives à la chaleur. Voici la démonstration
très simple de ce théorème.

On compare les deux corps solides de figure semblable et de forme
convexe. Cette dernière dénomination s'applique aux figures telles
qu'une ligne droite menée entre deux points quelconques de la superficie ne peut rencontrer cette surface du solide en aucun autre point.
Il faut concevoir que chacun des deux solides est divisé en une infinité
de particules de forme orthogonale. Chaque élément du premier correspond à un élément homologue du second. La figure des éléments
intérieurs est celle d'un prisme rectangulaire; et chacun des éléments
extrêmes, dont une face est placée sur la superficie du corps, a la
figure d'un prisme rectangulaire tronqué. On suppose que deux éléments homologues quelconques ont reçu la même température initiale,
qu'ils ont la même propriété de conduire la chaleur, et la même capacité spécifique. Au reste, chacun des corps peut n'être point homogène, et toutes les propriétés spécifiques peuvent varier d'une manière
quelconque dans l'étendue de chaque solide; on suppose seulement
qu'elles sont les mêmes pour les points homologues.

Cela posé, ne considérons, dans les deux corps, que deux éléments
semblablement situés, et comparons entre elles les quantités de chaleur qui, pendant une durée infiniment petite, font varier la température de ces deux molécules. Supposons que les deux éléments homologues que l'on compare aient la même température au commencement
de cet instant; formons d'abord l'expression de la quantité de chaleur
qui pénètre dans une molécule intérieure à travers l'une de ses faces,
selon la direction perpendiculaire à cette face. Cette quantité est proportionnelle à l'aire de la face; elle dépend aussi : 1° du coefficient k,

II.   18

mesure de la conducibilité, au point du solide que l'on considère;
2° de la durée dt de l'instant; 3° de la cause qui porte la chaleur à
passer avec plus ou moins de vitesse à travers la face du prisme. Cette
dernière cause est la différence de température des points assez voisins
pour qu'ils se communiquent directement leur chaleur. Or nous avons
démontré, dans l'Introduction de notre théorie analytique, que, pour
comparer entre eux les effets de cette dernière cause dans deux solides,
il faut élever une perpendiculaire $\mu\nu$ en un point m de la surface que
la chaleur pénètre, et marquer sur cette normale, de part et d'autre du
point m à une distance déterminée $\frac{1}{2}\Delta$, deux points μ et ν, dont on détermine les températures actuelles u et v; la différence $u - v$ mesure la
vitesse du flux, c'est-à-dire celle avec laquelle la chaleur se transporte
à travers la surface. Or, si l'on marque ici, dans les deux corps que l'on
compare, ces deux points μ et ν, dont la distance est Δ pour l'un et
l'autre corps, il est évident que la différence $u - v$ sera plus grande
dans le moindre corps que dans le second; et, si les dimensions sont
dans le rapport de n à n', les différences $u - v$ et $u' - v'$ seront entre
elles dans le rapport de n' à n; ainsi la vitesse avec laquelle la chaleur
traverse la première surface est à la vitesse de ce flux pour l'autre surface dans le rapport inverse des dimensions. Nous supposons que le
lecteur a une connaissance complète de ce lemme, tel qu'il est expliqué
et démontré dans divers articles de notre Ouvrage (*Théorie de la chaleur*, Chap. I, Sect. IV et Chap. II, p. 117, et Sect. VII du Chap. II,
p. 122-132). Concevons maintenant que le transport de la chaleur s'effectue, pour l'une des molécules comparées, pendant un instant dt et,
pour la molécule homologue de l'autre corps, pendant une durée différente dt'; les quantités de chaleur qui pénètrent les deux molécules
sont entre elles comme les deux produits suivants : $s\,k(u - v)\,dt$,
$s'k(u' - v')\,dt'$; s et s' désignent les aires des faces dans les deux
prismes. Le coefficient k est commun; les différences $u - v$, $u' - v'$
sont, comme on l'a dit, dans le rapport de n' à n. Le rapport de s à s'
est celui de n^2 à n'^2; donc les quantités de chaleur qui pénètrent les
molécules sont entre elles dans le rapport composé des produits

$n^2 kn'dt$, $n'^2 kn\,dt'$; ce rapport est $\frac{n\,dt}{n'dt'}$. On comparera de la même manière les quantités de chaleur qui sortent de l'une et l'autre molécule
prismatique par les faces opposées à celles que l'on vient de considérer et, le coefficient qui mesure la conducibilité propre étant toujours le même aux points homologues, on trouvera comme précédem-
ment que le rapport des deux quantités de chaleur sorties est $\frac{n\,dt}{n'dt'}$.
Or ce sont les différences de la quantité de chaleur qui entre dans
chaque molécule à la quantité qui en sort par les faces opposées qui
déterminent le changement instantané de température de ces molécules. Il s'ensuit que, si les quantités de chaleur qui produisent les changements étaient proportionnelles à la troisième puissance de la dimension des deux molécules, c'est-à-dire proportionnelles aux masses, la
variation de température serait la même, de part et d'autre, à la fin des
durées différentes dt et dt'. Donc les températures de ces molécules
seraient égales entre elles comme elles l'étaient au commencement de
ces instants. Il suffit donc que l'on ait cette relation

$$\frac{n\,dt}{n^3} = \frac{n'dt'}{n'^3} \quad \text{ou} \quad \frac{dt}{dt'} = \frac{n^2}{n'^2}.$$

Donc, si l'on observe le mouvement de la chaleur dans les deux
corps en mesurant les temps écoulés avec des unités différentes, et si
ces deux unités de temps sont proportionnelles aux carrés des dimensions, les molécules comparées auront toujours des températures
égales après des temps correspondants, c'est-à-dire après des temps
formés d'un même nombre d'unités.

Nous avons comparé jusqu'ici deux molécules homologues situées
dans l'intérieur des deux corps. La même conséquence s'applique aux
molécules extrêmes dont les faces inclinées coïncident avec la superficie du solide. Nous supposons que ces faces extrêmes sont retenues
à la température fixe zéro; ou, plus généralement, nous supposons que
l'on assujettit deux particules extérieures et homologues à une même
température fixe, dont la valeur pourrait être différente pour deux

autres particules homologues. Or on reconnaît, comme précédemment, que les quantités de chaleur qui pénètrent les deux molécules extrêmes comparées sont : 1° en raison directe de l'étendue des surfaces traversées ; qu'il en est de même des quantités de chaleur sorties, et par conséquent des différences qui occasionnent le changement de température ; 2° que les vitesses du flux sont entre elles comme les différences des températures u et v de deux points μ et ν dont la distance Δ serait la même dans les deux corps ; en sorte que les vitesses de ce flux dans les deux molécules sont en raison inverse de la dimension ; 3° que les quantités de chaleur qui font varier la température se partagent entre les masses qui sont proportionnelles aux cubes des dimensions. Donc, si les durées dt et dt' des instants sont proportionnelles aux carrés des dimensions, il arrivera toujours qu'à la fin des deux instants différents dt et dt' les températures des deux molécules homologues seront égales entre elles, comme elles l'étaient au commencement de ces mêmes instants. Donc les deux corps seront toujours observés dans un état thermométrique semblable si l'on compte les temps écoulés en faisant usage de deux unités différentes, et si le rapport de ces unités est celui des carrés des dimensions ; c'est conformément à cette loi que la température varierait dans deux corps entièrement semblables qui auraient été semblablement échauffés, et dont les surfaces extérieures seraient assujetties à des températures constantes.

Si les solides que l'on compare ne reçoivent point à leur surface des températures fixes, mais si la chaleur se dissipe à travers cette surface, nous ajoutons à l'hypothèse une condition spéciale. On suppose, dans ce cas, que le coefficient h, mesure de la conducibilité extérieure, n'est pas le même pour les deux corps, mais qu'on lui attribue des valeurs h et h' en raison inverse des dimensions. Ainsi le plus petit des deux corps aura une conducibilité extérieure h plus grande que h', qui mesure la conducibilité extérieure du second. Il en résulte que deux particules homologues placées à la superficie perdront, dans le milieu qui les environne, des quantités de chaleur inégales. La vitesse du flux *extérieur* dans le moindre corps sera plus grande que dans le second, et le rapport de ces vitesses sera celui de *n'* à *n*. Il en sera de même du flux *intérieur*, comme on l'a vu dans le cas précédent. Les aires de deux éléments homologues de la superficie seront proportionnelles aux carrés des dimensions. Donc toutes les conséquences seront les mêmes que pour les molécules intérieures : donc, en mesurant les temps écoulés avec des unités différentes dont le rapport sera celui du carré des dimensions, on trouvera toujours les deux solides dans un état thermométrique semblable après des temps correspondants.

Il faut remarquer que la condition relative au coefficient *h*, mesure de la conducibilité extérieure, s'accorde avec l'hypothèse principale, qui consiste en ce que deux points homologues quelconques ont les mêmes propriétés spécifiques et une même température initiale. En effet, quelle que puisse être la cause qui fait passer la chaleur du solide dans le milieu environnant, il est certain que cette masse affecte jusqu'à une profondeur très petite l'enveloppe extérieure du solide. Les points extrêmement voisins de la superficie contribuent tous à l'émission de la chaleur, et l'effet produit est d'autant plus grand que la température de ces points est plus élevée au-dessus de celle du milieu supposée constante. Il s'ensuit que, dans le plus petit des deux solides comparés, les molécules extrêmement voisines de la surface ont plus d'action sur le milieu; car, si l'on marque dans ce moindre solide, sur une droite N, un point intérieur μ distant de la superficie d'une très petite quantité δ, et dans l'autre solide, sur la ligne homologue N', un point intérieur μ' distant de la superficie de la même quantité δ, l'excès de la température de μ' sur celle du milieu sera plus grand que l'excès de la température de μ sur celle du milieu; et, par conséquent, l'émission de la chaleur à la surface du moindre corps sera plus rapide qu'à la surface du plus grand.

Toutefois nous ne connaissons point assez distinctement la nature des forces qui, à la superficie des solides, modifient l'émission ou l'introduction de la chaleur pour réduire à un calcul exact les effets de ce genre. C'est pour cela que, dans l'énoncé du théorème, nous comprenons une condition spéciale relative à la valeur du coefficient. C'est pour la même raison que nous avons considéré seulement les corps dont la superficie est convexe. Si des portions de la superficie étaient concaves, et si la chaleur se dissipait par voie d'irradiation, elle se porterait sur d'autres parties du même solide. Nous n'examinons point ici les cas de ce genre, et nous supposons que les valeurs h et h' sont en raison inverse de la dimension des solides. Au reste, ce coefficient peut être différent pour différents points de la surface. Il suffit que, pour deux points homologues quelconques des deux surfaces, les valeurs de h et h' soient dans le rapport de n' à n, qui est la raison inverse des dimensions.

Nous avons rapporté plus haut la solution que l'on trouve en intégrant les équations du mouvement de la chaleur dans la sphère ; mais nous avons réduit cette solution au cas où la surface est assujettie dans tous les points à une température constante zéro. On a vu comment la formule ainsi réduite s'accorde avec le théorème général que l'on vient de démontrer. On peut aussi considérer le cas plus général où la chaleur du solide se dissipe à travers la surface dans un milieu dont la température est constante. On attribuera au coefficient qui mesure la conducibilité extérieure une valeur déterminée h, et l'on aura, pour exprimer les températures variables du solide, l'équation suivante ([1])

$$(1) \qquad v = 2 \sum_{i=1}^{i=\infty} \frac{\sin n_i x}{x} \frac{e^{-\frac{K}{CD} n_i^2 t}}{X - \frac{1}{2n_i} \sin 2 n_i X} \int_0^X \alpha \, F(\alpha) \sin n_i \alpha \, d\alpha ;$$

la valeur de n_i est une racine de l'équation déterminée

$$(2) \qquad \frac{n_i X}{\tang(n_i X)} = 1 - \frac{h}{K} X.$$

Les quantités x, v, t, K, C, D ont la même signification que dans l'article précédent. Le coefficient h exprime la conducibilité de la sur-

---

([1]) *Théorie de la chaleur*, p. 312 et 314.

face, relative au milieu dont la température constante est zéro. La fonction $F(\alpha)$ représente, comme nous l'avons dit, le système des températures initiales. L'équation (2) donne, pour la valeur de n_i, une infinité de racines, et nous avons démontré plusieurs fois, soit par le calcul, soit par des considérations propres à la théorie de la chaleur, que toutes ces racines sont réelles; la température variable v est le double de la somme de tous les termes dont la valeur est indiquée.

Supposons maintenant que l'on compare les mouvements de la chaleur dans deux sphères différentes, dont l'une a pour rayon x, et l'autre a pour rayon x', égal à mx. Si la chaleur initiale est tellement distribuée dans ces deux corps que la température commune aux points d'une surface sphérique intérieure dans le premier soit égale à la température de la surface semblablement placée dans le second, et si, les coefficients K, C, D étant les mêmes, le coefficient h qui appartient à la moindre sphère a pour la plus grande une valeur différente h', il sera facile de connaître dans quel rapport doivent être les temps écoulés pour que la température v ait une même valeur dans l'une et l'autre sphère. Soient respectivement t et t' les temps écoulés après lesquels on mesure les températures dans les deux corps, on écrira les relations

$$\mathrm{X}' = m\mathrm{X}, \qquad x' = mx, \qquad h' = \frac{h}{m}, \qquad t' = m^2 t.$$

On conservera, selon l'hypothèse, les valeurs de K, C, D et $F(\alpha)$, et l'on reconnaîtra que la valeur de v ne change point. Ainsi, les temps écoulés étant mesurés avec des unités différentes, et le rapport de ces unités étant celui des carrés des dimensions, les deux sphères seront toujours dans un état thermométrique semblable après des temps exprimés par un même nombre d'unités; ce qui est conforme à la proposition générale.

On pourrait déduire cette proposition de la solution propre à chacune des questions particulières; mais on voit combien il est préférable de rendre la démonstration indépendante des solutions : car il y a un grand nombre de cas où, dans l'état actuel de l'Analyse mathématique, on ne pourrait point former explicitement ces solutions; mais la vérité de la proposition générale n'en est pas moins certaine, quelles que puissent être la figure des corps convexes, l'hétérogénéité des masses et leurs propriétés relatives à la chaleur. Les applications des Sciences mathématiques présentent certaines questions, rares à la vérité, que l'on résout par des considérations théoriques très simples, en obtenant des résultats beaucoup plus généraux que ceux qui se déduiraient d'une analyse difficile. Nous pourrions en citer un exemple non moins remarquable, et que nous n'avons point encore publié; il appartient à l'une des questions les plus importantes de la théorie des probabilités, celle qui concerne la comparaison de l'avantage *mathématique* moyen à l'avantage *relatif*. Au reste, lorsque les principes des théories sont connus depuis longtemps, les conséquences les plus générales sont presque toujours celles que donnent les solutions analytiques.

MÉMOIRE

SUR LA

THÉORIE ANALYTIQUE DE LA CHALEUR.

II.

19

MÉMOIRE

SUR LA

THÉORIE ANALYTIQUE DE LA CHALEUR.

Mémoires de l'Académie Royale des Sciences de l'Institut de France pour l'année 1825, t. VIII, p. 581 à 622. Paris, Didot, 1829.

I.

Objet de la question, formule qui en donne la solution.

Ce Mémoire a pour objet la solution d'une question d'Analyse qui appartient à la théorie de la chaleur. Cette nouvelle recherche servira à perfectionner les applications, en introduisant dans le calcul les variations que l'on observe dans les coefficients spécifiques. On peut à la vérité regarder ces coefficients comme constants dans la question des températures terrestres, qui est l'application la plus importante; mais il y a d'autres questions pour lesquelles il serait nécessaire d'avoir égard aux variations que les expériences ont indiquées. Les propositions qui sont démontrées dans le Mémoire ont un rapport direct avec l'analyse de ces approximations successives.

Je ne rappellerai point ici les questions fondamentales de la théorie de la chaleur. Il y a peu d'années qu'elles n'avaient point encore été soumises au calcul; on pouvait même douter que l'Analyse mathématique s'étendît à cet ordre de phénomènes et fût propre à les exprimer d'une manière aussi claire et aussi complète par des intégrales d'équations à différences partielles. Les solutions que j'ai données de ces questions principales sont aujourd'hui généralement connues; elles ont été confirmées par les recherches de plusieurs géomètres.

J'ai traité ensuite une question beaucoup plus composée que les précédentes, mais que l'on peut encore soumettre à l'Analyse mathématique. Elle a pour objet de former les équations différentielles du mouvement de la chaleur dans les liquides, les variations des températures étant occasionnées par la communication de la chaleur entre les molécules, et en même temps par les déplacements infiniment variés que subissent toutes les parties du liquide à raison des changements continuels de densité. J'ai donné les équations dont il s'agit dans un Mémoire lu à cette Académie, et dont l'extrait a été publié.

Je me propose maintenant d'ajouter à la même théorie la solution d'une question nouvelle, que je considère d'abord comme purement analytique, et dont je présenterai par la suite des applications variées. Il s'agit d'assujettir les deux extrémités d'un prisme (¹) à des températures entièrement arbitraires exprimées par deux fonctions différentes du temps, qu'elles soient ou non périodiques. L'état initial du prisme est donné : il est représenté par une troisième fonction ; on se propose d'intégrer l'équation différentielle du mouvement de la chaleur en sorte que l'intégrale comprenne trois fonctions arbitraires, savoir : celle qui représente l'état initial du solide, et deux autres dont chacune exprime l'état donné et variable d'une extrémité.

On pourrait appliquer à cette question les théorèmes que j'ai donnés dans mes recherches précédentes, et qui servent à transformer une fonction quelconque, soit en séries exponentielles, soit en intégrales définies; car l'emploi des deux propositions principales peut évidemment conduire à l'intégrale cherchée ; mais, sous cette forme, le calcul est très composé, et ne pourrait point faire connaître les lois simples auxquelles les résultats sont assujettis.

C'est par l'application de ces théorèmes que j'ai déterminé autrefois

---

(¹) Dans lequel tous les points d'une section droite quelconque ont la même température. C'est ce qui a lieu si, la section droite étant très petite, le prisme peut être assimilé à un fil.   G. D.

les lois du mouvement périodique de la chaleur solaire qui pénètre la masse terrestre jusqu'à une certaine profondeur et cause les variations diurnes ou annuelles ; mais, dans cette recherche sur les mouvements alternatifs de la chaleur solaire, les températures de l'extrémité du solide sont exprimées par des fonctions périodiques, ce qui rend l'analyse plus facile. Dans la question actuelle, les températures des deux extrémités du solide sont exprimées par des fonctions quelconques, et, quoique les principes déjà connus suffisent pour montrer que la solution est possible, ils ne donneraient point cette solution sous une forme propre à représenter clairement les résultats. J'ai donc déduit l'intégrale cherchée de considérations différentes et spéciales, qui rendent les conséquences très manifestes et facilitent toutes les applications.

Voici la formule qui donne la solution de cette question :

$$(\text{I}) \quad \begin{cases} \mathrm{V}_t = + \quad \dfrac{x}{\pi}\, f(t) + \dfrac{2}{\pi} \sum_{i=1}^{i=\infty} \dfrac{\mathrm{I}}{i}\, e^{-i^2 t} \sin ix \cos i\pi \left[f(\mathrm{o}) + \displaystyle\int_0^t f'(r)\, e^{i^2 r}\, dr \right] \\[3mm] \quad + \dfrac{\pi - x}{\pi}\, \varphi(t) - \dfrac{2}{\pi} \sum_{i=1}^{i=\infty} \dfrac{\mathrm{I}}{i}\, e^{-i^2 t} \sin ix \left[\varphi(\mathrm{o}) + \displaystyle\int_0^t \varphi'(r)\, e^{i^2 r}\, dr \right] \\[3mm] \quad + \dfrac{2}{\pi} \sum_{i=1}^{i=\infty} e^{-i^2 t} \sin ix \displaystyle\int_0^{\pi} \psi(r) \sin ir\, dr\,; \end{cases}$$

x désigne la distance d'un point quelconque m du solide à sa première extrémité o ; t est le temps écoulé à partir de l'état initial ; V_t exprime la température du point m après le temps t ; la distance de la seconde extrémité π à l'origine o est représentée par le nombre π ; les fonctions du temps $f(t)$, $\varphi(t)$ sont arbitraires ; elles expriment respectivement les températures variables des deux extrémités o et π du prisme [1]. La troisième fonction arbitraire $\psi(x)$, qui affecte la distance variable x d'un point intérieur à l'extrémité o, représente le système des températures initiales.

---

[1] Fourier suppose, sans le dire explicitement, que les unités de longueur ont été choisies de telle manière que la longueur du prisme soit mesurée par le rapport de la circonférence au diamètre et que le quotient $\dfrac{\mathrm{CD}}{\mathrm{K}}$ soit égal à l'unité. G. D.

On doit donner au nombre entier i sous le signe $\sum$ toutes les valeurs possibles depuis et y compris 1; il faut prendre la somme de ces valeurs. Le signe d'intégration définie $\int$ porte, suivant notre usage, les limites entre lesquelles l'intégrale doit être effectuée; r est une quantité auxiliaire qui disparait après l'intégration définie, en sorte qu'il ne reste dans l'expression de V_t que des quantités connues.

II.

La solution a trois parties distinctes.

La valeur V_t donnée par l'équation (1) contient trois parties différentes. Si, dans la première, qui forme la première ligne, on écrit $\pi - x$ au lieu de x, et φ au lieu de f, on trouve la seconde partie. On verra par la suite que la première représente l'état où le solide parviendrait après le temps écoulé t si, toutes les températures initiales des points dont la distance à l'origine o est plus grande que zéro et moindre que π étant supposées nulles, on assujettissait pendant le temps t le point o à la température constante zéro, et le point π à la température variable $f(t)$.

La seconde partie de la formule représente l'état où se trouverait le même solide après le temps écoulé t si, les températures initiales des mêmes points intermédiaires dont la distance à l'origine o surpasse zéro et est moindre que π étant supposées nulles, on assujettissait pendant le temps t le point o à la température variable $\varphi(t)$, et le point π à la température fixe zéro.

Enfin la troisième partie de la formule (1) représente l'état où se trouverait le solide après le temps écoulé t si, le système des températures initiales étant exprimé par une fonction quelconque $\psi(x)$ de la distance x, on assujettissait le solide à chacune de ses deux extrémités à la température fixe zéro.

Quant à la valeur complète V_t, elle fait connaitre quel sera, après le temps écoulé t, l'état du prisme si, les températures initiales étant exprimées par $\psi(x)$, les deux extrémités sont assujetties à des températures variables, savoir : l'une $f(t)$ au point o, et l'autre $\varphi(t)$ au point π.

III.

Première démonstration. La formule satisfait à l'équation différentielle, aux conditions des extrémités, et à l'état initial.

Sans développer dans ces premiers articles la suite des raisonnements qui m'ont conduit à la solution, j'en démontrerai d'abord la vérité en la fondant sur un principe général qui est évident, et dont voici l'énoncé. Si l'on forme une valeur v de la température variable qui satisfasse à l'équation différentielle du mouvement de la chaleur et à toutes les conditions relatives aux extrémités, et qui, pour un temps donné, coïncide avec l'état du système, on est assuré que l'expression de v est l'intégrale cherchée. Il ne peut y avoir aucune autre intégrale réellement différente de celle-là, quel que puisse être d'ailleurs le nombre des fonctions arbitraires. Il suffira donc de prouver que la formule qui donne l'expression V_t satisfait à l'équation différentielle et aux conditions des extrémités, et que de plus, en donnant au temps t sa première valeur zéro, la température V_0 représente le système $\psi(x)$ des températures initiales.

Or l'équation différentielle du mouvement linéaire de la chaleur est

$$\frac{\partial v}{\partial t} = \frac{K}{CD} \frac{\partial^2 v}{\partial x^2},$$

et, si l'on écrit t au lieu de $\dfrac{K t}{CD}$, on a

$$\frac{\partial v}{\partial t} = \frac{\partial^2 v}{\partial x^2}.$$

Il faut donc considérer l'équation à différentielles partielles très simple

$$\frac{\partial v}{\partial t} = \frac{\partial^2 v}{\partial x^2}.$$

On reconnaîtra, comme il suit, que l'expression de V_t satisfait à cette dernière équation. En effet, on conclut de l'équation (1)

$$(2) \begin{cases} \dfrac{\partial^2 V_t}{\partial x^2} = - \dfrac{2}{\pi} \sum i\, e^{-i^2 t} \sin ix \cos i\pi \left[f(\mathrm{o}) + \int_0^t f'(r) e^{i^2 r}\, dr \right] \\[2ex] \quad + \dfrac{2}{\pi} \sum i\, e^{-i^2 t} \sin ix \left[\varphi(\mathrm{o}) + \int_0^t \varphi'(r) e^{i^2 r}\, dr \right] \\[2ex] \quad - \dfrac{2}{\pi} \sum i^2 e^{-i^2 t} \sin ix \int_0^\pi \psi(r) \sin ir\, dr, \end{cases}$$

et

$$(3) \begin{cases} \dfrac{\partial V_t}{\partial t} = + \dfrac{x}{\pi} f'(t) - \dfrac{2}{\pi} \sum i e^{-i^2 t} \sin ix \cos i\pi \left[f(\mathrm{o}) + \int_0^t f'(r) e^{i^2 r} dr \right] \\[2ex] \quad + \dfrac{2}{\pi} \sum \dfrac{1}{i} e^{-i^2 t} \sin ix \cos i\pi \dfrac{d\mathrm{P}}{dt} \\[2ex] \quad + \dfrac{\pi - x}{\pi} \varphi'(t) + \dfrac{2}{\pi} \sum i e^{-i^2 t} \sin ix \left[\varphi(\mathrm{o}) + \int_0^t \varphi'(r) e^{i^2 r} dr \right] \\[2ex] \quad - \dfrac{2}{\pi} \sum \dfrac{1}{i} e^{-i^2 t} \sin ix \dfrac{d\mathrm{Q}}{dt} \\[2ex] \quad - \dfrac{2}{\pi} \sum i^2 e^{-i^2 t} \sin ix \int_0^\pi \psi(r) \sin ir\, dr. \end{cases}$$

On représente par P le facteur

$$f(\mathrm{o}) + \int_0^t f'(r) e^{i^2 r}\, dr,$$

et par Q le facteur

$$\varphi(\mathrm{o}) + \int_0^t \varphi'(r) e^{i^2 r}\, dr\,;$$

or, pour trouver la différentielle de P par rapport à t ou, ce qui est la même chose, la différentielle du terme $\int_0^t f'(r) e^{i^2 r} dr$, il faut omettre le signe d'intégration définie et donner à la variable auxiliaire r la valeur t qui est sa limite; nous supposons connue cette règle, qui est démontrée dans plusieurs Ouvrages, et dont la vérité est pour ainsi dire évidente; on a donc

$$\frac{d\mathrm{P}}{dt} = f'(t) e^{i^2 t},$$

et, suivant la même règle, on a

$$\frac{dQ}{dt} = \varphi'(t)e^{i^2t}.$$

Il reste donc, dans la première partie de $\frac{\partial V_t}{\partial t}$, le dernier terme

$$\frac{2}{\pi} f'(t) \sum \frac{\sin i x}{i} \cos i\pi,$$

et, dans la deuxième partie de $\frac{\partial V_t}{\partial t}$, le dernier terme

$$-\frac{2}{\pi} \varphi'(t) \sum \frac{\sin i x}{i}.$$

Or la quantité $\sum \frac{\sin i x}{i} \cos i\pi$ est connue, et la quantité $\sum \frac{\sin i x}{i}$ est connue aussi; la première est $-\frac{1}{2}x$, et la seconde est $\frac{1}{2}(\pi - x)$. Nous rappellerons plus bas la démonstration de ces deux propositions. Il s'ensuit que, dans l'expression de $\frac{\partial V_t}{\partial t}$, les termes $\frac{x}{\pi} f'(t)$ et $\frac{\pi - x}{\pi} \varphi'(t)$ sont détruits par des termes suivants, et que les deux valeurs de $\frac{\partial^2 V_t}{\partial x^2}$ et $\frac{\partial V_t}{\partial t}$ sont identiques : donc l'expression de V_t donnée par la formule (1) satisfait à l'équation différentielle du mouvement de la chaleur.

De plus, il est facile de reconnaître que l'état initial est représenté par cette valeur de V_t; en effet, si, dans l'équation (1), on pose $t = 0$, on trouve

$$(4) \quad \begin{cases} V_0 = + \dfrac{x}{\pi} f(0) + \dfrac{2}{\pi} f(0) \sum \dfrac{\sin i x}{i} \cos i\pi \\[2mm] \quad + \dfrac{\pi - x}{\pi} \varphi(0) - \dfrac{2}{\pi} \varphi(0) \sum \dfrac{\sin i x}{i} \\[2mm] \quad + \dfrac{2}{\pi} \sum \sin i x \int_0^\pi \psi(r) \sin ir\, dr. \end{cases}$$

Or, de ces trois parties de la valeur de V_0, la première et la seconde sont nulles, comme on le montrera plus bas, et la troisième donne la valeur de $\psi(x)$.

II.

Je ne rappellerai point les différentes démonstrations que l'on peut donner de cette dernière proposition; je me borne à en exprimer le véritable sens. Il faut concevoir que, pour former l'intégrale $\int_0^\pi \psi(r)\sin ir\,dr$, on donne d'abord à i une seule valeur j, prise parmi les nombres entiers $1, 2, 3, \ldots$, et qu'ensuite on donne à la variable r toutes les valeurs qu'elle peut avoir depuis $r = 0$ jusqu'à $r = \pi$: on pourrait construire une courbe dont l'ordonnée est $\psi(r)\sin jr$. L'aire de cette courbe qui repose sur l'intervalle de 0 à π équivaut à une certaine quantité qui contient j, et que nous représentons par α_j; on forme donc le terme $\alpha_j \sin jx$; puis, attribuant à i toutes ses valeurs successives $1, 2, 3, 4, \ldots$, on a la série

$$\alpha_1 \sin x + \alpha_2 \sin 2x + \alpha_3 \sin 3x + \ldots;$$

c'est la somme de cette série que l'on représente par $\sum \alpha_i \sin ix$. Or cette même série est toujours convergente. On donne à x une valeur quelconque plus grande que 0 et moindre que π; alors la somme des termes approche de plus en plus, et sans fin, d'une certaine limite qui dépend de la distance x; c'est-à-dire que l'on peut concevoir le nombre des termes de la série assez grand pour que la somme des termes diffère de sa limite d'une quantité aussi petite qu'on le voudra.

Nous avons démontré plusieurs fois le théorème exprimé par l'équation

(5) $$\psi(x) = \frac{2}{\pi} \sum \sin ix \int_0^\pi \psi(r)\sin ir\,dr;$$

on y peut parvenir de différentes manières, et la formule se déduit très facilement de l'intégration définie; mais ce qu'il importe surtout de reconnaitre distinctement, c'est que la série est toujours convergente, et que la valeur attribuée à la variable x doit ici être comprise dans l'intervalle de 0 à π. On ne considère point ici les valeurs que la même série exprimerait si l'on donnait à x des valeurs singulières qui ne seraient pas plus grandes que zéro et moindres que π; la discussion de ces valeurs est facile, mais elle n'appartient pas à la question actuelle.

Si maintenant on applique le théorème dont il s'agit au cas où la fonction que l'on veut représenter est $\pi - x$ dans l'intervalle de o à π, on trouve

$$\pi - x = 2 \sum \frac{\sin i.x}{i};$$

en appliquant le même théorème (5) à la fonction x, on trouve

$$x = -2 \sum \frac{\sin i.x}{i} \cos i\pi,$$

série qui était connue depuis longtemps. Il est donc certain, comme on l'a énoncé plus haut, qu'en faisant $t = o$ dans l'expression de V_t donnée par l'équation (1), les termes qui contiennent $f'(o)$ et $\varphi'(o)$ disparaissent et qu'il ne reste que la quantité

$$\frac{2}{\pi} \sum \frac{\sin i.x}{i} \int_0^\pi \psi(r) \sin i.x \, dr,$$

qui, suivant le même théorème, équivaut à $\psi(x)$; donc l'état initial du solide est représenté par la valeur de V_0 de l'équation (4).

Quant aux conditions relatives aux extrémités, elles subsistent pour toutes les valeurs de t; car, si l'on fait $x = \pi$ dans l'expression V_t, elle devient égale à $f(t)$, quelle que soit la valeur de t; et, lorsque $x = o$, elle devient $\varphi(t)$. Donc l'expression de V_t représentera les températures variables du solide pendant toute la durée du phénomène, puisqu'elle convient à l'état initial, aux conditions des extrémités et à l'équation différentielle.

IV.

Énoncé des trois questions partielles dont on réunit les solutions.

Après avoir démontré la vérité de cette solution, il nous reste à exposer les considérations dont on peut la déduire; cet examen est utile,

parce que les mêmes considérations s'appliquent à diverses autres
recherches.

La question a pour objet de trouver une expression de v qui représente l'état initial lorsqu'on fait $t = 0$, qui devienne $f(t)$ lorsqu'on
fait $x = \pi$, et qui devienne $\varphi(t)$ lorsque $x = 0$. Or on peut considérer
séparément chacune des trois questions suivantes : la première consiste à déterminer l'état variable du solide lorsque, l'état initial et
arbitraire étant donné, chacune des deux extrémités est retenue à la
température zéro; ensuite on formera une seconde question qui consiste à déterminer quel serait l'état variable du prisme si, la première
extrémité étant retenue à la température zéro, la seconde était assujettie à une température variable donnée par une fonction quelconque
du temps, et si l'on supposait d'ailleurs que, dans l'état initial du
prisme, les températures des points dont la distance à l'origine est
moindre que zéro et plus grande que π sont toutes nulles.

La troisième question est, pour ainsi dire, la même que la seconde;
elle consiste à trouver l'état variable du prisme lorsque, les températures initiales des points intermédiaires étant supposées nulles, la première extrémité est assujettie à une température variable donnée par
la fonction $\varphi(t)$, la seconde extrémité étant retenue à la température
zéro.

Cela posé, si l'on conçoit que ces trois questions sont résolues et
qu'elles sont appliquées à un même prisme, ayant les mêmes extrémités 0 et π, il est certain que la superposition des trois résultats donnera la solution de la question où l'on considère trois fonctions dont
l'une exprime l'état initial du solide, et les deux autres expriment
l'état variable des deux extrémités. Il suffit donc de résoudre chacune
des trois questions et d'ajouter les résultats. Or la solution de la première est connue: je l'ai donnée, pour la première fois, dans mes
Recherches sur la Théorie de la chaleur, lues et déposées à l'Institut de
France le 21 décembre 1807. En désignant par $\psi(x)$ le système des
températures initiales du solide, et par v la température après le temps
écoulé t en un point dont la distance à l'origine 0 est x, on a cette

expression :

(6) $$v = \frac{2}{\pi} \sum e^{-i^2 t} \sin ix \int_0^\pi \psi(r) \sin ir \, dr.$$

Nous passons à l'examen de la seconde question.

V.

*Température variable à l'extrémité du solide. On résout la question
en déterminant sous le signe $\sum$ une fonction inconnue.*

Pour résoudre la seconde question, c'est-à-dire pour trouver l'expression de la température variable d'un point quelconque du prisme
lorsque la première extrémité o est assujettie à la température fixe zéro,
et la seconde extrémité π à la température variable $f(t)$, on considérera d'abord le cas très simple où la température de la seconde extrémité est elle-même fixe, mais différente de zéro. Dans ce cas, l'état final
du système est tel que les températures qui subsisteraient après un
temps infini croissent comme les ordonnées d'une ligne droite, depuis
la première extrémité jusqu'à la seconde. Nous avons démontré ce
lemme dans l'Introduction à la *Théorie de la chaleur;* c'est l'état invariable vers lequel le système converge de plus en plus. Il est ainsi
exprimé

$$v = \frac{bx}{\pi},$$

ce qui est d'ailleurs une conséquence évidente du principe de la communication de la chaleur; b désigne la température fixe de l'extrémité π.

Quant à l'état variable qui précède ce dernier état du prisme, il est
facile de le former suivant les principes déjà connus. En effet, en désignant par $F(x)$ l'état initial du système, la différence $\frac{bx}{\pi} - F(x)$ entre
l'état final $\frac{bx}{\pi}$ et le premier état $F(x)$ s'altère continuellement, et de
la même manière que si, l'état initial du prisme étant $\frac{bx}{\pi} - F(x)$, on

assujettissait chacune des deux extrémités à la température fixe zéro : la question ne diffère donc pas de celle que nous avons considérée la première. Il suffit de remplacer dans l'équation (6) la fonction $\psi(r)$ qui répond à l'état initial par celle-ci : $\dfrac{br}{\pi} - F(r)$: nous examinerons plus bas le résultat de cette substitution ; mais l'état variable du même solide serait très différent de celui que l'on vient de considérer si la température de l'extrémité π, au lieu d'être fixe et égale à b, variait avec le temps comme une fonction $f(t)$, celle du premier point o étant toujours supposée constante et nulle. Cette seconde question est beaucoup plus composée que la précédente. J'indiquerai d'abord comment elle pourrait être résolue par un procédé que j'ai employé dans d'autres recherches, et qui consiste à placer sous le signe d'intégration définie une fonction indéterminée : il faut trouver pour cette fonction inconnue une expression qui satisfasse aux conditions proposées. Ensuite je montrerai comment on déduit la solution d'une autre considération très simple qui s'applique aux actions variables de la chaleur.

Si nous employions en premier lieu l'expression suivante

$$ v = \sum z_i e^{-i^2 t} \sin ix, $$

en désignant par z_i une fonction inconnue du temps t, qui contient aussi l'indice i. on voit que v deviendrait nulle lorsque $x = 0$, et deviendrait encore nulle lorsque $x = \pi$. Or, pour cette dernière valeur de x, la quantité v doit devenir $f(t)$; on aura donc

(7) $$ v = \frac{x}{\pi} f(t) + \sum z_i e^{-i^2 t} \sin ix : $$

il reste à déterminer sous le signe $\sum$ la fonction z_i en sorte que l'équation différentielle soit satisfaite, et que la valeur de v se réduise à zéro lorsqu'on fait $t = 0$; car, dans cette question, les températures initiales intermédiaires sont supposées nulles. Or l'équation différentielle est

$$ \frac{\partial^2 v}{\partial x^2} = \frac{\partial v}{\partial t}. $$

ce qui donne, d'après la dernière expression de v,

$$(8) \quad -\sum i^2 \alpha_i e^{-i^2 t}\sin ix = \frac{x}{\pi}f'(t) - \sum i^2 \alpha_i e^{-i^2 t}\sin ix + \sum \frac{d\alpha_i}{dt}e^{-i^2 t}\sin ix;$$

donc l'équation différentielle sera satisfaite si l'on a

$$(9) \quad \frac{x}{\pi}f'(t) + \sum \frac{d\alpha_i}{dt}e^{-i^2 t}\sin ix = 0.$$

C'est par cette condition qu'il faut déterminer la fonction α_i. Or la valeur de x peut être remplacée dans cette dernière équation (8) par l'expression connue

$$x = -2\sum \frac{\sin ix}{i}\cos i\pi;$$

substituant donc cette valeur de x dans l'équation (9), on trouve

$$-\frac{2}{\pi}f'(t)\sum \frac{\sin ix}{i}\cos i\pi + \sum \frac{d\alpha_i}{dt}e^{-i^2 t}\sin ix = 0,$$

ce qui aura lieu si l'on a

$$e^{-i^2 t}\frac{d\alpha_i}{dt} = \frac{2}{\pi}f'(t)\frac{1}{i}\cos i\pi.$$

On prendra donc pour la fonction α_i l'intégrale

$$\frac{2}{\pi}\frac{\cos i\pi}{i}\int e^{i^2 t}f'(t)\,dt$$

ou

$$\frac{2}{\pi}\frac{\cos i\pi}{i}\left[c + \int_0^t f'(r)e^{i^2 r}\,dr\right],$$

en désignant par c une constante arbitraire et prenant l'intégrale par rapport à la quantité auxiliaire r depuis $r=0$ jusqu'à $r=t$.

On aura donc

$$(10) \quad v = \frac{x}{\pi}f(t) + \frac{2}{\pi}\sum \cos i\pi \frac{\sin ix}{i}e^{-i^2 t}\left[c + \int_0^t e^{i^2 r}f'(r)\,dr\right];$$

faisant $t=0$ dans cette expression de v, elle doit, selon l'hypothèse, devenir nulle. On aura donc

$$\frac{x}{\pi} f(\text{o}) + \sum \frac{\cos i\pi \sin i x}{i} = \text{o};$$

et, mettant pour x sa valeur

$$- 2 \sum \frac{\sin i\pi}{i} \cos i\pi,$$

on a

$$- \frac{2}{\pi} f(\text{o}) \sum \frac{\sin i x}{i} \cos i\pi + \frac{2}{\pi} \sum c \frac{\sin i x}{i} \cos i\pi = \text{o};$$

par conséquent la constante c est égale à $f(\text{o})$; donc l'expression cherchée de v est

$$(11) \qquad v = \frac{x}{\pi} f(t) + \frac{2}{\pi} \sum \cos i\pi \frac{\sin i x}{i} e^{-i^2 t} \left[f(\text{o}) + \int_0^t e^{i^2 r} f'(r)\, dr \right].$$

On parvient ainsi à résoudre la seconde question que nous avons énoncée; quant à la troisième, elle se rapporte à la seconde, puisque les températures respectives des extrémités o et π sont, pour la seconde, zéro et $f(t)$, et pour la troisième, $\varphi(t)$ et o. La solution de cette troisième question est exprimée comme il suit :

$$(12) \qquad v = \frac{\pi - x}{\pi} \varphi(t) - \frac{2}{\pi} \sum \frac{\sin i x}{i} e^{-i^2 t} \left[\varphi(\text{o}) + \int_0^t e^{i^2 r} \varphi'(r)\, dr \right],$$

formule qui dérive aussi de la précédente (11) en substituant $\pi - x$ au lieu de x.

Si l'on réunit les trois résultats précédents, on trouve pour solution générale la formule donnée par l'équation (1). La première ligne se rapporte à la seconde question, la deuxième ligne à la troisième question, et la troisième ligne à la première question.

Quoique l'on puisse en effet parvenir à la solution en déterminant comme on vient de le faire la fonction inconnue α_i sous le signe $\sum$, on peut dire que ce procédé n'éclaire point assez la question, en ce que l'on ne voit pas d'abord qu'il doit nécessairement conduire à la solution. Il ne sera point inutile, dans une matière encore nouvelle, d'envisager les mêmes résultats sous divers points de vue, et surtout d'indiquer la route que l'on a suivie effectivement pour découvrir la solution ; l'article suivant fait connaître comment on s'est dirigé dans cette recherche.

VI.

Principe dont on a déduit la solution générale.

La question principale se réduit à trouver l'expression v de la température lorsque, la première extrémité du prisme, au point o, étant retenue à la température zéro, la seconde extrémité, au point π, est assujettie à la température variable $f(t)$; car il suit évidemment des principes de la Théorie que la superposition des trois états du prisme indiqués dans l'article IV donnera la solution générale. Concevons que le point o est retenu à la température zéro, et que la température du point π change par degrés. Si cette température du point π était fixe et égale à b, la question n'aurait aucune difficulté, comme nous l'avons remarqué (art. V) ; l'objet de la recherche se réduit donc à trouver le changement qu'il faut apporter à la solution exprimée par l'équation (6) pour que cette solution représente l'état variable qui se formerait si la température du point π, au lieu d'être constante et égale à b, était représentée par $f(t)$. Supposons que le temps T soit partagé en une multitude de parties t_1, t_2, t_3, ... On assujettit d'abord l'extrémité o du prisme à la température zéro, et l'extrémité π à une température fixe b ; on détermine l'état où le solide est parvenu après le temps t_1. On considère ensuite cet état que l'on vient de déterminer comme l'état initial où se trouve le solide lorsqu'on commence à assujettir la seconde extrémité π à une autre température fixe $b_1 + b_2$. Cette seconde disposition subsiste pendant le temps t_2 ; et, pendant ce même temps t_2, la première extrémité o demeure assujettie à la température zéro ; on détermine l'état où le prisme est parvenu à la fin du second temps t_2, et l'on considère ce dernier état comme l'état initial du système au commencement du temps t_3. On assujettit, pendant cette durée t_3, les

II.   21

extrémités o et π aux températures respectives zéro et $b_1 + b_2 + b_3$; on détermine encore l'état du système à la fin du temps t_3; et l'on continue ainsi de considérer comme état initial celui que l'on a déterminé par l'opération précédente; ou augmente d'une nouvelle partie la température fixe à laquelle l'extrémité est assujettie et l'on suppose que cette disposition dure pendant une nouvelle partie du temps: il est manifeste que l'on parviendrait ainsi à connaitre l'état qui aurait lieu après le temps total $t_1 + t_2 + t_3 + t_4 + \ldots$. Il ne reste plus qu'à supposer que les accroissements progressifs de la température de la seconde extrémité sont infiniment petits, ainsi que l'élément du temps dt, et que la valeur de l'accroissement est $f'(t)\,dt$. Il faut examiner attentivement les résultats de ce calcul.

VII.

Application de ce principe, calcul.

Le système des températures initiales dans tous les points intermédiaires du solide, depuis o jusqu'à π, étant exprimé par $F(x)$, si les extrémités o et π sont respectivement assujetties pendant un temps donné aux températures fixes zéro et b, l'état du solide à la fin du temps θ sera exprimé ainsi

$$(13) \qquad V_\theta = \frac{bx}{\pi} - \frac{2}{\pi} \sum e^{-it\theta} \sin ix \int_0^\pi \sin ix \left[\frac{bx}{\pi} - F(\alpha) \right] dx:$$

cette solution résulte évidemment des principes connus. L'état final et invariable dont le système s'approche continuellement est $\frac{bx}{\pi}$, et la différence entre ce dernier état et le premier $\varphi(x)$ diminue continuellement et finit par s'évanouir. Cette altération progressive de l'état initial représenté par $\frac{bx}{\pi} - F(x)$ s'opère suivant la loi que l'on observerait si, dans un prisme dont les températures initiales sont données, on assujettissait chacune des extrémités à la température fixe zéro.

Nous supposerons maintenant dans tout ce qui suit que les températures initiales des points du prisme qui ont été désignées dans l'équation (13) par la fonction F sont nulles, et que les extrémités o et π sont retenues pendant le temps 0 à des températures fixes, savoir : zéro au point o, et b au point π; on omettra donc dans l'équation (13) le terme $F(\alpha)$ et l'on trouvera

$$(14) \qquad V_0 = \frac{bx}{\pi} - \frac{2}{\pi} \sum e^{-i^2 0} \sin ix \int_0^\pi \frac{b\alpha}{\pi} \sin i\alpha \, d\alpha;$$

et si l'on effectue l'intégration $\displaystyle\int_0^\pi \frac{b\alpha}{\pi} \sin i\alpha \, d\alpha$, afin de développer sous le signe $\sum$, on aura

$$(15) \qquad V_0 = \frac{bx}{\pi} - \frac{2b}{\pi} \left(e^{-0} \sin x - \tfrac{1}{2} e^{-2^2 0} \sin 2x + \tfrac{1}{3} e^{-3^2 0} \sin 3x - \ldots \right);$$

on appliquera cette équation (15) au cas où le temps écoulé est désigné par t_1 et la température fixe du point π par b_1, et l'on aura

$$(16) \qquad V_{t_1} = \frac{b_1 x}{\pi} - \frac{2b_1}{\pi} \left(e^{-t_1} \sin x - \tfrac{1}{2} e^{-2^2 t_1} \sin 2x + \tfrac{1}{3} e^{-3^2 t_1} \sin 3x - \ldots \right).$$

On considère maintenant l'état exprimé par V_{t_1} comme un état initial donné, et l'on assujettit, pendant le temps t_2, les deux extrémités o et π aux températures respectives zéro et $b_1 + b_2$; il est facile de connaître l'état qui sera formé à la fin du temps total $t_1 + t_2$. Il faut, dans la formule précédente (13), écrire $b_1 + b_2$ au lieu de b, t_2 au lieu de 0, et remplacer la fonction $F(\alpha)$ qui se rapporte à l'état initial par la fonction que l'on trouve en écrivant dans V_{t_1}, au lieu de x, la quantité auxiliaire α. On aura donc, en désignant par $V_{(t_1 + t_2)}$ l'expression de l'état variable à la fin du temps total $t_1 + t_2$,

$$(17) \quad V_{(t_1 + t_2)} = \frac{b_1 x}{\pi} + \frac{b_2 x}{\pi} - \frac{2}{\pi} \sum e^{-i^2 t_2} \sin ix \int_0^\pi \left(\frac{b_1 \alpha}{\pi} + \frac{b_2 \alpha}{\pi} - W \right) \sin i\alpha \, d\alpha,$$

et il faut mettre pour W sa valeur

$$\frac{b_1 \alpha}{\pi} - \frac{2b_1}{\pi} \left(e^{-t_2} \sin \alpha - \tfrac{1}{2} e^{-2^2 t_1} \sin 2\alpha + \tfrac{1}{3} e^{-3^2 t_1} \sin 3\alpha - \ldots \right);$$

il en résulte premièrement qu'une partie de la valeur cherchée de $V_{(t_1+t_2)}$ est

$$\frac{b_2 x}{\pi} - \frac{2}{\pi} \sum e^{-i^2t_2} \sin ix \int_0^\pi \frac{b_2 \alpha}{\pi} \sin i\alpha \, d\alpha.$$

Cette partie exprime, d'après l'équation (14), l'état où serait le même solide après le temps t_2 si, au commencement de ce temps t_2, les températures des points intermédiaires, de o à π, étant supposées nulles, on assujettissait les deux extrémités pendant le temps t_2 aux températures respectives o et b_2.

L'autre partie de la valeur de $V_{(t_1+t_2)}$ paraît d'abord plus composée, elle a pour expression

$$(18) \quad \frac{b_1 x}{\pi} - \frac{2}{\pi} \sum \sin ix \, e^{-i^2t_2} \int_0^\pi \frac{2 b_1}{\pi} \sin i\alpha \, d\alpha (e^{-t_1} \sin\alpha - \tfrac{1}{2} e^{-2^2t_1} \sin 2\alpha + \tfrac{1}{3} e^{-3^2t_1} \sin 3\alpha - \ldots);$$

il faudrait donc prendre pour i tous les nombres entiers et effectuer les opérations indiquées.

Or il faut remarquer que, si i et j sont des nombres entiers différents, l'intégrale définie $\int_0^\pi \sin i\alpha \sin j\alpha \, d\alpha$ a toujours une valeur nulle, ce qu'il est facile de vérifier, et ce que nous avons démontré plusieurs fois dans le cours de nos recherches; mais, si les nombres i et j sont les mêmes, l'intégrale n'est point nulle : sa valeur est $\tfrac{1}{2}\pi$. Nous supposons ces propositions connues. Il en résulte que, pour combiner toutes les valeurs de i avec celles qui proviennent de la série

$$e^{-t_1} \sin\alpha - \tfrac{1}{2} e^{-2^2t_1} \sin 2\alpha + \tfrac{1}{3} e^{-3^2t_1} \sin 3x - \ldots,$$

il faut omettre toutes les combinaisons pour lesquelles le coefficient i sous le signe $\int_0^\pi$ dans $\sin i\alpha$ est différent du coefficient de α dans un facteur $\sin i\alpha$ qui appartient à un terme de la série; et, comme on doit prendre la somme des exposants de e dans les deux termes combinés, on trouve que la seconde partie de la valeur de $V_{(t_1+t_2)}$ est

$$b_1 \frac{x}{\pi} - \frac{2 b_1}{\pi} \left[e^{-(t_1+t_2)} \sin x - \tfrac{1}{2} e^{-2^2(t_1+t_2)} \sin 2x + \tfrac{1}{3} e^{-3^2(t_1+t_2)} \sin 3x - \ldots \right];$$

on forme ainsi l'expression complète de la température du solide après le temps $t_1 + t_2$

$$V_{(t_1+t_2)} = b_2 \frac{x}{\pi} - \frac{2 b_2}{\pi} \left(e^{-t_2} \sin x - \tfrac{1}{2} e^{-2^2 t_2} \sin 2x + \tfrac{1}{3} e^{-3^2 t_2} \sin 3x - \ldots \right)$$

$$+ b_1 \frac{x}{\pi} - \frac{2 b_1}{\pi} \left[e^{-(t_1+t_2)} \sin x - \tfrac{1}{2} e^{-2^2(t_1+t_2)} \sin 2x + \tfrac{1}{3} e^{-3^2(t_1+t_2)} \sin 3x - \ldots \right],$$

et l'on voit que la seconde partie représente, d'après l'équation (14), l'état où le système des températures se trouverait si, les valeurs initiales de ces températures étant supposées nulles, on assujettissait pendant le temps total $t_1 + t_2$ les deux extrémités o et π du prisme à des températures fixes, savoir : zéro pour l'une au point o et, pour l'autre, b_1 au point π.

Il faut maintenant considérer cette valeur de $V_{(t_1+t_2)}$ comme exprimant un état initial et assujettir l'extrémité π pendant une nouvelle partie t_3 du temps à la température fixe $b_1 + b_2 + b_3$, l'extrémité o étant toujours retenue à la température zéro. Dans l'équation générale (13), on fera $\theta = t_3$ et $b = b_1 + b_2 + b_3$, et l'on prendra pour $F(\alpha)$ la valeur de $V_{(t_1+t_2)}$ dans laquelle on écrira α au lieu de x. On aura donc, en désignant par $V_{(t_1+t_2+t_3)}$ l'expression de la température à la fin du temps total $t_1 + t_2 + t_3$,

$$(19) \quad \left\lbrace \begin{aligned} &V_{(t_1+t_2+t_3)} = b_1 \frac{x}{\pi} + b_2 \frac{x}{\pi} + b_3 \frac{x}{\pi} \\ &\quad - \frac{2}{\pi} \sum e^{-i^2 t_3} \sin ix \int_0^\pi \sin i\alpha \, d\alpha \left(b_1 \frac{\alpha}{\pi} + b_2 \frac{\alpha}{\pi} + b_3 \frac{\alpha}{\pi} - W_\alpha \right). \end{aligned} \right.$$

On désigne ici par W_α l'expression de $V_{(t_1+t_2)}$ dans laquelle on écrit α au lieu de x. On voit d'abord qu'une première partie de la valeur cherchée $V_{(t_1+t_2+t_3)}$ est

$$b_3 \frac{x}{\pi} - \frac{2}{\pi} \sum e^{-i^2 t_3} \sin ix \int_0^\pi b_3 \frac{\alpha}{\pi} \sin i\alpha \, d\alpha.$$

C'est, d'après l'équation (14), l'expression de l'état où le prisme se trouverait après le temps t_3 si, en supposant les températures initiales nulles, on retenait les deux extrémités o et π, et pendant le temps t_3, à des températures fixes, savoir : zéro au point o, et b_3 au point π.

Il reste à connaître les autres parties de la valeur cherchée. Or W_7 contient les deux termes $b_2\frac{\alpha}{\pi}$, $b_1\frac{x}{\pi}$, ce qui détruit deux des termes placés à la suite de $\int_0^\pi \sin i\alpha \, d\alpha$; on a donc seulement à considérer cette expression

$$(20) \quad \left| -\frac{2}{\pi}\sum e^{-i^2 t_3}\sin ix \int_0^\pi \sin i\alpha \, d\alpha \left[+\frac{2b_2}{\pi}(e^{-t_3}\sin\alpha \quad -\tfrac{1}{2}e^{-2t_3}\sin 2\alpha \quad +\ldots) \right.\right.$$
$$\left.\left. +\frac{2b_1}{\pi}(e^{-(t_1+t_2)}\sin\alpha - \tfrac{1}{2}e^{-2(t_1+t_2)}\sin 2\alpha + \ldots) \right] \right.$$

On doit donner au nombre entier i toutes ses valeurs possibles, et combiner chacun des termes qui en proviennent avec chacun des termes des deux séries placées à la suite. Lorsque la valeur de i diffère du coefficient de α dans un terme de la série, il faut omettre le résultat, parce que sa valeur est nulle; mais, si le nombre i est le même que le coefficient de α, la valeur de l'intégrale est $\tfrac{1}{2}\pi$. On aura donc, en ajoutant les exposants de e, l'expression

$$(21) \quad \left| -\frac{2}{\pi}b_2\left[e^{-(t_2+t_3)}\sin x \quad -\tfrac{1}{2}e^{-2(t_2+t_3)}\sin 2x \quad +\tfrac{1}{3}e^{-3(t_2+t_3)}\sin 3x \quad -\ldots\right] \right.$$
$$\left. -\frac{2}{\pi}b_1\left[e^{-(t_1+t_2+t_3)}\sin x - \tfrac{1}{2}e^{-2(t_1+t_2+t_3)}\sin 2x + \tfrac{1}{3}e^{-3(t_1+t_2+t_3)}\sin 3x - \ldots\right] \right.$$

Par conséquent, la valeur complète de $V_{(t_1+t_2+t_3)}$ est ainsi exprimée :

$$(22) \quad \left| V_{(t_1+t_2+t_3)} = +b_3\frac{x}{\pi} - \frac{2b_3}{\pi}(e^{-t_3}\sin x \quad -\tfrac{1}{2}e^{-2t_3}\sin 2x \quad +\ldots) \right.$$
$$\left. +b_2\frac{x}{\pi} - \frac{2b_2}{\pi}\left[e^{-(t_2+t_3)}\sin x \quad -\tfrac{1}{2}e^{-2(t_2+t_3)}\sin 2x \quad +\ldots\right] \right.$$
$$\left. +b_1\frac{x}{\pi} - \frac{2b_1}{\pi}\left[e^{-(t_1+t_2+t_3)}\sin x - \tfrac{1}{2}e^{-2(t_1+t_2+t_3)}\sin 2x + \ldots\right] \right.$$

On formerait par le même procédé la valeur complète de $V_{(t_1+t_2+t_3+t_4)}$. On aurait ainsi l'expression de l'état où le solide serait parvenu après une nouvelle portion du temps t_4 si, à partir de son état à la fin du temps total $t_1 + t_2 + t_3$, on augmentait d'une nouvelle quantité b_4 la température de l'extrémité π, et si, pendant cette nouvelle partie du temps t_4, l'extrémité o étant toujours retenue à la température zéro, l'extrémité π était retenue à la température $b_1 + b_2 + b_3 + b_4$. La loi qui détermine les états successifs du solide est manifeste; elle donne les conséquences suivantes, que nous rapporterons par exemple à l'équation (22).

VIII.

Conséquence remarquable.

Si l'extrémité π eût été assujettie à la température fixe b_1 pendant le temps $t_1 + t_2 + t_3$, et que les températures initiales eussent été nulles, le point o étant retenu à la température zéro, l'état du solide, après le temps, $t_1 + t_2 + t_3$, serait représenté par la troisième partie de la valeur de $V_{(t_1+t_2+t_3)}$. Si, pour le même solide, dont on suppose toujours les premières températures nulles et l'extrémité o à la température fixe zéro, l'autre extrémité π eût été retenue, pendant le temps $t_2 + t_3$ à la température fixe b_2, l'état du système à la fin du temps $t_2 + t_3$ serait représenté par la seconde partie de la valeur de $V_{(t_1+t_2+t_3)}$. Enfin, la première partie de cette valeur représenterait l'état du même solide à la fin du temps $t_1 + t_2 + t_3$, si, les premières températures étant encore supposées nulles, on eût assujetti pendant ce temps t_3 l'extrémité π à la température b_3. Ainsi l'état du solide après le temps total $t_1 + t_2 + t_3$ est tel qu'il résulterait de trois causes séparées qui s'appliqueraient à un même prisme dont les premières températures seraient nulles; et ces causes partielles sont : la partie b_1 de la température, agissant pendant le temps $t_1 + t_2 + t_3$, la partie b_2, agissant pendant le temps $t_2 + t_3$, et la partie b_3, agissant pendant le temps t_3 seulement. Ainsi chaque portion de la température appliquée à l'extrémité π produit son effet comme si elle était seule, et à raison du temps total pendant lequel elle a subsisté. Cette conséquence générale se trouve vérifiée par le calcul; et la loi qu'elle exprime nous conduira sans aucune incertitude à la solution cherchée.

En effet, la valeur de $V_{(t_1+t_2+t_3+t_4+\ldots)}$ après un temps indéfini est ainsi composée :

$$
(23)\;\left\{
\begin{aligned}
&+ b_1\frac{c}{\pi} - \frac{2b_1}{\pi}\left[e^{-(t_1+t_2+t_3+t_4+\ldots)}\sin x - \tfrac{1}{2}e^{-2(t_1+t_2+t_3+t_4+\ldots)}\sin 2x + \ldots\right]\\
&+ b_2\frac{c}{\pi} - \frac{2b_2}{\pi}\left[e^{-(t_2+t_3+t_4+\ldots)}\sin x - \tfrac{1}{2}e^{-2(t_2+t_3+t_4+\ldots)}\sin 2x + \ldots\right]\\
&+ b_3\frac{c}{\pi} - \frac{2b_3}{\pi}\left[e^{-(t_3+t_4+\ldots)}\sin x - \tfrac{1}{2}e^{-2(t_3+t_4+\ldots)}\sin 2x + \ldots\right]\\
&+ b_4\frac{c}{\pi} - \frac{2b_4}{\pi}\left[e^{-(t_4+\ldots)}\sin x - \tfrac{1}{2}e^{-2(t_4+\ldots)}\sin 2x + \ldots\right]\\
&+ \ldots\ldots\ldots\ldots\ldots\ldots\ldots\ldots\ldots\ldots\ldots\ldots\ldots\ldots\ldots\ldots
\end{aligned}
\right.
$$

IX.

Accroissement de la température par degrés infiniment petits : forme de l'intégrale.

Si la température de l'extrémité π varie comme une fonction donnée $f(t)$, chaque partie infiniment petite de sa valeur sera $f'(t)\,dt$, et cette partie demeure appliquée à l'extrémité π pendant le temps $T - t$, en désignant par T le temps total qui s'écoule depuis le premier instant, où $t = 0$, jusqu'à l'instant pour lequel on veut déterminer l'état du solide. La valeur cherchée de V_x sera donc composée d'une infinité de parties ; et, pour chacune d'elles, il faut donner à l'exposant négatif de e, dans le terme où entre $\sin ix$, la valeur $i^2(T - t)$, et prendre la somme de toutes ces parties infiniment petites. Si l'on suppose d'abord que la première valeur de $f(t)$, ou $f(0)$, est nulle, on a

$$
(24)\quad V_x = \frac{c}{\pi}f(T) - \frac{2}{\pi}\int_0^T f'(t)\,dt\left[e^{-(T-t)}\sin x - \tfrac{1}{2}e^{-2(T-t)}\sin 2x + \tfrac{1}{3}e^{-3(T-t)}\sin 3x - \ldots\right].
$$

Le second membre représente l'état du solide après le temps total T, les températures initiales étant supposées nulles, l'extrémité o étant retenue à la température zéro, et l'extrémité π étant assujettie à la température variable $f(t)$, dont la première valeur $f(\mathrm{o})$ est nulle. Si cette première valeur $f(\mathrm{o})$ n'est pas nulle, il faut ajouter au résultat l'effet produit par la température $f(\mathrm{o})$ pendant le temps total T, c'est-à-dire la quantité

$$\frac{x}{\pi} f(\mathrm{o}) - \frac{2}{\pi} f(\mathrm{o}) \left(e^{-\mathrm{T}} \sin x - \tfrac{1}{2} e^{-2^{2}\mathrm{T}} \sin 2x + \tfrac{1}{3} e^{-3^{2}\mathrm{T}} \sin 3x + \ldots \right);$$

donc la valeur complète de V_{T} est ainsi exprimée

$$V_{\mathrm{T}} = \frac{x}{\pi} \left[f(\mathrm{o}) + \int_{0}^{\mathrm{T}} f'(t)\, dt \right] - \frac{2}{\pi} \left\{ e^{-\mathrm{T}} \sin x \left[f(\mathrm{o}) + \int_{0}^{\mathrm{T}} f'(t) e^{t}\, dt \right] \right.$$
$$- \tfrac{1}{2} e^{-2^{2}\mathrm{T}} \sin 2x \left[f(\mathrm{o}) + \int_{0}^{\mathrm{T}} f'(t) e^{2^{2}t}\, dt \right]$$
$$+ \tfrac{1}{3} e^{-3^{2}\mathrm{T}} \sin 3x \left[f(\mathrm{o}) + \int_{0}^{\mathrm{T}} f'(t) e^{3^{2}t}\, dt \right]$$
$$\left. - \ldots\ldots\ldots\ldots\ldots\ldots\ldots\ldots\ldots \right\}.$$

Le premier terme $f(\mathrm{o}) + \int_{0}^{\mathrm{T}} f'(t)\, dt$ est la valeur de $f(\mathrm{T})$, et, si l'on fait $\mathrm{T} = \mathrm{o}$ dans l'expression de V_{T}, on trouve, pour les températures initiales du système,

$$\frac{x}{\pi} f(\mathrm{o}) - \frac{2}{\pi} f(\mathrm{o}) \left(\sin x - \tfrac{1}{2} \sin 2x + \tfrac{1}{3} \sin 3x - \tfrac{1}{4} \sin 4x + \tfrac{1}{5} \sin 5x - \ldots \right),$$

quantité qui se réduit à zéro, parce que la valeur connue de la série est $\tfrac{1}{2} x$; ainsi les températures initiales sont en effet nulles, comme l'exige le calcul.

X.

Solution générale.

Si, dans la même hypothèse des températures initiales nulles, on suppose que c'est l'extrémité π qui est retenue à la température constante zéro, tandis que le point o à l'origine est assujetti à une tempé-

II. 22

rature variable $\varphi(t)$, on résoudra par les mêmes principes cette seconde question; et l'on déduit aussi la solution de l'équation (24) en écrivant $\pi - x$ au lieu de x, ce qui donne, en désignant par U_T la température variable qui convient à cette seconde question,

$$(25) \left\{ \begin{aligned} U_T &= \frac{\pi - x}{\pi}\,\varphi(T) - \frac{2}{\pi} \Bigg\{ e^{-T}\sin x\left[\varphi(0) + \int_0^T \varphi'(t)e^t\,dt\right] \\ &\quad - \tfrac{1}{2}e^{-2^2 T}\sin 2x\left[\varphi(0) + \int_0^T \varphi'(t)e^{2^2 t}\,dt\right] \\ &\quad + \tfrac{1}{3}e^{-3^2 t}\sin 3x\left[\varphi(0) + \int_0^T \varphi'(t)e^{3^2 t}\,dt\right] \\ &\quad - \dots\dots\dots\dots\dots\dots\dots\dots \Bigg\}. \end{aligned} \right.$$

L'expression de U_T sera ainsi représentée :

$$(26) \quad U_T = \frac{\pi - x}{\pi}\,\varphi(T) - \frac{2}{\pi}\sum e^{-i^2 T}\frac{\sin ix}{i}\left[\varphi(0) + \int_0^t \varphi'(t)e^{i^2 t}\,dt\right].$$

Quant à la valeur de V_T, elle prend cette forme :

$$(27) \quad V_T = \frac{x}{\pi}f(T) + \frac{2}{\pi}\sum e^{-i^2 T}\frac{\cos i\pi \sin ix}{i}\left[f(0) + \int_0^T f'(t)e^{i^2 t}\,dt\right].$$

Ces valeurs de V_T et U_T deviennent nulles pour $t = 0$, quelle que soit la distance x; elles conviennent l'une et l'autre au cas où les températures initiales des points intermédiaires, de 0 à π, sont supposées nulles. Si l'on détermine séparément, comme nous l'avons dit (art. IV), l'état variable d'un prisme égal aux deux précédents, dont les températures initiales, pour tous les points intermédiaires, sont représentées par une fonction quelconque $\psi(x)$, et dont les extrémités 0 et π sont retenues à la température zéro, on trouve, en désignant par W_T l'expression de l'état où le solide est parvenu après le temps écoulé T :

$$(28) \qquad W_T = \frac{2}{\pi}\sum e^{-i^2 T}\sin ix \int_0^\pi \psi(r)\sin ir\,dr.$$

Il ne reste plus qu'à réunir les solutions des trois questions séparées, et l'on a

$$(29) \qquad V_T + U_T + W_T.$$

Ce sont les trois parties de la température cherchée, qui avait été désignée par W_T dans les articles I, II, ... On doit mettre pour V_T, U_T, W_T leurs valeurs exprimées par les équations (26), (27), (28), et l'on reproduit ainsi l'équation (1), qui donne la solution complète de la question proposée. Elle fait connaître quel est, après le temps écoulé T, l'état du prisme dont les températures initiales aux points intermédiaires, de o à π, sont exprimées par $\psi(r)$, et dont les extrémités o et π sont assujetties aux températures variables, $\varphi(t)$ au point o, et $f(t)$ au point π.

On a prouvé que la valeur de V_T satisfait : 1° à l'équation à différences partielles du mouvement de la chaleur; 2° à l'état initial; 3° aux conditions des extrémités. On a donc établi la vérité de la solution; on a montré aussi (art. V) comment on parviendrait à cette solution en déterminant sous le signe Σ une fonction inconnue qui satisfait aux conditions proposées. Enfin, on a exposé dans les articles VI, VII, VIII, IX, X les considérations qui ont fait découvrir la solution, ce qui complète l'analyse de la question.

I. Pour ne pas différer la publication de ce nouveau Volume, on n'y comprend que la première Partie du présent Mémoire; les autres Parties ne tarderont pas à être imprimées : je vais indiquer les matières qui y sont traitées.

II. Le second paragraphe contient l'exposé des conséquences principales de la solution qu'on vient de rapporter. En examinant la formule générale (1), on reconnaît d'abord que la partie du phénomène qui dépend de l'état initial du système change continuellement; cette partie de l'effet produit s'affaiblit de plus en plus, à mesure que le temps augmente. Ainsi, lorsqu'il s'est écoulé un temps assez considérable, la disposition initiale, qui est une cause contingente, et que l'on doit regarder comme fortuite, a cessé d'influer sur l'état du système; cet état est celui qui aurait lieu si la disposition initiale était différente. Il n'en est pas de même des causes toujours présentes qui agissent aux extrémités, ou qui dépendent du principe de la communication de la chaleur: elles règlent à chaque instant le progrès du phénomène. Ces conséquences dérivent d'un principe cosmologique qui se présente de lui-même, et qui s'applique à tous les effets de la nature. Mais non seulement l'Analyse mathématique le confirme; elle montre aussi, dans la question actuelle, par quels progrès insensibles et suivant quelle loi l'effet de la disposition primitive s'affaiblit, jusqu'à ce qu'il disparaisse entièrement.

On a ensuite appliqué, dans ce même paragraphe, la solution générale aux deux cas les plus différents, savoir : 1° celui où les fonctions qui règlent les températures des deux extrémités sont périodiques, et 2° au cas où ces fonctions sont du nombre de celles qui changent par des différentiations successives, et tendent de plus en plus à devenir constantes, ou le deviennent en effet comme les fonctions algébriques.

Dans le premier cas (celui des fonctions périodiques), le calcul exprime de la manière la plus distincte les changements successifs que subissent les températures, et l'état final du système, qui est évidemment périodique. Cette solution confirme celle que j'ai donnée autrefois pour représenter les oscillations de la chaleur solaire dans l'enveloppe du globe terrestre.

Dans le second cas, les résultats ne sont pas moins remarquables, et l'analyse en est très simple. L'état final n'est plus périodique: il a un caractère particulier, qu'il est facile de reconnaître parce que toutes les intégrations peuvent être effectuées.

III. La troisième Partie du Mémoire est historique; elle contient d'abord l'énumération des premières recherches qui, ayant pour objet les propriétés de la chaleur, ont quelques rapports avec la théorie que j'ai formée. Il m'a paru utile d'indiquer toutes les recherches antérieures. Voici les Ouvrages que j'ai cités principalement. On a rappelé quelques passages du Livre des *Principes mathématiques de la Philosophie naturelle*; car il était dans la destinée de ce grand Ouvrage d'exposer, ou du moins d'indiquer les causes des principaux phénomènes de l'univers. J'ai dû citer aussi un autre Ouvrage de Newton, qui intéresse plus directement la Théorie mathématique (*Tabula calorum*). On rappelle ensuite une expérience assez remarquable, quoique très imparfaite, d'Amontons; les expériences peu précises, mais nombreuses, de Buffon et les vues générales de ce grand écrivain sur l'état primitif du globe terrestre; puis un Traité important et très peu connu de Lambert, l'un des plus célèbres géomètres de l'Allemagne. De là, on passe à des Mémoires d'Euler, d'Émilie du Châtelet, de Voltaire, imprimés dans la Collection de l'ancienne Académie des Sciences de Paris; car cette illustre compagnie n'a jamais perdu de vue l'étude mathématique des lois de la propagation de la chaleur et l'avait proposée aux géomètres dès 1738. J'ai cité ensuite un Mémoire remarquable de MM. Laplace et Lavoisier; les recherches de M. Leslie; celles du comte de Rumford; les Ouvrages de M. le professeur Prevot, et un Écrit de M. Biot, inséré dans un Ouvrage scientifique.

Je n'ai pas borné cette énumération aux recherches expérimentales. Il n'était pas moins utile d'indiquer les résultats analytiques antérieurs qui ont quelques rapports avec la Théorie de la chaleur. Dans ce nombre, il faut surtout remarquer une série très simple donnée par Euler, celles que Daniel Bernoulli appliquait à la question des cordes vibrantes, et une formule que Lagrange a publiée dans ses Mémoires sur la propagation du son.

Les découvertes capitales de d'Alembert sur l'intégration de certaines équations différentielles, et surtout son analyse de la question des cordes vibrantes, avaient ouvert une carrière nouvelle, qui fut agrandie par les recherches d'Euler et de Lagrange. Cette question diffère beaucoup de celle de la distribution de la chaleur; mais les deux théories ont des éléments communs, parce que l'une et l'autre sont fondées sur l'analyse des différences partielles.

J'ai ajouté à ces citations celle d'un Mémoire posthume d'Euler, beaucoup moins connu que les précédents, et qui m'a été indiqué par notre savant Confrère, M. Lacroix. Cet écrit a été publié par l'Académie de Pétersbourg, onze ans après la mort d'Euler. Il contient une formule qui dérive de l'emploi des intégrales définies, mais sans aucun examen de la convergence des séries, de la discontinuité des fonctions, ou des limites de la valeur de la variable.

Quoi qu'il en soit, on peut conclure de ces remarques que les principes de la Théorie analytique de la chaleur, loin d'être opposés à ceux que les géomètres avaient employés dans d'autres recherches, s'accordent avec plusieurs résultats précédents. Ceux que l'on vient de citer sont des cas particuliers et isolés d'une analyse beaucoup plus étendue, qu'il était absolument nécessaire de former pour résoudre les questions, même les plus élémentaires, de la Théorie de la chaleur. J'ai indiqué aussi, en terminant cette énumération, l'analyse dont M. Laplace s'est servi dans ses recherches sur l'attraction des sphéroïdes. Cette analyse, convenablement modifiée, a des rapports remarquables avec celle qui convient à certaines questions du mouvement de la chaleur. Voilà, autant que j'ai pu les connaître jusqu'ici, les principales formules analytiques dont la publication a précédé mes propres recherches, et qui ont quelque analogie avec les questions que j'ai traitées. Je me borne ici à rappeler ces premiers résultats, laissant aux géomètres et à l'histoire des sciences le soin de les comparer avec la théorie que l'on possède aujourd'hui. Il sera nécessaire, si l'on entreprend cette discussion, de consulter les derniers Ouvrages publiés par Lagrange, et une Note de ce grand géomètre, insérée dans ses Manuscrits appartenant aux Archives de l'Institut de France.

Le caractère principal des nouvelles méthodes d'intégration que j'ai ajoutées à l'analyse des différences partielles est de s'appliquer à un grand nombre de questions naturelles très importantes, que l'on avait tenté inutilement de résoudre par les méthodes connues. Celles que j'ai données conduisent à des résultats simples, qui représentent clairement tous les détails des phénomènes.

Dans ce troisième paragraphe du Mémoire, on considère la nature des équations déterminées qui appartiennent à la Théorie de la chaleur, et l'on a joint à cette discussion quelques remarques sur l'emploi des fonctions arbitraires.

Les exposants des termes successifs des séries qui expriment le mouvement variable de la chaleur dans les corps de dimensions finies sont donnés par des équations transcendantes, dont toutes les racines sont réelles. Il ne serait point nécessaire de démontrer cette proposition, qui est une conséquence, pour ainsi dire évidente, du principe de la communication de la chaleur. Il suffit de remarquer que ces équations déterminées ont une infinité de racines; car ces racines ne peuvent être que réelles; s'il en était autrement, les mouvements libres de la chaleur seraient assujettis à des oscillations, ce qui est impossible sans l'action de causes périodiques extérieures.

Il était utile de considérer aussi la proposition dont il s'agit comme un théorème abstrait, fondé sur les seuls principes du calcul; et je l'ai présentée sous ce point de vue dans différentes recherches. Mais, cette question n'ayant pas été examinée avec une attention suffisante, on a contesté la vérité de la proposition fondamentale. On a soutenu, pendant plusieurs années, que ces équations transcendantes ont des racines imaginaires; et l'on a cherché à le prouver de différentes manières. Ces objections ayant été réfutées, on a enfin reconnu que la proposition est vraie, et l'on se borne maintenant à en proposer diverses démonstrations. En effet, ce théorème a cela de commun avec la plupart des vérités mathématiques qu'étant une fois connues, on en peut aisément multiplier les preuves.

En rappelant cette discussion dans une partie de mon Mémoire, j'ai eu principalement pour objet de faire connaître toute l'étendue de la proposition, et de remonter au principe dont elle dérive.

Si l'on considère, par exemple, une suite d'enveloppes concentriques, de dimensions et de formes quelconques; si l'on donne à ces vases, quel qu'en soit le nombre, des températures initiales arbitraires, et, ce qui augmente beaucoup la généralité de la question, si l'on attribue des capacités spécifiques quelconques aux liquides contenus dans ces vases, en supposant aussi que les facultés conductrices des enveloppes sont arbitraires, depuis le premier vase jusqu'à l'enveloppe extérieure, qui communique à l'air, entretenu à la température zéro, la question du mouvement de la chaleur dans ce système de vases est très composée; tous les éléments en sont arbitraires. Or on prouve, et même sans calcul, que les racines des équations déterminées qui conviennent à ces questions sont toutes réelles. Il suffit, pour le conclure avec certitude, de considérer la suite des variations de signes que présentent les valeurs des températures, et les changements qui surviennent dans ce nombre des variations, depuis l'état initial du système jusqu'à l'état final dont il s'approche de plus en plus pendant la durée infinie du phénomène.

Au reste, dans chacune des questions du mouvement de la chaleur, ce théorème sur la nature des racines se déduit aussi de l'analyse générale des équations.

L'application que j'ai faite de cette analyse a donné lieu (*Journal de l'École Polytechnique*, XIXe Cahier, p. 382, 383) à des objections qu'il m'avait paru inutile de réfuter, parce qu'aucun des géomètres qui ont traité depuis des questions analogues ne s'est arrêté à ces objections; mais, comme je les trouve reproduites dans le nouveau Volume de la collection de nos Mémoires (nouveaux Mémoires de l'Académie des Sciences, *Mémoire sur l'équilibre et le mouvement des corps élastiques*, t. VIII, p. 367), cette réfutation est devenue en quelque sorte nécessaire; je l'ai donc insérée dans un Article du présent Mémoire. Elle a pour objet de prouver que l'exemple cité par M. Poisson (*Journal de l'École Polytechnique*, XIXe Cahier, p. 383), en alléguant que, dans ce cas, l'application du théorème serait fautive, donne au contraire une conclusion conforme à la proposition générale.

L'erreur de l'objection provient : 1° de ce que l'auteur ne considère point le nombre infini des facteurs égaux de la fonction e^x ou $\left(1 + \dfrac{x}{n}\right)^n$, où le nombre n est infini; 2° de ce qu'il omet dans l'énoncé du théorème le mot *réel*, qui en exprime le véritable sens. (Voir *Théorie de la chaleur*, p. 337, et aussi p. 344, art. 312.)

Les théorèmes de l'analyse des équations déterminées ne sont nullement restreints aux équations algébriques; ils s'appliquent à toutes les fonctions transcendantes que l'on a considérées jusqu'ici, et spécialement à celles qui appartiennent à la théorie de la chaleur. Il suffit d'avoir égard à la convergence des séries, ou à la figure des lignes courbes dont les limites de ces séries représentent les ordonnées. En général, les théorèmes et les méthodes de l'Analyse algébrique conviennent aux fonctions transcendantes et à toutes les équations déterminées. Le premier membre peut être une fonction quelconque. Il suffit qu'elle soit propre à faire connaître les valeurs de la fonction correspondantes aux valeurs de la variable, soit que ce calcul n'exige qu'un nombre limité d'opérations, soit qu'il fournisse seulement des résultats de plus en plus approchés, et qui diffèrent aussi peu qu'on le veut des valeurs de la fonction.

Il y a des cas où la résolution exige que l'on considère toute la suite des fonctions dérivées : il y en a une multitude d'autres où l'examen d'un nombre très limité de fonctions dérivées suffit pour rendre manifestes les propriétés des courbes que ces fonctions représentent, et pour déterminer les racines. On y parvient, ou par la seule comparaison des signes, ou, pour d'autres cas, par la séparation successive de certains facteurs dans les équations dérivées. La recherche des limites, les relations singulières du nombre des variations de signes avec les valeurs des racines, le théorème dont la règle de Descartes est un cas particulier, et qui s'applique, soit aux nombres des variations de signes, soit aux différences de ces nombres, enfin les règles pour la distinction des racines imaginaires, s'étendent certainement à tous les genres de fonctions. Il n'est pas nécessaire qu'en poursuivant les différentiations on puisse toujours former une équation dont on sait que toutes les racines sont réelles. Ce serait retrancher une des parties les plus importantes et les plus fécondes de l'art analytique que de borner les théorèmes et les règles dont nous parlons aux seules fonctions algé-

II.   23

briques, ou d'étendre seulement ces théorèmes à quelques cas particuliers. La considération des courbes dérivées successives jointe au procédé que j'ai donné (*Bulletin de la Société philomathique*, année 1820, p. 185, 187), et qui fait connaître promptement et avec certitude si deux racines cherchées sont imaginaires ou réelles, suffit pour résoudre toutes les équations déterminées.

Je regrette de ne pouvoir donner à ces remarques théoriques les développements qu'elles exigeraient. J'ai rapporté plusieurs éléments de cette discussion dans la suite de ce Mémoire; elle sera exposée plus complètement dans le Traité qui a pour objet l'analyse générale des équations déterminées.

J'ai ajouté à cette même Partie du Mémoire quelques remarques sur la question du mouvement des ondes; elles se rapportent aussi à la théorie analytique de la chaleur, parce qu'elles concernent l'emploi des fonctions arbitraires. Le but de ces remarques est de prouver que la question des ondes ne peut être généralement résolue si l'on n'introduit pas une fonction arbitraire qui représente la figure du corps plongé.

Les conditions que supposent les équations différentielles propres à cette question, et les conditions relatives aux molécules de la surface, n'empêchent aucunement l'emploi d'une fonction arbitraire. Ces conditions s'établissent d'elles-mêmes, à mesure que les mouvements du liquide deviennent de plus en plus petits par l'effet des causes résistantes. Le calcul représente ces dernières oscillations, qui s'accomplissent pendant toute la durée du phénomène après que les conditions sont établies. C'est toujours sous ce point de vue qu'il faut considérer l'analyse des petites oscillations, car les résistances dont on fait d'abord abstraction subsistent dans tous les cas, et finissent par anéantir le mouvement; mais il est nécessaire de ne point particulariser l'état initial.

En effet, l'état qui se forme après que la continuité s'est établie dépend lui-même et très prochainement de la disposition initiale, qui est entièrement arbitraire. La continuité est compatible avec une infinité de formes qui différeraient extrêmement du paraboloïde; et l'on ne peut pas restreindre à cette dernière figure celle du petit corps immergé sans altérer, dans ce qu'elle a d'essentiel, la généralité de la question. Dans le cas même du paraboloïde, l'état initial du liquide est discontinu, et les premiers mouvements diffèrent de ceux que le calcul représente.

En répondant, il y a quelques années, à des observations que M. Poisson a publiées au sujet d'un de mes Mémoires (*Bulletin des Sciences, Société philomathique,* année 1818, p. 129-133), je n'ai pu me dispenser de remarquer que, pour satisfaire à l'étendue de la question des ondes, il faut conserver une fonction arbitraire; et j'ai dû contredire cette proposition que, quelle que soit la forme du corps plongé, s'il est très peu enfoncé, on peut remplacer ce petit segment par le paraboloïde osculateur. Il est certain, en effet, que cette substitution de la parabole à une figure quelconque ne peut conduire qu'à un résultat très particulier. Si l'on ajoute présentement (*Nouveaux Mémoires de l'Académie des Sciences,* t. VIII, *Note sur le problème des ondes,* p. 216-217) que c'est la condition de la continuité à la surface qui donne lieu à cette restriction, la conséquence n'est pas plus fondée, parce qu'il y a une infinité de cas où la continuité subsiste, quoique la figure du corps plongé s'écarte beaucoup, et dans tous ses éléments, de celle du paraboloïde. Les cas où l'auteur reconnaît maintenant que cette substitution ne serait pas permise ne se réduisent point à quelques-uns; ils sont au contraire infiniment variés, et l'analyse donne une solution incomparablement plus générale, qui n'exclut point les conditions relatives à la surface.

IV. Dans la quatrième et dernière Partie du Mémoire, on applique la solution générale, qui est l'objet du premier paragraphe, aux principales questions de la théorie de la chaleur. On supposera donc que la capacité spécifique, la conducibilité intérieure ou perméabilité, la conducibilité extérieure qui dépend du rayonnement et de l'action du milieu, ne sont point exprimées par des coefficients entièrement constants, mais que ces qualités spécifiques sont assujetties à des variations qui dépendent de la température, ou de la profondeur, ou de la densité; et l'on se propose de déterminer les changements que ces variations introduisent dans les formules déjà connues qui conviennent à des coefficients constants.

Or dans ces diverses questions, par exemple dans celles du prisme, de la sphère, etc., on reconnaît que le calcul peut se ramener dans les cas les plus composés à l'application de la formule générale (1), qui satisfait à l'équation différentielle du mouvement de la chaleur, et contient trois fonctions arbitraires. C'est pour cette raison que nous avons expliqué avec beaucoup de soin, dans la première Partie de notre Mémoire, la solution de cette question fondamentale.

Il est d'abord nécessaire, pour fonder la théorie, de considérer les coefficients spécifiques comme constants, et l'on peut maintenant ajouter au résultat principal un ou plusieurs termes dus aux variations qui seraient indiquées par des expériences précises. Nous avons présenté ces vues, dès l'origine de nos recherches, en 1807, 1808 ou 1811, et nous les avons reproduites dans la *Théorie de la chaleur,* p. 38, 539, 540 et 541.

En rappelant ici ce genre de questions, on doit citer surtout un Mémoire que M. Guillaume Libri a présenté à l'Institut de France en 1825, et qui a été imprimé depuis à Florence. L'auteur, qui a cultivé avec le plus grand succès les branches principales de l'Analyse mathématique, a traité la question du mouvement de la chaleur dans l'armille, en ayant égard aux petites variations des coefficients : la méthode qu'il a suivie et les résultats auxquels il est parvenu méritent toute l'attention des géomètres. Au reste, cette recherche analytique est fondée sur les observations que l'on doit à MM. Dulong et Petit, et qui ont été couronnées par l'Académie. Elles ne sont pas moins remarquables par les conséquences théoriques que par la précision des résultats.

Nous venons d'indiquer l'objet de cette dernière Partie de notre Mémoire. La conclusion générale de ces recherches est que la Théorie analytique de la chaleur n'est point bornée aux questions où l'on suppose constants les coefficients qui mesurent la capacité de chaleur, la perméabilité des solides, la pénétrabilité des surfaces. Elle s'étend, par la méthode des approximations successives, et surtout par l'emploi de la solution qui est démontrée dans le premier paragraphe de ce Mémoire, à toutes les perturbations du mouvement de la chaleur.

REMARQUES GÉNÉRALES

SUR L'APPLICATION

DES

PRINCIPES DE L'ANALYSE ALGÉBRIQUE

AUX

ÉQUATIONS TRANSCENDANTES.

REMARQUES GÉNÉRALES

SUR. L'APPLICATION

DES

PRINCIPES DE L'ANALYSE ALGÉBRIQUE

AUX

ÉQUATIONS TRANSCENDANTES.

(Lu à l'Académie royale des Sciences, le 9 mars 1829.)

———

Mémoires de l'Académie royale des Sciences de l'Institut de France, t. X, p. 119 à 146.
Paris, Didot, 1831.

Avant de traiter la question qui est l'objet principal de cette Note, je discuterai, dans un premier article, une objection proposée plusieurs fois par M. Poisson, et que ce savant géomètre a reproduite récemment dans un Écrit présenté à l'Académie.

Pour résoudre la question du mouvement de la chaleur dans le cylindre solide, j'ai appliqué un théorème d'analyse algébrique à l'équation transcendante propre à cette question. M. Poisson n'admet point cette conséquence. Il ne se borne pas à dire que l'on n'a point encore publié la démonstration de ce théorème en faisant connaître qu'il s'applique aux équations transcendantes : il soutient que l'on arriverait à une conclusion fausse si l'on étendait cette proposition à l'équation exponentielle

$$(1) \qquad e^x - b e^{ax} = 0.$$

Il assure que, si l'on fait, dans ce cas, l'application littérale du théo-

II.   24

rème, on trouve que l'équation (1) et ses dérivées ont toutes leurs racines réelles; et, comme il est évident que cette équation a des racines imaginaires, l'auteur en conclut que la proposition conduirait ici à une conséquence erronée. Je me propose : 1º de discuter cette objection spéciale, et de montrer qu'elle n'a pas de fondement; 2º de prouver que le théorème dont il s'agit s'applique exactement à l'équation transcendante propre au cylindre.

En général, cette proposition, exprimée dans les termes dont je me suis servi, doit s'étendre aux équations transcendantes; en sorte que l'on commettrait une erreur grave en restreignant le théorème aux équations algébriques.

Dans ce premier article, qui se rapporte à l'équation citée (1), je montrerai que le théorème n'indique nullement que cette équation (1) n'a point de racines imaginaires. Au contraire, il fait connaître qu'elle n'est pas du nombre de celles qui réunissent les conditions que le théorème suppose, et qui distinguent les équations dont toutes les racines sont réelles.

M. Poisson a présenté, pour la première fois, cette objection dans le XIXe Cahier du *Journal de l'École Polytechnique*, p. 382. Il ne citait point le théorème dont j'ai fait usage, mais une proposition très différente, puisqu'il y omet une condition qui en est une partie nécessaire, et qu'il ne regardait point comme sous-entendue. La réfutation aurait donc été, pour ainsi dire, superflue; mais le même auteur a reproduit son objection plusieurs années après, et c'est alors seulement qu'il a cité la proposition dont il s'agit telle qu'on la trouve dans la *Théorie de la chaleur*, p. 335 et 336.

Voici l'énoncé du théorème :

Si l'on écrit l'équation *algébrique*

$$X = o,$$

et toutes celles qui en dérivent par la différentiation

$$X' = o, \quad X'' = o, \quad X''' = o, \quad \ldots,$$

et si l'on reconnaît que *toute racine réelle* d'une quelconque de ces équations, étant substituée dans celle qui la précède et dans celle qui la suit, donne deux résultats de signes contraires, il est certain que la proposée X = o a toutes ses racines réelles, et que, par conséquent, il en est de même de toutes les équations subordonnées

$$X' = o, \qquad X'' = o, \qquad X''' = o, \qquad \dots$$

Or, en proposant l'objection dont il s'agit, on n'a point fait l'application littérale du théorème, parce qu'on a omis de considérer les racines réelles du facteur $e^x = o$. Ce facteur coïncide avec celui-ci, $\left(1 + \dfrac{x}{m}\right)^m = o$, lorsque le nombre m croît sans limites et devient plus grand que tout nombre donné. L'équation $e^x = o$ a donc une infinité de facteurs dont on ne doit point faire abstraction lorsqu'on entreprend d'appliquer textuellement la proposition. On ne peut pas dire que l'équation

$$e^x - b e^{ax} = o$$

a une seule racine réelle et une infinité de racines imaginaires; car cette équation, qui a une infinité de racines imaginaires, a aussi une infinité de racines réelles. Or l'auteur n'emploie qu'une seule de ces racines réelles : il en omet une infinité d'autres égales entre elles, savoir celles qui réduisent à zéro le facteur e^x.

Lorsque, dans ce facteur, on attribue à x une valeur réelle négative dont la grandeur absolue surpasse tout nombre donné, la fonction e^x approche continuellement de zéro, et devient plus petite que tout nombre donné. C'est ce que l'on exprime en disant que l'équation

$$e^x = o$$

a pour racine réelle une valeur infinie de x prise avec le signe —. Une fonction telle que e^x diffère essentiellement de celles qu'on ne pourrait jamais rendre nulles, ou plus petites que tout nombre donné, en attribuant à x des valeurs réelles. Lorsqu'on assimile deux fonctions aussi différentes, on doit arriver à des conséquences erronées.

On connaît encore la nature de l'équation $e^x = 0$ si on la transforme en écrivant $x = -\frac{1}{x'^2}$; car la transformée

$$e^{-\frac{1}{x'^2}} = 0$$

a certainement zéro pour racine réelle, puisque la ligne dont l'équation serait $y = e^{-\frac{1}{x'^2}}$ coupe l'axe à l'origine des x'.

Pour faire l'application complète du théorème que nous avons énoncé à l'équation

$$e^x - be^{ax} = 0,$$

il ne faut pas se borner à une seule des racines réelles de cette équation, mais les considérer toutes. Or, si l'on rétablit ces racines réelles auxquelles l'auteur de l'objection n'a point eu égard, on voit que la règle n'indique nullement que toutes les racines de l'équation sont réelles. Elle montre, au contraire, que cette équation ne satisfait pas aux conditions que le théorème suppose.

Pour établir cette conséquence, nous allons rappeler le calcul même qui est employé par l'auteur; et, afin de rendre les expressions plus simples, sans altérer en rien les conclusions que l'on en déduit, nous considérerons seulement l'équation

$$e^x - e^{2x} = 0.$$

Le lecteur pourra s'assurer facilement qu'il n'y a ici aucune différence entre les conséquences qui conviennent à l'équation

$$e^x - be^{ax} = 0,$$

a et b étant positifs, et celles que l'on déduirait de l'équation très simple

$$e^x - e^{2x} = 0.$$

Écrivant donc

$$X = e^x - e^{2x} = o,$$

$$\frac{d^n X}{dx^n} = e^x - 2^n e^{2x},$$

$$\frac{d^{n+1} X}{dx^{n+1}} = e^x - 2^{n+1} e^{2x},$$

$$\frac{d^{n+2} X}{dx^{n+2}} = e^x - 2^{n+2} e^{2x},$$

et posant l'équation

$$\frac{d^{n+1} X}{dx^{n+1}} = o \qquad \text{ou} \qquad e^x - 2^{n+1} e^{2x} = o,$$

on en tire la valeur de e^x pour la substituer dans les deux valeurs de $\frac{d^n X}{dx^n}$ et $\frac{d^{n+2} X}{dx^{n+2}}$. Par cette élimination, on trouve

$$\frac{d^n X}{dx^n} = 2^n e^{2x}, \qquad \frac{d^{n+2} X}{dx^{n+2}} = - 2^{n+1} e^{2x},$$

et l'on détermine la valeur du produit $\frac{d^n X}{dx^n} \frac{d^{n+2} X}{dx^{n+2}}$, qui est $- 2^{2n+1} e^{4x}$. L'auteur en conclut que toute racine réelle de l'équation intermédiaire $\frac{d^{n+1} X}{dx^{n+1}}$, étant substituée dans l'équation qui précède et dans celle qui suit, donne deux résultats de signes contraires : c'est cette conclusion que l'on ne peut pas admettre. En effet, si la valeur réelle de x qui rend nulle la fonction intermédiaire $e^x - 2^{n+1} e^{2x}$ réduit à zéro le facteur e^x commun aux deux termes, cette même valeur de x étant substituée dans la fonction qui précède, savoir $e^x - 2^n e^{2x}$, et dans celle qui suit, savoir $e^x - 2^{n+2} e^{2x}$, réduira l'une et l'autre à zéro. Les deux résultats ne sont donc point de signes différents, ils sont les mêmes. Pour que l'un des résultats fût positif et l'autre négatif, il faudrait ne considérer parmi les racines réelles de l'équation

$$e^x - 2^{n+1} e^{2x} = o$$

que celles de ces racines qui ne rendent point nul le facteur e^x. Or il n'y en a qu'une seule, savoir la racine réelle du facteur

$$1 - 2^{n+1} e^x = o.$$

Cette racine, qui rend e^x égale à $\frac{1}{2^{n+1}}$, donne certainement deux résultats de signes opposés; mais l'application du théorème ne consiste pas à substituer dans les deux fonctions intermédiaires une seule des racines réelles de l'équation

$$e^x - 2^{n+1} e^{2x} = 0;$$

elle exige que l'on emploie toutes ces racines, et il est nécessaire qu'il n'y ait aucune de ces racines réelles qui, étant substituée dans les deux fonctions intermédiaires, ne donne deux résultats de signes opposés. C'est ce qui n'arrive point ici; car il y a, au contraire, une infinité de valeurs réelles de x dont chacune, étant mise pour x dans les deux fonctions intermédiaires, donne le même résultat, savoir zéro.

Pour appliquer à une équation $X = 0$ la proposition dont il s'agit, il faut reconnaître avec certitude qu'il n'y a dans le système entier des fonctions dérivées aucune fonction intermédiaire que l'on puisse rendre nulle en mettant pour x une valeur réelle quelconque qui, substituée dans la fonction précédente et dans la suivante, donne deux résultats de même signe. S'il y a une seule de ces valeurs réelles de x qui, rendant nulle une quelconque des fonctions intermédiaires, donne deux résultats de même signe pour la fonction précédente et la fonction suivante, ou si l'on ne peut reconnaître avec certitude que les signes des deux résultats sont différents, on ne doit point conclure que toutes les racines de $X = 0$ sont réelles.

Donc on n'est point fondé à objecter qu'il résulterait du théorème algébrique que l'équation

$$e^x - e^{2x} = 0$$

a toutes ses racines réelles.

Il en est exactement de même de l'équation

$$e^x - b e^{ax} = 0,$$

où l'on suppose a et b des nombres positifs. Pour conclure que la proposition indique dans ce cas que toutes les racines sont réelles, il faudrait nécessairement omettre toutes les racines réelles du facteur $e^x = 0$. Il faudrait donc démontrer que ce facteur n'a point de racines, ou qu'elles sont toutes imaginaires; et faisant, comme nous l'avons dit plus haut, $x = -\frac{1}{x'^2}$, il faudrait supposer que l'équation transformée $e^{-\frac{1}{x'^2}} = 0$ n'a point zéro pour racine réelle, en sorte que la courbe dont l'équation est $y = e^{-\frac{1}{x'^2}}$ ne rencontrerait point l'axe des x' à l'origine O. Toutes ces conséquences sont contraires aux principes du calcul. Au lieu de conclure que, dans l'exemple cité, le théorème est en défaut, *ce sont les expressions de l'auteur*, tome VIII des nouveaux *Mémoires de l'Académie royale des Sciences*, il faut reconnaître que, dans cet exemple, les conditions qui indiqueraient que toutes les racines sont réelles ne sont point satisfaites.

Le résumé très simple de notre discussion est que la difficulté assignée s'évanouit entièrement si, au lieu de faire une énumération incomplète des valeurs réelles de x qui rendent nul le facteur commun e^x, et par conséquent la fonction $e^x - be^{ax}$, on considère que cette fonction devient plus petite que tout nombre donné lorsqu'on met pour x une quantité réelle négative dont la valeur absolue devient plus grande que tout nombre donné.

Je rappellerai maintenant l'équation déterminée propre à la question du cylindre et les principes qui m'ont conduit à appliquer avec certitude à cette équation un théorème d'Analyse algébrique. L'équation qui sert à représenter le mouvement de la chaleur dans le cylindre solide est commune à plusieurs questions physiques; elle exprime les effets du frottement dans un système de plans qui glissent les uns sur les autres, et elle se reproduit dans des recherches dynamiques très variées : ainsi il est utile d'en discuter avec soin la nature.

M. Poisson a pensé que la proposition énoncée plus haut, concernant les conditions des racines réelles, ne s'applique point aux fonctions transcendantes, si ce n'est dans des cas très particuliers (XIXe Cahier du *Journal de l'École Polytechnique*, p. 383); mais, par rapport à l'équation déterminée qui convient au cylindre, il a adopté successi-

vement deux opinions différentes. Dans le tome VIII des Nouveaux
Mémoires de l'Académie des Sciences (p. 367), après avoir affirmé de
nouveau que le théorème cité serait en défaut si on l'appliquait à
l'équation exponentielle

$$e^x - b e^{ax} = 0,$$

il ajoute que la règle convient cependant à l'équation

$$(2) \qquad 0 = 1 - x + \frac{x^2}{2^2} - \frac{x^3}{2^2.3^2} + \frac{x^4}{2^2.3^2.4^2} - \cdots,$$

qui appartient à la question du cylindre. Le même auteur a énoncé une
autre conclusion dans un second écrit présenté à l'Académie; il y rappelle qu'il avait d'abord pensé qu'à cause de l'accroissement des dénominateurs le théorème s'appliquait à l'équation (2), mais qu'en y
réfléchissant de nouveau il a reconnu que cette conséquence n'est pas
fondée.

Il serait inutile de discuter ici ces conclusions, qui, en effet, ne
peuvent être toutes les deux vraies, puisqu'elles sont opposées. Je
dirai seulement que l'application du théorème algébrique à la question du cylindre doit être déduite d'une analyse exacte qui exclue
toute incertitude.

Quant aux principes que j'ai suivis pour résoudre les équations algébriques, ils sont très différents de ceux qui servent de fondement aux
recherches de de Gua ou à la méthode des cascades de Rolle. L'un et
l'autre auteur ont cultivé l'analyse des équations; mais ils n'ont point
résolu la difficulté principale, qui consiste à distinguer les racines
imaginaires. Lagrange et Waring ont donné les premiers une solution
théorique de cette question singulière, et la solution ne laisserait rien
à désirer si elle était aussi praticable qu'elle est évidente. J'ai traité la
même question par d'autres principes, dont l'auteur de l'objection
paraît n'avoir point pris connaissance. Je les ai publiés, il y a plusieurs années, dans un Mémoire spécial (*Bulletin des Sciences, Société
philomathique*, p. 61, années 1818, et p. 156, 1820).

J'ai eu principalement en vue, dans cet écrit, la résolution des équations algébriques; je pense que personne ne peut contester l'exactitude de cette solution, dont l'application est facile et générale. En terminant ce Mémoire très succinct, j'ai ajouté que les propositions qu'il renferme ne conviennent pas seulement aux équations algébriques, mais qu'elles s'appliquent aussi aux équations transcendantes. Si j'avais omis cette remarque, j'aurais donné lieu de croire que je regardais la méthode de résolution comme bornée aux fonctions algébriques, proposition entièrement fausse : car j'avais reconnu depuis longtemps que les mêmes principes résolvent aussi les équations non algébriques. Je pensais alors qu'il suffisait d'énoncer cette remarque. Il me semblait qu'en lisant avec attention la démonstration des théorèmes, on distinguerait assez facilement ce qui convient à toutes les fonctions et ce qui peut dépendre des propriétés spéciales des fonctions algébriques entières. Il est évident que ces dernières fonctions ont un caractère particulier, qui provient surtout de ce que les différentiations répétées réduisent une telle fonction à un nombre constant; mais les conséquences principales dont le Mémoire contient la démonstration ne sont point fondées sur cette propriété des fonctions entières. Les conclusions que l'on tire des signes des résultats, les procédés d'approximation, les conditions auxquelles il est nécessaire que ces procédés soient assujettis, la mesure exacte de la convergence, les différentes règles que j'ai données autrefois dans les cours de l'École Polytechnique pour suppléer à l'usage de l'équation aux différences, et qui conduisent toutes à distinguer facilement les racines imaginaires, les conséquences que fournit la comparaison des nombres de variations de signes en ne considérant que les différences de ces nombres, toutes ces propositions fondamentales, qui constituent la méthode de résolution, s'appliquent aux fonctions non algébriques.

Quant aux conditions données par de Gua pour reconnaître qu'une équation a toutes ses racines réelles, elles conviennent certainement à toutes les équations, soit algébriques, soit transcendantes, qui sont composées d'un nombre fini ou infini de facteurs. Je n'ai point regardé

II.   25

alors comme nécessaire de développer ces propositions parce qu'elles sont autant de conséquences des principes dont j'ai rapporté la démonstration dans le Mémoire cité. Il n'y en a aucune qui soit bornée aux seules équations algébriques; mais l'application de principes très généraux peut nécessiter un examen spécial. C'est ainsi que le théorème de Viète sur la composition des coefficients s'applique différemment aux équations dont le premier membre est une fonction entière, et à celles qui ont des dénominateurs.

Il n'est pas moins évident que, si l'on considère une fonction non continue, les conséquences algébriques ne subsistent point pour toute l'étendue de la fonction : elles s'appliquent aux parties où la fonction varie par degrés insensibles et ne peut changer de signe qu'en devenant nulle. On doit aussi faire une remarque semblable au sujet de la proposition algébrique qui exprime que le produit de tous les facteurs du premier degré, correspondant aux racines de

$$X = o,$$

équivaut au premier membre X de cette équation. J'ai prouvé, dans mes premières recherches sur la Théorie de la chaleur, que cette proposition ne convient pas à certaines fonctions non algébriques : par exemple à l'équation très simple

$$\tang x = o.$$

La fonction $\tang x$ est fort différente du produit de tous les facteurs du premier degré formé des valeurs de x qui rendent $\tang x$ nulle : ce produit complet donne $\sin x$ et non $\tang x$. Cela provient de ce que la fonction $\tang x$ est le produit de $\sin x$ par $\séc x$. Or les racines de l'équation

$$\séc x = o,$$

qui sont imaginaires, ne rendent point $\tang x$ nulle : elles donnent à $\sin x$ une valeur infinie, de sorte que la fonction $\tang x$ devient $\frac{o}{o}$; et j'ai montré que, si l'on détermine exactement sa valeur, on trouve que tang$x$ se réduit à $\sqrt{-1}$, et non à zéro. Ainsi les racines du facteur

$$\sec x = 0$$

n'appartiennent pas à l'équation

$$\tan g x = 0.$$

Il en est de même de toutes les équations analogues que j'ai employées dans la *Théorie de la chaleur,* par exemple de celle-ci :

$$\varepsilon - \lambda \tan g \varepsilon = 0.$$

ε est l'inconnue, et λ est moindre que l'unité (p. 306). En général, le produit, quoique complet, des facteurs formés de toutes les racines d'une équation non algébrique

$$\varphi(x) = 0$$

peut différer de la fonction $\varphi(x)$; et cela arrive lorsque les valeurs de x qui rendent nul un des deux facteurs dont la fonction $\varphi(x)$ est composée donnent à l'autre facteur une valeur infinie. Comme cette condition ne peut point avoir lieu dans les fonctions algébriques entières, c'est pour cette raison que le théorème de Viète sur la composition des coefficients convient à toutes ces fonctions. Je pourrais ici multiplier les exemples qui montrent que le produit de tous les facteurs simples peut différer du premier membre de l'équation. En général, il faut distinguer *les cas où une fonction est égale au produit d'un nombre fini ou infini de facteurs formés de toutes les racines, et les cas où cette propriété n'a pas lieu;* mais nous ne pourrions point ici entreprendre cette discussion sans nous écarter trop longtemps du but spécial de cet article, qui est d'expliquer clairement comment j'ai été conduit à prouver, par l'application d'un théorème algébrique, que l'équation transcendante (2), qui se rapporte à la question du cylindre, a, en effet, toutes ses racines réelles, et de montrer quelles sont ces racines.

Il est d'abord nécessaire de rappeler un théorème général dont j'ai

donné la démonstration dans le *Bulletin des Sciences* de la Société philomathique (année 1820, p. 156 et suiv.). Cette proposition peut être
ainsi énoncée : *Une équation algébrique* X = 0 *étant donnée, on forme
toutes les fonctions qui dérivent de* X *par la différentiation, et l'on écrit la
suite entière dans cet ordre inverse*

$$X^{(n)}, \quad X^{(n-1)}, \quad X^{(n-2)}, \quad \ldots, \quad X''', \quad X'', \quad X', \quad X.$$

En substituant dans cette suite de fonctions un certain nombre α, et
marquant les signes des résultats, on obtient une suite de signes, qui
serait ou pourrait être très différente si le nombre substitué α venait à
changer. On suppose maintenant que la valeur substituée α augmente
par degrés insensibles depuis $\alpha = -\infty$ jusqu'à $\alpha = \infty$, et l'on considère les changements qui surviennent dans le nombre des variations
de signes que présente la suite des résultats. Cela posé, nous disons
que les racines réelles ou imaginaires de la proposée

$$X = 0$$

correspondent aux nombres des variations de signes que la suite des
résultats perd, à mesure que le nombre substitué augmente. Voici en
quoi consiste cette relation. Les variations de signes que peut perdre
la suite des résultats, lorsque le nombre substitué passe par une valeur
déterminée, sont de deux sortes :

1° Il peut arriver, lorsque quelques-unes de ces variations disparaissent, que la dernière fonction X devienne nulle.

2° Il peut arriver que des variations de signes disparaissent sans
que la dernière fonction X devienne nulle. Le premier cas répond aux
racines réelles, et le second aux racines imaginaires.

J'ai reconnu que la proposée a précisément autant de racines réelles,
égales ou inégales, que la suite perd de variations de signes de la première espèce ; et qu'elle a précisément autant de racines imaginaires
que la suite des résultats perd de variations de signes de la seconde
espèce. Ce théorème, que l'on doit regarder comme fondamental, renferme comme corollaires la remarque de Hudde sur les racines égales,

la règle de Descartes concernant le nombre des racines positives ou négatives, et la proposition de de Gua relative aux équations dont toutes les racines sont réelles.

La démonstration de ce théorème général publiée dans les Mémoires cités de la Société philomathique ne diffère point de celle que j'ai donnée autrefois dans les cours de l'École Polytechnique de France. Je suppose ici que le lecteur a sous les yeux cette démonstration, et je me borne à rappeler les conséquences principales.

Le nombre substitué α passant par degrés insensibles de sa valeur initiale $-\infty$ à la dernière $+\infty$, il ne peut survenir de changements dans la suite des signes des résultats que lorsque α atteint et dépasse infiniment peu une valeur de x qui rend nulle une des fonctions

$$X^{(n)}, \quad X^{(n-1)}, \quad \ldots, \quad X''', \quad X'', \quad X', \quad X.$$

Or, après que α a dépassé cette valeur de x, il peut arriver que le nombre des variations de signes de la suite n'ait point changé : ainsi on trouverait le même nombre de variations en les comptant avant et après. Il peut arriver aussi deux autres cas : le premier, lorsque la fonction qui s'évanouit est la dernière; alors la valeur substituée α est une des racines réelles, et le nombre des variations de signes ne demeure pas le même; il est diminué d'une unité. Dans l'autre cas, la fonction qui s'évanouit n'est pas X : elle est une des fonctions dérivées intermédiaires, et il arrive que le nombre des variations de signes n'est pas le même qu'auparavant; il est diminué de deux unités, et l'on conclut avec certitude que deux des racines de l'équation proposée sont imaginaires. Ainsi :

1° Les valeurs accidentelles de x qui font évanouir une des fonctions peuvent n'apporter aucun changement dans le nombre total des variations; ces valeurs, substituées, sont indifférentes.

2° La substitution qui fait évanouir une des fonctions peut diminuer d'une seule unité le nombre des variations; alors la valeur substituée est une racine réelle.

3° La substitution qui rend nulle une fonction intermédiaire fait disparaître deux variations de signes, sans rendre nulle la fonction X ; alors on est assuré que deux des racines de l'équation sont imaginaires. Ce sont les deux cas élémentaires pour lesquels le nombre des changements de signes diminue. Il ne peut jamais augmenter ; il est conservé, ou il est diminué d'une unité pour chaque racine réelle, ou il est diminué de deux unités pour chaque couple de racines imaginaires. Il n'y a point d'autres cas possibles ; ils peuvent se réunir accidentellement, et alors ils donnent lieu à autant de conclusions séparées.

Il est fort important de remarquer ces valeurs *critiques* de *x*, qui ont la propriété de faire disparaître à la fois deux variations de signe. Cette disparition a lieu parce que la valeur de *x* qui rend nulle la fonction dérivée intermédiaire donne deux résultats de même signe lorsqu'on la substitue dans les deux fonctions dont l'une précède et l'autre suit la fonction intermédiaire qui s'évanouit : c'est cette condition qui est le caractère propre des racines imaginaires. Autant de fois que ce caractère se reproduit, autant la proposée a de couples de racines imaginaires ; réciproquement, il ne peut y avoir de couples de racines imaginaires que dans le cas où cette condition subsiste.

Cette considération nous fait mieux connaître la nature des racines imaginaires. En effet, elle montre que les racines manquent dans de certains intervalles, savoir ceux où il arrive que le nombre substitué α, passant d'une valeur de *x* à une autre infiniment voisine, rend nulle une fonction intermédiaire sans rendre nulle la fonction X, et fait ainsi disparaître deux variations de signes, en donnant deux résultats de même signe à la fonction qui précède et à celle qui suit. Cette conclusion a toujours été regardée comme évidente dans le cas très simple où la courbe de forme parabolique, et dont l'équation est *y* = X, s'approche de l'axe des *x* et, après avoir atteint une valeur minimum sans rencontrer l'axe, s'en éloigne et poursuit son cours. Mais ce n'est là qu'un cas particulier des racines imaginaires : ce minimum peut avoir lieu pour une des fonctions dérivées d'un ordre quelconque, et alors il détermine toujours un couple de racines imaginaires. A proprement parler, les racines imaginaires sont des racines *déficientes,* qui manquent dans certains intervalles; et l'on reconnaît que c'est à un de ces inter-valles que correspond en effet un couple de racines imaginaires parce qu'il suffit de prouver que ces deux racines n'existent point dans l'in-tervalle dont il s'agit pour conclure avec certitude que l'équation pro-posée a deux racines imaginaires.

Quoique, dans l'énoncé de ces propositions, nous ne considérions ici que les fonctions algébriques, il est assez évident que ces racines *déficientes*, que l'on a appelées imaginaires, ont le même caractère dans les équations non algébriques formées d'un nombre fini ou infini de facteurs du premier degré réels ou imaginaires. Ce minimum absolu est le signe propre du manque de deux racines; mais nous écartons ici toute conclusion relative aux équations non algébriques, afin d'ap-pliquer d'abord les principes fondamentaux à un objet simple et par-faitement défini.

Ce n'est pas seulement dans la fonction principale X que résident ces valeurs *critiques* de la variable x : elles peuvent appartenir à toutes les fonctions dérivées d'un ordre quelconque. Pour la résolution d'une équation il est nécessaire de connaître les intervalles où manquent les racines imaginaires; et ces derniers intervalles doivent être cher-chés dans tout le système des fonctions dérivées des différents ordres.

Examinons d'après ces principes le cas particulier où l'équation proposée n'aurait que des racines réelles. Alors la suite des signes des résultats, qui perd successivement toutes ses variations à mesure que le nombre substitué passe de $-\infty$ à $+\infty$, ne perd ces variations que d'une seule manière. Elle en perd une toutes les fois que le nombre x devient successivement égal à chacune des racines réelles. Dans tous les autres cas où l'une des fonctions dérivées devient nulle, le nombre des variations de signes n'est point changé; il n'arrive jamais qu'une valeur de x qui rend nulle une fonction intermédiaire dérivée donne le même signe à la fonction qui précède et à celle qui suit. Au con-traire, toute valeur réelle de x qui rend nulle une fonction dérivée intermédiaire donne deux signes différents à la fonction qui précède et à celle qui suit; et cette dernière condition n'a pas lieu seulement pour une des valeurs réelles de x qui font évanouir une fonction intermédiaire; elle a lieu pour toutes les valeurs réelles de x qui ont cette propriété : s'il y avait une seule exception, il y aurait un couple de racines imaginaires. Réciproquement, si l'on est assuré que toute valeur réelle de x qui rend nulle une des fonctions intermédiaires donne deux résultats de signes contraires lorsqu'on la substitue dans les deux fonctions précédente et suivante, il est certain que l'équation algébrique proposée a toutes ses racines réelles : c'est la proposition donnée par de Gua; on voit qu'elle est un corollaire évident du théorème général que j'ai énoncé plus haut.

Dans tous les cas possibles, une équation algébrique a nécessairement autant de racines imaginaires que la suite de signes perd de variations lorsque le nombre substitué passe par de certaines valeurs réelles de x, qui font disparaître des variations de signes sans que la dernière fonction X s'évanouisse. Ainsi, lorsqu'il n'y a point de telles valeurs de x, il n'y a point de racines imaginaires.

Il suffit donc, pour être assuré qu'une équation algébrique a toutes ses racines réelles, de reconnaître qu'il n'existe aucune de ces valeurs réelles de x qui, sans rendre nulle la dernière fonction X, fassent disparaître deux variations à la fois.

Nous considérons maintenant la fonction transcendante

$$\varphi(r) = 1 - \frac{r}{1} + \frac{r^2}{(1.2)^2} - \frac{r^3}{(1.2.3)^3} + \frac{r^4}{(1.2.3.4)^4} - \ldots,$$

afin de prouver que l'équation

$$\varphi(r) = 0$$

a toutes ses racines réelles. Cette équation est celle qui se rapporte au mouvement de la chaleur dans un cylindre solide.

Je me suis d'abord proposé de connaître la forme de la ligne courbe dont l'équation est

$$y = \varphi(r),$$

y désignant l'ordonnée dont r est l'abscisse. Cette ligne a des propriétés fort remarquables, que l'on déduit d'une expression de $\varphi(r)$ en intégrale définie. Dans mon premier Mémoire sur la Théorie de la chaleur (1807), j'ai employé cette intégrale pour déterminer la forme de la ligne dont l'équation est $y = \varphi(r)$; et j'ai indiqué une propriété principale, que j'ai rappelée dans la Théorie analytique de la chaleur, page 344. Le Mémoire de 1807, qui demeure déposé dans les archives de l'Institut, contient d'autres détails, article 127, page 180; on en conclut évidemment que la courbe dont il s'agit coupe une infinité de fois son axe, et forme des aires qui se détruisent alternativement.

L'examen attentif de l'intégrale définie ne laisse aucun doute sur la multiplicité et les limites des racines réelles. On voit clairement que l'équation transcendante

$$\varphi(r) = 0$$

a une infinité de ces racines réelles : nous les désignons par α, β, γ, δ, ε, ... Mais, pour compléter la discussion, il restait à examiner si cette équation $\varphi(r) = 0$ est en effet du nombre de celles qui ne peuvent avoir que des racines réelles.

Au lieu d'appliquer immédiatement à cette équation transcendante les théorèmes que nous avons rappelés ci-dessus, nous examinons d'abord la nature de la fonction algébrique suivante :

$$F(x, n) = 1 - \frac{n}{1}\frac{x}{1} + \frac{n}{1}\frac{n-1}{2}\frac{x^2}{2} - \frac{n}{1}\frac{n-1}{2}\frac{n-2}{3}\frac{x^3}{2.3}$$

$$+ \frac{n}{1}\frac{n-1}{2}\frac{n-2}{3}\frac{n-3}{4}\frac{x^4}{2.3.4} - \cdots$$

Cette fonction est à deux variables x et n; n est un nombre entier. Le nombre des termes est $n+1$; et, si l'on suppose n infini, la fonction transcendante qui en résulte ne contient que le produit nx et devient

$$1 - nx + \frac{n^2}{2}\frac{x^2}{2} - \frac{n^3}{2.3}\frac{x^3}{2.3} + \frac{n^4}{2.3.4}\frac{x^4}{2.3.4} - \cdots$$

Faisant $nx = r$, on trouve la fonction transcendante $\varphi(r)$ qui est l'objet de la question.

II.   26

Nous allons maintenant démontrer que l'équation algébrique

$$F(x, n) = 0,$$

dont x est l'inconnue, n'a que des racines réelles; et nous prouverons qu'il s'ensuit nécessairement que l'équation transcendante $\varphi(r) = 0$, dont r est l'inconnue, a aussi toutes ses racines réelles.

Pour reconnaître la nature des racines de l'équation algébrique $F(x, n) = 0$, nous appliquerons les théorèmes que l'on vient de rappeler.

La fonction $F(x, n)$ étant désignée par y, on trouve que y satisfait à l'équation différentielle

$$x \frac{d^2 y}{dx^2} + (1 - x) \frac{dy}{dx} + n y = 0,$$

ce dont on peut s'assurer par la différentiation. On conclut de cette dernière équation les suivantes :

$$(e).\begin{cases} x \dfrac{d^3 y}{dx^3} + (2 - x) \dfrac{d^2 y}{dx^2} + n \dfrac{dy}{dx} = 0, \\[2mm] x \dfrac{d^4 y}{dx^4} + (3 - x) \dfrac{d^3 y}{dx^3} + n \dfrac{d^2 y}{dx^2} = 0, \\[2mm] x \dfrac{d^5 y}{dx^5} + (4 - x) \dfrac{d^4 y}{dx^4} + n \dfrac{d^3 y}{dx^3} = 0, \\[2mm] \dotfill \\[2mm] x \dfrac{d^i y}{dx^i} + (i - 1 - x) \dfrac{d^{i-1} y}{dx^{i-1}} + n \dfrac{d^{i-2} y}{dx^{i-2}} = 0. \end{cases}$$

Cette relation récurrente se reproduit autant de fois que la fonction y peut être différentiée sans devenir nulle, en sorte qu'il y a un nombre n de ces équations (e). Si actuellement on suppose, dans chacune des équations (e), que le second terme est rendu nul par la substitution d'une certaine valeur réelle de x dans une fonction dérivée, on voit que la même substitution donne, pour la fonction dérivée précédente et pour celle qui suit, deux résultats dont le signe ne peut pas être le même. En effet, la valeur de x qui, substituée dans le second terme, rend ce terme nul n'est pas un nombre négatif : car la fonction qui exprime y ne peut pas devenir nulle lorsqu'on donne à x une valeur négative, puisque tous les termes recevraient ce même signe. Il en est de même de $\frac{dy}{dx}$ et de toutes les fonctions dérivées de y : aucune de ces fonctions ne peut être rendue nulle par la substitution d'une valeur négative de x, car tous les termes prendraient le même signe. Donc les valeurs réelles de x qui auraient la propriété de faire évanouir une des fonctions dérivées ne peuvent être que positives. Donc, en substituant pour x, dans une des équations (e), une valeur réelle de x qui ferait évanouir le second terme, il arrivera toujours que le premier et le dernier terme n'auront pas un même signe; car leur somme ne serait pas nulle. On ne peut pas supposer que la même valeur de x qui fait évanouir le deuxième terme rend aussi nuls le premier et le troisième terme d'une des équations (e); car, si cela avait lieu, on conclurait de ces équations que la même valeur de x fait évanouir les fonctions dérivées de tous les ordres, sans aucune exception. Ce cas singulier serait celui où l'équation proposée $y = o$ aurait toutes ses racines égales.

Il résulte évidemment de la condition récurrente qui vient d'être démontrée que l'équation

$$F(x, n) = o$$

a toutes ses racines réelles. En effet, cette équation est algébrique, et il n'existe aucune valeur de x propre à faire évanouir une fonction dérivée intermédiaire en donnant deux résultats positifs ou deux résultats négatifs pour les fonctions précédente et suivante. Il suit donc rigoureusement des principes de l'Analyse algébrique que l'équation $F(x, n) = o$, n'ayant aucune valeur *critique*, n'a point de racines imaginaires. Cette conséquence est entièrement indépendante de la valeur du nombre entier n; quel que puisse être ce nombre n, et quand on supposerait qu'il croît de plus en plus et devient plus grand que tout nombre donné, chacune des équations que l'on formerait aurait toutes ses racines réelles et positives.

On supposera n infini, et, désignant par $\varphi(n, x)$ la fonction trans-cendante, on voit que l'équation

$$\varphi(n, x) = 0$$

n'est autre chose qu'un cas particulier de l'équation

$$F(n, x) = 0.$$

Elle appartient au système de toutes les équations que l'on forme en donnant à n dans $F(n, x)$ les différentes valeurs $1, 2, 3, 4, 5, \ldots$ à l'infini; et, comme on ne trouverait ainsi que des équations dont toutes les racines sont réelles, on en conclut que cette propriété, entièrement indépendante du nombre n, subsiste toujours lorsque n devient plus grand que tout nombre donné. Alors la fonction est transcendante, et l'équation devient

$$\varphi(r) = 0.$$

Donc cette équation n'a point de racines imaginaires. On pourrait regarder comme superflu tout examen ultérieur de l'équation $\varphi(r)=0$; et toutefois la conclusion deviendra encore plus conforme aux principes communs de l'Analyse algébrique, en le présentant comme il suit.

Soit $nx = r$; nous avons dit que, par l'emploi des constructions, ou en remarquant les propriétés de l'expression de $\varphi(r)$ en intégrale définie, on voit que la courbe dont l'équation est $y = \varphi(r)$ a une in-finité de sinuosités, et qu'elle coupe l'axe des r en une multitude de points à la droite de l'origine O. Nous avons désigné par α, β, γ, δ, ... les distances de O à ces divers points d'intersection. Si l'on écrit $nx = r$ dans l'équation algébrique

$$F(x, n) = 0,$$

qui est du degré n et a ses n racines réelles, on a une transformée algébrique que nous désignons par

$$f(r, n) = 0.$$

r est l'inconnue, et toutes les racines, c'est-à-dire les valeurs de r, sont réelles ; car on les trouverait en multipliant par le nombre n les valeurs de x qui sont les racines de l'équation $F(x, n) = o$. Or, si l'on donnait au nombre entier n une valeur immensément grande, qui surpasserait, par exemple, plusieurs millions, il est manifeste que l'équation algébrique

$$f(r, n) = o$$

donnerait pour l'inconnue r des valeurs réelles a, b, c, d, ... extrèmement peu différentes de ces racines que nous avons désignées par α, β, γ, δ, ..., et qui, étant prises pour r, rendent nulle la fonction $\varphi(r)$. Si l'on remarquait une des valeurs algébriques a, b, c, d, ..., par exemple la quatrième d par ordre de grandeur, on la trouverait extrêmement peu différente de la racine δ du même rang qui satisfait à l'équation transcendante $\varphi(r) = o$. En général, chacune des valeurs algébriques de r données par l'équation

$$f\ r, n) = o,$$

et désignées par les quantités a, b, c, d, ..., approche continuellement de la valeur du même rang, prise parmi les racines de l'équation $\varphi(r) = o$; elle en approche d'autant plus que le nombre n est plus grand, et ce nombre peut être tel que la différence soit moindre que toute grandeur donnée. Les racines α, β, γ, δ, ... sont les limites respectives vers lesquelles les valeurs a, b, c, d, ... convergent de plus en plus. Le nombre des valeurs données par l'équation $f(r, n) = o$ augmente continuellement, et ces valeurs se rapprochent infiniment des racines cherchées α, β, γ, δ, ... Or l'équation $f(r, n) = o$, étant algébrique, a toutes les propriétés élémentaires dont jouissent les équations algébriques et qui sont démontrées depuis longtemps; par conséquent, les théorèmes de Viète et d'Harriot sur la composition des équations s'appliquent à celle-ci.

Ainsi la fonction $f(r, n)$ n'est autre chose que le produit des n facteurs du premier degré qui répondent aux n valeurs réelles a, b, c,

$d, \ldots$ données par l'équation $f(r, n) = 0$. Nous écrirons donc l'équation

(E) $$f(r,n) = \left(1 - \frac{r}{a}\right)\left(1 - \frac{r}{b}\right)\left(1 - \frac{r}{c}\right)\left(1 - \frac{r}{d}\right) \ldots$$

Il ne reste plus qu'à passer de cette équation au cas particulier où le nombre n est supposé infini.

Pour connaître la propriété qui, dans ce cas, est exprimée par l'équation (E), il suffit de porter les quantités qui entrent dans cette équation aux limites vers lesquelles elles convergent. Or la fonction $f(r, n)$ a pour limite la fonction transcendante $\varphi(r)$; les limites des valeurs $a, b, c, d, \ldots$ sont les nombres que nous avons désignés par α, $\beta, \gamma, \delta, \ldots$. On a donc cette relation

$$\varphi(r) = \left(1 - \frac{r}{\alpha}\right)\left(1 - \frac{r}{\beta}\right)\left(1 - \frac{r}{\gamma}\right)\left(1 - \frac{r}{\delta}\right) \ldots \quad \text{à l'infini.}$$

On connait par ce résultat que la fonction transcendante $\varphi(r)$ est formée du produit d'un nombre infini de facteurs du premier degré correspondants aux racines $\alpha, \beta, \gamma, \delta, \ldots$ dont chacune fait évanouir la fonction $\varphi(r)$. On regarde comme utile de démontrer spécialement cette proposition pour la fonction transcendante $\varphi(r)$ parce qu'il y a, comme je l'ai remarqué autrefois, plusieurs cas où le produit des facteurs simples ne forme pas le premier membre de la proposée.

Il résulte donc de l'analyse précédente que la fonction $\varphi(r)$ est le produit de tous les facteurs du premier degré

$$1 - \frac{r}{\alpha}, \quad 1 - \frac{r}{\beta}, \quad 1 - \frac{r}{\gamma}, \quad 1 - \frac{r}{\delta}, \quad \ldots$$

qui correspondent aux racines. Cela posé, il est manifeste qu'aucune valeur différente des grandeurs réelles $\alpha, \beta, \gamma, \delta, \ldots$ ne pourrait faire évanouir cette fonction $\varphi(r)$. En effet, un facteur tel que $1 - \frac{r}{\alpha}$ ne peut devenir nul que si l'on fait $r = \alpha$; donc, si l'on donnait à x une valeur quelconque réelle ou imaginaire qui ne serait ni α, ni β, ni γ, ..., aucun des facteurs ne serait nul; donc le produit aurait une certaine valeur non nulle. Donc, si l'on met pour r dans $\varphi(r)$ une valeur quelconque, soit qu'on la suppose ou réelle ou imaginaire, et si elle n'est point une des racines que nous avons désignées par α, β, γ, δ, ..., la fonction $\varphi(r)$ ne devient point nulle : donc l'équation transcendante

$$\varphi(r) = o$$

a ces racines réelles α, β, γ, δ, ... et n'a aucune autre racine ou réelle ou imaginaire.

Il est remarquable que l'on parvienne ainsi à démontrer que toutes les racines de l'équation transcendante $\varphi(r) = o$ sont réelles, sans qu'il soit nécessaire de regarder comme connue la forme des expressions imaginaires, que l'on sait être celle du binôme $\mu + \nu \sqrt{-1}$.

Au reste, en considérant *a priori* que, si les équations déterminées propres à la Théorie de la chaleur avaient des racines imaginaires, leur forme ne pourrait être que celle du binôme $\mu + \nu \sqrt{-1}$; on voit qu'il est pour ainsi dire superflu de démontrer que les équations dont il s'agit ont toutes leurs racines réelles; car, la communication de la chaleur s'opérant toujours par voie de partage, il est évident, pour ceux qui connaissent les principes de cette théorie, que le mouvement oscillatoire ne peut s'établir et subsister sans une cause extérieure. Cela résulte aussi de la nature de l'équation différentielle, qui, dans les questions dont il s'agit, ne contient pas, comme les équations dynamiques, la fluxion du second ordre par rapport au temps. Or cette oscillation perpétuelle de la chaleur aurait lieu si l'expression du mouvement contenait des quantités imaginaires. Si les équations déterminées qui conviennent à cette théorie pouvaient avoir de telles racines, on ne devrait point les introduire dans les solutions. On est assuré d'avance qu'il faudrait les omettre.

En recherchant la nature de ces racines, je n'ai d'autre but que de montrer l'accord de tous les éléments analytiques dont la théorie se compose.

Il me reste à rappeler les premières objections qui ont été présentées sur la nature des équations déterminées propres aux questions principales de la Théorie de la chaleur. Cette théorie a été donnée pour la première fois sur la fin de l'année 1807, dans un Ouvrage manuscrit qui est encore déposé aux Archives de l'Institut. Les principes physiques et analytiques qui servent de fondement à ces recherches n'ont point été saisis d'abord; il s'est passé plusieurs années avant qu'on en reconnût l'exactitude. Aujourd'hui même, les résultats cosmologiques de cette théorie, la notion de la température des espaces planétaires, les lois mathématiques de la chaleur rayonnante, les équations différentielles du mouvement de la chaleur dans les liquides n'ont point encore fixé l'attention de tous les principaux géomètres. Les vérités mathématiques, quoique exactement démontrées, ne s'établissent qu'après un long examen. Les théorèmes généraux qui m'ont servi à intégrer les équations différentielles s'appliquant à un grand nombre de questions physiques qui n'avaient point été résolues, la connaissance de ces théorèmes et la méthode d'intégration qui en dérive sont devenues assez générales; mais les autres résultats de la théorie sont, pour ainsi dire, encore ignorés. Quant à l'équation transcendante déterminée qui exprime le mouvement de la chaleur dans le cylindre, elle se reproduit dans des recherches physiques très diverses : c'est pour cette raison que j'en présente aujourd'hui l'analyse avec de nouveaux développements.

On a objecté, durant plusieurs années, que les équations déterminées qui servent à exprimer le mouvement de la chaleur dans la sphère ont des racines imaginaires, et l'on a cité, comme exemple, l'équation très simple

$$\operatorname{tang} x = 0.$$

Comme elle est formée des deux facteurs $\sin x$ et $\sec x$, on concluait qu'elle doit avoir :

1º Les racines réelles de l'équation

$$\sin x = 0,$$

2° Les racines de l'équation

$$\sec x = 0,$$

qui ne peuvent être qu'imaginaires.

J'ai discuté avec soin celles de ces objections qu'il m'a paru nécessaire de réfuter, et j'ai écrit à ce sujet des Notes assez étendues, qui
sont annexées au premier Mémoire, et déposées aux Archives de l'Institut. Elles ont été communiquées à plusieurs géomètres, et il n'y a
personne qui ne puisse en prendre connaissance. Ces pièces ont été
remises à M. Laplace, qui, selon son usage, a bien voulu inscrire de
sa main la date de la présentation, savoir le 29 octobre 1809. J'ai rappelé spécialement dans ces Notes l'objection relative aux racines de
l'équation

$$\tang x = 0;$$

et, pour la réfuter, j'ai prouvé, non pas que l'équation

$$\sec x = 0$$

n'a aucune racine ni réelle ni imaginaire, ce qui ne serait pas conforme
aux principes d'une analyse exacte, mais que les racines imaginaires de
cette équation $\sec x = 0$ n'appartiennent point à l'équation $\tang x = 0$.
On n'avait pas encore eu l'occasion de remarquer qu'il y a des cas où
une fonction n'est pas le produit de tous les facteurs du premier degré
correspondant aux racines de l'équation dont le premier membre est
la fonction elle-même; je montrai que, pour l'équation dont il s'agit
$\tang x = 0$, ce produit est $\sin x$ et non point $\tang x$.

Je termine ici ce Mémoire, en omettant des développements qui
n'appartiendraient qu'aux Traités généraux d'Analyse. Ces considérations sur les propriétés des fonctions transcendantes, et sur leurs
rapports avec l'Analyse algébrique, méritent toute l'attention des géomètres. Elles montrent que les principes de la résolution des équations appartiennent à l'Analyse générale, dont elles sont le vrai fondement.

II.

L'étude approfondie de la théorie des équations éclaire des questions physiques très variées et très importantes, par exemple celles que présentent les dernières oscillations des corps, ou divers mouvements des fluides, ou les conditions de stabilité du système solaire, ou enfin les lois naturelles de la distribution de la chaleur.

DEUXIÈME SECTION.

NOTES ET MÉMOIRES

EXTRAITS DES

BULLETINS DE LA SOCIÉTÉ PHILOMATHIQUE.

MÉMOIRE

SUR LA

PROPAGATION DE LA CHALEUR

DANS LES CORPS SOLIDES,

PAR M. FOURIER.

MÉMOIRE

SUR LA

PROPAGATION DE LA CHALEUR

DANS LES CORPS SOLIDES,

PAR M. FOURIER ([1]).

Présenté le 21 décembre 1807 à l'Institut national.

Nouveau Bulletin des Sciences par la Société philomathique de Paris, t. I, p. 112-116,
n° 6; mars 1808. Paris, Bernard.

L'auteur de ce Mémoire s'est proposé de soumettre la Théorie de la chaleur à l'Analyse mathématique et de vérifier, par l'expérience, les résultats du calcul. Pour exposer l'état de la question, supposons une barre de métal, cylindrique et d'une longueur indéterminée, plongée par une de ses extrémités dans un fluide entretenu à une température constante : la chaleur se répandra successivement dans la barre; et, sans la perte qui a lieu à sa surface et à son autre extrémité, elle prendrait dans toute son étendue la température constante du foyer; mais, à cause de cette perte, la chaleur ne s'étendra d'une manière sensible que jusqu'à une distance du foyer dépendante de la grosseur de la barre, de la conductibilité du métal et de son degré de poli, qui influe sur le rayonnement; de sorte que des thermomètres placés dans l'éten-

---

([1]) Cet Article, que nous avons déjà signalé dans l'Avant-Propos du Tome I, n'est pas de Fourier. Signé de l'initiale P, il a été écrit par Poisson, qui était un des rédacteurs du *Bulletin des Sciences* pour la partie mathématique. A raison de l'intérêt historique qu'il présente comme étant le premier écrit où l'on ait fait connaître la théorie de Fourier, nous avons cru devoir le reproduire intégralement.   G. D.

due de cette distance s'élèveront graduellement et finiront par arriver à un état stationnaire, dans lequel leurs élévations seront d'autant moins grandes qu'ils seront plus éloignés du foyer.

M. Biot a fait voir par une expérience directe (*Physique de Fischer*, p. 84) que ces élévations décroissantes forment une progression géométrique, lorsque les thermomètres sont équidistants.

C'est, en effet, ce qui doit avoir lieu si, d'après le principe connu de Newton, la perte de la chaleur dans l'air, en chaque point de la barre, est proportionnelle à l'excès de la température de ce point sur celle de l'air, et s'il en est de même à l'égard de la chaleur communiquée par une tranche quelconque de la barre à la suivante; l'expérience que nous citons peut donc servir de démonstration à ce principe, le seul que M. Fourier emprunte de la Physique, et sur lequel il appuie toute son Analyse.

Maintenant, si l'on retire le foyer constant de chaleur et que l'on abandonne la barre à elle-même, les thermomètres s'abaisseront, et l'on peut demander quelle sera, après un terme donné, la hauteur de l'un quelconque d'entre eux. On conçoit donc que la distribution de la chaleur dans un corps solide offre deux problèmes principaux à résoudre : 1º ce corps étant soumis à l'action d'un ou plusieurs foyers de chaleur constante, déterminer la température de chacun de ses points, intérieurs ou extérieurs, lorsque cette température sera parvenue à l'état stationnaire ; 2º les foyers de chaleur étant supprimés et le corps abandonné à lui-même, ou, plus généralement, le corps ayant été chauffé d'une manière quelconque, déterminer, après un temps donné, la température de chacun de ses points, ce qui fera connaître la loi suivant laquelle s'effectue leur refroidissement.

Cette température varie avec le temps et la position du point auquel elle appartient; elle est donc une fonction des coordonnées de ce point et du temps. M. Fourier obtient, pour la déterminer, une équation aux différences partielles, savoir

$$\frac{\partial v}{\partial t} = a\left(\frac{\partial^2 v}{\partial x^2} + \frac{\partial^2 v}{\partial y^2} + \frac{\partial^2 v}{\partial z^2}\right),$$

dans laquelle v est la température, t le temps, x, y, z les trois coordonnées rectangulaires du point, et a un coefficient constant. Cette équation convient à tous les points d'un corps homogène de figure quelconque; mais M. Fourier y joint, dans chaque cas particulier, d'autres équations qui n'ont lieu qu'à la surface, et qui servent à déterminer une partie des arbitraires qu'introduit l'intégration. La recherche de ces nouvelles équations est un point délicat de la Théorie de la chaleur, qui mérite de fixer l'attention des physiciens géomètres.

Lorsque le corps est parvenu à l'état stationnaire, les températures de tous les points sont invariables; on a donc

$$\frac{\partial v}{\partial t} = 0$$

et, par conséquent,

$$\frac{\partial^2 v}{\partial x^2} + \frac{\partial^2 v}{\partial y^2} + \frac{\partial^2 v}{\partial z^2} = 0.$$

Cette équation, quoique plus simple que la précédente, n'est point encore intégrable sous forme finie.

Après avoir donné les équations générales relatives au mouvement de la chaleur et à son état stationnaire, M. Fourier considère différents cas particuliers, parmi lesquels nous choisirons le suivant, pour faire connaître les procédés d'Analyse qu'il emploie.

On demande la température des différents points d'une lame rectangulaire, d'une longueur indéfinie et d'une épaisseur constante, lorsque cette température est parvenue à l'état stationnaire.

Les côtés de la lame parallèles à la longueur sont entretenus constamment à zéro, qu'on suppose être la température primitive de la lame entière. Les points de l'une de ses extrémités sont des foyers de chaleur constante, de sorte que leur température est donnée et peut être différente d'un point à un autre. On fait abstraction de l'épaisseur de la lame et du rayonnement, en sorte que, en prenant le plan de la lame pour celui des xy, on pourra supprimer la coordonnée z, et

II. 28

l'équation relative à l'état stationnaire se réduira à

$$\frac{\partial^2 v}{\partial x^2} + \frac{\partial^2 v}{\partial y^2} = o,$$

dont l'intégrale est

$$v = \text{fonct.}(x + y\sqrt{-1}) + \text{fonct.}(x - y\sqrt{-1}).$$

Au lieu de cette intégrale complète, qui a l'inconvénient de renfermer des imaginaires, M. Fourier emploie la somme d'une infinité d'intégrales particulières, savoir

$$v = + (ae^{-nx} + be^{nx})\cos ny + (a'e^{-n'x} + b'e^{n'x})\cos n'y + \ldots$$
$$+ (Ae^{-mx} + Be^{mx})\sin my + (A'e^{-m'x} + B'e^{m'x})\cos m'y + \ldots,$$

$a, a', \ldots, b, b', \ldots; A, A', \ldots, B, B', \ldots; n, n', \ldots, m, m', \ldots$ étant des constantes arbitraires. Si l'on suppose, pour simplifier, la lame semblablement échauffée de part et d'autre de la ligne qui la partage en deux parties égales dans le sens de sa longueur, et que l'on prenne cette ligne pour axe des x, les sinus $\sin my$, $\sin m'y$, ... devront être exclus de la valeur de v. De plus, en prenant pour unité la demi-largeur de la lame, la condition qu'on ait $v = o$ quand $y = \pm 1$, quelle que soit la valeur de v, exige que les arbitraires $n, n', n'', \ldots$ soient la suite des quantités $\frac{1}{2}\pi, \frac{3}{2}\pi, \frac{5}{2}\pi, \ldots, \pi$ désignant la demi-circonférence. Enfin, la température devant décroître à mesure que l'on s'éloigne du foyer de chaleur constante, la valeur de v ne doit pas renfermer les exponentielles $e^{nx}, e^{n'x}, \ldots$ dont les exposants sont positifs; cette valeur deviendra donc

$$(1) \qquad v = ae^{-\frac{\pi x}{2}}\cos\frac{\pi y}{2} + a'e^{-3\frac{\pi x}{2}}\cos 3\frac{\pi y}{2} + a''e^{-5\frac{\pi x}{2}}\cos 5\frac{\pi y}{2} + \ldots.$$

Il ne reste plus que les coefficients $a, a', a'', \ldots$ à déterminer; or, si l'on fixe l'origine des x au foyer de chaleur constante, la valeur de v relative à $x = o$ sera donnée en fonction de y; soit alors $v = \varphi(y)$, on aura

$$(2) \qquad \varphi(y) = a\cos\frac{\pi y}{2} + a'\cos 3\frac{\pi y}{2} + a''\cos 5\frac{\pi y}{2} + \ldots.$$

Multipliant de part et d'autre par $\cos(2i+1)\frac{\pi y}{2}$, et intégrant ensuite depuis $y = -1$ jusqu'à $y = +1$, il vient

$$a_i = \int_{-1}^{+1} \varphi(y) \cos(2i+1)\frac{\pi y}{2}\, dy,$$

car il est facile de s'assurer que l'intégrale

$$\int \cos(2i+1)\frac{\pi y}{2} \cos(2i'+1)\frac{\pi y}{2}\, dy,$$

prise depuis $y = -1$ jusqu'à $y = +1$, est nulle, excepté dans le cas de $i = i'$, où elle est égale à 1. Dans quelques cas particuliers, l'intégrale définie devra être prise entre d'autres limites, sans quoi l'on trouverait $a_i = 0$, pour toutes les valeurs de i.

Les coefficients a, a', a'', ... étant ainsi déterminés, M. Fourier substitue la série (2) à la fonction $\varphi(y)$, en observant que ces deux quantités ne sont égales que depuis $y = -1$ jusqu'à $y = +1$: hors de ces limites, la série ne coïncidera plus avec la fonction, à moins que les valeurs de la fonction ne soient périodiques comme celles de la série.

Maintenant la série (1) ne renferme plus rien d'inconnu ; par conséquent, elle donnera la température de la lame en un point quelconque, ce qu'il s'agissait de trouver. Tous les termes décroissent à mesure que l'on s'éloigne du foyer, le premier beaucoup moins rapidement que les autres ; de sorte qu'à une grande distance ceux-ci peuvent être négligés par rapport à ce premier terme, et alors on a simplement

$$v = a\, e^{-\frac{\pi x}{2}} \cos\frac{\pi y}{2};$$

d'où il suit qu'à cette distance la loi des températures devient indépendante du mode d'échauffement du foyer.

Le cas particulier de la lame est le plus simple de ceux que M. Fourier a considérés. C'est, pour ainsi dire, une hypothèse purement mathématique, qui ne saurait avoir lieu dans la nature, et où les conditions relatives aux limites du corps sont de simples conventions.

M. Fourier traite les autres cas qu'il considère par des procédés d'analyse analogues, mais plus compliqués; il remplace de même l'intégrale complète par une somme infinie d'intégrales particulières; et de cette manière la température variable de chaque point du corps, à un instant quelconque, se trouve représentée par une série de termes dont les coefficients s'expriment, comme plus haut, par des intégrales définies. Chacun de ces termes a pour facteur une exponentielle; et, celle dont l'exposant est le plus petit, en les supposant tous réels, décroissant avec beaucoup moins de rapidité que les autres, il s'ensuit qu'après un certain temps ce terme reste seul dans l'expression de la température : alors les températures des points extérieurs et intérieurs commencent à décroître d'une manière régulière, indépendante de la distribution primitive de la chaleur, et en progression géométrique pour des intervalles de temps égaux. C'est, en effet, ce qu'ont trouvé les différents physiciens qui ont déterminé par l'expérience la loi du refroidissement des corps placés dans un air à une température moindre que celle de ces corps; mais, selon M. Fourier, cette loi ne se manifeste pas immédiatement, mais bien à partir de l'époque où la valeur de la température variable peut être censée réduite à son premier terme.

La raison de la progression géométrique qui exprime le refroidissement final d'un corps et, par conséquent, la vitesse de ce refroidissement dépendent des dimensions, de la forme et de la matière du corps. Dans les sphères de très petits diamètres et de même matière, le temps nécessaire pour un abaissement donné de température est proportionnel au diamètre; il croît, au contraire, comme le carré du diamètre, dans les sphères très grandes; il en est de même dans les cubes très petits et les cubes très grands; enfin, en comparant ces temps dans un cube et dans la sphère inscrite, on trouve qu'ils sont entre eux comme 4 est à 5.

Le Mémoire dont nous rendons compte est terminé par le détail des expériences que l'auteur a faites pour vérifier les résultats de son analyse, et qu'il se propose de répéter avec des instruments plus précis. La plus remarquable est celle qui est relative au refroidissement d'un anneau métallique; on observe que bientôt l'anneau parvient à un état dans lequel la somme des températures des deux points placés aux extrémités d'un même diamètre est la même pour tous les diamètres, et qu'une fois parvenu à cet état, il le conserve jusqu'à son entier refroidissement. M. Fourier a vérifié que cette propriété du refroidissement final est indépendante de la distribution primitive de la chaleur dans l'anneau, et sur ce point l'expérience s'est trouvée d'accord avec son analyse qui l'avait conduit au même résultat.

P.

MÉMOIRE

SUR LA

TEMPÉRATURE DES HABITATIONS

ET SUR LE

MOUVEMENT VARIÉ DE LA CHALEUR DANS LES PRISMES RECTANGULAIRES.

MÉMOIRE

SUR LA

TEMPÉRATURE DES HABITATIONS

ET SUR LE

MOUVEMENT VARIÉ DE LA CHALEUR DANS LES PRISMES RECTANGULAIRES.

(EXTRAIT.)

Bulletin des Sciences par la Société philomathique, p. 1 à 11; 1818.
Présenté à l'Académie des Sciences le 17 novembre 1817 ([1]).

1. On s'est proposé de traiter dans ce Mémoire deux des questions principales de la théorie de la chaleur. L'une offre une application de cette théorie aux usages civils; elle consiste à déterminer les conditions mathématiques de l'échauffement constant de l'air renfermé dans un espace donné. La seconde question appartient à la théorie analytique de la chaleur. Elle a pour objet de connaître la température variable de chaque molécule d'un prisme droit à base rectangulaire, placé dans l'air entretenu à une température constante. On suppose que la température initiale de chaque point du prisme est connue, et qu'elle est exprimée par une fonction entièrement arbitraire des trois coordonnées de chaque point; il s'agit de déterminer tous les états subséquents du solide, en ayant égard à la distribution de la chaleur dans l'intérieur

---

([1]) Ce Mémoire doit être rapproché des résultats que Fourier a donnés sur l'échauffement des espaces clos dans la Section VI du Chapitre I de la *Théorie de la Chaleur*.

G. D.

de la masse, et à la perte de chaleur qui s'opère à la superficie, soit par
le contact, soit par l'irradiation. Cette dernière question est la plus
générale de toutes celles qui aient été résolues jusqu'ici dans cette
nouvelle branche de la Physique. Elle comprend, comme une question
particulière, celle qui suppose que tous les points du solide ont reçu la
même température initiale ; elle comprend aussi une autre recherche,
qui est un des éléments principaux de la théorie de la chaleur, et qui
a pour objet de démontrer les lois générales de la diffusion de la chaleur dans une masse solide dont les dimensions sont infinies.

La première question, qui concerne la température des espaces clos,
intéresse les arts et l'économie publique. Ce sujet est entièrement
nouveau ; on n'avait point encore cherché à découvrir les relations qui
subsistent entre les dimensions d'une enceinte solide, formée d'une
substance connue, et l'élévation de température que doit produire une
source constante de chaleur placée dans l'espace que cette enceinte
termine.

On exposera successivement l'objet et les éléments de chaque question, les principes qui servent à la résoudre, et les résultats de la
solution.

PREMIÈRE PARTIE.

DE LA TEMPÉRATURE DES HABITATIONS.

On suppose qu'un espace d'une figure quelconque est fermé de
toutes parts, et rempli d'air atmosphérique ; l'enceinte solide qui le
termine est homogène ; elle a la même épaisseur dans toutes ses parties, et ses dimensions sont assez grandes pour que le rapport de la
surface intérieure à la surface extérieure diffère peu de l'unité. L'air
extérieur conserve une température fixe et donnée ; l'air intérieur est
exposé à l'action constante d'un foyer dont on connaît l'intensité. On
peut concevoir, par exemple, que cette chaleur constante est celle que
fournit continuellement une surface d'une certaine étendue, et que
l'on entretient à une température fixe. La question consiste à déter-

miner la température qui doit résulter de cette action d'un foyer invariable indéfiniment prolongée. Afin d'apercevoir plus distinctement
les rapports auxquels les effets de ce genre sont assujettis, on considère ici la température moyenne de l'air contenu dans l'espace, et l'on
suppose d'abord qu'une cause toujours subsistante mêle les différentes
parties de cet air intérieur, et en rend la température uniforme. On
fait aussi abstraction de plusieurs conditions accessoires, telles que
l'inégale épaisseur, la diversité d'exposition qui fait varier l'influence
de la température extérieure. Aucune de ces conditions ne doit être
omise dans les applications; mais il est nécessaire d'examiner, en premier lieu, les résultats des causes principales; les sciences mathématiques n'ont aucun autre moyen de découvrir les lois simples et constantes des phénomènes.

3. On voit d'abord que la chaleur qui sort à chaque instant du foyer
élève de plus en plus la température de l'air intérieur, qu'elle passe de
ce milieu dans la masse dont l'enceinte est formée, qu'elle en augmente
progressivement la température, et qu'en même temps une partie de
cette chaleur, parvenue jusqu'à la surface extérieure de l'enceinte, se
dissipe dans l'air environnant. L'effet que l'on vient de décrire s'opère
continuellement; l'air intérieur acquiert une température beaucoup
moindre que celle du foyer, mais toujours plus grande que celle de la
première surface de l'enceinte. La température des différentes parties
de cette enceinte est d'autant moindre qu'elles sont plus éloignées de
la première surface; enfin la seconde surface est plus échauffée que
l'air extérieur, dont la température est constante. Ainsi la chaleur du
foyer est transmise à travers l'espace et l'enceinte qui le termine; elle
passe d'un mouvement continu dans l'air environnant.

Si l'on ne considérait qu'un seul point de la masse de l'enceinte et
que l'on y plaçât un thermomètre très petit, on verrait la température
s'élever de plus en plus, et s'approcher insensiblement d'un dernier
état qu'elle ne peut jamais outrepasser. Cette valeur finale de la température n'est pas la même pour les différentes parties de l'enceinte;

elle est d'autant moindre que le point est plus éloigné de la surface intérieure.

4. Il y a donc deux effets distincts à considérer. L'un est l'échauffement progressif de l'air et des différentes parties de l'enceinte qui le contient; l'autre est le système final de toutes les températures devenues fixes. C'est l'examen de ce dernier état qui est l'objet spécial de la question.

A la vérité, les températures ne peuvent jamais atteindre à ces dernières valeurs, car cela n'aurait lieu exactement qu'en supposant le temps infini; mais la différence devient de plus en plus insensible, comme le prouvent toutes les observations. Il faut seulement remarquer que l'état final a une propriété qui le distingue, et qui doit servir de fondement au calcul. Elle consiste en ce que cet état peut subsister de lui-même sans aucun changement, en sorte qu'il se conserverait toujours s'il était d'abord formé.

Il en résulte que, pour connaître le système final des températures, il suffit de déterminer celles qui ne changeraient point si elles étaient établies, en supposant toujours que le foyer retient une température invariable, et qu'il en est de même de l'air extérieur. Supposons que l'on divise l'enceinte solide en une multitude de couches extrèmement minces, dont chacune est comprise entre deux bases parallèles aux surfaces de l'enceinte; on considérera séparément l'état de l'une de ces couches. Il résulte des remarques précédentes qu'il s'écoule continuellement une certaine quantité de chaleur à travers chacune des deux surfaces qui terminent cette tranche. La chaleur pénètre dans l'intérieur de la tranche par sa première surface, et, dans le même temps, une partie de celle que cette masse infiniment petite avait acquise auparavant en sort à travers la surface opposée. Or il est évidemment nécessaire que ces flux de chaleur soient égaux pour que la température de la tranche ne subisse aucun changement. Cette remarque fait connaître en quoi consiste l'état final des températures devenues fixes, et comment il diffère de l'état variable qui le précède.

Le mouvement de la chaleur à travers la masse de l'enceinte devient uniforme lorsqu'il entre, dans chacune des tranches parallèles dont cette enceinte est composée, une quantité de chaleur égale à celle qui en sort dans le même temps. Le flux est donc le même dans toute la profondeur de l'enceinte, et il est le même à tous les instants. On en connaîtrait la valeur numérique si l'on pouvait recueillir toute la quantité qui s'écoule pendant l'unité de temps à travers une surface quelconque tracée parallèlement à celles qui terminent l'enceinte. La masse de glace, à la température zéro, que cette quantité de chaleur pourrait convertir en eau sans en élever la température, exprimerait la valeur du flux qui pénètre continuellement l'enceinte dans l'état final et invariable. Cette même quantité de chaleur est nécessairement équivalente à celle qui sort pendant le même temps du foyer et passe dans l'air intérieur. Elle est égale aussi à la chaleur que cette même masse d'air communique à l'enceinte à travers la première surface. Enfin elle est égale à celle qui sort pendant le même temps de la surface extérieure de l'enceinte, et se dissipe dans l'air environnant. Cette quantité de chaleur est, à proprement parler, la dépense de la source.

5. Les quantités connues qui entrent dans le calcul sont les suivantes :

f désigne l'étendue de la surface du foyer ;

a la température permanente de cette surface ;

b la température de l'air extérieur ;

e l'épaisseur de l'enceinte ;

s l'étendue de la surface de l'enceinte ;

K la conducibilité spécifique de la matière de l'enceinte ;

h la conducibilité intérieure de l'enceinte ;

H la conducibilité de la surface extérieure ;

g la conducibilité de la surface du foyer.

On a expliqué dans des Mémoires précédents la nature des coefficients

h, H, g, K, et les observations propres à les mesurer. Les trois quantités dont il faut déterminer la valeur sont : α, température finale de l'air intérieur; β, température finale de la première surface de l'enceinte; γ, température finale de la surface extérieure de l'enceinte. On désigne par Δ l'élévation finale de la température ou l'excès $a - b$, et par Φ la dépense de la source ou la valeur du flux constant qui pénètre toutes les parties de l'enceinte. On rapporte cette quantité Φ à une seule unité de surface; c'est-à-dire que la valeur de Φ mesure la quantité de chaleur qui, pendant l'unité de temps, traverse l'aire égale à l'unité dans une surface quelconque parallèle à celles de l'enceinte ; Φ exprime, en unités de poids, la masse de glace que cette chaleur résoudrait en eau.

Les quantités précédentes ont entre elles des relations très simples, que l'on peut découvrir sans former aucune hypothèse sur la nature de la chaleur. Il suffit de considérer la propriété que la chaleur a de se transmettre d'une partie d'un corps à un autre, et d'exprimer les lois suivant lesquelles cette propriété s'exerce. La connaissance des causes n'est point un élément des théories mathématiques. Quelle que soit la diversité des opinions sur la nature de la chaleur, on voit que les explications qui paraissent d'ailleurs les plus opposées ont une partie commune, qui est fort importante puisqu'on en peut déduire les conditions mathématiques auxquelles les effets sont assujettis.

Les propositions fondamentales de cette théorie ne sont ni moins simples, ni moins rigoureusement démontrées que celles qui forment aujourd'hui les théories statiques ou dynamiques. Il est nécessaire de faire à ce sujet les remarques suivantes : les coefficients K, h, H et le coefficient qui mesure la capacité de chaleur doivent ici être regardés comme des quantités constantes, mais, en général, ils varient avec les températures, lorsqu'elles sont élevées. Dans l'état actuel de la Physique, on ne connaît que très imparfaitement les variations de ces coefficients. Le coefficient relatif à la capacité ne subit que des variations presque insensibles pour des différences de températures beaucoup plus grandes que celles que l'on considère ici. Le nombre K n'a été mesuré que pour une seule substance, mais diverses observations montrent qu'il conserve une valeur sensiblement constante pour des températures moyennes.

Le coefficient h est plus variable; il dépend de l'espèce du milieu élastique, de sa vitesse, de sa pression, de la température et de l'état des surfaces. On ne connaît point exactement la marche de ses variations; on est seulement assuré que sa valeur ne change point lorsque la différence des températures est peu considérable.

En général, soit que ces coefficients représentent des nombres constants ou des fonctions connues de la température, on exprime toujours par les mêmes équations les propriétés de l'état final, ou celles de l'état variable qui le précède. Ainsi, la question est réduite dans tous les cas à une question ordinaire d'analyse, ce qui est le véritable objet de la Théorie.

6. Pour que le système des températures soit permanent, il faut que chaque tranche infiniment petite de l'enceinte reçoive à chaque instant par une surface, et perde par la surface opposée, une quantité de chaleur égale à celle qui sort du foyer. Cette condition fournit les trois équations suivantes, qui sont pour ainsi dire évidentes d'elles-mêmes. Elles dérivent immédiatement d'une proposition élémentaire dont on a donné ailleurs la démonstration.

$$fg(a-\alpha) = hs(\alpha-\beta),$$
$$fg(a-\alpha) = \frac{Ks}{e}(\beta-\gamma),$$
$$fg(a-\alpha) = Hs(\gamma-b).$$

On en conclut

$$\alpha - b = (a-b)\frac{\frac{1}{h}+\frac{e}{K}+\frac{1}{H}}{\frac{s}{fg}+\frac{1}{h}+\frac{e}{K}+\frac{1}{H}}.$$

On a désigné par Φ la dépense de la source rapportée à l'unité de surface; l'expression de cette quantité est $\frac{fg}{s}(a-\alpha)$, et sa valeur en quantités connues est donnée par l'équation

$$\Phi = \frac{a - b}{\dfrac{s}{fg} + \dfrac{1}{h} + \dfrac{e}{K} + \dfrac{1}{H}}.$$

On en conclut

$$\alpha - b = \Phi\left(\frac{1}{h} + \frac{e}{K} + \frac{1}{H}\right).$$

En désignant par Δ l'excès de la température fixe de l'air intérieur sur celle de l'air extérieur, et par M le nombre connu $\frac{1}{h} + \frac{e}{K} + \frac{1}{H}$, on aura

$$\Delta = \Phi M.$$

Nous allons maintenant indiquer les résultats de cette solution :

1° On reconnaît d'abord que le degré de l'échauffement, c'est-à-dire l'excès Δ de la température finale de l'air intérieur sur la température de l'air extérieur, ne dépend point de la forme de l'enceinte, ni du volume qu'elle détermine, mais du rapport $\frac{f}{s}$ de la surface dont la chaleur sort à la surface qui la reçoit, et de l'épaisseur e de l'enceinte.

2° La capacité de chaleur de l'enveloppe solide et celle de l'air n'entrent point dans l'expression de la température finale. Cette qualité influe sur l'échauffement variable, mais elle ne concourt pas à déterminer la valeur des dernières températures.

3° Le degré de l'échauffement augmente avec l'épaisseur de l'enceinte, et il est d'autant moindre que la conducibilité de l'enveloppe solide est plus grande. Si l'on doublait l'épaisseur, on aurait le même résultat que si la conducibilité était deux fois moindre. Ainsi, l'emploi des substances qui conduisent difficilement la chaleur permet de donner peu de profondeur à l'enceinte. L'effet que l'on obtient ne dépend que du rapport de l'épaisseur à la conducibilité spécifique.

4° Les deux coefficients h et H, relatifs aux surfaces intérieure et extérieure, entrent de la même manière dans l'expression de la température. Ainsi la qualité des superficies ou de l'enveloppe qui les couvre procure le même résultat final, soit que cet état se rapporte à l'intérieur ou à l'extérieur de l'enceinte.

5° Le degré de l'échauffement ne devient point nul lorsqu'on rend l'épaisseur infiniment petite. La résistance que les surfaces opposent à la transmission de la chaleur suffit pour déterminer l'élévation de la température. C'est pour cette raison que l'air peut conserver assez longtemps sa chaleur lorsqu'il est contenu dans une enveloppe flexible très mince. Dans ce cas, la température de la première surface ne diffère point de celle de la seconde, et, si elles ont la même conducibilité relative à l'air, leur température est moyenne entre celles de l'air intérieur et de l'air extérieur.

6° En comparant la température acquise par l'air intérieur à la quantité de chaleur qui sort du foyer et traverse l'enceinte, on voit que, sans augmenter la dépense de la source, on peut augmenter le degré final de l'échauffement, soit en donnant une plus grande épaisseur à l'enceinte, soit en la formant d'une substance moins propre à conduire la chaleur, soit en changeant l'état des surfaces par le poli ou les teintures.

7° Les coefficients h, K, H qui dépendent de l'état des surfaces ou de la matière de l'enceinte sont regardés ici comme des quantités données. En effet, ils peuvent être déterminés directement par l'observation. Mais les expériences propres à mesurer la valeur de K n'ont encore été appliquées qu'à une seule substance (le fer forgé); on ne connaît cette valeur pour aucune autre matière. Il faut remarquer qu'il entre, dans l'expression de la température, un coefficient composé M, dont on peut trouver la valeur numérique par une observation, ce qui dispenserait de mesurer séparément les quantités h, H, e, K. Ce coefficient composé est le rapport de l'élévation Δ de la température à la dépense I du foyer pour l'unité de surface. Il exprime la qualité physique que l'on a en vue lorsque, en comparant plusieurs habitations, on estime que les unes sont plus chaudes que les autres.

Plus la valeur de ce coefficient est grande, plus il est facile de procurer une haute température, dans un espace donné, sans augmenter la dépense de la source. Il change avec l'épaisseur et la nature de l'enceinte, et mesure précisément, pour plusieurs sortes de clôtures, la propriété qu'elles ont de retenir la chaleur, en opposant une résistance plus ou moins grande à son passage dans l'air extérieur.

Si le même espace est échauffé par deux ou par un plus grand nombre de foyers de différentes espèces, ou si la première enceinte est elle-même contenue dans une seconde enceinte séparée de la première par une masse d'air, on détermine suivant les mêmes principes le degré de l'échauffement et les températures des surfaces. Les solutions générales de ces deux questions ont été rapportées dans le Mémoire. On suppose dans la première un nombre indéfini de foyers, qui diffèrent par leurs températures et leur étendue; on suppose dans la seconde un nombre indéfini d'enceintes qui diffèrent par l'espèce de la matière et par la dimension.

Les expressions que cette analyse fournit montrent clairement l'effet de chaque condition donnée. On voit, par exemple, que des enveloppes solides séparées par l'air, quelque petite que soit leur épaisseur, doivent contribuer pour beaucoup à l'élèvement de la température. On reconnaît aussi qu'en divisant l'enceinte en plusieurs autres, en sorte que l'épaisseur totale demeurât toujours la même, on procurerait, avec le même foyer, un très haut degré d'échauffement, par la séparation des surfaces.

Plusieurs des résultats que l'on vient d'indiquer étaient devenus sensibles par l'expérience même. Il est difficile, en effet, qu'un long usage ne fasse point connaître des résultats aussi constants. La théorie actuelle les explique, les ramène à un même principe et en donne la mesure exacte. Au reste, toutes les remarques qui précèdent sont beaucoup mieux exprimées par les équations elles-mêmes; il n'y a pas de langage plus distinct et plus clair. On aurait omis cette énumération, s'il ne s'agissait point ici d'une question qui n'a pas encore été traitée, et sur laquelle il peut être utile d'appeler l'attention.

8. On sait que les corps animés conservent une température sensi-

blement fixe, qui est pour ainsi dire indépendante de celle du milieu. La chaleur est inégalement distribuée dans les différentes parties, et leur température est modifiée par celle des objets environnants. Mais il existe certainement une ou plusieurs causes propres à l'économie animale qui retiennent la température intérieure entre des limites assez rapprochées. Ainsi les corps vivants sont, dans leur état habituel, des foyers d'une chaleur presque constante, de même que les substances enflammées dont la combustion est devenue uniforme. On peut donc, à l'aide des remarques précédentes, prévoir et régler avec plus d'exactitude l'élévation des températures dans les lieux où l'on réunit un grand nombre d'hommes. Il suffirait d'y observer la hauteur du thermomètre, dans les circonstances données, pour déterminer d'avance quel serait le degré de chaleur acquise si le nombre d'hommes rassemblés devenait beaucoup plus grand.

A la vérité, il y a toujours plusieurs conditions accessoires qui modifient les résultats, telles que l'inégale épaisseur des parties de l'enceinte, la diversité de leur exposition, l'effet résultant des issues, l'inégale distribution de la chaleur dans l'air. On ne peut donc point faire ici une application rigoureuse des règles données par le calcul. Toutefois, ces règles sont précieuses en elles-mêmes, parce qu'elles contiennent les vrais principes de la matière; elles préviennent des raisonnements vagues et des tentatives inutiles ou confuses.

On résout encore par les mêmes principes la question où l'on suppose que le foyer est extérieur, et que la chaleur qui en sort traverse successivement des enceintes diaphanes, et pénètre l'air qu'elles renferment. Ces résultats fournissent l'explication et la mesure des effets que l'on observe en exposant aux rayons du Soleil des thermomètres recouverts par plusieurs enveloppes de verre transparent, expérience remarquable qu'il serait utile de renouveler. Cette dernière solution a un rapport direct avec les recherches sur l'état de l'atmosphère et sur le décroissement de la chaleur dans les hautes régions de l'air. Elle fait connaître que l'une des causes de ce phénomène est la transparence de l'air, et l'extinction progressive des rayons de chaleur qui accompagnent la lumière solaire. En général, les théorèmes qui concernent l'échauffement des espaces clos s'étendent à des questions très variées. On peut y recourir lorsqu'on veut estimer d'avance et régler les températures avec quelque précision, comme dans les serres, les ateliers, ou dans plusieurs établissements civils, tels que les hôpitaux, les lieux d'assemblée. On pourrait dans ces diverses applications avoir égard aux conditions variables que nous avons omises, comme les inégalités de l'enceinte, l'introduction de l'air, et l'on connaîtrait avec une approximation suffisante les changements que ces conditions apportent dans les résultats. Mais ces détails détourneraient de l'objet principal, qui est la démonstration exacte des éléments généraux.

9. Nous avons remarqué plus haut que les trois coefficients spécifiques qui représentent la capacité de chaleur, la conductibilité extérieure et la conductibilité propre sont sujets à quelques variations dépendantes de la température. Les expériences les indiquent; mais elles n'en ont point encore donné la mesure précise. Au reste, ces variations sont presque insensibles si les différences de température sont peu étendues. Cette condition a lieu pour tous les phénomènes naturels qu'embrasse la théorie mathématique de la chaleur. Les variations diurnes et annuelles des températures intérieures de la Terre; les impressions les plus diverses de la chaleur rayonnante, les inégalités de température qui occasionnent les grands mouvements de l'atmosphère et de l'Océan sont comprises entre des limites assez peu distantes pour que les coefficients dont il s'agit aient des valeurs sensiblement fixes.

10. On a considéré jusqu'ici la partie de la question qu'il importe le plus de résoudre complètement : savoir l'état durable dans lequel les températures acquises demeurent constantes. La même théorie s'applique à l'examen de l'état variable qui précède, et de celui qui

aurait lieu si, le foyer étant supprimé ou perdant peu à peu sa chaleur, l'enceinte solide et l'air qu'elle contient se refroidissaient successivement. Les conditions physiques relatives à ces questions sont
rigoureusement exprimées par l'analyse qui est l'objet du Mémoire.
Ainsi, toute recherche de ce genre est réduite à une question de
Mathématiques pures, et dépendra désormais des progrès que doit
faire la science du calcul. Les équations qui se rapportent à l'état
permanent sont résolues par les premiers principes de l'Algèbre : celles
qui expriment l'état précédent appartiennent à une autre branche de
calcul. Ces questions sont analogues à celle qui a pour objet de déterminer le mouvement varié de la chaleur dans un prisme rectangulaire.
C'est pour cette raison que l'on a réuni dans ce Mémoire les recherches
sur la température des habitations à celle de la distribution de la chaleur dans les prismes. Cette dernière question est l'objet de la seconde
Partie.

On terminera cet Extrait de la première Partie en rapportant les
équations différentielles qui expriment l'échauffement variable de l'air
dans une enceinte exposée à l'action constante d'un foyer. Outre les
quantités connues dont on a déjà fait l'énumération, on désignera
par V le volume de l'air intérieur, par C la capacité de chaleur de la
substance qui forme l'enceinte.

Les températures de l'air intérieur et de l'enceinte ne sont point
des quantités constantes comme dans les cas précédents. Elles varient
avec le temps. Celle de l'air est une fonction α du temps t; celle d'un
point m quelconque de l'enceinte est une fonction v de deux indéterminées, dont l'une est le temps écoulé t, et l'autre est la distance x du
point à la surface.

11. La variation de température qu'un point quelconque subit à la
surface pendant un instant infiniment petit est proportionnelle à
la différence entre la quantité de chaleur qu'il reçoit et celle qu'il
perd. Il est facile d'exprimer cette condition au moyen des propositions élémentaires dont on a donné ailleurs la démonstration. On en

déduit les quatre équations suivantes :

$$\frac{dv}{dt} = \frac{d^2v}{dx^2},$$

$$K\frac{dv}{dx} + h(\alpha - v) = 0 \quad (x = 0),$$

$$K\frac{dv}{dx} + H(v - b) = 0 \quad (x = e),$$

$$\frac{l\alpha}{CV}(a - \alpha) - \frac{hs}{CV}(\alpha - v) = \frac{d\alpha}{dt} \quad (x = 0).$$

La première est linéaire et aux différences partielles du second ordre, mais ne devant contenir dans son intégrale qu'une fonction arbitraire.

Les deux suivantes se rapportent aux extrémités de l'enceinte; elles expriment les conditions du mouvement de la chaleur à l'une et à l'autre surface.

La dernière équation différentielle représente les variations de la température de l'air.

Ces équations contiennent tous les éléments physiques de la question, et suffisent pour déterminer les inconnues lorsque les températures initiales sont données.

12. Pour les appliquer au cas où les températures s'abaissent après la suppression du foyer, il faudrait supposer nulle l'étendue ou la conductibilité de la surface qui communique la chaleur. On aurait un résultat très différent si l'on se bornait à supposer nulle la température de cette surface.

On peut aussi déduire de ces expressions générales la connaissance de l'état final; il suffit de considérer que les variations qui dépendent du temps doivent être nulles, puisque le système des températures ne subit point de changement. Si, en effet, on introduit cette condition, en omettant les termes différentiels relatifs au temps, on trouve les mêmes équations que celles qui ont été rapportées plus haut. On les trouverait encore au moyen des intégrales des équations précédentes, en attribuant une valeur infinie au temps écoulé. Au reste, ces considérations sont toutes de la même nature; elles ne diffèrent que par la manière de les exprimer. On voit par ces remarques que la recherche des températures constantes appartient à une question plus étendue, qui comprend tous les états variables, depuis les systèmes entièrement arbitraires des températures initiales, jusqu'au système final, qui est toujours le même, quel que soit le premier état. Mais on peut déterminer directement les valeurs constantes des températures. Les résultats de cette recherche offrant des applications multipliées, il est utile d'en répandre la connaissance, en les déduisant des premiers éléments du calcul.

QUESTION D'ANALYSE ALGÉBRIQUE.

QUESTION D'ANALYSE ALGÉBRIQUE.

Bulletin des Sciences par la Société philomathique, p. 61-67; avril 1818.

1. Étant donnée une équation algébrique $\varphi(x) = 0$, dont les coefficients sont exprimés en nombres, si l'on connaît deux limites a et b entre lesquelles une des racines réelles est comprise, il est facile d'approcher de plus en plus de la valeur exacte de cette racine. Le procédé le plus simple que l'on puisse suivre dans cette recherche est celui que Newton a proposé. Il consiste à substituer, dans l'équation

$$\varphi(x) = 0,$$

$a + y$ au lieu de x. On omet dans le résultat tous les termes qui contiennent les puissances de y supérieures à la première, et l'on a une équation de cette forme

$$my - n = 0,$$

dans laquelle les quantités m et n sont des nombres connus. On en conclut la valeur de y qui, étant ajoutée à la première valeur approchée a, donne un résultat $a + \dfrac{n}{m}$, beaucoup plus voisin de la racine cherchée que ne l'était la première valeur. Désignant ce résultat par a', on emploie de nouveau le même procédé pour obtenir une troisième valeur beaucoup plus rapprochée que a', et l'on continue ainsi à déterminer des valeurs de plus en plus exactes de la racine réelle comprise entre les premières limites, etc. On pourrait aussi appliquer ce calcul à la limite b, considérée comme une première valeur approchée, et l'on déduirait des valeurs successives qui seraient de plus en plus voisines de la même racine.

Cette méthode d'approximation est un des éléments les plus généraux et les plus utiles de toute l'Analyse; c'est pour cela qu'il importe beaucoup de la compléter et d'obvier à toutes les difficultés auxquelles elle peut être sujette.

2. On a remarqué depuis longtemps que, si les deux premières limites ne sont point assez approchées, aucune d'elles ne peut servir à donner des valeurs successives; au lieu de conduire à des valeurs approchées de la racine, elles donneraient des nombres qui s'éloigneraient de plus en plus de cette racine.

L'inventeur supposait que la valeur de la racine était déjà connue à moins d'un dixième près de cette valeur. Mais il est évident que cette condition, ou n'est point nécessaire, ou n'est point suffisante, selon la grandeur des coefficients. L'illustre auteur du *Traité de la résolution des équations numériques* remarque (¹) que cette question a d'autant plus de difficulté que la condition qui doit rendre l'approximation exacte dépend des valeurs de toutes les racines inconnues.

On voit donc qu'il est nécessaire d'assigner un caractère certain, d'après lequel on puisse toujours distinguer si les limites sont assez voisines pour que l'application de la règle donne nécessairement des résultats convergents.

3. De plus, la méthode dont il s'agit fournit seulement des valeurs très peu différentes de la racine; mais elle ne donne point la mesure du degré de l'approximation; c'est-à-dire que, en exprimant le résultat en chiffres décimaux, on ignore combien il y a de chiffres qui sont exacts, et quels sont les derniers que l'on doit omettre comme n'appartenant point à la racine.

On peut se former une idée du degré de l'approximation en ayant

---

(¹) *Traité de la résolution des équations numériques.* Lagrange, 1re édition, page 140; édition de 1808, page 129 (ᵃ).

(ᵃ) *OEuvres de Lagrange,* t. VIII, p. 159.

égard à la valeur de la quantité que l'on néglige lorsqu'on omet les puissances supérieures de la nouvelle inconnue. Mais cet examen suppose beaucoup d'attention, et, si l'on cherche des règles certaines et exactes, propres à le diriger dans tous les cas, on trouve celle que nous indiquons dans l'article 6.

Certaines méthodes d'approximation ont l'avantage de procurer des valeurs alternativement plus grandes ou moindres que l'inconnue. Dans ce cas, la comparaison des résultats successifs indique les limites entre lesquelles la grandeur cherchée est comprise, et l'on est assuré de l'exactitude des chiffres décimaux communs à deux résultats consécutifs; mais la méthode que nous examinons n'a point cette propriété. On démontre, au contraire, que les dernières valeurs qu'elle fournit sont toutes plus grandes que l'inconnue, ou qu'elles sont toutes plus petites.

On parviendrait, à la vérité, à connaître combien il y a de chiffres exacts, en faisant plusieurs substitutions dans la proposée; mais, en opérant ainsi, on perdrait l'avantage de la méthode d'approximation, dont le principal objet est de suppléer à ces substitutions.

A l'égard des dernières valeurs approchées que l'on obtiendrait en employant la seconde limite, elles passent toutes au-dessous de la racine ou toutes au-dessus, selon que les valeurs données par la première limite sont inférieures ou supérieures à cette racine; ainsi le propre de la méthode d'approximation, dans son état actuel, est de ne jamais donner des valeurs alternativement plus grandes ou plus petites que l'inconnue.

4. Les remarques que l'on vient de faire conduisent aux questions suivantes :

1° Lorsque deux nombres a et b, substitués dans une équation

$$\varphi(x) = 0,$$

fournissent deux résultats de signe contraire, et lorsque l'équation a une seule racine réelle entre ces deux limites a et b, peut-on découvrir un moyen de reconnaître promptement et avec certitude si cette première approximation est suffisante pour que les substitutions opérées suivant la méthode de Newton donnent nécessairement des valeurs de plus en plus approchées; et comment doit-on distinguer ce cas de celui où les substitutions pourraient conduire à des résultats divergents?

2° L'application de la méthode ne pouvant donner que des valeurs qui sont toutes plus grandes ou toutes plus petites que la racine cherchée, quel procédé faut-il suivre pour mesurer facilement le degré d'approximation que l'on vient d'obtenir, c'est-à-dire pour distinguer la partie du résultat qui contient des chiffres décimaux exacts appartenant à la racine?

L'objet de cette Note est de donner des règles certaines et générales pour résoudre les deux questions que l'on vient d'énoncer.

5. Pour satisfaire à la première question, il faut différentier successivement la proposée $\varphi(x) = 0$, en divisant par la différentielle de la variable. On formera ainsi les fonctions

$$\varphi'(x), \quad \varphi''(x), \quad \ldots,$$

et l'on substituera chacune des deux limites a et b à la place de x dans la suite complète $\varphi(x)$, $\varphi'(x)$, $\varphi''(x)$, $\ldots$; on obtiendra ainsi deux séries de résultats dont il suffira d'observer les signes.

1° Il suit de l'hypothèse même que le signe du premier terme, dans la suite correspondante à la limite a, diffère du signe du premier terme dans la suite que donne la substitution de b. S'il n'y a aucune autre différence entre les deux suites de signes, c'est-à-dire si tous les termes, excepté le premier, ont le même signe dans l'une et l'autre suite, l'application de la méthode donnera nécessairement des valeurs de plus en plus approchées; il est impossible que, dans ce cas, on soit conduit à des valeurs divergentes.

2° Si la condition que l'on vient d'exprimer n'a pas lieu, on reconnaîtra que les deux limites a et b ne sont point assez approchées, et l'on substituera un nombre intermédiaire, en examinant si le résultat de la substitution, comparé à celui de a ou à celui de b, satisfait à cette condition. On arrivera très promptement au but par ces substitutions, et l'on ne doit, en général, commencer l'approximation que lorsqu'on aura trouvé deux suites de signes qui ne diffèrent que par le premier terme, résultat qu'on ne peut manquer d'obtenir si l'on connaît deux limites a et b d'une racine réelle.

3° Pour trouver les valeurs convergentes, il ne faut pas employer indifféremment l'une ou l'autre des limites; il faut, en général, choisir celle des deux limites pour laquelle la suite des signes contient, au premier terme $\varphi(x)$ et au troisième $\varphi''(x)$, deux résultats de même signe. Nous désignons ici cette limite par α et l'autre par β.

Si l'on ne se conformait point à la remarque précédente, et que l'on employât la limite β qui donne à $\varphi(x)$ et à $\varphi''(x)$ des signes contraires, on pourrait être conduit à des résultats divergents. On pourrait aussi obtenir des valeurs de plus en plus approchées; mais, dans ce cas, elles seraient de la même espèce que celles qui proviennent de la première limite.

4° Les valeurs approchées que l'on déterminera seront toutes plus petites que la racine, si la limite choisie est au-dessous de cette racine; et elles seront toutes plus grandes, si la limite choisie est celle qui surpasse la racine.

5° Il n'est pas rigoureusement nécessaire que les deux suites de signes ne diffèrent que par les signes des premiers termes $\varphi(a)$ et $\varphi(b)$. La condition absolue à laquelle les deux limites a et b doivent satisfaire avant que l'on procède à l'approximation est la suivante :

On comparera les deux suites

$$\varphi(a), \quad \varphi'(a), \quad \varphi''(a), \quad \varphi'''(a), \quad \ldots,$$
$$\varphi(b), \quad \varphi'(b), \quad \varphi''(b), \quad \varphi'''(b), \quad \ldots.$$

Il est nécessaire, premièrement, qu'en retranchant les termes $\varphi(a)$ et $\varphi(b)$ les deux suites de signes restantes aient autant de variations de signes l'une que l'autre; et, secondement, qu'en retranchant aussi les deux termes $\varphi'(a)$ et $\varphi'(b)$ les deux suites restantes aient encore

autant de variations de signes l'une que l'autre (¹). Lorsque cette
double condition n'a pas lieu, la méthode d'approximation ne doit
point être employée : il faut, dans ce cas, diviser l'intervalle $b - a$ des
racines; mais, si les deux conditions sont remplies, les approximations
linéaires seront nécessairement convergentes. Cette convergence aura
lieu à plus forte raison si la condition énoncée dans le paragraphe ($1°$)
du présent article est satisfaite.

6. Nous passons à la solution de la seconde des questions énoncées
dans l'article 4, paragraphe ($2°$); voici l'énoncé de la solution :

$1°$ Si l'on connaît deux limites a et b, entre lesquelles une racine
réelle est comprise, et si l'on détermine une valeur plus approchée α',
suivant le procédé de l'article 1, et en se conformant aux règles exposées dans les paragraphes ($1°$), ($2°$), ($3°$) de l'article 5, on mesu-
rera comme il suit le degré d'approximation que l'on vient d'obtenir.
L'expression de α' est

$$\alpha - \frac{\varphi(\alpha)}{\varphi'(\alpha)},$$

où l'on désigne par α celle des deux limites a et b qui donne le même
signe pour $\varphi(\alpha)$ et $\varphi''(\alpha)$. On prendra, pour seconde valeur appro-
chée β', la quantité $\beta - \frac{\varphi(\beta)}{\varphi'(\alpha)}$; le diviseur $\varphi'(\alpha)$ sera le même dans l'expression de α' et dans celle de β'. La racine cherchée sera toujours
comprise entre α' et β'.

Par conséquent, les chiffres décimaux exacts qui appartiennent à la
racine sont les chiffres communs qui se trouvent au commencement

(¹) D'après le théorème de Fourier et de Budan, la condition énoncée ici contient la
suivante : Il ne doit y avoir, entre les limites a et b, aucune racine ni de la dérivée première, ni de la dérivée seconde. Cette règle même est trop absolue. Il suffira, pour qu'on
puisse appliquer la méthode, qu'il n'y ait, entre les limites a et b, aucune racine de la dérivée seconde. On le démontre très simplement au moyen de la formule

$$\varphi(x + h) = \varphi(x) + h\varphi'(x) + \frac{h^2}{2}\varphi''(x + \theta h).$$

Le lecteur pourra consulter sur ce sujet la Note que nous avons publiée en 1869 dans les
Nouvelles Annales de Mathématiques (2ᵉ série, t. VIII, p. 17).   G. D.

de α' et au commencement de β', les chiffres suivants doivent être omis. On continuera ainsi l'approximation, en joignant toujours à la valeur donnée par le procédé connu une autre valeur approchée β qui serve de limite, et l'on déterminera facilement par ce moyen les chiffres exacts de la racine.

2° On détermine la première valeur approchée α' en substituant α au lieu de x dans l'expression $x - \dfrac{\varphi(x)}{\varphi'(x)}$ ou $x - \dfrac{\varphi(x)}{\dfrac{d\varphi(x)}{dx}}$; on pourrait trouver une seconde valeur approchée β' en substituant la même limite α dans l'expresion $x - \dfrac{\varphi(x)}{\dfrac{\Delta\varphi(x)}{\Delta x}}$, Δx désignant la différence finie $\alpha - \beta$ des deux limites; mais cette règle, que nous avions donnée autrefois, parce qu'elle est clairement indiquée par les constructions, ne fait pas connaître le degré de l'approximation aussi facilement que celle qui est énoncée dans le paragraphe (1°) du présent article.

3° Cette règle du paragraphe (1°) de cet article, qui sert à obtenir une seconde valeur approchée, complète l'approximation, puisqu'elle donne toujours des limites opposées à celles qui se déduisent du procédé de l'article 1. On connaît par là combien les approximations de ce genre sont rapides. On en conclut que, si l'on emploie une valeur approchée α pour déterminer une nouvelle valeur α', et si la première α contient déjà un très grand nombre n de chiffres décimaux exacts (c'est-à-dire qui appartiennent à la racine cherchée), la seconde valeur α' contiendra un nombre $2n$ de ces chiffres exacts. Le nombre des chiffres qui appartiennent à la racine devient double à chaque opération. On a fait depuis longtemps une remarque semblable par rapport aux chiffres décimaux que fournit la méthode d'extraction des racines carrées; mais ce résultat convient à toutes les équations, quelle que soit la nature de la fonction $\varphi(x)$: c'est un caractère commun aux approximations du premier degré qui proviennent des substitutions successives.

Voici l'énoncé exact de cette proposition : si le nombre des chiffres

II. 3_2

déjà connu est n, une seule opération en fera connaître plusieurs autres en nombre n', et n' est égal à n plus ou moins un nombre constant k, qui est le même pour toutes les opérations.

4° On peut aussi se dispenser de calculer séparément la valeur de la seconde limite β' suivant la règle du paragraphe (1°) du présent article; il suffit de déterminer la première de ces limites, et de connaître d'avance le nombre des chiffres exacts qu'elle doit contenir.

On y parviendra au moyen des équations suivantes

$$\alpha' = \alpha - \frac{\varphi(\alpha)}{\varphi'(\alpha)}, \qquad \beta' = \alpha - \frac{\varphi(\alpha)}{\varphi'(\alpha)} - i^2 Q, \qquad Q = \frac{\varphi''(A)}{2\varphi'(\alpha)};$$

la première donne l'expression déjà connue de α', et la seconde montre, que, pour trouver une seconde valeur approchée β', il faut retrancher de α' le terme $i^2 Q$, i étant la différence connue des deux limites α et β. Dans les applications numériques, cette différence est une unité décimale d'un ordre donné, par exemple $\left(\frac{1}{10}\right)^3$, $\left(\frac{1}{10}\right)^6$, ... Le coefficient Q est un nombre constant, commun à toutes les opérations qui se succèdent.

Dans l'expression $\frac{\varphi''(A)}{2\varphi'(\alpha)}$, on désigne par A celle des deux limites α ou β, qui, étant substituée pour x dans $\varphi''(x)$, donne la plus grande valeur numérique, abstraction faite du signe (¹). Dans le calcul du quotient Q, il suffit de trouver le premier chiffre, en observant de

---

(¹) Il semble que la règle donnée ici par Fourier ne sera pas sûrement applicable si l'équation

$$\varphi'''(x) = 0$$

a une racine comprise entre α et β.

Soit, en effet, $\alpha + h$ la valeur exacte de la racine; on aura

$$0 = \varphi(\alpha + h) = \varphi(\alpha) + h\varphi'(\alpha) + \frac{h^2}{2}\varphi''(\alpha + \theta h),$$

θ désignant une quantité comprise entre 0 et 1. On déduit de là

$$h = -\frac{\varphi(\alpha)}{\varphi'(\alpha)} - \frac{h^2}{2} \frac{\varphi''(\alpha + \theta h)}{\varphi'(\alpha)}.$$

D'après les hypothèses faites par Fourier, les deux termes du second membre sont mani-

prendre toujours ce chiffre trop fort. On connaîtra facilement, par ce moyen, jusqu'où l'approximation doit être portée dans le calcul de la quantité α' ou $\alpha - \dfrac{\varphi(\alpha)}{\varphi'(\alpha)}$. On s'arrêtera donc, dans la division, au dernier chiffre dont l'exactitude est assurée. La plus grande limite doit toujours être prise trop forte, et la moindre limite trop faible; ces deux nouvelles limites α' et β' doivent différer d'une unité décimale d'un certain ordre. Connaissant ces limites, on continuera l'application des mêmes règles.

VII. Les bornes de cet écrit ne nous permettent point de rapporter la démonstration des propositions précédentes; nous nous proposons de l'insérer dans quelques-uns des numéros suivants : elle se déduit des principes connus de l'Analyse algébrique, et il y a une partie de

festement de même signe. Si donc on remplace le second successivement par zéro et par une valeur M qui soit supérieure et de même signe, on aura deux limites

$$- \frac{\varphi(\alpha)}{\varphi'(\alpha)} \quad \text{et} \quad - \frac{\varphi(\alpha)}{\varphi'(\alpha)} + M,$$

comprenant la valeur exacte de h. Par suite, les deux nombres

$$\alpha' = \alpha - \frac{\varphi(\alpha)}{\varphi'(\alpha)} \quad \text{et} \quad \alpha - \frac{\varphi(\alpha)}{\varphi'(\alpha)} + M$$

comprendront dans leur intervalle la racine cherchée.

Pour obtenir M, on peut toujours remplacer h par i. Si l'équation

$$\varphi'''(x) = 0$$

n'a pas de racine entre α et β, on pourra évidemment substituer $\varphi(\mathrm{A})$ à $\varphi''[\alpha + \theta(\beta - \alpha)]$, A étant le nombre défini par Fourier; ce qui donnera, pour la racine, les deux limites

$$\alpha', \quad \alpha' - i^2 Q,$$

indiquées dans le texte.

Mais, si l'équation

$$\varphi'''(x) = 0$$

a une racine comprise entre α et β, $\varphi''(\mathrm{A})$ ne sera pas nécessairement une limite maxima de $\varphi''[\alpha + \theta(\beta - \alpha)]$. Il faudra substituer à cette quantité une limite supérieure des valeurs que prend $\varphi''(x)$, quand x varie entre α et β.

On connaît, d'ailleurs, plusieurs moyens d'obtenir de telles limites. Par exemple, on peut, dans tous les termes de $\varphi''(x)$ qui ont le signe de ce polynôme, remplacer x par le plus grand en valeur absolue des deux nombres α et β et, dans les termes qui ont le signe contraire, remplacer x par le plus petit de ces deux nombres. G. D.

cette démonstration que l'on peut aussi rendre très sensible par des constructions, comme nous l'avons indiqué autrefois dans nos premiers Mémoires, et dans ceux de 1807 et 1811.

Si l'on prend pour exemple l'équation

$$x^3 - 2x - 5 = 0,$$

à laquelle Newton et plusieurs autres analystes ont appliqué leurs méthodes d'approximation, on trouvera qu'en choisissant, pour les premières limites a et b, les valeurs

$$a = 2,09455,$$
$$b = 2,09456,$$

les nouvelles valeurs seraient

$$a' = 2,0945514815,$$
$$b' = 2,0945514816,$$

les limites suivantes a'' et b'' contiendraient un nombre double de chiffres communs.

Les propositions que l'on vient de rapporter ne conviennent pas seulement aux équations algébriques; elles s'appliquent à toutes les équations déterminées $\varphi(x) = 0$, quel que soit le caractère de la fonction $\varphi(x)$.

Nous omettons aussi diverses remarques concernant la manière de procéder aux substitutions successives. C'est par l'usage même des règles qui viennent d'être énoncées que l'on reconnaîtra combien elles rendent les calculs faciles et rapides. Aucune méthode d'approximation n'est donc plus simple et plus générale que celle qui est rapportée dans l'article I, et qui est connue depuis l'invention de l'Analyse différentielle. Mais il était nécessaire d'ajouter à l'opération principale les règles qui servent à distinguer : 1° si les premières limites sont assez approchées; 2° à laquelle de ces limites l'opération doit s'appliquer; 3° quel est le nombre des chiffres exacts que peut donner chaque partie de l'opération.

Pour connaître l'origine de la question qui vient d'être traitée, et les progrès successifs de cette méthode d'approximation, on peut consulter : l'*Algèbre* de Wallis; Newton, *De Analysi per æquationes infinitas*; Raphson, *Analysis æquationum universalis*; les *Mémoires de l'Académie de Paris*, année 1744; Lagrange, *Résolution des équations numériques*.

NOTE RELATIVE

AUX

VIBRATIONS DES SURFACES ÉLASTIQUES

ET AU

MOUVEMENT DES ONDES.

NOTE RELATIVE

AUX

VIBRATIONS DES SURFACES ÉLASTIQUES

ET AU

MOUVEMENT DES ONDES.

Bulletin des Sciences par la Société philomathique, p. 129 à 136; septembre 1818.

J'ai présenté à l'Académie des Sciences, dans sa séance du 8 juin de cette année, un Mémoire d'Analyse qui a pour objet d'intégrer plusieurs équations aux différences partielles et de déduire des intégrales la connaissance des phénomènes physiques auxquels ces équations se rapportent. Après avoir exposé les principes généraux qui m'ont dirigé dans ces recherches, je les ai appliqués à des questions variées, et j'ai choisi à dessein des équations différentielles dont on ne connaissait point encore les intégrales générales propres à exprimer les phénomènes. Au nombre de ces questions, se trouve celle de la propagation du mouvement dans une surface élastique de dimensions infinies. Ce dernier exemple a donné lieu à des remarques insérées par M. Poisson dans le *Bulletin des Sciences* du mois de juin 1818, et qui ont précédé l'extrait du Mémoire que l'on se propose d'insérer dans ce Recueil.

Comme il peut être utile que les mêmes questions soient traitées par des principes différents, et qu'il résulte presque toujours de ces discussions quelque lumière nouvelle, j'ai examiné sous un autre point de vue les rapports qu'il peut y avoir entre les expressions analytiques du mouvement des ondes à la surface d'un liquide et celles des vibrations d'une surface élastique. J'indiquerai d'abord le motif qui m'a déterminé à choisir pour exemple cette dernière question.

L'auteur des remarques que l'on vient de citer s'était lui-même occupé, il y a quelques années, des propriétés des surfaces élastiques. L'équation différentielle du mouvement était déjà connue; il en a donné, en 1814, une démonstration fondée sur une hypothèse physique, et a fait imprimer en 1816 le Mémoire qui la contient.

Pour déterminer, au moyen de l'équation différentielle, les lois auxquelles les vibrations sont assujetties, il aurait été nécessaire de former l'intégrale de cette équation. Sur ce dernier point, l'auteur du Mémoire s'exprime en ces termes : « Malheureusement cette équation ne peut s'intégrer sous forme finie que par des intégrales définies qui renferment des imaginaires; et, si on les fait disparaître, ainsi que M. Plana y est parvenu dans le cas des simples lames, on tombe sur une équation si compliquée qu'il paraît impossible d'en faire aucun usage ([1]). »

Ayant eu pour but, comme je l'ai annoncé au commencement de cette Note, de considérer principalement des équations dont on n'avait point encore obtenu les intégrales applicables, il était naturel que je comprisse, parmi ces exemples, l'équation différentielle des surfaces élastiques; rien n'était plus propre à montrer l'utilité de la méthode que j'emploie. Ayant donc fait l'application de cette méthode à la question dont il s'agit, j'ai reconnu que l'intégrale peut être exprimée sous une forme très simple, qui représente clairement l'effet dynamique. Voici les résultats de cette recherche :

L'équation différentielle est

$$(A) \qquad \frac{\partial^2 v}{\partial t^2} + \frac{\partial^4 v}{\partial x^4} + 2\frac{\partial^4 v}{\partial x^2\, \partial y^2} + \frac{\partial^4 v}{\partial y^4} = 0.$$

L'intégrale est

$$(B) \qquad v = \frac{1}{t} \int d\alpha \int \varphi(\alpha, \beta) \sin \frac{(x-\alpha)^2 + (y-\beta)^2}{4t}\, d\beta;$$

([1]) *Mémoires de l'Institut de France*, année 1812, seconde Partie. *Mémoire sur les surfaces élastiques*, par M. Poisson, p. 170.

les intégrales par rapport à α et à β doivent être prises entre les limites
—∞ et +∞. Une seconde partie de l'intégrale, qui se déduit facilement de la première, contient une autre fonction arbitraire. On doit
omettre cette seconde partie lorsque les impulsions initiales sont
nulles.

Si l'on fait abstraction d'une dimension, l'équation précédente (A)
devient celle du mouvement des lames élastiques. Cette dernière équation était démontrée depuis très longtemps, mais on n'en connaissait
point l'intégrale. Nous citerons à ce sujet les expressions d'Euler, dans
son Mémoire sur les vibrations des lames élastiques : « ... *Ejus inte-
grale nullo adhuc modo inveniri potuisse, ita ut contenti esse debeamus
in solutiones particulares inquirere* (¹). » On avait alors en vue sous
le nom d'*intégrale générale* une formule analogue à celles qui avaient
été découvertes pour d'autres équations, et qui ne contenaient point
d'intégrales définies. L'emploi de ces dernières expressions n'avait
point encore reçu l'extension qu'il a aujourd'hui; on en a déduit
l'intégrale générale d'un grand nombre d'équations, et ces formules
représentent les phénomènes d'une manière aussi claire et aussi complète que celles qui étaient l'objet des recherches précédentes.

Si l'on développe l'intégrale de l'équation des lames élastiques en
une suite ordonnée selon les puissances d'une variable, on voit que la
suite peut être sommée par les intégrales définies; mais il est évident
que l'expression à laquelle ce procédé conduit ne peut servir pour la
résolution de la question physique; elle présente sous une forme extrêmement compliquée, et au moyen d'une multitude de signes d'intégration, une fonction qui est très simple en elle-même. Nous prions
le lecteur de consulter à ce sujet le *Journal de l'École Polytechnique*,
t. X, XVIIᵉ Cahier, p. 380 et 383, année 1815 (²), et de comparer les
résultats aux suivants :

(¹) *Act. Academ. petropol.*, anno 1779, Pars prior, p. 109.
(²) Le Mémoire visé par Fourier est de Plana. Il a pour titre : *Mémoire sur les oscillations des lames élastiques.*   G. D.

L'équation différentielle est

$$(a) \qquad \frac{\partial^2 v}{\partial t^2} + \frac{\partial^4 v}{\partial x^4} = 0,$$

l'intégrale est

$$(b) \qquad v = \frac{1}{\sqrt{\pi t}} \int_{-\infty}^{+\infty} \varphi(\alpha) \sin\left[\frac{\pi}{4} + \frac{(\alpha - x)^2}{4t}\right] d\alpha;$$

$\varphi(\alpha)$ est la fonction arbitraire qui représente l'état initial, les impulsions initiales sont nulles.

L'objet que nous nous sommes proposé dans notre Mémoire n'était pas seulement de donner des intégrales que l'on n'avait point obtenues par d'autres méthodes; mais il consistait surtout à prouver que ces expressions peuvent représenter les effets naturels les plus complexes, et qu'il est facile d'en déduire la connaissance de ces effets. J'ai examiné dans cette vue les résultats du calcul; et, considérant, par exemple, le cas où les dimensions de la surface sont infinies, j'ai démontré que l'intégrale (b) exprime de la manière la plus claire les lois de la propagation du mouvement et tous les éléments du phénomène. La solution de cette question a donc un objet très utile, parce qu'elle est propre à faire bien connaître les formes que l'Analyse emploie dans l'expression des phénomènes : elle ne pouvait, d'ailleurs, être résolue qu'au moyen de l'intégrale générale de l'équation des surfaces élastiques; elle suppose à la fois les progrès de la science du calcul et ceux des méthodes d'application.

Nous allons maintenant considérer les rapports que cette question peut avoir avec celle du mouvement des ondes.

Les équations différentielles du mouvement des ondes s'intègrent très facilement au moyen des théorèmes qui servent à exprimer une fonction quelconque en intégrales définies. Nous avions donné depuis longtemps ces propositions générales dans nos recherches sur la propagation de la chaleur, et nous en avions déduit les intégrales des équations qui se rapportent à cette dernière théorie. Ce sont les mêmes principes que nous avons appliqués à la détermination du mouvement dans les surfaces élastiques; voici les résultats qu'ils fournissent dans ces trois questions :

Pour la première, l'intégrale qui exprime la diffusion de la chaleur dans un prisme infini est

$$(1). \qquad v = \frac{1}{\pi} \int_{-\infty}^{+\infty} f(\alpha) \, d\alpha \int_0^\infty e^{-\mu^2 t} \cos \mu (x - \alpha) \, d\mu;$$

pour la seconde question, l'état variable de la surface du liquide est ainsi exprimé :

$$(2) \qquad v = \frac{1}{\pi} \int_{-\infty}^{+\infty} f(\alpha) \, d\alpha \int_0^\infty \cos t \sqrt{\mu} \cos \mu (x - \alpha) \, d\mu,$$

et, dans la question des lames élastiques, l'intégrale est

$$(3) \qquad v = \frac{1}{\pi} \int_{-\infty}^{+\infty} f(\alpha) \, d\alpha \int_0^\infty \cos \mu^2 t \cos \mu (x - \alpha) \, d\mu.$$

Dans chacune de ces équations, la fonction arbitraire $f(x)$ représente l'état initial, t est le temps écoulé, v est la température variable, ou l'ordonnée variable d'un point quelconque dont x est l'abscisse.

Il y a donc une analogie manifeste entre les trois questions. En les comparant aujourd'hui, on ne peut manquer d'y reconnaître des rapports multipliés. On retrouve cette analogie dans les trois équations du quatrième ordre auxquelles satisfont les valeurs précédentes de v; mais ces rapports n'ont été remarqués qu'après que les questions ont été résolues.

Pour chacune des deux équations (1) et (3), on peut effectuer dans le second membre l'intégration relative à la variable μ, ce qui donne une autre forme à la fonction v. C'est ainsi que l'équation (3) se transforme dans l'équation précédente (b). On peut, dans ce cas, obtenir les intégrales par divers procédés, sans recourir aux théorèmes qui expriment les fonctions en intégrales définies.

Nous avons déjà fait observer, dans notre Mémoire du 8 juin dernier, les rapports que l'Analyse établit entre la propagation de la chaleur et les vibrations des surfaces élastiques, en sorte que les formules ne diffèrent que par la valeur d'une même indéterminée, qui est réelle dans un cas et imaginaire dans l'autre. .

L'analogie dont nous parlons ne résulte point de la nature physique des causes; elle réside tout entière dans l'Analyse mathématique, qui prête des formes communes aux phénomènes les plus divers.

Il existe aussi des rapports analytiques entre le mouvement des ondes et les vibrations des surfaces élastiques, mais la considération de ces rapports n'ajoute rien aujourd'hui à la connaissance des phénomènes. Il est évidemment beaucoup plus simple de chercher les lois du mouvement des surfaces élastiques dans l'intégrale elle-même que de recourir indirectement à l'examen d'une question différente, qui n'est résolue que dans un cas particulier. Il est nécessaire, pour l'objet que nous traitons ici, d'insister sur ce dernier point.

Les équations différentielles du mouvement des ondes, telles qu'on les connaît aujourd'hui, supposent que les mêmes molécules ne cessent point de se trouver à la surface. L'auteur du Mémoire où cette question est traitée a considéré le cas où les impulsions initiales sont nulles, les ondes étant déterminées par l'émersion d'un corps que l'on a peu enfoncé dans le liquide; il remarque que, pour satisfaire à la condition relative à la surface, il est nécessaire, lorsque le mouvement a lieu selon une seule dimension, que la hauteur ou flèche du segment soit une assez petite quantité par rapport à la largeur de la section à fleur d'eau. L'auteur en conclut que la figure du segment plongé doit se confondre sensiblement avec l'arc d'une parabole, et que l'on peut toujours introduire dans le calcul l'équation de cette dernière courbe, quelle que soit la forme du corps.

Nous n'adoptons point cette conclusion, et nous pensons qu'elle altère essentiellement la généralité de l'intégrale. De ce que le rapport de la flèche à la dimension horizontale du segment est un petit nombre, il ne s'ensuit pas que la figure du segment se confonde sensiblement avec l'arc parabolique; car les rapports des ordonnées des deux courbes qui répondent à une même abscisse peuvent différer beaucoup de l'unité : ils pourraient être, par exemple, $1\frac{1}{2}$, 2, 3, 4, ...

Lorsqu'on prend l'expression $h\left(1 - \frac{x^2}{l^2}\right)$ pour représenter l'ordonnée de la courbe qui termine le segment, h étant la longueur de la flèche et l celle de la section, on ne désigne qu'un cas très particulier.

Pour conserver à la question sa généralité, il est absolument nécessaire que la valeur de l'ordonnée contienne une fonction arbitraire de x, et c'est par là seulement que la théorie donnerait l'explication exacte des faits indiqués par les expériences.

La condition relative aux molécules de la surface est obscure en elle-même; mais, en l'adoptant, il suffit, pour y assujettir le calcul, de supposer qu'une ligne, d'une forme quelconque, passe par les extrémités de la section à fleur d'eau, et de multiplier par un petit coefficient la fonction arbitraire qui représente l'ordonnée. Il en résulte que le segment est peu enfoncé dans le liquide et que sa forme est, d'ailleurs, arbitraire. Lorsqu'on ne procède pas ainsi, les résultats auxquels l'analyse conduit expriment indistinctement les conditions communes à tous les cas particuliers possibles, c'est-à-dire les lois générales de la propagation des ondes, et les conditions spéciales propres au cas que l'on a considéré.

Indépendamment de cette discussion, il est certain que, en ce qui concerne les points de la surface dont le mouvement apparent est uniforme, on n'a déterminé par l'Analyse les lois de la propagation des ondes que pour le cas où la figure du segment plongé serait celle d'un arc de parabole.

Nous indiquerons maintenant en quoi consiste la solution que nous avons donnée de la question des vibrations des surfaces, et nous considérerons le cas linéaire, qui est celui de la lame élastique. Les théorèmes dont j'ai fait mention, et qui avaient servi à donner les intégrales dans la théorie de la chaleur, conviennent aussi à l'équation différentielle des surfaces élastiques. Cette application exige seulement un examen plus attentif, parce que l'équation est du quatrième ordre et que l'on doit introduire ici deux fonctions arbitraires. Ayant obtenu l'intégrale par ce procédé, on parvient à effectuer une des intégrations, et l'on trouve l'expression (b) que nous avons rapportée plus haut. Il ne reste plus qu'un seul signe d'intégration, et, sous ce signe, la fonction arbitraire qui représente l'état initial. Il s'agissait, ensuite, d'interpréter ce résultat et de reconnaître l'effet dynamique qu'il exprime; il fallait surtout découvrir ces conséquences sans altérer la généralité de l'intégrale, afin d'être assuré qu'elles ont lieu quelle que puisse être la forme initiale de la surface. Les questions de ce genre dépendent de deux éléments principaux, savoir : 1° l'intégration de l'équation différentielle; 2° la discussion de l'intégrale applicable à toutes les formes possibles de la fonction. Nous nous sommes attachés à résoudre complètement ces deux difficultés. Nous n'exposerons point les résultats de notre Analyse concernant les lois finales des vibrations, mais nous indiquerons ceux qui expriment l'état de la lame vibrante après une valeur moyenne du temps.

Le système, considéré dans toute son étendue et pour un même instant, est formé d'une infinité de plis ou sillons, alternativement placés au-dessus et au-dessous de l'axe. L'intervalle qui sépare deux points consécutifs d'intersection de la courbe avec l'axe est d'autant plus petit que les points sont plus éloignés de l'origine.

La distance de l'origine à chacun des points d'intersection augmente comme la racine carrée du temps.

La profondeur de ces sillons alternativement supérieurs et inférieurs ou la distance de leur sommet à l'axe, abstraction faite du signe, n'est pas la même pour les différents points; si on pouvait l'observer en un même instant dans tous les points de l'axe, on trouverait qu'elle décroît d'abord, lorsqu'on s'éloigne de l'origine; qu'elle devient nulle, ce qui, pour les parties assez éloignées, détermine un point de contact; qu'ensuite elle augmente par degrés et atteint un maximum beaucoup moindre que le précédent; au delà, elle diminue et devient nulle de nouveau. Cette profondeur est alternativement croissante et décroissante dans toute l'étendue de la lame; mais celle des sommets les plus élevés, mesurée pour un même instant, diminue en s'éloignant de l'origine. Les points de contact, qui marquent les alternatives, sont en nombre infini; ils sont séparés par des intervalles égaux ou qui tendent à le devenir. Chacun des points d'intersection s'éloigne, comme nous l'avons dit, avec une vitesse variable, et leur distance à l'origine augmente comme la racine carrée du temps écoulé. Il n'en est pas de même des points de contact; ils glissent sur l'axe, et le parcourent d'un mouvement uniforme; les plus hauts sommets, dont chacun est placé entre deux points de contact consécutifs, ont aussi des vitesses constantes. Les intervalles qui séparent deux points de contact consécutifs croissent proportionnellement au temps.

La loi du mouvement des points d'intersection ne dépend ni de la forme ni de l'étendue de la dépression initiale. Cette étendue détermine principalement la vitesse et la distribution des points de contact et des points de plus haut sommet. La loi suivant laquelle la profondeur des plis ou sillons varie dans chaque intervalle entre deux points de contact résulte de la forme du déplacement initial. Nous ne pouvons ici donner plus d'étendue à cette description; les formules représentent distinctement les états successifs du système, en sorte qu'on est assuré de n'omettre aucun des éléments du phénomène.

On voit maintenant en quoi cette solution, qui s'applique à toutes les formes initiales que l'on peut concevoir, diffère de celle qui a été donnée pour la question des ondes, quoique l'une et l'autre puissent se déduire des principes qui ont servi à déterminer les lois analytiques du mouvement de la chaleur. Au reste, la discussion qui s'est élevée aura un objet utile si elle contribue à appeler l'attention des géomètres sur les théorèmes qui expriment les fonctions arbitraires en intégrales définies, et sur leur usage dans les applications de l'Analyse à la Physique. Nous nous proposons de rappeler ces théorèmes dans un Article subséquent, de citer plus expressément les Ouvrages où ils ont été donnés pour la première fois, et d'en indiquer les diverses applications.

La Note qui précède se rapporte à celle qui a été insérée dans le *Bulletin* du mois de juin. L'auteur de cette dernière Note a publié dans le *Bulletin* de juillet un second Article concernant les vibrations des surfaces élastiques, ce qui nous donne lieu d'ajouter les remarques suivantes :

1° Nous avons rapporté, dans le Mémoire présenté à l'Académie des Sciences, le 8 juin 1818, différents procédés de calcul qui conduisent à l'intégrale de l'équation (A). Le premier résulte de l'application des théorèmes qui expriment une fonction arbitraire en intégrales définies. L'objet direct de cette application n'est pas de sommer une série infinie, mais de déterminer une fonction inconnue sous le signe d'intégration en sorte que le résultat de l'intégration définie soit une fonction donnée.

Le second procédé consiste à découvrir une valeur particulière, telle que

$$v = \frac{1}{t} \sin \frac{x^2 + y^2}{4t},$$

qui, étant prise pour v, satisfait à l'équation (A), et dont on peut déduire facilement la valeur générale de v.

Nous avons prouvé aussi que cette même intégrale peut se déduire du développement en série. Lorsqu'on est une fois parvenu à connaître l'intégrale d'une équation différentielle, il est facile d'arriver par d'autres voies à ce même résultat; mais il nous avait paru utile d'indiquer ces procédés différents dans une recherche nouvelle dont les principes ne sont pas généralement connus.

2° La généralité de ces intégrales se démontre par des principes rigoureux, sans recourir à la considération indirecte du développement de l'intégrale en série ordonnée selon les puissances d'une des variables.

3° Il importe surtout de remarquer que la forme de l'intégrale doit changer avec la nature de la question. Si la surface élastique dont on veut déterminer le mouvement n'avait pas les dimensions infinies, par exemple si cette surface était un rectangle dont les arêtes sont appuyées sur des obstacles fixes, il faudrait employer l'intégrale sous une forme totalement différente de celle que nous avons donnée dans notre Mémoire. Ces deux résultats ont entre eux une relation nécessaire, et l'on peut toujours déduire l'un de l'autre ; mais il est beaucoup plus facile de les conclure directement des conditions proposées, et c'est un des principaux avantages des théorèmes que nous avons cités.

EXTRAIT D'UN MÉMOIRE

SUR LE

REFROIDISSEMENT SÉCULAIRE DU GLOBE TERRESTRE.

REFROIDISSEMENT SÉCULAIRE DU GLOBE TERRESTRE.

Bulletin des Sciences par la Société philomathique de Paris, p. 58 à 70; avril 1820.

La question des températures terrestres est fort composée; nous ne pouvons ici qu'indiquer la nature de cette question, l'analyse qui sert à la résoudre, et les résultats remarquables que l'on en déduit.

La chaleur qui se distribue dans l'intérieur de la Terre est assujettie à trois mouvements distincts :

1° L'action des rayons du Soleil pénètre le globe, et cause des variations diurnes et annuelles dans les températures. Ces changements périodiques cessent d'être sensibles à quelque distance de la surface. Au delà d'une certaine profondeur, et jusqu'aux plus grandes distances accessibles, la température due à la seule influence du Soleil est devenue fixe; elle est la même pour les différents points d'une même verticale, et elle est égale à la valeur moyenne de la température dans les points de cette verticale sujets aux variations périodiques. Cette quantité immense de chaleur solaire qui détermine les variations annuelles oscille dans l'enveloppe extérieure de la Terre; elle passe au-dessous de la surface pendant une partie de l'année, et, pendant la saison opposée, elle remonte et se dissipe dans l'espace.

2° Si l'on fait abstraction de ce premier mouvement pour ne considérer que les températures fixes des lieux profonds, on reconnaît que la température, qui est constante dans un lieu donné, diffère selon la situation de ces lieux par rapport à l'équateur. Plusieurs causes acces-

soires concourent à ces différences. Il résulte de l'inégalité des températures fixes que la chaleur solaire, qui s'est propagée depuis un grand
nombre de siècles dans la masse intérieure du globe, y est assujettie
à un mouvement très lent, devenu sensiblement uniforme. C'est en
vertu de ce second mouvement que la chaleur du Soleil pénètre les
climats équinoxiaux, s'avance dans l'intérieur du globe, en même
temps s'éloigne du plan de l'équateur et se dissipe à travers les régions
polaires.

3° Il ne suffit pas de considérer les effets du foyer extérieur, il faut
aussi porter son attention sur le mouvement de la chaleur propre du
globe. Si la température fixe des lieux profonds devient plus grande
à mesure qu'on s'éloigne de la surface en suivant une ligne verticale,
il est impossible d'attribuer cet accroissement à la chaleur du Soleil
qui se serait accumulée depuis un très long temps. L'Analyse démontre
que cette dernière supposition ne peut être admise. Or, des observations très variées établissent aujourd'hui ce fait général que les températures fixes croissent avec la profondeur. A la vérité, la mesure de
l'accroissement demeure sujette à beaucoup d'incertitude; mais il
n'en est pas de même du résultat principal, savoir : l'augmentation de
la température avec la profondeur. MM. les rédacteurs des *Annales de
Chimie et de Physique* viennent de publier les observations de ce genre
qui nous paraissent propres à décider entièrement la question. Cela
posé, on conclut avec certitude de la solution analytique que cet
accroissement des températures est dû entièrement à une chaleur primitive que la Terre possédait à son origine, et qui se dissipe progressivement à travers la surface. Il faut donc, comme nous l'avons annoncé,
distinguer trois mouvements de la chaleur dans la masse du globe
terrestre :

Le premier est périodique et n'affecte que l'enveloppe; il consiste
dans les oscillations de la chaleur solaire, et détermine les alternatives des saisons.

Le second mouvement se rapporte aussi à la chaleur du Soleil, et il
est uniforme et d'une extrême lenteur; il consiste dans un flux conti-

nuel et toujours semblable à lui-même, qui traverse la masse entière
du globe de l'un et de l'autre côté du plan de l'équateur jusqu'aux
pôles.

Le troisième mouvement de la chaleur est variable, et il produit le
refroidissement séculaire du globe. Cette chaleur qui se dissipe ainsi
dans les espaces planétaires était propre à la Terre, et primitive; elle
est due aux causes qui subsistaient à l'origine de cette planète; elle
abandonne lentement les masses intérieures, qui conservent pendant
un temps immense une température très élevée. Cette hypothèse d'une
chaleur intérieure et centrale s'est renouvelée dans tous les âges de la
Philosophie, car elle se présente d'elle-même à l'esprit comme la
cause naturelle de plusieurs phénomènes. La question consistait à
soumettre l'examen de cette opinion à une analyse exacte, fondée sur
la connaissance des lois mathématiques. de la propagation de la chaleur. C'est ce mouvement variable de la chaleur primitive du globe
qui est l'objet principal du Mémoire dont nous donnons l'extrait; nous
rapportons les titres des articles, pour indiquer l'ordre que l'on a
suivi.

I. Exposé de la question. Équations différentielles de l'état variable d'une
sphère dont la chaleur initiale se dissipe dans le vide.

II. Condition relative à la surface.

III. Solution générale, la température initiale étant exprimée par une fonction arbitraire.

IV. Application à la sphère dont tous les points ont reçu la même température initiale.

V. Températures variables dans un solide d'une profondeur infinie, dont
l'état initial serait donné par une fonction arbitraire, et dont la surface serait
maintenue à une température constante.

VI. Flux intérieur de la chaleur dans ce solide.

VII. Températures variables dans un solide d'une profondeur infinie, dont
l'état initial serait exprimé par une fonction arbitraire, et dont la chaleur se
dissipe librement à travers la surface dans un espace vide terminé par une
enceinte d'une température constante.

VIII. Du cas où la chaleur initiale est la même jusqu'à une profondeur
donnée. Température de la surface.

II.   35

IX. Applications numériques.

X. Application de la solution relative à la sphère, et comparaison avec les températures variables du solide infiniment profond.

XI. Conséquences générales.　·

Pour citer un exemple de ce genre de questions, nous choisirons celle qui est indiquée dans le VIIe article.

On suppose un solide homogène, de dimensions infinies, terminé par un plan horizontal; tout l'espace inférieur au plan infini est occupé par la masse solide; l'espace supérieur est vide et terminé de tous côtés par une enceinte solide d'une figure quelconque et d'une température constante, que l'on désigne par zéro.

u exprime la profondeur verticale d'un point du solide, ou sa distance à la surface. La température initiale de la tranche solide dont la profondeur est u est donnée, et l'on représente cette température par $F(u)$. La fonction $F(u)$ est entièrement arbitraire et peut être discontinue. La substance dont le solide est formé est supposée connue, c'est-à-dire que l'on a mesuré : 1° la densité D; 2° la capacité de chaleur C; 3° la conducibilité propre K, ou la facilité avec laquelle la chaleur passe d'une molécule solide intérieure à une autre; 4° la conducibilité extérieure h, ou la facilité avec laquelle la chaleur passe d'une molécule de la surface dans le vide. Ces trois coefficients C, h, K sont spécifiques, comme celui qui mesure la densité; ils règlent dans toutes les substances l'action de la chaleur : on en a donné les définitions exactes dans les Mémoires précédents, et l'on a fait connaître divers moyens de les mesurer.

Cela posé, le solide ayant son état initial, on commence à compter le temps écoulé pendant que la chaleur du solide se dissipe progressivement dans le vide à travers la surface. Après un certain temps t, la tranche dont la profondeur est u, et qui avait la température initiale $F(u)$, a une température actuelle v qui varie avec le temps t et avec la profondeur u; la question consiste à trouver cette fonction v de u et de t qui exprime, pour chaque instant, l'état variable du solide pendant la durée infinie du refroidissement. Cette question exigeait une nouvelle méthode d'Analyse dont on a donné les premières applications en 1807; elle est complètement résolue par la formule suivante ([1]) :

$$(1) \quad v = \frac{2}{\pi} \int_0^\infty \frac{e^{-p^2 \frac{K t}{CD}}}{p^2 + \frac{h^2}{K^2}} \left(\frac{h}{K} \sin pu + p \cos pu \right) dp \int_0^\infty \left[\frac{h}{K} F(\alpha) - F'(\alpha) \right] \sin p \alpha \, d\alpha.$$

([1]) Dans le passage qui se trouve reproduit à la page 117 de ce Volume, Fourier indique que les formules (1) et (2) du Mémoire actuel ont été inexactement transcrites et doivent être modifiées. Il nous semble cependant que la formule fondamentale (1) est exacte et qu'on peut la vérifier de la manière suivante :

1° On a évidemment

$$\frac{\partial v}{\partial t} = \frac{K}{CD} \frac{\partial^2 v}{\partial u^2},$$

puisque cette équation est vérifiée par chaque élément de l'intégrale.

2° On a, pour la même raison,

$$K \frac{\partial v}{\partial u} = h v \qquad \text{pour} \qquad u = 0.$$

Il reste donc simplement à vérifier que l'expression de v se réduit à $F(u)$ pour $t = 0$.

Faisons $t = 0$; nous aurons, en changeant l'ordre des intégrations,

$$v = \frac{2}{\pi} \int_0^\infty \left[\frac{h}{K} F(\alpha) - F'(\alpha) \right] d\alpha \int_0^\infty \frac{\frac{h}{K} \sin pu + p \cos pu}{p^2 + \frac{h^2}{K^2}} \sin p \alpha \, dp.$$

L'intégration par rapport à p peut toujours être effectuée. Il suffit d'employer les formules connues

$$\int_0^\infty \frac{x \sin bx \, dx}{k^2 + x^2} = \begin{cases} \frac{\pi}{2} e^{-bk}, & b > 0, \quad k > 0, \\ -\frac{\pi}{2} e^{bk}, & b < 0, \quad k > 0; \end{cases}$$

$$\int_0^\infty \frac{\cos bx}{k^2 + x^2} \, dx = \begin{cases} \frac{\pi}{2k} e^{-bk}, & b > 0, \quad k > 0, \\ \frac{\pi}{2k} e^{bk}, & b < 0, \quad k > 0, \end{cases}$$

qui conduisent à la suivante

$$\int_0^\infty \frac{k \sin bx + x \cos bx}{k^2 + x^2} \sin cx \, dx = \begin{cases} \frac{\pi}{2} e^{k(b-c)}, & c > b, \\ 0, & c < b, \end{cases}$$

c, b, k étant des constantes *positives*. Par un simple changement de notations, cette der-

La fonction $F(\alpha)$ étant connue, on intègre d'abord par rapport à l'indéterminée α, entre les limites $\alpha = 0$ et $\alpha = \infty$. Le résultat de cette intégration est une fonction de p. On intègre ensuite, par rapport à l'indéterminée p, entre les limites $p = 0$ et $p = \infty$. Le résultat de cette intégration ne contient plus p, en sorte que l'on obtient pour v une fonction de u et des constantes D, C, h, K. L'analyse dont on déduit cette solution ne consiste pas seulement à exprimer les intégrales par la somme de plusieurs termes exponentiels. Cet usage de valeurs particulières était connu depuis l'origine du calcul des différences partielles. La méthode dont nous parlons consiste surtout à déterminer les fonctions arbitraires sous les signes d'intégrale définie, en sorte que le résultat de l'intégration soit une fonction quelconque, qui est donnée, et qui peut être discontinue.

On peut connaître aussi la quantité de chaleur qui, pendant un temps donné, traverse une des tranches du solide, et, en général, il n'y a aucun élément du phénomène qui ne soit clairement exprimé par la solution. Si l'on suppose que la température initiale a une même valeur b, depuis la surface jusqu'à une certaine profondeur A, et que, au

nière formule nous donne

$$\int_0^\infty \frac{\frac{h}{K}\sin pu + p\cos pu}{p^2 + \frac{h^2}{K^2}}\sin p\alpha\, dp = \begin{cases} 0, & \alpha < u, \\ \dfrac{\pi}{2}e^{\frac{h}{K}(u-\alpha)}, & \alpha > u. \end{cases}$$

En portant cette valeur dans l'expression de v, on obtient le résultat suivant :

$$v = \int_u^\infty \left[\frac{h}{K}F(\alpha) - F'(\alpha)\right]e^{\frac{h}{K}(u-\alpha)}\,d\alpha$$

ou

$$v = -e^{\frac{h}{K}u}\int_u^\infty d\left[e^{-\frac{h}{K}\alpha}F(\alpha)\right].$$

Si l'on suppose que la fonction

$$e^{-\frac{h}{K}\alpha}F(\alpha)$$

s'annule pour $\alpha = \infty$, il reste simplement

$$v = F(u). \qquad\qquad \text{G. D.}$$

delà de cette profondeur, la température initiale est zéro, on trouve

$$(2) \qquad v = \frac{2\,bh}{K\pi} \int_0^\infty \frac{e^{-p^2\frac{Kt}{CD}}}{p^2 + \frac{h^2}{K^2}} \left(\frac{h}{K} \frac{\sin pu}{p} + \cos pu \right) \sin \text{verse}\, p\,A\; dp.$$

Si l'on suppose infinie la ligne dont tous les points ont la température initiale b, on trouve, par un examen très attentif,

$$(3) \qquad v = \frac{2\,bh}{K\pi} \int_0^\infty \frac{e^{-p^2\frac{Kt}{CD}}}{p^2 + \frac{h^2}{K^2}} \left(\frac{h}{K} \frac{\sin pu}{p} + \cos pu \right) dp.$$

Pour connaître l'état variable de la surface depuis le commencement du refroidissement, il faut supposer $u = 0$, et l'on a

$$(4) \qquad v = \frac{2\,bh}{K\pi} \int_0^\infty \frac{e^{-p^2\frac{Kt}{CD}}}{p^2 + \frac{h^2}{K^2}} dp.$$

Cette dernière expression équivaut à l'intégrale indéfinie

$$(5) \qquad v = \frac{2\,b}{\sqrt{\pi}} e^{R^2} \int_R^\infty e^{-r^2} dr ;$$

la valeur de la limite R est

$$R = \frac{h\sqrt{t}}{\sqrt{KCD}}.$$

Sous cette forme, la valeur de v est toute calculée au moyen de la seconde Table que M. Kramp a donnée dans son Ouvrage *Sur les réfractions astronomiques*. Lorsque la valeur de t est devenue assez grande, par exemple si elle surpasse mille années, et si la substance du solide est le fer, la température variable de la surface est exprimée sans erreur appréciable par la formule très simple

$$(6) \qquad v = \frac{b}{h} \sqrt{\frac{KCD}{\pi t}}.$$

Ainsi la température de la surface varie en raison inverse de la ra-

cine carrée des temps écoulés depuis le commencement du refroidissement. La valeur du temps t étant devenue beaucoup plus grande que
mille années, c'est cette équation (6) qui exprime, en fonction de t et
des constantes K, C, D, h, la température variable v de la surface du
globe terrestre, pendant un nombre immense de siècles.

Si l'on compare le mouvement de la chaleur dans un solide d'une
profondeur infinie à celui qui a lieu dans une sphère solide, d'un rayon
très grand, comme celui de la Terre, on reconnaît que les deux effets
doivent être les mêmes pendant un temps immense, et pour toutes les
parties qui ne sont pas extrêmement éloignées de la surface. Il suit de
là que les intégrales précédentes doivent aussi être données par les formules qui expriment le mouvement variable de la chaleur dans une
sphère d'un rayon quelconque.

Dans cette dernière question, on désigne par X le rayon total, et par
x le rayon d'une couche sphérique intérieure. La température initiale
du solide est connue; elle est représentée par $F(x)$, et la fonction $F(x)$
est entièrement arbitraire; t désigne le temps écoulé à partir de cet
état initial, et v est, après le temps écoulé t, la valeur actuelle de la température d'une couche sphérique dont le rayon est x. On suppose que
la chaleur se dissipe librement à la surface dans un espace vide, que
termine une enceinte solide dont la température constante est zéro.
Les coefficients spécifiques D, C, h, K mesurent les quantités que nous
avons déjà définies. Cela posé, les équations différentielles qui expriment le mouvement de la chaleur dans cette sphère sont

(7)
$$\frac{\partial v}{\partial t} = \frac{K}{CD}\left(\frac{\partial^2 v}{\partial x^2} + \frac{2}{x}\frac{\partial v}{\partial x}\right)$$

et

(8)
$$K\frac{\partial v}{\partial x} + hv = 0.$$

Ces deux équations et l'intégrale (9) que nous allons rapporter ont
été données, pour la première fois, dans un Mémoire remis à l'Institut
de France, le 21 décembre 1807 (p. 143, 144 et 150). Il est nécessaire

de fixer son attention sur l'équation (8), parce qu'elle contient un résultat très simple dans l'analyse des températures du globe. Cette équation se rapporte à l'état de la surface ; elle montre que l'élément v de la température de la surface au-dessus de la température zéro de l'espace vide a une relation nécessaire avec la valeur qui appartient, pour ce même instant, à $\frac{\partial v}{\partial x}$. On connaîtrait cette valeur de $\frac{\partial v}{\partial x}$ en observant, dans le même moment, la température v de la surface et la température $v + \Delta v$ d'un point inférieur placé à une profondeur médiocre Δx. Le rapport $\frac{\Delta v}{\Delta x}$ est la mesure de l'accroissement de température, à partir de la surface. Or cet accroissement change avec la valeur de v, et, dans la question actuelle, il est sensiblement proportionnel à cette valeur, c'est-à-dire que le rapport de l'accroissement $\frac{\partial v}{\partial x}$ à la température de la surface est une quantité constante $\frac{h}{K}$.

En général, le flux normal de la chaleur à la surface d'un corps, tel qu'il est déterminé par l'action mutuelle des molécules solides, équivaut à la chaleur qui se dissipe à la surface en vertu du rayonnement et de l'action du milieu extérieur. Nous avons montré, dans les Mémoires déjà cités de 1807 et de 1811, que cette relation est totalement indépendante de la figure du corps et des substances dont la masse intérieure est formée, ou de leurs températures. Le rapport constant dont il s'agit ne dépend que des deux qualités physiques de l'enveloppe qui ont été désignées par K et h.

Voici la formule qui contient la solution générale de la question précédente (¹)

$$(9) \qquad v = \frac{2}{x} \sum_{i=1}^{i=\infty} \frac{\sin p_i x \int_0^X \alpha \, F(\alpha) \sin p_i \alpha \, d\alpha}{X - \frac{1}{2p_i} \sin 2 p_i X} \, e^{-\frac{K p_i^2 t}{CD}}.$$

La quantité désignée par p_i est une racine de l'équation transcendante

$$(10) \qquad p X = \left(1 - \frac{h}{K} X\right) \tan g\, p X.$$

(¹) *Théorie de la chaleur*, p. 312 et 314.

G. D.

Cette équation a toutes ses racines réelles, dont chacune doit être mise à la place de p_i dans l'expression de v. Ces racines, rangées par ordre en commençant par la plus petite, sont p_1, p_2, p_3, ... Le signe $\displaystyle\sum_{i=1}^{i=\infty}$ indique que l'on doit donner au nombre entier i toutes ses valeurs 1, 2, 3, ..., et prendre la somme des termes. L'indéterminée α, qui entre sous le signe d'intégrale, disparaît par l'intégration définie, qui a lieu depuis $\alpha = 0$ jusqu'à $\alpha = X$. On trouve ainsi pour v une fonction de x et de t, du rayon total X et des coefficients D, C, h, K. C'est sous cette forme que doit être mise l'intégrale des équations (7) et (8), pour représenter distinctement le phénomène physique qui est l'objet de la question. On peut connaître, au moyen de cette formule, toutes les circonstances du refroidissement d'un globe solide dont le diamètre n'est pas extrêmement grand.

Une des conséquences de cette solution consiste en ce que le mouvement de la chaleur dans l'intérieur du solide devient de plus en plus simple, à mesure que le temps augmente. Lorsque le refroidissement a duré pendant un certain temps que l'on peut déterminer, l'état variable du solide est exprimé sans erreur sensible par le premier terme de la valeur de v; alors toutes les températures décroissent en même temps et demeurent proportionnelles, en sorte que les rapports de ces températures variables sont devenus des nombres constants.

Nous avons reconnu, en effet, dans nos expériences, que cette disposition finale et régulière des températures s'établit, dans les corps de dimensions médiocres, après un temps assez court. Mais, pour une sphère solide d'un rayon comparable à celui de la Terre, les rapports des températures ne deviendraient fixes qu'après un temps immense, et l'on n'a aucun moyen de connaître si ce temps est écoulé. Pour découvrir les lois naturelles du refroidissement du globe, il était donc nécessaire de considérer les phénomènes pendant toute la durée de l'état qui précède cette distribution finale, durée qui doit surpasser plusieurs millions de siècles. C'est dans cette vue que nous avons traité séparément la question relative au solide d'une profondeur infinie,

dont toutes les parties auraient reçu la même température initiale b.
Or la solution de cette dernière question doit donner le même résultat
que celle qui exprime l'état variable d'une sphère d'un rayon infini, et
dont tous les points auraient eu la température initiale b. Il faut donc,
dans l'équation (9), remplacer la fonction $F(\alpha)$ par une constante b
et attribuer une grandeur infinie au rayon total X. Si l'on procède à ce
calcul avec beaucoup d'attention, en supposant d'abord la valeur infinie dans l'équation (10), afin de déterminer toutes les valeurs de p,
on reconnaît que chaque terme de la valeur de v dans l'équation (9)
devient une quantité différentielle, en sorte que v est exprimé par une
intégrale définie ; et l'on trouve exactement pour cette intégrale le
résultat donné par l'équation (3), à laquelle on était parvenu en suivant une analyse entièrement différente.

On ne connaît point la densité des couches intérieures du globe, ni
les valeurs des coefficients K, h. Ces deux derniers coefficients n'ont été
déterminés jusqu'ici que pour une seule substance, le fer forgé dont la
surface serait polie. Les expériences que nous avons faites pour mesurer
ces coefficients ne se rapportaient point à la question actuelle ; elles
avaient pour objet de comparer quelques résultats théoriques avec ceux
des observations, et surtout de déterminer, du moins pour une substance, les éléments qu'exigent les applications numériques. Nous ne
pouvons donc aujourd'hui appliquer les formules précédentes qu'à une
sphère solide de fer, d'un rayon comparable à celui de la Terre ; mais
cette application donne une idée exacte et complète des phénomènes.
Il est facile ensuite de modifier les solutions générales, en supposant
que les coefficients D, C, h, K varient avec l'espèce de la matière, avec
la profondeur, la pression et la température. Il serait nécessaire surtout d'éprouver l'effet de la pression sur la propagation de la chaleur.
On ne pourrait aujourd'hui former sur ces questions que des hypothèses fort douteuses, parce qu'on manque totalement d'observations
exactes et anciennes. Au reste, les changements qui peuvent résulter
de ces diverses conditions affecteraient surtout les températures à de
très grandes profondeurs, et ils laissent subsister les conséquences

générales qui étaient l'objet de notre recherche, et que nous allons exposer en donnant l'extrait du dernier article du Mémoire. Toutefois il
est nécessaire de remarquer que ces conséquences ne sont entièrement
exactes que si on les rapporte à une sphère de fer solide et homogène,
d'un diamètre égal à celui de la Terre. Notre objet est moins de discuter les applications spéciales de la théorie à la masse du globe terrestre, dont la constitution intérieure nous est inconnue, que d'établir
les principes mathématiques de cet ordre de phénomènes.

Conséquences générales.

I. Si la Terre était exposée depuis un grand nombre de siècles à la
seule action des rayons du Soleil, et qu'elle n'eût point reçu une température primitive supérieure à celle de l'espace environnant, ou
qu'elle eût perdu entièrement cette chaleur d'origine, on observerait,
au-dessous de l'enveloppe où s'exercent les variations périodiques, une
température constante qui serait la même pour les divers points d'une
même ligne verticale. Cette température uniforme aurait lieu sensiblement jusqu'aux plus grandes distances accessibles. Dans chacun des
points supérieurs, sujets aux variations et compris dans la même ligne,
la valeur moyenne de toutes les températures observées à chaque instant de la période serait égale à cette température constante des lieux
profonds.

II. Si l'action des rayons solaires n'avait pas été prolongée assez
longtemps pour que l'échauffement fût parvenu à son terme, la température moyenne des points où s'exercent les variations, ou la température actuelle des lieux plus profonds, ne serait pas la même pour tous
les points d'une même verticale; elle décroîtrait à partir de la surface.

III. Les observations paraissent indiquer que les températures sont
croissantes lorsqu'on descend à de plus grandes profondeurs. Cela
posé, la cause de cet accroissement est une chaleur d'origine, propre

au globe terrestre, qui subsistait lorsque cette planète s'est formée, et qui se dissipe continuellement à la superficie.

IV. Si toute cette chaleur initiale était dissipée et si la Terre avait perdu aussi la chaleur qu'elle a reçue du Soleil, la température du globe serait celle de l'espace planétaire où il est placé. Cette température fondamentale, que la Terre reçoit des corps extérieurs les plus éloignés, est augmentée, premièrement, de celle qui est due à la présence du Soleil; secondement, de celle qui résulte de la chaleur primitive intérieure non encore dissipée. Les principes de la Théorie de la chaleur, appliqués à une suite d'observations précises, feront un jour connaître distinctement la température extérieure fondamentale, l'excès de température causé par les rayons solaires, et l'excès qui est dû à la chaleur primitive.

V. Cette dernière quantité, l'excès de température de la surface sur celle de l'espace extérieur, a une relation nécessaire avec l'accroissement des températures observé à différentes profondeurs. Une augmentation d'un degré centésimal par 30^m suppose que la chaleur primitive que la Terre a conservée élève présentement la température de sa surface d'environ un quart de degré au-dessus de celle de l'espace. Ce résultat est celui qui aurait lieu pour le fer, c'est-à-dire si l'enveloppe du globe terrestre était formée de cette substance. Comme on n'a encore mesuré pour aucun autre corps les trois qualités relatives à la chaleur, on ne peut assigner que dans ce seul cas la valeur assez exacte de l'excès de température. Cette valeur est proportionnelle à la conductibilité spécifique de la matière de l'enveloppe; ainsi, elle est pour le globe terrestre beaucoup moindre qu'un quart de degré. La surface du globe, qui avait dès l'origine une température très élevée, s'est refroidie dans le cours des siècles, et ne conserve aujourd'hui qu'un excédent de chaleur presque insensible, en sorte que son état actuel diffère très peu du dernier état auquel elle doit parvenir.

VI. Il n'en est pas de même des températures intérieures; elles sont, au contraire, beaucoup plus grandes que celles de l'espace planétaire ; elles s'abaisseront continuellement, mais ne diminueront qu'avec une extrême lenteur. A des profondeurs de 100^m, 200^m, 300^m, l'accroissement est très sensible : il paraît qu'on peut l'évaluer à 1° pour 30^m ou 40^m environ. On se tromperait beaucoup si l'on supposait que cet accroissement a la même valeur pour les grandes distances ; il diminue certainement à mesure qu'on s'éloigne de la surface. Si l'on possédait une suite d'observations assez précises et assez anciennes pour donner la mesure exacte des accroissements, on pourrait déterminer, par la Théorie analytique que nous avons exposée, la température actuelle des points situés à une certaine profondeur ; on connaîtrait à quelles époques les diverses parties de la surface avaient une température donnée, combien il a dû s'écouler de temps pour former l'état que nous observons ; mais cette étude est réservée à d'autres siècles. La Physique est une science si récente, et les observations sont encore si imparfaites, que la théorie n'y puiserait aujourd'hui que des données confuses. Toutefois, on ne peut douter que l'intérieur du globe n'ait conservé une très haute température, quoique la surface soit presque entièrement refroidie. La chaleur pénètre si lentement les matières solides que, suivant les lois mathématiques connues, les masses placées à deux ou trois myriamètres de profondeur pourraient avoir présentement la température de l'incandescence.

VII. Si l'ensemble des faits dynamiques et géologiques prouve que le globe terrestre avait, à son origine, une température très élevée, comme celle de la fusion du fer, ou seulement celle de 500°, qui est plus de dix fois moindre, il faut en conclure qu'il s'est écoulé une très longue suite de siècles avant que la surface soit parvenue à son état actuel. L'équation

$$t = \frac{b^2}{\pi \Delta^2} \frac{CD}{K}$$

exprime la relation entre le temps t écoulé depuis l'origine du refroidissement et compté en minutes sexagésimales, la température initiale b comptée en degrés centésimaux, et l'accroissement observé, qui peut être $\frac{1}{30}$ ou $\frac{1}{40}$. Le rapport $\frac{CD}{K}$ est environ 1033 pour le fer; il est, de plus, huit fois plus grand pour les matières communes de l'enveloppe terrestre.

VIII. L'accroissement Δ ou la différence que l'on observe à des profondeurs médiocres, comme de 100^m à 500^m, entre la température fixe d'un certain point d'une verticale et la température fixe d'un second point de cette verticale placé à 1^m au-dessous du premier, varie avec le temps suivant une loi fort simple. Cet accroissement a été, à une certaine époque, double de ce qu'il est aujourd'hui. Il aura une valeur deux fois moindre que sa valeur actuelle lorsqu'il se sera écoulé, depuis le commencement du refroidissement, un temps quatre fois plus grand que celui qui s'est écoulé jusqu'à ce jour. En général, l'accroissement Δ varie en raison inverse de la racine carrée des temps écoulés.

IX. La température d'un lieu donné de la surface diminue par l'effet du refroidissement séculaire du globe; mais cette diminution est énormément petite, même dans le cours de plusieurs siècles. La quantité dont la température de la surface s'abaisse pendant une année est égale à l'excès actuel de la température, divisé par le double du nombre d'années écoulées depuis l'origine du refroidissement.

Nous avons démontré, dans le Mémoire, que la variation séculaire ϖ de la température de la surface est exprimée par l'équation

$$\varpi = \frac{K}{h} \frac{\Delta}{2T}.$$

On désigne par Δ le nombre de degrés dont la température augmente lorsque la profondeur augmente de 1^m; T est le nombre de siècles écoulés depuis l'origine du refroidissement; ϖ est la quantité dont la température de la surface s'abaisse pendant le cours d'un siècle. Le rapport $\frac{K}{h}$ est d'environ 7,5 pour le fer; il peut être neuf fois moindre pour le globe terrestre. Δ peut être supposé $\frac{1}{30}$ ou $\frac{1}{40}$. Quant au nombre T, il est évident qu'on ne peut l'assigner; mais on est du moins certain qu'il surpasse la durée des temps historiques, telle qu'on peut la connaître aujourd'hui par les annales authentiques les plus anciennes : ce nombre n'est donc pas moindre que soixante ou quatre-vingts siècles. On en conclut, avec certitude, que l'abaissement de la température pendant un siècle est plus petit que $\frac{1}{57600}$ d'un degré centésimal. Depuis l'École grecque d'Alexandrie jusqu'à nous, la déperdition de la chaleur centrale n'a pas occasionné un abaissement thermométrique d'un 288e de degré. Les températures de la superficie du globe ont diminué autrefois, et elles ont subi des changements très grands et assez rapides; mais cette cause a, pour ainsi dire, cessé d'agir à la surface : la longue durée du phénomène en a rendu le progrès insensible, et le seul fait de cette durée suffit pour prouver la stabilité des températures.

X. D'autres causes accessoires, propres à chaque climat, ont une influence bien plus sensible sur la valeur moyenne des températures à l'extrême surface. L'expression analytique de cette valeur moyenne contient un coefficient numérique qui désigne la facilité avec laquelle la chaleur des corps abandonne la dernière surface et se dissipe dans l'air. Or cet état de la superficie peut subir, par les travaux des hommes, ou par la seule action de la nature, des altérations accidentelles qui s'étendent à de vastes territoires : ces causes influent progressivement sur la température moyenne des climats. On ne peut douter que les résultats n'en soient sensibles, tandis que l'effet de refroidissement du globe est devenu inappréciable. La hauteur du sol, sa configuration, sa nature, l'état superficiel, la présence et l'étendue des eaux, la direction des vents, la situation des mers voisines, concourent, avec les positions géographiques, à déterminer les températures des climats. C'est à des causes semblables, et non à l'inégale durée des saisons, que se rapporteraient les différences observées dans les températures des deux hémisphères.

XI. On peut connaître d'une manière assez approchée la quantité de chaleur primitive qui se perd dans un lieu donné, à la surface de la Terre, pendant un certain temps. En supposant la conducibilité propre neuf fois moindre que celle du fer, ce qui paraît résulter d'une expérience de M. H.-B. de Saussure, on trouve que la quantité de chaleur qui se dissipe pendant un siècle par l'effet du refroidissement progressif du globe, et qui traverse une surface d'un mètre carré, équivaut à celle qui fondrait un prisme de glace dont ce mètre carré serait la base, et dont la hauteur serait environ 3^m. L'abaissement de la température pendant un siècle est insensible, mais la quantité de chaleur perdue est très grande.

XII. La quantité de chaleur solaire qui, pendant une partie de l'année, pénètre au-dessous de la surface de la Terre et cause les variations périodiques est beaucoup plus grande que la quantité annuelle de chaleur primitive qui se dissipe dans l'espace; mais ces deux effets diffèrent essentiellement en ce que l'un est alternatif, tandis que le second s'exerce toujours dans le même sens. La chaleur primitive qui se perd dans l'espace n'est remplacée par aucune autre; celle que le Soleil avait communiquée à la Terre, pendant une saison, se dissipe pendant la saison opposée. Ainsi, la chaleur émanée du Soleil a cessé depuis longtemps de s'accumuler dans l'intérieur du globe, et elle n'a plus d'autre effet que d'y maintenir l'inégalité des climats et les alternatives des saisons.

Nous ne rappelons point ici les conséquences que nous avons démontrées dans les Mémoires précédents en donnant l'analyse des mouvements périodiques de la chaleur à la surface d'une sphère solide; nous remarquerons seulement que l'étendue des variations, les époques successives qui les ramènent, la profondeur où elle cesse d'être sensible, la relation très simple de cette profondeur avec la durée de la période, en un mot, toutes les circonstances du phénomène, telles qu'on les a observées, sont clairement représentées par la solution analytique. Il suffirait de mesurer avec précision quelques résultats principaux, dans un lieu donné, pour en conclure la valeur numérique des coefficients qui mesurent la conducibilité. C'est l'examen de quelques expériences de ce genre qui nous a donné lieu d'évaluer à un trente-sixième de degré l'élévation actuelle de la température de la surface du globe au-dessus de la température fixe des espaces planétaires.

Nous ajoutons, en terminant cet Extrait, que les valeurs numériques qui y sont rapportées ne peuvent être regardées comme exactes, ou même comme très approchées; car elles sont sujettes à toutes les incertitudes des observations. Mais il n'en est pas de même des principes de la théorie; ils sont exactement démontrés et indépendants de toute hypothèse physique sur la nature de la chaleur. Cette cause générale est assujettie à des lois mathématiques immuables, et les équations différentielles sont les expressions de ces lois. Les expériences montrent jusqu'ici que les coefficients qui entrent dans ces équations ont des valeurs sensiblement constantes lorsque les températures sont comprises dans des limites peu différentes. Quelles que puissent être ces variations, les équations différentielles subsistent; il faudrait seulement modifier les intégrales pour avoir égard à ces variations. Les équations fondamentales de la Théorie de la chaleur sont, à proprement parler, pour cet ordre de phénomènes, ce que, dans les questions de Statique et de Dynamique, sont les théorèmes généraux et les équations du mouvement.

SUR L'USAGE

DU

THÉORÈME DE DESCARTES.

DANS LA

RECHERCHE DES LIMITES DES RACINES.

SUR L'USAGE

DU

THÉORÈME DE DESCARTES

DANS LA

RECHERCHE DES LIMITES DES RACINES.

Bulletin des Sciences par la Société philomathique de Paris; p. 156 à 165, octobre 1820, et p. 181 à 187, décembre 1820.

I.

Si, dans le premier membre X d'une équation algébrique $X = o$ dont les coefficients sont des nombres donnés, on substitue successivement deux nombres a et b, et si les deux résultats A et B de ces substitutions ont des signes différents, l'équation $X = o$ a au moins une racine réelle comprise entre les limites a et b. Le nombre des racines réelles comprises entre ces mêmes limites pourrait être 1, ou 3, ou 5, ou un nombre impair quelconque. Si, au contraire, les deux résultats A et B ont le même signe, l'équation peut avoir un nombre pair de racines réelles entre les limites a et b; et il peut arriver aussi qu'il n'y ait aucune racine entre ces mêmes nombres. Il suit de ces propositions, qui sont démontrées dans tous les Traités élémentaires d'Algèbre, que la substitution des deux nombres proposés a et b dans la fonction X ne suffit point pour faire reconnaître combien l'équation a de racines comprises entre ces deux nombres.

Pour résoudre cette dernière question, il est nécessaire de substituer ces deux limites a et b dans la fonction et dans les fonctions X', X'', X''', ... que l'on en déduit par des différentiations successives.

L'objet de cette Note est d'exposer la méthode que l'on doit suivre pour déterminer les limites des racines en substituant ainsi divers nombres dans les fonctions différentielles, et d'ajouter à cette méthode une règle spéciale pour distinguer facilement les racines imaginaires. Supposons donc que l'on considère les fonctions suivantes :

$$X, \quad \frac{dX}{dx}, \quad \frac{d^2X}{dx^2}, \quad \ldots,$$

et qu'on les écrive toutes dans l'ordre inverse,

$$\ldots, \quad X^{IV}, \quad X''', \quad X'', \quad X', \quad X,$$

la dernière étant le premier membre de la proposée. Le nombre des fonctions écrites est $m + 1$, si le degré de l'équation est m, et la première fonction est un nombre constant positif.

Si l'on substitue un nombre a dans la suite des fonctions et si l'on écrit le signe $+$ ou le signe $-$ de chaque résultat, on formera une suite de signes que nous désignerons par (α); substituant aussi un nombre b, plus grand que a, dans la même suite des fonctions, et remarquant les signes des résultats, on formera une seconde suite de signes que nous désignerons par (β). Cela posé, on examinera combien, dans la première suite de signes (α), il y a de changements de signe en passant d'un terme à un autre, c'est-à-dire combien de fois, dans cette suite, il arrive que deux signes voisins sont $+$ ou $--$. On examinera aussi combien il y a de ces changements de signe dans la seconde suite (β). On comparera, sous ce rapport, les deux suites de signes (α) et (β), et l'on déduira de cette comparaison les conséquences suivantes, que nous allons d'abord énoncer, et dont nous donnerons ensuite la démonstration :

1° Si les deux suites de signes (α) et (β) ont un égal nombre de changements de signe, il est impossible que l'équation $X = o$ ait aucune racine entre les limites a et b; en sorte qu'il serait entièrement inutile de chercher des racines dans cet intervalle.

2° La seconde suite ne peut, dans aucun cas, avoir plus de changements de signe qu'il n'y en a dans la première.

3° Si, dans la seconde suite, il se trouve un seul changement de signe de moins que dans la première, la proposée a une racine réelle comprise entre a et b, et il ne peut pas y avoir plus d'une racine dans cet intervalle. Dans ce cas, la racine comprise entre a et b est entièrement séparée de toutes les autres. Alors il est facile de procéder à la recherche de cette racine, soit par la méthode exégétique de Viète, ou par la règle des fractions continues de Fontaine ou de Lagrange, ou en faisant usage, comme Daniel Bernoulli et Euler, des séries récurrentes, ou enfin, et par la voie la plus courte, en suivant la méthode d'approximation de Newton, à laquelle il est nécessaire d'ajouter les remarques que nous avons publiées dans ce Recueil. En général, l'emploi de toute méthode d'approximation suppose que la racine cherchée est séparée de toutes les autres, c'est-à-dire que l'on connaît deux limites a et b entre lesquelles la proposée ne peut avoir que cette seule racine.

4° Si, dans la première suite, on compte un plus grand nombre de changements de signe que dans la seconde, et si l'excès du premier nombre sur le second est 2, l'équation $X = 0$ peut avoir deux racines entre les limites a et b; il peut arriver aussi que ces deux racines soient imaginaires. Le sens exact de cette dernière proposition est que, si l'on peut s'assurer d'une manière quelconque qu'il n'y a aucun nombre, compris entre a et b, qui rende nulle la fonction X, il est certain que cette équation a au moins deux racines imaginaires.

La différence des deux nombres de changements de signe dans les suites (α) et (β) étant supposée 2, il est nécessaire qu'il y ait deux racines réelles dans l'intervalle de a à b ou qu'il n'y en ait aucune; il est impossible qu'il y en ait une seule. On doit donc, dans ce cas, chercher deux racines entre les limites proposées; et, si ces racines manquent dans cet intervalle, elles manquent aussi dans l'équation.

5° Si, dans la première suite (α), on compte trois changements de signe de plus que dans la seconde suite (β), il y a nécessairement une racine réelle dans l'intervalle de a à b; il ne peut pas y en avoir deux, mais il peut y en avoir trois; et, s'il n'y en a pas trois, les deux qui manquent dans l'intervalle manquent aussi dans l'équation.

En général, la proposée ne peut pas avoir dans l'intervalle des limites a et b plus de racines qu'il y a d'unités dans l'excès du nombre des changements de signe de la suite (α) sur le nombre des changements de signe de la suite (β); nous désignons par j cet excès, ou différence entre les deux nombres de changements de signe des deux suites. Si, dans l'intervalle de a à b, l'équation n'a pas un nombre de racines réelles égal à j, celles qui manquent sont en nombre pair $2i$; elles correspondent à un pareil nombre $2i$ de racines imaginaires qui manquent dans l'équation proposée : ainsi le nombre des racines imaginaires de l'équation est toujours égal au nombre des racines qui manquent dans tous les intervalles.

Il était nécessaire d'expliquer en ces termes la proposition générale que nous voulons démontrer pour faire connaître directement son usage dans la recherche des limites des racines. On voit que cette règle indique avec précision les intervalles dans lesquels on doit chercher les racines et le nombre des racines qu'il peut y avoir. En effet, si le nombre j est zéro, c'est-à-dire si dans la suite (α) on ne compte pas plus de changements de signe que dans la suite (β), l'intervalle des nombres a et b est un de ceux dans lesquels on ne doit chercher aucune racine. Une méthode d'approximation qui conduirait à diviser de pareils intervalles en moindres parties, dans la vue d'y découvrir quelques racines, serait par cela même extrêmement imparfaite. C'est ce qui arrive lorsqu'on procède à la séparation des racines en substituant dans la proposée une quantité moindre que la plus petite différence de ces racines.

La proposition générale que l'on vient d'énoncer n'est autre chose que l'extension du théorème qui exprime la relation connue entre le nombre des racines positives d'une équation et le nombre des changements de signe que présente la suite des coefficients; et cette application de la règle de Descartes se présente d'elle-même dans la recherche des limites des racines. En effet, si l'on diminue d'une certaine quantité positive a toutes les racines d'une équation en substituant $x' + a$ au lieu de x, et si l'on remarque que l'équation en x' n'a plus, dans la suite de ses coefficients, autant de changements de signe qu'il y en avait dans l'équation en x, cette différence indique combien on doit chercher de racines dans l'intervalle de o à a; or le calcul de la transformée en x' est le même que celui de la substitution de a dans les fonctions différentielles (¹). Ce procédé est beaucoup plus simple que la méthode des *cascades*, d'ailleurs incomplète et confuse.

La proposition générale que nous avons rapportée peut être déduite du théorème de Descartes; elle peut aussi être démontrée directement comme il suit, et alors ce théorème en devient une conséquence nécessaire. Cette démonstration est celle qui a été donnée autrefois dans les cours d'Analyse de l'École Polytechnique : elle n'avait point encore été imprimée.

Démonstration.

1° Si, dans la suite (e) des fonctions

$$\ldots, \quad X^{IV}, \quad X''', \quad X'', \quad X', \quad X,$$

on substitue une quantité négative $-a$, et si le nombre est infiniment grand, tous les résultats de la substitution seront alternativement positifs et négatifs; en sorte que dans la suite il ne se trouvera que des changements de signe. En effet, l'équation $X = o$ étant du degré m, la première fonction de la suite est $1.2.3\ldots m$; la seconde a pour premier terme $2.3.4\ldots m x$; la troisième a pour premier terme $3.4\ldots m x^2$; la quatrième $4\ldots m x^3$; ainsi de suite. Donc, le nombre substitué étant $-\infty$, les signes des résultats sont

$$+, \quad -, \quad +, \quad -, \quad +, \quad \ldots;$$

il ne peut y avoir que des changements de signe dans la suite (α). Le nombre de ces changements est m.

(¹) *Algèbre latine* de Hales. Dublin, 1784. — *Recherches* de M. Budan, de l'Université de France. — *Résolution des équations numériques* de Lagrange.

2° Si le nombre substitué a est ∞, tous les résultats ont le signe +, et il ne reste aucun changement de signe dans la suite (α).

3° Si le nombre substitué a, qui est d'abord égal à —∞, augmente par degrés infiniment petits, depuis —∞ jusqu'à + ∞, il deviendra successivement égal à chacune des racines réelles que peut avoir l'équation X=o, et nous allons prouver que, lorsque a deviendra égal à une de ces racines, la suite (α) perdra un changement de signe.

En effet, le nombre a augmentant par degrés insensibles, la suite(α), qui avait d'abord tous ses signes alternatifs, s'altère progressivement ; elle ne peut commencer à subir quelque changement que si le nombre substitué fait évanouir une des fonctions ..., X^{IV}, X''', X'', X', X; car aucune de ces quantités ne peut changer de signe si elle ne devient d'abord nulle. Il se présente ici deux cas différents : le premier a lieu lorsque la substitution du nombre a fait évanouir la dernière fonction X, c'est-à-dire lorsque le nombre substitué est une des racines réelles de l'équation; le second cas a lieu lorsque la substitution de a rend nulle une des fonctions intermédiaires, telles que X^{IV}, X''', X'', X'. On pourrait aussi supposer que le même nombre a fait évanouir à la fois plusieurs de ces fonctions, mais nous ferons d'abord abstraction de ce cas singulier, parce qu'il suppose entre les fonctions une certaine relation qui n'a point lieu en général.

Dans le premier cas, c'est-à-dire lorsque la valeur de X est la seule qui devienne nulle, le signe du dernier résultat, dans la suite (α), est remplacé par o. Si le résultat de la substitution de a, dans la fonction précédente X', est +, la suite (a) est ainsi terminée ..., +, o. Concevons maintenant que l'on substitue, au lieu de a, deux nombres infiniment peu différents, l'un moindre que a et l'autre plus grand que a ; il est facile de voir que la suite (α) aura pris trois états successifs indiqués par la Table suivante

(1)
$$\begin{cases} < a & \ldots & + & - \\ a & \ldots & + & o \\ > a & \ldots & + & + \end{cases}$$

c'est-à-dire que, les deux derniers termes de la suite (α) donnée par la substitution de a étant par hypothèse $+ o$, les deux derniers termes de la suite qui répond à $< a$ sont nécessairement $+$, $-$, et que les deux derniers termes de la suite qui répond à $> a$ sont $+$, $+$. Cette conséquence se prouve comme il suit :

Désignant la fonction X par $\varphi(x)$ et X' ou $\frac{dX}{dx}$ par $\varphi'(x)$, et ω étant une quantité infiniment petite, on a

$$\varphi(a - \omega) = \varphi(a) - \omega\,\varphi'(a) \qquad \text{et} \qquad \varphi(a + \omega) = \varphi(a) + \omega\,\varphi'(a).$$

Or, par hypothèse, $\varphi(a)$ est nulle et $\varphi'(a)$ est positive. Donc la substitution du nombre $< a$ donne un résultat négatif, savoir $- \omega\,\varphi'(a)$. Quant au nombre $> a$, il donne, par la substitution, un résultat affecté du signe $+$, savoir $+ \omega\,\varphi'(a)$.

Donc la suite de signes (α), en prenant les états successifs qui répondent à $< a$, a, $> a$, a perdu un changement de signe, la succession $+ -$ étant devenue $+ o$ et $+ +$.

Il en sera de même si le résultat de la substitution de a dans X' donne le signe $-$. En effet, la valeur $\varphi'(a)$ est alors négative ; donc $\varphi(a - \omega)$, ou $- \omega\,\varphi'(a)$, est une quantité positive, et $\varphi(a + \omega)$, ou $\omega\,\varphi'(a)$, est une quantité négative ; donc la Table précédente (1) est remplacée par la Table

$$(2) \qquad \begin{cases} < a & \dots & - & + \\ \phantom{<}a & \dots & - & o \\ > a & \dots & - & - \end{cases}$$

On voit par là que la suite des signes (α) a perdu un changement de signe lorsque le nombre substitué a passé par la valeur a qui fait évanouir la dernière fonction.

Il est donc démontré que la suite des signes (α) perd un changement de signe toutes les fois que le nombre substitué devient égal à l'une des racines réelles de la proposée.

4° Si le nombre substitué fait évanouir une des fonctions intermédiaires $\dots$, X^V, X^{IV}, X''', X'', X', et non la dernière X, la suite (α) conserve autant de changements de signe qu'elle en avait auparavant, ou

II. 38

elle perd deux changements de signe à la fois. Il ne peut arriver que l'un de ces deux cas. Voici la preuve de cette proposition.

Considérons trois fonctions consécutives, savoir celle qui devient nulle, celle qui précède et celle qui suit. Supposons que les deux premières donnent les résultats suivants, qui sont ceux de la Table (1) :

$$
\begin{array}{cccc}
< a & \ldots & + & - \\
a & \ldots & + & o \\
> a & \ldots & + & +
\end{array}
$$

Si la troisième fonction donne un résultat positif, on formera la Table suivante :

$$
(3) \quad \left\{
\begin{array}{ccccc}
< a & \ldots & + & - & + \\
a & \ldots & + & o & + \\
> a & \ldots & + & + & +
\end{array}
\right.
$$

On en conclura que, le nombre substitué étant devenu égal à a et plus grand que a, la suite des signes a perdu deux changements de signe, savoir $+ -$ et $- +$, qui sont remplacés par $+ +$ et $+ +$.

Si, au contraire, la troisième fonction donne un résultat négatif, on aura la Table suivante :

$$
(4) \quad \left\{
\begin{array}{ccccc}
< a & \ldots & + & - & - \\
a & \ldots & + & o & - \\
> a & \ldots & + & + & -
\end{array}
\right.
$$

Dans ce cas, le nombre substitué passant par la valeur a, la suite (α) des signes ne perd aucun changement de signe.

On a supposé que les deux premières fonctions donnaient les résultats indiqués dans la Table (1). Si, au contraire, la première fonction a le signe $-$, les résultats donnés par les deux premières fonctions seront ceux de la Table (2), savoir :

$$
\begin{array}{cccc}
< a & \ldots & - & + \\
a & \ldots & - & o \\
> a & \ldots & - & -
\end{array}
$$

Dans ce cas, la troisième fonction donnera le signe $+$ ou le signe $-$. Si sa valeur est positive, on aura la Table suivante :

$$
(5) \quad \left\{
\begin{array}{ccccc}
< a & \ldots & - & + & + \\
a & \ldots & - & o & + \\
> a & \ldots & - & - & +
\end{array}
\right.
$$

en sorte que la suite (α) des signes n'aura perdu aucun changement de signe.

Mais si la troisième fonction donne le signe —, on aura la Table suivante :

$$(6) \quad \left\{ \begin{array}{llll} < a & \ldots & - & + & - \\ a & \ldots & - & o & - \\ > a & \ldots & - & - & - \end{array} \right.$$

ce qui prouve que la suite (α) des signes aura perdu deux changements de signe.

Ainsi, le nombre a que l'on substitue dans la suite des fonctions prenant successivement toutes les valeurs possibles depuis $-\infty$ jusqu'à $+\infty$, la suite (α) des signes des résultats ne demeure pas la même; elle s'altère de la manière suivante. Il ne peut y survenir de changement que lorsque le nombre a fait évanouir une des fonctions. Si ce nombre devient égal à une racine réelle de la proposée, la suite (α) perd un changement de signe. Si la fonction qui s'évanouit n'est point la dernière X, mais une des fonctions intermédiaires, la suite (α) conserve tous les changements de signe qu'elle avait auparavant, ou elle en perd deux à la fois. Par conséquent, cette suite ne peut point acquérir de nouveaux changements de signe à mesure que le nombre augmente, elle ne peut qu'en perdre; et c'est ainsi qu'elle passe progressivement de son premier état, où l'on compte m changements de signe, à son dernier état, où elle n'a plus aucun changement de signe. On déduit de ces remarques les conséquences suivantes :

Si la proposée X $= o$ a toutes ses racines réelles en nombre m, il arrive nécessairement un nombre m de fois qu'elle perd un seul changement de signe; et comme le nombre total des changements de signe qu'elle peut perdre est m, il s'ensuit que les valeurs de a qui font évanouir une des fonctions intermédiaires ne donnent lieu à aucune diminution du nombre des changements de signe. Ce nombre se conserve lorsque la valeur de a rend nulle une des fonctions intermédiaires, et il diminue d'une unité lorsque cette valeur de a rend nulle la dernière fonction.

Si la proposée a $m - 2$ racines réelles et deux racines imaginaires, il arrive un nombre de fois égal à $m - 2$ que la suite (α) perd un seul changement de signe; et, par conséquent, il arrive seulement une fois que, la valeur de a faisant évanouir une fonction intermédiaire, deux changements de signe disparaissent ensemble.

En général, si la proposée a un nombre $m - 2i$ de racines réelles, et un nombre $2i$ de racines imaginaires, il est évident que $m - 2i$ changements de signe disparaissent un à un dans la suite (α), et, par conséquent, il arrive un nombre de fois égal à i que, la valeur de a faisant évanouir une fonction intermédiaire, deux changements de signe disparaissent ensemble.

Nous avons supposé jusqu'ici que le nombre substitué ne fait pas évanouir en même temps deux ou plusieurs fonctions différentielles, mais seulement une de ces fonctions. On pourrait se dispenser de considérer les cas où une même valeur de a, substituée au lieu de x, rend nulles plusieurs fonctions à la fois : car ces valeurs singulières du nombre substitué n'auraient plus la même propriété si les coefficients de la proposée subissaient un changement infiniment petit. Mais, comme il s'agit ici des principes élémentaires de l'Analyse algébrique, il convient de démontrer explicitement que le cas où plusieurs fonctions s'évanouissent ensemble est en effet compris dans celui où l'on suppose qu'une seule des fonctions devient nulle; il est facile de prouver cette dernière proposition, comme on le verra dans la seconde Partie de cette Note, qui sera insérée dans le *Bulletin* suivant. Nous terminons celle-ci par l'exposé des conséquences générales de la démonstration précédente.

On en conclut immédiatement le théorème que nous allons énoncer, et que nous regardons comme un des éléments principaux de l'analyse des équations :

Une équation du degré m, $X = 0$, *étant proposée, si l'on forme la suite*

$$X^{(m)}, \quad X^{(m-1)}, \quad X^{(m-2)}, \quad \ldots, \quad X''', \quad X'', \quad X', \quad X,$$

qui comprend toutes les fonctions différentielles dérivées de X, *et si l'on substitue au lieu de x un nombre continuellement croissant a, qui reçoit toutes ses valeurs successives depuis — ∞ jusqu'à + ∞, on observe la relation suivante entre les racines réelles ou imaginaires de la proposée et les changements de signe que présente la suite des résultats numériques des substitutions :*

Le nombre des changements de signe, qui était m, diminue de plus en plus, jusqu'à ce qu'il devienne nul; il ne peut jamais augmenter; autant il arrive de fois que la suite perd un seul changement de signe, autant l'équation a de racines réelles; et autant il arrive de fois que la suite perd deux changements de signe en même temps, autant l'équation a de racines imaginaires.

Ce théorème comprend, comme on le verra dans la seconde Partie de cette Note, les cas particuliers où plusieurs fonctions s'évanouissent en même temps.

Les propositions énoncées ci-dessus dans les paragraphes 1°, 2°, 3°, 4°, page 292, sont des corollaires évidents de ce théorème. Il en est de même de la proposition générale qui termine le paragraphe 5°. Si les valeurs substituées a et b sont respectivement —∞ et o ou o et + ∞, les signes des valeurs numériques des fonctions différentielles sont les signes mêmes des coefficients de la proposée, et l'on obtient ainsi la règle connue pour la distinction des racines positives ou négatives. On voit que cette règle, qui a été donnée pour la première fois par Descartes, dans sa *Géométrie*, et la proposition plus générale à laquelle elle appartient, dérivent clairement des propriétés de la suite des signes que l'on forme en substituant dans les fonctions différentielles une grandeur continuellement croissante depuis l'infini négatif jusqu'à l'infini positif. L'application de cette règle à la recherche des limites des racines est aussi une conséquence manifeste du théorème précédent, qui exprime ces propriétés.

II.

On a démontré dans la première Partie de cette Note qu'en substituant dans la suite des fonctions différentielles $X^{(m)}$, $X^{(m-1)}$, ..., X', X un nombre a continuellement croissant depuis $-\infty$ jusqu'à $+\infty$, on fait disparaître successivement les m changements de signe de la suite que nous avons désignée par (α). Autant de fois cette suite perd un seul changement de signe, autant l'équation $X = o$ a de racines réelles ; et autant de fois cette suite perd deux changements de signe ensemble, autant l'équation a de couples de racines imaginaires. Il faut maintenant examiner avec attention le cas où la substitution du nombre a fait évanouir à la fois plusieurs fonctions.

Nous supposons donc que la valeur de a, substituée dans les fonctions différentielles, rend nulles plusieurs fonctions intermédiaires consécutives, en nombre i, en sorte que la suite des signes (α) contient un nombre i de zéros intermédiaires, et qu'elle est ainsi représentée :

$$\ldots +, \quad o, \quad o, \quad \ldots, \quad o, \quad o, \quad +\ldots$$

Il s'agit d'abord de former les deux suites qui répondent, l'une à $< a$, et l'autre à $> a$. On suppose ici que les deux signes extrêmes et différents de zéro sont $+$ et $+$; on pourrait ainsi supposer $-$ et $+$, ou $+$ et $-$, ou $-$ et $-$; mais, quels que soient les signes extrêmes, on pourra toujours déterminer, comme il suit, les signes intermédiaires des deux suites qui répondent à $< a$ et $> a$.

En effet, soit $f(x)$ l'une quelconque des fonctions différentielles qui répondent à l'un des zéros intermédiaires, par exemple au cinquième ; on aura l'équation générale

$$(E) \quad \begin{cases} f(a-\omega) = f(a) - \omega f'(a) + \dfrac{\omega^2}{2} f''(a) - \dfrac{\omega^3}{2.3} f'''(a) \\ \qquad + \dfrac{\omega^4}{2.3.4} f^{IV}(a) - \dfrac{\omega^5}{2.3.4.5} f^{V}(a) + \ldots ; \end{cases}$$

et, comme les cinq premiers termes deviendraient nuls par hypothèse, la valeur de $f(a-\omega)$ sera $-\dfrac{\omega^5}{2.3.4.5}f^{\mathrm{V}}(a)$. Or $f^{\mathrm{V}}(a)$ répond au premier des signes extrêmes, qui est $+$; donc le signe que l'on doit écrire au-dessus du cinquième zéro, et qui fait partie de la suite correspondante à $<a$, est contraire au signe de $f^{\mathrm{V}}(a)$; ainsi l'on doit écrire le signe $-$ au-dessous du cinquième zéro intermédiaire.

Mais si l'on considère le quatrième zéro intermédiaire, l'équation (E) fait connaître que la valeur de $f(a-\omega)$ est $\dfrac{\omega^4}{2.3.4}f^{\mathrm{IV}}(a)$. Dans ce cas, $f^{\mathrm{IV}}(a)$ répond au premier signe extrême, qui est $+$. Donc le signe que l'on doit écrire au-dessus du quatrième zéro intermédiaire, et qui entre dans la suite correspondante à $<a$, est le même que le premier des signes extrêmes, qui est ici $+$.

En général, on prouve, de la même manière, que, pour former la suite de signes correspondants à $<a$, il faut écrire au-dessus de chaque zéro intermédiaire un signe différent du premier signe extrême si ce zéro intermédiaire est de rang impair; et que, si ce zéro intermédiaire est de rang pair, il faut écrire au-dessus un signe semblable à celui du premier signe extrême; et il est évident que cette règle doit être suivie soit que le premier signe extrême soit $+$ ou $-$.

Quant à la suite de signes qui répond à $>a$, elle se déduira de l'équation générale

$$(\mathrm{F})\quad \left\{ \begin{aligned} &f(a+\omega)=f(a)+\omega f'(a)+\frac{\omega^2}{2}f''(a)\\ &\qquad +\frac{\omega^2}{2.3}f'''(a)+\frac{\omega^4}{2.3.4}f^{\mathrm{IV}}(a)+\frac{\omega^5}{2.3.4.5}f^{\mathrm{V}}(a); \end{aligned}\right.$$

et l'on en conclut que, pour former cette suite de signes, qui répond à $>a$, il faut écrire au-dessous de chaque zéro le même signe que le premier signe extrême.

Il est donc très facile maintenant d'écrire les deux suites de signes qui répondent à $<a$ et à $>a$. Il faut, pour la première, écrire au-dessus du premier zéro intermédiaire un signe contraire au premier signe extrême, au-dessus du second zéro un signe semblable au premier signe extrême, au-dessus du troisième zéro un signe contraire, au-dessus du quatrième zéro un signe semblable, ainsi du reste, en changeant alternativement de signe, ce qui donne à la première suite le plus grand nombre possible de changements de signe. Mais, pour former la seconde suite de signes qui répond à $> a$, il faut répéter au-dessous de chaque zéro intermédiaire le premier signe extrême, qui est connu, ce qui donne à la seconde suite le moindre nombre possible de changements de signe.

Il suit nécessairement de cette manière de former les deux suites : 1° que, si le nombre de zéros intermédiaires est pair, la première suite qui répond à $< a$ présente un nombre h de changements de signe plus grand que le nombre k de changements de signe comptés dans la seconde, et que la différence $h - k$ est un nombre pair ; 2° que, si le nombre de zéros intermédiaires est impair, le nombre h de changements de signe de la première suite peut, dans un seul cas, être égal au nombre k de changements de signe de la seconde, mais que, dans tous les autres, h est plus grand que k, et que la différence $h - k$ est encore un nombre pair.

Ainsi, cette différence $h - k$ ne peut être ni négative, ni un nombre impair ; il est nécessaire qu'elle soit un des nombres o, 2, 4, 6, ...

Mais si les fonctions différentielles consécutives qui s'évanouissent par la substitution de a comprennent la dernière $\varphi(x)$, on conclut facilement des remarques précédentes que le nombre h des changements de signe de la première suite surpasse le nombre k de changements de signe de la seconde, et que la différence $h - k$, qui alors peut être un nombre pair ou impair, est toujours égale au nombre des fonctions extrêmes qui s'évanouissent. Or l'équation proposée a, dans ce cas, selon le théorème de Huddes, autant de racines égales au nombre a qu'il se trouve de ces fonctions extrêmes qui s'évanouissent ; donc la suite (α) des signes perd dans ce cas autant de changements de signe que l'équation a de racines réelles égales au nombre a.

Enfin, on pourrait supposer que le nombre substitué fait évanouir plusieurs fonctions différentielles, ou intermédiaires, ou extrêmes, et qu'il rend nulles en même temps d'autres fonctions dans différentes parties de la même suite, séparées les unes des autres par des fonctions non évanouissantes : dans ce cas, on connaîtrait le nombre total de changements de signe que la suite (α) a perdus en ajoutant les divers résultats donnés par les règles précédentes.

Ayant donc énuméré toutes les conséquences possibles de la substitution d'un nombre croissant a, nous sommes parvenu à la démonstration du théorème général dont voici l'énoncé :

Si l'on forme la suite des fonctions

$$\mathrm{X}^{(m)}, \quad \mathrm{X}^{(m-1)}, \quad \ldots, \quad \mathrm{X}'', \quad \mathrm{X}', \quad \mathrm{X}$$

par la différentiation du premier membre de l'équation $\mathrm{X} = 0$, *et si, ayant substitué dans ces fonctions un même nombre* a, *on remarque combien il y a de fois* $+-$ *ou* $-+$ *dans la suite des résultats des substitutions, le nombre des changements de signe de la suite sera d'autant plus grand que la valeur substituée* a *sera moindre.*

Si l'on donne au nombre a *une valeur continuellement croissante depuis une valeur négative très grande* A *jusqu'à une valeur positive très grande* B, *on fera disparaître successivement tous les changements de signe de la suite des résultats. La suite perd un changement de signe toutes les fois que le nombre substitué devient égal à l'une des racines réelles, en sorte que l'équation a autant de racines réelles, égales ou inégales, que la suite perd de changements de signe par la substitution des valeurs de* a *qui rendent nulle la dernière fonction.*

La même équation a autant de racines imaginaires que la suite perd de changements de signe par la substitution des valeurs de a *qui rendent nulles une ou plusieurs des fonctions intermédiaires, et qui ne rendent point nulle* X.

C'est à ce théorème que se rapportent la règle de Descartes et les applications qu'on en a faites pour la recherche des limites des racines. Il résulte évidemment de la démonstration précédente qu'il ne peut y avoir, dans l'intervalle de deux limites quelconques a et b, plus de racines que la suite perd de changements de signe lorsque le nombre substitué passe de la valeur a à la valeur b; on connait ainsi combien on doit chercher de racines dans cet intervalle. Celles qui sont ainsi indiquées dans l'intervalle de a à b, et qui ne s'y trouvent point, ne peuvent être qu'en nombre pair; elles correspondent à autant de racines imaginaires. Ainsi, il y a de certains intervalles où les racines imaginaires manquent deux à deux, comme il y a des intervalles où les racines réelles subsistent.

Il nous reste à donner une règle générale pour distinguer facilement les intervalles où manquent les racines imaginaires de ceux où les racines réelles subsistent.

Nous nous bornerons présentement à l'énoncé de cette dernière règle, qui résout une des difficultés principales de l'analyse des équations.

Si l'équation $X = o$ avait toutes ses racines réelles inégales et que l'on connût cette propriété, le théorème précédent, ou même la seule application de la règle de Descartes, suffirait pour séparer toutes les racines, c'est-à-dire pour assigner à chacune deux limites entre lesquelles elle serait seule comprise. En effet, on donnerait au nombre substitué a différentes valeurs, telles que $-$ 1oo, $-$ 1o, $-$ 1, o, $+$ 1, $+$ 1o, $+$ 1oo, et l'on connaîtrait les intervalles dans lesquels on doit chercher les racines, et le nombre des racines qui peuvent s'y trouver; on subdiviserait ensuite ces intervalles, et, pour le faire avec ordre, on pourrait suivre le procédé que nous allons décrire.

Désignant par a et b les deux limites d'un intervalle où l'on cherche plusieurs racines, on comparera la suite (α) des résultats de la substitution de a à la suite (β) des résultats de la substitution de b; écrivant sur une ligne horizontale la première suite, et procédant de la gauche à la droite, on marquera, au-dessus de chaque terme, combien la suite contient de changements de signe jusqu'à ce terme, et y compris ce terme. Le nombre ainsi marqué, que nous désignerons, en général, par h, augmentera, ou du moins ne pourra pas diminuer, depuis le premier terme de la suite jusqu'à dernier X, pour lequel il aura sa va-

leur complète H. Ayant écrit au-dessous de la suite (α) la suite (β) du
résultat de la substitution de b, on comptera pareillement dans cette
seconde suite le nombre k des changements de signe, à partir du premier terme à gauche jusqu'à un terme quelconque, et y compris ce
terme. Ainsi, ce nombre augmente, ou du moins ne peut pas diminuer,
lorsqu'on passe d'un terme à un autre vers la droite; les premières valeurs de h et k sont o et o, et les dernières, qui correspondent au
terme X, sont H et K.

On prendra aussi la différence des deux nombres correspondants h
et k, et l'on écrira chaque valeur de cette différence δ entre les deux
termes qui répondent à h et k; la première valeur de δ sera o, et la
dernière H — K, ou Δ; les valeurs successives de ces nombres h, k, δ
et leurs valeurs complètes H, K, Δ se déterminent facilement à la seule
inspection des suites (α) et (β).

Considérant la suite des nombres δ, à partir du dernier à droite, qui
répond à X, et passant de la droite à la gauche, on s'arrêtera au premier de ces nombres que l'on trouvera être égal à l'unité. Désignant
par $\varphi^{(n)}(x)$ la fonction qui répond à ce terme 1 de la suite (δ), on substituera au lieu de x, dans cette fonction et dans toutes celles qui la
suivent à droite, un nombre a' compris entre a et b, limites de l'intervalle. Ce nombre intermédiaire a' doit être du même ordre décimal que
a et b, si cela est possible, ou il doit être de l'ordre immédiatement
inférieur. Ayant fait ces substitutions de a' dans $\varphi^{(n)}(x)$ et dans toutes
les fonctions placées à la droite de celle-ci, on aura divisé l'intervalle
des deux limites en deux autres intervalles moindres et, si toutes les
racines de la proposée étaient réelles, on trouverait, par ces subdivi-
sions, deux limites distinctes pour chacune des racines.

Si l'équation X = o peut avoir des racines imaginaires, la subdivision des intervalles ne suffit pas pour déterminer la nature des racines,
mais on y parviendra au moyen de la règle suivante :

Ayant désigné la fonction $\varphi^{(n)}(x)$ correspondante au terme 1, marqué,
comme on l'a dit plus haut, dans la suite (δ), on examinera si, dans cette

suite, ce terme 1 est précédé à gauche du terme 0. Si cela n'a point lieu, on procédera à la subdivision de l'intervalle comme on le ferait si toutes les racines étaient réelles; mais si ce terme, qui est nécessairement suivi de 2, est précédé de 0, on écrira l'expression $- \frac{\varphi^{(n-1)}(x)}{\varphi^{(n)}(x)}$; *et, y faisant* $x = a$, *on trouvera la valeur* $- \frac{\varphi^{(n-1)}(a)}{\varphi^{(n)}(a)}$, *ce qui se réduit à prendre le quotient de deux quantités déjà connues. Si ce quotient n'est pas moindre que la différence* $b - a$ *des deux limites, on sera assuré qu'il manque deux racines dans l'intervalle de a à b; dans ce cas, on retranchera 2 de chacun des termes de la suite* (δ) *à partir de celui qui répond à* $\varphi^{(n-1)}(x)$ *jusqu'au dernier terme à droite, qui répond à* X, *et l'on conservera les valeurs précédemment trouvées, pour les termes de cette suite* (δ) *qui sont à la gauche de* $\varphi^{(n-1)}(x)$; *cela étant, on aura une nouvelle suite* (δ) *pour ce même intervalle compris entre a et b. On continuera donc l'application littérale de la présente règle, et, en opérant ainsi, on parviendra promptement, et sans aucune incertitude, à la séparation de toutes les racines* (¹).

Nous n'examinons point ici les cas singuliers où les fonctions différentielles ont des facteurs communs, parce qu'ils se résolvent facilement au moyen des théorèmes connus sur les racines égales.

Au lieu de substituer l'une des limites a dans l'expression $- \frac{\varphi^{(n-1)}(x)}{\varphi^{(n)}(x)}$, on peut aussi substituer la plus grande limite b, et comparer le quotient $+ \frac{\varphi^{(n-1)}(b)}{\varphi^{(n)}(b)}$ à la différence $b - a$. Si ce quotient n'est pas moindre que $b - a$, on est assuré qu'il manque deux racines dans l'intervalle; enfin, on tirerait encore la même conclusion si la somme des deux quotients $- \frac{\varphi^{(n-1)}(a)}{\varphi^{(n)}(a)}$ et $+ \frac{\varphi^{(n-1)}(b)}{\varphi^{(n)}(b)}$ n'était pas moindre que $b - a$.

Ainsi, *toutes les fois que la différence* $b - a$ *des deux limites n'est pas plus grande que la somme des deux quotients, on est assuré que deux racines manquent dans l'intervalle, et qu'elles correspondent à deux racines imaginaires dans l'équation* X = 0. *Au moyen de ce caractère et de la*

(¹) Cette règle est entièrement démontrée dans le *Premier Livre* de l'*Analyse des équations déterminées*, publiée en 1830, après la mort de Fourier.   G. D.

subdivision des intervalles, on arrive nécessairement à distinguer toutes les racines. C'est pour effectuer cette distinction que MM. Lagrange et Waring ont proposé autrefois d'employer l'équation dont les racines sont les différences des racines de l'équation donnée; et cette solution considérée en elle-même est exacte; mais, dans le plus grand nombre de cas, elle ne peut être d'aucun usage. Les difficultés propres à cette dernière méthode sont trop connues pour qu'il soit nécessaire de les rappeler; celle que nous venons d'exposer conduit immédiatement à la désignation des limites des racines. Nous pourrions aussi indiquer divers autres procédés pour distinguer les racines imaginaires; mais il serait inutile de chercher une méthode exégétique plus simple que celle que nous proposons ici. On jugera par l'examen approfondi de la question, autant que par l'application même, que cette règle est générale, et qu'elle exige très peu de calcul. Les principes dont nous l'avons déduite font connaître : 1° qu'il y a des intervalles extrêmement grands dans lesquels on ne doit chercher aucune racine : ce sont les intervalles pour lesquels la valeur Δ de la différence est o; 2° qu'il y a autant d'intervalles distincts qu'il y a de racines réelles : ce sont ceux pour lesquels la différence Δ est l'unité; 3° qu'il y a des intervalles d'une troisième sorte, dans lesquels les racines manquent deux à deux; c'est-à-dire qu'il suffit d'être assuré que l'équation n'a point de racines dans ces mêmes intervalles pour en conclure avec certitude qu'elle a un pareil nombre de racines imaginaires : ces intervalles sont ceux pour lesquels l'un des quotients $-\dfrac{\varphi^{(n-1)}(a)}{\varphi^{(n)}(a)}$, $+\dfrac{\varphi^{(n-1)}(b)}{\varphi^{(n)}(b)}$, ou leur somme, n'est pas moindre que la différence $b - a$ des deux limites.

Les propositions que nous avons rapportées dans cette Note ne concernent pas seulement les équations algébriques; elles s'appliquent aussi à la recherche des limites des racines, quelle que soit la nature des équations, pourvu que l'on considère les fonctions différentielles de tous les ordres.

NOTE RELATIVE AU MÉMOIRE PRÉCÉDENT,

Par M. Gaston DARBOUX.

L'écrit de Fourier que nous venons de reproduire mérite, par la nouveauté
des idées aussi bien que par la clarté de la rédaction, d'être placé à côté du
Mémoire justement admiré où Sturm a exposé la démonstration complète et
définitive de son célèbre théorème (¹). C'est à Descartes que l'on doit faire
remonter la considération des variations et des permanences de signes dans
une série linéaire; mais Fourier a, le premier, substitué aux constantes qui
figurent dans la suite de Descartes des fonctions, dont les signes peuvent
changer lorsque la variable indépendante prend toutes les valeurs possibles.
Sturm, d'ailleurs, s'est toujours plu à reconnaître tout ce qu'il devait à Fourier, comme le montrera le passage suivant, que nous empruntons à un Article
du *Bulletin de Férussac* (²) :

« M. Fourier a fait connaître les principes de sa belle théorie dans le *Bulletin de la Société philomathique* de 1820; il a donné quelques autres fragments dans divers Mémoires qu'il a lus à l'Académie; mais l'Ouvrage qui doit
renfermer l'ensemble de ses travaux sur l'Analyse algébrique n'a pas encore
été publié. Une partie du manuscrit qui contient ces précieuses recherches a
été communiquée à quelques personnes. M. Fourier a bien voulu m'en accor-
der la lecture et j'ai pu l'étudier à loisir. Je déclare donc que j'ai eu pleine
connaissance de ceux des travaux inédits de M. Fourier qui se rapportent à
la résolution des équations, et je saisis cette occasion de lui témoigner la
reconnaissance dont ses bontés m'ont pénétré. C'est en m'appuyant sur les
principes qu'il a posés et en imitant ses démonstrations que j'ai trouvé les
nouveaux théorèmes que je vais énoncer. »

La proposition fondamentale démontrée par Fourier dans le Mémoire précédent est souvent attribuée à Budan de Bois-Laurent. Un passage de l'éloge

---

(¹) *Mémoire sur la résolution des équations numériques* (*Mémoire des Savants étran-
gers*, t. VI; 1835).

(²) *Analyse d'un Mémoire sur la résolution des équations numériques;* par M. Ch. Sturm
(lu à l'Académie des Sciences le 23 mai 1829). — *Bulletin de Férussac*, t. XI, p. 419.

de Fourier par Arago, où la question est trop nettement tranchée en faveur de Budan, a beaucoup contribué à répandre cette opinion, qu'un examen détaillé et attentif ne paraît pas confirmer. L'éclat et l'importance des découvertes de Fourier dans la théorie de la chaleur ont surtout attiré l'attention des géomètres; on n'a pas rendu assez de justice aux découvertes de l'illustre savant relatives à la résolution des équations numériques. Comme Fourier n'a pas eu le temps d'y mettre la dernière main et de les publier dans leur ensemble, on ne les a peut-être pas étudiées avec toute l'attention qu'elles méritaient. La méthode de séparation des racines qui est exposée dans le Mémoire precédent, si elle le cède en précision et en élégance à celle que l'on déduit immédiatement du théorème de Sturm, est bien supérieure dans la pratique à celle de Lagrange, qui repose sur la considération de la plus petite racine de l'équation aux différences. La Préface que Navier a placée au commencement de l'*Analyse des équations déterminées* établit, d'ailleurs, de la manière la plus incontestable, non seulement que Fourier a connu son théorème dès 1787, mais encore qu'il l'a exposé publiquement à l'École Polytechnique dans les années 1796, 1797 et 1803. D'après cela, voici l'ordre dans lequel se présentent les publications respectives de Fourier et de Budan :

1. Exposition du théorème dans l'enseignement de Fourier à l'École Polytechnique en 1796, 1797 et 1803. Nous négligeons ici plusieurs Communications aux Instituts de France et d'Égypte dont on connaît les dates, mais dont il ne reste aucune trace écrite.

2. Publication faite en 1806 par Budan d'un Ouvrage intitulé *Nouvelle méthode pour la résolution des équations de degré quelconque*. Ce Traité contient une méthode absolument insignifiante pour la séparation et le calcul des racines. Voici tout ce qu'on y trouve sur le théorème de Fourier (p. 26, n° 39) :

« On peut déduire de la règle de Descartes les deux propositions suivantes :

1° *Une équation en x dont toutes les racines sont réelles a autant de racines comprises entre zéro et p qu'il y a de permanences de signes dans la transformée en x − p, de plus que dans l'équation en x.*

2° *Une équation de cette espèce ne peut avoir, soit une, soit deux, soit n racines comprises entre zéro et p si la transformée en x − p n'a pas respectivement une, ou deux, ou n permanences de signes, de plus que l'équation en x.*

» Nous avons de fortes raisons de croire que la seconde proposition est applicable à une équation quelconque. »

Et plus loin (p. 36) :

« Si la seconde proposition mentionnée au n° 39 était admise comme un principe général, ce principe fournirait, etc., ... Mais comme nous n'apportons point ici de preuve de la généralité de ce principe, etc. .... »

Ainsi Budan soupçonne seulement la vérité de la proposition, et il n'en fait d'ailleurs aucun usage. C'est à propos de cet Ouvrage de Budan que Poisson écrivait à Fourier, le 24 avril 1807 :

« Un docteur en médecine vient de publier un Ouvrage sur la résolution numérique des équations.... Le docteur a entrevu votre théorème sur les changements de signes; il a *de fortes raisons* de penser qu'il a lieu dans le cas des racines imaginaires; j'en ai de bien plus fortes que les siennes, puisque vous m'avez dit autrefois que vous aviez une démonstration générale de cette proposition. Vous devriez bien publier au moins les différents théorèmes sur lesquels est fondée votre méthode pour résoudre les équations, ... »

3. En 1811, Budan présente à la première classe de l'Institut (Académie des Sciences) un Mémoire où la proposition se trouve enfin nettement énoncée et démontrée. Les commissaires Lagrange et Legendre font un Rapport favorable avec quelques restrictions; mais ni le Rapport, ni le Mémoire ne sont imprimés.

4. En 1820, publication par Fourier du Mémoire précédent.

5. En 1822, Budan imprime une seconde édition de sa *Nouvelle méthode pour la résolution des équations de degré quelconque*. Un appendice à cet Ouvrage contient le Mémoire de 1811 et le Rapport des commissaires.

La démonstration de Budan, bien inférieure à celle de Fourier, est purement algébrique et ne s'applique pas aux équations transcendantes; elle a aussi l'inconvénient d'exiger la démonstration préalable de la règle de Descartes et d'un lemme de Segner qui n'est exact d'ailleurs que pour les équations complètes ([1]). Elle repose toutefois sur un principe qui mérite d'être connu.

Étant donnée une suite de nombres

$$A, \quad B, \quad C, \quad D, \quad E, \quad ...,$$

([1]) Si l'on multiplie un polynôme algébrique ordonné par $x+a$, le nombre des permanences du produit ne peut être inférieur à celui du polynôme primitif.

formons les sommes

$$A_1 = B,$$
$$B_1 = A + B,$$
$$C_1 = A + B + C,$$
$$D_1 = A + B + D + E,$$
$$\dots\dots\dots\dots\dots,$$

nous aurons la suite

$$A_1, \quad B_1, \quad C_1, \quad D_1, \quad E_1,$$

que Budan appelle la *première suite sommatoire* de la suite donnée. Appliquant la même méthode à cette première suite, on aura la deuxième suite sommatoire A_2, B_2, ... et l'on pourra continuer ainsi indéfiniment. On écrira le Tableau

$$
\begin{array}{ccccc}
A & B & C & D & E & \dots \\
A_1 & B_1 & C_1 & D_1 & E_1 & \dots \\
A_2 & B_2 & C_2 & D_2 & E_2 & \dots \\
A_3 & B_3 & C_3 & D_3 & E_3 & \dots \\
A_4 & B_4 & C_4 & D_4 & E_4 & \dots \\
\dots & \dots & \dots & \dots & \dots & \dots
\end{array}
$$

dont le mode de formation est identique à celui du triangle arithmétique, puisque chaque nombre du Tableau est égal à la somme de celui qui est au-dessus et de celui qui est placé à gauche. Cela posé, Budan démontre les deux lemmes suivants :

Le nombre des variations contenues dans la première suite, de A *à* F *par exemple, est toujours inférieur ou égal à celui des variations comprises dans la partie correspondante, de* A_i *à* F_i, *de l'une quelconque des suites sommatoires.*

De plus, *si l'on forme des suites en diagonale, telles que celles-ci*

$$A_1; \quad A_2, \ B_1; \quad A_3, \ B_2, \ C_1; \quad A_4, \ B_3, \ C_2, \ D_1; \quad \dots,$$

le nombre des variations qu'elles présentent est toujours inférieur ou égal à celui des variations qui se trouvent dans les parties correspondantes

$$A; \quad A, \ B; \quad A, \ B, \ C; \quad A, \ B, \ C, \ D; \quad \dots$$

de la première suite.

Le reste de la démonstration ne présente rien qui mérite d'être signalé.

II.   40

Le lecteur peut juger maintenant si les faits que nous venons d'exposer justifient l'affirmation d'Arago et l'attribution du théorème à Budan. Pour nous, la conclusion s'impose. Si le théorème doit porter le nom d'un seul géomètre, c'est à Fourier que nous devons le restituer. En cherchant à mettre cette conclusion hors de doute, nous n'avons pas été guidé par le désir, commun à trop de commentateurs, d'exalter leur auteur aux dépens de tous les autres. Mais il nous a toujours paru que l'admirable démonstration de Fourier, la seule qui soit reproduite dans les Ouvrages modernes, a un intérêt scientifique bien supérieur à celui de la proposition, considérée en elle-même; c'est ce qui nous a déterminé à étudier les différents éléments de la question, et à entreprendre les recherches précédentes, qui n'offraient d'ailleurs aucune difficulté.

SOLUTION D'UNE QUESTION PARTICULIÈRE

DU

CALCUL DES INÉGALITÉS.

SOLUTION D'UNE QUESTION PARTICULIÈRE

DU

CALCUL DES INÉGALITÉS.

Nouveau Bulletin des Sciences par la Société philomathique de Paris,
p. 99; 1826.

La question suivante offre une application du calcul des inégalités linéaires. Cet exemple, très simple, est propre à donner une première notion des résultats de ce calcul et des constructions qui les représentent.

On propose de diviser l'unité en trois parties, qui peuvent être inégales, mais qui sont assujetties à cette condition que la plus grande des trois parties ne doit pas surpasser le produit de la plus petite par $1 + r$; le nombre donné r exprime la limite de l'inégalité. Si ce nombre était nul, les trois parties devraient être égales, et le problème aurait une seule solution. Lorsque la limite donnée a une valeur positive quelconque, la question est indéterminée; elle a une infinité de solutions.

Il est très facile d'exprimer par des inégalités toutes les conditions de la question, et de résoudre ces inégalités par l'application des règles générales. On arrive ainsi à la construction suivante, qui fait connaître distinctement toutes les solutions possibles, exprime leur caractère commun et mesure l'étendue de la question.

La ligne mm'' représente la longueur de l'unité (*fig.* 1). Ayant formé le carré $mm'm''n$, on prolonge indéfiniment le côté nm'' et l'on prend

$m''n'$ égale à l'unité mm' : on prolonge aussi nm' et l'on fait $m'n''$ égale à mm' ; ensuite, désignant par nb la quantité donnée qui est la limite de l'inégalité, on forme trois carrés dont le côté est r, et on les place comme l'indique la figure, aux points n, n', n''. Cela posé, on trace : 1° du point m les droites ma, mb ; 2° du point m' les deux droites

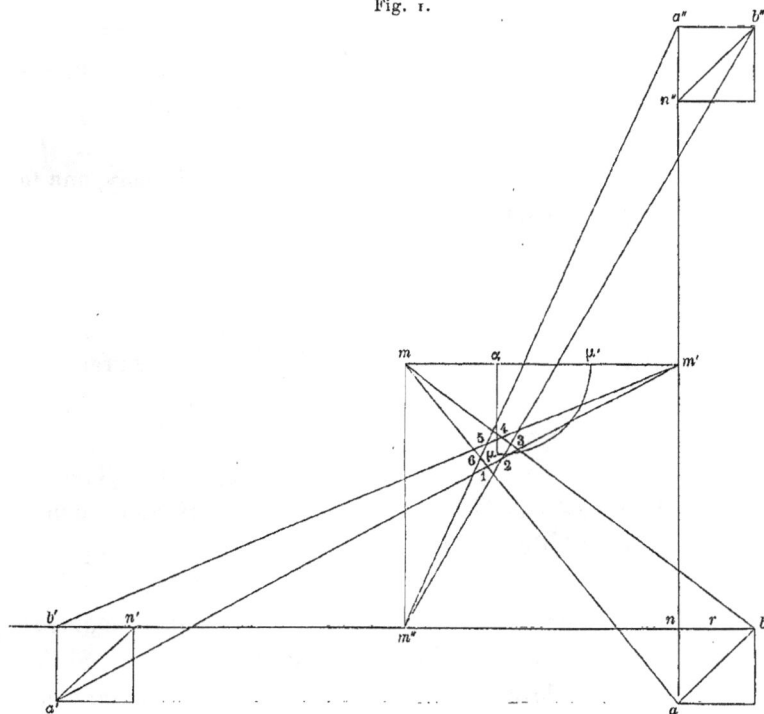

Fig. 1.

$m'a'$, $m'b'$; 3° du point m'' les deux droites $m''a''$, $m''b''$. Ces trois systèmes, dont chacun est formé de deux lignes, et qui partent des points m, m, m'', se coupent et forment, par leurs intersections, un hexagone irrégulier 123456. Si l'on marque un point quelconque μ de l'aire de cet hexagone et si l'on prend les coordonnées de ce point par rapport à la ligne proposée mm', ces coordonnées orthogonales, qui sont $\mu\alpha$ et αm, expriment une solution de la question proposée ; l'abscisse

$m\alpha$ est l'une des parties, l'ordonnée $\alpha\mu$ est la seconde partie, et, portant cette ordonnée $\alpha\mu$ sur l'axe, on trouve $\mu'm'$ pour la troisième partie cherchée.

L'aire de l'hexagone est le lieu de toutes les solutions possibles; c'est-à-dire que chaque point de cette aire fournit une solution, et qu'il n'y a de solutions possibles que celles qui répondent aux points de l'aire.

A mesure que la limite r de l'inégalité diminue, le polygone formé par les trois systèmes de droites devient de plus en plus petit, et, lorsque $r = 0$, il se réduit à un seul point, qui est le centre de gravité du triangle $mm'm''$.

Si la valeur de r augmente indéfiniment et sans limites, l'aire de l'hexagone augmente de plus en plus; les lignes ma, mb se rapprochent des lignes mm'', mm' et finissent par coïncider avec elles. La ligne $m'b'$ se rapproche de l'axe $m'm$ et se confond avec cet axe; la ligne $m'a'$ se rapproche de la diagonale $m'm''$ et coïncide avec elle. Il en est de même des lignes $m''a''$, $m''b''$, qui se rapprochent respectivement de la perpendiculaire $m''m$ et de la diagonale $m''m'$; ainsi, en supposant la limite r infinie, l'hexagone se confond avec le triangle $mm'm''$.

Le rapport de l'aire de l'hexagone à l'aire totale du triangle $mm'm''$ est la mesure exacte de l'étendue de la question proposée. Si l'on demande quelle probabilité il y a qu'en partageant au hasard la ligne mm' en trois parties, il arrivera que la plus grande de ces parties ne surpassera pas le produit de la plus petite par $1 + r$, on aura, pour la mesure de cette probabilité, le rapport de l'aire de l'hexagone à l'aire du triangle.

On pourrait se proposer une question semblable en considérant un nombre quelconque de parties. Les constructions géométriques ne suffiraient plus pour représenter la solution; mais on déduirait toujours cette solution de l'analyse des inégalités, et l'on déterminerait aussi par les mêmes principes la mesure de l'étendue de la question.

NOTE RELATIVE AU MÉMOIRE PRÉCÉDENT,

Par M. Gaston DARBOUX.

Désignons par x, y, z les trois parties. On aura

$$(1) \qquad x + y + z = 1,$$

et les inégalités suivantes devront être satisfaites

$$x < z(1 + r), \qquad z < x(1 + r),$$
$$y < z(1 + r), \qquad z < y(1 + r),$$
$$x < y(1 + r), \qquad y < x(1 + r),$$
$$x > 0, \qquad y > 0, \qquad z > 0.$$

Les trois dernières, on s'en assure aisément, sont des conséquences des six premières. On peut donc les négliger. Si l'on remplace dans les six premières z par sa valeur déduite de l'équation (1), on a les inégalités nouvelles

$$(2) \quad \begin{cases} x(2 + r) + y(1 + r) < 1 + r, \\ x(2 + r) + y > 1, \\ y(2 + r) + x(1 + r) < 1 + r, \\ y(2 + r) + x > 1, \\ x < y(1 + r), \\ y < x(1 + r), \end{cases}$$

qui ne contiennent plus que x et y. Si l'on considère ces deux parties comme les coordonnées rectangulaires d'un point, on est évidemment conduit à la construction de Fourier; car chacune des inégalités exprime que le point (x, y) doit se trouver d'un certain côté par rapport à une droite dont on obtiendra l'équation en remplaçant dans l'inégalité le signe $>$ ou $<$ par le signe d'égalité. Aux six inégalités correspondent les six côtés de l'hexagone de Fourier.

Cette question des inégalités a beaucoup occupé Fourier; il avait l'intention de publier, dans son grand Ouvrage sur la Théorie des équations, une étude développée sur ce sujet. Nous croyons utile de joindre à la Note qui précède les deux passages suivants, que Fourier a insérés dans l'*Histoire de l'Académie*, pour les années 1823 et 1824.   G. D.

PREMIER EXTRAIT.

(*Histoire de l'Académie pour* 1823, p. xxix.)

M. Fourier a lu, dans les séances du 10 et du 17 novembre 1823, un Mémoire d'analyse indéterminée sur le calcul des conditions d'inégalité. L'auteur s'est proposé de traiter dans ce Mémoire un nouveau genre de questions, et d'établir les principes d'un calcul qui offre des applications variées à la Géométrie, à l'Analyse algébrique, à la Mécanique et à la Théorie des probabilités. Nous allons indiquer le caractère principal de ces recherches, et nous citerons quelques exemples simples, propres à en faire connaître l'objet.

Une question est, en général, déterminée lorsque le nombre des équations qui expriment toutes les conditions proposées est égal au nombre des inconnues. Dans la théorie dont il s'agit, les conditions ne sont pas exprimées par des équations; c'est-à-dire qu'au lieu d'égaler à une constante ou à zéro une certaine fonction des inconnues, on indique au moyen des signes $<$ ou $>$ que cette fonction est plus grande ou moindre que la constante; c'est ce qui constitue une inégalité. On suppose, par exemple, que quatre indéterminées doivent être assujetties à un certain nombre d'inégalités du premier degré, et qu'il faut trouver toutes les valeurs possibles de ces inconnues. Le nombre des inégalités pourrait être moindre que celui des inconnues, ou lui être égal, et même il peut être beaucoup plus grand; il est en général indéfini. Il s'agit de trouver des valeurs des quatre inconnues qui, étant substituées simultanément, satisfont à toutes les conditions proposées, soit que ces conditions consistent seulement dans certaines inégalités, soit qu'elles comprennent aussi des équations. Une question de cette espèce admet une infinité de solutions; elle est indéterminée. Il faut donner une règle générale qui serve à trouver facilement toutes les solutions possibles. On jugera d'abord que des questions semblables doivent se présenter fréquemment dans les applications des théories mathématiques. Dans plusieurs cas on peut arriver à la solution par des remarques particulières propres à la question que l'on veut résoudre; mais si le nombre des conditions est assez grand, et si elles se rapportent à trois ou à plus de trois variables, si les inégalités ne sont pas linéaires, la suite des raisonnements devient si composée qu'il serait presque impossible à l'esprit le plus exercé de la saisir tout entière. Il faudrait d'ailleurs recourir à des considérations différentes selon la nature de la question, comme cela arrive à l'égard de plusieurs problèmes que l'on résout sans le secours de l'Algèbre. Il était donc nécessaire de ramener à un procédé général et uniforme le calcul des conditions d'inégalité; on supplée ainsi, par une combinaison régulière et constante des signes, aux raisonnements les plus difficiles et les plus étendus, ce qui est le propre des méthodes algébriques. L'exposé de ces règles générales est l'objet du Mémoire; nous citerons en premier lieu un exemple très simple de ce genre de questions.

On suppose qu'un plan triangulaire horizontal est porté par trois appuis verticaux pla-

II.   41

cós aux sommets des angles. La force de chaque appui est donnée et exprimée par 1; c'est-à-dire que, si l'on plaçait sur un appui un poids moindre que l'unité, ce poids serait supporté, mais que l'appui serait aussitôt rompu si le poids surpassait 1.

On propose de placer un poids donné, par exemple 2, sur la table triangulaire, en sorte qu'aucun des trois appuis ne soit rompu. La question serait déterminée si le poids donné était 3; elle est insoluble si ce poids surpasse trois; elle est indéterminée s'il est moindre que 3. Désignant par deux inconnues les coordonnées du point où l'on doit placer le poids proposé, et par trois autres inconnues les pressions exercées sur les appuis, et supposant, pour simplifier le calcul, que le triangle est isoscèle-rectangle, on voit que la question renferme cinq quantités inconnues et une qui est connue, savoir le poids proposé. Or les principes de la Statique donnent immédiatement trois équations; et l'on y joindra, pour chaque sommet, deux inégalités qui expriment que la pression est positive et moindre que 1. Il est évident que toutes les conditions de la question seront alors exprimées. Il ne s'agit plus que d'appliquer les règles générales du calcul des inégalités linéaires; on en déduira toutes les valeurs possibles des coordonnées inconnues, et l'on désignera ainsi tous les points du triangle où le poids donné peut être placé. Si l'on forme cette solution, on trouve que les points dont il s'agit se réunissent dans l'intérieur de la Table, et composent un hexagone lorsque le poids donné est compris entre 1 et 2. Cette figure devient le triangle lui-même si le poids est moindre que l'unité; elle est un triangle plus petit si le poids est compris entre 2 et 3, et elle se réduit à un seul point si le poids est égal à 3; enfin, lorsqu'il surpasse 3, la figure n'existe plus, parce que les lignes qui doivent la former cessent de se rencontrer.

Voici la construction qui sert à tracer ces lignes. Désignant par 1 le côté du triangle isoscèle-rectangle, on divise l'unité par le poids donné qu'il s'agit de placer, et l'on porte la longueur mesurée par le quotient : 1° sur chaque côté de l'angle droit, à partir du sommet de cet angle, ce qui donne deux points 1 et 2; 2° sur un des côtés de l'angle droit, à partir du sommet de l'angle aigu, ce qui donne un troisième point 3; 3° sur l'autre côté de l'angle droit, à partir du sommet de l'angle aigu, ce qui donne un quatrième point 4. On élève, par le point 1, une ligne perpendiculaire sur le côté où se trouve ce point, et par le point 2 une deuxième ligne perpendiculaire sur l'autre côté; enfin on mène une troisième ligne droite par les points 3 ou 4. Ces trois lignes ainsi tracées terminent, sur la surface du triangle, l'espace où le point donné peut être placé sans qu'aucun des appuis soit rompu.

Il serait facile de résoudre sans calcul une question aussi simple; mais, si le nombre des appuis est plus grand que 3, si leur force est inégale, si la table horizontale porte déjà en certains points des masses données, ou si l'on doit y placer non un seul poids, mais plusieurs, on ne peut se dispenser de recourir au calcul des inégalités. *L'avantage de cette méthode consiste en ce qu'il suffit, dans tous les cas, d'exprimer les conditions de la question, ce qui est facile, et de combiner ensuite ces expressions au moyen de règles générales qui sont toujours les mêmes; et l'on forme ainsi la solution, à laquelle on n'aurait pu parvenir que par une suite de raisonnements très compliqués.*

Les questions que l'on traite dans ce Mémoire sont toutes indéterminées, parce qu'elles admettent une infinité de solutions; mais elles diffèrent entre elles quant à l'étendue. Dans les unes, les conditions exigées restreignent beaucoup cette étendue; pour d'autres, l'énumération de toutes les solutions possibles est moins limitée; il est nécessaire, dans certaines recherches, de considérer les questions sous ce rapport. Un examen attentif prouve que l'étendue propre à chaque question est une quantité mathématique que l'on peut toujours évaluer en nombres : c'est en cela que la Théorie dont on expose les principes se lie à celle des probabilités, et il y a en effet divers problèmes, dépendant de cette dernière science, qui se résolvent par le calcul des inégalités. Or on ne peut mesurer l'étendue ou capacité d'une question sans comprendre dans l'énumération toutes les solutions possibles, en sorte qu'on doit ici faire usage du Calcul intégral; et, en effet, l'auteur a reconnu que le nombre qui mesure l'étendue d'une question quelconque est toujours exprimé par une intégrale définie multiple, dont les limites sont données. Il est très facile d'effectuer ces intégrations successives, quel qu'en soit le nombre, et si l'on écrit les limites des intégrales, en se servant de la notation proposée dans la *Théorie analytique de la chaleur,* la quantité que l'on veut déterminer est exprimée sous la forme la plus générale et la plus simple.

Il est évident que les conditions proposées pourraient être telles que la question n'admît aucune solution possible. Dans ce cas, le calcul développe l'opposition réciproque des conditions, et montre l'impossibilité d'y satisfaire. Ainsi la méthode a pour objet : 1° de reconnaître si la question peut être résolue; 2° de trouver dans ce cas toutes les solutions qu'elle admet; 3° de mesurer par un nombre l'étendue propre à la question. Il arrive souvent aussi, dans ce genre de recherches, que l'objet principal n'est pas de trouver toutes les solutions, mais d'en reconnaître une ou plusieurs limites. Sous ce point de vue, la question n'est pas indéterminée ; et il en est de même de celle qui consiste à mesurer l'étendue; mais ces questions dépendent de la même analyse. Nous ne pouvons ici qu'indiquer bien imparfaitement les applications et les résultats de cette méthode : on s'est borné à citer quelques exemples.

Nous venons de rapporter le premier. Le second concerne une question de Mécanique. analogue à la précédente, mais qui en diffère en ce que la quantité inconnue est une limite et, par conséquent, a une seule valeur.

On suppose qu'une surface plane et horizontale, de figure carrée, est portée sur quatre appuis verticaux, placés aux sommets des angles; chacun des appuis peut supporter un poids moindre que l'unité, mais il romprait aussitôt s'il était chargé d'un poids plus grand que cette unité. On marque un point quelconque sur la table horizontale, et l'on demande quel est le plus grand poids que l'on puisse placer en ce point donné, sans qu'aucun des appuis soit rompu. Ce plus grand poids, c'est-à-dire la force de la table en ce lieu, dépend évidemment de la position du point. Concevons qu'on y élève une ordonnée verticale pour représenter le plus grand poids qui répond à ce lieu, et qu'ayant fait cette construction pour chaque point de la table horizontale on trace la surface courbe qui passe par toutes les extrémités supérieures des ordonnées.

Il s'agit de déterminer la nature et les dimensions de cette surface. Or la solution déduite du calcul prouve que la surface qui serait ainsi tracée n'est point assujettie à une loi continue : elle est formée de plusieurs surfaces hyperboliques, différemment situées : la question est résolue par la construction suivante.

On divise le carré en huit parties égales, au moyen des deux diagonales et de deux droites transversales, dont chacune joint le milieu d'un côté au milieu du côté opposé. Chacune de ces huit parties est un triangle rectangle que l'on divise en deux segments, dont l'un a deux fois plus de surface que l'autre. Cette division s'opère en menant une ligne droite de l'angle droit du triangle à l'un des angles du carré. On prend pour base de chacun de ces segments celui de ses trois côtés qui est parallèle à un côté du carré. Pour trouver le plus grand poids qui puisse être placé en un point donné du plus grand segment, il faut, par ce point, mener une parallèle à la base du segment, jusqu'à la rencontre de celle des deux diagonales dont le point est le plus éloigné, et mesurer sur cette parallèle la longueur interceptée entre le point de rencontre et le point donné; l'unité, divisée par cette longueur interceptée, est la valeur cherchée du plus grand poids.

Si ce point donné est situé dans le petit segment, il faut, par ce point, mener une parallèle à la base du segment, jusqu'à la rencontre de celui des côtés du carré dont le point donné est le plus distant, et mesurer la partie de cette parallèle qui est interceptée entre le point de rencontre et le point donné. L'unité, divisée par la moitié de la longueur interceptée, exprime la valeur cherchée du plus grand poids. En appliquant l'une ou l'autre règle à chacun des seize compartiments du carré, on connaîtra le plus grand poids qui puisse être placé en chaque point de la table rectangulaire. On voit que la valeur de l'ordonnée verticale qui mesure ce plus grand poids n'est pas assujettie à une loi continue. Cette loi change tout à coup lorsqu'on passe du grand segment au petit segment. Il serait facile de trouver cette solution sans calcul, et l'auteur l'avait donnée depuis longtemps. Mais, si la figure du plan est différente, si la table supporte déjà en certains points des masses données, il est nécessaire de recourir aux règles qui servent à la combinaison des inégalités.

Parmi les applications que l'auteur a faites de sa méthode, les unes ont, comme les deux précédentes, pour principal objet de faire connaître la nature de ce nouveau genre de problèmes et la forme générale du calcul. D'autres concernent des questions très difficiles et très étendues, dont la solution était nécessaire aux progrès des théories analytiques. L'une se rapporte à l'usage des équations de condition, si important pour la formation des tables astronomiques. Il s'agit de trouver les valeurs des inconnues telles que la plus grande erreur, abstraction faite du signe, soit la moindre possible : ou telles que l'erreur moyenne, c'est-à-dire la somme des erreurs, abstraction faite du signe, divisée par leur nombre, soit la moindre possible.

Une seconde application se rapporte à l'analyse générale; elle a pour objet de former les termes successifs de la valeur de chacune des inconnues qui entrent dans des équations littérales données. L'auteur considère la résolution des équations littérales à plusieurs inconnues comme dépendante de la recherche simultanée de toutes les racines; soit que le nombre de leurs termes soit fini, ce que l'opération indique, soit qu'on développe ces racines en séries infinies.

Dans l'une et l'autre question que l'on vient de citer, les cas où il ne se trouve qu'une seule inconnue sont déjà résolus, et ils ont pu l'être sans le calcul des conditions d'inégalité; mais cette recherche prend un caractère très différent lorsqu'on veut l'étendre à un nombre quelconque d'inconnues. La solution dépend alors d'une théorie particulière, dont les principes se retrouvent dans les questions les plus difficiles et les plus variées. C'est cette théorie que l'auteur s'est proposé de former.

SECOND EXTRAIT.

(*Histoire de l'Académie pour* 1824, p. XLVII.)

Nous avons indiqué, dans les analyses précédentes, l'origine et l'objet du calcul des conditions d'inégalité, dont M. Fourier a fait des applications très variées à la Mécanique, à l'Analyse générale, à la Géométrie et à la Théorie des Probabilités. Une des questions les plus remarquables, dont le Mémoire cité contient la solution, est celle qui se rapporte au Calcul des erreurs des observations. Nous ne pouvons ici faire connaître que très succinctement les principes de cette solution.

On considère des fonctions linéaires de plusieurs inconnues $x, y, z, \ldots$; les coefficients numériques qui entrent dans les fonctions sont des quantités données. Si le nombre des fonctions n'était pas plus grand que celui des inconnues, on pourrait trouver pour $x, y, z, \ldots$ un système de valeurs numériques tel que la substitution simultanée de ces valeurs dans les fonctions donnerait pour chacune un résultat nul. Mais on ne peut pas, en général, satisfaire à cette condition lorsque le nombre des fonctions surpasse celui des inconnues. Supposons maintenant que l'on attribue à $x, y, z, \ldots$ des valeurs numériques $\alpha, \beta, \gamma, \ldots$, et que, en les substituant dans une fonction, on calcule la valeur positive ou négative du résultat de la substitution; on considère comme une erreur ou écart le résultat positif ou négatif qui diffère de zéro; et, faisant abstraction du signe, on prend pour mesure de l'erreur le nombre d'unités positives ou négatives que le résultat exprime.

Cela posé, on demande quelles valeurs numériques X, Y, Z, ... il faut attribuer à $x, y, z, \ldots$ pour que le plus grand écart provenant de la substitution dans les diverses fonctions proposées soit moindre que le plus grand écart que l'on trouverait en substituant dans les fonctions tout autre système de valeurs différent de celui-ci X, Y, Z, ...

On pourrait aussi chercher un système X', Y', Z', ... de valeurs simultanées de $x, y, z, \ldots$ tel que la somme des erreurs, prise abstraction faite du signe, fût moindre que la somme des erreurs provenant de la substitution de tout système différent X', Y', Z', ...

L'une et l'autre question se résolvent par l'analyse des inégalités, quel que soit le nombre des inconnues. Il suffit d'exprimer les conditions propres à la question, et d'appliquer aux inégalités écrites les règles générales de ce calcul. On supplée ainsi, par un procédé algorithmique, à des raisonnements très composés, qu'il faudrait changer selon la nature de la question, et qu'il serait, pour ainsi dire, impossible de former si le nombre des inconnues surpassait trois.

Pour faciliter les applications lorsque le nombre des valeurs est assez grand, il convient de réduire les opérations au moindre nombre possible. On y parvient en considérant les propriétés des *fonctions extrêmes*. Nous appelons ainsi celles qui peuvent être ou plus grandes ou plus petites que toutes les autres. La construction suivante représente clairement la méthode qui doit être suivie pour arriver sans calcul inutile aux valeurs de $x, y, z, \ldots$ qui donnent au plus grand écart sa moindre valeur. Quoique cette construction soit propre au cas de deux variables, elle suffit pour faire bien connaître le procédé général.

x et y sont, dans le plan horizontal, les coordonnées d'un point quelconque. L'ordonnée verticale z mesure la valeur de la fonction; chaque inégalité est représentée par un plan dont la situation est donnée. Dans la question dont il s'agit, le nombre de ces plans est double du nombre des fonctions, parce qu'il faut attribuer à chaque valeur le signe $+$ et le signe $-$. On ne considère que les parties des plans qui sont placées au-dessus du plan horizontal des xy; et ces parties supérieures des plans donnés sont indéfiniment prolongées. Il faut principalement remarquer que le système de tous ces plans forme un vase qui leur sert de *limite* ou d'*enveloppe*. La figure de ce vase extrême est celle d'un polyèdre dont la convexité est tournée vers le plan horizontal. Le point inférieur du vase ou polyèdre a pour ordonnées les valeurs X, Y, Z qui sont l'objet de la question; c'est-à-dire que Z est la moindre valeur possible du plus grand écart, et que X et Y sont les valeurs de x et y propres à donner ce minimum, abstraction faite du signe.

Pour atteindre promptement le point inférieur du vase, on élève en un point quelconque du plan horizontal, par exemple à l'origine des x et y, une ordonnée verticale, jusqu'à la rencontre du plan le plus élevé; c'est-à-dire que, parmi tous les points d'intersection que l'on trouve sur cette verticale, on choisit le plus distant du plan des xy. Soit m_1 ce point d'intersection placé sur le plan extrême. On descend sur ce même plan depuis le point m_1 jusqu'à un point m_2 d'une arête du polyèdre, et, en suivant cette arête, on descend depuis le point m_2 jusqu'au sommet m_3 commun à trois plans extrêmes. A partir du point m_3, on continue de descendre suivant une seconde arête jusqu'à un nouveau sommet m_4; et l'on continue l'application du même procédé, en suivant toujours celle des deux arêtes qui conduit à un sommet moins élevé. On arrive ainsi très prochainement au point le plus bas du polyèdre. Or cette construction représente exactement la série des opérations numériques que la règle analytique prescrit; elle rend très sensible la marche de la méthode, qui consiste à passer successivement d'une fonction extrême à une autre, en diminuant de plus en plus la valeur du plus grand écart. Le calcul des inégalités fait connaître que le même procédé convient à un nombre quelconque d'inconnues, parce que les fonctions extrêmes ont, dans tous les cas, des propriétés analogues à celles des faces du polyèdre qui sert de limite aux plans inclinés. En général, les propriétés des faces, des arêtes, des sommets et des limites de tous les ordres subsistent dans l'Analyse générale, quel que soit le nombre des inconnues. Les bornes de ces Extraits ne nous permettent point une exposition détaillée, qui pourrait seule donner une connaissance complète de la méthode et de l'ordre qu'il faut établir dans les opérations numériques lorsque le nombre des fonctions est très grand; mais la construction précédente suffit pour montrer le caractère de la solution.

Nous indiquerons maintenant l'objet d'une recherche plus générale, commune à toutes les questions de l'analyse des inégalités. $x, y, z, \ldots, u, t$ désignant les inconnues, il s'agit de trouver pour ces quantités des valeurs qui satisfassent à un nombre quelconque de conditions linéaires dont chacune est exprimée par le signe $>$ ou $<$, et qui contiennent $x, y, z, \ldots, u, t$. On procédera comme il suit pour éliminer successivement x, y, z, ... Chacune des inégalités donne évidemment pour x une condition de la forme

$$x > A + By + Cz + \ldots$$

ou de la forme

$$x < \alpha + \beta y + \gamma z + \ldots.$$

On compare chacune des conditions de la première forme à chacune des conditions de la seconde, et l'on écrit, pour exprimer cette comparaison,

$$\alpha + \beta y + \gamma z + \ldots > A + By + Cz + \ldots$$

Par ce moyen on forme de nouvelles inégalités où x n'entre plus. Il arrive presque toujours qu'un assez grand nombre de ces nouvelles inégalités subsistent évidemment, et qu'il est inutile de les écrire. Ces réductions se présentent d'elles-mêmes, et elles simplifient beaucoup le calcul.

Lorsqu'on a remplacé les inégalités qui contenaient $x, y, z, \ldots, u, t$ par celles qui contiennent seulement $y, z, \ldots, u, t$, on élimine y suivant le même procédé; et continuant l'application de cette règle, on obtient des conditions finales où il n'entre qu'une seule inconnue t. On en déduit pour cette dernière inconnue des limites numériques, dont les unes sont de la forme $t > a$, et les autres de la forme $t < b$. On n'a plus à considérer que la plus petite B des limites b, et la plus grande A des limites a. S'il arrive que A soit un nombre plus grand que B, on en conclut avec certitude que la question proposée n'a aucune solution possible; et c'est à ce caractère que l'on reconnaît si les conditions proposées en $x, y, z, \ldots, u, t$ peuvent toutes subsister à la fois. Lorsque la limite B n'est pas moindre que la limite A, la question proposée ne renferme point de conditions incompatibles, et, généralement parlant, elle admet une infinité de solutions. On attribuera donc à t une valeur quelconque comprise entre A et B, et, substituant cette valeur de t dans les conditions qui ne contiennent que u et t, on trouvera des limites numériques pour u. Or il arrivera nécessairement que la plus petite des limites supérieures de u surpassera la plus grande des limites inférieures de u. On prendra donc pour u une valeur quelconque comprise entre ces limites. Substituant pour u et t leurs valeurs numériques dans les conditions qui contiennent u et t, et une autre inconnue seulement, on déterminera de la même manière la limite de cette nouvelle inconnue; l'application de la même règle fera connaître les valeurs de toutes les indéterminées : car il est impossible, comme nous l'avons dit, que l'on ne trouve pas pour chaque inconnue une valeur comprise entre ses deux limites. Cette contradiction ne pourrait avoir lieu que pour la dernière inconnue t; et cela arrive lorsque les conditions proposées renferment quelque impossibilité que le calcul a développée.

La règle précédente se présente en quelque sorte d'elle-même; mais il est nécessaire d'en donner une démonstration complète. Celle qui est rapportée dans le Mémoire consiste à prouver qu'après l'élimination d'une inconnue : 1° les conditions exprimées en $y, z, \ldots,$ u, t doivent toutes subsister, si la question admet une solution possible; 2° que, réciproquement, si ces conditions subsistent, on peut satisfaire à toutes celles qui ont été proposées; ainsi, la question ne perd point de son étendue lorsqu'on élimine une des inconnues. Cette question demeure exactement la même jusqu'à la fin du calcul. Il n'y a aucune solution de la question proposée qui ne puisse être trouvée par l'application de la règle.

Il ne nous reste plus qu'à considérer le système de toutes ces solutions réunies, et à montrer distinctement en quoi consiste cet assemblage. Nous choisissons pour exemple le cas où les conditions linéaires proposées, en nombre quelconque, renferment trois inconnues x, y, z. Car les mêmes conséquences s'appliquent à un nombre quelconque d'indéterminées.

Si l'on résout, par la méthode de l'auteur, des inégalités qui contiennent x, y, z et des coefficients numériques donnés, on peut former séparément chaque solution, c'est-à-dire chaque système de trois valeurs α, β, γ qui, substituées à x, y, z, satisfont à toutes les conditions exprimées. Ces valeurs simultanées α, β, γ sont les trois coordonnées d'un certain point. Toute solution possible est ainsi marquée par un point dont les coordonnées sont les valeurs de x, y, z. Or on reconnaît que l'assemblage de ces points forme, dans tous les cas, un volume terminé par un polyèdre; et tout système d'inégalités entre trois inconnues x, y, z, quelle que soit la question d'Analyse, de Mécanique ou de Physique à laquelle ses conditions se rapportent, conduit à une solution générale représentée par un certain polyèdre que l'on peut construire. Chaque point du volume que ce polyèdre termine marque une solution particulière de la question. Si elle n'admet qu'une seule solution, ce qui est le propre des questions déterminées, le volume se réduit à un seul point.

Si les inégalités renferment seulement deux variables x et y, le volume se réduit à l'aire d'une figure plane terminée par un polygone. Lorsque la solution proposée n'admet aucune solution possible, les plans ou les droites qui déterminaient le polyèdre ou le polygone se trouvent dans des situations respectives telles que la figure n'existe point.

Les questions que cette analyse résout ont des étendues inégales. Les unes sont assujetties à des conditions plus restreintes, qui limitent beaucoup le lieu des solutions; les autres ont de telles conditions que le système de toutes les solutions possibles occupe un plus grand intervalle. L'étendue propre à chaque solution est toujours une quantité que l'on peut exprimer en nombre; la mesure de cette étendue est celle du volume que termine le polyèdre correspondant à la solution générale. Quelque diverses que soient les questions proposées, elles peuvent toujours être comparées entre elles sous le rapport de leur étendue; c'est principalement cette considération qui constitue le calcul des inégalités; c'est par là que cette analyse se lie à la théorie des probabilités.

Lorsque le nombre des inconnues ne surpasse pas trois, la valeur du volume ou de l'aire qui répond à la solution donne la mesure de l'étendue de la question. Si l'on considère plus de trois inconnues, l'étendue de la question cesse d'être représentée par une construction géométrique, et toutefois on la détermine encore par des intégrales définies qu'il est très facile d'effectuer, et dont les limites sont indiquées par le calcul analytique. Les fonctions extrêmes remplacent, comme nous l'avons dit, les faces, les arêtes, les sommets, et reproduisent indéfiniment dans l'analyse générale toutes les propriétés des figures et de leurs termes des différents ordres.

Si les conditions sont exprimées par des inégalités non linéaires, la question ne change point de nature, et peut encore être traitée par les mêmes principes; mais l'objet principal du Mémoire est d'établir les éléments de cette branche de l'analyse indéterminée. On voit qu'elle comprend une classe très étendue de questions, susceptibles des applications les plus variées, et qui sont résolues par un calcul uniforme, analogue à la méthode algébrique.

TROISIÈME SECTION.

NOTES ET MÉMOIRES

EXTRAITS DES

ANNALES DE CHIMIE ET DE PHYSIQUE.

NOTE

SUR

LA CHALEUR RAYONNANTE.

NOTE

SUR

LA CHALEUR RAYONNANTE.

Annales de Chimie et de Physique, Série 1, Tome IV; 1817, p. 128.

Dans l'Extrait de l'Ouvrage de M. Fourier sur la Théorie mathématique de la chaleur, nous avons énoncé la loi qui détermine l'intensité des rayons sortis d'un même point d'une surface échauffée. Il est exactement démontré que l'intensité des rayons n'est pas la même, qu'elle dépend de l'angle compris entre le rayon et la surface dont il sort, et qu'elle est proportionnelle au sinus de cet angle. On a reconnu que ce résultat, déjà indiqué par les expériences de M. Leslie, est une conséquence nécessaire de l'équilibre de la chaleur rayonnante : car cet équilibre ne pourrait avoir lieu si l'émission de la chaleur était assujettie à une autre loi. On sait aussi que ce rapport constant de l'intensité au sinus de l'angle d'émission n'est point altéré par la réflexibilité plus ou moins parfaite des surfaces; enfin on a donné l'explication physique de cette loi. La suite de ces propositions forme la Théorie mathématique de la chaleur rayonnante, telle qu'elle a été donnée pour la première fois dans les Mémoires de M. Fourier que nous avons cités. L'inégale intensité des rayons émis n'est point, comme on aurait pu le présumer d'abord, l'effet des forces répulsives qui agissent à la surface des solides. Elle provient de ce que la chaleur envoyée par les molécules intérieures assez voisines de la surface pour concourir à l'émission directe est interceptée en plus grande partie lorsqu'elle tend à sortir sous une direction inclinée que sous la direction normale.

En indiquant les différentes preuves que l'on peut donner de la loi de l'émission, nous avons ajouté que, *si cette loi n'avait point lieu, l'équilibre de la chaleur ne pourrait point s'établir; que des corps placés dans un espace vide, terminé par une enceinte entretenue à une température constante, n'acquerraient point ou ne conserveraient point la température de l'enceinte; qu'ils changeraient de température en changeant de forme ou de situation; que les uns seraient incomparablement plus échauffés que les autres, et que l'on trouverait, par exemple, la température de l'eau bouillante ou du fer fondant en certains points d'un espace terminé par une enceinte glacée*. C'est, en effet, ce qui aurait lieu si les rayons de chaleur étaient également intenses quelle que fût leur direction. Ce résultat est très remarquable en lui-même, et il est peut-être plus propre qu'aucun autre à rendre sensible la vérité physique qu'il s'agit d'établir.

Plusieurs de nos lecteurs ayant désiré connaître textuellement la démonstration de cette proposition, nous avions le dessein d'extraire de l'Ouvrage les passages qui la contiennent; mais l'auteur a bien voulu y ajouter quelques développements, afin de rendre entièrement élémentaire l'exposition de cette partie de sa Théorie. C'est dans cette vue qu'il nous a communiqué la Note suivante.

Si un espace M entièrement vide d'air (*fig.* 1) est terminé par une surface sphérique S, qu'une cause extérieure quelconque retient à la température constante zéro, et si l'on donne la même température zéro à un corps sphérique μ très petit, qui est placé en un point quelconque *i* de cet espace M, il est évident que la molécule μ conservera sa température zéro.

On suppose maintenant que l'on élève la température de l'enceinte S, et qu'on lui donne une valeur constante *a* au-dessus de zéro; il s'agit de déterminer la quantité de chaleur que la molécule sphérique μ reçoit de l'enceinte, et la température qu'elle doit acquérir.

r désigne le rayon de la surface sphérique ;

a sa température permanente ;

ρ le rayon incomparablement plus petit de la molécule ;

g la distance du centre de la molécule au centre de l'espace ;

α la température que la molécule doit acquérir et conserver ;

h exprime la quantité de chaleur excédente qui est émise pendant l'unité de temps par l'unité de surface, lorsque la température est élevée d'une unité.

Fig. 1.

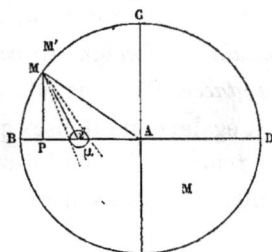

Cette définition et le calcul qui détermine la température α en fonction des quantités connues α, r, g sont fondés sur les principes suivants :

I. On détermine deux températures fixes, savoir : celle de la glace fondante et celle de l'eau bouillante. On suppose que l'ébullition a lieu sous une pression de l'air déterminée. Cette pression est mesurée par une certaine hauteur du baromètre, le mercure de cet instrument ayant la température de la glace fondante. On prend pour l'unité de température la différence des deux températures fixes.

On mesure les quantités de chaleur en exprimant par un nombre combien elles contiennent de fois une certaine quantité prise pour unité.

Cette unité est la quantité de chaleur nécessaire pour porter un corps donné (une masse de fer formant l'unité de poids) de la température de la glace fondante à la température de l'eau bouillante.

On pourrait prendre pour la température qui répond à zéro sur l'échelle thermométrique celle de la glace fondante, ou celle de la congélation du mercure, ou une température inférieure quelconque. Si l'on désignait par zéro la température de la glace fondante, celle de l'eau bouillante serait désignée par 1. Une masse de fer égale à l'unité de poids, et ayant la température zéro, recevrait donc la température 1 si l'on ajoutait une quantité de chaleur c égale à celle qui est prise pour unité. Une température quelconque désignée par z est celle que la même masse recevrait si l'on ajoutait la quantité de chaleur zc.

Si une masse solide conserve dans tous ses points, en vertu d'une cause quelconque, une température constante, et si elle est placée dans un espace vide d'air, il en sortira pendant l'unité de temps une certaine quantité de chaleur toujours remplacée par la cause qui maintient la température. On suppose que la surface XZ (*fig.* 2) appartienne

Fig. 2.

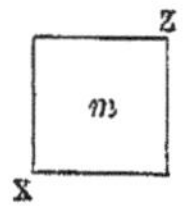

à la superficie de ce solide, que son étendue soit celle de l'unité de surface, et que la température fixe du corps soit zéro. On désigne par A la quantité de chaleur qui sort de cette unité de surface pendant l'unité de temps. Si la température constante du solide est 1 au lieu d'être zéro, la quantité de chaleur sortie de l'unité de surface XZ pendant l'unité de temps sera $A + h$. Le produit de l'émission sera augmenté de h. On ne peut douter que tous les corps n'envoient une grande quantité de chaleur dans l'espace qui les environne, quelle que soit leur température, et même si elle était inférieure à toutes celles que l'on a observées jusqu'ici. Cette propriété se manifeste surtout dans les effets qui dépendent de la réflexion du froid, et dont MM. Pictet et Prévot ont donné les premiers l'explication; mais nous pouvons nous dispenser d'avoir égard à cette émission de la chaleur aux températures inférieures. Les conséquences que l'on se propose de démontrer seraient encore vraies si la quantité désignée par A était nulle. Il est seulement nécessaire de remarquer que le coefficient h n'exprime point la quantité totale et absolue de chaleur qui sort de l'unité de surface XZ retenue à la température 1 pendant l'unité de temps, mais seulement la quantité excédante due à l'élévation 1 de la température.

Si la température constante de la surface XZ est égale à b, b désignant une fraction ou un certain nombre d'unités de température, la quantité de chaleur émise pendant l'unité de temps sera hb; elle croît proportionnellement à la température b, ou du moins ce rapport a une valeur sensiblement constante pour les températures que nous pouvons facilement observer et mesurer.

Si la masse était plongée dans l'air, l'émission de la chaleur occasionnerait dans le milieu un courant dont la vitesse dépendrait de la température b. Dans ce cas, et si la valeur de b était très grande, la quantité de chaleur émise ne serait pas exactement représentée par hb; il faudrait y ajouter un nouveau terme dont on peut ici faire abstraction : car l'émission a lieu dans le vide, et les propositions que l'on va démontrer pour des températures moyennes seraient encore vraies si les températures excédaient les limites ordinaires des observations.

Lorsque l'étendue de la surface XZ est s au lieu d'être 1, s désignant une fraction, ou un certain nombre d'unités de surface, la quantité de chaleur émise pendant l'unité de temps est hs.

Les observations ont fait connaître que la forme de la surface échauffée XZ n'influe point sur la quantité de chaleur émise. Cette quantité serait encore égale à h si l'aire XZ appartenait à la superficie d'un solide d'une forme quelconque. Seulement cette forme pourrait être telle que des rayons de chaleur envoyés par une partie de la surface XZ tombassent sur une autre partie de cette même surface.

II. Un élément ω de la surface XZ ayant la température constante b envoie pendant l'unité de temps une quantité de chaleur excédante égale à hb. Chaque point m de cet élément est le centre d'une infinité de rayons qui se succèdent sans interruption, et composent un hémi-

II.   43

sphère toujours rempli de chaleur. La *capacité* d'un rayon donné est proportionnelle à l'aire qu'il occupe sur la surface hémisphérique dont le centre est en m et dont le rayon serait 1. Si l'on suppose qu'un de ces rayons R occupe un très petit espace ε sur la surface de l'hémisphère, dont l'étendue est 2π, π désignant la longueur de la demi-circonférence dont le rayon est 1, la capacité du rayon R sera le rapport $\frac{\varepsilon}{\pi}$.

On pourrait concevoir que tous les rayons qui sortent du point m ont la même *intensité*, c'est-à-dire, qu'à égale capacité ils contiennent la même quantité de chaleur, et alors la distribution de la chaleur dans l'hémisphère serait uniforme. L'hypothèse que l'on formerait ainsi est entièrement contraire aux propriétés naturelles de la chaleur. La composition de l'hémisphère n'est point homogène : l'intensité de chaque rayon est exactement proportionnelle au cosinus de l'angle que la direction de ce rayon fait avec la normale à la surface. Ainsi, l'intensité du rayon perpendiculaire est double de celle du rayon qui fait avec la surface un angle égal au tiers d'un droit. Il est très facile de reconnaître que si l'émission de la chaleur est assujettie à cette loi, l'équilibre subsiste de lui-même dans toutes les parties de l'espace, et l'on prouve, par une analyse semblable, que l'équilibre ne peut subsister sans cette condition. Les Mémoires cités dans l'Extrait précédent contiennent la démonstration de ces théorèmes. On ne se propose point ici de la rapporter, mais seulement d'examiner quels seraient les effets de l'émission de la chaleur si tous les rayons avaient une égale intensité.

Pour mesurer l'intensité z d'un rayon R dont la capacité est infiniment petite, on suppose que tous les autres rayons qui partent du même point m et remplissent l'hémisphère ont cette même intensité z, et qu'il en est de même de tous les autres points m', m'', m''', ... de l'unité de surface XZ. Dans ce cas, l'accroissement de la chaleur émise pendant l'unité de temps, et qui serait dû à l'élévation de température 1, aurait une valeur différente de h. On représente par z cette valeur, et elle est la mesure exacte de l'intensité du rayon. Il est manifestẹ que tous les rayons infiniment petits qui, sortant d'un même point m, font avec la surface XZ un même angle φ sont également intenses, ou plutôt on ne connaît aucune cause physique qui puisse rendre leur intensité inégale. Il n'en est pas de même des deux rayons R et R' qui sortiraient de la surface sous des angles différents φ et φ'; le rapport de leurs intensités z et z' peut être celui d'une certaine fonction du sinus de φ à la même fonction du sinus de φ'. En général, on doit représenter l'intensité z par $g\,F(\sin\varphi)$, g étant un coefficient constant, et $F(\sin\varphi)$ une fonction dont la nature ne peut être déterminée que par les observations.

III. Si l'arc BNC (*fig.* 3), dont le rayon est 1, tourne autour de l'axe CM, il décrira l'hémisphère, et l'élément NN' décrira une zone qui est

Fig. 3.

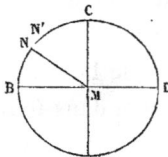

occupée par tous les rayons sortis du point M sous le même angle NMB, désigné par φ; l'étendue de cette zone est $2\pi\cos\varphi\,d\varphi$: ainsi les rayons dont elle est la base ont une capacité totale égale à $\cos\varphi\,d\varphi$. En représentant leur intensité par $g\,F(\sin\varphi)$, le produit $g\,F(\sin\varphi)\cos\varphi\,d\varphi$ exprimera la quantité de chaleur émise sous l'angle φ par l'unité de surface; c'est-à-dire que si, pour chaque point m, m', m'', m''' de l'unité de surface XZ, on prenait tous les rayons qui, sortant sous le même angle φ, ont leur base sur une zone hémisphérique égale à $2\pi\cos\varphi\,d\varphi$, la quantité de chaleur fournie pendant l'unité de temps par ces seuls rayons serait $g\,F(\sin\varphi)\cos\varphi\,d\varphi$.

Il suit de là qu'en intégrant cette différentielle depuis $\varphi = 0$ jusqu'à $\varphi = \frac{1}{2}\pi$, la somme doit être égale au coefficient h; car ce coefficient mesure par hypothèse le produit de l'émission totale. On doit donc avoir la condition

$$h = \int_0^{\frac{\pi}{2}} g\,\mathrm{F}(\sin\varphi)\cos\varphi\,d\varphi.$$

En désignant $\sin\varphi$ par σ, on a $h = g\int \mathrm{F}(\sigma)\,d\sigma$; et l'intégrale doit être prise de $\varphi = 0$ à $\varphi = \frac{1}{2}\pi$, ou de $\sigma = 0$ à $\sigma = 1$: ainsi le coefficient g est

$$\frac{h}{\displaystyle\int_0^1 \mathrm{F}(\sigma)\,d\sigma};$$

et l'expression générale de l'intensité dans les questions de ce genre est

$$h\,\frac{\mathrm{F}(\sigma)}{\displaystyle\int_0^1 \mathrm{F}(\sigma)\,d\sigma}.$$

Si l'on supposait que l'intensité fût la même pour tous les rayons, quel que fût l'angle φ, la fonction $\mathrm{F}(\sin\varphi)$ serait 1; on aurait $g = h$.

Si l'on suppose que l'intensité est proportionnelle au sinus de l'angle d'émission, ce qui est le cas de la nature, la fonction $\mathrm{F}(\sin\varphi)$ est égale à $\sin\varphi$: on a alors

$$\int_0^1 \mathrm{F}(\sigma)\,d\sigma = \tfrac{1}{2} \quad \text{et} \quad g = 2h.$$

Dans ce cas, l'intensité z d'un rayon R sorti de la surface sous l'angle φ est $2h\sin\varphi$. La quantité h représente l'intensité moyenne; celle du rayon normal est $2h$; c'est-à-dire que, si tous les rayons avaient cette même intensité, le produit de l'émission serait double de ce qu'il est en effet. L'intensité de ce rayon, qui fait avec la surface un angle égal au tiers d'un droit, est h; elle est égale à l'intensité moyenne : c'est elle qu'il faudrait donner à tous les rayons pour que le produit de l'émission fût égal à celui que l'on pourrait mesurer par les observations.

IV. Les principes que l'on vient d'établir suffisent pour déterminer, au moyen d'une analyse fort simple, tous les effets de la chaleur rayonnante, tant que l'on n'a point égard à la réflexibilité des surfaces. L'explication complète de cette dernière propriété exigerait des développements plus étendus. On peut en faire abstraction lorsqu'on se propose seulement de calculer les températures dans un cas particulier comme celui de l'égale intensité des rayons. On pourrait aussi omettre l'article précédent; mais la remarque qu'il contient est nécessaire pour comparer l'hypothèse d'une égale intensité à celle d'une intensité proportionnelle au sinus de l'angle d'émission.

V. On suppose maintenant que la distribution de la chaleur dans l'hémisphère est uniforme, et il s'agit de déterminer, pour ce seul cas où tous les rayons sont également intenses, la température que doit acquérir une molécule sphérique μ placée à la distance g du centre de l'espace sphérique. On suppose aussi que l'état de la superficie de la molécule est le même que l'état de la surface intérieure de l'enceinte. Par conséquent le coefficient h est commun aux deux surfaces.

La molécule sphérique dont le centre occupe le point i reçoit pendant chaque instant une certaine quantité de chaleur de tous les points de l'enceinte S dont la température est a, et elle envoie aussi, par sa propre surface, une certaine quantité de chaleur qui dépend de sa température. Supposons que l'on donne à cette sphère infiniment petite μ une température α telle que la quantité de chaleur envoyée par la molécule pendant un instant soit égale à celle qu'elle recevrait de l'enceinte pendant le même temps; il est manifeste que la température α ne pourra varier.

Si l'on donne à la sphère μ une température moindre que α, cette molécule recevra une quantité de chaleur plus grande que celle qu'elle envoie; elle s'échauffera de plus en plus, sa température s'approchant continuellement de la valeur α. Si, au contraire, la molécule reçoit d'abord une température plus grande que α, la quantité de chaleur perdue par la molécule surpassera celle qu'elle reçoit, et la température diminuera en s'approchant continuellement de la valeur α.

Pour déterminer la température que doit acquérir la molécule lorsqu'on la place au point i de l'espace, il faut donc trouver une valeur α de la température qui soit telle que la chaleur perdue par cette sphère μ soit égale à la chaleur reçue pendant le même temps.

ρ étant le rayon de la sphère μ, la quantité de chaleur qui sort de la molécule pendant l'unité de temps est $h.4\pi\rho^2\alpha$. Il reste à déterminer la quantité de chaleur que cette molécule reçoit. On considérera d'abord l'action d'un seul point M de la surface sphérique S. On désigne par φ l'angle MAB; l'arc MB sera $r\varphi$, r étant le rayon de la surface sphérique. L'ordonnée MP sera $r\sin\varphi$; l'abscisse PA sera $r\cos\varphi$, et Pi sera $r\cos\varphi - g$.

En désignant par y la distance Mi du point M au centre de la molécule, on aura

$$y^2 = r^2 \sin^2\varphi + (r\cos\varphi - g)^2 = r^2 - 2gr\cos\varphi + g^2.$$

Le rayon dont le centre est en M, et qui enveloppe la molécule sphérique μ, occupe une certaine partie de la surface hémisphérique dont le centre serait aussi en M, et qui aurait pour rayon la distance y. L'étendue de cette portion occupée par le rayon incident est $\pi\rho^2$; ou plus exactement cette étendue ne diffère de $\pi\rho^2$ que d'une quantité infiniment petite par rapport à elle-même, parce que le rayon ρ est infiniment petit par rapport à y. La surface de ce même hémisphère est $2\pi y^2$: donc la capacité du rayon incident est $\dfrac{\pi\rho^2}{2\pi y^2}$ ou $\dfrac{1}{2}\dfrac{\rho^2}{y^2}$. Si l'on désigne par ω l'aire d'un élément infiniment petit auquel le point M appartient, la quantité de chaleur envoyée par cet élément à la molécule μ pendant l'unité de temps sera $h\dfrac{\rho^2}{2y^2}\omega a$.

Si l'élément MM' de l'arc BM tourne autour de l'axe BD, il tracera une zone sphérique qui envoie à la molécule une quantité de chaleur exprimée par

$$ha\frac{\rho^2}{2y^2}2\pi r\sin\varphi\, r\, d\varphi \quad \text{ou} \quad ah\frac{r^2}{y^2}\pi\rho^2\sin\varphi\, d\varphi.$$

En intégrant cette différentielle depuis $\varphi = 0$ jusqu'à $\varphi = \pi$, on connaîtra la quantité totale de chaleur reçue par la molécule μ; et, comme la quantité de chaleur perdue est $h \cdot 4\pi\rho^2\alpha$, on doit avoir l'équation

$$4\alpha = \int_0^\pi a \frac{r^2}{y^2} \sin\varphi \, d\varphi.$$

Il est facile de déterminer la valeur de α, ou

$$\frac{a}{4} \int_0^\pi \frac{r^2 \sin\varphi \, d\varphi}{r^2 - 2gr\cos\varphi + g^2}.$$

On désignera par n le rapport donné $\frac{g}{r}$, et supposant $\cos\varphi = p$, on aura

$$\alpha = \frac{1}{4} a \int_{+1}^{-1} \frac{-dp}{1 - 2np + n^2}.$$

L'intégrale $\int \dfrac{-dp}{1 - 2np + n^2}$ est

$$\frac{1}{2n} \log(1 - 2np + n^2) + \text{const.},$$

et la constante est

$$-\frac{1}{2n} \log(1 - 2n + n^2),$$

puisque l'intégrale doit être nulle lorsque $p = 1$; on a donc

$$\int_1^p \frac{-dp}{1 - 2np + n^2} = \frac{1}{2n} \log\left(\frac{1 - 2np + n^2}{1 - 2n + n^2}\right);$$

et faisant $p = -1$, on a

$$\int_1^{-1} \frac{-dp}{1 - 2np + n^2} = \frac{1}{2n} \log\left[\frac{(1+n)^2}{(1-n)^2}\right] = \frac{1}{n} \log\left(\frac{1+n}{1-n}\right).$$

Il suit de là que la valeur de α est donnée par l'équation suivante :

$$\alpha = \frac{1}{4} a \frac{r}{g} \log\left(\frac{1 + \dfrac{g}{r}}{1 - \dfrac{g}{r}}\right).$$

Si, par exemple, $g = \frac{1}{2}r$, on aura $\alpha = \frac{1}{2} a \log 3$; et lorsqu'on augmentera la valeur de $\frac{g}{r}$ depuis $\frac{1}{2}$ jusqu'à 1, le rapport $\frac{\alpha}{a}$ augmentera depuis $\frac{1}{2}\log 3$ jusqu'à l'infini.

Lorsque $\frac{g}{r}$ est nul, l'expression devient $\frac{0}{0}$, et l'on trouvera, par la règle connue, soit en différentiant, soit en réduisant en série, $\alpha = \frac{1}{2}\,a$. Ainsi la molécule, étant placée au centre de la sphère, acquerrait seulement une température égale à la moitié de celle de l'enceinte. Lorsqu'on éloignerait cette molécule du centre, elle prendrait une température d'autant plus grande qu'elle serait plus voisine de la superficie. Cette température acquise deviendrait d'abord égale à celle de l'enceinte; ensuite elle augmenterait toujours si l'on rapprochait la molécule de la surface, et elle pourrait devenir aussi grande qu'on le voudrait.

VI. On peut déterminer en quel point la molécule doit être placée pour que sa température ait une valeur donnée égale à ma, m étant un nombre quelconque. Il suffit de résoudre l'équation

$$4m = \frac{1}{n} \log\left(\frac{1+n}{1-n}\right)$$

en regardant comme l'inconnue le rapport n ou $\frac{g}{r}$; question qui appartient à la théorie des équations, et dont la solution est facile.

On voit donc que, si les rayons qui sortent d'un point m d'une surface échauffée avaient la même intensité sous toutes les directions, l'équilibre de la chaleur ne pourrait s'établir dans un espace terminé par une surface sphérique entretenue à une température constante.

La molécule sphérique que l'on y placerait changerait de température en changeant de position. On pourrait placer le centre de la molécule en un tel point que la quantité de chaleur qu'elle recevrait fût incomparablement plus grande que pour un autre point. Supposons, par exemple, que la molécule μ soit d'abord à la température α; sa surface perdrait la même quantité de chaleur Δ qu'une surface de même étendue qui ferait partie de l'enceinte. Si donc le lieu où l'on place la molécule était tel qu'elle reçût de l'enceinte une quantité de chaleur égale à Δ, elle conserverait nécessairement la température α qu'on lui aurait donnée. Or on peut toujours désigner le point de l'espace où la chaleur reçue est égale à Δ, et c'est en ce point seulement que l'équilibre a lieu; il serait impossible pour tous les autres; la molécule, placée au centre de l'espace, recevrait seulement une quantité de chaleur égale à $\frac{1}{2}$Δ; et, en l'approchant de la paroi intérieure de l'enceinte, on trouverait des points pour lesquels la chaleur reçue est cent fois ou mille fois plus grande que Δ. Il en résulterait donc une température acquise incomparablement plus grande que celle de l'enceinte; ce qui est contraire à toutes les observations.

Mais si le rayon MI qui sort du point M de l'enceinte contient, à égale capacité, d'autant moins de chaleur qu'il fait un plus petit angle avec l'élément de la surface s, et si son intensité est proportionnelle au sinus de cet angle, la quantité totale de chaleur reçue par la molécule μ est égale à Δ, quelle que soit la distance IA désignée par g. Cette proposition ne dépend ni de la forme de l'enceinte, ni de celle du corps fini ou infiniment petit μ qui reçoit la chaleur.

VII. On n'a point considéré dans le calcul précédent la propriété que peuvent avoir les surfaces de réfléchir une partie de la chaleur incidente qu'elles reçoivent des corps environnants; et l'on n'a point expliqué la cause physique du décroissement de l'intensité des rayons, et les effets qui résulteraient de toute autre loi de décroissement. Ces parties de notre Théorie nécessitent un examen plus approfondi : au reste, il est facile de voir que, dans le cas d'une émission homogène, la molécule μ, placée au centre de l'espace sphérique, en acquérant la propriété de réfléchir une partie des rayons incidents, ne prendrait point une température égale à celle de l'enceinte.

En effet, chaque point M de l'enceinte envoie à la molécule un rayon de chaleur dont l'intensité est ah, et la capacité $\frac{1}{2}\frac{\rho^2}{r^2}$.

Donc la quantité de chaleur envoyée à la molécule par un élément ω de la surface intérieure de l'enceinte est $\frac{\omega ah}{2}\frac{\rho^2}{r^2}$; en multipliant cette dernière quantité par le rapport de la surface entière $4\pi r^2$ à l'élément ω, on trouvera la quantité totale de chaleur $2\pi\rho^2 ah$ que reçoit la molécule μ; et cette quantité est deux fois moindre que celle qui est envoyée dans l'espace par la même molécule retenue à la température constante a; car cette dernière quantité est évidemment $4\omega\rho^2 ah$. Si maintenant on suppose que la molécule n'est point pénétrée par toute la chaleur incidente, mais qu'elle en repousse une partie, il est visible qu'il n'en peut point résulter que la chaleur reçue devienne équivalente à la chaleur perdue. Il semble même que l'on pourrait en conclure que l'inégalité serait encore plus grande. Mais cette dernière conséquence ne peut être admise. En effet, quoique l'on ne connaisse pas encore la nature de cette force qui, s'exerçant à la surface, repousse vers l'espace extérieur une partie de la chaleur incidente, et l'empêche de pénétrer dans le solide, on sait que cette même cause contient ou réfléchit dans l'intérieur des corps une partie de la chaleur rayonnante qui tend à se porter dans l'espace environnant : l'une et l'autre propriété ont une cause commune. Si l'on change l'état de la surface, et si, en lui donnant un poli plus parfait, on diminue d'une certaine partie d'elle-même la quantité de chaleur émise, on diminue dans le même rapport la quantité de chaleur admise, c'est-à-dire celle qui, étant envoyée au solide par les corps environnants, peut traverser sa surface et pénétrer dans l'intérieur. Dans tous les cas, il est manifeste que la molécule μ, placée au centre de l'espace, soit qu'elle jouisse ou non de la faculté de réfléchir une partie des rayons, ne pourrait prendre dans l'hypothèse de l'émission homogène qu'une température très inférieure à celle de l'enceinte. Or ce dernier résultat n'est pas moins contraire aux faits que si la température était trop élevée. On voit, par exemple, qu'en prenant pour la température constante a de l'enceinte celle qui répond à la fusion d'une certaine substance, on trouverait que la molécule placée au centre doit acquérir la température de la glace fondante. Il suffirait, pour que ce résultat eût lieu, que la température désignée par zéro dans le calcul précédent eût une valeur inférieure à celle de la glace, et telle que la température de la glace fût moyenne entre celle qui répond à zéro et celle que l'on attribue à l'enceinte.

VIII. On a représenté par A la quantité totale et absolue de chaleur que l'enceinte de surface envoie dans l'espace pendant l'unité de temps lorsque la température de la surface est zéro. Dans le calcul précédent, on a dû faire abstraction de cette quantité A ou la regarder comme nulle; en effet, si l'enceinte S avait la température constante zéro, la molécule μ placée en un point quelconque de l'espace conserverait la température zéro si elle l'avait reçue d'abord. Pour que cet effet ait lieu, il est nécessaire, ou que la quantité A soit nulle, ou que la chaleur reçue par la molécule soit toujours égale à celle qu'elle envoie elle-même dans l'espace. Dans le premier cas, qui est purement hypothétique, la température prise pour zéro correspondrait à l'état des corps qui n'émettent aucune chaleur. Dans le second cas, l'équilibre a lieu à la température zéro, parce que l'émission est assujettie à la loi de décroissement qui rend cet équilibre possible.

L'analyse précédente prouve donc que, si une partie seulement de la chaleur émise, savoir celle qui est due à l'élévation a de la température, n'était point assujettie à la même loi, et qu'elle fût au contraire, uniformément distribuée, on observerait, à partir de la température zéro, des effets énormes opposés à toutes les observations, et l'équilibre de la chaleur rayonnante cesserait entièrement de subsister. Si l'on choisit pour la température désignée par zéro celle qui convient à la congélation du mercure, et si la valeur désignée par a est la température de la glace fondante, on trouvera sur le rayon BA un point E tel que la molécule, y étant placée, acquerra aussi une température égale à a, et l'on trouvera entre les points B et E un point E′ pour lequel la température serait celle de l'eau bouillante. Enfin, on trouverait entre B et E′ un point E″ où la température acquise par la molécule serait celle qui répond à la fusion du fer. Pour que ces résultats eussent lieu, il ne serait même pas nécessaire que toute la chaleur émise par les corps fût assujettie à une distribution uniforme; il suffirait que la loi naturelle du décroissement ne fût point observée au delà du terme qui correspond à la température zéro.

Ainsi le fait général de l'équilibre de la chaleur rayonnante suppose qu'il n'y a aucune partie de la chaleur émise qui ne soit assujettie à la loi que nous avons démontrée. Si, pour une portion quelconque de cette chaleur projetée, l'émission était homogène, l'équilibre serait troublé dans toute la masse, et l'on observerait, à partir d'un point fixe, toutes les températures possibles dans un espace où il ne peut y en avoir qu'une seule.

QUESTIONS

SUR LA

THÉORIE PHYSIQUE DE LA CHALEUR RAYONNANTE.

QUESTIONS

SUR LA

THÉORIE PHYSIQUE DE LA CHALEUR RAYONNANTE.

Annales de Chimie et de Physique, Série I, Tome VI, p. 259; 1817.

I.

On s'est proposé, dans les Notes suivantes, d'examiner diverses questions relatives à la Théorie physique de la chaleur rayonnante, et de ramener aux principes généraux de cette théorie plusieurs faits remarquables dont l'explication avait d'abord paru sujette à quelque incertitude.

Lorsqu'on expose, le soir, à l'air libre, des corps de différente espèce, on observe qu'ils se refroidissent très inégalement. Les substances métalliques polies conservent plus longtemps leur chaleur; la terre, l'herbe, la laine se refroidissent promptement à leur surface. Un thermomètre dont la boule est noircie prend une température fixe, inférieure à celle que marquerait ce même thermomètre si la boule était couverte d'une enveloppe métallique. Il s'agit de comparer ces faits, et spécialement le dernier, avec ceux qui servent de fondement à la Théorie de la chaleur rayonnante. On a demandé comment l'explication de ces effets peut se concilier avec un principe que tous les physiciens paraissent avoir admis, et qui suppose que la faculté de recevoir la chaleur est toujours égale à celle de la communiquer.

Un thermomètre étant exposé à l'air pendant la nuit, si l'on place un miroir métallique concave dirigé vers le ciel en sorte que la boule du thermomètre occupe le foyer, on observe un abaissement sensible dans la température. Il s'agit de donner l'explication exacte de cet effet, et d'examiner si la forme concave du miroir concourt à l'augmenter en mettant le thermomètre en communication avec une plus grande partie du ciel.

On a demandé encore d'après quels principes on pourrait démontrer le rayonnement de l'air, et s'il contribue aux effets que l'on vient de rapporter.

La loi d'émission de la chaleur a donné lieu aussi à plusieurs questions sur la nature de cette loi, sur les diverses preuves qu'on en peut apporter, et sur la cause physique qui la détermine. On a demandé, par exemple, si, pour expliquer cette cause, il est nécessaire de considérer les rayons de chaleur émis par une molécule solide voisine de la surface comme étant en partie absorbés par les molécules intermédiaires qui la séparent de l'espace extérieur, et si la même loi ne subsisterait point encore en supposant qu'il ne s'opère aucune absorption.

On a fondé cette remarque sur l'analyse même qui conduit à l'expression de la quantité de chaleur émise; car cette expression paraît indépendante de la fonction qui représente pour une distance donnée la quantité de chaleur absorbée.

Nous allons examiner sommairement les questions précédentes, et indiquer les principes qui servent à les résoudre.

II.

De la loi d'émission de la chaleur rayonnante.

On rappellera d'abord les théorèmes relatifs à l'émission de la chaleur rayonnante, car ils s'appliquent à toutes les questions que l'on vient d'énoncer.

On peut arriver par différentes voies à la connaissance de la loi qui règle l'émission de la chaleur rayonnante. Il est nécessaire de considérer, sous plusieurs points de vue, cette proposition fondamentale.

Si l'on mesure, au moyen d'un miroir métallique concave et d'un thermomètre placé au foyer, l'effet de la chaleur rayonnante qu'une surface plane échauffée envoie à une certaine distance, et si l'on fait varier l'inclinaison de la surface, on voit que l'intensité de la chaleur émise est sensiblement proportionnelle au sinus de l'angle compris entre chaque rayon et l'élément de la surface dont il sort.

III.

Cette loi a été d'abord indiquée par les observations, ensuite on a démontré qu'elle est une conséquence de l'équilibre de la chaleur rayonnante. En effet, si, dans un point quelconque d'un espace que termine une enveloppe solide, opaque, retenue à une température constante, on place une molécule élevée d'avance à cette même température, il est certain que l'état de la molécule ne subira aucun changement. Or, on peut démontrer que ce fait général, qui constitue l'équilibre de la chaleur rayonnante, n'aurait point lieu si les rayons qui traversent un même élément de la surface de l'enceinte avaient la même intensité dans toutes les directions. Il faut donc chercher quelle est la loi du décroissement de l'intensité qui rend l'équilibre possible. Le résultat de cette recherche étant la loi elle-même que nous avons énoncée, on voit qu'il y a une connexion certaine entre cette loi de l'émission et le fait principal établi par les observations communes. Cette relation est analogue à celle qui subsiste entre la propriété que les liquides ont de conserver leur niveau à la surface et le théorème qui fait connaître la diminution du poids occasionnée par l'immersion du solide. Il est évident que ce dernier théorème serait très imparfaitement connu s'il était seulement fondé sur des mesures données par l'expérience, et si l'on ne démontrait point qu'il est un résultat nécessaire de l'équilibre des liquides.

IV.

Il est facile de voir comment l'équilibre de la chaleur s'établit ou se conserve d'après cette loi. Il suffit de considérer les conséquences suivantes.

II.   45

Une molécule reçoit toujours la même quantité de chaleur, quel que soit le point de l'espace qu'elle occupe. Chaque élément de la surface d'un corps envoie à l'enveloppe solide autant de chaleur qu'il en reçoit de cette enveloppe. La chaleur interceptée par un second corps, placé entre le premier et l'enceinte, est exactement compensée par celle que le second corps envoie au premier. En général, l'équilibre s'établit d'élément à élément, chaque particule d'une surface envoyant à une autre surface quelconque, finie ou infiniment petite, une quantité de chaleur rigoureusement égale à celle qu'elle reçoit.

Ces conséquences n'auraient point lieu si toute la chaleur envoyée, ou une portion très sensible de cette chaleur, était assujettie à une loi d'émission différente de celle que l'on a énoncée. Les corps changeraient de température en changeant de situation. Les liquides, acquérant dans leurs diverses parties des densités inégales, ne demeureraient point en équilibre dans un lieu d'une température uniforme ; ils y seraient animés d'un mouvement perpétuel.

V.

On peut encore arriver à la connaissance de cette loi en considérant la cause physique de l'émission. Il est évident, en effet, que, dans les corps solides non diaphanes, il n'y a qu'une couche très peu épaisse qui puisse envoyer immédiatement une partie de ses rayons dans l'espace extérieur. Cette couche solide est celle qui est la plus voisine de la superficie.

Le même effet a lieu pour la lumière qui, dans les corps opaques dont la surface est éclairée, n'est émise que par les molécules extrêmement voisines de cette surface.

Lorsqu'un point matériel, placé à une petite profondeur au-dessous de la superficie, projette sa chaleur en la dirigeant vers l'espace extérieur, une grande partie de chaque rayon est arrêtée par les molécules intermédiaires. La quantité de chaleur interceptée dépend d'une certaine fonction de la distance, et, quelle que soit la nature de cette fonction, on trouve, par une analyse exacte, que la quantité totale de chaleur rayonnante qui sort sous une direction donnée est proportionnelle au sinus de l'angle d'émission.

VI.

Il est très facile d'apercevoir ce dernier résultat en considérant chaque point matériel comme le centre d'une infinité de rayons qui ont tous la même intensité; car il suit de cela même que les quantités de chaleur qui traversent un seul élément de la surface, selon différentes directions, sont d'autant moindres que la direction est plus oblique, et qu'elles sont proportionnelles au sinus des angles d'émission; mais on ne peut pas en conclure que la loi subsisterait encore s'il n'y avait aucune absorption. En effet, le théorème suppose que la masse est formée de deux parties, dont l'une envoie immédiatement au dehors ses rayons ou une portion de ses rayons, tandis que l'autre n'en peut point envoyer dans le même espace. Si tous les points du solide concouraient à l'émission, la loi cesserait d'avoir lieu.

On peut choisir des fonctions quelconques pour représenter la quantité de chaleur absorbée à une distance donnée; mais il y a une condition commune à laquelle ces fonctions sont assujetties. Chacune d'elles doit avoir ses valeurs nulles pour toutes les distances qui surpassent une certaine quantité moindre que l'épaisseur de l'enceinte. Ainsi l'on peut donner une forme arbitraire à la courbe qui représente la fonction, pourvu que toutes les ordonnées soient nulles lorsque l'abscisse surpasse une certaine ligne plus petite que la profondeur de la masse. Si cette épaisseur de l'enceinte était moindre que la plus grande distance à laquelle la chaleur se porte immédiatement, la loi d'émission serait changée, ou plutôt elle ne pourrait être conservée que par l'influence des corps extérieurs, s'ils avaient eux-mêmes la propriété d'absorber la chaleur rayonnante : il faut donc regarder cette propriété comme une des causes nécessaires de la loi d'émission. On la suppose tacitement lorsqu'on calcule les effets du rayonnement en ne consi-

dérant que les molécules extrêmement voisines de la superficie; on la
suppose aussi lorsqu'on représente la quantité de chaleur interceptée
par une fonction dont toutes les dernières valeurs sont nulles.

On doit à M. Leslie les premières expériences qui ont fait connaître
que l'intensité des rayons sortis d'un même élément de la surface
varie avec l'angle d'émission, et qu'elle est proportionnelle au sinus de
cet angle. On a reconnu ensuite : 1° que cette même loi est la condition nécessaire de l'équilibre de la chaleur rayonnante; 2° qu'elle n'est
point troublée, dans le cas de l'équilibre, par la réflexibilité imparfaite
des surfaces; 3° qu'elle suppose le rayonnement uniforme des molécules intérieures, et l'extinction des rayons envoyés par les points
situés à une certaine distance de la superficie; en sorte que la loi
énoncée n'est autre chose que l'expression mathématique de ces deux
conditions. Ces propositions, et celles qui composent aujourd'hui la
Théorie mathématique de la chaleur rayonnante, ont été données,
pour la première fois, dans les Mémoires que nous avons remis, il y a
plusieurs années, à l'Institut de France, et qui contiennent aussi les
lois générales de la propagation de la chaleur dans l'intérieur des solides.

VII.

*Expression de la quantité de chaleur directe ou réfléchie que reçoit
un point dont la position est donnée.*

Après avoir établi la loi à laquelle l'émission est assujettie, on détermine facilement la quantité de chaleur qu'une surface donnée envoie,
soit directement, soit par voie de réflexion, à une molécule extrêmement petite. Si la molécule μ (*fig.* 1) est placée dans un point d'un
espace vide d'air, terminé par une enceinte solide, et si diverses parties aa et bb de cette enceinte ont des températures différentes a et b,
on multipliera la température a de chacune de ces parties par la *capacité* α de la surface conique $a\mu a$, dont le sommet est en μ, et qui embrasse l'aire aa. On entend par la *capacité* du cône $a\mu a$ l'aire α qu'il

intercepterait sur la surface sphérique, dont le centre est en μ, et qui a l'unité pour rayon.

En formant des produits semblables pour toutes les parties *aa*, *bb*, finies ou infiniment petites, dont la température est différente, et en prenant la somme de ces produits $a\alpha + b\beta + \dots$, on aura l'expression

Fig. 1.

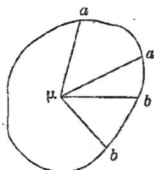

de la quantité de chaleur reçue. On fait abstraction de la réflexibilité, c'est-à-dire que l'on considère les surfaces comme entièrement privées de la faculté de réfléchir la chaleur.

VIII.

Si le thermomètre infiniment petit μ, placé dans un point de l'espace qui termine l'enceinte, a acquis une température fixe, et si l'on interpose une surface *a'a'* (*fig.* 2) dont la température est la même que

Fig. 2.

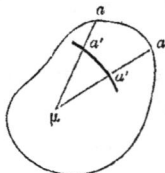

celle de la portion correspondante *aa* de l'enceinte, il suit évidemment de la proposition précédente que la molécule μ conservera sa température; car elle recevra de la surface interposée *a'a'* autant de chaleur qu'elle en recevrait de la surface cachée *aa*. Il n'en serait pas de même si la surface *a'a'* était plus échauffée ou moins échauffée que la surface correspondante *aa*. Dans le premier cas, la température de la molécule s'élève, et elle s'abaisse dans le second. En effet, la capacité du cône demeure la même; mais le facteur qui multiplie la mesure de cette capacité change avec la température de la surface.

IX.

Supposons maintenant que la surface interposée *rr* (*fig.* 3) jouisse de la faculté de réfléchir toute la chaleur qu'elle reçoit; pour connaître

Fig. 3.

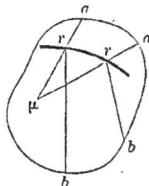

son action sur la molécule μ, c'est-à-dire le quantité de chaleur qu'elle lui envoie, on multipliera la capacité du cône qui enveloppe le miroir par la température *b* de la portion *bb* de l'enceinte dont la chaleur est réfléchie sur la molécule. On pourrait donc aussi faire abstraction de la surface interposée *rr*, et attribuer la température *b* à la portion *aa* de l'enceinte, dont la chaleur est interceptée par le miroir. Les surfaces telles que *rr*, qui réfléchissent toute la chaleur qu'elles reçoivent, agissent sur la molécule comme si elles n'avaient point de température propre; elles ont seulement celle des surfaces dont elles réfléchissent la chaleur. L'effet de la réflexion est de transporter la température *b* d'une certaine partie *bb* de l'enceinte au miroir lui-même *rr*, ou, ce qui est la même chose, à la surface *aa*, dont ce miroir intercepte la chaleur.

X.

Lorsque la surface *bb*, dont la chaleur est réfléchie, n'a pas dans toutes ses parties la même température, il faut considérer séparément, dans

çette surface *bb* (*fig.* 4), une portion ββ finie ou infiniment petite,
dont tous les points aient une même température β. On déterminera
ensuite quelle est la portion ρρ du miroir qui réfléchit, au point μ, la

Fig. 4.

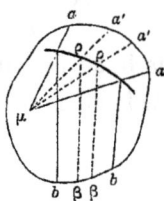

chaleur de l'élément ββ. Le produit de la température β par la capacité du cône ρμρ exprimera l'action de la surface ββ. Il suffirait aussi
de transporter la température β à l'élément *a′a′*, dont la chaleur est interceptée par la portion ρρ du miroir. Si l'on forme des produits semblables pour toutes les parties de la surface *bb*, et si l'on prend la
somme des produits, on connaîtra l'action totale du miroir.

XI.

La molécule μ étant placée dans un espace vide d'air que termine
une enceinte AAAA (*fig.* 5), dont toutes les parties ont une tempéra-

Fig. 5.

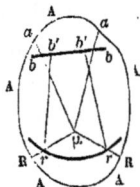

ture constante *a*, acquerra cette température *a* de l'enceinte. Si l'on
met entre μ et l'enceinte un plateau *bb*, dont la température *b* soit
moindre que *a*, le thermomètre s'abaissera; car on remplace l'action
de la surface *aa* par celle de la surface interposée *bb*, et le rapport de
ces actions est celui des températures *a* et *b*.

Si, de plus, on place un miroir concave rr propre à réfléchir sur la molécule μ les rayons qu'il reçoit du plateau bb, le thermomètre s'abaissera de nouveau. En effet, le miroir rr intercepte la chaleur envoyée par la partie RR de l'enceinte, et il la remplace par une quantité dont la proposition précédente donne l'expression exacte. Il faut, pour trouver cette expression, multiplier la capacité du cône $r\mu r$ par la température b de la surface $b'b'$, dont les rayons sont réfléchis par rr.

L'effet du miroir est de transporter la température b du plateau bb à sa propre surface rr, ou, ce qui est la même chose, à la surface RR, dont rr intercepte les rayons.

XII.

La molécule μ ayant acquis la température constante a de l'enceinte, si l'on dispose, comme la figure l'indique, deux surfaces métalliques polies rr, $\rho\rho$ (fig. 6), et un corps m dont la température b soit moindre

Fig. 6.

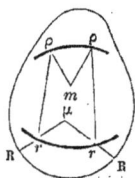

que celle de l'enceinte, le thermomètre μ s'abaissera. En effet, le miroir rr intercepte l'action d'une partie RR de l'enceinte; il la remplace par celle du miroir lui-même. Pour déterminer cette dernière action, il faut multiplier la capacité du cône $r\mu r$ par la température des corps dont rr réfléchit la chaleur sur la molécule μ. Or tous les rayons partis du corps m et qui tombent sur le second miroir $\rho\rho$ sont réfléchis sur le premier rr, et ensuite sur la molécule μ. Donc la température qu'il faut attribuer à la surface rr est la température b du corps m. L'effet du second miroir $\rho\rho$ est de donner à sa surface la température b du corps m, et l'effet du premier miroir rr est de donner cette même

température b à sa propre surface, ou, ce qui est la même chose, de
transporter cette température b à la partie de l'enceinte dont les rayons
sont interceptés.

On voit donc que l'action de la surface RR est remplacée par celle du
miroir rr, et que le rapport de la première action à la seconde est celui
de la température b à la température a. Non seulement ces propositions expliquent clairement l'abaissement de la température, mais
elles en donnent la valeur exacte. On obtiendrait cette valeur en déterminant, d'après les mêmes principes, l'action de toutes les parties de
l'enceinte. Si le corps m n'est pas d'une très petite dimension, ou
n'est pas très éloigné de μ, il faut avoir égard à l'action directe de m
sur μ.

On détermine aussi, par un calcul entièrement semblable, l'effet
contraire qui aurait lieu si le corps m (*fig.* 6), ou si le plateau bb
(*fig.* 5), étaient plus échauffés que l'enceinte.

L'explication des effets produits par la réflexion apparente du froid
est entièrement due à M. Prévôt, de Genève. Il a reconnu le premier
que ces phénomènes indiquent une proposition générale fort importante, savoir, que les corps émettent leur chaleur rayonnante à toutes
les températures, et qu'ils se l'envoient mutuellement, de même que
les corps éclairés se communiquent leur lumière. M. Prévôt a déve-
loppé dans plusieurs Ouvrages cette notion, qui est très féconde, et a
prouvé qu'elle embrasse tous les faits connus.

XIII.

Nous avons attribué jusqu'ici une dimension infiniment petite à la
molécule sphérique μ qui reçoit l'impression de la chaleur. Pour
étendre les mêmes propositions au cas où les dimensions sont finies,
il est nécessaire de distinguer les différentes parties de cette surface.
On reconnaît ainsi, par un examen très attentif, la cause qui fait varier
l'intensité des effets avec la distance du miroir rr à la surface bb dont
les rayons sont réfléchis (*fig.* 5), et avec la distance du thermomètre μ.

II.   46

au miroir *rr*. On voit en même temps que le calcul des effets de la chaleur réfléchie diffère totalement de celui des effets catoptriques de la lumière; mais cette partie de la question nécessiterait une explication plus étendue.

XIV.

Les rayons de chaleur qu'une surface reçoit des corps voisins sont en partie réfléchis par cette surface. Chacun de ces rayons se divise en deux autres, dont l'un est renvoyé vers l'espace, et dont l'autre pénètre le solide. Les propositions précédentes se rapportent à deux cas extrêmes et opposés. Dans le premier, on suppose que la réflexibilité des surfaces est nulle, en sorte que chaque rayon incident pénètre tout entier dans l'intérieur du corps. Dans le second cas, on suppose que la réflexibilité est parfaite, c'est-à-dire que le rayon incident est renvoyé tout entier vers l'espace extérieur. Si les superficies de tous les corps avaient une de ces deux qualités contraires, en sorte que les uns fussent propres à recevoir toute la chaleur incidente, et les autres à la repousser entièrement, on déterminerait rigoureusement, par les théorèmes que nous avons énoncés, tous les effets de la chaleur directe ou réfléchie.

On observe à la surface des corps un état mixte qui participe de l'une et de l'autre propriété, et l'on peut alors diviser chaque élément de la surface en deux parties, égales ou inégales, dont l'une est privée de toute réflexibilité, et dont l'autre est un miroir parfait. Le rapport de ces deux parties est un coefficient donné qui dépend de l'état de la surface, et qui, d'après les observations, est sensiblement constant lorsque les changements de température sont peu considérables.

Si une particule ω de la superficie d'un corps a la faculté de réfléchir toute la chaleur incidente qui lui est envoyée, elle n'a plus aucune température propre. La force qui s'exerce à la surface pour repousser toute la chaleur envoyée par les objets voisins repousse aussi vers l'intérieur du solide toute la chaleur qu'il aurait émise à raison de sa température. Si, au contraire, la réflexibilité de l'élément ω est nulle, la

chaleur qu'il reçoit en différentes directions y pénètre tout entière,
et il en est de même de celle qu'il émet en vertu de sa température.
Elle s'échappe entièrement sans être rappelée par aucune force agissant à la surface. Enfin, si la réflexibilité de l'élément ω a une valeur
moyenne, le même effet s'opère encore dans les deux sens opposés. Le
rayon r qui tombe sur ω, et dont la direction fait avec cette surface un
angle φ, est divisé en deux parties αr, $(1 - \alpha)r$, dont la première αr
pénètre le solide, et dont l'autre $(1 - \alpha)r$ est réfléchie. Le coefficient α
est une fraction qui mesure la réflexibilité de la surface. Si le même
rayon r tendait à sortir du solide suivant la direction contraire, il serait
aussi réduit à αr, et la partie équivalente à $(1 - \alpha)r$ serait rappelée
vers l'intérieur du corps par cette même force qui repoussait une partie
du rayon incident. C'est en cela que consiste l'égalité réciproque de la
force émissive et de la force absorbante. Nous ne connaissons aucune
expérience qui oblige de modifier ce principe; mais il est nécessaire
de remarquer qu'il n'est démontré rigoureusement que pour le cas de
l'équilibre.

En effet, lorsque la température de l'enceinte, et celle des corps
placés dans l'espace qu'elle termine, est commune et constante, un
élément ω de la superficie d'un de ces corps envoie sous l'angle d'émission φ une certaine quantité de chaleur r qui sort de l'intérieur du
corps, et cette particule en reçoit, dans la même direction, une quantité équivalente r qui pénètre le solide. Si l'on change l'état de la surface ω, et que l'on réduise ainsi à αr la quantité de chaleur émise, il
est certain que l'on réduit aussi à αr la quantité de chaleur reçue. Les
deux quantités qui traversent l'élément en sens contraires varient
exactement dans le même rapport lorsqu'on fait varier l'état de la
surface. Cette proposition ainsi énoncée, pour le cas de l'équilibre,
appartient à la Théorie mathématique; mais diverses observations indiquent qu'elle peut être prise dans un sens plus étendu, et que le coefficient r conserve sensiblement la même valeur dans deux autres cas,
savoir : lorsqu'on change la température du corps qui envoie le rayon r,
et lorsqu'on change l'angle φ que sa direction fait avec la surface ω. On

remarque le premier de ces deux effets si l'on apporte, dans un espace fermé dont la température a est uniforme, deux corps entièrement semblables m et m', dont l'un m a une température $a + \Delta$ plus grande que celle de l'enceinte, et l'autre m' a une température moindre $a - \Delta$. Le progrès du refroidissement de m est le même que le progrès de l'échauffement de m'. Ainsi, la différence Δ, qui est positive pour l'un des corps et négative pour l'autre, varie par les mêmes degrés dans les deux cas. Au reste, ce résultat ne doit être considéré comme très exact que si les températures sont comprises entre des limites peu étendues.

La plupart des faits qui composent la Théorie physique de la chaleur rayonnante ont été découverts par MM. Leslie et de Rumford. On trouve dans leurs Ouvrages des expériences ingénieuses et variées qui ont, pour ainsi dire, créé une nouvelle branche de la Physique générale. Ces découvertes avaient été préparées par une observation capitale et par diverses autres recherches dues à M. M.-A. Pictet. Ses premiers résultats ont dirigé les vues des physiciens sur un ordre entier de faits que l'on avait à peine entrevus, et qu'il rendait sensibles par des instruments fort analogues à ceux dont on s'est servi depuis. C'est peu de temps après que M. Prévôt a donné l'explication générale dont nous avons parlé. Elle comprend les faits qui venaient d'être observés par M. Pictet, et s'applique aussi à ceux qui ont été découverts dans les années suivantes.

XV.

Du rayonnement de l'air, et de l'effet des miroirs métalliques.

Un thermomètre μ exposé pendant la nuit à l'air libre, sous un ciel découvert, acquiert une température fixe a lorsque la chaleur qu'il perd, soit par l'irradiation, soit par le contact, est équivalente à celle qu'il reçoit. On ne peut douter que le rayonnement de l'air et des corps dont la chaleur rayonnante peut traverser l'air ne concoure à cet équilibre. En effet, supposons que l'on place à une certaine distance du thermomètre μ (*fig.* 7) un obstacle EE qui intercepte une partie de l'aspect du ciel; il est évident que l'on peut donner à la surface EE une température e telle que le thermomètre μ conserve sa température précédente a. Or cette superficie EE, que l'on peut d'abord supposer privée de toute réflexibilité, envoie à μ une grande quantité de chaleur

Fig. 7.

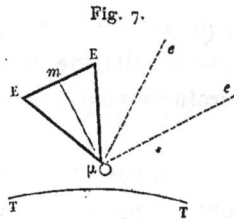

rayonnante, dont l'effet pourrait être rendu très sensible et être mesuré. Cette quantité est précisément celle que le thermomètre μ enverrait à la surface EE, si cet instrument μ avait lui-même la température e. La même quantité équivaut au produit de e par la capacité du cône EμE; et, puisque la température a n'est point changée par la présence de l'obstacle, cette quantité de chaleur envoyée par EE compense exactement celle que μ recevait dans les mêmes directions avant que l'on apportât l'obstacle, c'est-à-dire celle que l'obstacle intercepte dans les directions Eμ, Eμ, et dans toutes les directions intermédiaires. On voit par là que le thermomètre placé sous un ciel découvert reçoit, à travers un espace atmosphérique quelconque $e\mu e$ (*fig.* 8),

Fig. 8.

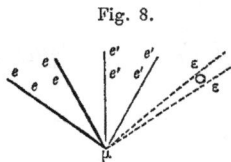

une grande quantité de chaleur qui sert à compenser, ou entièrement ou en partie, celle qu'il envoie dans le même espace. Il est nécessaire d'insister sur la remarque précédente. A défaut de cette considération, on ne se formerait qu'une idée confuse du phénomène.

La chaleur reçue par le thermomètre dans les directions supérieures provient du rayonnement des particules de l'air ou des corps mêlés à ce fluide, et généralement de toute la matière qui peut recevoir les rayons de chaleur envoyés par le corps μ, et qui est contenue dans le segment *eeμee* indéfiniment prolongé. Cette dernière proposition est une conséquence nécessaire du principe de l'émission de la chaleur à toutes les températures. Les conditions mathématiques de l'équilibre de la chaleur rayonnante pourraient être démontrées indépendamment de ce principe ; mais il n'y a aucune autre notion qui puisse servir de fondement à l'explication physique de tous les faits observés.

XVI.

Pour se représenter l'effet de la chaleur envoyée par l'air au corps μ suivant les directions $e\mu$, $e'\mu$, $\varepsilon\mu$, il faut considérer que chaque particule de l'air $\varepsilon\varepsilon$ (*fig.* 8) qui reçoit de μ un rayon de chaleur lui envoie un rayon contraire, qui serait égal au premier si la température ε de la molécule $\varepsilon\varepsilon$ était égale à celle du thermomètre. La quantité envoyée par $\varepsilon\varepsilon$ équivaut au produit de la capacité du cône infiniment petit $\varepsilon\mu\varepsilon$ par la température ε. On peut voir, d'après ce principe, que la chaleur envoyée au thermomètre par la masse d'air qui répond aux directions presque verticales est moindre que celle qui lui est envoyée par l'air dans les directions obliques; c'est-à-dire que la chaleur rayonnante qu'une masse d'air occupant le segment atmosphérique *eeμee* envoie au thermomètre surpasse celle qu'il reçoit d'une masse d'air contenue dans un segment atmosphérique *e'e'μe'e'* qui a la même capacité que le premier, mais dont l'axe est moins oblique.

Cette différence provient de ce que le décroissement de la densité et de la température de l'air est beaucoup plus rapide dans les directions $\mu e'e'$ voisines de la verticale que dans les directions obliques μee. L'action de l'atmosphère sur le thermomètre peut donc être représentée par celle d'une enveloppe solide dont la température ne serait pas uniforme, mais serait un peu moindre dans les parties qui répondent aux lignes verticales que dans celles qui répondent aux directions inclinées.

C'est pour cette raison qu'en changeant la position de la surface EE (*fig.* 7) sans changer sa température *e* et la capacité du cône EμE, on fait varier la température du thermomètre. Il s'élève lorsqu'on fait passer l'axe μ*m* de la position oblique à la position verticale.

Réciproquement, si le thermomètre μ a acquis une certaine température fixe, étant placé au-dessous d'un obstacle, ou d'un nuage au zénith, et si l'on écarte l'obstacle, ou si le nuage descend vers l'horizon, laissant la boule μ à découvert, on observe une diminution sensible de la température. Cet effet suffirait pour prouver le rayonnement de l'air.

XVII.

Si le thermomètre μ, exposé le soir à l'air libre sous un ciel serein, est parvenu à une température fixe, et si l'on interpose une surface métallique extrêmement polie *rr*, dont le corps μ occupe le foyer, et

Fig. 9.

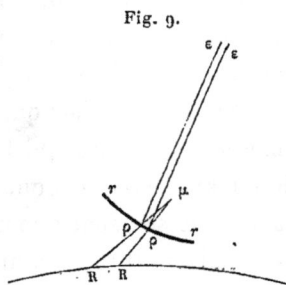

dont la concavité soit tournée vers le ciel, l'équilibre cessera d'avoir lieu. En effet, on peut remplacer la chaleur rayonnante qui, traversant l'atmosphère ou une partie de l'atmosphère, parvient jusqu'au thermomètre par celle d'une enveloppe solide dont la température diminue depuis la base jusqu'au sommet. Donc le miroir *rr*, qui intercepte en partie le rayonnement terrestre, réfléchit en même temps sur le thermomètre les rayons plus froids de la surface supérieure. L'effet de la réflexion est de donner, à chaque partie $\rho\rho$ de la surface du miroir, la température d'un élément correspondant $\varepsilon\varepsilon$ de l'enveloppe, ou, ce qui est la même chose, de donner cette température à la partie RR de la surface terrestre qui est couverte par $\rho\rho$. Cette substitution de la température ε des régions supérieures à la température de la surface terrestre doit, en général, refroidir le thermomètre. Il faut remarquer toutefois que cet effet est très composé, qu'il dépend d'une multitude de causes variables qui peuvent le modifier, ou même le changer entièrement. Les corps inférieurs dont on intercepte l'action peuvent être très froids à leur extrême superficie; la loi du décroissement de la chaleur dans l'air est souvent intervertie jusqu'à une grande distance de la terre; enfin la réflexibilité imparfaite de la surface interposée rend l'observation incertaine. Ainsi, le résultat précédent exige le concours de plusieurs circonstances favorables. M. Wollaston est le premier auteur de cette belle expérience, qui confirme les résultats découverts par M. Ch. Wells.

XVIII.

Il suit des mêmes principes que l'abaissement du thermomètre peut être observé quoique l'axe du miroir soit incliné vers l'horizon; mais que, toutes les autres conditions étant les mêmes, l'effet doit être un peu plus intense dans la direction verticale. La cause de l'abaissement du thermomètre subsiste pendant le jour. Les observations l'ont rendue plus sensible après le coucher du Soleil, et l'effet peut être difficile à distinguer lorsque cet astre est sur l'horizon; mais cet effet conserve son intensité; l'action qui s'exerce à travers l'atmosphère est toujours équivalente à celle d'une surface supérieure plus froide que l'air qui environne le thermomètre. Cette conclusion est confirmée par des observations d'un autre genre, dont l'examen appartient à la théorie mathématique de la chaleur.

On voit aussi que la forme concave du miroir concourt à rendre l'abaissement plus sensible. Il ne résulte pas de cette forme que le thermomètre est mis en communication avec une plus grande étendue du ciel, car, le miroir étant concave, l'étendue dont il s'agit est moindre qu'elle ne le serait s'il était plan; et, de plus, l'intensité de l'effet ne dépend nullement de cette étendue : elle dépend de la température des molécules dont le miroir réfléchit la chaleur sur le thermomètre. Ainsi la forme concave du miroir augmente l'effet observé, parce qu'elle réunit les rayons sur la surface de l'instrument, et la fait communiquer avec les régions les plus froides de l'air.

XIX.

Du refroidissement des corps exposés le soir à l'air libre.

Si, dans un espace occupé par un fluide aériforme et terminé par une enceinte solide entretenue à une température constante, on place des corps de différente espèce M, N, P, ces corps conserveront ou acquerront la température de l'enceinte. Si cette enveloppe solide venait à changer de température, par exemple si elle se refroidissait rapidement, les corps M, N, P se refroidiraient aussi; mais les changements s'opéreraient avec des vitesses inégales.· Cet effet dépend des dimensions et de la forme de chaque corps, de leur capacité de chaleur, de leur conducibilité propre ou relative, enfin des qualités du milieu, et du mouvement qui résulte des variations de densité.

Si l'un de ces corps est tel que son enveloppe extérieure communique facilement sa chaleur au milieu, soit par voie de rayonnement, soit par le contact, et surtout si la conducibilité propre de la matière est très faible, le refroidissement de l'extrême surface sera prompt et très sensible; car chacune de ces conditions favorise ce refroidissement. Elles sont réunies dans certaines substances telles que la laine, le duvet, la soie, le verre, le noir de fumée. On trouve les conditions opposées dans les substances métalliques polies. On voit par là qu'il serait facile de distinguer d'avance les corps dont la surface subira des variations de température plus rapides et plus étendues. Il faut remarquer de plus que, si, en vertu de ses qualités propres, un des corps se

II.   47

refroidissait promptement à sa surface, il pourrait influer, par cela
même, sur les corps voisins, et que leur température deviendrait
moindre qu'elle ne l'aurait été sans cette cause accidentelle.

XX.

Lorsque le Soleil, après avoir échauffé la surface de la Terre et
l'air qui l'environne, s'abaisse au-dessous de l'horizon, tous les objets
placés dans l'atmosphère, l'air lui-même, et la partie non éclairée de la
surface terrestre se refroidissent promptement. Il s'opère dès le commencement de la nuit un effet analogue à celui qui aurait lieu dans un
espace fermé dont on refroidirait l'enceinte. Ainsi, l'on observerait des
températures très inégales à la superficie de différents corps.

Cette inégalité des températures sera moindre, et l'on ne pourra
point la mesurer, si l'air est agité; car les mouvements de ce fluide
concourent à mêler les températures et à les rendre moins inégales.

Il est surtout nécessaire, comme on l'a dit plus haut, de remarquer
que le thermomètre exposé à l'air reçoit la chaleur rayonnante de
toutes les molécules solides ou fluides auxquelles il peut transmettre
ses propres rayons; car la propriété de recevoir la chaleur est la même
que celle de la communiquer. Si l'on considérait seulement le rayonnement du corps μ vers le ciel, sans avoir égard à l'effet contraire dû
aux rayons qui lui arrivent de l'atmosphère, on ne se formerait pas
une idée complète du phénomène. Un espace indéfini, tel que $ee\mu ec$
(*fig.* 8), est continuellement rempli de rayons de chaleur qui le traversent dans les directions $ee\mu$, $ee\mu$, et se portent sur la molécule μ.
Toute la matière que renferme cet espace, et qui peut recevoir la chaleur rayonnante du point μ, et par conséquent l'air lui-même, envoient
à ce point des rayons dont une partie seulement est interceptée par
l'air inférieur. Le rayonnement dont il s'agit s'opère plus librement
dans la direction verticale, parce que l'air y a moins de densité, à égalité de distance du point μ; et ce rayonnement vertical produit moins
de chaleur que dans les directions obliques, parce que, toutes les

autres conditions demeurant les mêmes, la température de l'air est moindre.

Si, dans un espace semblable, on interpose une surface EE (*fig.* 7) que la chaleur ne puisse traverser aussi librement qu'elle traverse l'air, on arrête le rayonnement qui est dirigé vers μ, et on le remplace par celui de l'obstacle. Il faut toujours joindre au rayonnement propre de cet obstacle EE la chaleur réfléchie qu'il pourrait envoyer à raison de l'état de sa superficie. Si la surface interposée a une température *e*, très voisine de celle des couches de l'air aux points E, E, et, par conséquent, supérieure à la température ε des parties de l'air beaucoup plus éloignées, le thermomètre recevra de l'obstacle plus de chaleur qu'il n'en recevait auparavant dans les mêmes directions. Cette différence sera principalement sensible suivant la direction verticale. On voit ainsi pour quelle cause l'interposition d'un toit ou d'un abri, ou celle d'un nuage étendu, qui est un abri éloigné, tempère le froid de la nuit. L'obstacle n'empêche point que le corps exposé ne laisse échapper la même quantité de chaleur rayonnante. Il est évident qu'il ne peut produire un tel effet; mais il intercepte les rayons froids que le thermomètre recevait, et il les remplace par sa propre chaleur et par celle qu'il réfléchit après l'avoir reçue de tous les corps inférieurs. Il préserve le thermomètre des rayons froids qui descendent de l'atmosphère pendant la nuit, comme il le préserverait pendant le jour de la chaleur directe du Soleil.

XXI.

Pour se représenter distinctement l'état du thermomètre, il faut concevoir que l'action de l'atmosphère est remplacée par celle d'une enveloppe solide à laquelle le thermomètre envoie sa chaleur. Mais on ne doit point supposer que l'instrument ne reçoit rien ou presque rien en échange de cette chaleur qu'il envoie : il reçoit, au contraire, de l'enveloppe une très grande quantité de chaleur rayonnante, et, s'il était possible de supprimer cette chaleur, on causerait un abaissement extrême de la température; mais le thermomètre envoie au corps supérieur plus de chaleur qu'il n'en reçoit, et la perte qu'il subit dans cet échange est entièrement compensée par la chaleur qu'il acquiert dans son échange avec l'air et les corps voisins. En effet, la température fixe du thermomètre devient moindre que celle de l'air ; en sorte que ce fluide et les corps environnants lui communiquent leur chaleur, soit par le contact, soit par l'irradiation.

On vient de voir que la présence des nuages, s'ils ne sont pas trop élevés, rend moindres ou nulles les différences de température que l'on pourrait observer à la surface des corps lorsqu'ils se refroidissent après le coucher du Soleil ; mais, si l'air est tranquille et le ciel serein, l'inégalité des températures subsiste longtemps, et elle est facile à remarquer.

XXII.

On pourrait la mesurer directement, mais divers effets météorologiques suffisent pour la rendre manifeste. L'air qui environne les corps dont la surface se refroidit très promptement leur communique une partie de sa chaleur, soit par le contact, soit même par le rayonnement. La température de ce fluide doit donc diminuer, et cet abaissement peut être assez grand pour que le même volume ne puisse contenir la même quantité d'eau en état de vapeur. Telle est la cause générale de la formation de la rosée.

Pendant que l'humidité de l'air se résout en eau pendant la nuit et se dépose sur les corps froids, il arrive presque toujours que les objets dont la surface se refroidit plus lentement ne sont point couverts de rosée. Ce dernier effet est trop remarquable pour n'avoir pas été observé dans tous les temps : la mention la plus ancienne que l'histoire en ait transmise remonte à douze ou treize siècles avant l'ère chrétienne.

XXIII.

Si l'on expose pendant la nuit, sous un ciel ouvert et exempt de nuages, de l'eau contenue dans un vase d'une petite profondeur, et si le support de ce vase est très peu propre à conduire et communiquer la chaleur de la Terre, la température du liquide s'abaissera de plus en plus; elle sera de plusieurs degrés moindre que celle du thermomètre placé dans l'air à 1^m ou 2^m au-dessus du vase, et la différence peut être assez grande pour déterminer la congélation, indépendamment même du froid produit par l'évaporation.

XXIV.

Les corps solides dont la surface perd facilement sa chaleur refroidissent jusqu'à une certaine distance l'air qui les environne, et cela a lieu surtout si la surface est tellement placée que l'air, devenu plus froid, ne soit pas entraîné par son poids. Il serait difficile de reconnaître ce décroissement de la chaleur de l'air dans le voisinage des corps peu étendus, s'il n'était rendu sensible par la formation de la rosée; mais on peut mesurer le principal effet de ce genre qui se rapporte à la surface même de l'horizon. Cette observation est due à M. M.-A. Pictet, qui a reconnu, le premier, que la température de l'atmosphère diminue depuis les couches inférieures jusqu'à une hauteur assez considérable. Ce décroissement est contraire à celui que l'on observe dans les régions les plus élevées de l'atmosphère. Il cesse d'avoir lieu si l'air est agité, ou si le ciel est couvert de nuages qui interceptent en même temps la chaleur rayonnante de la Terre vers les cieux, et les rayons froids qui se dirigent vers la Terre.

Quant à la diminution que subit la température de l'air, à mesure qu'on s'éloigne de la Terre à de grandes hauteurs, nous avons supposé ce fait général dans les explications précédentes; mais on pourrait aussi le déduire des mêmes principes. Ce phénomène résulte du concours de plusieurs causes : l'une des principales est l'extinction progressive des rayons de chaleur dans l'atmosphère. Il est facile de prouver que, si l'air qui enveloppe la Terre perdait sa fluidité en conservant sa transparence, et même si sa densité était uniforme, la température diminuerait encore depuis la surface de la Terre jusqu'aux limites de l'atmosphère.

Des observations variées et précises, publiées il y a peu d'années par M. Wells, ont fait connaître exactement les circonstances qui déterminent la formation de la rosée. L'auteur de ces expériences en a déduit un résultat fort remarquable, qui n'avait pas encore été annoncé : il consiste en ce que le refroidissement des corps exposés à l'air libre pendant la nuit est l'effet du rayonnement vers le ciel ; ce qui explique en même temps la formation de la rosée, l'abaissement de la température dans les couches inférieures de l'air, et divers autres phénomènes.

XXV.

De l'inégalité des températures indiquées par deux thermomètres, l'un noirci et l'autre métallique.

Il nous reste à examiner une dernière question relative à la différence que l'on observe pendant la nuit dans les températures de deux thermomètres, dont l'un est noirci et l'autre couvert d'une enveloppe métallique. Cet effet est analogue à celui dont nous avons déjà parlé, et qui consiste dans l'inégal refroidissement de diverses substances ; mais il dépend surtout d'une cause spéciale qui continue d'agir lorsque les températures sont devenues fixes, et qui conserve la différence de ces températures. Pour reconnaître cette cause, il faut la considérer dans le fait suivant, qui ne diffère qu'en apparence de celui dont on a demandé l'explication. Le changement que subit une surface métallique, lorsqu'on la couvre d'un enduit noir, augmente dans un rapport beaucoup plus grand la quantité de chaleur rayonnante émise par la surface qu'il n'augmente la quantité de chaleur totale communiquée à l'air. Ce résultat est donné immédiatement par l'observation. En effet, supposons qu'un vase dont la surface extérieure a l'éclat métallique soit rempli d'un liquide échauffé, et que l'on observe la durée du refroidissement dans l'air, ou le temps t qui s'écoule pendant que l'excès de la température du vase sur celle de l'air passe d'une valeur donnée a à une valeur moindre b. On trouvera que le temps t qui répond à

cet abaissement de température $a - b$ est beaucoup plus grand que
le temps t' qui répondrait à cette même différence $a - b$, si l'on cou-
vrait toute la surface du vase d'un vernis noir. Le rapport $\frac{t'}{t}$ a pour
valeur $\frac{1}{2}$, ou une fraction un peu plus grande que $\frac{1}{2}$.

Pour mesurer la quantité de chaleur rayonnante émise par une
partie de la surface du même vase, on reçoit ses rayons à une certaine
distance sur un miroir métallique concave, au foyer duquel est un
thermomètre d'air très sensible. La quantité dont la température du
thermomètre s'élève au-dessus de celle de l'air indique l'effet du rayonnement : or, si la partie de la surface échauffée dont les rayons tombent
sur le miroir est couverte d'un enduit noir, le résultat est beaucoup
plus grand que si cette même surface a l'éclat métallique. La température du vase étant la même dans les deux cas, et supposée égale à
celle de l'eau bouillante, l'élévation du thermomètre est sept fois ou
huit fois plus grande lorsque la surface rayonnante est noircie que lorsqu'elle est métallique. Ainsi, le changement d'état de la superficie facilite beaucoup plus l'émission de la chaleur rayonnante qu'il ne facilite
le refroidissement total qui s'opère dans le milieu, tant par le contact
de l'air que par le rayonnement.

XXVI.

Ce dernier fait a un rapport nécessaire avec l'inégalité de température que l'on observe pendant la nuit entre deux thermomètres, dont
l'un est noirci et l'autre enveloppé d'une feuille métallique. On connaîtra distinctement la relation de ces deux effets en examinant les
conditions qui déterminent la température fixe d'un thermomètre
exposé à la chaleur rayonnante d'une partie de la surface d'un vase.

Si le vase est plus échauffé que l'air, le thermomètre s'élève et prend
une température moyenne, comprise entre celle de la surface rayonnante et celle de l'air. Le thermomètre parvient à un état fixe lorsqu'il
perd, à chaque instant, dans le milieu, une quantité de chaleur égale à
celle qu'il acquiert par le rayonnement du vase. Il faut considérer que

le thermomètre. qui reçoit les rayons de la surface échauffée lui envoie aussi une partie de sa chaleur rayonnante; mais la quantité envoyée est moindre que la quantité reçue, parce que les températures ne sont point les mêmes; et la différence des deux quantités est la chaleur acquise, équivalente à la chaleur communiquée au milieu.

Si, au contraire, le corps rayonnant est moins échauffé que l'air, le thermomètre s'abaisse et prend encore une température fixe comprise entre celle du milieu et celle de la surface du corps. Il reçoit de cette surface une certaine quantité de chaleur rayonnante; mais il lui envoie une quantité plus grande, et la différence est la chaleur perdue par l'effet du rayonnement mutuel. En même temps, le thermomètre, étant moins échauffé que l'air, acquiert une quantité de chaleur toujours égale à celle qu'il perd dans son échange avec la surface rayonnante.

XXVII.

On détermine facilement, au moyen de ces conditions, la température fixe β, que le thermomètre μ doit acquérir lorsqu'il est exposé à la chaleur rayonnante qu'une surface donnée S (*fig.* 10) lui envoie, soit

Fig. 10.

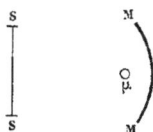

directement, soit par l'intermédiaire d'un miroir concave M. En désignant par a et b les températures inégales du milieu et de la surface rayonnante, on trouvera cette relation très simple

$$(c) \qquad \beta - a = (b - a)\frac{r}{r + h}.$$

r et h sont des coefficients qui dépendent de l'état des surfaces du thermomètre et du vase.

r est la quantité de chaleur rayonnante que la boule μ du thermo-

mètre couverte d'un enduit noir et retenue à la température zéro recevrait pendant l'unité de temps du vase échauffé si la surface de ce vase
était noircie, et si sa température fixe était celle de l'eau bouillante. On
comprend dans la valeur de r la chaleur rayonnante qui, tombant sur
le miroir, est réfléchie au foyer μ, et celle que le vase pourrait envoyer
au thermomètre par le rayonnement direct.

On désigne par h la quantité de chaleur que la même surface μ,
élevée à la température fixe de l'eau bouillante, communiquerait pendant l'unité de temps, par le contact et par le rayonnement, aux corps
solides ou fluides qui l'environnent, si la température constante de ces
corps était zéro. On ne comprend point parmi ces corps environnants
le vase échauffé SS, dont l'effet distinct est représenté par r.

L'équation précédente est générale et s'applique, par conséquent, au
cas où la surface rayonnante S est moins échauffée que le milieu.
Dans ce cas, on détermine encore la température β par l'équation (e),
ou

$$(\varepsilon) \qquad \frac{a-\beta}{a-b} = \frac{r}{r+h} .$$

XXVIII.

Si l'on change l'état de la surface rayonnante S en la couvrant d'une
feuille métallique, celle du thermomètre μ demeurant noircie, le coefficient r prend une valeur différente mr, qui, dans les expériences les
plus connues, est huit fois ou neuf fois moindre que r.

Si l'on couvre le thermomètre μ d'une enveloppe métallique, le vase
demeurant noirci, la valeur de r devient aussi égale à mr. La fraction m
a la même valeur que dans le cas précédent, la propriété d'émettre la
chaleur rayonnante étant la même que celle de l'absorber. Dans ce
second cas, où la surface μ est métallique, le coefficient h devient égal
à nh, n étant une fraction qui approche beaucoup de $\frac{5}{9}$.

Si les surfaces du thermomètre et du vase sont l'une et l'autre métalliques, le coefficient h équivaut à nh, et le coefficient r à $m^2 r$. Tous

II.   48

ces résultats sont pleinement confirmés par les observations. De quelque manière que l'on fasse varier l'état des surfaces, et soit que leur température soit plus grande ou moindre que celle du milieu, on trouve les mêmes valeurs de r et h, et l'on peut aussi déterminer directement ce dernier coefficient en comparant les durées du refroidissement des vases dont la superficie est métallique ou noircie.

Nous ferons remarquer ici que M. Leslie a donné depuis longtemps l'explication des effets distincts de la chaleur communiquée au contact, et de la chaleur rayonnante. On trouve dans ses Ouvrages l'expression exacte des conditions de l'équilibre, le thermomètre étant placé dans l'air et exposé à l'action rayonnante d'une surface.

XXIX.

On voit maintenant, au moyen de l'équation

$$\frac{\beta - a}{b - a} = \frac{r}{r + h},$$

que la valeur de β ne varierait point si, en changeant l'état de la surface S, on augmentait dans le même rapport l'effet h du refroidissement et l'effet r du rayonnement. Il est facile d'apercevoir sans calcul la vérité de cette conséquence; car, la température du thermomètre μ ayant pris sa valeur fixe β, si l'on change la surface μ qui était noircie, et si on la couvre d'une enveloppe métallique, toutes les autres conditions demeurant les mêmes, on diminuera à la fois la quantité de chaleur rayonnante que le thermomètre reçoit du vase et la quantité totale de chaleur que ce thermomètre communique aux autres corps environnants, soit par le contact, soit par le rayonnement. Or, si l'on supposait que ces deux quantités diminuassent dans le même rapport, et que, par exemple, l'une et l'autre fussent réduites à la moitié de leurs valeurs précédentes, la chaleur acquise par le rayonnement du vase ne cesserait point d'être égale à la chaleur perdue dans le milieu. Donc la température β n'éprouverait aucun changement.

En général, si le changement d'état d'une surface affectait également la propriété d'émettre la chaleur rayonnante (ou, ce qui est la même chose, celle de la recevoir) et la propriété de communiquer la chaleur à l'air par le contact (ou, ce qui est la même chose, celle de la recevoir de l'air par le contact), on observerait des résultats très différents de ceux que toutes les expériences nous ont montrés. Deux thermomètres, l'un métallique et l'autre noirci, exposés de la même manière aux rayons du Soleil, prendraient la même température. L'élévation d'un thermomètre au foyer d'un miroir concave qui réfléchit la chaleur rayonnante d'un vase échauffé serait la même, soit que la boule du thermomètre fût noircie, soit qu'elle fût enveloppée d'une feuille de métal. On remarquerait aussi que le temps nécessaire pour abaisser la température du vase d'un degré donné à un autre deviendrait double, triple, quadruple, à raison du changement de la surface de ce vase, lorsque l'élévation du thermomètre placé au foyer du miroir deviendrait deux fois, trois fois, quatre fois moindre. Enfin, un thermomètre noirci et un thermomètre métallique exposés de la même manière à l'impression d'un corps froid, ou, ce qui est la même chose, placés pendant la nuit sous un ciel découvert, acquerraient des températures égales.

Si, au contraire, le changement d'état d'une surface agit inégalement sur la propriété de communiquer la chaleur à l'air par le contact et sur la propriété d'émettre la chaleur rayonnante, tous les effets seront semblables à ceux que l'on observe. Il est important de reconnaître qu'ils constituent un fait unique, parce qu'on acquiert ainsi le moyen de les prévoir et de les calculer exactement : ce qui est le but de toute théorie.

L'inégalité de température fixe de deux thermomètres qui ne diffèrent que par l'état de la surface n'est donc point contraire au principe général qui suppose la faculté de communiquer la chaleur équivalente à celle de la recevoir; mais il faut considérer que ces deux propriétés ne sont identiques que lorsqu'elles s'exercent de la même manière. La facilité avec laquelle la chaleur rayonnante se dissipe à travers la surface est égale à celle de cette même surface pour absorber la chaleur rayonnante des corps voisins. Il en est de même lorsque la communication a lieu par le contact. La facilité de cette communication ne change point, soit que la chaleur passe d'une surface donnée dans l'air, soit qu'elle passe de l'air dans cette même surface. Ainsi, les deux propriétés que l'on considère sont égales entre elles lorsqu'elles se rapportent à un même mode de communication, et, dans les autres cas, elles sont très différentes.

Au reste, la transmission de la chaleur au contact s'exerce encore par voie de rayonnement, car la chaleur sensible au thermomètre n'a qu'un seul mode de communication, celui qui est propre à la matière rayonnante : mais, si la distance à laquelle les rayons se portent immédiatement est très petite, l'effet général n'est point le même que si les rayons émis peuvent traverser l'air ou les solides diaphanes.

XXX.

On pourrait encore poursuivre cet examen et rechercher la cause physique de l'inégale influence du changement de la surface ; mais cette discussion exigerait des expériences qui n'ont point encore été faites. On ne connaît que très imparfaitement les effets de la chaleur rayonnante dans les espaces vides d'air, et le changement qu'ils subiraient dans ces espaces si l'on faisait varier l'état des surfaces, l'obliquité de l'émission ou les températures. La plupart des effets que les physiciens ont observés sont trop complexes, et ils sont trop modifiés par la présence de l'air et la proximité des corps solides, dont la température est variable, pour qu'on en puisse déduire avec précision les éléments simples de la théorie.

Cependant, l'ensemble des observations indique avec assez de vraisemblance une cause plus générale, qui tient à la nature même de la chaleur et fait varier inégalement l'intensité r du rayonnement et l'intensité h du refroidissement total. Ce résultat est analogue aux phénomènes photométriques : il provient de ce que la chaleur perdue par les corps qui se refroidissent dans l'air se divise en deux parties qui ne possèdent point au même degré des propriétés semblables à celles de la lumière. Le refroidissement d'un corps dans un milieu aériforme est un effet très composé, qui dépend de l'espèce et de la densité du fluide, des mouvements que les changements de température occasionnent dans ce milieu, de l'état des surfaces, et de la nature de tous les corps voisins. On ne peut douter qu'il n'y ait une partie de la chaleur qui se communique à l'air par le contact, et une autre partie qui traverse directement ce fluide. Cette seconde partie, ou la chaleur rayonnante, est elle-même, dans les hautes températures, formée de deux autres, dont l'une ne peut pénétrer que les milieux élastiques, pendant que l'autre se transmet à travers les solides ou les liquides diaphanes. On l'observe en interposant, à quelque distance d'un corps très échauffé, une lame mince d'eau glacée, et en plaçant au delà un thermomètre d'air extrêmement sensible. La chaleur rayonnante est arrêtée presque tout entière à la première surface de la table glacée; le reste traverse la glace et produit sur le thermomètre un effet peu intense, à la vérité, mais qui devient de plus en plus sensible à mesure que le corps rayonnant est plus échauffé, et l'intensité de l'effet croît plus rapidement encore que les températures. La chaleur rayonnante participe à diverses propriétés de la lumière; elle pénètre à travers les milieux élastiques, se réfléchit sur les surfaces métalliques polies, est absorbée par les corps noirs, et sa réflexion sur les métaux paraît lui imprimer aussi des dispositions spéciales, semblables à celles de la lumière. Une petite partie de la chaleur rayonnante joint à ces propriétés celle d'être transmise par les solides ou les liquides diaphanes, et d'être sujette aux forces réfractives.

De ce que la chaleur sensible au thermomètre peut être ainsi divisée en différentes portions on ne doit pas conclure qu'elle est formée d'éléments de diverse nature. Nous savons, au contraire, que la chaleur lumineuse, la chaleur rayonnante obscure, et celle qui, ne traversant pas l'air, est communiquée à ce milieu par le contact changent d'état et de propriétés, et se convertissent les unes dans les autres lorsque les températures varient; et il en est de même de la chaleur

non sensible au thermomètre qui entre dans la composition des corps
solides ou liquides. Cette séparation des diverses parties de la chaleur
que les corps abandonnent en se refroidissant, et dont nous avons
souvent observé les effets distincts, fait assez connaître comment le
changement d'état de la surface d'un corps peut influer très inégalement sur la chaleur émise par irradiation et sur la chaleur communiquée par voie de contact. L'application d'un enduit noir augmente
beaucoup la propriété d'absorber ou d'émettre la chaleur rayonnante,
mais ne produit pas le même effet sur la partie de la chaleur qui est
enlevée ou apportée par le contact toujours renouvelé des particules
de l'air. On peut réciproquement augmenter beaucoup l'effet du contact sans changer celui du rayonnement : c'est ce qui arrive lorsqu'on
augmente la vitesse du courant d'air.

XXXI.

Nous remarquerons à ce sujet que Newton, qui a recherché le premier la loi du refroidissement des corps, les supposait placés dans un
courant d'air d'une vitesse constante. C'est dans cette hypothèse seulement qu'il regarde la quantité de chaleur perdue à chaque instant
comme sensiblement proportionnelle à l'excès de la température du
corps sur celle de l'air. Il ne déduisait point ce résultat d'une notion
hypothétique de la communication de la chaleur : il le fondait sur ce
que les particules de l'air amenées au contact par le courant uniforme
devaient prendre une température proportionnelle à celle du corps.
Nous citerons les expressions mêmes de ce grand géomètre. *Ex igne
exemptum (ferrum), locavi in loco frigido ubi ventus constanter spi-
raret...; locavi autem ferrum non in aere tranquillo, sed in vento unifor-
miter spirante, ut aer a ferro calefactus semper abriperetur a vento.... Sic
enim aeris partes aequales aequalibus temporibus calefactae sunt, et calo-
rem conceperunt calori ferri proportionalem. (Tabul. calor. Isaac. Newton.
Opera.* Edit. Horsley, Lond., t. IV, p. 407; 1782.)

On ne connaissait point alors les effets distincts de la chaleur rayonnante. Le refroidissement des corps dans l'air tranquille, ou plutôt dans l'air qui n'a d'autres mouvements que ceux qui résultent des changements de densité, suit une loi différente, que Newton n'a point considérée ; et l'on sait que le coefficient désigné par h contient, dans ce cas, un terme qui dépend de la température. Cela a lieu, en général, lorsque les températures sont élevées, et lorsque la chaleur rayonnante est une partie assez considérable de la chaleur perdue pendant le refroidissement.

XXXII.

La relation qui subsiste entre la nature des surfaces et la faculté d'absorber la chaleur rayonnante devient surtout manifeste dans les expériences photométriques ; car, en exposant à une vive lumière deux thermomètres d'air très sensibles, dont l'un a une boule de verre transparent, et l'autre une boule noircie, on observe que la température du second s'élève au-dessus de celle du premier ; et la différence croît avec l'intensité de la lumière. Le même phénomène a lieu dans le vide ; il y est même plus sensible, parce que les corps y perdent moins facilement leur chaleur. Il s'opère encore un effet semblable lorsqu'on expose aux rayons du Soleil deux thermomètres, dont l'un a une boule argentée et l'autre une boule dorée. Le premier s'élève moins que le second ; la lumière, étant plus facilement absorbée par la surface dorée, l'échauffe plus qu'elle n'échauffe l'autre surface ; et, comme la facilité de perdre la chaleur dans le milieu est égale ou presque égale de part et d'autre, il est nécessaire que la température fixe de la surface dorée surpasse celle de l'autre thermomètre, afin que la chaleur acquise demeure toujours équivalente à la chaleur perdue. On voit par là que c'est une cause semblable qui détermine la différence de température des deux thermomètres noirci ou métallique exposés à la même impression de la chaleur rayonnante. Nous pensons que l'on doit regarder, dans tous les cas, cette inégalité de température comme un effet photométrique. Il est dû à la partie de la chaleur qui a des propriétés communes avec la lumière.

XXXIII.

Les remarques précédentes peuvent servir à déterminer la température de l'air lorsque le thermomètre est exposé au rayonnement d'une surface plus échauffée ou moins échauffée que le milieu.

Un thermomètre placé dans l'air n'en indique la température que si ce fluide et tous les corps environnants ont et conservent cette température commune. On connaîtra si cette dernière condition est remplie en observant dans l'air deux thermomètres, dont l'un est noirci, et dont l'autre est séparé du milieu par une enveloppe métallique; car ces deux instruments marqueront le même degré dans un lieu d'une température uniforme, et ils marqueront des degrés différents lorsqu'ils seront également exposés aux rayons d'un corps qui n'aurait pas la température commune. Si la surface rayonnante est plus échauffée que l'air, le thermomètre noirci s'élèvera plus que celui dont la boule est couverte d'une feuille métallique. L'effet contraire aura lieu si la surface est plus froide que l'air. En général, l'inégalité de température de ces deux thermomètres fait connaître la présence d'un corps qui leur envoie sa chaleur rayonnante ou sa lumière, et qui n'a point la même température que l'air.

En observant la différence des deux instruments, on peut mesurer assez exactement : 1º l'intensité du rayonnement, 2º la température même de l'air. Aucun des deux thermomètres n'indique cette température; car ils sont tous les deux plus échauffés que l'air, ou tous les deux plus froids.

En général, la température de l'air est égale à celle du thermomètre métallique, plus la différence des températures des deux thermomètres divisée par un nombre constant. Il faut prendre cette différence avec le signe + si le thermomètre noirci est le moins élevé, et la prendre avec le signe — dans le cas contraire. En choisissant pour exemples les observations les plus connues, on trouve que le diviseur constant diffère peu de 4. Il dépend de la position du thermomètre par rapport aux corps rayonnants.

On voit par là qu'un thermomètre, exposé pendant la nuit sous un ciel serein, indique une température inférieure à celle de l'air. Ainsi la différence entre la température de la Terre qui se couvre de rosée et celle de l'air, à 1^m ou 2^m de hauteur, est un peu plus grande que celle qui a été mesurée. En effet, en substituant au thermomètre supérieur placé dans l'air deux autres thermomètres, dont le premier μ' a une enveloppe métallique et le second μ est noirci, on a toujours remarqué que ce dernier μ est moins élevé que μ' : donc ils indiquent l'un et l'autre une température inférieure à celle de l'air. Ils sont retenus dans cet état par l'action constante des rayons froids qu'ils reçoivent à travers l'atmosphère.

Nous allons maintenant rappeler, dans un dernier article, les divers effets de ce rayonnement.

XXXIV.

L'impression des rayons froids que la surface de la Terre reçoit continuellement, et dans toutes les directions, à travers les espaces atmosphériques est rendue sensible pendant la nuit par la formation de la rosée ; cet effet suppose presque toujours que la température des corps devient moindre que celle de l'air.

On reconnaît directement la même cause en exposant, après le coucher du Soleil, un thermomètre à l'air libre. La température qu'il indique augmente lorsqu'on place au-dessus de l'instrument un obstacle qui intercepte l'aspect d'une partie du ciel.

Cette élévation de la température est plus grande si, toutes les autres conditions demeurant les mêmes, la surface interposée coupe les rayons voisins de la verticale.

On peut réunir au foyer des miroirs métalliques concaves ces rayons qui descendent à travers l'atmosphère, et que l'on désigne comme froids parce que les particules matérielles qui les envoient ont une température inférieure à celle du corps qui les reçoit.

Le décroissement de température que l'on observe après le coucher du Soleil, depuis un point situé à une assez grande hauteur jusqu'à la surface de la Terre, est dû au refroidissement de cette surface, qui perd très promptement sa chaleur par l'irradiation.

Tous les effets que l'on vient de rappeler sont moindres ou cessent entièrement si le ciel se couvre de nuages épais, et si l'air est agité, parce que les grands mouvements de l'atmosphère tendent à mêler les températures et diminuent l'influence relative du rayonnement, en augmentant la quantité de chaleur enlevée ou communiquée par le contact de l'air. Quant aux nuages, ils interceptent les rayons que le thermomètre recevait, et les remplacent par d'autres rayons dont la température est un peu plus élevée.

Cette même cause, qui agit continuellement et de toutes parts sur le thermomètre lorsque la transparence de l'atmosphère n'est point troublée, est indiquée par d'autres effets que nous ne considérons point ici, et qui peuvent aussi servir à en mesurer l'intensité ; mais aucune observation ne la rend plus manifeste que l'inégale température de deux thermomètres, dont l'un est noirci et l'autre métallique. Il n'y a que l'influence rayonnante des corps froids qui puisse abaisser la température du premier thermomètre au-dessous de celle du second, et rendre ainsi négative la différence que produirait en sens contraire la présence du Soleil.

La plupart des questions qui sont l'objet des Notes précédentes avaient été examinées et résolues dans les Ouvrages de MM. Prévost et Leslie. Elles auraient été expliquées d'une manière plus claire et plus complète par les auteurs de ces Ouvrages, ou par les savants rédacteurs de ces *Annales*. Toutefois le rapprochement que nous en avons fait ne sera point sans utilité. Il a pour but de montrer que la solution de ces questions dépend d'un petit nombre de principes, et que les effets les plus variés de la chaleur rayonnante se ramènent facilement à la théorie connue.

RÉSUMÉ THÉORIQUE

DES

PROPRIÉTÉS DE LA CHALEUR RAYONNANTE.

RÉSUMÉ THÉORIQUE

DES

PROPRIÉTÉS DE LA CHALEUR RAYONNANTE.

Annales de Chimie et de Physique, Série I, Tome XXVII, p. 236; 1824.

Nous réunissons dans ce Mémoire les théorèmes qui expriment les lois de l'équilibre de la chaleur rayonnante, afin d'appeler l'attention sur cette nouvelle branche de la Physique mathématique, en indiquant ses limites actuelles et les recherches qui pourraient servir à la perfectionner.

I.

Chaque élément de la surface extérieure d'un corps échauffé est le centre d'une infinité de rayons de chaleur qui se répandent dans l'espace suivant différentes directions. Cet élément peut être considéré comme un disque infiniment petit, servant de base à des cylindres qui ont toutes les inclinaisons possibles, et dont chacun contient une infinité de rayons parallèles.

La chaleur rayonnante envoyée ainsi dans l'espace extérieur par l'élément ω d'une surface est formée de deux parties distinctes : l'une sort de l'intérieur même de la masse M à laquelle la surface ω appartient; l'autre est celle que la même surface ω réfléchit et qu'elle a reçue des corps environnants. Nous ne connaissons point la nature des forces qui projettent au dehors la chaleur dont les corps sont pénétrés, ou qui réfléchissent vers l'espace extérieur une partie des rayons qui tombent sur la superficie; mais nous observons les effets que ces causes produisent: c'est le calcul de ces effets qui est l'objet de nos recherches.

La chaleur incidente qu'un élément ω reçoit des corps environnants se divise en deux parties, dont l'une pénètre la masse M, tandis que l'autre est réfléchie dans l'espace extérieur, en formant l'angle d'incidence égal à l'angle de réflexion. Quant aux rayons que le corps M tend à projeter, ils sont soumis à l'action d'une cause semblable, et subissent une sorte de réflexion intérieure. Une partie de ceux qui sont émis par les molécules du corps M les plus voisines de la surface, et qui parviennent à l'élément ω sous un certain angle, poursuivent leur route en ligne droite dans l'espace environnant. C'est en cela que consiste l'émission propre. Une autre partie de la chaleur que le corps tend à projeter ne pénètre pas au delà de ω : elle rentre dans la masse.

Les rayons propres émis par le corps M à travers l'élément ω s'ajoutent aux rayons que cette petite surface reçoit de l'extérieur et qu'elle réfléchit. La quantité totale de chaleur rayonnante envoyée par ω se compose de ces deux espèces de rayons, les uns projetés directement, les autres réfléchis. Il est évident que les rayons envoyés par les corps extérieurs et qui sont réfléchis par ω se forment aussi de chaleur directe et de chaleur réfléchie. Nous ne considérons point ces rayons à la surface des corps extérieurs qui les renvoient, mais à la surface du corps M qu'ils pénètrent ou qui les réfléchit.

II.

Diverses expériences avaient donné lieu de conclure que la quantité de chaleur rayonnante qu'un élément ω de la surface envoie dans une direction donnée est d'autant moindre que cette direction fait un angle plus petit avec la surface ω, et que cette quantité est proportionnelle au sinus de l'inclinaison. Nous allons faire connaître comment la théorie confirme et explique cette conséquence. Une proposition de cette nature, analogue aux théorèmes de Géométrie et de Statique, peut être indiquée par la voie expérimentale; mais elle exige une démonstration

théorique qui lève tous les doutes provenant de la difficulté des mesures et de l'erreur inévitable des observations.

Il faut d'abord définir exactement la mesure de la quantité de chaleur envoyée à l'espace extérieur, dans chaque direction, par un même
élément de la superficie. Pour cela, on se représente tous les rayons
parallèles qui forment un seul cylindre oblique dont la base est le
disque ω, et dont l'axe fait avec cette base un angle φ. Ces rayons,
incessamment renouvelés, traversent un diaphragme qui serait tracé
dans le cylindre perpendiculairement à son axe, à une distance quelconque de ω, et l'on peut concevoir que cet effet subsiste toujours le
même durant un certain temps pris pour unité. Si l'on pouvait recueillir toute la chaleur qui traverse ainsi, pendant l'unité de temps,
le diaphragme du cylindre, et déterminer combien elle fondrait de
glace, cette quantité de glace fondue serait exprimée en nombre
d'unité de poids; c'est ce nombre que nous prenons pour la mesure
exacte de la quantité totale de chaleur contenue dans le cylindre
oblique. C'est ainsi que l'on peut comparer entre elles les quantités
respectives de chaleur envoyées par le même élément dans des directions différentes. Cette définition est très propre à éclairer la question
et suffirait en quelque sorte pour la résoudre; mais il est nécessaire
de fonder cette résolution sur une démonstration positive. Nous l'avons
déduite d'un fait très général donné par les observations communes,
savoir l'équilibre de chaleur qui s'établit entre tous les corps placés
dans le même milieu.

III.

Que l'on se représente une enceinte solide fermée de toutes parts,
entretenue, par des causes extérieures quelconques, à une température constante C, commune à tous les points de cette enceinte. On
place dans l'intérieur de ce vase fermé plusieurs corps qui peuvent
différer entre eux par la forme et les dimensions, par la nature de la
substance et par l'état des surfaces. L'équilibre des températures tend
à s'établir de plus en plus entre tous ces corps, et c'est une consé-

quence manifeste du principe de la communication de la chaleur. En
effet, deux molécules voisines, dont les températures sont d'abord différentes, exercent, conformément à ce principe, une action telle que
la particule la moins échauffée reçoit de l'autre une partie de la chaleur excédante; et cette chaleur communiquée finit toujours par être
exactement proportionnelle à la différence des températures. Il résulte
de ce partage continuel et de la température fixe du vase que tous les
corps qu'il renferme tendent continuellement à acquérir le même
degré de chaleur.

Si l'on suppose que la température C, commune à toutes les parties
de l'enceinte solide, est aussi celle que l'on a donnée aux corps M, N,
P, placés dans l'espace que cette enceinte termine, il ne pourra survenir aucun changement, et chacun des corps conservera cette température primitive C. Mais si un ou plusieurs de ces corps avaient une
température moindre que C, lorsqu'ils ont été apportés dans l'enceinte,
ils s'y échaufferont progressivement, et, après un certain temps, ils
auront acquis une température très peu différente de C. Cette différence diminue de plus en plus, et devient plus petite que toute quantité donnée. Le même effet se produit en sens contraire si la température initiale des corps M, N, P surpasse celle de l'enceinte. Le fait
général que l'on vient d'énoncer subsiste, quel que soit l'état des
diverses parties de la surface de l'enceinte; il suffit que tous les points
aient une température commune et constante. Ce fait est indépendant
de la nature et de la forme des corps M, N, P, solides, liquides ou aériformes. La quantité de chaleur qui pénètre ces corps, et le temps que
chacun met à l'acquérir, diffèrent beaucoup selon l'espèce des substances; mais leur température finale est la même; elle est nécessairement celle de l'enceinte. Cette considération de l'équilibre des
températures dans un vase fermé est le vrai fondement de la Théorie
mathématique de la chaleur rayonnante, et dérive, comme nous l'avons
dit, du principe de la communication de la chaleur : c'est, dans cette
classe de phénomènes, le fait le plus général et le plus constant que
l'on ait observé.

IV.

Il faut maintenant expliquer comment cette notion de l'équilibre
sert à déterminer la loi du rayonnement. Chaque partie infiniment
petite de la surface d'un corps échauffé est le centre d'un hémisphère
rempli de chaleur rayonnante. Tous les éléments de la surface hémisphérique (dont le rayon est 1) sont traversés, pendant la durée d'un
même instant, par des quantités de chaleur que l'on ne serait point
fondé à supposer égales. Il s'agit de découvrir la loi de la distribution
de la chaleur à la surface de l'hémisphère. Pour cela, on considère une
enceinte solide que terminent de toutes parts des surfaces d'une forme
donnée, retenues dans chacun de leurs points à une température commune et constante C. On se représente qu'une molécule sphérique,
infiniment petite, est placée dans un des points de l'espace intérieur,
par exemple au centre d'une surface sphérique, et l'on se propose de
déterminer la température finale que la molécule doit acquérir. Cette
température finale est telle que la molécule l'ayant acquise envoie à
l'enceinte une quantité de chaleur précisément égale à celle qu'elle en
reçoit; car, si ces deux quantités n'étaient pas égales, il est évident que
la molécule changerait de température : c'est sur ce principe que le
calcul est fondé. Nous supposons que l'on ignore si les rayons envoyés
par un élément ω de l'enceinte, selon différentes directions, contiennent, en effet, d'autant moins de chaleur qu'ils sont plus inclinés
sur ω, et quelle est la loi du décroissement, c'est-à-dire quelle est la
quantité de chaleur contenue dans le cylindre qui a pour base ω, et
dont l'axe fait avec la même surface ω un angle donné φ. On regardera
donc cette quantité de chaleur contenue dans chaque rayon comme
proportionnelle à une fonction indéterminée du sinus de l'angle φ, et
l'on trouvera facilement, par les règles communes du Calcul intégral,
l'expression de la température finale α que la molécule doit acquérir.
Cette expression contiendra la fonction indéterminée $f(\sin\varphi)$. On
cherchera ensuite à reconnaître la nature de la fonction en comparant
la valeur de α à celle de la température commune de l'enceinte.

II.   50

V.

Ce sont des calculs de ce genre qui nous ont prouvé que la quantité totale de chaleur rayonnante envoyée par un élément quelconque du vase fermé est, comme les expériences l'avaient indiqué, proportionnelle au sinus de l'inclinaison. Par exemple, nous avons supposé une enceinte sphérique, et la molécule placée au centre, ou un espace terminé par deux plans infinis et parallèles qui tiennent lieu de l'enceinte. Nous avons aussi attribué à cette enceinte la forme d'une enveloppe cylindrique terminée par deux faces circulaires. Dans ces divers cas, et dans tous ceux que nous avons soumis au calcul, on trouve que, si la quantité de chaleur envoyée par le disque infiniment petit ω était la même dans toutes les directions, les phénomènes seraient totalement contraires à ceux que l'on observe. La température acquise par la molécule changerait avec sa situation dans l'espace. On trouverait la température de la glace dans une enceinte retenue au degré de l'ébullition de l'eau, et celle de la fusion du fer dans une enceinte glacée. Mais si, au contraire, la chaleur envoyée est en chaque élément proportionnelle au sinus de l'inclinaison, il n'y a aucun point de l'espace intérieur dans lequel la molécule n'acquière la température même de l'enceinte. Il serait superflu de rapporter ici ces calculs ; on les trouve dans notre Mémoire de 1811 (*Nouveaux Mémoires de l'Académie royale des Sciences*, t. V), articles 90, 91, 96, et dans les *Annales de Chimie et de Physique*, tome IV, page 128, année 1817.

VI.

Il est facile de généraliser ces conséquences et de démontrer que, si la chaleur contenue dans chaque rayon est proportionnelle au sinus de l'angle que ce rayon fait avec l'élément qui l'envoie, la température finale acquise par un corps placé dans un vase fermé ne dépend point de la forme du vase, et qu'elle est toujours la même que la température de l'enceinte. Ce résultat a lieu, quels que soient le nombre des corps, leurs dimensions et les lieux qu'ils occupent. Chaque élément infiniment petit de la surface d'un de ces corps, ou de celle de l'enceinte, est la base commune d'une infinité de rayons qui s'éloignent de ce centre, et forment un hémisphère rempli de chaleur. Le même élément reçoit, selon les directions contraires, un pareil nombre de rayons respectivement égaux à ceux qu'il envoie, et qui, par conséquent, apportent des quantités de chaleur proportionnelles aux sinus de l'inclinaison. (Art. 96 et 97 du Mémoire déjà cité de 1811.)

Il est surtout nécessaire de remarquer : 1° que la conséquence mathématique dont il s'agit appartient au cas de l'équilibre, c'est-à-dire à celui où toutes les parties de l'enceinte ont une température commune : dans ce cas, il est démontré que les quantités de chaleur envoyées en différents sens par un même élément sont entre elles comme les sinus de l'inclinaison; 2° que cette quantité de chaleur envoyée par la surface ω n'est pas seulement formée du produit de l'émission directe, mais encore de la chaleur réfléchie par le même élément. Ainsi la proposition précédente exprime la loi de l'émission totale ou celle du rayonnement, et non la loi de l'émission directe, que l'on pourrait supposer très différente.

VII.

Après avoir reconnu, par l'examen des questions précédentes, que les résultats des observations sont clairement expliqués dès que l'on regarde les quantités de chaleur envoyées par chaque particule de la surface comme proportionnelles aux sinus de l'inclinaison, nous avons considéré attentivement les conséquences les plus générales de cette loi. On peut les énoncer comme il suit :

1° Lorsque la loi dont il s'agit subsiste, l'équilibre de la chaleur rayonnante a lieu d'élément à élément, c'est-à-dire que, si l'on compare seulement deux surfaces infiniment petites ω et ω' qui sont en présence l'une de l'autre, soit qu'elles appartiennent à l'enceinte ou aux masses qu'on y a placées, il arrive toujours que l'un des éléments reçoit de l'autre une quantité de chaleur exactement égale à celle qu'il lui envoie. Cette propriété ne peut convenir qu'à la loi précédemment énoncée. L'équilibre d'élément à élément ne résulterait d'aucune autre loi : il suppose nécessairement que la chaleur envoyée ou reçue est proportionnelle au sinus de l'angle que le rayon fait avec la surface (Mémoire de 1811, art. 96).

2° Si, en désignant un élément de l'espace intérieur, on calcule combien cette sphère infiniment petite reçoit de chaleur de toutes les parties de l'enceinte ou des corps interposés, on trouve une quantité constante qui ne dépend aucunement de la position du point ou de la figure du vase. Chaque point de l'espace est le centre d'une infinité de rayons d'une égale intensité qui arrivent et s'éloignent selon toutes les directions.

3° Il est facile de mesurer la quantité de chaleur qu'une surface d'une forme quelconque, et dont toutes les parties ont la même température, envoie à un point de l'espace lorsque l'équilibre subsiste. Il faut regarder ce point comme le sommet d'un cône qui enveloppe la surface donnée, et tracer une surface hémisphérique d'un rayon égal à 1, dont le centre soit en ce point. La partie de la surface hémisphérique qui est comprise dans ce cône, c'est-à-dire la capacité, ou l'ouverture du cône, mesure la quantité de chaleur envoyée. Nous avons appliqué cette construction dans une Note intitulée : *Question sur la Théorie physique de la chaleur rayonnante* (*Annales de Chimie et de Physique*, t. VI, année 1817, art. 7 et 8).

Si l'on considère le cas de l'équilibre, la conséquence est rigoureusement exacte. Si les surfaces ont des températures inégales, mais assez peu différentes, et si les incidences ne sont pas très obliques, on peut encore faire usage de cette construction en considérant séparément l'effet de chaque surface. On explique très clairement, par ce moyen, plusieurs effets remarquables, par exemple ceux qui dépendent de la réflexion apparente du froid (*Annales de Chimie et de Physique*, Note citée, art. 9, 10 et 14).

4° Si l'on conçoit une surface tracée d'une manière quelconque dans

l'espace que l'enceinte termine, et si, désignant un élément ω de cette
surface non matérielle, on considère la quantité de chaleur qui le traverse dans toutes les directions, on voit que la loi du rayonnement est
observée par rapport à cet élément, en sorte que les cylindres dont il
est la base contiennent des quantités de chaleur proportionnelles aux
sinus des angles que les axes des cylindres font avec cette base; l'effet
est le même que si l'élément ω appartenait à la surface de l'un des corps
qui ont la température finale. Ainsi, lorsqu'on retire un de ces corps M,
N, P de l'espace intérieur, le rayonnement qui avait lieu en chaque élément de la superficie de ce corps continue de subsister à la surface qui
termine le volume qu'il occupait.

C'est la distribution homogène que nous venons de décrire qui, à
proprement parler, constitue l'équilibre de la chaleur rayonnante, et
détermine la température de l'espace intérieur. Si l'on divisait cet
espace en proportions égales, et que l'on pût recueillir la chaleur que
renferme chaque portion au commencement d'un instant déterminé,
on trouverait ces quantités égales, et leur valeur commune serait la
même à tout autre instant.

Quoique la chaleur ne puisse pas être comparée aux matières aériformes, on peut remarquer ici qu'elle jouit d'une propriété statique
analogue à celle de ces fluides. La densité, et par conséquent la force
répulsive qui naît de l'action de la chaleur, sont les mêmes dans toutes
les parties de l'espace où l'équilibre est formé. Lorsque cette égale distribution est établie, il n'y a aucune cause qui puisse changer les températures.

VIII.

Après avoir démontré les théorèmes énoncés dans les articles précédents, nous avons désiré connaître la cause physique dont ils dérivent.
Voici les résultats de cette recherche : on suppose d'abord que la réflexibilité des surfaces est nulle; on considérera ensuite l'effet de cette propriété.

Lorsque la chaleur dont un corps est pénétré s'échappe à travers la superficie, et se porte dans l'espace environnant, il est certain que les rayons émis ne proviennent pas seulement de l'extrême surface. Les points matériels qui sont à une distance très petite de la superficie concourent évidemment à l'émission. Nous ferons remarquer ici que, dans la Théorie dont nous exposons les éléments, on considère des températures limitées comparables à celles qui déterminent les phénomènes naturels à la surface du globe terrestre. Pour les corps opaques et pour cet ordre de températures, il n'y a que les points situés à une profondeur extrêmement petite dont la chaleur émise puisse arriver directement au delà de l'extrême surface. Il est visible que dans les directions inclinées le produit total de l'émission doit être moindre, parce que les rayons projetés ont à traverser une plus grande distance dans la masse solide, et que, par conséquent, il y en a une plus grande partie d'interceptée. Pour définir avec précision ce dernier effet, que l'on se représente (*fig.* 1) un cylindre oblique qui aurait pour base un

Fig. 1.

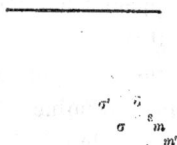

élément infiniment petit ω de la surface d'un corps échauffé, et que l'on prolonge ce cylindre dans la masse solide. Si, par un point ε très voisin de la base ω, on trace un diaphragme σ perpendiculaire à l'axe du cylindre, cette section σ sera traversée selon la direction de l'axe par la chaleur que les molécules *mm'* du cylindre placées au-dessous du point ε, et les plus voisines de ce point, envoient dans cette direction. Une partie de la chaleur que ces molécules projettent parallèlement à l'axe n'arrive pas jusqu'à la surface extérieure ω: elle est interceptée et éteinte par les molécules solides intermédiaires. Si l'on traçait entre ω et σ, à une certaine distance δ du premier diaphragme σ, un second diaphragme σ' perpendiculaire à l'axe, il est certain que la

chaleur rayonnante qui traverse σ' selon la direction de l'axe du cylindre serait en moindre quantité que celle qui traverse σ; c'est-à-dire
que la chaleur A qui passe dans cette direction à travers σ se trouve
réduite à une moindre valeur pA lorsqu'elle a parcouru dans le solide
l'intervalle δ. Elle est diminuée de $(1-p)$A, et la fraction p dépend
de δ suivant une certaine loi. On représentera donc ce rapport p par
une fonction indéterminée de l'espace parcouru δ. Si l'on considère
que toutes les molécules du solide, ayant par hypothèse la même température, envoient la même quantité de chaleur et qu'elles la projettent également dans tous les sens, on pourra former l'expression de
la quantité totale de chaleur qui sort du solide à travers un élément ω
de la surface selon une direction déterminée : cette expression contiendra la fonction $f(\delta)$, qui, étant retranchée de l'unité, mesure la
quantité de chaleur éteinte dans un intervalle quelconque δ. Il est très
facile d'établir ce calcul et de comparer entre elles les quantités de
chaleur rayonnante qui s'échappent selon deux directions différentes,
en traversant un même élément ω de la superficie. On reconnait alors,
ce qu'il était aisé de prévoir, que le rapport de ces quantités est indépendant de la fonction $f(\delta)$, qui détermine la loi de l'extinction. Quelle
que puisse être cette loi, le rapport dont il s'agit est celui des sinus des
angles que les axes des cylindres font avec l'élément. Au reste, cette
même conséquence se présente d'elle-même, et la démonstration n'exigerait aucun calcul, comme on le voit dans l'article suivant.

IX.

En effet, désignant par ω un cercle infiniment petit placé à la surface du solide, on mène par le centre de ω une normale à cette surface,
et l'on forme dans l'intérieur de la masse un cylindre droit dont cette
normale est l'axe, et dont ω est la base. Du centre de ω on trace dans
le solide (*fig.* 2) une surface hémisphérique qui a pour rayon ε, et l'on
prolonge le cylindre droit jusqu'à ce qu'il rencontre la surface hémisphérique, où il intercepte une portion infiniment petite s. On con-

struit aussi un cylindre oblique dont ω est la base, et dont l'axe, mené dans l'intérieur du solide, fait avec la base ω un angle φ. Ce cylindre est prolongé jusqu'à la rencontre de la surface hémisphérique, où il circonscrit une section σ. Enfin du centre de ω et d'un rayon $\varepsilon - \delta$ on trace une seconde surface hémisphérique qui coupe aussi les deux cylindres, et forme dans le premier une section s', et dans le second une section σ'. Un élément du cylindre orthogonal est compris entre les sections s et s', dont la distance est δ, quantité infiniment petite par rapport à ε, et un élément du cylindre oblique est compris entre les sections σ et σ', dont la distance est la même que δ.

Fig. 2.

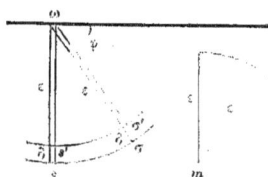

Chaque point intérieur m de la masse solide uniformément échauffée envoie dans toutes les directions une certaine quantité de chaleur A, dont une partie pA arrive directement jusqu'à une certaine distance ε du point m. L'autre partie $(1 - p)$A est interceptée. La fraction p est d'autant plus petite que la longueur ε parcourue dans la masse solide est plus grande; et cette fraction est nulle si la distance parcourue égale ou surpasse λ, quantité extrêmement petite.

Cela posé, il est facile de comparer, comme il suit, les quantités de chaleur que les deux éléments solides des cylindres envoient jusqu'à la superficie au delà de ω. Désignant par a la chaleur émise, selon la direction normale, par l'élément cylindrique dont la base est s et la hauteur δ, et désignant par b la chaleur émise, selon la direction de l'axe oblique, par l'élément du second cylindre dont la base est σ, on voit que les quantités a et b sont proportionnelles aux volumes des éléments, et par conséquent aux bases s et σ, puisque ces éléments

DES PROPRIÉTÉS DE LA CHALEUR RAYONNANTE. 401

ont une hauteur commune δ : or, il résulte de la construction que s
est égale à $\sigma \sin\varphi$. En effet, soit 1 la longueur d'un cylindre droit qui
aurait pour base s (*fig.* 3); que l'on divise ce solide en deux parties
en traçant une section σ qui fasse avec l'axe un angle φ, et que l'on
transpose ces deux parties, en sorte que les deux bases opposées s et s
coïncident, et que les bases σ et σ soient parallèles; on aura formé un
cylindre oblique dont la hauteur est $\sin\varphi$. Le volume du cylindre
droit n'ayant point changé, il est évident que l'on a cette équation
$s = \sigma \sin\varphi$.

Fig. 3.

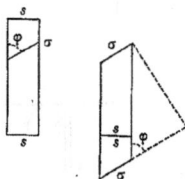

La partie de la chaleur désignée par a, qui, après avoir parcouru la
distance ε, traverse ω, est pa; et la partie de la quantité de chaleur b,
qui, après avoir parcouru la même distance ε, traverse ω sous l'inclinaison φ, est pb ou $pa \sin\varphi$. Donc les deux quantités de chaleur qui
sortent des éléments solides que l'on compare, et qui parviennent jusqu'à la superficie au delà de ω, sont entre elles dans le rapport de 1 à
$\sin\varphi$.

La même conséquence a lieu si, traçant (*fig.* 2) une troisième surface hémisphérique d'un rayon $\varepsilon - 2\delta$, on compare les quantités de
chaleur envoyées par deux autres éléments correspondants du cylindre
orthogonal et du cylindre oblique. On peut diviser ainsi les volumes
des deux cylindres en une multitude de parties dont chacune est infiniment petite par rapport au volume entier, et la conséquence précédente s'applique à tous les éléments intermédiaires que l'on compare.
Donc les quantités totales de chaleur qui sortent de chaque cylindre
et traversent le même élément ω sont entre elles dans le rapport de 1
à $\sin\varphi$.

II.   51

X.

Si la chaleur s'échappait librement à travers la superficie des corps,
c'est-à-dire s'il n'existait aucune force contraire à l'émission, le rayonnement aurait lieu suivant la loi que l'on vient d'énoncer. Il sortirait,
à travers chaque particule ω de la surface en différentes directions, des
quantités de chaleur exactement proportionnelles aux sinus des angles
que ces directions font avec ω. Cela résulte, comme on vient de le voir,
des deux causes suivantes : $1°$ chaque molécule de la masse échauffée
envoie dans tous les sens une égale quantité de chaleur, et cette quantité est la même pour toutes les molécules, puisqu'elles ont par hypothèse la même température; $2°$ les molécules très voisines de la superficie sont les seules qui puissent projeter directement une partie de
leur chaleur au delà de cette surface. La loi énoncée est une conséquence nécessaire de cette égale irradiation, et de l'extinction totale
des rayons qui ont parcouru dans la masse une distance extrêmement
petite Δ. Si cet intervalle Δ qui détermine l'extinction complète avait
une grandeur finie, le résultat ne serait pas moins facile à connaître;
mais nous ne considérons point ici cette question.

On a prouvé aussi, dans les articles précédents (VI et VII), que cette
même loi du rayonnement établit dans l'espace fermé l'équilibre des
températures. Donc, la réflexibilité étant supposée nulle, cet équilibre
aurait nécessairement lieu en vertu des deux causes physiques dont
on vient de parler.

Il faut remarquer maintenant que le mouvement de la chaleur dans
l'intérieur des substances solides se détermine par les mêmes principes. Il suffit de supposer que chaque molécule est le centre d'une
infinité de rayons dont chacun contient, dans tous les sens, la même
quantité de chaleur, et qui sont totalement absorbés lorsqu'ils ont
parcouru dans la masse opaque un intervalle imperceptible Δ. L'intensité, qui est la même pour tous les rayons sortis d'un seul point, varie
d'un point à un autre et dépend de la température de chaque point.

D'après cela, on détermine la quantité de chaleur que reçoit et perd une particule solide d'une figure donnée, et l'on forme les équations différentielles qui expriment la propagation de la chaleur dans les corps solides. Ainsi la loi du rayonnement libre à la surface des corps et celle de la distribution de la chaleur dans l'intérieur de ces corps dérivent toutes d'un fait extrêmement simple, savoir l'irradiation uniforme de chaque molécule échauffée.

XI.

Nous avons fait abstraction, dans ce qui précède, d'une propriété physique qui se manifeste à la superficie des corps; celle de réfléchir une partie de la chaleur rayonnante envoyée par les objets extérieurs. Tous les corps ne jouissent point au même degré de cette faculté de repousser les rayons incidents; et ceux dont la réflexibilité est plus parfaite conservent plus longtemps leur propre chaleur. Toutes les observations concourent à montrer une relation nécessaire entre la propriété d'émettre la chaleur et celle de la réfléchir. L'une et l'autre dépendent de l'état de la superficie; et lorsque, en changeant cet état, on diminue ou l'on augmente la réflexibilité, on augmente ou l'on diminue le pouvoir d'émettre la chaleur intérieure. Nous ne rapporterons point ici des faits généralement connus, et qui sont exposés dans tous les Traités de Physique. Notre objet principal est de reconnaître la cause qui maintient la loi du rayonnement dans un vase fermé, nonobstant la réflexibilité plus ou moins parfaite des surfaces intérieures du vase ou des corps contenus.

Si une enceinte fermée, retenue à une température invariable, contient divers corps qui aient reçu cette même température, ou qui l'aient acquise progressivement dans l'enceinte, l'équilibre a lieu quel que soit l'état des diverses parties de la surface intérieure du vase ou des corps qu'il renferme. Nous admettons ce fait général comme donné par les observations. La question consiste à assigner très distinctement les propriétés physiques qu'il suppose. Or nous venons de prouver que, si l'émission s'opère librement, en sorte que tous les rayons qui parviennent de l'intérieur de la masse jusqu'à la superficie pénétrassent directement dans l'espace extérieur, la loi énoncée s'établirait d'elle-même. Il faut maintenant expliquer pourquoi cette loi subsiste encore si la surface acquiert la faculté de réfléchir en partie la chaleur incidente, et par conséquent celle de contenir en partie la chaleur intérieure. On ne peut douter qu'après le changement d'état de la surface les rayons de chaleur envoyés par un élément ω, selon différentes directions, ne contiennent encore des quantités de chaleur proportionnelles aux sinus des inclinaisons ; car l'équilibre des températures qui résulte de cette loi continue d'avoir lieu. Mais il faut remarquer que, si l'émission cesse d'être totale, la réflexibilité cesse d'être nulle. Alors on doit ajouter à la chaleur propre que les molécules projettent la partie de la chaleur incidente que les surfaces réfléchissent ; et l'on aperçoit d'abord que c'est cette compensation qui maintient la loi du rayonnement nécessaire à l'équilibre des températures. Il s'agissait de démontrer l'exactitude mathématique de la compensation, en déterminant avec précision les conditions physiques dont elle dépend. Nous avons donné cette démonstration dans l'article 99 de notre Mémoire de 1811 (*Nouveaux Mémoires de l'Académie royale des Sciences*, t. V). Elle est très simple et exempte de toute incertitude ; on peut la présenter comme il suit.

XII.

Si l'on considère, en premier lieu, le cas de l'émission libre où la chaleur intérieure sortirait sans obstacle, et la chaleur incidente serait entièrement absorbée, on a vu (article VIII) que la loi du rayonnement qui détermine l'équilibre des températures s'établirait d'elle-même : elle subsisterait dans toutes les parties de l'espace que l'enceinte termine. Si maintenant on suppose que l'état des surfaces de l'enceinte ou des corps contenus subit un changement quelconque, qui leur donne, à un certain degré, le pouvoir de réfléchir une partie de la chaleur incidente, nous disons que la distribution de la chaleur rayonnante demeure la même qu'auparavant, et que, si ce changement de l'état d'une partie quelconque des surfaces est suivi d'un ou de plusieurs autres, la loi du rayonnement continuera de subsister sans aucune altération, en sorte que la quantité de chaleur envoyée par ω dans une certaine direction sera toujours la même que si la réflexibilité était nulle.

En effet, désignons par r la quantité de chaleur qui serait envoyée par le disque infiniment petit ω selon une direction déterminée, si l'émission était complète, comme on l'a supposé d'abord, et soit φ l'angle que cette direction fait avec la surface ω (*fig.* 4). Par le

Fig. 4.

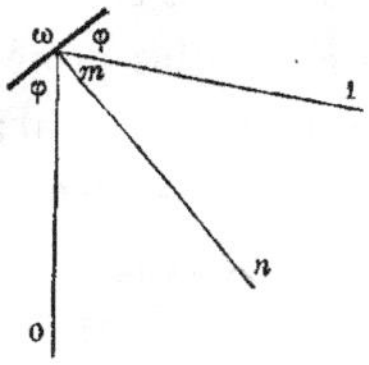

point m, centre de ω, on élève une normale mn à la surface, et l'on trace une droite mO dans la direction du rayon que l'on considère ; on fait passer un plan par les droites mn et mO, et dans ce plan on mène, de l'autre côté de la normale, une droite mɪ qui fait avec ω un angle égal à φ.

Lorsque l'émission était complète, l'élément ω envoyait dans la direction mO un rayon r, et il envoyait aussi, sous la même inclinaison φ, mais dans la direction alterne mɪ, un rayon égal à r. En même temps cet élément ω recevait un rayon égal à r dans la direction Om, et un autre rayon r dans la direction ɪm (art. VI). Chacun de ces rayons incidents pénétrait librement la surface, et était totalement absorbé parce que la réflexibilité était nulle. Supposons qu'au commencement d'un instant déterminé A il s'opère dans l'état de la surface ω un changement quelconque, en sorte que le rayon émis selon la direction mO soit diminué et devienne égal à $\alpha . r$, produit de r par une fraction α. La même cause agira sur le rayon r que la surface recevait au même instant dans la direction alterne ιm, et qu'elle absorbait entièrement. Une partie seulement de ce rayon incident sera absorbée par ω, et l'autre partie sera réfléchie. Admettons que la partie absorbée soit αr, la fraction α étant la même que la précédente; la partie du rayon qui est réfléchie par ω sera $(\iota - \alpha)r$; elle s'ajoutera au rayon αr que ω émet dans la même direction $m0$, et par conséquent la quantité totale de chaleur que l'élément envoie dans la direction $m0$ sera $\alpha r + (\iota - \alpha)r$, ou r, égale à celle qui était envoyée lorsqu'on supposait l'émission complète.

Il n'y a aucune partie infiniment petite ω de la surface de l'enceinte ou des corps contenus à laquelle on ne puisse appliquer la même conséquence. Si donc une ou plusieurs parties de ces surfaces subissent un changement quelconque, au commencement du même instant A, il est évident que les quantités de chaleur envoyées dans toutes les directions demeurent les mêmes qu'auparavant.

Si un nouveau changement succède au premier, on prouvera de la même manière que les quantités de chaleur envoyées ou reçues dans une direction quelconque ne sont point changées, en sorte qu'il est entièrement impossible de causer quelque altération dans la loi du rayonnement en faisant varier l'état des surfaces. Cette conséquence est fondée sur le principe que nous avons admis, savoir : que, si le rayon émis r, qui traversait la surface dans le cas de la réflexibilité nulle, est réduit à αr par un changement de la superficie, la partie du rayon extérieur incident r qui sera absorbée après ce changement est aussi αr. Mais la conséquence dont il s'agit. n'aurait pas lieu si le pouvoir d'émettre la chaleur dans une certaine direction n'était pas toujours égal au pouvoir d'absorber la chaleur incidente qui arrive dans cette même direction. La distribution de la chaleur rayonnante dans l'espace fermé varierait avec l'état des surfaces : or cette distribution est toujours la même, puisque l'équilibre des températures subsiste quelle que soit la nature des surfaces. Donc, le fait général de l'équilibre des températures dans un vase fermé prouve que sous la

même inclinaison les deux effets de l'émission et de l'absorption sont
précisément égaux.

Il résulte nécessairement de cette égalité que la quantité totale de
chaleur projetée ou réfléchie par un élément quelconque ω de l'une
des surfaces, dans chaque direction, par exemple selon la ligne mO,
est, après le changement de la surface, la même qu'auparavant. Elle
est toujours égale à la quantité qui serait projetée par ω dans cette
direction si le pouvoir émissif de ω était total. On peut aussi reconnaitre la vérité de cette dernière proposition en calculant l'effet des réflexions successives et indéfiniment répétées que les rayons subissent
dans l'intérieur de l'enceinte; la démonstration précédente, que l'on
trouve dans nos premiers Mémoires, dispense entièrement de ce calcul.

On voit maintenant quelle est la cause physique qui maintient l'équilibre de la chaleur rayonnante nonobstant les changements d'état des
surfaces. Elle consiste dans cette relation nécessaire entre la faculté
d'émettre la chaleur intérieure et celle de repousser la chaleur incidente. Ainsi l'examen mathématique des conditions de l'équilibre de
la chaleur rayonnante ne fait pas seulement connaitre les lois de cet
équilibre: il nous en montre la cause dans l'irradiation uniforme des
molécules échauffées, dans l'extinction que subit la chaleur en traversant les milieux opaques, et dans l'existence d'une force qui s'oppose
également à l'émission des rayons intérieurs et à l'introduction des
rayons incidents.

XIII.

Il se présente, au sujet de la proposition démontrée dans l'article
précédent, une remarque très importante sans laquelle on pourrait se
former une idée inexacte de notre Théorie. Une partie de la chaleur
intérieure que le corps tend à projeter est retenue, comme nous l'avons
dit, par une force qui réside à la surface, et cette même cause, ou une
force équivalente, détermine la réflexion d'une partie de la chaleur
envoyée par les corps environnants. Désignant par r la quantité de chaleur que l'élément ω projetterait sous l'angle φ si la surface était privée

de tout pouvoir de réfléchir la chaleur, la quantité émise est seulement αr lorsque ce pouvoir existe, et la fraction α est la mesure du pouvoir d'émission. Désignant aussi par r la chaleur que reçoit ω sous la même inclinaison φ, la partie de cette chaleur incidente qui s'introduit dans la masse est seulement αr; la seconde fraction α est égale à la précédente : mais il ne s'ensuit pas que la valeur de cette fraction soit la même pour tous les angles d'incidence. Si l'on suppose qu'un rayon extérieur différent du premier tombe sur le même élément ω, en faisant avec la surface un autre angle φ', et que cette chaleur incidente soit r', il ne pénétrera dans la masse qu'une partie $\alpha' r'$. Or nous ne supposons point que la fraction α' soit nécessairement égale à la précédente α; des observations précises, faites à des températures très différentes sous des incidences obliques, pourraient seules nous apprendre si la fraction $1 - \alpha$ qui mesure la réflexibilité varie avec l'angle d'incidence et avec la température. Quoi qu'il en soit et de quelque manière que cette question expérimentale soit résolue, on doit conclure que, pour une température déterminée c et pour une même inclinaison φ, la quantité de chaleur propre émise est αr, si la partie de la chaleur incidente r qui pénètre la masse est αr. A la vérité, quelques expériences indiquent que, si les changements de température sont peu considérables, la force de cohibition et, par conséquent, de réflexion demeure sensiblement la même; et cela arrive aussi lorsque les inclinaisons diffèrent peu entre elles et ne sont pas très petites. Mais ces observations sont trop incertaines et trop bornées pour servir de fondement à une conséquence mathématique.

XIV.

Nous allons considérer maintenant l'effet des réflexions multiples qui s'opèrent dans l'intérieur d'un vase fermé dont toutes les parties conservent une température commune. Ce point de la question a été déjà traité dans un Mémoire que M. Poisson a publié récemment (*Annales de Chimie et de Physique*, année 1824, juillet, p. 225). Mais il est

utile d'examiner le même objet sous différents points de vue; la discussion des opinions contraires a l'avantage de fixer l'attention et d'exciter de nouvelles recherches.

Nous supposons, comme précédemment, que, dans l'intérieur d'un
vase fermé et vide d'air, dont la température est constante, se trouvent
un ou plusieurs corps qui ont présentement la température commune.
Nous supposons aussi que les diverses parties de la surface intérieure
de l'enceinte, ou de la surface des corps contenus, jouissent inégalement de la propriété de réfléchir la chaleur. Il s'agit de calculer la
quantité totale de chaleur qu'un élément ω_1 d'une des surfaces envoie
dans une direction donnée, soit par voie d'émission directe, soit par
voie de réflexion.

Par un point m_1 (*fig.* 5) centre du disque infiniment petit ω_1, on

Fig. 5.

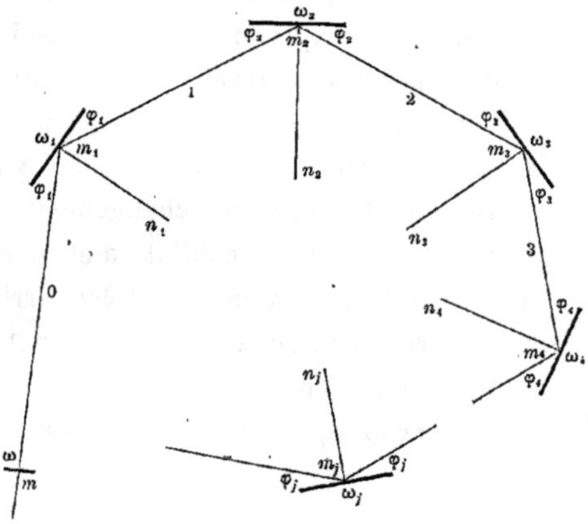

mène au point O une droite m_1O qui fait avec ω_1 l'angle φ_1. On trace
un plan qui passe par la droite m_1O et par la normale $m_1 n_1$ élevée sur
ω_1 au point m_1. Dans ce plan, et de l'autre côté de la normale, il faut
mener par le point m_1 une seconde droite m_1 1 qui fasse avec ω_1 un
angle égal à φ_1. Cette droite prolongée rencontre l'une des surfaces en
un point m_2, et fait en ce point avec la surface l'angle φ_2. On élève

II.   52

au point m_2 une seconde normale $m_2 n_2$ à la surface de l'enceinte ou des corps contenus, et l'on fait passer un second plan par cette normale $m_2 n_2$ et par la seconde droite $m_2 1$. Il faut ensuite tracer dans ce second plan, et de l'autre côté de la normale $m_2 n_2$, une troisième droite $m_2 2$ qui fasse en ce point m_2 avec la surface un angle égal à φ_2, et cette droite prolongée rencontre l'une des surfaces en un point m_3.

On continue ainsi indéfiniment d'élever des normales aux points où les droites prolongées rencontrent l'enceinte. On fait passer un plan par une de ces droites et par la normale correspondante; et dans ce plan on trace, de l'autre côté de la normale, une nouvelle droite qui, formant l'angle de réflexion égal à l'angle d'incidence, détermine sur l'enceinte ou sur les corps contenus un nouveau point de rencontre. Cette construction représente la route d'un rayon qui, partant de O dans la direction $O m_1$, est réfléchi successivement par les surfaces intérieures aux points $m_1, m_2, m_3, \ldots, m_{j-1}, m_j$; et réciproquement l'un de ces points, tel que m_1, envoie, dans la direction $m_1 3$, un rayon qui est réfléchi successivement par les surfaces aux points m_3, m_2, m_1, et parvient en O suivant la direction $m_1 O$. Il en est de même de tous les points $m_2, m_3, \ldots, m_j$, qui entrent dans la série que l'on a formée; au reste, il est évident que les lignes qui joignent ces points O, m_1, m_2 ne sont pas en général dans un seul plan; on les a toutes ramenées au plan de la *fig.* 5.

Si l'on applique la même construction à chaque point tel que m_1 du premier élément ω_1, on formera un système de rayons qui partent tous du point O, et qui, étant réfléchis par $\omega_1, \omega_2, \omega_3, \ldots$ sur la surface de l'enceinte ou des corps, interceptent sur cette surface un second élément ω_2. Le système des rayons réfléchis par ω_2 interceptera sur les surfaces un troisième élément ω_3, ainsi de suite indéfiniment. Quant au premier élément ω_1, il est supposé infiniment petit; c'est-à-dire que ses dimensions décroissent de plus en plus, et deviennent moindres que toute grandeur donnée.

Désignons par r la quantité de chaleur que l'élément ω_1 enverrait directement au point O si, à la surface de cet élément ω_1, la réflexibilité était nulle, ou, ce qui est la même chose, si le pouvoir d'émission était total. Supposons que toutes les surfaces de l'enceinte et des corps contenus jouissent de cette même propriété d'émission complète, et que l'équilibre des températures soit formé; la chaleur que le point m_1 envoie sous l'inclinaison φ_1 au point O est égale à celle que le point m_1 envoie sous la même inclinaison φ_1 au point m_2, et par conséquent elle est aussi égale à la chaleur que m_2 envoie à m_1 dans la direction contraire $m_2 m_1$ (art. VI et VII). Ainsi chaque rayon qui part de ω_1 et se dirige vers le point O correspond à un rayon équivalent que ω_2 envoie à ω_1 et dont la direction est telle que, s'il était réfléchi par ω_1, il parviendrait au point O. Donc la somme de ces derniers rayons est r.

Si le pouvoir émissif de ω_1 n'est pas complet, cet élément ne projettera plus vers le point O le rayon total r, mais seulement $\alpha_1 r$, en exprimant par la fraction α_1 le pouvoir émissif de ω_1 sous l'inclinaison φ_1; et, si l'émission à la surface ω_2 n'est pas complète, la somme des rayons que ω_2 envoie à ω_1, et qui parviendraient au point O s'ils étaient réfléchis par ω_1, n'est plus égale à r, mais seulement à $\alpha_2 r$, la fraction α_2 mesurant le pouvoir émissif de ω_2 sous l'inclinaison φ_2.

On prouve de la même manière qu'en désignant par α_1, α_2, α_3, ..., α_j le pouvoir d'émission à la surface des éléments ω_1, ω_2, ω_3, ..., ω_j, sous les inclinaisons φ_1, φ_2, φ_3, ..., φ_j, la quantité $\alpha_j r$ exprime la chaleur totale qui sort de l'élément ω_j, et tombe sur l'élément précédent suivant de telles directions que, par l'effet des réflexions successives, elle pourrait arriver au point O.

XV.

On calculera maintenant la quantité totale de chaleur ou directe ou réfléchie que l'élément ω_1 envoie au point O, et l'on examinera si cette chaleur équivaut à r; car, le calcul donnant ce résultat, la loi du rayonnement serait observée. Une première partie de cette quantité totale de chaleur envoyée par ω_1 au point O est celle qui sort, à travers cet élément, de l'intérieur même de la masse : elle est $\alpha_1 r$. En la comparant à r, on voit qu'elle en diffère d'une quantité égale à $(1 - \alpha_1)r$.

Or l'élément ω_2 projette sur ω_1 un rayon de chaleur propre exprimée par $\alpha_2 r$, et qui, étant réfléchi par ω_1, se réduit à $\alpha_2(1 - \alpha_1)r$.

Ainsi les rayons sortis de ω_1 et ω_2, et qui tombent sur le point O, apportent une quantité de chaleur exprimée par $\alpha_1 r + \alpha_2(1 - \alpha_1)r$. Cette somme n'est point égale à r; mais la différence, qui était $(1 - \alpha_1)r$ lorsqu'on ne tenait compte que du rayon sorti de ω_1, est diminuée de la quantité $\alpha_2(1 - \alpha_1)r$ envoyée par ω_2. Elle devient $(1 - \alpha_1)r - \alpha_2(1 - \alpha_1)r$ ou $(1 - \alpha_1)(1 - \alpha_2)r$, puisque le facteur $(1 - \alpha_1)r$ est commun aux deux termes que l'on compare. De plus, l'élément ω_3 envoie à ω_2 un rayon $\alpha_3 r$ qui, étant réfléchi par ω_2 et ensuite par ω_1, se réduit à $\alpha_3(1 - \alpha_1)(1 - \alpha_3)r$. Donc, en tenant compte de ce troisième rayon sorti de ω_3, et comparant toujours la somme des chaleurs reçues par le point O à la quantité r, on voit que la différence, qui était $(1 - \alpha_1)(1 - \alpha_2)r$, devient encore moindre. Elle est $(1 - \alpha_1)(1 - \alpha_2)(1 - \alpha_3)r$. En général, la somme des quantités de chaleur qui sortent d'un nombre quelconque d'éléments ω_1, ω_2, ω_j, et qui, par l'effet des réflexions multipliées, sont envoyées par ω_1 au point O, diffère de la valeur totale r d'une quantité égale à $(1 - \alpha_1)(1 - \alpha_2)...(1 - \alpha_j)r$, c'est-à-dire au produit de cette valeur totale r par toutes les fractions qui mesurent, sous les inclinaisons respectives φ_1, φ_2, ..., φ_j, le pouvoir réflecteur des surfaces dont la chaleur est sortie. Cette seule proposition suffit pour expliquer tous les effets des réflexions successives.

On voit que le calcul de ces effets consiste uniquement dans l'application des règles communes de la Catoptrique, et d'un principe démontré dans nos Mémoires précédents, savoir, l'égalité précise des pouvoirs d'émission et d'absorption selon une direction déterminée.

Si l'un des nombres α_1, α_2, ..., α_j est égal à l'unité, c'est-à-dire si l'une des surfaces a un pouvoir réflecteur nul, il est évident que le rayon reçu par le point O est complet, puisque la différence de ce rayon à la valeur totale r est nulle. Dans ce cas, le nombre des réflexions est limité. Mais si aucune des surfaces n'a un pouvoir réflecteur nul, le

produit $(1 - \alpha_1)(1 - \alpha_2)(1 - \alpha_3)\ldots$ se formera d'un nombre infini
de facteurs qui mesurent la réflexibilité des surfaces ω_1, ω_2, ω_3, $\ldots$
sous les inclinaisons φ_1, φ_2, φ_3, $\ldots$ On sera assuré que ce produit est
nul s'il y a une infinité de ces facteurs $1 - \alpha_1$, $1 - \alpha_2$, $\ldots$ dont chacun
soit plus petit qu'une quantité déterminée Δ moindre que l'unité ; car
ce produit serait moindre qu'une puissance entière Δ^i de la fraction Δ,
quelque grand que fût l'exposant i. On pourrait donc prouver que le
produit est moindre que toute grandeur proposée : ce qui ne peut
être prouvé qu'à l'égard d'une quantité nulle. Admettons maintenant,
comme une conséquence sensible de la nature de tous les corps, que
la réflexibilité ne puisse devenir totale sous quelque inclinaison que ce
soit, en sorte que le plus grand des facteurs $1 - \alpha_1$, $1 - \alpha_2$, $1 - \alpha_3$, $\ldots$
soit, dans tous les cas, un nombre déterminé δ moindre que l'unité ; on
en conclura avec certitude que le produit de tous ces facteurs est nul.
Donc la somme des rayons directs ou réfléchis, envoyés au point O par
ω_1, sera égale à la valeur totale que nous avons désignée par r.

Cette conséquence est rigoureuse, lorsqu'on admet que la réflexibilité ne peut jamais être totale. Mais si l'on concevait un tel état de surfaces que, pour de certaines incidences, la réflexion fût complète, le
produit des facteurs $1 - \alpha_1$, $1 - \alpha_2$, $1 - \alpha_3$, $\ldots$ pourrait n'être point
nul. Alors la somme des quantités de chaleur émises par ω_1, ω_2, ω_3, $\ldots$
à l'infini, et qui tombent sur le point O, ne serait pas égale à r. Mais il
ne s'ensuit pas, comme on le verra bientôt, que la loi du rayonnement
total ne soit pas conservée. Il en résulte seulement une exception singulière et purement mathématique, analogue à celle que présente
l'équilibre non stable dans les théories dynamiques. Avant d'examiner
cette question, nous ajouterons une remarque très propre à rendre sensible l'effet des réflexions successives.

XVI.

On suppose que le point O envoie à ω_1 la quantité de chaleur que
nous avons désignée par r, et que ce rayon total soit successivement

réfléchi par les éléments ω_1, ω_2, ω_3, ..., ω_j. Après ces réflexions, dont le nombre est déterminé et égal à j, la valeur du rayon sera réduite à

$$(1 - \alpha_1)(1 - \alpha_2)(1 - \alpha_3)...(1 - \alpha_j)r.$$

En comparant cette expression à celle de l'article précédent, on voit que la somme des rayons qui sortent de ω_1, ω_2, ω_3, ..., ω_j, et qui, par l'effet des réflexions successives, tombent sur le point O, diffère de la valeur totale r d'une quantité précisément égale à celle d'un rayon équivalent r qui, parti du point O, aurait subi des réflexions successives sur ces mêmes surfaces ω_1, ω_2, ..., ω_j. Cette proposition est vraie quel que soit le nombre des réflexions; elle nous montre que la chaleur reçue par le point O approche de plus en plus du rayon total r, à mesure qu'elle se forme d'un plus grand nombre de parties qui sortent de ω_1, ω_2, ..., ω_j. Si l'on ne considère ici que des résultats physiques et mesurables, on ne peut douter que ce rayon de chaleur qui, partant du point O, subirait des réflexions continuelles sur les surfaces ω_1, ω_2, ..., ω_j ne finit par devenir totalement insensible. Or ce rayon, qui s'éteint par degrés, est à chaque fois le complément exact de la quantité de chaleur qui, suivant une route contraire, se réunit en ω_1 et arrive au point O. Donc la somme des rayons que ω_1 envoie à ce point O est égale à la valeur complète que l'on a désignée par r.

Énoncer cette dernière proposition, c'est dire, en des termes différents, qu'un rayon qui subit des réflexions indéfinies s'éteint par degrés et totalement. On pourrait même reconnaître immédiatement et sans aucun calcul l'identité de ces deux propositions. Ce serait la manière la plus simple de démontrer l'effet des réflexions successives; mais nous avons préféré l'exprimer par le calcul.

XVII.

Il ne nous reste plus qu'à considérer ce qui aurait lieu si l'on pouvait tellement changer l'état de quelques parties des surfaces que pour de certaines incidences la réflexibilité fût totale. L'examen de cette question fournit une conséquence remarquable.

Si toutes les surfaces de l'enceinte et des corps contenus étaient douées d'un pouvoir d'émission complet, la chaleur émise par les molécules solides placées à une très petite profondeur, comme on l'a prouvé (art. VIII), serait assujettie à la loi du rayonnement énoncée dans les articles VI et VII; l'équilibre des températures se formerait de lui-même. Lorsqu'il est établi, un élément ω_1 envoie dans une direction déterminée, par exemple, sous l'inclinaison φ_1, une quantité de chaleur égale à r. Si présentement on opère un changement quelconque dans l'état des surfaces $\omega_1, \omega_2, \omega_3, \cdots$, il est certain (art. XII) que la quantité de chaleur envoyée au point O par ω_1 demeurera toujours égale à r; mais elle ne consiste pas seulement, comme cela avait lieu d'abord, dans la chaleur qui sort de ω_1; elle se forme de diverses parties. La première est celle qui est projetée par ω_1, et qui est devenue moindre que r. Une seconde partie résulte de toutes les quantités de chaleur qui sortent de $\omega_2, \omega_3, \omega_4, \ldots$ à l'infini, et qui arrivent par des réflexions successives sur ω_1, d'où elles parviennent au point O. On a désigné par $\alpha_1, \alpha_2, \alpha_3, \ldots$ les fractions qui expriment, sous les inclinaisons respectives, le pouvoir d'émission des surfaces $\omega_1', \omega_2, \omega_3, \ldots$. Or, si l'on veut considérer comme entièrement arbitraires les valeurs de ces fractions, il arrive, dans un nombre de cas infini, que la somme des quantités de chaleur sorties de $\omega_1, \omega_2, \omega_3, \ldots$, et qui parviennent au point O, n'est pas équivalente à r. Il est facile d'assigner des valeurs de $\alpha_1, \alpha_2, \alpha_3, \ldots$ pour lesquelles cela n'aurait point lieu. Cependant on a démontré (art. XII) qu'un changement quelconque de l'état des surfaces ne peut diminuer la quantité totale de chaleur envoyée au point O par ω_1; et cette démonstration s'applique à toutes les valeurs que l'on attribuerait aux fractions $\alpha_1, \alpha_2, \alpha_3, \ldots$. On se demande comment il se peut faire que la chaleur totale reçue par le point O soit encore égale à r, quoique la somme des quantités sorties de $\omega_1, \omega_2, \omega_3, \ldots$ et reçue par ce point O soit moindre que r. Pour résoudre clairement cette question, il faut remarquer que, dans le cas dont il s'agit, la chaleur totale reçue par le point O comprendrait une troisième partie, savoir, la chaleur contenue qui reste dans l'enceinte, où elle subit des réflexions

continuelles. Cette chaleur s'ajoute à celle qui est projetée par les éléments ω_1, ω_2, ω_3, ...; elle complète la quantité reçue par le point O,
et la rend équivalente à r. En effet, en admettant comme possible un
changement d'état des surfaces qui leur donnerait sous de certaines
incidences une réflexibilité totale, on admet, par cela même, que la
chaleur qui était répandue dans l'enceinte continue de circuler entre
les éléments que l'on considère, parce qu'elle subit la réflexibilité
totale sous ces mêmes incidences.

Il serait inutile de développer davantage cette remarque; on en
pourrait rendre la vérité plus sensible en attribuant à l'enceinte une
forme déterminée, comme celle de la sphère ou de l'ellipsoïde. Si donc
les fractions α_1, α_2, α_3, ... satisfont aux conditions qui rendent nécessairement nul le produit indéfini $(1 - \alpha_1)(1 - \alpha_2)(1 - \alpha_3)$..., la
somme des quantités de chaleur envoyée par ω_1 au point O est égale
à r, comme elle l'était avant le changement d'état de la surface. Mais s'il
était physiquement possible que les valeurs des fractions α_1, α_2, α_3, ...
ne rendissent pas ce produit nul, il arriverait encore que la somme
des chaleurs reçues serait égale à r. Il n'est pas mathématiquement nécessaire que le produit de tous les facteurs soit nul pour que la loi du
rayonnement soit conservée après le changement d'état de la surface.

Si l'on fait abstraction de cette chaleur contenue, on se formera
l'idée d'un cas purement rationnel où, les surfaces étant douées de la
réflexibilité totale sous de certaines incidences, un point déterminé
de l'intérieur de l'enceinte ne recevrait pas des quantités égales de
chaleur dans toutes les directions; ce cas n'est pas mathématiquement
impossible, mais il ne peut subsister physiquement.

En supposant même que la réflexibilité devînt nulle sous de certaines incidences, la chaleur contenue rétablirait l'uniformité de la
distribution, et la quantité de cette chaleur contenue, qui rend la densité homogène, ne pourrait être augmentée ou diminuée, parce qu'il n'y
a qu'un seul équilibre possible. Quoi qu'il en soit et indépendamment
de toute considération sur la réflexibilité constante ou variable, ou sur
l'effet des réflexions infiniment répétées, il est rigoureusement prouvé

qu'un changement quelconque de l'état des surfaces ne peut jamais altérer l'équilibre ni la quantité totale de chaleur envoyée par chaque élément. Ce dernier théorème ainsi énoncé est fondé sur une démonstration simple, exempte de·toute obscurité, et qui ne suppose point le calcul des réflexions multiples. On connaît maintenant pourquoi il était préférable de choisir la forme de démonstration rapportée dans l'article 99 de notre premier Ouvrage et dans l'article XII du présent Mémoire.

XVIII.

Si l'on compare la construction et les propositions qui sont l'objet des articles précédents (XIV, XV, XVI et XVII) avec celles que l'on trouve dans le Mémoire cité (art. 14), on reconnaîtra que, sur divers points essentiels, nous n'admettons point l'opinion du savant auteur de ce Mémoire.

Nous remarquerons principalement qu'on ne peut point conclure de la Théorie mathématique de la chaleur la proposition exprimée dans cet Écrit, page 230 : que, si une surface acquiert la propriété de réfléchir en partie la chaleur incidente, *la chaleur émise sera diminuée suivant un même rapport de n à* 1 *dans toutes les directions, et qu'il en sera de même à l'égard de la chaleur absorbée, en sorte que la totalité de cette chaleur se trouvera réduite à la fraction n de celle qui tombe sur l'élément.* Nous disons au contraire que, pour maintenir l'équilibre de la chaleur rayonnante, quel que soit le nouvel état des surfaces, il suffit que, le pouvoir d'émettre la chaleur suivant une certaine direction étant désigné par la fraction *n*, le pouvoir d'absorber la chaleur suivant la même direction soit aussi exprimé par *n*.

On peut montrer, par le calcul des réflexions successives et conformément aux principes énoncés dans l'article XV, que la somme des quantités de chaleur ou directe ou réfléchie envoyées par un élément dans une direction quelconque équivaut à celle qui serait projetée par cet élément si le pouvoir d'émission était total. Mais si, pour déduire cette conséquence, il fallait supposer que le pouvoir d'émettre ou d'absorber la chaleur ne varie pas avec l'inclinaison, la proposition ne serait pas prouvée. Lorsqu'on examine attentivement les diverses démonstrations que l'on peut donner de cette proposition, et même celle qui est rapportée dans le Mémoire cité, on voit qu'elle exige seulement que les deux effets d'émission et d'absorption soient égaux pour une même direction. C'est la seule conséquence exacte que l'on puisse déduire de la considération de l'équilibre qui s'établit dans un vase fermé. Nous n'examinons point ici la question de savoir si le pouvoir d'émission exprimé par la fraction n demeure le même sous toutes les incidences. Nous disons que cette proposition n'est point démontrée et que, par conséquent, on ne doit pas l'admettre dans le calcul des réflexions successives, qui en est réellement indépendant. Il importe beaucoup de réduire au moindre nombre possible les principes mathématiques d'une théorie.

On avait objecté contre la démonstration proposée dans ce Mémoire, page 234 ([1]), que, si l'on prend une certaine partie d'une unité, qu'on y ajoute une certaine partie du reste, puis une certaine partie du second reste, ainsi de suite, il ne s'ensuit pas, comme on le supposait, que ces restes successifs deviennent nécessairement plus petits que toute grandeur donnée. L'auteur, en reconnaissant, dans un article supplémentaire, la vérité de cette remarque (*Annales de Chimie et de Physique*, août 1824, p. 442), ajoute que, pour la question physique dont il s'agit, les fractions qui mesurent le pouvoir émissif des surfaces ne peuvent pas décroître indéfiniment. Mais cette dernière proposition ainsi énoncée n'est point évidente, parce que l'on ignore suivant quelle loi le pouvoir émissif pourrait décroître avec l'inclinaison.

Dans ce même article supplémentaire, l'auteur remarque que le fait général de l'équilibre suppose une relation nécessaire entre les lois de l'absorption et de l'émission, et que *cette relation subsisterait peut-être pour une infinité de lois différentes*. Nous disons, à ce sujet, que la rela-

---

([1]) Il s'agit ici de la page 234 du Mémoire cité plus haut de Poisson. Ce Mémoire est celui qui traite de *la chaleur rayonnante*, et qui a été inséré, en 1824, au tome XXVI des *Annales de Chimie et de Physique*, p. 225-246.   G. D.

tion dont il s'agit est celle que nous avons démontrée dans notre premier Mémoire (art. 99); qu'elle subsiste certainement, puisque l'équilibre est conservé, et qu'elle le maintient quelle que puisse être la loi de l'émission sous les diverses incidences. Ainsi, dans ce premier Mémoire, nous ne nous sommes point borné à remarquer que, *si les parois d'une enceinte ont partout la même température et la même faculté rayonnante, la quantité de chaleur qu'elles envoient directement à chaque point de l'espace est partout la même, et indépendante de la forme et de l'étendue de l'enceinte.* Nous avons établi, dans cet Ouvrage, tous les autres principes de la Théorie, et considéré très expressément le cas où les différentes parties de l'enceinte posséderaient inégalement à des degrés quelconques la faculté d'émettre la chaleur rayonnante. Nous avons démontré, dans ce cas (art. 99 de la Section XIII) ([1]), que l'équilibre subsiste nonobstant tout changement arbitraire de l'état des surfaces, et que la chaleur totale envoyée ou reçue par chaque élément, sous une inclinaison quelconque, est encore, après ce changement, la même *que si la surface était entièrement privée de la propriété de réfléchir les rayons.* Quant au calcul des réflexions infiniment multipliées, non seulement il n'était point nécessaire d'y recourir pour démontrer cette proposition, mais il est préférable de rendre la démonstration indépendante de ce calcul; elle est plus claire et plus rigoureuse.

Nous devons aussi faire observer que la construction géométrique rapportée dans le Mémoire (p. 231 et 232) est entièrement inadmissible, parce qu'elle ne représente point la quantité de chaleur qu'un point donné reçoit d'un élément de l'enceinte.

Suivant cette construction, les points O', O", O''', ... sont les sommets de surfaces coniques, dont les arêtes prolongées dans l'intérieur de l'enceinte interceptent les éléments α', α'', α''', ... Nous disons que ces éléments α', α'', α''', ... que les surfaces coniques circonscrivent ne sont point, comme on le suppose, les parties de l'enceinte dont la chaleur réfléchie par α, α', α'', ... peut arriver au point O, ou, ce qui

---

([1]) *Voir* p. 50 de ce Volume.

est la même chose, elles ne sont point celles qui reçoivent par des
réflexions successives la chaleur que le point O envoie à l'élément α.
Les parties infiniment petites qui envoient la chaleur réfléchie reçue
par le point O, ou qui reçoivent par réflexion la chaleur émanée du
point O, sont exactement déterminées par la construction énoncée
(art. XIV). Nous les avons désignées par ω_2, ω_3, ω'_4, ... Or elles ne
se confondent point avec les bases α', α'', α''', ... des surfaces coniques.
Cette coïncidence n'aurait lieu que dans un cas très particulier. Les
dernières raisons des éléments ω_1, ω_2, ω_3, ... sont, en général, très
différentes des dernières raisons des quantités α, α', α'', ...; c'est-
à-dire que les nombres finis 1, m, m', m'', ..., proportionnels aux dernières valeurs des éléments ω_1, ω_2, ω_3, ..., ne sont point les mêmes
que les nombres 1, n, n', n'', ... proportionnels aux valeurs finales des
éléments α, α', α'', ...; par exemple, si les nombres de la première
série sont égaux, les nombres de la seconde série croissent rapide-
ment. Il n'y a aucun doute qu'une portion infiniment petite d'une surface courbe ne puisse être regardée comme plane; mais il ne s'ensuit
pas que, dans l'application aux effets catoptriques, on puisse supposer
que les directions des rayons sortis d'un même point, et réfléchis successivement par divers éléments de la surface, concourent aux sommets des surfaces coniques. Cette remarque a été faite, dès l'origine
de l'Analyse différentielle, par les géomètres qui ont traité des surfaces
caustiques.

XIX.

Les propositions que l'on a démontrées dans ce Mémoire forment la
Théorie mathématique de la chaleur rayonnante; elles dérivent toutes
d'une considération principale, celle de l'équilibre qui s'établit dans
l'intérieur d'une enceinte fermée, retenue à une température constante. Cette notion a été présentée pour la première fois, et soumise
au calcul, dans un supplément à notre Mémoire de 1807 sur la propagation de la chaleur, et ensuite dans la seconde Partie du Mémoire
de 1811, Section XIII. MM. Lambert, Pictet, Prevot, Leslie et de Rum-

ford avaient publié auparavant de très belles recherches sur les propriétés de la chaleur rayonnante. On trouve aussi, dans divers autres Ouvrages plus récents, des résultats relatifs aux propriétés physiques de la chaleur. Nous citerons, à ce sujet, les observations de MM. Bérard et de La Roche, et les recherches expérimentales et théoriques que MM. les professeurs Petit et Dulong ont publiées dans un Mémoire très important couronné par l'Institut de France.

Plusieurs physiciens avaient conclu des observations que les quantités de chaleur envoyées par une partie infiniment petite d'une surface, dans différentes directions, sont entre elles comme les sinus des angles que font ces directions avec l'élément de la surface. La Théorie mathématique confirme et explique très distinctement ce résultat. Elle montre qu'il est une conséquence nécessaire du fait général de l'équilibre des températures dans une enceinte fermée de toutes parts. L'application des Sciences mathématiques aux questions naturelles a surtout pour objet de découvrir les lois très générales, et par conséquent très simples, auxquelles les phénomènes sont assujettis ; ces lois sont empreintes dans l'ensemble des observations. Les lois de la propagation de la chaleur dans la matière solide sont exprimées par des équations différentielles ; celles de l'équilibre de la chaleur rayonnante dérivent de mêmes principes et sont encore plus manifestes. Dans l'une et l'autre question, nous ne considérons point les propriétés de la chaleur lumineuse.

Non seulement on déduit du seul fait de l'équilibre des températures l'expression mathématique de la loi du rayonnement ; mais on reconnaît les trois causes physiques qui déterminent cette loi. La première est la propriété qu'a chaque molécule intérieure d'un solide d'envoyer dans tous les sens des rayons de chaleur d'une égale intensité. La seconde est l'extinction graduelle que ces rayons subissent dans l'intérieur de la masse, et qui est opérée totalement lorsque l'intervalle parcouru a une certaine valeur extrêmement petite. La troisième cause est l'égalité qui subsiste toujours, à la surface, entre le pouvoir d'émettre la chaleur intérieure, selon une direction quelconque, et le pouvoir d'absorber la chaleur extérieure qui arrive sous cette même inclinaison. Quant à la question de savoir si cette faculté d'émettre et d'absorber varie avec la direction ou avec la température, elle n'est nullement décidée par la considération de l'équilibre; il faudrait y joindre des expériences variées et très précises sur le refroidissement des corps dans des enveloppes fermées et vides d'air. Chaque observation de ce genre a l'avantage de comprendre une série de faits qui se rapportent à des températures différentes. On ne peut donc point affirmer, dans l'état actuel de nos connaissances physiques, que la quantité de chaleur intérieure qui est projetée selon différentes directions, à travers une même particule de la surface, décroît précisément en raison directe des sinus des inclinaisons : mais il est certain que, pour une même direction, les deux effets de l'émission et de l'absorption sont précisément égaux.

La Théorie mathématique de la chaleur rayonnante a commencé à se former lorsqu'on a appliqué le calcul au fait général de l'équilibre ; elle ne comprend encore que la statique de la chaleur, et elle est beaucoup moins étendue que celle de la propagation dans les solides ; mais elle a l'avantage d'être fort simple et de n'exiger que les règles élémentaires de l'Analyse.

Nous regardons comme un fait constant et universel que l'équilibre de la chaleur s'établit dans une enceinte fermée dont on maintient la température, et que cet équilibre subsiste quelles que soient la nature des corps, leur forme, leur situation, et quel que soit l'état physique des surfaces. Ce fait est clairement expliqué par les trois propriétés que l'on a énoncées, savoir : l'égale irradiation, l'extinction à très petite distance, et l'égalité de l'émission et de l'absorption.

Il suit rigoureusement de cette troisième propriété que l'équilibre de la chaleur rayonnante dans un vase fermé ne peut être troublé par aucun changement de l'état des surfaces. La chaleur totale qu'un élément de l'enceinte envoie à un point de l'espace intérieur est exactement la même après le changement que celle qui était envoyée auparavant. Or ce rayon reçu par un point de l'espace se forme : 1° de la

chaleur projetée à travers l'élément de la surface; 2° de la chaleur réfléchie par cet élément. On peut, dans ce second effet, distinguer les produits d'une seule réflexion, ou de deux, ou d'une infinité de réflexions
successives. Il est facile d'exprimer la valeur de tous ces effets partiels,
et de reconnaître que leur somme équivaut au rayon qui serait envoyé
par le même élément si la réflexibilité de la surface était nulle. Toutefois cette égalité n'aurait point lieu si la réflexibilité pouvait devenir
totale sous de certaines incidences. Mais on ne pourrait pas en conclure,
dans ce cas même, qu'un changement d'état des surfaces trouble l'équilibre de la chaleur rayonnante, et rend inégaux les rayons qu'un point
de l'espace reçoit en différentes directions; car l'uniformité de la distribution serait conservée par la chaleur contenue, qui subirait des
réflexions continuelles dans l'intérieur du vase.

Pour rendre plus sensible l'ordre des propositions qui font l'objet
de ce Mémoire, nous le terminons par la Table suivante, qui contient
le sommaire de chaque article :

I. Les rayons de chaleur qui tombent sur la surface d'un corps se divisent
en deux parties, dont l'une est absorbée et l'autre réfléchie.

La chaleur rayonnante envoyée par chaque élément d'une surface se compose de la chaleur émise directement et de la chaleur réfléchie.

II. Définition mathématique de la quantité de chaleur contenue dans les
rayons qu'un même élément de la surface envoie selon différentes directions.

III. Notion générale de l'équilibre de température qui s'établit dans l'intérieur d'une enceinte fermée dont toutes les parties ont une température commune et invariable.

IV. Ce fait général sert à déterminer la loi du rayonnement, principe qui
sert de fondement à ce calcul.

V. Résultats divers du calcul précédent.

VI. Un même élément de la surface envoie en différentes directions des
quantités de chaleur proportionnelles aux sinus de l'inclinaison du rayon sur
cette surface; il reçoit dans chaque direction une quantité de chaleur égale
à celle qu'il envoie.

VII. Conséquences remarquables de cette loi :

1° L'équilibre s'établit d'élément à élément; cette condition ne convient
qu'à la loi énoncée.

2° Chaque point de l'espace reçoit dans tous les sens une même quantité
de chaleur; et cette quantité est la même pour tous les points.

3° Construction qui représente, pour le cas de l'équilibre, la quantité de chaleur envoyée à un point donné par une surface d'une forme quelconque.

4° La distribution homogène de la chaleur ne subit aucun changement si l'on déplace ou si l'on retranche les corps contenus; cette égale distribution est une condition de l'équilibre.

VIII. Calcul de la quantité de chaleur qui est émise par un corps uniformément échauffé, et qui traverse librement une portion de la superficie selon une direction donnée. L'émission étant supposée libre et complète, les quantités de chaleur projetées en différentes directions, à travers un même élément de la surface, sont proportionnelles aux sinus des angles que ces directions font avec la surface.

IX. Construction géométrique dont on peut déduire ce même résultat.

X. La loi du rayonnement libre à la superficie des corps et les équations générales qui expriment la distribution de la chaleur dans les solides dérivent d'un même principe.

XI. Remarques générales sur la propriété de réfléchir la chaleur incidente et celle d'émettre la chaleur intérieure.

XII. La loi du rayonnement énoncée dans les articles VI et VIII n'est point troublée par les changements qui surviennent dans l'état des surfaces. Cette propriété résulte évidemment de l'égalité qui subsiste entre le pouvoir d'émettre la chaleur intérieure et celui d'absorber la chaleur incidente.

XIII. Le théorème de l'article précédent ne suppose point que la fraction qui mesure le pouvoir d'émettre la chaleur est la même pour toutes les inclinaisons; il suppose seulement que pour une même inclinaison l'effet de l'émission et celui de l'absorption sont égaux.

XIV. Calcul de l'effet des réflexions successives, construction et notations.

XV. Expression de la différence que l'on trouve entre la quantité de chaleur qu'un élément projetterait dans une direction donnée si le pouvoir d'émission était total et la somme des rayons directs ou réfléchis que cet élément envoie selon cette direction.

XVI. La différence exprimée dans l'article précédent mesure l'intensité du rayon qui aurait subi en sens contraire les mêmes réflexions. L'un des effets est le complément exact de l'autre.

XVII. Si l'on supposait un tel changement de l'état des surfaces que, sous de certaines incidences, il pût y avoir réflexion totale, la loi du rayonnement et la distribution homogène de la chaleur qui subsistaient auparavant seraient conservées au moyen de la chaleur contenue, qui subirait des réflexions continuelles.

XVIII. Remarques sur diverses propositions qui ne peuvent être admises dans la Théorie mathématique de la chaleur rayonnante.

XIX. Conséquences générales.

REMARQUES

THÉORIE MATHÉMATIQUE DE LA CHALEUR RAYONNANTE.

II.   54

REMARQUES

SUR LA

THÉORIE MATHÉMATIQUE DE LA CHALEUR RAYONNANTE.

Annales de Chimie et de Physique, Série I, Tome XXVIII, p. 337; 1825.

I.

· On a publié dans ce Recueil divers articles concernant l'équilibre de la chaleur rayonnante. Cette discussion a pour objet de fixer avec précision les éléments d'un nouveau genre de questions, et de porter les physiciens et les géomètres à en approfondir l'étude.

Le principe qui a donné naissance à cette théorie est celui de l'équilibre de la chaleur rayonnante dans un espace que termine de toutes parts une enceinte entretenue à une température constante. J'en ai déduit autrefois la démonstration mathématique d'une proposition que les expériences avaient indiquée depuis longtemps, savoir, que durant cet équilibre de la chaleur rayonnante, une particule quelconque de la surface de l'enceinte est le centre d'une infinité de rayons qui contiennent d'autant moins de chaleur que leur direction fait un angle plus petit avec la surface. Cette quantité totale de chaleur, qu'une même particule de la superficie émet ou réfléchit, selon les différentes directions, est exactement proportionnelle au sinus de l'angle que le rayon fait avec la surface dont il s'éloigne. Les observations avaient fait connaître ce résultat; la théorie prouve qu'il est une conséquence nécessaire de l'uniformité de température dans les diverses parties de

la surface de l'enceinte. C'est selon cette loi que la chaleur rayonnante
est distribuée dans l'espace circonscrit. Il en résulte que la quantité
totale de chaleur qui traverse un point de cet espace, selon toutes les
directions possibles, pendant un instant déterminé, est toujours la
même quelle que soit la position du point que l'on considère.

Après avoir démontré ce théorème, j'ai désiré connaître quelle était
la cause physique qui rend proportionnelle au sinus de l'inclinaison
la quantité de chaleur projetée en différentes directions par un même
élément de la surface, et j'ai reconnu que cet effet est dû à l'irradiation
uniforme des molécules solides placées au-dessous de la surface, à une
très petite profondeur, et à l'extinction qui s'opère dans cette couche
extrême voisine de la superficie. En effet, j'ai prouvé que la loi de la
distribution de la chaleur rayonnante peut se déduire de cette seule
considération physique. Pour établir clairement ce calcul, j'ai fait
d'abord abstraction de la propriété des surfaces que l'on a désignée sous le nom de *réflexibilité*. Elle consiste dans la faculté de
repousser une partie de la chaleur incidente, et de contenir une
partie de la chaleur intérieure. Par conséquent, si la surface de l'enceinte était, dans chacune de ses parties, entièrement privée du pouvoir de retenir la chaleur, la loi du rayonnement, telle que nous
venons de l'énoncer, s'établirait d'elle-même, et la chaleur rayonnante se trouverait également distribuée dans tous les points de l'espace circonscrit.

Il était nécessaire de rétablir la propriété dont on avait fait abstraction : j'ai donc supposé que les divers éléments de la surface intérieure
de l'enceinte, conservant leur température commune, recevaient à des
degrés égaux ou inégaux la propriété de réfléchir la chaleur incidente.
Or il est certain qu'un changement quelconque de l'état des surfaces
n'altère en rien l'équilibre de la chaleur, pourvu que ces surfaces dont
l'état est changé retiennent leur température. Il arrive toujours qu'une
molécule qui a la température commune, et que l'on place en un
point quelconque de l'espace circonscrit, conserve cette température.
C'est ce fait très général indépendant de l'état des superficies dont

j'ai donné l'explication mathématique, en démontrant la proposition suivante :

Si le pouvoir d'émettre la chaleur intérieure dans une certaine direction est toujours le même que celui d'absorber la chaleur incidente selon la direction contraire, un changement quelconque, ou tous les changements successifs qui surviendraient dans l'état des surfaces de l'enceinte, ne pourront troubler l'équilibre; parce que la somme des quantités de chaleur émises ou réfléchies selon une direction donnée par chaque élément de la superficie sera, après les changements survenus, précisément égale à celle qui était envoyée lorsque le pouvoir de l'émission était complet.

On trouve la démonstration de ce théorème dans l'article 12 d'un Mémoire précédent qui a pour titre *Résumé théorique* (*Annales de Chimie et de Physique,* novembre 1824, p. 255). Cette démonstration avait été donnée, pour la première fois, dans l'article 99 d'un Mémoire de 1811 (*Nouveaux Mémoires de l'Académie royale des Sciences de Paris,* t. V).

On voit que ce point de théorie consistait uniquement à remarquer le rapport mathématique qui subsiste entre la conservation de l'équilibre et l'égalité rigoureuse des deux facultés d'émission et d'absorption lorsqu'elles s'exercent suivant la même ligne.

Cette même conclusion est devenue l'objet de nouvelles recherches publiées par M. Poisson (*Annales de Chimie et de Physique,* juillet 1824, p. 225; août 1824, p. 442; et janvier 1825, p. 37). L'auteur reconnaît la vérité du théorème que je viens d'énoncer; mais il pense que la démonstration donnée en 1811, et que l'on a rappelée dans l'article 12 du *Résumé théorique* déjà cité, n'est pas suffisante. Il s'est donc proposé de traiter de nouveau cette question, et il est arrivé à la même conséquence par le calcul de l'effet total des réflexions successives. Il me sera facile de montrer : 1° que le résultat de ce calcul est implicitement contenu, et prouvé de la manière la plus générale et la plus claire dans la première démonstration donnée en 1811; 2° que les constructions qui servent de fondement aux calculs de l'auteur ne sont point exactes, parce qu'elles représentent seulement le mouvement de la chaleur réfléchie entre des surfaces planes.

Je rappellerai d'abord, non à titre de preuves, mais seulement comme motifs d'examen, que la démonstration dont il s'agit a été admise sans contestation par tous les géomètres qui en ont eu connaissance, et spécialement par MM. Lagrange, Malus et Biot, qui ont manifesté leur opinion à ce sujet, soit dans leurs Lettres, soit dans leurs Ouvrages. M. Poisson en avait porté aussi le même jugement, comme on le voit dans son dernier Mémoire (*Annales de Chimie et de Physique*, janvier 1825, p. 41), et comme le montrent les expressions suivantes, que je cite textuellement. Après avoir rappelé la proposition relative à la distribution homogène de la chaleur rayonnante dans un espace fermé, lorsque la réflexibilité est nulle, il ajoute : *l'auteur fait voir de plus d'une manière très ingénieuse que cette égalité n'est pas troublée par la réflexion plus ou moins parfaite qui peut avoir lieu sur ces mêmes parois* (*Bulletin des Sciences, Société philomathique*, année 1815, p. 91).

De nouvelles considérations ont amené M. Poisson à changer d'avis sur ce point. Il soutient présentement que la démonstration est fautive, en ce qu'elle n'est point applicable à tous les cas, et il en cite un exemple (*Annales de Chimie et de Physique*, janvier 1824, p. 41, 43 et 45). Je me propose de prouver que l'objection dont il s'agit est dénuée de tout fondement; que le cas choisi pour exemple est précisément un de ceux auxquels la démonstration s'applique le plus directement; en sorte que, des deux opinions contraires que M. Poisson a publiées à ce sujet, c'est la première qui est la véritable. L'article suivant a pour objet d'éclaircir ce premier point de la discussion ; j'ajouterai ensuite de nouvelles remarques à celles qui sont exposées dans le résumé théorique, et qui concernent le calcul des réflexions successives.

II.

Dans le Mémoire intitulé *Discussion relative à la théorie de la chaleur rayonnante* (*Annales de Chimie et de Physique*, janvier 1825), l'au-

teur, après avoir présenté, pages 42 et 43, la partie de ma démonstration qu'il juge en être la substance, établit son objection, et l'applique
au cas où deux surfaces A et B s'envoient réciproquement leur chaleur
dans la direction orthogonale, soit par émission, soit par réflexion. Il
considère : 1° que, si la réflexibilité des deux surfaces est nulle, et si
leur température est la même, l'une recevra de l'autre, dans la direction normale, une quantité de chaleur égale à celle qu'elle lui envoie ;
2° que l'égalité de température sera maintenue si l'on change seulement l'état de la surface A, en sorte que la chaleur émise par A, et
désignée par p, soit réduite à mp, la fraction m étant la mesure du
pouvoir émissif. Il est facile de voir en effet que l'égalité de température subsiste toujours ; car, avant le changement, la chaleur émise
par A selon la normale était p, et la chaleur réfléchie était nulle : donc
B recevait la quantité p : or, après le changement, la chaleur émise
par A est seulement mp ; mais la chaleur réfléchie est $(1 - m)p$, en
sorte que la quantité totale communiquée à B est encore égale à p.

Cette conséquence est évidente, et l'auteur l'admet ; mais il pense
que le même raisonnement ne peut plus être appliqué lorsque, par
l'effet d'un second changement, qui surviendrait dans la surface B, la
chaleur sortie de cette surface ne serait plus égale à p, mais seulement
à np, n étant la mesure actuelle du pouvoir émissif de B. Ici l'auteur
change totalement le sens de notre démonstration : le calcul n'est
point établi comme il doit l'être, et c'est sur cette erreur que l'objection est fondée.

En effet, avant le changement que la surface B vient de subir, il
sortait de l'intérieur de cette surface une quantité de chaleur égale
à p, et B recevait dans la direction contraire une quantité de chaleur
égale à p, qui, étant absorbée entièrement, compensait la chaleur émise.

Après le changement, la chaleur sortie de l'intérieur de la surface B
est réduite à np ; et, par un effet nécessaire de ce même changement,
la chaleur affluente absorbée n'est plus égale à p ; elle est réduite à np ;
le reste $(1 - n)p$ est réfléchi. Ainsi, avant que le changement de B
eût lieu, la chaleur émise par cette surface était p, et la chaleur ré-

fléchie était nulle; après le changement, la chaleur émise est np, et la chaleur réfléchie est $(1-n)p$. Donc la chaleur que A reçoit de B dans la direction normale est $np + (1-n)p$ ou p. C'est cette quantité totale, et non pas seulement np, qu'il faut multiplier, ou par m pour connaître la quantité de chaleur absorbée par A, ou par $1-m$ pour connaître la quantité de chaleur que A réfléchit. Ainsi la chaleur qui pénètre A est mp; elle équivaut à celle qui est émise par cette même surface; et la chaleur que A réfléchit est $(1-m)p$. Donc, après le changement de B, la quantité totale que A renvoie à B dans la direction normale est $mp + (1-m)p$. Ainsi elle est égale à p comme elle l'était avant que la surface B fût changée.

Cette dernière proposition est d'ailleurs une conséquence nécessaire de l'état qui s'est formé après le seul changement de la surface A. En effet, après ce premier changement, l'égalité de température est maintenue, ce qui est manifeste et ce que reconnaît expressément l'auteur de l'objection. Ainsi les quantités de chaleur qui tombent sur chaque particule des surfaces de l'enceinte et celles qui s'en éloignent demeurent précisément les mêmes que si la surface A n'avait pas été changée : donc, après le changement de A, la surface B reçoit et envoie les mêmes quantités de chaleur que si le changement n'avait point eu lieu. Il arrive seulement qu'à la surface de A la chaleur envoyée dans la direction normale n'est plus entièrement formée de celle qui sort de l'intérieur; elle comprend aussi la chaleur réfléchie. Mais il n'en résulte aucune différence dans la quantité totale de chaleur que reçoit B, suivant cette direction normale. Par conséquent, on prouvera, à l'égard de la surface B, et de la même manière, ce qui a été prouvé d'abord pour la surface A, c'est-à-dire qu'aucun changement de B ne peut troubler l'équilibre.

Après avoir reconnu que le seul changement de A n'altère en rien la distribution de la chaleur rayonnante, il est impossible de ne point admettre que la même conséquence s'applique à un second changement, savoir à celui de la surface B; car la chaleur que cette surface B avait envoyée avant d'être changée est parvenue en A, et, au moment

précis où le changement de B survient, A reçoit la chaleur déjà
envoyée. Supposer le contraire, ce serait concevoir que le nouvel état
de la surface B produit son effet avant d'avoir été formé. Enfin, si l'on
veut rendre ces conséquences encore plus sensibles, il suffit de considérer la distance des deux surfaces comme extrêmement grande, et
telle que la lumière ou la chaleur emploie un temps très considérable
pour se porter de A en B.

L'exactitude rigoureuse de notre démonstration ne peut donc être
contestée. Elle fait connaître sans aucun doute que tout changement
qui surviendrait dans l'état d'une ou de plusieurs parties de l'enceinte
ne peut troubler l'égale distribution de la chaleur rayonnante, et que
la loi de rayonnement est toujours la même que si les surfaces étaient
entièrement privées de réflexibilité.

Au reste, nous remarquerons que, dans la démonstration dont il
s'agit, nous ne disons point, comme on nous l'attribue (*Annales de
Chimie et de Physique*, janvier 1825, p. 42), que la surface de A est
seule changée, que l'état des autres éléments demeurant le même, l'é-
galité des températures subsiste, et qu'ensuite on change un second
élément, puis un troisième, etc. Nous avons supposé, au contraire,
qu'une ou plusieurs *parties de ces surfaces subissent un changement
quelconque au commencement d'un même instant* A (*Annales de Chimie
et de Physique*, novembre 1824). On ne peut pas exprimer d'une manière plus formelle que des changements sont simultanés et non successifs, qu'en disant qu'ils surviennent au commencement d'un même
instant déterminé A. Le nouveau changement qui succéderait au premier, et dont nous avons parlé, est celui qui pourrait affecter comme le
premier tous les éléments de la surface. Mais nous n'insistons point ici
pour conserver cette forme de notre démonstration, parce qu'elle doit
s'appliquer également au cas où chacun des éléments serait successivement changé. Nous remarquons seulement qu'il ne nous était point
nécessaire de faire cette dernière supposition, et que nous ne l'avons
pas faite.

Dans le cours de cette discussion, l'auteur ajoute : il en résulte que,

II.   55

si l'égalité de température est conservée, ce ne pourra être qu'en ayant égard à la série infinie de réflexions qui auront lieu sur les deux bases. Si ces expressions signifient que l'équilibre est maintenu par les réflexions multiples opérées sur l'une et l'autre surface, la proposition est évidente, et il est facile de déterminer par le calcul l'effet de ces réflexions; on sait d'avance quel doit être le résultat. Mais il est important de remarquer que, sans recourir aux détails de ce calcul, on est assuré qu'un changement quelconque de l'état des superficies ne peut troubler l'équilibre de la chaleur rayonnante : or nous avons établi cette proposition de manière à exclure tous les doutes, en montrant qu'il est rigoureusement impossible de produire, ou successivement ou à la fois, aucun changement dans l'état des superficies qui trouble l'égalité des températures. La même démonstration fait connaître que cette impossibilité provient de ce que la même cause qui diminuerait la chaleur d'émission sous une direction donnée, et la réduirait de 1 à la fraction m, réduirait nécessairement, dans le même rapport, le pouvoir d'absorber la chaleur qui arrive selon la direction contraire.

III.

Pour déduire du calcul les mêmes conséquences, il suffit de déterminer la quantité totale de chaleur qu'un élément de l'enceinte envoie dans une direction donnée, et l'on peut chercher séparément la valeur du produit de l'émission directe, et celle du produit d'une, de deux ou d'un nombre quelconque de réflexions. Ce calcul se réduit à l'application des principes que nous avons établis dans notre Mémoire de 1811, et dans divers articles de ce Recueil. Les remarques suivantes ont pour objet de rappeler quelques-uns de ces principes, et d'en montrer l'usage.

Les questions de l'équilibre ou du mouvement de la chaleur rayonnante, considérées sous le point de vue le plus étendu, se réduisent à former l'expression analytique de la quantité de chaleur qu'une surface infiniment petite envoie à une autre, soit directement, soit par une ou plusieurs réflexions : or cette expression générale est très simple.

Supposons [*fig.* 5 ('), jointe au Mémoire inséré dans les *Annales de Chimie et de Physique,* novembre 1824, p. 236-281] qu'un rayon de chaleur r envoyé par un point O tombe dans la direction Om_1 sur une surface infiniment petite ω_1, en faisant avec cette surface un angle φ_1, et désignons par α_1 le pouvoir d'émission ou d'absorption de ω_1 sous l'angle φ_1; la partie du rayon envoyé qui pénètre ω_1 est $\alpha_1 r$, l'autre partie $(1 - \alpha_1)r$ est réfléchie par ω_1 et tombe sur ω_2 sous l'angle φ_2 : une partie de la chaleur ainsi réfléchie pénètre ω_2; elle est exprimée par $(1 - \alpha_1)\alpha_2 r$, α_2 désignant le pouvoir d'émission ou d'absorption de ω_2 sous l'angle φ_2. La partie restante qui est réfléchie par ω_2 a pour expression $(1 - \alpha_1)(1 - \alpha_2)r$. Elle tombe sur un troisième élément ω_3, en faisant avec cet élément l'angle φ_3; elle s'y divise aussi en deux parties, dont l'une $(1 - \alpha_1)(1 - \alpha_2)\alpha_3 r$ pénètre ω_3, et l'autre $(1 - \alpha_1)(1 - \alpha_2)(1 - \alpha_3)r$ est réfléchie. Ces réflexions se multiplient indéfiniment selon la qualité des surfaces, et l'on en considère l'effet jusqu'à ce que le rayon envoyé r ne contienne plus qu'une quantité de chaleur entièrement insensible.

Réciproquement, en désignant par r la quantité de chaleur que l'élément ω_1 enverrait au point O, si le pouvoir émissif de ω_1 était complet, et α_1 étant la mesure du pouvoir émissif actuel de ω_1 sous l'angle φ_1, $\alpha_2 r$ exprime la quantité de chaleur qui sort de ω_1 et arrive au point O; $\alpha_2 (1 - \alpha_1)r$ est la quantité de chaleur qui, étant sortie de ω_2, tombe sur ω_1 et est réfléchie par cet élément, sous de telles directions qu'elle parvient au point O.

Dans tous les cas, *pour former l'expression de la quantité de chaleur qui sort d'un élément* ω_j *sous de telles directions qu'elle peut arriver au point* O *après avoir été divisée et réfléchie successivement par son incidence sur un nombre quelconque d'éléments intermédiaires* ω_4, ω_3, ω_2, ω_1, *il faut multiplier la valeur* r *du rayon total par* α_j, *mesure du pouvoir émissif de* ω_j *sous l'angle* φ_j, *et par tous les coefficients* $1 - \alpha_1$, $1 - \alpha_2$, $1 - \alpha_3$, $1 - \alpha_4$, *qui mesurent, sous les incidences respectives* φ_1, φ_2, φ_3, φ_4, *le pouvoir réflecteur des éléments intermédiaires.*

(¹) *Voir* la page 409 de ce Volume.

G. D.

Le rayon total r représente la quantité de chaleur que le premier élément ω_1 enverrait au point O si cet élément avait un pouvoir émissif complet.

IV.

Le lemme que l'on vient de rapporter est une conséquence évidente de l'égalité qui subsiste entre le pouvoir d'émettre la chaleur et celui de l'absorber sous une même direction. Si l'on joint à cette proposition celle qui exprime l'action directe d'une surface infiniment petite sur une autre, on réduira facilement toutes les recherches relatives à la chaleur rayonnante à de pures questions de calcul, ce qui est proprement l'objet de la théorie. Nous avons donné, dans nos premiers Ouvrages, cette expression de la quantité de chaleur R envoyée par une surface infiniment petite ω_1 à une autre ω. La chaleur R, qui sort de ω_1 et tombe sur ω, est proportionnelle à H $\dfrac{\omega \sin\varphi \ \omega_1 \sin\varphi_1}{y^2}$ (Mémoire de 1811, t. V, p. 28, *Nouveaux Mémoires de l'Académie royale des Sciences de l'Institut*).

La distance y des deux particules est supposée infiniment grande par rapport aux dimensions de ces particules, et cette droite y, qui joint un point quelconque de ω et un point quelconque de ω_1, fait avec la première surface ω l'angle φ, et avec la seconde ω_1 l'angle φ_1. Le coefficient H dépend du pouvoir rayonnant de ω_1 sous l'angle φ_1 et de la température β de ω_1. Les observations peuvent seules faire connaître les lois des variations de ce coefficient pour des incidences très obliques, ou des températures très élevées.

Nous avons aussi proposé la construction suivante, qui sert à transformer l'expression de R. D'un point m de ω et d'un rayon 1, on décrit une surface sphérique, et l'on forme le cône qui, ayant son sommet en m, embrasse l'élément opposé ω_1. Désignant par s la partie de la surface sphérique que le cône intercepte, on a évidemment $s = \dfrac{\omega_1 \sin\varphi_1}{y^2}$, et l'on peut mettre dans la formule précédente, au lieu de la quantité $\dfrac{\omega_1 \sin\varphi_1}{y^2}$, sa valeur s. Cette ouverture ou capacité s du cône qui circonscrit l'élément ω_i est la grandeur de cet élément vu d'un point de ω. Nous avons surtout fait usage de cette construction pour représenter les effets de la réflexion apparente du froid (*Annales de Chimie et de Physique*, 1817, p. 269-270).

On conclut du lemme précédent que, pour former l'expression de la quantité de chaleur qu'un élément infiniment petit ω reçoit d'un autre ω_j par un nombre quelconque de réflexions, il faut, comme on en voit des exemples dans le Mémoire cité (*Annales de Chimie et de Physique*, 1817, p. 270), transporter à l'élément ω_i, qui est le réflecteur le plus prochain, la température β de l'élément ω_j dont on veut déterminer l'action, et chercher quelle serait dans cette hypothèse l'action de ω_i, ou la quantité de chaleur que ω_i enverrait à ω si cette surface ω_i avait un pouvoir émissif total. Il ne reste plus qu'à multiplier cette valeur de R par les fractions $1 - \alpha_1, 1 - \alpha_2, 1 - \alpha_3, 1 - \alpha_4, \alpha_j$, qui répondent aux réflexions intermédiaires et au pouvoir émissif de ω_j. Ainsi l'effet des réflexions, quel qu'en soit le nombre, est de transporter à l'élément le plus prochain la température β de ω_j, et de diminuer le pouvoir émissif α_j de ω_j, dans la raison de 1 au produit des fractions $1 - \alpha_1, 1 - \alpha_2, \ldots$ Cette règle suffit pour établir, dans les cas les plus composés, le calcul des effets de la chaleur rayonnante directe ou réfléchie.

V.

Il est nécessaire de ne point supposer que les fractions $\alpha_1, \alpha_2, \alpha_3, \ldots$ sont indépendantes des angles $\varphi_1, \varphi_2, \varphi_3, \ldots$. Des observations précises et variées pourront un jour faire connaître si le pouvoir d'émission change avec l'incidence et suivant quelle loi. Ce qui est très remarquable, c'est que la théorie mathématique de l'équilibre de la chaleur est entièrement indépendante de ces recherches expérimentales.

Lorsque l'équilibre subsiste, c'est-à-dire lorsqu'un corps M placé dans l'espace circonscrit a la même température β que tous les points de l'enceinte, chaque élément ω de la surface de M envoie dans les différentes directions des quantités de chaleur proportionnelles aux sinus des angles formés par ces directions avec la surface ω. Ce rayonnement se compose, comme nous l'avons dit, de la chaleur sortie de M à travers ω et de la chaleur réfléchie par ω. La loi serait encore la même si toute la chaleur envoyée sortait du corps M.

Si le corps apporté dans l'espace n'a point la température β de l'enceinte, la distribution de la chaleur rayonnante, ou émise ou réfléchie à la surface de M, peut suivre une loi très différente. Ni les observations ni la théorie n'autorisent à supposer que, dans ce cas, la loi d'émission à la superficie de M est la même que si la réflexibilité de cette surface était nulle. Mais on peut affirmer que, lorsque le corps M aura acquis la température commune, quel que soit d'ailleurs l'état de sa surface, la loi du rayonnement total sera celle qui aurait lieu si la réflexibilité de cette surface était nulle. Pour déterminer par le calcul les quantités de chaleur qui sortent de M à travers ω pendant que le corps M se refroidit ou s'échauffe, on ne peut point supposer que la fraction qui mesure le pouvoir d'émission est la même pour tous les angles. Ainsi l'expression différentielle $mpat \cos u$, rapportée dans le premier Mémoire de M. Poisson (*Annales de Chimie et de Physique*, juillet 1824, p. 236), ne doit pas être intégrée comme si la valeur de m était constante. Les conséquences que l'on déduit de cette intégration, page 237, ne sont certaines que si l'on suppose la réflexibilité nulle, ou toutes les températures égales. Les remarques que nous avons faites dans l'article XIII du Résumé théorique ont eu pour objet d'insister sur cette distinction entre la loi du rayonnement pendant la durée de l'état variable du corps M et celle qui s'établit lorsqu'il a reçu la température finale. C'est pour cela que, dans tous les écrits que nous avons publiés depuis 1808 concernant la chaleur rayonnante, nous n'avons jamais omis de rapporter la loi dont il s'agit au cas de l'équilibre, et non à l'état variable qui le précède. Nous pensons que ce point est pleinement éclairci aujourd'hui, et que notre opinion est maintenant admise par l'auteur du Mémoire cité.

VI.

Les remarques précédentes, appliquées au cas de l'équilibre, montrent distinctement pour quelle raison l'égalité des températures ne peut être troublée par le changement de l'état des surfaces. En effet, lorsque la réflexibilité de la surface de l'enceinte était nulle et que les points avaient une même température, chaque élément ω de cette surface recevait d'un autre élément quelconque ω_1 une quantité de chaleur R précisément égale à celle qu'il lui envoyait, en sorte que l'équilibre subsistait d'élément à élément. Si maintenant les surfaces ω_1, ω_2, ω_3, ... acquièrent à un certain degré la faculté de réfléchir les rayons incidents, la quantité de chaleur R sortie de ω sera divisée par son incidence sur ω_1. Une portion de R sera absorbée par ω_1, et l'autre portion, étant réfléchie, tombera sur ω_2. Elle s'y divisera de nouveau en deux parties, dont une seulement pénètre ω_2, et l'autre se dirige vers ω_3 : ainsi la chaleur R sortie de ω comprend des portions différentes dont la première est absorbée par ω_1, la seconde par ω_2, la troisième par ω_3, ainsi de suite. Or la chaleur sortie d'un élément quelconque ω_j, et qui par voie de réflexions parvient à ω où elle est absorbée, est exactement la même que celle qui, sortie de ω et arrivant après plusieurs réflexions à la surface de ω_j, est absorbée par ce dernier élément. Donc l'équilibre de la chaleur subsiste encore d'élément à élément. Chaque particule ω de la surface de l'enceinte donne à une autre ω_j soit immédiatement, soit par un nombre quelconque de réflexions, une quantité de sa chaleur propre exactement égale à celle que ω_j lui communique suivant les directions contraires. C'est la condition universelle de l'équilibre de la chaleur rayonnante; elle ne dépend point de l'état de la superficie.

VII.

J'ai indiqué, article XVI du *Résumé théorique*, un point de vue très simple qui fait connaître immédiatement et sans calcul les effets partiels des réflexions successives. Voici la démonstration que cette remarque fournit : on se servira de la même construction (*fig.* 5, p. 409) en désignant par m_1, m_2, m_3, m_4 des surfaces infiniment petites.

Si la réflexibilité de toutes les parties de l'enceinte est supposée nulle, et que toutes les températures soient les mêmes, le point O (*fig.* 5) reçoit de l'élément m_1, dans les directions telles que m_1O, une quantité de chaleur ρ exactement égale à celle que ce point envoie dans les directions contraires telles que Om_1. Chaque ligne telle que $m_1 m_2$ faisant avec la surface ω_1 le même angle φ_1 que la ligne correspondante m_1O, l'élément m_1 envoie, dans les directions alternes telles que $m_1 m_2$, une quantité de chaleur égale à ρ, et reçoit la même quantité ρ dans les directions $m_2 m_1$: m_2 envoie aussi, dans les directions contraires alternes $m_2 m_3$, une quantité de chaleur équivalente à ρ, et reçoit de m_3 la même quantité ρ dans les directions contraires. Il en est de même de tous les autres éléments.

Si l'on change maintenant l'état de la seule surface ω_1, en sorte que la quantité ρ envoyée par m_1 au point O soit réduite à $\alpha_1 \rho$, la chaleur ρ envoyée par m_2 à m_1 sera divisée à son incidence sur m_1, et en partie réfléchie vers le point O. La quantité réfléchie dans cette direction $m_1 o$ sera $(1 - \alpha_1)\rho$. Elle s'ajoutera à la chaleur émise $\alpha_1 \rho$, en sorte que le point O recevra de m_1, comme auparavant, une quantité totale de chaleur égale à ρ.

Si, de plus, l'état de la surface ω_2 vient à être changé, on voit, par ce qui précède, que la quantité totale de chaleur envoyée par m_2 à m_1 sera la même qu'auparavant, c'est-à-dire égale à ρ, parce que la chaleur envoyée par m_3, et dont une partie est réfléchie par m_2, compense celle que m_2 cesse d'envoyer directement à m_1 : donc, l'effet produit par m_2 étant le même que si la surface ω_2 n'avait pas été changée, l'effet de m_1 sur le point O sera encore, d'après ce qui précède, équivalent à ρ. En général, si un dernier élément m_j conserve son pouvoir émissif total, et si les éléments qui le précèdent m_4, m_3, m_2, m_1 sont changés d'une manière quelconque, l'action de m_j sur l'élément précédent m_4 complétera toujours la chaleur que m_4 envoie à l'élément m_3

qui le précède, et il en sera de même de tous les éléments antérieurs jusqu'à m_1, en sorte que m_1 enverra en O une quantité totale de chaleur égale à ρ, comme elle l'était lorsque les surfaces avaient un pouvoir émissif complet.

Dans cet état des surfaces intermédiaires, chacun des éléments m_1, m_2, m_3, m_4 concourt à former une somme de rayons de chaleur qui, étant sortie de ces éléments, arrive en O, et qui est un peu moindre que ρ, puisque c'est l'effet de m_j qui, ajouté à cette somme, la complète et donne la valeur totale ρ. Il est très facile maintenant de se former une juste idée de la somme de ces rayons sortis des éléments intermédiaires m_4, m_3, m_2, m_1 sous de telles directions qu'ils arrivent au point O. Cette somme diffère de $\bar{\rho}$ d'une quantité précisément égale à la chaleur que l'élément m_j, jouissant d'un pouvoir émissif total, peut envoyer par des réflexions successives au point O. Plus le rang de ce dernier élément m_j est éloigné, moins la chaleur sortie de cet élément et soumise à toutes les réflexions intermédiaires conserve d'intensité en arrivant au point O. Il suit de là que, si l'on considère un nombre immense de réflexions, la somme de toutes les quantités de chaleur envoyées par les éléments intermédiaires m_4, m_3, m_2, m_1 ne diffère de ρ que d'une quantité insensible. Pour que cette différence fût appréciable, il faudrait supposer qu'un rayon, après avoir subi un nombre immense de réflexions, conserve une valeur sensible, ce qui paraît entièrement contraire à la nature des corps. On peut même en conclure qu'il suffit d'un nombre assez borné de ces réflexions pour que la somme des rayons envoyés par les éléments intermédiaires diffère peu de la valeur complète.

Toutefois, si l'on voulait considérer le cas purement mathématique où le pouvoir d'absorption serait nul, il est certain que la somme des produits des réflexions successives n'équivaudrait pas au rayon total ρ. Mais on a vu que, même dans cette hypothèse, le théorème général que nous avons énoncé (I) ne souffre aucune exception. (Art. XVII du Résumé théorique, p. 417.)

VIII.

Si, dans un espace que termine une enceinte entretenue dans tous ses points à une température constante 6, on apporte un corps M dont la température est aussi égale à 6, chaque élément ω de la superficie de ce corps reçoit de l'enceinte, dans une direction qui fait avec ω un angle quelconque φ, une quantité de chaleur entièrement indépendante du lieu où le corps est placé. Cette quantité ne dépend que de l'angle φ; elle est toujours proportionnelle à ω sinφ, et elle est la même que si le pouvoir émissif de la surface de l'enceinte était nul. Aucun changement de l'état superficiel de l'enceinte ou du corps M ne trouble cette disposition, pourvu que les températures soient conservées. Mais il ne s'ensuit pas que la disposition dont il s'agit subsiste, si le corps apporté dans l'espace circonscrit a une température moindre ou plus grande que 6. En faisant usage des principes que l'on vient de rappeler, il est très facile de distinguer les cas où la situation du corps M peut ou non influer sur la quantité de chaleur qu'il reçoit.

1° Si l'on place un corps M, d'une figure quelconque, et dont la température est zéro, dans l'espace que termine une surface concave en toutes ses parties, dont la réflexibilité est nulle, et dont tous les points ont la même température 6, l'action de cette enceinte sur le corps M, quels que puissent être la figure de ce corps et l'état de ses surfaces, sera indépendante du lieu où on le place et de la forme de l'enceinte. Il s'échauffera toujours ou se refroidira de la même manière.

2° Cela aura lieu encore si la surface du corps est convexe dans toutes ses parties, quelle que puisse être la figure de l'enceinte.

Il n'en sera pas de même si l'on ne satisfait pas à l'une des deux conditions relatives à la forme *convexe* du corps, ou à la forme *concave* de l'enceinte. Dans ce cas, l'effet produit peut dépendre beaucoup de la situation du corps, quoique le pouvoir rayonnant de l'enceinte soit supposé total en chaque point.

3° Si la réflexibilité des surfaces de l'enceinte n'est pas nulle, et, à plus forte raison, si elle n'est pas la même dans tous les points, la position de M peut influer beaucoup sur le progrès et le mode de l'échauffement ou du refroidissement. Cela provient de ce que le corps M, dont la température n'est pas la même que celle de l'enceinte, intercepte une partie des rayons réfléchis. Cette relation entre le lieu du corps froid interposé et l'effet d'une enceinte qui réfléchit la chaleur n'a rien de paradoxal ; elle est une conséquence assez évidente de la théorie : c'est la proposition contraire qui serait un paradoxe.

IX.

Si l'on réunit aux propositions rapportées dans les articles III, IV et VII du présent Mémoire la remarque qui est l'objet de l'article XVII du Résumé théorique, on connaîtra clairement en quoi consiste l'effet des réflexions multiples. Nous ne rappellerons point ici les conséquences que nous avons démontrées ; nous ajouterons seulement, au sujet de la dernière remarque, que la démonstration rapportée dans l'article XVI du Résumé est nécessaire pour expliquer la conservation de l'équilibre lorsqu'il survient un changement dans l'état des surfaces. Il ne suffirait pas de prouver que la somme des quantités de chaleur qui sortent des éléments ω_1, ω_2, ω_3, ... à l'infini, et qui parviennent après diverses réflexions au point O, équivaut au rayon total r. En effet, les distances des éléments ω_1, ω_2, ω_3, ... qui s'envoient la chaleur pouvant être extrêmement grandes, on trouverait qu'en supposant l'équilibre déjà formé dans une enceinte entretenue à une température uniforme, et dont la réflexibilité est nulle, cette égalité des températures serait d'abord interrompue si l'état superficiel de l'enceinte était subitement changé, et si l'on n'avait égard qu'à la chaleur propre qui continue d'être émise. Il s'écoulerait un temps considérable avant que l'équilibre pût être rétabli sensiblement par les seuls rayons qui continuent de sortir des éléments ω_1, ω_2, ω_3, ... à l'infini.

La distribution de la chaleur serait d'abord troublée. Or, il est certain qu'aucun changement de l'état des surfaces ne peut produire un

tel effet. Quel que soit le nouvel état de l'enceinte, l'équilibre ne
subit aucune altération, même momentanée, comme le prouve notre
première démonstration. Donc, pour expliquer entièrement la conservation de l'égalité des températures après un changement quelconque
de l'état des surfaces, il ne suffirait pas de faire entrer dans le calcul
les quantités de chaleur qui sortent des éléments après leur changement d'état : il est indispensable de tenir compte de la chaleur déjà
émise, sortie des éléments avant que leur état fût changé. Notre
démonstration comprend implicitement l'un et l'autre effet; elle a
toute l'étendue de la question à laquelle nous l'avons appliquée.

Lorsqu'on examine très attentivement cette question, on voit que la
proposition principale est celle qui exprime qu'un changement quelconque de la superficie de l'enceinte ne cause aucune interruption,
même momentanée, dans l'égalité des températures ; car il est très
facile d'en conclure que le produit des réflexions multipliées à l'infini
équivaut au rayon total : il suffit de considérer que, d'après la nature
connue des corps, la chaleur émise répandue dans l'espace disparaît
graduellement par l'effet des réflexions successives. Mais de cela seul
que la somme des produits des réflexions en nombre infini équivaut
au rayon total, on ne pourrait point conclure que l'égalité des températures n'est pas interrompue par le changement d'état de la surface.

X.

J'ai remarqué, dans un Mémoire précédent, qu'on ne peut admettre
la construction dont M. Poisson s'est servi en calculant l'effet des réflexions multiples. Les éléments d'une surface courbe peuvent sans
doute être regardés comme des surfaces planes infiniment petites, et
j'ai souvent fait usage de cette considération dans l'examen des effets
de la chaleur directe ou réfléchie; mais il est nécessaire d'avoir égard
à l'inclinaison mutuelle des plans. La construction dont il s'agit ne
représente donc point, dans les surfaces courbes, le mouvement de la
chaleur réfléchie. Je ne puis m'empêcher de regarder cette conclusion

comme évidente, et les explications données par l'auteur ne résolvent
point la difficulté. Il suffira de citer l'exemple suivant : supposons que
le point O soit placé au centre d'un cercle (*fig.* 1) dont la circonférence
est entretenue dans tous ses points à la même température, et que l'on
veuille connaître la quantité de chaleur que ce point O reçoit d'un élément $\alpha\alpha$, soit directement, soit par une suite indéfinie de réflexions;
il est manifeste que toute la chaleur ainsi envoyée au point O provient
de l'élément $\alpha\alpha$ et de l'élément $\alpha'\alpha'$ diamétralement opposé. Or, suivant la construction qui a été l'objet de notre remarque, il faudrait
désigner à l'extérieur de l'enceinte un point O′ aussi éloigné de la

Fig. 1.

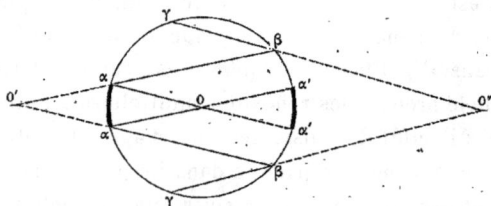

ligne $\alpha\alpha$ que l'est le point O, et mener par O′ deux droites O′α, O′α jusqu'à la rencontre de la circonférence aux points β, β. On marquerait
ensuite un second point extérieur O″ aussi distant de la ligne $\beta\beta$ que le
point O′, puis on mènerait, par le point O″ et par les points β, β, deux
droites jusqu'à la rencontre de la circonférence aux points γ, γ, ainsi de
suite à l'infini. On conclurait donc que la chaleur envoyée par des réflexions successives, et qui passe de l'arc $\alpha\alpha$ au point O, provient des
parties de l'enceinte $\beta\beta$, $\gamma\gamma$, $\delta\delta$, ... Or il est manifeste que les arcs
$\alpha'\alpha'$, $\alpha\alpha$ sont les seules parties de l'enceinte qui communiquent cette
chaleur réfléchie par $\alpha\alpha$, ou, ce qui est la même chose, qui la recevraient si elle partait du point O. Donc la construction comprend des
arcs de plus en plus grands $\beta\beta$, $\gamma\gamma$, $\delta\delta$, ..., dont la plus grande partie
n'appartient point à la question. On ne résout point cette difficulté en
disant que la température du point O est suffisamment déterminée par

les rayons qui passent à une distance infiniment petite de ce point, et qu'il n'est pas nécessaire que ces rayons réfléchis passent mathématiquement par le point O. Sans nous arrêter aux autres conséquences de cette explication, nous dirons que les rayons envoyés par les arcs $\beta\beta$, $\gamma\gamma$, $\delta\delta$, ..., selon les directions que la construction détermine, s'écartent de plus en plus du point O, et ne restent point, comme on le suppose, à des distances infiniment petites. Les arcs $\alpha\alpha$, $\beta\beta$, $\gamma\gamma$, ... croissent comme les nombres 1, 3, 5, ..., et le pouvoir d'émission pouvant être fort différent pour les différentes parties de l'enceinte, on voit que l'effet général exprimé par cette construction diffère extrêmement de celui que l'on trouverait en suivant un procédé exact. Il est manifeste que la réflexibilité plus ou moins parfaite des parties de l'enceinte différentes de $\alpha\alpha$, $\alpha'\alpha'$ n'influe aucunement sur la quantité de chaleur qui est réfléchie par $\alpha\alpha$ au point O.

Dans le dernier Mémoire publié par le même auteur (*Annales de Chimie et de Physique,* janvier 1825), on emploie (p. 48) une construction différente de celle qui est le sujet de cet Article. On attribue la forme cylindrique au rayon qui, tombant sur m_1, est successivement réfléchi par $m_1, m_2, m_3, ...$ à l'infini [*fig.* 5 (¹)]. Désignant par α, β, γ, δ, ... les éléments de la partie de l'enceinte que ce filet intercepte, et par i, i', i'', ... les angles que les normales $m_1 n_1$, $m_2 n_2$, $m_3 n_3$, ... font avec les droites $m_1 O$, $m_2 m_1$, $m_3 m_2$, ..., l'auteur donne les équations $\alpha \cos i = \beta \cos i' = \gamma \cos i''$, ... pour déterminer les rapports des éléments β, γ, ... avec le premier α. Nous dirons, à ce sujet, que ces équations n'existent pas, et que les rapports $\frac{\beta}{\alpha}$, $\frac{\gamma}{\alpha}$, ..., c'est-à-dire les dernières raisons des éléments de l'enceinte interceptés par les rayons réfléchis, ne sont point en général les rapports inverses des cosinus.

Quoique les parties infiniment petites des surfaces courbes puissent être regardées comme planes, il ne s'ensuit nullement que les mouvements de la chaleur ou de la lumière réfléchie puissent être ainsi représentés. Le rayon réfléchi ne conserve la forme cylindrique que

---

(¹) Voir page 409 de ce Volume.

dans un cas très particulier. Les rapports des éléments de l'enceinte
où ces réflexions s'opèrent, et que le filet circonscrit, dépendent de la
nature des surfaces ; c'est une conséquence nécessaire des principes
de l'Analyse différentielle.

XI.

On voit, par tous les résultats de la discussion précédente, qu'elle
ne porte point sur la vérité des principes et des propositions qui
forment notre théorie de la chaleur rayonnante. Aucun géomètre n'a
contesté la vérité de ces propositions. Seulement le célèbre auteur des
Mémoires auxquels nous avons répondu regarde comme non applicable
à tous les cas la démonstration que nous avons donnée d'un de ces
théorèmes : savoir que, le pouvoir d'émettre la chaleur sous une direction déterminée étant égal au pouvoir de l'absorber sous la même
direction, il s'ensuit que la distribution de la chaleur rayonnante dans
une enceinte fermée qui conserve une température uniforme ne pourrait être troublée par des changements quelconques de l'état des
surfaces de l'enceinte. L'auteur (*Annales de Chimie et de Physique,*
juillet 1824, p. 225 et suiv.) reconnaît que l'équilibre des températures a lieu, en effet, quelle que soit la nature des surfaces. Il juge
cette proposition vraie et importante (p. 234); mais il en présente
une autre démonstration fondée sur le calcul de l'effet total des réflexions multipliées à l'infini. Après avoir remarqué que j'ai prouvé la
distribution homogène de la chaleur pour le cas où la faculté rayonnante est la même dans toute l'étendue de l'enceinte, il ajoute seulement : *Mais je n'ai pas connaissance que l'on ait jusqu'ici démontré la
même proposition, en ayant égard à la fois à la chaleur émise et à la
chaleur réfléchie.* Le sens de ces expressions est que l'auteur connaissait depuis très longtemps la proposition générale dont il s'agit, et la
démonstration que j'en avais donnée; qu'il avait admis cette démonstration, mais qu'aujourd'hui il ne la croit plus suffisante (*Annales de
Chimie et de Physique,* janvier 1825, p. 41). Je ne pouvais donc me dispenser de rappeler, dans ma réponse au Mémoire cité, que j'avais le

premier énoncé et prouvé ce théorème dans plusieurs Ouvrages rendus publics depuis 1811. Après les éclaircissements que renferme le présent écrit, je ne doute point que l'auteur du Mémoire ne reconnaisse l'exactitude rigoureuse de la première démonstration. On ne peut point soutenir une objection qui consiste à supposer que le changement survenu dans l'état d'une surface diminue la chaleur qu'elle avait envoyée avant d'être changée.

La discussion qui s'est établie dans ce Recueil au sujet de la chaleur rayonnante aura été utile à cette nouvelle théorie, en donnant lieu d'exposer avec plus de détail qu'on ne l'avait fait jusqu'ici les principes et leurs conséquences importantes. Cette théorie est en elle-même beaucoup plus simple que celle du mouvement de la chaleur dans les solides, et ne suppose que les notions communes du Calcul intégral; mais l'examen des principes demande une extrême attention. En publiant prochainement, sous le titre de *Théorie physique de la chaleur*, les applications principales de la *Théorie analytique*, je présenterai de nouveau les propositions relatives à la chaleur rayonnante, en me restreignant toutefois entre de justes bornes; car une explication trop étendue peut devenir plus obscure qu'une démonstration très précise. J'ai compris dans ce second Ouvrage, outre la théorie de la chaleur rayonnante et diverses applications, la question générale des températures terrestres, et la démonstration des équations différentielles du mouvement de la chaleur dans les liquides.

Pour faciliter la lecture du présent Mémoire, je le termine comme le précédent par une indication sommaire de l'objet de chaque article.

I. Origine et objet de la discussion.

II. Examen de la démonstration d'un théorème principal. On conclut rigoureusement du seul principe de l'égalité d'absorption et du pouvoir d'émission qu'aucun changement de l'état des surfaces d'une enceinte où l'équilibre des températures s'est formé ne peut troubler cet équilibre. L'objection qui avait été proposée contre cette démonstration est dénuée de fondement.

III. Lemme dont on déduit l'expression générale de la quantité de chaleur qu'une surface infiniment petite envoie à une autre, soit directement, soit par un nombre quelconque de réflexions.

IV. Cette expression suffit pour réduire à une question de calcul toute recherche qui a pour objet de déterminer les effets de la chaleur directe ou réfléchie.

V. La loi du rayonnement, qui consiste en ce que les quantités totales de chaleur envoyées sont proportionnelles aux sinus des inclinaisons, quel que soit l'état des surfaces, se rapporte au cas de l'équilibre.

VI. Lorsque toutes les températures sont égales, l'équilibre subsiste d'élément à élément, quel que soit l'état des surfaces; c'est-à-dire que chaque élément reçoit d'un autre, soit directement, soit par une ou plusieurs réflexions, autant de chaleur qu'il lui en communique. :

VII. On prouve d'une manière très simple qu'un élément reçoit, dans une direction donnée, des quantités partielles de chaleur, ou directes ou réfléchies, dont la somme approche de plus en plus et indéfiniment d'être égale à celle qu'il recevrait si le pouvoir d'émission était total.

VIII. Examen des cas où le progrès de l'échauffement ou du refroidissement d'un corps dépend du lieu qu'il occupe dans l'enceinte uniformément échauffée.

IX. La proposition énoncée dans l'article VII ne suffirait point pour démontrer que le changement d'état des surfaces ne trouble point l'équilibre. On conclurait que cet équilibre est interrompu, et ne se rétablit que par degrés, si l'on n'avait point égard à la chaleur émise, sortie des éléments de la surface avant leur changement d'état.

X. Remarques sur le mouvement de la chaleur dans une enceinte concave. Exemple tiré du cercle.

XI. Conclusion.

RECHERCHES EXPÉRIMENTALES

SUR LA

FACULTÉ CONDUCTRICE. DES CORPS MINCES

SOUMIS A L'ACTION DE LA CHALEUR

ET

DESCRIPTION D'UN NOUVEAU THERMOMÈTRE DE CONTACT.

RECHERCHES EXPÉRIMENTALES

SUR LA

FACULTÉ CONDUCTRICE DES CORPS MINCES

SOUMIS A L'ACTION DE LA CHALEUR

ET

DESCRIPTION D'UN NOUVEAU THERMOMÈTRE DE CONTACT.

Annales de Chimie et de Physique, Tome XXXVII, p. 291 ; 1828.

La Note que je présente à l'Académie ([1]) a pour objet de rapporter quelques résultats d'expériences récemment faites avec un nouveau thermomètre de contact. Cet instrument indique la facilité plus ou moins grande avec laquelle la chaleur traverse des feuilles ou lames minces de différentes matières ; il sert ainsi à ranger par ordre de conducibilité les enveloppes qui s'opposent à la libre transmission de la chaleur.

Si des corps de différentes natures demeurent pendant un très long temps dans un même lieu, et si la température de l'enceinte qui termine cet espace a acquis et conserve une valeur constante, tous ces corps prendront la température fixe et commune de l'enceinte. Un thermomètre appliqué sur les surfaces les plus diverses, par exemple sur des plaques métalliques, des tissus de laine, de coton, de lin, sur le feutre ou d'autres matières, marquera toujours le même degré ; mais si l'on vient à toucher ces substances, la main ressentira des impres-

([1]) Institut de France, séance du 17 mars 1828.

sions calorifiques très différentes : certaines surfaces, comme celles
des métaux ou du marbre, paraîtront au contact beaucoup plus froides
que d'autres, quoiqu'elles aient toutes une même température.

La raison physique de ce fait est généralement connue. Il est évident que la main de l'observateur étant plus échauffée que les surfaces
mises en contact laisse échapper promptement une partie de sa chaleur propre, qui se communique aux masses environnantes. Or les
diverses matières jouissent très inégalement de la faculté de recevoir
et de transmettre la chaleur qu'elles contenaient : c'est cette faculté
conductrice que je me suis proposé d'observer et de mesurer. Le seul
usage de nos sens suffit pour distinguer ces qualités spécifiques; mais
l'art peut les rendre beaucoup plus sensibles, et, ce qui est important,
il nous en donne la mesure exacte.

En observant la durée du refroidissement des liquides dans des
vases revêtus des différentes enveloppes, quelques physiciens, et principalement M. Leslie, d'Édimbourg, et le comte de Rumford, avaient
fait remarquer l'influence de l'état de la surface sur le rayonnement et
sur la déperdition de la chaleur. La théorie mathématique offre divers
autres moyens de mesurer la perméabilité des corps. Il suffit, comme
je l'ai démontré, d'observer avec beaucoup de précision le mouvement
variable de la chaleur dans des vases qui diffèrent par la matière et
l'épaisseur, ou de déterminer l'état invariable qui se forme après un
certain temps. Ce genre d'observations fournira un jour des Tables précieuses pour indiquer les propriétés calorifiques de tous les corps.
L'usage du nouveau thermomètre de contact a un but plus restreint.
Il doit précéder et faciliter ces recherches théoriques en donnant la
connaissance approchée d'un très grand nombre de résultats. Cet instrument peut recevoir deux formes différentes. Je viens d'éprouver
l'une et l'autre, et il m'a paru utile de publier quelques-unes de ces
observations.

J'avais d'abord fait construire, il y a quelques années, l'instrument
extrêmement simple que je vais décrire. Il consiste en un vase conique
de fer très mince, rempli de mercure, et terminé, à sa base circulaire

inférieure, par une peau d'une épaisseur médiocre. Un thermomètre dont la boule est plongée dans le mercure indique à chaque instant la température de la masse liquide; la *fig.* 1 montre les différentes par-

Fig. 1.

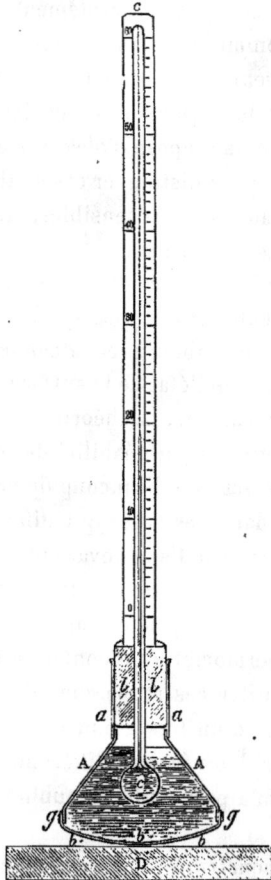

ties de l'instrument; AA est le vase conique rempli de mercure; *bbb* la surface flexible qui retient le liquide; *cc* le thermomètre intérieur, qui plonge dans le mercure; D le support maintenu à une température fixe, par exemple celle de la chambre où l'on opère. On échauffe d'abord, et séparément, le vase conique A jusqu'à une température déterminée, celle de 40°; ensuite, ayant mis sur le support la plaque mince ou la feuille dont on veut mesurer la conducibilité, on pose au-dessus de cette plaque le vase conique de mercure; puis on observe avec soin le refroidissement progressif, en marquant les temps écoulés et les températures correspondantes.

La loi du refroidissement est donnée par une équation différentielle; l'expression finie de cette loi renferme la température fixe du support, celle de l'air environnant et une exponentielle qui dépend de la faculté conductrice des matières que la chaleur traverse. On peut donc déduire la mesure de cette faculté de celle des températures observées pour différentes valeurs du temps. On obtient comme il suit l'expression du mouvement de la chaleur. Nous désignons par H la quantité de chaleur qui, pendant l'unité du temps, passerait de la surface du vase conique dans l'air si, l'étendue de cette surface étant 1, la différence de la température de l'air à la température fixe de la surface était 1. Ainsi, α étant la température actuelle du vase conique échauffé, s l'étendue de la surface, et dt l'élément du temps écoulé, on aura $\mathrm{H}(s\alpha - m)\,dt$ pour la quantité de chaleur qui, pendant l'instant dt, passe de la surface du vase dans l'air, dont m représente la température fixe. On mesure les quantités de chaleur en exprimant combien de fois elles contiennent une certaine quantité prise pour unité; H représente un certain nombre de ces unités.

On désigne par h la quantité de chaleur qui, pendant l'unité de temps, traverserait l'unité de surface et passerait de la masse conique échauffée A dans le support D si la différence entre la température de A et celle du support était 1 (100 degrés centigrades). Ainsi $hb(\alpha - n)\,dt$ est la quantité de chaleur qui passe du vase dans le support, dont la température fixe est représentée par n, b étant l'étendue de la surface en contact avec le support; donc $\mathrm{H}s(\alpha - m)\,dt + hb(\alpha - n)\,dt$ exprime la chaleur que le vase perd pendant l'instant dt. Si maintenant on représente par c la chaleur qui, étant ajoutée à celle qui contient la masse A, supposée à la température o, porterait cette masse de la température o à la température 1, on aura l'équation différentielle

(1)
$$da = -\frac{1}{c}[Hs(\alpha - m)\,dt + hb(\alpha - n)\,dt],$$

pour exprimer le mouvement variable de la chaleur. On intègre facilement cette équation en écrivant

(2)
$$\alpha = P + Q e^{-(Hs+hb)\frac{t}{c}};$$

car, en substituant cette valeur de α dans l'équation (1), on vérifie l'équation, et l'on a seulement la condition

$$P = \frac{Hsm + hbn}{Hs + hb}.$$

Désignons maintenant par α_0, α_θ, $\alpha_{2\theta}$ trois températures consécutives, que l'on observe respectivement à la fin de trois intervalles du temps dont chacun est égal à θ, et désignons par ρ le coefficient exponentiel

$$\frac{hb + Hs}{c},$$

que l'on regarde comme inconnu; on en conclura la valeur de ρ déduite des trois températures observées; car on a

$$\alpha_0 = P + Q,$$
$$\alpha_\theta = P + Q e^{-\rho\theta},$$
$$\alpha_{2\theta} = P + Q e^{-2\rho\theta};$$

donc

$$\alpha_0 - \alpha_\theta = Q(1 - e^{-\rho\theta}),$$
$$\alpha_\theta - \alpha_{2\theta} = Q e^{-\rho\theta}(1 - e^{-\rho\theta})$$

et

$$e^{\rho\theta} = \frac{\alpha_0 - \alpha_\theta}{\alpha_\theta - \alpha_{2\theta}}$$

ou

$$\rho = \frac{1}{\theta}[\log(\alpha_0 - \alpha_\theta) - \log(\alpha_\theta - \alpha_{2\theta})].$$

II.

Il s'ensuit que l'on connaîtra la valeur de ρ ou

$$\frac{hb}{c} + \frac{\mathrm{H}s}{c}$$

par la règle suivante : il faut observer les trois températures α_0, α_θ, $\alpha_{2\theta}$, prendre les logarithmes hyperboliques de $\alpha_0 - \alpha_\theta$ et $\alpha_\theta - \alpha_{2\theta}$, et diviser la différence de ces logarithmes par l'intervalle θ.

Lorsque, après avoir éprouvé une certaine matière interposée, à laquelle convient le coefficient h, on éprouvera, avec le même instrument, une matière différente, à laquelle répond un autre coefficient h', et que l'on veut comparer à la première, on détermine par la règle qui vient d'être énoncée, et en employant seulement les logarithmes tabulaires, des quantités proportionnelles aux coefficients inconnus

$$\frac{hb}{c} + \frac{\mathrm{H}s}{c}.$$

Les quantités H, s, b, c sont communes, et les deux résultats ne différeront que par les coefficients h et h'. Donc, si l'on éprouve successivement plusieurs matières différentes que l'on veut comparer sous le rapport de la conducibilité, et si, au moyen de la règle précédente, on calcule les nombres respectifs que fournissent les observations données par un même instrument, on connaîtra, non les valeurs absolues des coefficients h, h', h'', h''', ..., mais des nombres successifs dont les accroissements sont proportionnels aux accroissements des valeurs h, h', h'', h''', ... Ainsi les différentes matières seraient rangées, par ce procédé, selon l'ordre des conducibilités qui leur sont propres, ce qui est l'objet direct de la recherche, et, si les matières que l'on compare ont des conducibilités croissantes par degrés égaux, les nombres donnés par l'observation croîtront aussi par degrés égaux. Il suffira donc de choisir, dans un très grand nombre d'observations, les résultats équidistants pour être assuré que les conducibilités des matières auxquelles ces nombres répondent croissent aussi selon la même loi. Il faut remarquer que le coefficient h n'exprime pas la quantité de chaleur que traverse la plaque mince ou enveloppe interposée : il comprend aussi la quantité de chaleur qui traverse la surface flexible placée au-dessous du mercure du vase conique. Cette addition d'une quantité à toutes les valeurs que l'on veut comparer ne change rien aux conséquences que l'on vient d'énoncer. Ainsi les accroissements des nombres donnés par la règle logarithmique seront constamment proportionnels aux accroissements des coefficients cherchés.

Considérons maintenant le cas où la température du support serait la même que la température de l'air, ce qui rendrait les procédés plus simples et en faciliterait l'application. Si, dans la valeur précédente de P, on fait $m = n$, on trouve $P = m$. Il est évident que, dans ce cas, la température finale du vase doit être celle de l'air. Il faut donc qu'en supposant t infini dans l'équation (2) on trouve $\alpha_\infty = m$. En effet, cela aura lieu si $P = m$. La température variable α est donc $m + Q e^{-\rho t}$. Ainsi, en observant deux températures successives, on pourra déterminer le coefficient exponentiel ρ; on aura

$$\alpha_0 = m + Q \qquad \text{et} \qquad \alpha_\theta = m + Q e^{-\rho \theta};$$

mettant pour Q sa valeur $\alpha_0 - m$,

$$\alpha_\theta = m + (\alpha_0 - m) e^{-\rho \theta} \qquad \text{ou} \qquad \alpha_\theta - m = (\alpha_0 - m) e^{-\rho \theta} :$$

donc

$$\rho = \frac{1}{\theta} [\log(\alpha_0 - m) - \log(\alpha_\theta - m)].$$

Il suffit donc d'observer α_0, α_θ et de diviser par l'intervalle θ la différence des logarithmes tabulaires de $\alpha_0 - m$ et $\alpha_\theta - m$; le quotient est proportionnel à la valeur de ρ, qui est

$$\frac{Hs}{c} + \frac{hb}{c}.$$

Au reste, l'usage du thermomètre de contact que j'ai décrit est sujet à des variations inévitables, qui établiraient sans doute des différences sensibles entre la théorie et l'observation. Le support ne conserve pas une température entièrement fixe; la masse contenue dans le vase qui se refroidit n'est pas exactement dans l'état que la théorie considère.

Ces causes et d'autres qu'il serait superflu de remarquer me paraissent
devoir apporter, dans les résultats, des différences qui échapperaient
aux observations les plus attentives. Toutefois, les valeurs approchées
qui résulteraient de l'usage de cet instrument suffiraient pour ranger
les différentes enveloppes ou plaques minces que l'on se propose de
comparer, selon l'ordre des conducibilités, ce qui est le but principal
de ces recherches. On a surtout en vue la facilité et la multiplicité des
observations. On prendra pour la première température $\alpha_0 - m$ une
valeur commune, 40 degrés centésimaux, et pour θ une durée fixe,
dix minutes; on observera la température $\alpha_0 - m$ que le thermomètre
marque après dix minutes écoulées. Ces valeurs de $\alpha_0 - m$, qui varie-
ront suivant la nature des matières que la chaleur traverse, feront connaître directement, et sans calcul, l'ordre des conducibilités spécifiques.

Il est évident que l'épaisseur de la plaque interposée influe sur les
températures que l'on observe, et l'on pourrait tenir compte de cet
épaisseur, en suivant les principes que j'ai expliqués dans l'Introduction à la *Théorie de la chaleur;* mais on ne considère ici qu'un effet
total et complexe, savoir la quantité de chaleur qui, traversant les
surfaces intermédiaires, passe du mercure dans le support.

Si l'on remplace la feuille ou enveloppe que l'on a d'abord éprouvée
par un corps mince d'une autre matière, et si l'on mesure de nouveau
l'abaissement de température qui correspond à un temps donné, on
trouve que cet abaissement varie d'une manière très sensible, quelque
petite que soit la différence des deux enveloppes. Par exemple, il suffit
d'ajouter à une première plaque mince une simple feuille du papier le
plus fin pour que l'on trouve une différence sensible dans l'abaissement de la température. La plus légère différence dans la qualité du
corps mince interposé se manifeste par le changement qui survient
dans cet abaissement de la température, et, à plus forte raison, ce
changement est très considérable si l'espèce de la matière devient très
différente; si, par exemple, on remplace une étoffe de toile par de la
flanelle ou par du drap, ou le drap simple par un drap très épais. Ces

différences étaient faciles à prévoir : elles nous sont annoncées par le seul témoignage des sens ; mais l'instrument sert, non seulement à les rendre très sensibles à les mesurer : il donne de plus, ce qui était très important, des indications constantes, et qui se reproduisent toujours les mêmes lorsqu'on vient à éprouver les mêmes expériences. Il faut remarquer que cette constance de résultats dépend essentiellement de la manière parfaite dont le contact s'opère au moyen de la pression du mercure sur la peau mince et flexible qui le retient. Cette condition, qui faisait une des difficultés principales de la construction de ce nouvel instrument, était absolument nécessaire pour que ses indications fussent régulières et applicables à un grand nombre de corps ; sans cela on n'eût point pu comparer les différentes substances entre elles, à moins de leur avoir donné préalablement une surface suffisamment plane et unie, pour que le contact de l'instrument eût lieu sur un grand nombre de points.

Je viens de montrer comment l'usage du nouveau thermomètre de contact donne la mesure approchée de la conducibilité spécifique.

Dans ces expériences, la matière que l'on veut éprouver doit être employée en feuilles minces ; on leur donne une très petite épaisseur, pour éviter l'influence de leur chaleur spécifique sur la marche du refroidissement.

Le même instrument sert aussi à indiquer la chaleur de contact d'un corps, et mesure en quelque sorte la sensation de chaud ou de froid que ce contact produit.

Pour les expériences de ce genre, il suffit d'élever la température de l'instrument comme je l'ai indiqué, et de le poser ensuite sur une masse épaisse de la matière que l'on veut éprouver.

On observe le nombre de degrés dont la température s'abaisse, pendant un temps donné, par exemple cinq minutes.

Cette manière d'employer le thermomètre de contact conduit à des résultats remarquables. Les différences de l'abaissement de température pour divers corps sont très grandes.

Par exemple, j'ai posé le thermomètre échauffé sur une masse de fer

à 8°; je l'ai posé ensuite sur une masse de grès à la même température; la différence du refroidissement, dans les deux cas, était d'environ 5° dès la seconde minute. La différence est encore plus sensible si l'on compare le fer à la brique, et, à plus forte raison, le fer
au bois.

Ces expériences sont extrêmement faciles : il suffit que les masses
sur lesquelles on pose le thermomètre aient une même température.

L'effet qui se produit dans ce genre d'expériences est très complexe,
et, pour l'exprimer exactement, il faudrait avoir égard à toutes les circonstances qui le modifient. Toutefois, en opérant de cette manière sur
des corps dont la chaleur spécifique serait connue, on pourrait se
former une assez juste idée de leur conducibilité propre.

L'usage du thermomètre de contact ne donne, en général, que des
valeurs approchées de la conducibilité; mais il est un très grand
nombre de corps, tels que les briques, les pierres, les bois et les
étoffes, pour lesquels ces mesures sont suffisantes.

Nous avons dit que l'on peut employer un autre instrument pour
mesurer la conducibilité. Ce second mode d'expérience rend les effets
encore plus sensibles, mais il exige beaucoup plus de soin; j'avais
d'abord espéré qu'il me serait possible de répéter quelques-unes de ces
dernières observations en présence de l'Académie : l'extrême difficulté
d'y procéder dans une atmosphère variable et agitée m'oblige d'y renoncer; je me borne à indiquer le principe et quelques résultats.

Cette expérience consiste à observer, non point, comme dans la première, les abaissements successifs de la température d'un corps que
l'on a d'abord échauffé, mais la température finale et fixe que produit
la chaleur en traversant différentes matières. Je me suis proposé de
former cet état final, pour en déduire la mesure des conducibilités spécifiques, et j'ai été aidé dans l'établissement de ces expériences par un
physicien très habile, M. Colladon, de Genève, dont l'Académie a déjà
couronné les travaux, et qui a obtenu, avec M. Sturm, le prix de Physique mathématique de l'année dernière. Non seulement il a bien
voulu diriger la construction de l'instrument et en régler les dimen-

sions, mais il y a ajouté une disposition spéciale qui lui appartient uniquement. Elle consiste à interposer un coussin de mercure qui détermine le contact du support avec tous les points de l'enveloppe.

Cette manière de former un état final d'équilibre a l'avantage de donner des résultats qui ne dépendent point de la chaleur spécifique

Fig. 2.

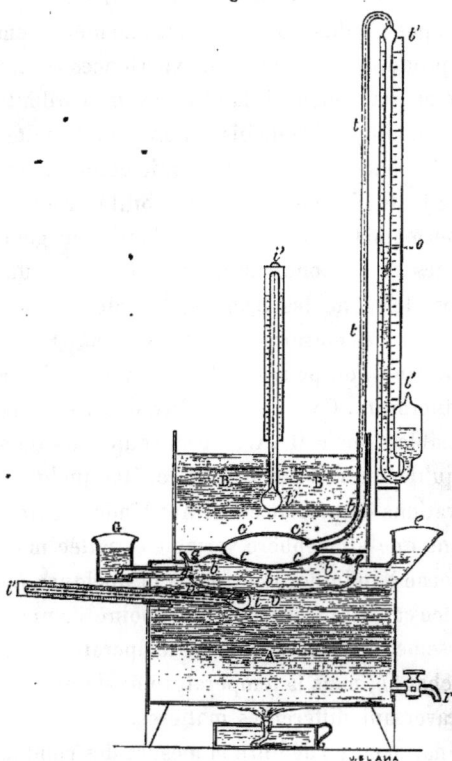

de la substance interposée. On place cette substance ou enveloppe entre deux vases, dont l'un inférieur A (*fig.* 2) est maintenu à une température constante de 100° C., tandis que le vase supérieur B, posé sur l'enveloppe, est maintenu à la température de la glace fondante.

La conducibilité de l'enveloppe détermine la quantité de chaleur qui passe du vase A dans le vase B; au fond du vase supérieur B est un thermomètre d'air très sensible qui mesure l'effet produit. Cet air, qui s'échauffe, est contenu dans la capacité métallique $ccc'c'$, dont la partie inférieure cc est en contact avec le coussin de mercure à 100°; tandis que l'autre partie $c'c'$ est en contact avec la glace fondante.

L'air contenu dans la capacité étant ainsi exposé, d'un côté, à l'action de la glace, de l'autre à celle d'un corps chauffé à 100°, acquiert une température intermédiaire et fixe. L'indice coloré o du thermomètre d'air s'arrête lorsque la quantité de chaleur qui passe dans le thermomètre à travers l'enveloppe est précisément égale à celle qu'il communique à l'eau glacée. Cet équilibre se forme en quelques secondes : c'est l'état final qu'il s'agissait d'observer.

La température fixe marquée par le thermomètre d'air dépend évidemment de la nature de la substance interposée. Si ce corps mince apporte très peu d'obstacle à la libre communication de la chaleur, la température finale de l'air du thermomètre est beaucoup plus grande que si la chaleur ne traverse que très difficilement l'enveloppe interposée. Il existe dans tous les cas une relation très simple entre la température acquise et la conducibilité du corps interposé. Pour exprimer cette relation, nous désignons par h, comme dans les observations précédentes, la quantité de chaleur qui, pendant le temps 1, passerait de la masse du support dans l'intérieur du thermomètre d'air à travers l'unité de surface de l'enveloppe si la différence de leur température était 1, et par H la chaleur qui, pendant l'unité de temps, traverserait l'unité de surface en passant de la surface supérieure $c'c'$ du thermomètre d'air dans la masse glacée qui est au-dessus si la différence de température de l'air et de la glace était 1; donc $hb(M - \alpha)dt$ et $HS(\alpha - N)dt$ sont respectivement les quantités de chaleur qui, pendant l'instant dt, s'écoulent du support dans l'air à travers l'étendue b de l'enveloppe, ou passent de l'air dans la glace à travers l'étendue S de la surface supérieure de la capacité du thermomètre. (On désigne, pour plus de généralité, par M la température fixe du support, et par

N la température fixe de la masse froide dans laquelle la chaleur
s'écoule.) Or l'équilibre est établi lorsque la chaleur communiquée par
le support compense exactement la chaleur que la capacité du thermomètre communique à la glace; on a donc cette équation

$$hb(M - \alpha) = HS(\alpha - N)$$

et le rapport

$$\frac{bh}{HS} = \frac{\alpha - N}{M - \alpha}.$$

Il suffira donc de mesurer α pour connaître le rapport $\frac{h}{H}$ des deux
conducibilités relatives h et H, c'est-à-dire des facilités respectives du
transport de la chaleur du support dans la capacité du thermomètre ou
de cette capacité dans la masse environnante. Le rapport $\frac{b}{S}$ doit être
regardé comme connu; il ne change point lorsqu'on remplace une première enveloppe à laquelle convient le coefficient h par une seconde
enveloppe à laquelle convient un autre coefficient h. Il en est de même
du coefficient H, qui demeure le même. Lorsqu'on éprouve différents
corps avec le même instrument, la température α est mesurée par le
thermomètre d'air, qui peut être construit de différentes manières. Je
ne donne point ici le calcul relatif à ce thermomètre, parce que ce
calcul, qui n'a d'ailleurs aucune difficulté, varie selon la construction
que l'on a préférée; dans tous les cas, je suppose que l'on ait réglé cet
instrument de manière à le rendre très sensible, et que l'on ait fait une
analyse exacte des conditions qui déterminent la position de l'indice.
Quant aux valeurs respectives que l'on peut attribuer à M et N, et que
nous avons d'abord supposées 1 et 0, des épreuves répétées nous ont
fait connaître que les observations deviennent plus faciles et les résultats plus fixes si les nombres M et N ont une moindre différence, par
exemple si l'on fait $M = \frac{4}{5}$ ($80°$ centésimaux) et $N = \frac{3}{20}$ ($15°$ centésimaux).

Lorsqu'on appliquera successivement le même procédé à des corps
minces de différentes espèces, on trouvera des résultats différents
selon la nature des matières que la chaleur traverse. Or l'expérience

II. 59

nous a montré que les différences sont extrêmement grandes. L'addition d'une simple feuille de papier à lettre, le plus mince que l'on ait pu trouver, produit dans la position de l'indice une différence de plus de 20 lignes. En ajoutant à la première feuille une seconde du même papier, on déplace encore l'indice de plus de 25 lignes. Ce déplacement, qui s'opère, comme nous l'avons dit, en quelque secondes, devient très grand lorsque la matière interposée est difficilement perméable à la chaleur; il est, pour certaines substances, de plus de 100 lignes.

Nous avons éprouvé avec l'un et l'autre instrument un très grand nombre de substances différentes, toutes les principales espèces de tissus, des peaux, des fourrures, ou des substances comme le verre, le mica, des feuilles de divers métaux, et nous avons trouvé des résultats spécifiques pour chaque substance selon sa texture ou sa nature propre.

Si l'on compare les résultats obtenus au moyen du dernier instrument, qu'on peut désigner sous le nom de *thermoscope de contact,* avec ceux que donne l'autre instrument décrit en premier lieu, on remarque que les différences, rendues si sensibles dans le thermoscope, sont également manifestes lorsqu'on observe le refroidissement progressif du thermomètre de contact; seulement, avec ce premier instrument, les différences sont mesurées en temps, et l'on peut ainsi les déterminer d'une manière plus commode et aussi précise que par le moyen du second appareil; les résultats sont moins frappants, mais ils sont aussi plus fixes; et, comme ce thermomètre est d'une construction extrêmement simple et d'un usage facile, il est très propre à devenir usuel.

Cet instrument peut servir à une foule de recherches curieuses ou utiles; il indique des propriétés naturelles qu'il n'eût pas été possible de découvrir par le seul usage des sens; par exemple, il m'a servi à reconnaître un fait que j'avais depuis longtemps soupçonné : c'est que la quantité de chaleur qui passe au travers de plusieurs corps minces superposés varie suivant l'ordre dans lequel on fait cette superposition; ainsi j'ai fait l'expérience suivante : j'ai placé le thermomètre de contact au-dessus du support de marbre, dont il était séparé par deux rondelles de drap; la chaleur avait ainsi à traverser peau, drap, drap, marbre. Après avoir observé le refroidissement progressif, j'ai placé une rondelle de cuivre, de l'épaisseur d'une feuille de papier, sur le marbre sous les deux rondelles de drap; le refroidissement du thermo- mètre dans un temps donné a été moindre que dans l'expérience pré- cédente; la feuille de cuivre a été ensuite placée entre les deux ron- delles de drap; la quantité du refroidissement a été la même dans le même temps que si l'on eût supprimé la feuille de cuivre, comme dans la première expérience.

. Enfin j'ai placé la rondelle de cuivre sur celles de drap, immédiate- ment au-dessous de la peau du thermomètre de contact; dans ce cas, la chaleur traversait les enveloppes dans l'ordre suivant : peau, cuivre mince, drap, drap, marbre. Dans ce cas, l'abaissement du thermo- mètre a été plus grand que si l'on eût supprimé la rondelle de cuivre. Ainsi l'interposition de cette feuille de cuivre facilite la transmission de la chaleur de la peau au drap, et elle diminue la transmission de chaleur du drap au marbre. Tels sont les effets que l'on observe pen- dant les dix premières minutes; il ne faudrait pas comparer entre eux des résultats qui ne correspondraient pas à un même intervalle de temps.

Je ne poursuivrai pas davantage l'énumération des expériences nou- velles qui ont été faites avec ces instruments. Le thermomètre de con- tact doit être considéré comme une main munie de son thermomètre. Ces expériences ne peuvent rien ajouter à la théorie mathématique de la chaleur; mais tout ce qui se rapporte aux arts techniques et aux usages communs a quelque droit à l'attention de l'Académie. Ces ob- servations n'intéressent pas moins les sciences que celles qui ont servi à déterminer la chaleur spécifique des différentes substances; elles rendent plus manifestes des propriétés physiques dont nos sens nous avertissent, mais qu'ils ne mesurent point : les instruments ont, en général, pour objet d'ajouter à nos facultés intellectuelles en perfec- tionnant nos sens.

La théorie de la chaleur, comparable en cela aux théories dynamiques, s'applique à la fois au système du monde et aux usages les plus ordinaires de la vie; cette théorie nous a fait connaître, entre autres choses, l'effet total produit par le rayonnement des étoiles fixes. Elle nous a appris que la température de l'espace qu'occupe notre système planétaire est à très peu près de 40° octogésimaux plus froide que la température de la glace fondante. Cette même théorie sert encore à mesurer l'influence calorifique des enveloppes diverses, des tentures, des tissus, et nous fait découvrir des propriétés naturelles des corps.

Après avoir rapporté ces nouvelles expériences sur la conducibilité des corps minces, j'ajouterai une remarque théorique sur les observations qui peuvent servir à mesurer cette propriété des corps.

Lorsque les substances que l'on veut éprouver jouissent à un degré assez élevé de la faculté conductrice, comme les métaux, on la détermine en observant les températures fixes d'une barre prismatique dont l'extrémité est retenue à une température sensiblement constante. L'expérience a prouvé que cet état final est conforme à celui que la théorie exprime. Les températures observées forment en effet une série récurrente dont on déduit la valeur numérique de la conducibilité; mais on ne doit point appliquer la même expression aux corps comme le marbre, dont la faculté conductrice est très faible, ni même à ceux des métaux que la chaleur traverse difficilement. Voici l'explication de cette différence : dans les corps d'une faible conducibilité, les molécules placées sur une même section perpendiculaire à l'axe du prisme acquièrent et conservent des températures fixes, inégales, qui diminuent rapidement depuis l'axe jusqu'à la surface extérieure; mais dans les matières dont la conducibilité est plus grande, comme l'or, l'argent, le platine, le cuivre, tous les points d'une même section perpendiculaire à l'axe prennent sensiblement la même température. Ce fait est facile à concevoir, on pourrait d'avance le supposer connu ; mais la théorie analytique l'explique aussi de la manière la plus claire, comme on le voit par l'expression générale que j'ai donnée autrefois du mouvement uniforme de la chaleur dans un prisme rectangulaire d'une épaisseur quelconque; car cette même solution fait connaître que, si la conducibilité propre est très faible, ou si l'épaisseur de la barre est très grande, les points d'une même section normale ont des températures très différentes. Dans ce cas, l'expression de la température contient, non seulement la distance à l'origine, mais aussi les coordonnées de chaque point de la section.

Il faudrait donc faire usage de cette formule pour déterminer la conducibilité spécifique des corps qui ne jouissent de cette propriété qu'à un faible degré. C'est cette expression, rapportée page 365 de la *Théorie de la chaleur,* qui s'applique aux cas dont il s'agit, et non celle de la page 55 du même Ouvrage. Cette distinction résulte expressément de la solution générale. Il suffit de donner à y la valeur zéro dans l'expression de v (p. 365), et d'intégrer par rapport à z entre les limites $-l$ et $+l$, afin de trouver une valeur proportionnelle à la température moyenne.

Il est surtout nécessaire de remarquer l'équation

$$\varepsilon \tang \varepsilon = \frac{hl}{K}$$

et la construction qui fait connaître les racines de cette équation transcendante. On voit que la valeur de la température contient le produit $\frac{hl}{K}$, en sorte que, si la conducibilité propre K est supposée très faible, ce cas ne diffère point de celui où la demi-épaisseur du prisme est très grande. Il suit de là que, si l'on suppose très petit le coefficient K, mesure de la perméabilité, les températures ne décroissent pas comme les termes d'une série récurrente; cela n'aurait lieu qu'à une distance immense de l'origine; les températures s'abaissent d'abord très rapidement à partir de cette origine. On voit, par le calcul numérique rapporté page 374 de l'Ouvrage cité, qu'il suffit de s'écarter de l'origine de la moitié de l'épaisseur de la barre pour que la température du premier point soit réduite à la cinquième partie de sa valeur. Or toutes les observations s'accordent avec les résultats théoriques que l'on vient

.de rappeler; elles montrent que, si la conducibilité propre est assez grande, les températures observées décroissent comme les termes d'une série récurrente; mais, dans les corps dont la faculté conductrice est très faible, si l'expérience donnait des valeurs exprimées par une suite exponentielle, c'est alors que l'observation ne s'accorderait point avec la théorie; dans ce cas, la forme de l'expression est telle que l'on ne peut plus omettre les termes subordonnés. Au reste, les températures observées sont trop faibles, dans ce même cas, pour que l'on puisse en conclure avec précision la valeur de la conducibilité. Les procédés qu'une théorie exacte indique comme les plus propres à mesurer la faculté conductrice des corps qui jouissent à un faible degré de cette propriété diffèrent beaucoup de ceux qui conviennent aux substances métalliques; ils consisteraient à observer le mouvement ou uniforme ou variable de la chaleur dans des vases de diverses matières, et dont on ferait varier l'épaisseur. Cette question analytique se rapporte à celle que j'ai traitée, il y a plusieurs années, dans un Mémoire sur la température des habitations.

Description des deux instruments dont il est parlé dans le Mémoire
de M. Fourier.

Fig. 1. — Coupe du thermomètre de contact.

AA est un vase conique de fer très mince; il est rempli presque entièrement de mercure; une gouttière *gg* autour du bord inférieur sert à lier l'enveloppe qui retient le mercure; au haut du cône est une ouverture avec un tube court *aa* de 7 ou 8 lignes de diamètre.

ll est un bouchon de liège qui s'adapte dans ce tube. Il sert à fixer le thermomètre *cc* au vase et à le maintenir à la hauteur convenable.

La boule de ce thermomètre *c* doit être à quelques lignes au-dessus de la base du cône, et entièrement plongée dans le mercure du vase.

Les degrés du thermomètre doivent être assez grands pour qu'on puisse les subdiviser en dixièmes; sans cela les observations seraient peu exactes.

L'enveloppe *bbb* doit être de peau souple et mince. Les expériences citées dans le Mémoire nous ont appris que cette substance est très propre à cet usage, parce que la peau conduit mieux la chaleur que les autres étoffes de même épaisseur.

Il faut avoir soin que cette enveloppe ne soit ni salie, ni chauffée trop fortement.

Pour se servir de cet instrument très simple, on opère de la manière suivante :

Après avoir placé l'étoffe ou plaque mince que l'on veut éprouver sur un support de marbre à la température de la chambre où l'on opère, on chauffe le vase conique en le plaçant sur une poêle ou tout autre corps échauffé ; on attend qu'il se soit élevé à 46° ou 47°. Au moment où le thermomètre indique 45°, on le pose sur l'enveloppe; on observe avec une montre l'instant précis où il passe à 40°, et l'on note sa marche, par exemple de minute en minute jusqu'à la cinquième.

Si l'on recommence avec la même étoffe en variant sa place sur le support de marbre, on trouve toujours le même résultat, pourvu que la température de la chambre soit la même.

Si l'on voulait se servir de cet instrument pour faire des expériences exactes sur la conducibilité des plaques rigides, il conviendrait de placer celles-ci, non pas sur un support de marbre, où le contact ne serait pas parfait, mais sur un coussin de mercure analogue à celui dont il est parlé dans la description du second appareil.

Fig 2. — Coupe du second appareil ou thermoscope de contact.

A, vase cubique de cuivre mince; il est fermé par le haut, et l'eau le remplit entièrement. On introduit l'eau par un entonnoir *e*. Le robinet *r* sert à vider le vase.

Sur le couvercle est soudée une capsule circulaire *vvv* en tôle mince. Cette capsule doit contenir un petit bain de mercure échauffé. Ce mercure fait fonction de coussin au moyen de l'enveloppe de peau *bbb* qui le recouvre entièrement. On lie cette enveloppe de peau tout autour du bord de la capsule, et l'anneau, dont on voit la section en *aa*, sert à la maintenir tendue. Le mercure, en pressant contre cette peau enveloppe, lui donne la forme d'un coussin convexe.

On introduit le mercure dans la capsule, et on l'en retire, au moyen d'un godet G et d'un tube de fer latéral *gg*. La hauteur dû mercure dans le godet détermine la tension du coussin.

Au-dessous du vase A est une petite lampe qui sert à maintenir l'eau à une température fixe, par exemple 100° ou 60°. Le thermomètre intérieur *i* sert à indiquer la température et par conséquent aussi celle du bain de mercure.

B est le vase supérieur qui contient de la glace ou, ce qui vaut mieux, de l'eau à une température fixe et peu supérieure à celle de la chambre où l'on opère. Le petit thermomètre *i'* indique la température de cette eau.

Au fond du vase B est une capacité métallique dont on voit la coupe en *ccc'c'*; c'est la boule du thermoscope indicateur. La moitié supérieure *c'c'* fait saillie au fond du vase B et est en contact avec la glace ou l'eau froide ; l'autre moitié inférieure repose sur le coussin échauffé de mercure.

Le tube recourbé *ttt't'*, qui communique avec la capacité, sert à rendre visibles les dilatations de l'air contenu dans cette capacité.

Pour cela, la partie *t't'* de ce tube est pleine d'un liquide coloré, qui s'abaisse lorsque l'air de la capacité s'échauffe et se dilate.

Pour faire l'expérience, on enlève le vase supérieur B ; on pose sur le coussin de mercure une rondelle de l'étoffe qu'on veut essayer, et l'on replace le vase supérieur. La surface inférieure *cc* de la capacité d'air, se trouvant séparée du coussin par l'étoffe, en reçoit moins de chaleur, et, par conséquent, l'air qui y est contenu prend une température moyenne moins élevée. L'indice o s'arrête en un point plus élevé.

Cet appareil, ayant des indications très promptes et que l'on peut rendre très visibles, pourrait servir à des expériences faites dans des cours publics.

QUATRIÈME SECTION.

MÉMOIRES DIVERS.

MÉMOIRE SUR LA STATIQUE

CONTENANT

LA DÉMONSTRATION DU PRINCIPE DES VITESSES VIRTUELLES

ET

LA THÉORIE DES MOMENTS.

MÉMOIRE SUR LA STATIQUE

CONTENANT

LA DÉMONSTRATION DU PRINCIPE DES VITESSES VIRTUELLES

ET

LA THÉORIE DES MOMENTS.

Journal de l'École Polytechnique, V⁵ Cahier, p. 20, année 1798.

Geometræ est probare.
ARIST.

1. On trouve dans les écrits des Grecs le germe des théories mécaniques que nous possédons aujourd'hui. Archimède appliqua la Géométrie à la Statique, et même la Statique à la Géométrie; il trouva de cette manière la première quadrature d'une aire curviligne. Ses découvertes en Mécanique servent encore de fondement à cette science.

Les plus anciens Traités qui nous soient parvenus sur la Mécanique rationnelle sont ceux d'Aristote; ils ont été loués sans mesure par ses commentateurs, et depuis négligés sans examen. Ce philosophe paraît avoir connu les principes les plus importants de la Mécanique. Il expose, en termes précis, celui de la composition des mouvements ([1]); il a même eu quelque idée de la manière dont les forces centrales agissent dans les mouvements en ligne courbe ([2]). Son explication physique de la

---

([1]) *Manifestum igitur quod id quod secundum diametrum in duabus fertur lationibus necessario secundum laterum proportionem fertur.* (*Quæst. mechan.*, Cap. II.)

([2]) *Quod quidem ea quæ circulum describit duas simul feratur lationes manifestum est ... omni quidem circulum describenti illud accidit; et fertur eam quidem lationem secundum circumferentiam illam, vero in transversum et secundum centrum.* (*Quæst. mechan.*, Cap. II.)

cause de l'équilibre des poids inégaux dans le levier est ingénieuse, quoique imparfaite. Il rapporte à cette première machine le tour, les moufles, les roues dentées, le coin (¹), etc.; ailleurs, il enseigne que les forces sont égales lorsque les masses sont réciproquement proportionnelles aux vitesses (²). Voilà ce qu'il me semble avoir reconnu dans ses Traités, à travers mille obscurités et une foule d'idées singulières, ou qui paraissent aujourd'hui incohérentes. On peut ajouter que ses écrits offrent les premières vues sur le *principe des vitesses virtuelles.*

Galilée et Descartes eurent depuis quelque connaissance de cette vérité. Jean Bernoulli, qui en est, à proprement parler, l'inventeur, l'annonça au commencement du siècle sans en publier de démonstration (*voir* le II⁰ Volume de la *Mécanique* de Varignon). Cette découverte fut communiquée à Varignon dans le temps qu'il composait sa nouvelle *Mécanique :* il parvint à prouver le théorème dans plusieurs cas particuliers; mais cette énumération, nécessairement incomplète, ne l'a point conduit à la démonstration générale. Depuis, la Mécanique a été rapidement perfectionnée : cette science n'a plus aujourd'hui de difficultés qui lui soient propres, et, considérée dans ses rapports les plus étendus, elle se réduit à une question de calcul. Ce résultat, l'un des plus beaux que l'on ait obtenus dans les sciences exactes, est l'objet de la *Mécanique analytique.* L'auteur de ce grand Ouvrage a vu, dans la proposition longtemps stérile de Bernoulli, une vérité primordiale, dont les conséquences les plus fécondes découlent sans exception et sans effort.

Maintenant que l'importance du théorème est bien établie, il est temps de suppléer au silence de l'inventeur, et de reconnaître si le principe des vitesses virtuelles peut être fondé sur des preuves générales, exemptes d'obscurité et d'incertitude. Je me suis proposé cette

---

(¹) *Ea quæ circa vectem fiunt, ad ipsam libram ... referuntur; alia autem fere omnia quæ circa mechanicas sunt motiones, ad vectem.* (*Quæst. mechan.,* Cap. I.)

(²) *Si igitur* α *est quod movet,* β *quod movetur,* γ *longitudo per quam motum est,* δ *tempus quo movetur, sane æquali tempore* δ *æqualis vis* α *dimidium ipsius* β *movebit per longitudinem duplo majorem quam* γ .... (*Natur. auscult.,* Lib. VII, Cap. VI.)

recherche; et, quoiqu'elle ne soit pas le seul but de cet Écrit, je l'ai
eue principalement en vue. J'ai pensé aussi qu'il ne suffisait pas de
prouver, d'une manière absolue, la vérité de la proposition, mais
qu'on devait le faire indépendamment de la connaissance que nous
avons des conditions de l'équilibre dans les différentes espèces de
corps, puisqu'il s'agit de considérer ces conditions comme des conséquences de la proposition générale. Cet objet se trouve rempli par
les démonstrations que nous allons rapporter; il nous semble qu'elles
ne laissent rien à désirer sous le double rapport de l'étendue et de
l'exactitude. Nous supposerons connu le principe du levier, tel qu'il
est démontré dans les Livres d'Archimède, ou, ce qui revient au même,
le théorème de Stevin sur la composition des forces, et quelques propositions qu'il est aisé de déduire des précédentes.

I.

2. Si un corps est déplacé par une cause quelconque suivant une
certaine loi, chacune des quantités qui varient avec sa position, comme
la distance d'un de ses points à un point ou à un plan fixe, est une fonction déterminée du temps, et peut être considérée comme l'ordonnée
d'une courbe plane dont le temps est l'abscisse; la tangente de l'angle
que fait cette courbe à l'origine avec la ligne des abscisses, ou la première raison de l'accroissement de l'ordonnée à l'abscisse, exprime la
vitesse avec laquelle cette quantité commence à croître, ou, pour nous
servir d'une dénomination reçue, la *fluxion* de cette quantité.

Le corps étant soumis à l'action de plusieurs forces, si l'on prend
sur la direction de chacune un point fixe dont la force tende à rapprocher le point du système où elle est appliquée, le produit de cette force
par la fluxion de la distance entre les deux points est le *moment* de la
force : le corps peut être déplacé d'une infinité de manières, et à chacune répond une valeur du moment. Si l'on prend le moment de chaque
force pour un même déplacement, la somme de tous ces moments contemporains sera appelée le *moment total,* ou le moment des forces, pour

ce déplacement. Nous distinguerons d'abord les déplacements compatibles avec l'espèce et l'état du système, de ceux qu'on ne peut lui faire éprouver sans altérer les conditions auxquelles il est assujetti, et nous supposerons ces conditions exprimées, autant qu'il est possible, par des équations.

Maintenant le principe des vitesses virtuelles consiste en ce que les forces qui sollicitent un corps, de quelque nature qu'il puisse être, étant supposées se faire équilibre, le moment total des forces est nul pour chacun des déplacements qui satisfont aux équations de condition.

Jean Bernoulli considère au lieu des fluxions les accroissements naissants. Il faut alors regarder chacun des points du système comme décrivant un petit espace rectiligne d'un mouvement uniforme pendant un instant infiniment petit. Ce petit espace projeté perpendiculairement sur la direction de la force est la vitesse virtuelle; et si on la multiplie par la force, le produit représente le *moment*. J'adopterai cette heureuse abréviation, et tous les procédés usités du Calcul différentiel.

Nous examinerons, en premier lieu, l'équilibre des forces qui sollicitent un point, et nous chercherons quelle est la valeur du moment total lorsque ce point est infiniment peu dérangé de sa situation. De là nous passerons à la recherche des conditions de l'équilibre, lorsque les forces agissent sur une ligne droite inflexible ou sur deux surfaces qui se résistent mutuellement; on peut toujours faire dépendre de ces éléments l'équilibre d'un système matériel quelconque.

3. En généralisant le théorème de Stevin, on reconnaît que les forces qui se font équilibre sur un point sont représentées en quantité et en direction par les côtés d'un polygone situés ou non dans le même plan; et cela prouve que, si l'on projette les droites proportionnelles aux forces, sur une ligne qui passe par le point qu'elles sollicitent, la somme des projections est nulle. Maintenant, si l'on appelle p, p', p'', ... les forces en équilibre; u, u', u'', ... les angles formés par les

directions de ces forces et une ligne droite quelconque qui passe par le point où elles sont appliquées, et dr l'espace parcouru sur la ligne lors du déplacement de ce point, la somme des projections sera

$$p \cos u + p' \cos u' + p'' \cos u'' + \ldots,$$

et la somme des moments

$$p \, dr \cos u + p' \, dr \cos u' + p'' \, dr \cos u'' + \ldots$$

Cette dernière quantité sera donc nulle, de quelque manière que le point soit dérangé de sa position actuelle.

Cette proposition peut être prouvée de différentes manières : par exemple, elle se déduit facilement des propriétés du centre de gravité. Si, à partir du point mobile, on porte sur les directions des forces des lignes qui les représentent, le point commun est, comme on le démontre dans les éléments, le centre de gravité des extrémités des lignes ; d'un autre côté, le centre de gravité de plusieurs points a, comme il est aisé de le voir, cette propriété que la somme des carrés des distances du centre aux points est un moindre : donc, en nommant ces distances e, e', e'', e''', ..., on aura

$$e \, de + e' \, de' + e'' \, de'' + e''' \, de''' + \ldots = 0.$$

4. Supposons maintenant que deux forces égales et contraires, appliquées aux extrémités d'une ligne droite inflexible, agissent dans sa direction, et cherchons la valeur du moment total pour un dérangement quelconque de la ligne. Si l'on regarde d'abord comme entièrement libres les deux points que les forces sollicitent, et que l'on prenne chacun des deux points pour le centre fixe de la force qui sollicite l'autre, il sera aisé de voir que, leur distance étant une fonction de leurs coordonnées, la vitesse virtuelle du premier sera égale à la différentielle de la distance, prise en faisant varier seulement les coordonnées de ce point ; il en sera de même du second : en sorte que le moment total, qui est ici proportionnel à la somme des vitesses virtuelles, le sera aussi à la somme des différentielles partielles qui repré-

sentent ces vitesses, c'est-à-dire à la différentielle complète de la distance entre les deux points (*voir* la *Mécanique analytique*, Ire Partie, 2e Sect., art. 4). Ainsi, dans le cas où la distance est constante, la valeur du moment total est nulle.

On peut s'assurer autrement de la vérité de cette proposition. Les déplacements qu'une ligne droite peut éprouver se composent de cinq mouvements simples : dans les trois premiers, la ligne, qui se confondait d'abord avec l'un des trois axes, demeure parallèle à elle-même, et s'avance suivant un de ces trois axes; dans les deux autres, la ligne tourne autour d'un de ses points dans un plan parallèle, ou dans un plan perpendiculaire au plan rectangulaire où elle se trouvait d'abord. Or, si la ligne n'éprouvait qu'un seul de ces dérangements simples, quel qu'il fût, la somme des moments serait évidemment nulle : de là et des principes du Calcul différentiel, il suit que le moment total relatif à un mouvement composé quelconque est aussi nul.

En général, il arrive toujours que les moments partiels dus aux mouvements simples d'un système quelconque s'ajoutent pour composer le moment total, de la même manière que les différentielles partielles forment la différentielle complète (*voir* plus bas, art. 8).

Il suit encore de l'expression du moment total que, si la distance des deux points est variable, et que les forces tendent à l'augmenter, la somme des moments sera négative si cette distance devient, en effet, plus grande, et positive si la distance diminue. Si les deux forces tendent à rapprocher les deux points, leur moment total sera négatif ou positif, selon que ces deux points s'approcheront ou s'éloigneront.

5. Si les deux forces, au lieu d'être opposées, agissent dans le même sens, il est clair, d'après ce qui vient d'être dit, que le moment de la première sera égal au moment de la seconde pour un même déplacement de la ligne supposée inflexible. Il en est donc du moment d'une force comme de son effet; l'un et l'autre ne changent point lorsqu'on applique cette force à différents points de sa direction, considérée comme une ligne solide; au reste, cette conséquence, dont on fera un

usage fréquent, peut se déduire immédiatement du calcul, comme il suit :

Appelons x, y, z les coordonnées d'un point indéterminé de la ligne, rapportée à trois plans rectangulaires, e la longueur de cette ligne depuis ce point jusqu'à celui où elle rencontre le plan des xy. Nous désignerons par δ les variations dues au dérangement de la ligne, et par d les différences finies des coordonnées de ses différents points. Si z varie seule de δz, la vitesse virtuelle du premier point est moindre que δz dans la raison de z à e, ou de dz à de. Cette vitesse est $\frac{dz}{de}\delta z$; celle due à la seule variation δx serait $\frac{dx}{de}\delta x$; et δy donnerait aussi la vitesse virtuelle $\frac{dy}{de}\delta z$. Si les trois changements ont lieu à la fois, la vitesse virtuelle sera donc

$$\frac{dx}{de}\delta x + \frac{dy}{de}\delta y + \frac{dz}{de}\delta z.$$

Or on peut voir que la valeur de cette expression ne dépend point de celles des coordonnées x, y, z, ou, ce qui est la même chose, que la différence prise selon d est nulle; car on trouve pour cette différence, en remarquant que $\frac{dx}{de}$, $\frac{dy}{de}$, $\frac{dz}{de}$ sont constantes par la nature de la ligne droite,

$$\frac{dx}{de}d\delta x + \frac{dy}{de}d\delta y + \frac{dz}{de}d\delta z,$$

quantité qui se réduit à zéro. En effet, les points de la ligne déplacée ne changeant point de distance, la différentielle prise selon δ de $dx^2 + dy^2 + dz^2$ doit être nulle. On a donc l'équation

$$dx\,\delta dx + dy\,\delta dy + dz\,\delta dz = 0,$$

ou, divisant par de et transposant d et δ,

$$\frac{dx}{de}d\delta x + \frac{dy}{de}d\delta y + \frac{dz}{de}d\delta z = 0.$$

C'est pourquoi les vitesses virtuelles de deux points quelconques de la ligne sont les mêmes, de quelque manière qu'elle soit déplacée. Cette

proposition ne signifie pas que la première raison des deux espaces contemporains, parcourus dans le sens de la ligne, est toujours l'unité,
mais que les expressions de ces deux espaces ne peuvent différer que
dans les parties où les dimensions des variations sont élevées.

6. Si l'on considère deux forces qui se font équilibre étant appliquées aux extrémités d'un fil inextensible, il sera facile de connaître
leur moment total pour un déplacement compatible avec la nature du
corps en équilibre. Il suit de l'article précédent que le moment est
nul toutes les fois que la distance est conservée, c'est-à-dire lorsque
l'équation de condition est satisfaite. Pour tous les autres déplacements possibles, le moment est positif, et le système en équilibre ne
peut être troublé de manière que le moment total soit négatif.

7. Concevons maintenant que deux surfaces inflexibles se résistent ·
mutuellement, étant pressées au point du contact par deux forces
égales, contraires, et perpendiculaires au plan du contact : il s'agit de
trouver la valeur du moment total pour un dérangement quelconque
du système en équilibre. Si l'on regarde chacune des normales comme
une ligne inflexible, on pourra appliquer les forces à des points quelconques de leur direction sans que la valeur du moment total dû à
un déplacement quelconque du système diffère de celle qu'on aurait
obtenue d'abord pour ce même déplacement. Or on peut remarquer
que, si l'on désigne en dedans des surfaces deux points des perpendiculaires très voisins du point de contact, ces deux points ne peuvent
être moins distants qu'ils ne le sont présentement dans la situation de
l'équilibre; en sorte que la distance augmente, ou ne change point,
toutes les fois que le système est dérangé. Cette première distance est
donc la moindre de toutes celles qui ont lieu lorsqu'on fait varier la
position respective des deux superficies qui ne cessent pas de se toucher; et, la loi de continuité étant observée, il est nécessaire que la différentielle soit nulle. D'un autre côté, le moment total des deux forces
est proportionnel à la variation de la distance des deux points qu'elles
sollicitent; donc ce moment total est nul, quel que soit le déplacement.

8. On peut parvenir directement à ce résultat par l'énumération des dérangements simples que le système des deux surfaces peut éprouver. En effet, on peut choisir à volonté un point sur chacune des deux surfaces, et, regardant l'une comme fixe, placer l'autre de manière que les deux points désignés se confondent dans le contact; puis, sans que ce contact cesse d'avoir lieu entre les mêmes points, faire tourner d'une quantité arbitraire la seconde surface sur la normale au point du contact, considérée comme un axe fixe. De plus, les deux superficies conservant entre elles la même situation, on peut en déplacer le système de la même manière qu'un corps solide. Ainsi, il entre onze quantités arbitraires dans le dérangement des deux surfaces, savoir : deux pour chacun des deux points désignés, une pour le mouvement autour de la normale, et six qui répondent, comme on le sait, au déplacement d'un système solide. Il suit de là que la somme des deux espaces décrits lors du dérangement, et dans le sens de la normale, par les points qui se touchaient d'abord est une certaine fonction des onze indéterminées, lesquelles sont toutes supposées nulles dans la situation de l'équilibre. La variation de cette somme, qui est la somme des vitesses virtuelles, est donc une fonction linéaire des variations arbitraires de ces indéterminées. Il en résulte un moyen facile de reconnaître la valeur du moment total dû à un dérangement quelconque : il suffira de faire varier séparément une ou plusieurs des onze indéterminées, et de distinguer, dans chacun des cas en particulier, la valeur du moment total; car la somme de ces valeurs partielles sera la valeur complète du moment. Or il est aisé de remarquer que, si l'on fait varier les deux premières seulement, ou les deux suivantes, ou la cinquième seule, ou les six dernières, le moment total des deux forces est toujours nul : d'où l'on doit conclure que la somme cherchée des moments des deux forces est nulle, de quelque manière que les deux surfaces soient déplacées sans qu'elles cessent de se toucher.

Il n'en est pas de même si les deux surfaces se séparaient entièrement lors du déplacement. Au reste, il suit de l'article précédent que le moment total, qui est toujours proportionnel à la variation de la

distance des deux points que les forces sollicitent, et qui est de même
signe, parce que les forces tendent à diminuer la distance, est nécessairement nul ou positif, quel que soit le dérangement qui survienne
dans la situation des deux surfaces. Ainsi on ne peut pas les faire
sortir de la position actuelle de l'équilibre de manière que le moment
ait une valeur négative.

9. Les principes qui viennent d'être exposés suffisent pour déterminer directement, et, pour ainsi dire, *a priori*, la valeur du moment
des forces qui se font équilibre sur un système quelconque, solide,
flexible ou fluide.

On peut remarquer d'abord qu'il suit de l'article 3 que, si des forces
sont appliquées à un point et qu'on leur substitue leur résultante, le
moment de cette dernière force, dû à un déplacement quelconque, est
le même que la somme des moments des composantes pour ce même
déplacement. D'un autre côté, le moment d'une force ne change point
lorsqu'on l'applique à différents points de sa direction (art. 4). De
plus, si plusieurs forces parallèles sollicitent un plan, la somme de
leurs moments sera égale au moment de leur résultante pour un dérangement quelconque du plan. Nous ne nous arrêtons point à la démonstration de cette dernière proposition, qui peut, d'ailleurs, être regardée
comme une conséquence des deux précédentes. Les procédés de la
composition et décomposition des forces, se réduisant à prolonger les
directions des forces et à composer les forces parallèles ou celles qui
agissent sur un point, il en résulte cette propriété générale des moments, qu'on ne change pas le moment total des forces pour un déplacement quelconque, en leur substituant leurs résultantes, ou les combinant suivant les règles connues de la composition et décomposition
des forces. Ainsi le moment des forces est constant, tant que l'effet
qu'elles tendent à produire n'est point changé.

10. Cette remarque s'applique naturellement à l'équilibre des corps
durs : en effet, si l'on suppose que plusieurs forces appliquées à un
corps solide se font équilibre, et qu'on se propose de connaître la

valeur du moment de ces forces lorsque le corps éprouve un déplacement quelconque, il suffira de déterminer les résultantes des forces,
et d'estimer le moment de ces résultantes pour le même déplacement.
Or, si l'on prolonge les directions des forces jusqu'à la rencontre d'un
plan commun, qu'à ces points de rencontre on décompose chaque
force en deux, dont l'une sera dans le plan et la seconde perpendiculaire au plan, il sera d'abord nécessaire, comme on peut s'en assurer,
que les forces perpendiculaires se détruisent séparément et se réduisent
à deux résultantes égales, contraires, et appliquées au même point. De
même, en prolongeant les directions des forces qui agissent dans le
plan jusqu'à la rencontre d'une commune ligne, et décomposant chacune d'elles en deux, dont l'une est perpendiculaire à la ligne, et
l'autre est dirigée suivant cette ligne, il faudra que ces forces perpendiculaires à la ligne aient deux résultantes égales, contraires, et appliquées au même point. Enfin les forces qui agissent dans la direction
de la ligne se réduisent aussi à deux qui se détruisent entièrement; en
sorte que, en tout équilibre d'un corps dur, il se trouve toujours un
plan, une ligne et un point sollicités par deux forces égales et contraires. Les six résultantes étant ainsi déterminées, il est manifeste
que leur moment total est toujours nul; d'où l'on doit conclure que, de
quelque manière qu'on déplace un corps solide soumis à l'action de
plusieurs forces qui se détruisent, la somme des moments de ces forces
est toujours nulle.

11. On peut prouver par les mêmes moyens la proposition réciproque, qui consiste en ce que les forces qui sollicitent un corps
solide se font nécessairement équilibre si la somme de leurs moments
est nulle pour tous les déplacements possibles.

L'équilibre d'un corps solide libre se réduit toujours à l'opposition
directe des forces égales. Si le corps n'est pas libre, ce sont les résistances qui détruisent les dernières résultantes. Les équations de condition expriment alors que les points du système où les forces résultantes agissent sont fixés à des points immobiles, ou ne peuvent être

transportés hors de certaines surfaces. C'est pourquoi, pour tous les dérangements qui satisfont aux équations de condition, le moment des résultantes est nul; donc le moment total des forces appliquées est nul pour ces mêmes déplacements.

Comme il arrive souvent que les points du système s'appuient seulement sur les obstacles fixes, sans y être attachés, il est évident qu'il y a des déplacements possibles qui ne satisfont pas aux équations de condition : on voit encore que, par ces déplacements, le moment des résultantes est nécessairement positif, puisque la direction de ces forces doit être perpendiculaire aux surfaces résistantes. Ainsi la somme des moments des forces appliquées est positive pour tous les déplacements de cette espèce; mais il est impossible que l'on dérange un corps dur, en équilibre, de sorte que le moment total des forces appliquées soit négatif. Au reste, si l'on considère les résistances comme des forces, ce qui fournit, comme on le sait, le moyen d'estimer ces résistances, le corps peut être regardé comme libre, et la somme des moments est nulle pour tous les déplacements possibles.

12. Pour connaître la valeur du moment total des forces qui sollicitent un corps dur et se font équilibre, on pourrait distinguer les six mouvements simples dont un pareil corps est susceptible, et l'on reconnaîtrait sur-le-champ que, dans chacun de ces mouvements en particulier, la somme des moments est nulle.

Cette propriété des moments, qui consiste en ce que la valeur du moment des forces appliquées est la même que celle du moment correspondant des résultantes, présente une analogie manifeste avec le principe des vitesses virtuelles ; car, si l'équilibre d'un certain système peut être réduit par les procédés de la composition des forces à l'opposition directe de résultantes égales, il s'ensuit que la somme des moments des forces appliquées est nulle. On ne peut opérer cette réduction sans démontrer en même temps la vérité du principe des vitesses virtuelles. Il nous semble que cette simple remarque aurait épargné à Varignon les détails dans lesquels il se crut obligé d'entrer lorsqu'il voulut prouver la proposition de Bernoulli : car, ayant le premier expliqué les différentes espèces d'équilibre, avec beaucoup de sagacité et d'exactitude, par les seuls principes de la composition des forces, il avait par cela même établi dans tous ces cas la vérité de cette proposition.

La considération des forces se lie donc naturellement à celle des moments. Ils se composent de la même manière et se transforment par les mêmes procédés. De là vient qu'ils se déduisent en même temps, dans le cas de l'équilibre.

13. Il est facile d'appliquer à l'équilibre des corps flexibles les principes exposés ci-dessus.

Concevons un système de corps solides unis par des fils inextensibles et sollicités par des forces quelconques, telles qu'il y ait équilibre indépendamment de toute résistance extérieure; il est question de déterminer la valeur du moment total pour un déplacement du système. On remarquera d'abord que les forces qui sollicitent chacun des corps pris en particulier se détruisent mutuellement; et ces forces ne sont pas seulement celles qui lui étaient appliquées, mais aussi celles qui proviennent des résistances ou tensions des fils placés entre les points de ce corps et les points des corps voisins : la somme des moments de ces forces qui agissent sur chacun des corps est donc nulle en particulier. C'est pourquoi, en considérant à la fois toutes les forces qui agissent sur tous les corps, on peut dire que leur moment total est nul pour tous les déplacements imaginables, même pour ceux que la présence des fils ne permet pas. Il faut maintenant choisir, parmi ces déplacements, ceux qui satisfont aux équations de condition, et chercher quelle est pour ces derniers la valeur du moment total des seules forces qui proviennent des tensions. On reconnaît bientôt que cette valeur est nulle. En effet, chacun des fils est tiré à ses deux extrémités par deux forces égales et contraires; et ces mêmes forces, prises en sens opposé, sont précisément celles que l'on pourrait substituer au fil sans que l'équilibre fût troublé. Or, la distance des points que ces

II. 62

deux forces tendent à rapprocher étant conservée, leur moment total
est nul, et il en est de même de toutes les forces de tension prises deux
à deux. On doit conclure de là que la somme des moments des seules
forces appliquées au système en équilibre est nulle pour tous les déplacements qui satisfont aux équations de condition.

Si la distance des extrémités des fils n'est pas conservée lors du déplacement, comme elle ne peut que devenir moindre, et que les forces que
nous appelons *forces de tension* tendent en effet à la diminuer, il s'ensuit
que la somme des moments de toutes ces dernières forces est négative :
c'est pourquoi la somme des moments des seules forces appliquées est
nécessairement positive pour les dérangements de cette espèce, et le
système en équilibre ne peut jamais être déplacé de manière que le
moment des forces soit négatif.

14. Supposons maintenant qu'un amas indéfini de corps durs, de
figure et de dimensions quelconques, soit sollicité par des forces auxquelles ces corps résistent, en se servant mutuellement d'appui, tellement qu'il y ait équilibre; on propose de déterminer la valeur du
moment total pour un dérangement du système. Pour y parvenir, on
remarquera que chacun des corps est en équilibre en vertu des forces
qui peuvent lui être appliquées et de celles qui équivalent aux résistances des corps voisins; que ces dernières forces de pression sont
égales deux à deux et dirigées en sens contraire selon la perpendiculaire au plan de contact; en sorte que deux forces conjuguées, étant
prises en sens opposé, tiendraient seules en équilibre les superficies
auxquelles elles sont appliquées. Il suit de cette dernière condition
que, si le contact dont la pression résulte est conservé, quoique en des
points différents, lors du déplacement du système, le moment total des
deux forces est nul; mais que ce moment est négatif si ces deux corps
se séparent entièrement. Maintenant, en considérant à la fois toutes
les forces qui agissent sur tous les corps, il est certain que la somme
de leurs moments doit être nulle pour tous les dérangements que l'on
peut concevoir, même pour ceux qui sont empêchés par l'impénétrabi-

lité mutuelle des solides. Or, pour les déplacements compatibles avec cette dernière condition, le moment de toutes les forces de pression est nul ou négatif. Donc, pour tous les dérangements possibles, la somme des moments des seules forces appliquées est nulle ou positive : elle est nulle lorsque les équations qui expriment que le contact doit avoir lieu sont satisfaites, et positive toutes les fois que deux corps qui se touchaient et se pressaient sont entièrement séparés : il n'y a aucun dérangement possible pour lequel la somme des moments soit négative.

Si l'on regardait les fluides incompressibles comme des assemblages de molécules extrêmement ténues indépendantes entre elles, et qui se résistent mutuellement à la manière des corps solides, on leur appliquerait immédiatement le résultat que nous venons d'obtenir, puisqu'il ne dépend ni du nombre, ni de la figure des corps ; mais cette supposition, qui se présente si naturellement, ne nous semble pas devoir être admise : tout nous avertit, au contraire, que la matière fluide n'est point un amas de petits corps durs qui se touchent. Il est vrai que les forces qui s'opposent au rapprochement des éléments voisins produisent le même effet que le contact ; c'est pourquoi nous emploierons des moyens analogues pour rechercher les conditions de l'équilibre des fluides incompressibles.

15. Il est d'abord certain que, si un pareil fluide, soumis à l'action de plusieurs forces, demeure en équilibre, il n'y a aucun des points matériels dont il est composé qui ne soit sollicité par des forces qui se détruisent. Ces forces ne sont pas seulement celles qui étaient appliquées au système, mais, de plus, celles qui équivalent aux résistances que le fluide oppose à la compression : chacune de ces forces de résistance est le résultat de l'action séparée de certains points de la masse sur celui que l'on considère. Cette action d'un point sur un autre ne peut s'exercer que dans le sens de la ligne qui les joint. Chacun de ces deux points en souffre autant qu'il en produit ; et ces deux forces, qui s'opposent à la compression du fluide et contribuent à en conserver le volume, tendent actuellement à augmenter la distance des deux points.

Si l'on considère en même temps les forces appliquées et celles qui proviennent des résistances, il est visible que la somme de leurs moments est nulle pour un déplacement quelconque, compatible ou non avec l'incompressibilité du fluide. Or cette dernière qualité consiste en ce que les forces qui s'opposent à la diminution du volume ne peuvent pas être vaincues; ou, ce qui est la même chose, que les distances, que ces forces tendent actuellement à augmenter, ne peuvent pas être rendues moindres : de sorte qu'on ne doit pas supposer que le fluide, étant incompressible, puisse être déplacé de manière que ces distances diminuent. Il en faut conclure que la somme des moments des seules forces de résistance ne peut être positive pour aucun des déplacements possibles; donc la somme des moments des seules forces appliquées n'est jamais négative, de quelque manière que le système soit déplacé : de là il s'ensuit, comme nous allons le prouver, que cette somme est toujours nulle pour les déplacements du fluide qui satisfont aux équations de condition.

On peut faire voir, en général, que, si les conditions auxquelles le système matériel est assujetti sont exprimées par des équations, et que pour aucun des dérangements que le système peut éprouver la somme des moments des forces ne soit négative, il est nécessaire qu'elle soit nulle lorsque les équations de condition sont satisfaites. En effet, l'expression analytique du moment total comprenant toujours les coordonnées des différents points du système et leurs différentielles linéaires, si l'on différentie les équations de relation entre ces coordonnées, on pourra, dans tous les cas, concevoir, quel que soit le nombre de ces équations, qu'on s'en sert pour éliminer le plus grand nombre possible de différentielles de la formule qui exprime le moment total. Il ne restera plus dans cette formule d'autres différentielles que celles qu'on doit regarder comme absolument arbitraires. Soient du, du', du'', du''', ... ces différentielles restantes, dont les coefficients A, B, C, D, ... sont des fonctions des coordonnées. Puisque, selon l'hypothèse, la quantité

$$A\,du + B\,du' + C\,du'' + D\,du''' + \dots$$

ne peut pas avoir de valeurs négatives, il s'ensuit qu'elle n'en peut avoir non plus de positives; car si, en déterminant d'une certaine manière les différentielles du, du', du'', du''', ..., la quantité

$$A\,du + B\,du' + C\,du'' + \ldots$$

était positive, il suffirait de prendre chacune de ces différentielles avec un signe contraire pour que sa valeur devint négative : or les variations du, du', du'', du''', ... peuvent être choisies à volonté; et, de quelque manière qu'on les détermine, il est certain que le déplacement du système qui en résultera sera possible, étant compatible avec les équations de condition. Donc il arriverait qu'on pourrait déranger le système de manière que la somme des moments des forces fût négative, ce qui est contre l'hypothèse : ainsi il est nécessaire que la quantité

$$A\,du + B\,du' + C\,du'' + \ldots,$$

qui ne peut être ni positive, ni négative, soit toujours nulle lorsque les équations de condition sont satisfaites.

Il est aisé d'en faire l'application à l'équilibre des fluides. En effet, on exprime par des équations qu'il n'y a aucune des molécules, quelque petite qu'on la suppose, qui ne conserve son volume; et il est visible que tous les déplacements pour lesquels cela a lieu sont compatibles avec l'incompressibilité de la masse fluide. Il suit de cette dernière propriété que, pour chacun de ces dérangements, la somme des moments des forces appliquées est nulle ou positive : de là, et de ce que les équations de condition sont remplies, on déduit que cette somme est nulle.

Les fluides incompressibles présentent donc aussi ces propriétés générales, dont la première est le principe des vitesses virtuelles, que, de quelque manière que le système en équilibre soit déplacé, la somme des moments des forces est nulle toutes les fois que les équations de condition sont satisfaites; que, pour tous les autres déplacements possibles, le moment total est positif, et que, par conséquent, le système n'en peut éprouver aucun pour lequel la somme des moments soit négative.

16. Nous avons été conduits naturellement à reconnaitre dans un système matériel quelconque des forces qui s'opposent, dans certains corps, au rapprochement des éléments voisins, dans d'autres à leur éloignement, ou quelquefois à tout changement de la distance. Au reste, ces expressions ne doivent pas être prises dans un sens absolu : les forces dont il s'agit ne sont jamais excitées que par quelque variation dans la distance. La matière des corps durs et des fluides incompressibles n'est pas privée d'élasticité. Les raisonnements précédents supposent seulement l'existence de ces forces, qui n'est pas incertaine, mais il se mêle à l'idée que nous nous en formons aujourd'hui quelque chose d'obscur. L'ignorance où nous sommes de la constitution intérieure de la matière ne permet guère de juger clairement de cette action réciproque des points physiques, qui conserve les distances et protège en quelque sorte, contre toute action étrangère, la forme particulière du composé. Nous avons déjà évité ces considérations, en traitant de l'équilibre des corps solides, et l'on peut y parvenir de la même manière dans les deux autres cas ; mais il y a des moyens plus généraux de trouver les conditions de l'équilibre ; nous allons en faire usage, et nous établirons le principe des vitesses virtuelles sans avoir égard à la nature particulière du système que les forces sollicitent. Nous avons pensé qu'on ne pouvait apporter trop de soins à présenter avec clarté la démonstration d'un principe qui doit servir de base à la Mécanique.

II.

17. Nous avons trouvé dans les articles précédents que la valeur du moment des forces qui se font équilibre se réduit toujours à zéro, ou, plus généralement, qu'elle est nulle ou positive. Voici d'autres moyens de se convaincre de la vérité de cette proposition :

Au lieu de transformer, comme nous l'avons fait jusqu'ici, les forces qui sollicitent le système, nous substituerons à ce système, sur lequel elles agissent, un corps plus simple, mais susceptible d'être déplacé de la même manière, et par là nous ferons dépendre les conditions de l'équilibre du système des propriétés de l'équilibre du corps qui le remplace.

Supposons que les puissances appliquées à un système matériel solide ou fluide, assujetti à des conditions quelconques, aient un moment total nul pour un certain déplacement, il sera facile de reconnaître, comme nous allons le prouver rigoureusement, que les puissances ne peuvent point opérer dans le système le dérangement en question. Soient p, q, r, s, ... les points où les forces P, Q, R, S, ... sont appliquées; considérons en particulier le dérangement qui a lieu lorsque les points p, q, r, s, ..., venant à se mouvoir suivant des lignes que nous pouvons désigner par p', q', r', s', ..., prennent les vitesses virtuelles initiales dp, dq, dr, ds, ... rapportées aux directions des forces. La valeur du moment est

$$\text{P } dp + \text{Q } dq + \text{R } dr + \ldots,$$

et on la suppose nulle; d'où il s'agit de conclure que ce déplacement ne peut pas résulter de l'action des forces. Nous imaginerons un corps différent du système, qui passe aussi par les points de l'espace désignés par les lettres p, q, r, s, ..., et qui puisse être tellement dérangé que les points p, q, r, s, ..., étant mus sur les lignes p', q', r', s', ..., décrivent les espaces infiniment petits contemporains dp, dq, dr, ds, ... Il nous sera aisé de démontrer le théorème en transportant l'action des forces sur ce nouveau corps, qui est, comme on le voit, capable des mêmes vitesses virtuelles que le système, et que nous supposerons de plus ne pouvoir être déplacé que de cette manière. Mais il faut auparavant examiner quel peut être ce corps que nous substituons au système.

18. On cherchera d'abord de quelle manière il faut unir le point p au point q pour qu'en faisant mouvoir ce premier point avec une certaine vitesse, selon la ligne donnée p', le point q commence à se mouvoir suivant la ligne q' avec une vitesse donnée. Que l'on fasse passer par le point p un plan perpendiculaire à la ligne p', et par le point q un

plan perpendiculaire à la ligne q'; que par le point p on abaisse une
perpendiculaire h sur la commune intersection des deux plans, et que
par le point où cette perpendiculaire rencontre la commune intersection on élève dans le plan qui passe par le point q une seconde perpendiculaire h'; enfin, que par le point q on abaisse une troisième
perpendiculaire h'' sur la seconde perpendiculaire h' : on pourra
regarder les deux perpendiculaires h et h' comme formant un levier
dont les deux rayons font un angle invariable mobile autour de la
commune intersection, considérée comme un axe. La troisième perpendiculaire h'' peut aussi représenter un levier droit mobile autour
d'un axe fixe, qui serait placé dans le second plan, et perpendiculaire
au levier en un point dont le lieu est arbitraire. Si donc on fait mouvoir le point p suivant la ligne p', le levier angulaire communiquera le
mouvement à l'extrémité du second rayon; cette extrémité fera mouvoir celle du levier droit, et le mouvement initial passera ainsi au
point q, dans la direction donnée q'; la position du point d'appui du
levier droit étant arbitraire, on la déterminera de manière que la condition de la raison proposée des deux vitesses soit remplie. Si l'on conçoit un assemblage analogue de leviers entre le point q et le point r,
entre le point r et le point s, etc., on aura un nouveau système capable
des vitesses virtuelles dp, dq, dr, ds, ..., c'est-à-dire susceptible
d'éprouver le déplacement particulier que l'on attribue au premier
système, et qui ne pourra être dérangé que de cette manière.

Au reste, il n'est ici question que du mouvement initial, et les
leviers que nous venons de décrire sont propres à le transmettre. Mais,
si l'on supposait que les espaces parcourus suivant les lignes p', q',
r', ... sont de grandeur finie, il faudrait faire quelque changement à la
construction des leviers, en plaçant à chacune de leurs extrémités un
secteur qu'un fil envelopperait.

19. Nous pouvons prouver maintenant que les forces qui sollicitent
le système n'y occasionneront pas le déplacement qui répond aux
vitesses virtuelles dp, dq, dr, ... En effet, si ces mêmes forces solli-

citaient aux points p, q, r, ... l'assemblage des leviers, qu'on ne suppose point d'abord unis au système, il est certain qu'elles se feraient équilibre. Cela résulte assez clairement du principe du levier et de celui de la composition des forces pour que nous ne nous arrêtions point à le démontrer : or on doit en conclure que ces mêmes forces, appliquées au système seul, ne feraient point éprouver le déplacement qui peut lui être commun avec les leviers. Supposons le contraire, afin de juger si cette hypothèse peut subsister. Les points p, q, r, s, ... venant donc à prendre les vitesses virtuelles dp, dq, dr, ..., si l'on conçoit que le point p du premier système est uni au point p du second, il en résultera que l'assemblage des leviers sera entraîné lors du déplacement que l'on suppose occasionné par les forces, et, par hypothèse, les points q et q, r et r, ... des deux systèmes ne se sépareront point. De là il s'ensuit évidemment que les mêmes mouvements auraient lieu si ces points q et q, r et r, ... n'étaient pas seulement coïncidents, mais unis, ainsi que les points p et p; conséquence qu'il serait superflu de démontrer. Ainsi nous sommes obligés de supposer que les forces P, Q, R, ... agissant sur les deux systèmes réunis, aux points p, q, r, s, ..., produiraient du mouvement : or cela est impossible; car nous avons vu que les forces appliquées aux seuls leviers se détruiraient mutuellement. Si, dans cet état, on fait coïncider le premier système avec le second et qu'on les unisse, il est manifeste que l'équilibre ne peut être troublé. Donc on est parti d'une supposition fausse, savoir que les puissances appliquées au premier système seulement y occasionneraient le déplacement auquel répondent les vitesses virtuelles dp, dq, dr, ... On prouvera de la même manière que tout autre dérangement, pour lequel le moment total des forces est nul, ne peut être occasionné par ces forces; et de là on tire cette conséquence particulière, en quoi consiste le principe des vitesses virtuelles, que si, parmi tous les dérangements possibles, il n'y en a aucun qui ne réponde à un moment nul, il doit y avoir équilibre.

20. Il n'est pas même nécessaire, pour que les forces se détruisent,

II. 63

que la somme des moments soit toujours nulle : il suffit qu'elle ne soit
pas négative, en sorte qu'il n'y ait aucun déplacement possible pour
lequel cette somme ne soit nulle ou positive. En effet, si cette condition est remplie, en conservant la construction qui sert de fondement
à la démonstration précédente, on sera conduit aux mêmes conséquences. On prouve aisément, par la simple théorie du levier, que ces
forces, appliquées au second système seulement, ne peuvent y occasionner un dérangement pour lequel le moment total est positif; et,
comme on suppose que la présence des obstacles rend tout autre déplacement impossible, il faut que les forces, agissant sur les leviers, les
maintiennent en équilibre. Cet état ne cessera point si l'on applique
le premier système sur le second. Donc ces forces ne peuvent produire,.
séparément, dans le premier système, le déplacement en question ; car
cela aurait encore lieu si l'on appliquait le second système sur le premier ; et nous venons de voir que cet effet est impossible.

21. Réciproquement, si des puissances tiennent un système matériel quelconque en équilibre, il ne peut y avoir aucun dérangement
possible pour lequel la somme des moments soit négative : ce qui se
démontre ainsi. Si l'on admet que le système puisse passer dans une
telle position que le moment des forces soit négatif, il faut en conclure
qu'il n'y a point équilibre ; car l'équilibre ne cesserait point si ce déplacement devenait seul possible. Il est aisé de se représenter ce dernier
effet en concevant, entre tous les points p, q, r, s, ... du système, des
assemblages de leviers pareils à ceux que nous avons décrits ci-dessus,
et capables des vitesses virtuelles qui répondent au déplacement dont
il s'agit. On n'a pas besoin de démontrer que l'équilibre ne serait pas
troublé par l'apposition de ces leviers : or il est impossible qu'il n'y ait
pas du mouvement ; car les forces se trouveraient alors appliquées à un
assemblage de leviers qui ne manquerait pas d'être déplacé si la somme
des moments des forces était négative, ainsi qu'il résulte de la théorie
du levier. Donc il est nécessaire, dans le cas de l'équilibre, que la
somme des moments des forces ne soit jamais négative.

22. Toutes les fois que les déplacements que le corps peut éprouver sont déterminés par des équations de condition auxquelles ils doivent satisfaire, le moment total des forces qui se font équilibre ne peut pas être positif, parce que, si cela avait lieu, le moment qui répond au déplacement contraire serait négatif (*voir* art. 15); et comme ce dernier déplacement est également possible, puisqu'il satisfait aux équations de condition, les forces ne pourraient point se détruire, comme il suit de l'article précédent. C'est pourquoi il est nécessaire, dans ce cas, que la somme des moments des forces soit nulle pour qu'il y ait équilibre, ce qui est le véritable sens du principe des vitesses virtuelles. Mais si les déplacements ne sont point assujettis à des équations de condition, ce qui arrive souvent, l'équilibre peut subsister sans que le moment des forces soit nul, pourvu qu'il ne soit pas négatif.

Il n'en est pas de même lorsqu'on regarde les résistances occasionnées par des obstacles comme des forces appliquées au système. La somme des moments des forces doit toujours être égalée à zéro; mais il faut, de plus, avoir égard au signe que le calcul donne pour les forces qui tiennent lieu des résistances.

23. Nous pouvons aussi déduire les conditions générales de l'équilibre des corps de considérations qui diffèrent, à quelques égards, de celles que nous venons d'employer.

Concevons qu'un système matériel solide ou fluide, ou généralement d'une nature quelconque, et de plus assujetti, dans les mouvements qu'il pourrait prendre, à de certaines conditions, est sollicité par plusieurs puissances P, Q, R, S, ... appliquées aux points p, q, r, s, ...; supposons que l'équation

$$\mathrm{P}\,dp + \mathrm{Q}\,dq + \mathrm{R}\,dr + \ldots = 0$$

soit satisfaite, quelles que soient les variations dp, dq, dr, ... compatibles avec les équations de condition; il est question de prouver que le corps demeurera en équilibre. La conclusion sera évidente lorsqu'on aura démontré cette proposition plus générale que, si, pour un déplacement particulier, l'équation est satisfaite, ce déplacement ne pourra être occasionné par les forces, soit qu'il y ait équilibre ou non. Il faut donc imaginer que le corps est déplacé de manière que la somme des moments des forces qui le sollicitent à se mouvoir soit nulle, et faire voir qu'il est impossible que les forces lui impriment ce mouvement. Nous ferons abstraction de l'action que les puissances exerceraient sur le corps immédiatement après qu'il aurait pris une situation différente de celle qu'il a ; car, si la première impulsion des forces le maintient en équilibre, il ne sera pas nécessaire d'avoir égard aux impulsions subséquentes, lesquelles pourraient différer des premières si le mouvement avait lieu. Maintenant concevons que la force P exerce son action au moyen d'un fil qui, étant renvoyé par un anneau fixe, se réfléchit verticalement de bas en haut; son extrémité supérieure est attachée à celle d'un levier horizontal qui porte un poids à l'autre extrémité; la valeur du poids est telle qu'il convient pour représenter la force. Le fil auquel ce poids est attaché enveloppe un secteur fixé à l'extrémité du levier, et passe de suite dans un anneau de renvoi, au-dessous duquel le poids se trouve placé. Il en est de même de toutes les autres puissances Q, R, S, ... Maintenant, lorsque le point P du système change de position, en prenant dans la direction de la force une vitesse initiale représentée par dp, ou, plus exactement, par $\frac{dp}{dt}$, le poids se meut aussi, et sa vitesse initiale dépend de la construction, et particulièrement de la raison des deux bras de levier. Mais la vitesse virtuelle du poids ne peut différer de celle du point p où la force P est immédiatement appliquée, sans que la quantité de ce poids diffère aussi de celle de la force P que le poids remplace. Il suit de la simple théorie du levier que le moment du poids est égal à celui de la force, ou à P dp.

On peut, afin de rendre la preuve indépendante des notions des quantités infiniment petites, supposer que le poids p ne se meut point en ligne droite et uniformément; mais la figure du secteur que porte le levier peut être tellement adaptée au mouvement varié du point p, qu'il en résulte dans le poids un mouvement uniforme suivant une verticale. Maintenant, comme la construction est arbitraire et que les puissances P, Q, R, S, ... seront toujours remplacées, quant à leur effet actuel, par les poids correspondants pourvu que les quantités de ces poids soient convenables, rien n'empêche de disposer de la raison des bras de levier en sorte que tous les poids aient la même vitesse, en observant seulement que cette vitesse sera positive pour tous les poids qui s'élèvent lors du déplacement, et négative pour les autres; de plus, on peut supposer que tous les poids qui s'élèvent coïncident au même point de l'espace et que ceux qui s'abaissent se confondent aussi en un second point placé à la même hauteur que le premier. Il est aisé de voir que la somme des poids qui s'élèvent doit être égale à celle des poids qui s'abaissent, pour que l'équation

$$P\,dp + Q\,dq + \ldots = 0$$

soit satisfaite. C'est pourquoi, si l'on joint par une droite inflexible les deux points où tous les poids sont suspendus, et qu'on fixe au milieu un poids double, cette seule force tiendra lieu de toutes celles qui agissent actuellement sur le système; et ce qui le prouve clairement, c'est que ces dernières forces, prises en sens contraire, feraient équilibre à la première. On pourra supposer, au lieu de la ligne horizontale, une poulie d'un diamètre égal à cette ligne, enveloppée par le prolongement des fils verticaux et chargée à son centre du poids qui remplace la force. Il ne reste plus qu'à distinguer si le corps, soumis à la seule action du poids, peut éprouver le déplacement dont il s'agit. Or, si cela avait lieu, tout le système tournerait autour du milieu de l'horizontale ou du centre de la poulie, c'est-à-dire qu'un poids produirait seul un mouvement de rotation autour du point auquel il est attaché; ce dont on pourrait démontrer l'impossibilité si on ne la devait pas regarder comme manifeste.

On peut donc conclure, avec certitude, que le poids qui remplace les forces n'occasionnera point dans le système le déplacement pour

lequel la somme des moments est nulle; que les forces elles-mêmes
ne peuvent pas produire ce déplacement en vertu de leurs premières
impulsions; enfin, que cette action des forces ne peut imprimer aucun
mouvement si, pour chacun en particulier, la somme des moments est
nulle.

Les transformations du genre de celles dont nous venons de faire
usage nous paraissent fournir le moyen le plus simple de manifester
l'existence du principe des moments. Si l'on se contentait de substituer à chacune des forces un poids attaché à un fil renvoyé par une
poulie fixe, on reconnaîtrait que, pour chaque déplacement du système
en équilibre, la quantité de mouvement des poids qui s'élèvent est
égale à celle des poids qui s'abaissent; et, quoique cette remarque ne
puisse pas être considérée comme une démonstration, néanmoins elle
ramène le principe des vitesses virtuelles à celui de Descartes, ou au
principe employé par Torricelli. Il est naturel de penser que Jean Bernoulli connaissait quelque construction analogue. On trouve les mêmes
idées dans un Ouvrage de Carnot, imprimé dès 1783, sous ce titre :
Essai sur les machines en général. Ce Traité renferme des vues importantes sur la Mécanique générale, et spécialement sur le principe des
vitesses virtuelles.

III.

24. L'équilibre, tel que nous venons de le considérer, est un état
abstrait que la nature ne présente jamais : la destruction des forces
n'est point instantanée; à proprement parler, elle ne peut s'opérer
entièrement. Les corps en équilibre éprouvent des mouvements peu
sensibles qui les portent alternativement en deçà et au delà d'un état
moyen : c'est ce dernier état qui est représenté par les formules des
géomètres. Nous nous proposons de déduire des principes exposés
ci-dessus les conditions de la stabilité de l'équilibre.

Pour que l'équilibre physique ait lieu, il ne suffit pas que la somme
des moments des forces soit nulle; car il résulte seulement de cette
condition que le corps, étant placé dans une certaine situation, la con-

servera toujours : mais la stabilité consiste en ce que le système, étant excité par de légères impulsions, ne s'écartera pas sensiblement du lieu qu'il occupait d'abord. Supposons donc qu'il en soit ainsi d'un corps d'une nature quelconque, soumis à l'action de plusieurs forces P, Q, R, S, ... qui le maintiennent dans la position A de l'équilibre. On voit d'abord que, cet équilibre étant stable, il ne cessera point de l'être si l'on suppose que quelques-uns des déplacements infiniment petits que le système pourrait éprouver soient rendus impossibles par la présence de certains obstacles. Concevons que le corps puisse être transporté de A en B, les coordonnées x, y, z, ... de ses différents points se changeant, lors du déplacement, en $x + dx$, $y + dy$, $z + dz$, ...; que, de plus, tout autre déplacement devienne impossible, effet qu'il est aisé de se représenter (*voir* art. 21). Cette dernière circonstance ne peut pas nuire, ou plutôt elle ne peut que contribuer à la stabilité de l'équilibre : c'est pourquoi il sera nécessaire que le système, étant placé en B, soit sollicité à se mouvoir de B en A, ce que l'on reconnaîtra par le signe du moment. La valeur du moment est, en général,

$$P\, \delta p + Q\, \delta q + R\, \delta r + \dots,$$

δ indiquant les variations dues au déplacement : dans le cas où le corps se trouve en B, elle devient

$$P\, \delta p + \delta Q\, q + \dots + d(P\, \delta p + Q\, dq + \dots)$$

ou simplement

$$d(P\, \delta p + Q\, \delta q + \dots),$$

puisque la première partie est nulle par hypothèse. Maintenant il est nécessaire que le déplacement de B en A réponde à un moment négatif. Pour exprimer l'espèce de ce déplacement, il faut, au lieu de δ, écrire $- d$; on a donc, pour la valeur du moment,

$$- d(P\, dp + Q\, dq + \dots),$$

quantité qui doit être négative. On reconnaît ainsi que, dans le cas où l'équilibre est stable, l'expression

$$d(P\, dp + Q\, dq + R\, dr + \dots)$$

doit être positive, quels que soient les accroissements dx, dy, dz, ..., supposés d'ailleurs compatibles avec les conditions auxquelles le système est assujetti.

25. Réciproquement, si $d(\mathrm{P}\,dp + \mathrm{Q}\,dq + ...)$ est une quantité toujours positive, le système étant supposé placé en A résistera à tout changement d'état; car, de quelque manière qu'on le déplace, il faudra détruire la force qui le ramènerait de sa nouvelle position dans la précédente s'il n'en pouvait prendre aucune différente de ces deux-là. Ainsi, le corps étant en A, les forces ne pourront lui imprimer aucun mouvement, parce que la somme de leurs moments est nulle; et, de plus, ces forces résisteront dans tous les sens aux causes étrangères qui tendraient à déplacer le système : or ces deux circonstances ne peuvent se rencontrer que dans l'équilibre stable; d'où il suit que les conditions de cet équilibre sont : 1° que la somme des moments soit nulle; 2° que la quantité différentielle $d(\mathrm{P}\,dp + ...)$ soit toujours positive.

26. Nous avons vu que l'équilibre peut avoir lieu sans que le moment total $\mathrm{P}\,\delta p + \mathrm{Q}\,\delta q + \mathrm{R}\,\delta r + ...$ soit nul; il suffit qu'il soit toujours positif; dans ce cas, l'expression

$$\mathrm{P}\,\delta p + \mathrm{Q}\,\delta q + ... + d(\mathrm{P}\,\delta p + \mathrm{Q}\,\delta q + ...)$$

ne se réduit plus à la seconde partie seulement, mais à la première. Si donc au lieu de δ on écrit $- d$, on connaîtra que la quantité

$$- (\mathrm{P}\,dp + \mathrm{Q}\,dq + ...)$$

doit toujours être négative; et, comme cela a lieu par hypothèse, il s'ensuit que, dans ce cas, l'équilibre est toujours stable. Ainsi la condition unique de l'équilibre physique proprement dit consiste en ce que la somme des moments soit toujours positive; ou, si elle est nulle, ce qui doit arriver pour tous les déplacements déterminés par des équations de condition, il faut que son accroissement soit toujours positif. Quand cette condition n'est pas remplie pour toutes les situations voisines, l'équilibre n'a point lieu, et il est impossible que la nature en offre jamais de semblables.

27. Il ne reste plus qu'à indiquer les moyens de reconnaître si cette quantité différentielle $d(\mathrm{P}\,dp + \mathrm{Q}\,dq + \ldots)$ est toujours positive. Soient $u, u', u'', u''', \ldots$ les variables entièrement arbitraires dont dépendent tous les mouvements possibles du système; on pourra donc, par des éliminations convenables, trouver, pour la somme des moments

$$\mathrm{P}\,dp + \mathrm{Q}\,dq + \ldots,$$

une expression de cette forme

$$\mathrm{U}\,du + \mathrm{U}'\,du' + \mathrm{U}''\,du'' + \mathrm{U}'''\,du''' + \ldots;$$

$\mathrm{U}, \mathrm{U}', \mathrm{U}'', \mathrm{U}''', \ldots$ sont des fonctions des variables $u, u', u'', u''', \ldots$. Différentiant cette formule et supprimant les termes qui contiennent $\mathrm{U}, \mathrm{U}', \mathrm{U}'', \ldots$, parce que chacun de ces coefficients est nul dans le cas de l'équilibre, on trouve

$$d\mathrm{U}\,du + d\mathrm{U}'\,du' + d\mathrm{U}''\,du'' + \ldots,$$

quantité qui est de la forme

$$a\,du^2 + b\,du\,du' + c\,du\,du'' + \ldots + a'\,du'^2 + b'\,du'\,du'' + \ldots + a''\,du''^2 + \ldots;$$

$a, b, c, \ldots, a', b', \ldots, a'', \ldots$ sont des fonctions des valeurs que les coordonnées ont dans la position de l'équilibre, et ces valeurs sont fournies par les équations

$$\mathrm{U} = 0, \quad \mathrm{U}' = 0, \quad \mathrm{U}'' = 0, \quad \ldots$$

Ainsi $a, b, c, \ldots, a', b', \ldots, a'', \ldots$ sont des constantes connues.

Si la quantité

$$\mathrm{P}\,dp + \mathrm{Q}\,dq + \mathrm{R}\,dr + \ldots \quad \text{ou} \quad \mathrm{U}\,du + \mathrm{U}'\,du' + \mathrm{U}''\,du'' + \ldots$$

est une différentielle exacte $d\mathrm{V}$, il est simplement question de reconnaître si V est un minimum : il paraît même qu'on n'a recherché les

II. 64

conditions de l'équilibre stable que dans ce cas, qu'on est fondé à regarder comme celui de la nature. L'analyse précédente nous fait voir que, dans une hypothèse quelconque de forces, on reconnaîtra la stabilité de l'équilibre en vérifiant si la quantité

$$a\,du^2 + b\,du\,du' + \ldots + a'\,du'^2 + \ldots$$

est positive pour toutes les valeurs arbitraires que l'on peut attribuer à du, du', du'', ... Cette condition suppose des relations entre les coefficients a, b, c, ..., a', b', c', ..., a'', ...; et on les obtiendra de la même manière que s'il s'agissait de distinguer le cas du minimum.

On connaît une solution fort simple de cette dernière question; elle se réduit à décomposer la quantité proposée en plusieurs carrés, ce qui manifeste sur-le-champ les relations cherchées. Si les coefficients a, b, c, ..., a', b', c', ..., a'', ... s'évanouissent à la fois, la quantité différentielle qui lui succède doit avoir aussi des coefficients nuls pour qu'il y ait équilibre. Il restera alors à vérifier si la somme des termes où les différentielles ont quatre dimensions est nécessairement positive. Mais il faut remarquer qu'ici la méthode de la décomposition en carrés n'est point suffisante : nous nous sommes assuré que les relations qu'on en déduirait ne seraient pas réciproques. La solution générale du problème dépend de la théorie des équations.

Nous avons dessein de publier dans ce Recueil une suite de Mémoires contenant des recherches nouvelles sur la théorie des équations. On se propose de reprendre dans son entier le problème de la résolution générale des équations. Ainsi l'on aura occasion de traiter la question particulière dont il s'agit dans cet article.

28. Nous n'avons point considéré les petits mouvements que peut éprouver le système dans le voisinage de l'équilibre. La solution générale du problème des petites oscillations fournit aussi les conditions de la stabilité de l'équilibre; et l'on peut en conclure, de la manière la plus directe, que, lorsque l'accroissement du moment est toujours positif, non seulement le corps résiste à tout changement d'état, mais

encore il ne doit s'écarter que fort peu de sa première situation. Cette question a été soumise à une analyse très élégante par l'illustre auteur de la *Mécanique analytique*.

On peut encore démontrer, par les résultats de cette solution, une proposition importante que Daniel Bernoulli a connue le premier et prouvée dans plusieurs cas particuliers : c'est que les petites oscillations des corps se composent d'oscillations simples qui s'accomplissent en même temps sans se nuire (*voir* aussi le premier Volume de l'*Exposition du Système du monde*). Sans entrer dans des détails déjà connus et qui seraient du ressort de la Dynamique, je me contenterai d'ajouter les remarques suivantes, qui me paraissent appartenir autant à la Physique générale qu'à la Géométrie.

29. On sait que les équations qui représentent les petits mouvements du système sont du second ordre et linéaires : ces équations sont entre les indéterminées arbitraires dont dépendent toutes les coordonnées. En substituant de nouvelles indéterminées aux précédentes, on peut, généralement parlant, obtenir des équations séparées de la forme

$$\frac{d^2 q}{dt^2} + \mathrm{K} q = 0 :$$

il est facile de s'en assurer; et cela fournit le moyen d'intégrer les proposées. On en conclura que, si l'on fixe sur un axe commun horizontal différents pendules simples, leurs mouvements peuvent correspondre parfaitement avec ceux du système. Le nombre et les longueurs de ces pendules ne dépendent que de la nature du système et des forces qui l'animent. Les coordonnées des divers points sont des fonctions linéaires des arcs décrits par les pendules; la position initiale de ces pendules, et les vitesses qui leur sont d'abord communiquées, dépendent de la figure initiale du système et des impulsions primitives. Ces pendules étant d'abord placés de manière à représenter le premier état du système, puis abandonnés à l'action de la pesanteur, jointe à la vitesse initiale, détermineront à chaque instant la position actuelle du système; et tous les mouvements dont le même corps est susceptible seront pareillement représentés par ceux du même assemblage de pendules.

Cette construction s'applique aux mouvements de tous les corps en général, et il n'y en a aucun dans lequel il ne se trouve certaines indéterminées entièrement indépendantes entre elles, qui oscillent séparément. C'est ainsi que se composent toutes les petites agitations, en apparence tumultueuses et confuses, que nous pouvons observer à l'approche de l'équilibre.

30. Il est aisé de connaître dans quel cas les corps sont disposés à reprendre leur figure initiale. Cette circonstance dépend des rapports de longueurs entre les pendules, c'est-à-dire des dimensions du corps et des forces qui le sollicitent.

1° Lorsque cette disposition existe, l'état initial du corps n'y peut apporter de changement; et, quel que soit cet état, le corps reprendra sa figure initiale, puis il la quittera pour la reprendre de nouveau : toutes ces vibrations successives seront de la même durée.

2° Les impulsions primitives que le corps pourrait avoir reçues ne troubleront pas la disposition dont il s'agit; le corps reprendra toujours sa première situation, et les vitesses initiales seront exactement rétablies.

3° La durée de ces vibrations ne dépendra ni de la première figure, ni des premières impulsions, mais seulement de la nature du système; de sorte que, en quelque lieu qu'il se trouve d'abord placé et de quelque manière qu'on le frappe, il accomplira ses vibrations dans le même temps qu'il aurait employé s'il eût été mû différemment. C'est en cela que consiste l'isochronisme proprement dit, qualité singulière que nous éprouvons dans les corps sonores, et que le Calcul nous apprend à distinguer, comme on le voit, dans toute matière susceptible d'osciller régulièrement. Cette durée, commune à toutes les oscillations possibles, est, à proprement parler, le *ton* du corps, qui change avec la nature et les dimensions du système, ainsi qu'il est aisé de le remarquer dans le pendule simple. Les corps se distribuent donc en deux classes : ceux qui ne peuvent jamais reprendre leur première figure, et ceux qui ne peuvent point la perdre, dans ce sens qu'ils s'y retrouvent toujours après un temps déterminé.

Les conséquences de cette théorie générale sont trop multipliées pour que leur énumération puisse trouver place dans cet écrit : nous avons dû seulement indiquer ce qui peut contribuer à mieux faire connaître la nature des agitations presque insensibles qui précèdent et accompagnent toute espèce d'équilibre.

IV.

31. Pour rendre complète cette théorie de l'équilibre, il ne nous reste plus qu'à traiter des principes mêmes dont nous sommes parti, de celui du levier et de celui de la composition des forces : l'un se réduit facilement à l'autre; aussi nous nous occuperons du premier seulement. Archimède a expliqué l'équilibre des poids inégaux dans le levier par celui des poids égaux dans la balance. Soit une ligne droite chargée, en chacune de ses parties égales, de poids égaux, et en équilibre sur un point fixe placé au milieu : si depuis l'extrémité on prend sur la longueur entière $2a$ une longueur $2h$, on pourra, sans rompre l'équilibre, réunir au milieu de la ligne $2h$ les poids distribués sur cette longueur, et opérer de même sur la ligne restante $2a - 2h$: alors les bras de levier seront $a - h$ et h, et les poids seront proportionnels à h et $a - h$.

Il serait inutile de chercher rien de plus simple que ce raisonnement; seulement il semble nécessaire de prouver que l'équilibre n'est point troublé lorsqu'on réunit deux poids égaux au milieu de leur distance; ce qui paraît d'autant moins évident que le point d'appui peut se trouver placé entre les deux poids. On a remarqué depuis longtemps cette imperfection de la démonstration d'Archimède (*voir* les Ouvrages de d'Alembert), et plusieurs géomètres ont tenté d'y remédier. Le célèbre Huygens a laissé un écrit particulier sur cet objet. On pourrait croire qu'Archimède avait prouvé le lemme dont il s'agit, dans un Traité séparé sur les centres de gravité : voici, en effet, un moyen fort simple de lever cette petite difficulté.

32. Il suffit de démontrer que deux forces égales et parallèles font équilibre à une force double placée au milieu de la distance. En effet, ce lemme étant une fois admis, supposons qu'un levier en équilibre soit chargé, entre autres, de deux poids égaux P et P aux deux points *a* et *b*; si aux deux extrémités et au milieu d'une ligne égale à la distance *ab* on applique trois forces parallèles, dont deux soient égales et une double et contraire, il y aura équilibre. On peut maintenant réunir cette ligne *ab* en équilibre au levier, qui s'y trouve aussi, et concevoir que les deux forces égales qui agissent en *a* et *b* sont égales et contraires aux poids P et P. Il est manifeste que l'équilibre ne peut être troublé par cette application de la ligne sur le levier. Or, les forces P et P se trouvant détruites, il ne restera plus qu'un poids double au milieu de la distance.

Il s'agit maintenant de prouver le lemme en question. Je remarque d'abord que trois forces égales, qu'on peut comparer à trois poids, appliquées à un point et dirigées suivant les trois rayons qui divisent le cercle en trois secteurs égaux, se font manifestement équilibre.

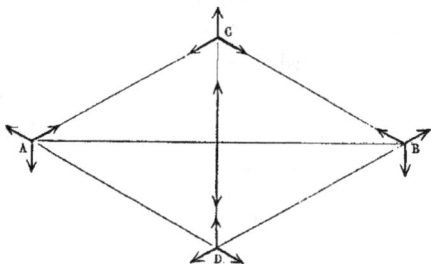

Maintenant, par chacun des points A et B d'une horizontale AB, je mène deux lignes qui font avec la ligne AB, et des deux côtés, des angles équivalents au tiers d'un droit ; j'applique à chacun des points A,

B, C, D trois forces qui se font équilibre séparément, et sont toutes
égales entre elles. De plus, je suppose le milieu de la ligne sollicité
par deux forces doubles des précédentes et opposées entre elles. Si la
figure est regardée comme un plan matériel, et la disposition des forces
telle qu'on le voit ci-contre, il est clair que toutes ces forces se détruisent, excepté celles qui se doivent faire équilibre conformément
au lemme. On obtient ainsi la preuve rigoureuse de cette proposition,
qui peut d'ailleurs être démontrée de plusieurs manières.

33. Il est aisé maintenant d'établir, au moyen du seul calcul, le
principe du levier, comme on peut le voir dans les nouveaux *Mémoires
de Turin,* tome II. En voici une démonstration entièrement exacte. Soit
une force p appliquée à un levier droit en un point x, dont la distance
au point d'appui est x; on se propose d'estimer le moment de rotation
de cette force, c'est-à-dire le poids qui lui ferait équilibre étant placé de
l'autre côté du point d'appui, à une distance déterminée, qu'on peut
supposer égale à l'unité de mesure. Nous appellerons Q ce moment,
dont la valeur dépend, comme on voit, de p et x; ainsi

$$Q = \varphi(p, x),$$

φ étant ici l'inconnue.

Nous remarquons d'abord que, si p devenait $p + dp$, x étant constant, il faudrait aussi augmenter la valeur de Q. Il est manifeste que
cet accroissement de Q n'est rien autre chose que le moment de rotation de la force dp agissant à la distance x. Donc

$$\frac{dQ}{dp} dp = \varphi(dp, x),$$

ou, parce que le second membre ne contient pas p,

$$\frac{d^2Q}{dp^2} = 0;$$

ainsi $Q = ap + b$, ou simplement ap, Q et p devant être nuls en même
temps, quel que soit x. Ainsi, il est prouvé que $\varphi(p, x)$ est de la
forme $p\psi(x)$, ψ étant l'inconnue.

Maintenant, si de part et d'autre du point x on prend la distance e, et qu'aux extrémités on applique les forces $\frac{1}{2}p$ et $\frac{1}{2}p$, le moment de rotation de ces deux forces, ou, ce qui est la même chose, la somme des moments de rotation de chacune d'elles sera toujours Q : donc

ou

$$p\,\psi(x) = \tfrac{1}{2}p\,\psi(x-e) + \tfrac{1}{2}p\,\psi(x+e)$$

$$2\,\psi(x) = \psi(x-e) + \psi(x+e).$$

Différentiant, en regardant e comme seule variable et représentant $d[\psi(u)]$ par $\psi'(u)\,du$, on trouve

ou, faisant $e = x$,

$$\psi'(x+e) = \psi'(x-e)$$

$$\psi'(2x) = \psi'(o).$$

Le second membre est une constante inconnue. On a donc aussi

et, intégrant,

$$\psi'(x) = a$$

$$\psi(x) = ax + b.$$

Comme $\psi(o) = o$ et $\psi(1) = 1$, il s'ensuit que $Q = px$; ce qui fournit le théorème connu.

V.

34. Faisons maintenant le rapprochement des différentes propositions démontrées dans cet écrit, afin de rendre plus sensible leur dépendance mutuelle.

Les Grecs, qu'on peut regarder comme les inventeurs de la Statique, ont fait consister la théorie de l'équilibre dans le seul principe du levier. Descartes et Galilée ont entrevu des vérités plus générales. Varignon, empruntant de Stevin le principe de la composition des forces, le choisit pour le fondement de la Mécanique; et les éléments de cette science parurent être fixés. En même temps, Jean Bernoulli proposa le principe des vitesses virtuelles ou des moments : cette découverte, dont il est peut-être redevable à la lecture des écrits de Descartes, fut reproduite dans tout son jour, et même rendue plus générale dans la *Mécanique analytique*. Ce dernier Ouvrage, que l'on doit compter parmi les plus belles productions du siècle, offrit la Mécanique sous une forme nouvelle, et l'òn connut alors toute l'importance de la proposition de Bernoulli.

Les démonstrations rapportées plus haut ne laissent aucun doute sur la vérité de ce principe général; elles servent encore à en indiquer plus exactement la nature et le véritable sens, et nous conduisent à des théorèmes nouveaux.

Les propriétés de l'équilibre dépendent donc entièrement de la considération des moments; elles se déduisent, avec toute l'exactitude que l'on peut désirer, du seul principe du levier. L'équilibre du levier dépend de celui de la balance; et nous avons ramené ce dernier au cas de trois forces opposées qui se détruisent évidemment.

Lorsqu'un corps est soumis à l'action de plusieurs forces qui ne se font point équilibre, il penche plus ou moins, si l'on peut parler ainsi, vers les diverses situations qui avoisinent la sienne. Cette disposition à être déplacé d'une certaine manière peut être mesurée, et cette mesure est le moment.

Le moment est, au signe près, le produit de la force par l'effet qu'elle obtient.

Le corps tend vers une position donnée si la somme des moments qui répondent à ce déplacement est négative, et il prendrait cette position s'il ne pouvait se mouvoir autrement : au contraire, il est porté à s'en éloigner si la somme des moments est positive. Ainsi le moment n'exprime pas seulement une combinaison d'idées abstraites, mais on peut se le représenter comme l'exposant d'une circonstance physique, savoir de la tendance au déplacement.

Parmi toutes les situations qui conviennent à un corps, celle de l'équilibre est unique; et, quand le corps y est placé, toutes les autres, ou plus exactement toutes les situations immédiatement prochaines, lui sont indifférentes, c'est-à-dire que le moment pour chacune de ces situations est nul. Ce n'est point une imperfection de cette théorie de l'équilibre, comme on l'objectait à Descartes, d'avoir à considérer les

II.   65

petits mouvements du système : c'est qu'il est nécessaire de comparer la position actuelle avec toutes celles qui l'avoisinent.

Lorsque le système est en mouvement, le moment, pris en ne considérant que le lieu actuel du corps et celui où il se trouvera l'instant suivant, a une infinité de valeurs successives. Tous ces degrés s'accumulent, pour ainsi dire, dans le mobile, et composent sa *force vive*. Lorsqu'il n'a plus de force vive à acquérir, le corps est dans la situation de l'équilibre relatif; je veux dire que, si on l'y plaçait et qu'il ne pût se mouvoir autrement qu'il le faisait d'abord, il y demeurerait.

Il n'est pas nécessaire que le moment soit nul pour que le corps reste en équilibre; il suffit que le moment ne soit négatif pour aucun déplacement possible, c'est-à-dire que, de toutes les situations qui conviennent au mobile, il n'y en ait aucune vers laquelle il soit porté, soit qu'il n'ait aucune tendance vers elle, soit qu'il en ait une contraire. Tels sont les vrais éléments de la Statique; le principe de la composition des forces, la considération des moments de rotation, sont des résultats particuliers et insuffisants. La théorie générale des moments, telle que nous venons de l'exposer, contient toute la science de l'équilibre, et a l'avantage de se prêter à l'application du Calcul différentiel (*voir* la *Mécanique analytique*).

35. Ces propriétés des moments se manifestent de différentes manières; ce qui se présente d'abord consiste à chercher dans tous les cas la valeur du moment total. On peut le faire en distinguant tous les mouvements simples dont se forme un mouvement quelconque d'un système. Le moment total est la somme des moments dus à chacun de ces mouvements partiels.

Si l'on suppose le système en équilibre, on trouvera que la valeur du moment est toujours nulle ou positive.

Cela est, pour ainsi dire, évident pour le cas du point en équilibre. Il en est de même de la ligne droite sollicitée à ses deux extrémités par des forces qui se détruisent. Par la même raison, dans l'équilibre d'un fil tendu à ses deux extrémités, le moment est nul ou il est positif.

Ce résultat a lieu aussi dans le cas où deux corps se servant mutuellement d'appui sont maintenus en équilibre.

L'effet d'une force ne change point lorsqu'on l'applique à un point quelconque de sa direction, regardée comme une ligne inflexible; il en est de même du moment de cette force.

En général, le moment des composantes est, pour le même déplacement, toujours égal à celui des résultantes, quoique les unes n'agissent pas aux mêmes points que les autres. On démontre donc la vérité du principe des moments toutes les fois qu'on réduit les forces qui se font équilibre à des résultantes égales et opposées.

Cette réduction se présente d'elle-même dans le cas des corps durs; et dans tout équilibre d'un pareil corps, il se trouve un plan, une ligne et un point pressés par deux forces égales et directement opposées : le moment est donc nul dans le cas de l'équilibre.

Si un système de corps unis par des fils et sollicités par des forces qui se détruisent est déplacé de manière que ces fils demeurent tendus, le moment est nul; il est positif si les extrémités des fils se sont rapprochées; il ne peut jamais être négatif.

Un assemblage de molécules solides en équilibre présente les mêmes conditions; le moment, ou la tendance au déplacement, est nul tant que les molécules qui se pressaient ne cessent point de se toucher. Pour toutes les autres situations, le moment est positif.

L'équilibre des fluides incompressibles dépend encore de la valeur du moment total. La masse sur laquelle agissent les forces qui se détruisent ne pourrait changer de situation qu'en augmentant ou conservant ou perdant son volume. Le premier cas n'a pas lieu, parce que le système a une tendance contraire, c'est-à-dire que les forces ont un moment positif pour toutes les situations dans lesquelles cela arriverait; ni le second, parce qu'alors toutes les situations sont indifférentes, le moment étant nul; ni le troisième, par hypothèse.

36. On peut présenter d'une manière générale la preuve des propositions précédentes.

Lorsqu'une portion de matière solide, flexible ou fluide, douée ou non d'élasticité sensible, libre ou éprouvant la résistance de surfaces ou de points fixes, est sollicitée par des forces qui se détruisent, chacun de ses points, pris séparément, est en équilibre au moyen des forces qui peuvent lui être appliquées et de l'action qu'exercent immédiatement sur lui d'autres points matériels du système. Parmi ces autres points, qui agissent sur le premier, j'en distingue un seul, et je vois que le système des deux points en question, considéré isolément, est en équilibre; c'est-à-dire que, si l'on remplaçait par de nouvelles forces extérieures celles qui proviennent de l'action exercée sur chacun de ces deux points par les autres points voisins, il y aurait équilibre. Or il est certain que l'action réciproque des deux points équivaut à deux forces contraires égales et dirigées dans le sens de la ligne qui joint les points. Donc il est nécessaire que les forces qui leur sont appliquées se réduisent de part et d'autre à deux forces égales contraires et dirigées dans le sens de la même ligne. Si l'action mutuelle des deux points tend actuellement à les éloigner, il faut que les résultantes des forces extérieures tendent à les rapprocher; il faut de plus que la distance des deux points ne puisse pas devenir moindre; je veux dire que le composé dont ils font partie doit être tel qu'en le déplaçant de toute manière, mais librement et en employant une force infiniment petite, les deux points en question ne puissent pas se rapprocher au premier instant du déplacement, ou, pour parler plus exactement, que la différentielle première de la distance des deux points ne soit jamais négative : car, si ce rapprochement était possible, il aurait lieu en vertu des résultantes des forces extérieures, et le système des deux points ne serait pas en équilibre. L'existence de cette action réciproque des deux points, qui s'oppose actuellement à leur rapprochement, prouve donc que le déplacement du composé pendant lequel ils se rapprocheraient n'est pas compatible avec l'état de ce composé, et ne peut se faire qu'en luttant contre des forces qui lui sont inhérentes.

Si les résultantes des forces appliquées aux deux points tendent à les éloigner, il faudra, pour les mêmes raisons, que la variation linéaire de leur distance ne puisse jamais être positive, de quelque manière que le corps soit déplacé.

Il suit de là que, dans le premier cas, les forces équivalentes que l'on substituerait à l'action des deux points ne peuvent pas avoir un moment total positif; et que dans le second, où elles s'opposent à l'augmentation de la distance, elles ne peuvent pas non plus avoir un moment total positif, de quelque manière que le composé soit dérangé. On démontrera de même que le moment de deux des forces équivalentes aux résistances mutuelles de deux autres points ne peut jamais devenir positif; et de là il est aisé de conclure que le moment total des seules forces appliquées qui se font équilibre ne peut être négatif pour aucun déplacement. S'il s'agit d'un déplacement qui satisfasse à des conditions exprimées par des équations, on prouvera facilement que la somme des moments ne peut être ni négative, ni positive. A l'égard des résistances fixes que le corps éprouve, il est évident que l'action d'un point fixe pendant l'équilibre peut être remplacée par une force extérieure, et que le moment de cette force, lors d'un déplacement quelconque, est nul. S'il s'agit d'une surface résistante, la force que l'on pourrait substituer à son action lui étant perpendiculaire, le point du système qui éprouve cette action ne peut pas être déplacé de manière que le moment de la force soit positif; c'est pourquoi la présence des obstacles ne change rien aux conséquences que nous avons déduites précédemment.

37. Au lieu de transformer les forces qui sollicitent le système, on peut le remplacer par un nouveau système capable des mêmes vitesses virtuelles que lui et dont les conditions de l'équilibre soient déjà connues : on prouve de cette manière que si, pour une situation voisine de celle que le corps occupe, la somme des moments est nulle, ou, à plus forte raison, si elle est positive, il est impossible que le corps soit déterminé par l'action des forces à prendre cette situation.

Cette proposition est capitale et se trouve démontrée rigoureusement; le principe des moments en est une conséquence évidente. En

général, et soit qu'il y ait équilibre ou non, le système ne peut être
porté par les forces dans une position pour laquelle la somme des
moments n'est pas négative.

On peut obtenir autrement le même résultat, et démontrer ainsi le
principe des vitesses virtuelles, sans recourir à la notion des quantités infiniment petites. Il s'agit seulement de substituer à toutes les
forces une seule résultante qui, agissant sur un corps intermédiaire,
produise dans le système le même effet que ces forces. Il devient manifeste alors que la résultante ne peut mouvoir le système, soit parce que
le point où elle agit est immobile, soit parce qu'elle est nulle; car les
deux cas peuvent avoir lieu séparément, suivant les constructions qu'on
emploie.

Toutes ces conséquences sont indépendantes de la nature du système; les fluides en particulier sont assujettis à la même loi. Le principe des moments étant exactement démontré, rien ne doit empêcher
d'en faire l'application à l'Hydrostatique, sans avoir recours à aucun
fait particulier fourni par l'expérience. On peut aussi démontrer directement, par les mêmes raisonnements que ci-dessus, la propriété de
l'égalité de pression en tous sens. Ainsi nous devons considérer les
corps fluides comme des amas de molécules entièrement soumises
aux lois générales de la matière; et il n'y a plus, sous ce rapport,
d'intervalle entre la mécanique des fluides et celle des autres espèces
de corps. J'ai rapporté ces dernières démonstrations pour jeter un
nouveau jour sur la théorie des moments, pensant que l'importance
du sujet justifierait tous ces détails. Je ne doute pas qu'on ne puisse
envisager l'équilibre sous d'autres points de vue. On a publié récemment en Italie un Ouvrage étendu sur le principe des vitesses virtuelles :
je n'en ai eu connaissance qu'après avoir composé ce Mémoire, qui a
été livré à l'impression au commencement de l'an VI.

38. La position de l'équilibre n'est pas seulement celle que le corps
conserverait si on la lui donnait : elle est plutôt celle dont on ne pourrait le faire sortir, de quelque manière que ce fût, sans détruire une

partie des forces qui l'animent. Ainsi le corps penche vers l'équilibre de tous les lieux voisins, ou, ce qui est la même chose, le moment naissant est toujours positif. De là, la manière de distinguer l'équilibre vrai de l'équilibre faux.

Si, dans la position de l'équilibre, le moment n'est pas nul, mais positif, la condition de la stabilité est toujours remplie. La stabilité de l'équilibre dépend du signe du moment; et cette qualité de l'équilibre est susceptible d'être mesurée sous le double rapport de sa valeur et de son étendue.

La nature ne peut jamais offrir l'équilibre exact; seulement les corps nous paraissent dans cet état, et leurs excursions échappent à tous nos sens, ou à quelques-uns d'entre eux. Lorsque le système est placé dans le voisinage de l'équilibre, il oscille à l'entour de cette position et s'en écarte peu; mais il ne peut jamais y demeurer, et le lieu dans lequel un corps pourrait rester en repos est celui qu'il est le plus porté à quitter lorsqu'il y passe.

La nature des petits mouvements que les corps éprouvent dans la région de l'équilibre nous est connue, et elle est bien digne de remarque. La situation du corps dépend à chaque instant des valeurs de certaines indéterminées. Chacune d'elles oscille librement et varie comme l'arc décrit par un pendule simple. Toutes ces vibrations s'accomplissent ensemble sans se troubler, en sorte que le mouvement du système est parfaitement analogue à celui de plusieurs pendules attachés à divers points d'un axe horizontal. On peut, d'après cela, trouver à chaque instant la figure et la position du système; mais il est essentiel de ne point perdre de vue la nature de la méthode qui nous fournit ces résultats. Comme on rejette les dimensions supérieures des variables, ou que l'on prend l'une pour l'autre deux quantités inégales, mais dont la dernière raison est l'unité, il s'ensuit que les circonstances du mouvement déterminé par ces procédés n'ont jamais lieu, quelque voisin que le corps soit de l'équilibre : elles conviennent à ce mouvement régulier dont les agitations du corps approcheront d'autant plus que les impulsions primitives seront plus petites. Ainsi la figure représentée par les résultats du calcul n'a qu'une existence abstraite et ne peut jamais être celle du corps qui oscille. Cette remarque donne la solution des difficultés qu'on a proposées sur la figure des cordes vibrantes.

Tous les corps, de quelque nature qu'ils puissent être, sont sujets à osciller ainsi, et nous jugeons qu'ils sont en équilibre dès que leurs oscillations deviennent insensibles : mais les uns quittent et reprennent sans cesse leur position initiale, en divisant le temps en mesures égales; les autres changent continuellement de situation. Les premiers, quoique susceptibles de vibrations infiniment variées, n'en peuvent éprouver que de symétriques; et non seulement la durée est la même pour les vibrations qui se succèdent, mais elle est aussi la même pour celles que le corps aurait éprouvées si on lui eût donné toute autre figure initiale. On a remarqué d'abord cette propriété dans le pendule simple; mais l'isochronisme des petites oscillations ne convient pas plus au cercle qu'à toute autre courbe. Cette commune durée, ou le ton du système, ne dépend ni du premier état ni des premières vitesses. Ainsi, un corps de cette espèce, qui, à la vérité, ne peut demeurer dans la position singulière de l'équilibre, occupe successivement des lieux environnants; il n'y a aucun de ces lieux dans lequel il ne revienne à de certains instants, séparés tous par un intervalle constant que des impulsions quelconques ne peuvent pas changer. C'est la raison pour laquelle les corps sonores rendent un son également grave ou également aigu, de quelque manière qu'ils soient frappés. Les exceptions ne sont dues qu'à l'intensité des sons subordonnés. Les corps susceptibles d'oscillations régulières, ou qui conservent leur ton, sont donc propres à diviser la durée en parties égales et procurent ainsi la mesure naturelle du temps. Lorsque plusieurs sont mis en contact et qu'il existe entre eux certains rapports de figure et de dimension, il suffit d'en ébranler un seul pour exciter et entretenir les mouvements des autres. Loin que, dans leurs vibrations particulières, ils se heurtent et se contrarient, il arrive bientôt que le système de tous ces corps se meut symétriquement et en temps égaux. C'est ainsi que, au défaut de nos sens, le calcul seul nous avertirait de la coexistence des vibrations simples et, si l'on peut parler ainsi, de la composition harmonique des oscillations.

Les résultats que nous venons d'exposer se rencontrent dans toute espèce de matières. La nature reproduit ces phénomènes sous les formes les plus variées : on les observe particulièrement dans les frémissements des corps sonores; et c'est une branche du Calcul intégral qui fournit les principes fondamentaux de l'harmonie.

MÉMOIRE

SUR

LES RÉSULTATS MOYENS

DÉDUITS

D'UN GRAND NOMBRE D'OBSERVATIONS.

MÉMOIRE

SUR

LES RÉSULTATS MOYENS

DÉDUITS

D'UN GRAND NOMBRE D'OBSERVATIONS [1].

Recherches statistiques sur la ville de Paris et le département de la Seine; 1826.

I.

L'étude des propriétés du climat, celle de la population et de la richesse agricole ou commerciale, exigent le plus souvent que l'on

[1] Nous lisons dans l'*Éloge de Fourier* par Arago (*OEuvres complètes de François Arago*, t. I, p. 360) qu'à la seconde Restauration le préfet de la Seine, M. de Chabrol, ayant appris que Fourier, son ancien professeur à l'École Polytechnique, se trouvait sans place et presque sans ressources, lui confia la direction supérieure du Bureau de la Statistique de la Seine.

« Fourier, nous dit Arago, répondit dignement à la confiance de M. de Chabrol. Les Mémoires dont il enrichit les intéressants Volumes publiés par la Préfecture de la Seine serviront désormais de guide à tous ceux qui ont le bon esprit de voir dans la Statistique autre chose qu'un amas indigeste de chiffres et de travaux. »

Le Recueil auquel Arago fait allusion a été publié sous le titre suivant : *Recherches statistiques sur la Ville de Paris et le département de la Seine*. Il se compose de quatre Volumes publiés successivement en 1821, 1823, 1826 et 1829. Chacun d'eux contient à la fois des Mémoires et des Tableaux statistiques. Les Mémoires, non signés, sont certainement de Fourier. Nous avons, sur ce point, les témoignages des contemporains, et, d'ailleurs, il suffit de lire les *Notions générales sur la population*, insérées dans le Volume de 1821, et le *Mémoire sur la population de la Ville de Paris depuis la fin du* XVIIe *siècle*, qui fait partie du Volume de 1823, pour y reconnaître la main et le style même de Fourier.

Par un sentiment que tout le monde comprendra, l'illustre géomètre a tenu à s'effacer

détermine la valeur numérique moyenne d'une certaine quantité. On observe, ou l'on extrait des registres publics, un grand nombre de valeurs différentes de cette quantité; on ajoute tous les nombres qui l'expriment, et l'on divise la somme par le nombre des valeurs qui ont été mesurées : le résultat est la valeur moyenne. Par exemple, si l'on entreprend de déterminer la durée de la vie humaine à une époque et dans un pays donnés, on marque pour un très grand nombre d'hommes, dans les conditions les plus diverses, l'âge qu'avait atteint chacun des décédés; la somme de ces âges, divisée par le nombre des décès, est la durée moyenne de la vie. Il n'y a personne qui ne connaisse ce procédé simple par lequel on détermine un nombre moyen, et il n'y a pour ainsi dire aucune question de Statistique qui ne donne lieu à l'appli-

---

devant M. de Chabrol, comme le montre le passage suivant que nous empruntons à l'*Histoire de l'Académie*, écrite par Fourier lui-même, *pour l'année* 1822 (Tome V des *Mémoires de l'Académie des Sciences*, p. 314).

« L'Académie se souvient du beau travail dont M. le comte de Chabrol a réuni les matériaux nombreux et authentiques, qu'il a publiés, en 1821, sous le titre de *Recherches statistiques sur la Ville de Paris et le département de la Seine*, et qui contient 62 Tableaux. Elle apprend avec intérêt que ce magistrat continue ces précieuses recherches, les seules jusqu'à présent dans leur genre, et que la suite en doit paraître incessamment.

» Grâces soient rendues aux administrateurs qui font servir l'influence et l'autorité de leurs importantes fonctions, ainsi que les secours de tout genre dont ils peuvent disposer, à résoudre des questions d'un égal intérêt pour le Gouvernement et pour les particuliers, pour les Sciences exactes et pour les spéculations de l'Économie politique. Proclamer les titres que de pareils travaux leur donnent à la reconnaissance, c'est acquitter envers eux une dette publique de la manière la plus convenable. »

Nous nous contenterons de reproduire ici deux écrits d'un intérêt tout à fait général, publiés dans les Volumes de 1826 et 1829. On y trouve exposés, avec toute la netteté désirable, les résultats acquis à la Science dans l'étude de l'une des questions les plus importantes du Calcul des Probabilités, de celle qui doit intéresser au plus haut degré les physiciens et les personnes qui s'occupent de Statistique. Certains passages d'ailleurs, tels que celui qui concerne la pyramide de Chéops, montrent que Fourier était déjà en possession des résultats qu'il expose et des règles qu'il énonce, à l'époque où il faisait partie de l'expédition d'Égypte. Au sujet de ces Mémoires de Fourier, on pourra consulter le *Calcul des Probabilités* de M. J. Bertrand.

Nous signalerons aussi, dans le même ordre de recherches, deux autres travaux de Fourier. L'un est un *Mémoire sur la théorie analytique des assurances*, publié, en 1819, au Tome X des *Annales de Chimie*; l'autre est le *Rapport sur les tontines* présenté à l'Académie des Sciences dans la séance du 9 avril 1822. La Commission était composée de Lacroix, Poisson et Fourier, rapporteur. Ce Rapport, qui comprend dix-huit pages, est inséré dans le Tome V des *Mémoires de l'Académie des Sciences* (page 26 de l'*Histoire de l'Académie*).

G. D.

cation de cette règle commune. C'est pour cela qu'il est très utile
d'examiner avec attention les conséquences qu'elle fournit, et le degré
d'approximation auquel on parvient.

Il est d'abord évident que la valeur moyenne est connue avec d'autant plus de précision que l'on fait concourir à cette recherche un
plus grand nombre d'observations, et l'on voit aussi qu'il est nécessaire de ne point se borner à certaines professions ou conditions, mais
de les admettre toutes indistinctement, afin que, par la multitude
et la promiscuité des éléments, les variations accidentelles se compensent, et que l'on forme ainsi un résultat moyen et général. Nous
avons indiqué dans un autre Mémoire comment cette compensation
s'établit; elle est fondée sur le principe suivant, qui est un des premiers théorèmes de l'Analyse des probabilités, savoir : que, dans un
nombre immense d'observations, la multiplicité des chances fait disparaître ce qui est accidentel et fortuit, et qu'il ne reste que l'effet
certain des causes constantes; en sorte qu'il n'y a point de hasard pour
les faits naturels considérés en très grand nombre. On n'a point ici
pour objet de démontrer ce principe, qui se présente de lui-même à
l'esprit; mais on se propose d'en faire connaître les conséquences
mathématiques, et d'en déduire des règles usuelles qui s'appliquent
facilement aux recherches statistiques.

II.

On reconnaît d'abord que, pour un même genre d'observations, le
résultat moyen est connu d'autant plus exactement que le nombre
des valeurs qui forment la somme totale est plus grand. Il est évident
que, si l'on emploie, dans le calcul de la durée moyenne de la vie,
quatre mille valeurs particulières, cette durée sera déterminée avec
plus de précision que si l'on emploie seulement deux mille valeurs ou
trois mille. Mais quelle est la mesure de ces différents degrés de précision, et quelle relation y a-t-il entre le nombre qui l'exprime et le
nombre des valeurs qui ont servi à calculer le résultat moyen?

Avant de résoudre cette question, nous ferons remarquer que l'on peut acquérir une connaissance assez exacte de la précision du résultat sans recourir aux théories mathématiques. Il suffit, par exemple, de diviser en deux parties l'ensemble des valeurs observées, dont le nombre est supposé très grand, et de prendre pour chacune de ces parties la valeur du résultat moyen; car, si ces deux valeurs diffèrent extrêmement peu l'une de l'autre, on est fondé à regarder chacune d'elles comme très précise. Rien n'est plus propre que ce genre d'épreuves à mettre en évidence l'exactitude des résultats statistiques, et il est presque inutile de présenter au lecteur des conséquences qui ne sont pas vérifiées par ces comparaisons des valeurs moyennes.

Pour appliquer avec fruit cette première remarque, il faut remonter au principe dont elle est déduite, et concevoir bien distinctement que la répétition et la variété des observations suffisent pour découvrir les rapports constants des effets dont la cause est ignorée. Cette conclusion, dont nous allons citer un exemple numérique très simple, s'applique aux objets les plus divers; et il n'y a point, dans la matière que nous traitons, de notion plus générale et plus importante.

III.

Si l'on suppose qu'une urne contient un nombre inconnu de boules blanches et un nombre différent de boules noires, on pourra déterminer par l'expérience le rapport inconnu de ces deux nombres. Il faut pour cela répéter un très grand nombre d'épreuves, dont chacune consiste à extraire une boule de l'urne proposée, et à l'y replacer après avoir marqué sa couleur. On comptera combien il est arrivé de fois qu'une boule blanche est sortie, et combien il est arrivé de fois qu'une boule noire est sortie. Le rapport de ces deux nombres, qui sont désignés par m et n, pourra d'abord différer beaucoup du rapport des nombres inconnus M et N; mais le quotient variable $\frac{m}{n}$ approchera continuellement du quotient fixe $\frac{M}{N}$. Ainsi, en supposant que le nombre des épreuves qui ont été faites est très grand, et désignant par m et n les nombres respectifs des boules blanches ou noires sorties de l'urne, le rapport $\frac{m}{n}$ différera extrèmement peu du rapport $\frac{M}{N}$: la différence $\frac{M}{N} - \frac{m}{n}$ peut être ou positive ou négative, et cela est fortuit; mais la valeur effective de cette différence sera une fraction décimale extrèmement petite, et cela arrive nécessairement.

Supposons maintenant que, après avoir achevé ce nombre d'épreuves, que nous indiquons par r, on renouvelle une opération du même genre, et que le nombre des épreuves qui forment cette seconde opération soit r, ou un autre nombre très grand r'. Le rapport $\frac{m'}{n'}$ des nombres respectifs des boules blanches ou noires, sorties pendant cette seconde opération, diffère aussi extrèmement peu du rapport fixe $\frac{M}{N}$: ainsi les quotients $\frac{m}{n}$, $\frac{m'}{n'}$ sont l'un et l'autre très voisins du quotient $\frac{M}{N}$. Les quantités dont $\frac{m}{n}$ et $\frac{m'}{n'}$ diffèrent entre elles, et diffèrent de $\frac{M}{N}$, diminuent indéfiniment et sans limite à mesure que les nombres r et r' augmentent; c'est-à-dire que les nombres r et r' des épreuves pourraient être rendus assez grands pour qu'il n'y eût aucune différence appréciable entre les rapports déduits de l'une et de l'autre opération.

La vérité de ces conséquences s'offre d'elle-même; la raison seule les suggère; mais l'Analyse mathématique des modernes les a pleinement confirmées. Elle détermine jusqu'où il faut porter le nombre des épreuves pour que l'on puisse, dans la pratique, être assuré qu'une seconde opération analogue donnerait sensiblement le même résultat. L'Analyse dont il s'agit mesure exactement la probabilité de ce résultat; c'est-à-dire qu'elle exprime en nombres combien il est probable que la valeur moyenne calculée est comprise entre des limites données; elle prouve aussi qu'il y a une limite des plus grandes erreurs possibles. Ces considérations s'étendent à tous les genres de recherches, et l'on voit que la persévérance ou la multiplicité des observations supplée en quelque sorte à la connaissance des causes, et qu'elle suffit

II.

pour découvrir les lois auxquelles les effets naturels sont assujettis. Les sciences philosophiques doivent ce progrès à Jacques Bernoulli et aux grands géomètres qui lui ont succédé.

IV.

On pourrait appliquer ces principes à la recherche de la durée des générations humaines, question qui intéresse à la fois l'histoire naturelle de l'homme et la chronologie, et qui n'a point encore été réduite au calcul. Il faut d'abord remarquer que la durée des générations n'est point celle de la vie moyenne. Ces deux intervalles, que plusieurs écrivains politiques n'ont pas distingués, dépendent de conditions très différentes : ils ne sont point composés des mêmes éléments, et ne sont pas soumis de la même manière à l'influence des lois civiles. On voit, par exemple, que la loi qui règle l'âge où le mariage peut être contracté concourt directement à déterminer la durée des générations. On voit aussi qu'il est nécessaire de considérer séparément la durée des générations pour les deux sexes, pour les premiers-nés, pour les successions royales.

Pour déterminer la durée *commune des générations viriles*, c'est-à-dire la valeur moyenne de l'intervalle de temps qui s'écoule depuis la naissance du père jusqu'à la naissance d'un de ses fils, il faudrait se procurer la connaissance d'un grand nombre de valeurs particulières exprimant cet intervalle, comme 3000 ou 4000. On saurait donc, pour chacun de ces cas particuliers, quel âge le père avait atteint lorsque le fils est né. On formerait la somme de tous ces âges, et on la diviserait par 4000 : le quotient serait la valeur moyenne cherchée.

Il est évident qu'il ne faudrait pas restreindre l'énumération aux seuls premiers-nés : car le résultat exprimerait alors la durée moyenne des générations des premiers-nés seulement, et cet intervalle est plus court que la durée commune, qui est l'objet de la question ; il faudrait, au contraire, admettre indistinctement et sans aucun choix dans l'énumération les premiers, les seconds, les troisièmes fils, etc., et ne point se borner à des conditions ou professions spéciales, afin que, par la variété et la multiplicité des observations, on représentât sensiblement l'état de la société commune. Cela posé, le résultat moyen exprimerait la valeur approchée de l'intervalle dont il s'agit. Mais il resterait à déterminer le degré d'approximation. On ignorerait encore si la valeur trouvée est très voisine de celle que l'on cherche, ou de combien elle peut en différer. La détermination de ces limites est importante dans toute recherche; lorsqu'elles ne sont point connues, on ne peut se former qu'une idée très vague de la précision du résultat. Nous donnerons, dans les articles suivants, une règle facile pour mesurer cette précision.

V.

Un des moyens les plus simples de vérifier les nombres que fournissent des observations multipliées consiste, comme nous l'avons dit, à diviser fortuitement la série de ces observations en diverses parties, et à comparer les valeurs que l'on déduit séparément de chacune de ces parties. L'emploi de ces règles suppose évidemment que la composition de l'urne ne change point pendant toute la durée des expériences. On pourrait sans doute appliquer ces règles au cas où des changements surviendraient dans la nature des causes, et l'on peut même connaître ainsi l'effet de ces changements. Mais il est nécessaire, dans ce cas, de considérer séparément les intervalles dans lesquels la cause demeure constante, et de multiplier les observations relatives à chacun de ces intervalles. Les sources les plus communes de l'erreur et de l'incertitude des conséquences que plusieurs écrivains déduisent des recherches statistiques sont : 1º l'inexactitude des observations primitives, recueillies par des moyens très divers et non comparables; 2º le trop petit nombre des observations, ce qui ne permet point de les diviser en séries et de former séparément le résultat de chaque série; 3º l'altération, ou progressive ou irrégulière, que les causes ont subie pendant la durée des observations.

VI.

Jusqu'ici nous n'avons point considéré les conséquences mathématiques, mais seulement celles que présente un premier examen. Il faut maintenant approfondir la question, et montrer comment elle peut être résolue par les théories analytiques. Si le nombre des valeurs observées est très grand, et si, après les avoir ajoutées ensemble, on divise la somme par leur nombre, le quotient est une valeur moyenne très approchée; il est certain que le degré d'approximation est d'autant plus grand que l'on a employé un plus grand nombre de valeurs particulières. On voit, de plus, que, si ces valeurs particulières sont très peu différentes les unes des autres, on est fondé à regarder le résultat comme plus exactement connu que si elles étaient très inégales. Ainsi le degré d'approximation ne dépend pas seulement du nombre des quantités que l'on a réunies : il dépend encore du plus ou moins de diversité de ces quantités; il s'agit de se former une idée exacte de ce degré d'approximation, et de montrer que la précision du résultat est une quantité mesurable que l'on peut toujours exprimer en nombres. Nous énoncerons d'abord la règle qui doit être suivie pour trouver cette mesure numérique de la précision.

Désignons par $a, b, c, d, \ldots n$ les valeurs particulières dont on a déduit le résultat moyen, et par A ce résultat; m exprime le nombre des valeurs, et on le suppose très grand. La valeur moyenne A est égale à la somme $a + b + c + \ldots + n$, divisée par le nombre m. On prendra le carré de chacune des valeurs particulières; puis, ajoutant ensemble tous ces carrés, $a^2 + b^2 + c^2 + d^2 + \ldots + n^2$, on divisera leur somme par le nombre m, ce qui donnera un quotient B, qui représente la valeur moyenne des carrés. On retranchera de B le carré A^2 de la valeur moyenne, et l'on divisera le double du reste par le nombre m. Extrayant la racine carrée du quotient, on trouvera une quantité que nous désignons par g, et qui sert à mesurer le degré de l'approximation. Plus la valeur de g est petite, plus la moyenne calculée A est voisine de la valeur exacte que l'on cherche.

Les résultats précédents sont exprimés comme il suit :

$$A = \frac{1}{m}(a + b + c + d + \ldots + n),$$

$$B = \frac{1}{m}(a^2 + b^2 + c^2 + d^2 + \ldots + n^2),$$

$$g = \sqrt{\frac{2}{m}(B - A^2)}.$$

Pour citer un exemple de l'application de cette règle, nous supposerons que l'on a trouvé 4000 valeurs particulières, savoir :

1000   égales à   2,
2000   »   5,
1000   »   12.

En général, les quantités observées sont toutes inégales, et elles ne se réduisent point, comme les précédentes, à un petit nombre de valeurs différentes; mais nous n'avons ici en vue que d'indiquer la marche du calcul.

La somme des valeurs observées est $1000.2 + 2000.5 + 1000.12$ ou 24000, et cette somme, divisée par 4000, qui est le nombre des quantités, donne 6 pour la valeur moyenne. La somme des carrés des valeurs est $1000.4 + 2000.25 + 1000.144$ ou 198000. Divisant cette somme par 4000, on a $49\frac{1}{2}$ pour la moyenne des carrés. On en retranche le carré 36 de la valeur moyenne; il reste $\frac{27}{2}$. On divise 27 par 4000, ensuite on extrait la racine carrée du quotient $\frac{27}{4000}$ ou $\frac{1080}{160000}$: cette racine est $\frac{1}{400}\sqrt{1080}$; en effectuant l'opération, on a 0,08216 ou à très peu près 82 millièmes. C'est cette fraction qui fait connaître le degré d'approximation du résultat moyen.

VII.

Pour expliquer le vrai sens de cette proposition, il est nécessaire de rappeler le principe qui sert de fondement au calcul des quantités moyennes. Supposons donc que l'on ait ajouté ensemble un grand nombre de valeurs observées, et que l'on ait divisé la somme par le nombre m, ce qui donne la quantité A pour la valeur moyenne; nous avons déjà remarqué que l'on trouverait presque exactement cette même valeur A, en employant un très grand nombre d'autres observations. En général, si l'on excepte des cas particuliers et abstraits que nous n'avons point à considérer, la valeur moyenne ainsi déduite d'un nombre immense d'observations ne change point; elle a une grandeur déterminée H, et l'on peut dire que le résultat moyen d'un nombre infini d'observations est une quantité fixe, où il n'entre plus rien de contingent, et qui a un rapport certain avec la nature des faits observés. C'est cette quantité fixe H que nous avons en vue comme le véritable objet de la recherche. On lui compare chacune des valeurs particulières, et l'on appelle *erreur* ou *écart* la différence entre cette valeur particulière et la valeur fixe H, qui serait le résultat moyen d'un nombre infini d'observations.

Le nombre que nous avons désigné par m, qui est celui des valeurs observées, ne peut être infini, mais il est très grand; en sorte que la valeur moyenne A, donnée par ce nombre m d'observations, n'est point la grandeur fixe H qui résulterait d'un nombre infini. Elle en diffère en plus ou en moins d'une quantité H — A, qui est très petite. Cette différence H — A, que nous désignons par D, est, à proprement parler, l'erreur de la valeur moyenne A. Cela posé, il est extrêmement probable que l'erreur D sera fort petite si le nombre m est très grand; et toutefois il n'est pas entièrement impossible que cette erreur D soit assez grande. Elle est susceptible d'une infinité de valeurs différentes, qui peuvent toutes avoir lieu, mais qui sont très inégalement possibles. Or nous déterminerons quelle probabilité il y a que l'erreur D de la valeur moyenne A ne surpassera pas une limite donnée E, abstraction faite du signe, c'est-à-dire sera comprise entre + E et — E.

VIII.

On sait que la probabilité d'un événement s'estime par la comparaison du nombre des chances qui amènent cet événement au nombre total des chances également possibles. Ainsi, lorsqu'on a placé dans une urne des boules de différentes sortes, en nombre total M, savoir : un nombre m d'une première sorte, un nombre n d'une seconde sorte, un nombre p d'une troisième, etc., la probabilité de la sortie d'une boule de la première espèce est $\frac{m}{M}$, celle de la sortie d'une boule de la seconde espèce est $\frac{n}{M}$ et ainsi de suite, M désignant le nombre total $m+n+p+\dots$. C'est sous cette forme unique que se présente la solution de toutes les questions de l'Analyse des probabilités. Quelque composé que soit un événement, lorsqu'il est exactement défini, on peut en mesurer la probabilité, parce que l'on parvient à prouver qu'elle équivaut à celle de retirer une boule d'une espèce déterminée, en puisant dans une urne qui contient seulement un nombre m de boules de cette espèce sur un nombre total M de boules de différentes espèces. La fraction $\frac{m}{M}$ est la mesure de la probabilité cherchée. Tout l'art de la recherche consiste à déduire des conditions énoncées la valeur de cette fraction $\frac{m}{M}$. Mais il arrive souvent que cette déduction mathématique est un problème difficile, dont la solution exige une connaissance approfondie de la science du calcul.

IX.

Cette notion de la probabilité s'applique aux erreurs de mesure auxquelles on est exposé dans l'usage des instruments.

En effet, quelque précis que soit un instrument donné, par exemple celui dont on se sert pour mesurer un angle, on ne trouve point par une première opération la valeur exacte de cet angle, mais seulement une valeur approchée. L'erreur est vraisemblablement très petite; toutefois il n'est pas impossible qu'elle soit assez grande; il est seulement très probable que l'erreur positive ou négative n'excède pas une certaine limite, comme trois minutes de degré; et cela a lieu même pour des instruments assez imparfaits. Une erreur moindre, comme celle d'une minute en plus ou en moins, est beaucoup plus probable. L'instrument pourrait être tel que la valeur moyenne de l'erreur à laquelle on est exposé à chaque opération fût une minute. Dans ce cas, il est aussi probable que l'on se trompera de plus d'une minute qu'il est probable qu'on se trompera de moins d'une minute. Alors la fraction $\frac{1}{2}$ exprime quelle probabilité il y a que la grandeur exacte de l'angle est comprise entre la valeur que donne l'instrument, augmentée d'une minute, et cette même valeur, diminuée d'une minute. Cette erreur d'une minute, dont la probabilité est $\frac{1}{2}$, est en quelque sorte moyenne et commune: c'est-à-dire que, dans l'usage infiniment répété de l'instrument dont il s'agit, il arrivera autant de fois qu'on se trompera de moins d'une minute qu'il arrivera de fois qu'on se trompera de plus d'une minute.

On voit que, si l'instrument était plus parfait, l'erreur moyenne, dont la probabilité est $\frac{1}{2}$, serait moindre qu'une minute. On pourrait donner à un instrument de ce genre un tel degré de précision que l'erreur commune, dont la probabilité est $\frac{1}{2}$, fût seulement la cinquième partie d'une minute. Nous disons que ce second instrument serait cinq fois plus précis que le premier. En général, la valeur de l'erreur commune ou moyenne qui serait désignée par H est telle que, dans un nombre immense d'opérations, il y a autant d'erreurs positives ou négatives qui surpassent H qu'il y en a de moindres que H. Le rapport de ces deux nombres d'erreurs, les unes plus grandes que H, les autres moindres, approche continuellement de l'unité à mesure que le nombre des observations augmente. Nous définissons ainsi l'erreur *moyenne*.

X.

Il est facile d'étendre à la recherche des valeurs moyennes la définition mathématique du degré d'approximation.

Considérons que, la valeur moyenne A donnée par un nombre m d'observations pouvant différer de la quantité fixe H qui serait donnée par un nombre infini d'observations, la différence ou erreur H — A est vraisemblablement très petite si le nombre m est très grand. L'erreur éventuelle H — A est susceptible d'une infinité de valeurs inégalement possibles. Ces erreurs ont des limites vraisemblables; c'est-à-dire qu'il est extrêmement probable que l'erreur commise en plus ou en moins n'excédera pas une certaine quantité. Il existe d'autres limites plus voisines, pour lesquelles la probabilité de l'erreur est seulement $\frac{1}{2}$; en sorte qu'il peut arriver indifféremment, ou que l'erreur excède ces limites, ou qu'elle y soit comprise.

En général, déterminer le résultat moyen d'un grand nombre de valeurs particulières, c'est mesurer une quantité avec un instrument dont on peut augmenter la précision, autant qu'on le veut, en augmentant de plus en plus le nombre des valeurs observées.

Il est facile de comparer, selon la règle énoncée dans l'article VI, la précision d'un résultat A, donné par un grand nombre m d'observations, avec celle d'un résultat A′ que l'on aurait déduit d'autres observations dont le nombre est m'. En effet, suivant cette règle, le carré A² de la valeur moyenne A doit être retranché de la quantité

$$\frac{1}{m}(a^2 + b^2 + c^2 + d^2 + \ldots + n^2),$$

qui est la moyenne des carrés; et, après avoir divisé le double du reste par le nombre m, on extrait la racine carrée du quotient : nous désignons cette racine par g.

On calculera de la même manière la quantité g', qui répond au second résultat A′ déduit des observations en nombre m'. Cela posé, on démontre rigoureusement, par les principes du calcul, que le degré d'approximation dépend entièrement de la quantité désignée par g. Il est d'autant plus grand que cette quantité g est plus petite. Les précisions respectives des deux résultats A et A′ sont en raison inverse des nombres g et g'. Il faut remarquer que cette comparaison ne suppose même pas que les observations sont de la même nature; car elle a un objet purement numérique, et les recherches les plus diverses peuvent être envisagées sous ce point de vue commun.

XI.

Pour compléter cette discussion, il faut déterminer quelle probabilité il y a que la quantité cherchée H est comprise entre des limites
proposées A + D et A — D. A est le résultat moyen que l'on a trouvé,
H est la valeur fixe que donnerait un nombre infini d'observations,
et D est une quantité proposée que l'on ajoute à la valeur A ou que
l'on en retranche. La Table suivante fait connaître la probabilité P
d'une erreur positive ou négative plus grande que D, et cette quantité D
est le produit de g par un facteur proposé δ :

δ.	P.
0,47708	$\frac{1}{2}$
1,38591	$\frac{1}{20}$
1,98495	$\frac{1}{200}$
2,46130	$\frac{1}{2000}$
2,86783	$\frac{1}{20000}$

Chacun des nombres de la colonne P fait connaître quelle probabilité il y a que la valeur exacte H, qui est l'objet de la recherche, est
comprise entre les limites A + $g\delta$ et A — $g\delta$. A est le résultat moyen
d'un grand nombre m de valeurs particulières a, b, c, d, ..., n; δ est
un facteur donné; g est la racine carrée du quotient que l'on trouve
en divisant par m le double de la différence de la valeur moyenne des
carrés a^2, b^2, c^2, d^2, ..., n^2 au carré A^2 du résultat moyen. On voit
par cette Table que la probabilité d'une erreur plus grande que le produit de g par 0,47708, c'est-à-dire plus grande qu'environ la moitié
de g, est $\frac{1}{2}$. Il y a 1 contre 1 ou 1 sur 2 à parier que l'erreur commise
ne surpassera pas le produit de g par 0,47708, et il y a autant à parier
que l'erreur surpassera ce produit.

La probabilité d'une erreur plus grande que le produit de g par
1,38591 est beaucoup plus petite que la précédente; elle n'est que $\frac{1}{20}$.
Il y a 19 sur 20 à parier que l'erreur du résultat moyen ne surpassera
pas ce second produit.

La probabilité d'une erreur plus grande que la précédente devient extrêmement petite, à mesure que le facteur $\mathfrak{d}$ augmente. Elle n'est plus que $\frac{1}{200}$ lorsque $\mathfrak{d}$ approche de 2. La probabilité tombe ensuite en dessous de $\frac{1}{2000}$. Enfin, il y a beaucoup plus de vingt mille à parier contre 1 que l'erreur du résultat moyen sera au-dessous du triple de la valeur trouvée pour g. Ainsi, dans l'exemple cité, article VI, où l'on a 6 pour le résultat moyen, on peut regarder comme certain que cette valeur 6 n'est pas en défaut d'une quantité triple de la fraction 0,082, que la règle a donnée pour la valeur de g.

La grandeur cherchée H est donc comprise entre $6 - 0,246$ et $6 + 0,246$.

XII.

Pour faciliter l'application de la règle qui sert à calculer la valeur de g, nous remarquerons que l'on peut retrancher de chacune des valeurs particulières observées a, b, c, d,..., n une quantité commune u, et opérer comme si les valeurs particulières étaient

$$a - u, \quad b - u, \quad c - u, \quad \ldots, \quad n - u.$$

On trouvera toujours pour g la même quantité que si l'on n'eût rien retranché des valeurs $a, b, c, d, \ldots, n$. Par exemple, si, dans le calcul qui s'applique aux valeurs suivantes, savoir, 1000 égales à 2, 2000 égales à 5 et 1000 égales à 12, on eût retranché de chacune d'elles une quantité commune 2, on aurait eu $1000.0 + 2000.3 + 1000.10$ ou 16000 pour la somme des valeurs, et 4 pour la valeur moyenne A, dont le carré est 16. Les carrés des valeurs particulières sont 1000 fois 0, 2000 fois 9, et 1000 fois 100; la valeur moyenne de ces carrés est $29\frac{1}{2}$. Donc la différence entre la valeur moyenne des carrés et le carré du résultat moyen serait, comme précédemment, $13\frac{1}{2}$. Cela aurait lieu de la même manière, quelle que fût la quantité retranchée u.

De plus, on pourra considérer comme égales entre elles des valeurs particulières qui différeraient très peu; et en attribuant ainsi une grandeur commune à un certain nombre de ces valeurs, on rendra le calcul beaucoup plus facile.

En effet, on a principalement en vue, dans ces recherches sur la
valeur des résultats moyens, de reconnaître si ces résultats sont très
approchés, et de se former une idée juste du degré d'approximation.
Il s'agit moins de calculer la valeur entièrement exacte de la probabilité des erreurs que de prouver que la grandeur cherchée est entre
de certaines limites très voisines, et de comparer le degré de probabilité de cette dernière conclusion à la probabilité qui nous détermine
dans les actes les plus importants de la vie. Il n'est donc point nécessaire, en appliquant la règle précédente, d'avoir égard à la différence
très petite de deux valeurs observées. On peut, sans erreur sensible,
les supposer égales; et d'ailleurs, si l'intérêt de la question l'exige,
on dirigera le calcul en sorte que les conséquences s'appliquent *a for-
tiori* aux valeurs précises qui ont été observées. Les considérations de
ce genre méritent toute notre attention, parce qu'elles s'étendent à la
plupart des questions de l'Analyse des probabilités, et qu'elles en facilitent beaucoup les applications. Nous en avons déjà fait usage dans la
théorie des assurances.

XIII.

Nous ne pouvons point rapporter ici la démonstration analytique de
la règle énoncée dans l'article VI, ce qui exigerait l'emploi des formules mathématiques. On peut regretter qu'une règle usuelle, d'une
application aussi générale, n'admette point une démonstration plus
simple; mais cela tient à la nature même de la question.

Cette même règle peut être présentée sous une autre forme qu'il est
utile d'indiquer, parce qu'elle montre ses rapports avec les règles
connues. Pour déterminer la quantité désignée par g, on peut prendre
la différence entre chaque valeur particulière et le résultat moyen A,
élever au carré cette différence, puis ajouter ensemble tous les carrés;
on extrait la racine carrée du double de la somme que l'on vient de
former, et l'on divise cette racine par le nombre des valeurs : le quotient est la quantité g.

$a, b, c, d, \ldots, n$ désignant les valeurs particulières, dont le nombre est m, et A la valeur moyenne $\frac{1}{m}(a+b+c+d+\ldots+n)$, les différences entre les valeurs a, b, c, d,..., n et leur moyenne A sont $a-$A, $b-$A, $c-$A, $d-$A, ..., $n-$A.

On a donc cette expression

$$g = \frac{1}{m}\sqrt{2[(a-A)^2+(b-A)^2+(c-A)^2+\ldots+(n-A)^2]}.$$

Par exemple, si les valeurs observées étaient au nombre de 7000, savoir :

$$\begin{array}{rcl} 1000 & \text{égales à} & 13, \\ 3000 & \text{»} & 15, \\ 2000 & \text{»} & 16, \\ 1000 & \text{»} & 17, \end{array}$$

on trouverait $15\frac{2}{7}$ pour résultat moyen. Les différences entre ce résultat et chaque valeur particulière sont :

$$\begin{array}{rcl} 1000 \text{ fois} & \ldots & -\frac{16}{7} \\ 3000 & \ldots & -\frac{2}{7} \\ 2000 & \ldots & +\frac{5}{7} \\ 1000 & \ldots & +\frac{12}{7} \end{array}$$

On a $\frac{462\,000}{49}$ pour la somme des carrés de ces différences. La racine carrée du double de cette somme, étant divisée par 7000, donne, pour la valeur de g, 0,019617; on trouverait cette même valeur de g par la règle de l'article VI.

XIV.

Dans l'exemple cité précédemment, article VI, on a trouvé 0,08216 pour la valeur de g, et dans celui-ci nous avons trouvé $g' = $ 0,01962; ainsi le second résultat est beaucoup plus approché que le premier.

En appliquant à ce second exemple la table rapportée article XI, on connaîtrait quelle probabilité il y a que l'erreur positive ou négative du résultat moyen n'excède pas de certaines limites qui sont les produits de g' par les facteurs 0,47708, 1,38591, ...

Il s'ensuit qu'il est aussi probable que l'erreur du résultat moyen 6, dans le premier exemple, n'excède pas le produit de g par 0,47708 qu'il est probable que l'erreur du résultat moyen $13\frac{1}{2}$, dans le second exemple, n'excède pas le produit de g par le même facteur $0,47708$. L'une et l'autre probabilité est $\frac{1}{2}$. La probabilité d'une erreur plus grande que le produit de g par $1,38591$ dans le premier cas, et celle d'une erreur plus grande que le produit de g par $1,38591$ dans le second, sont aussi égales entre elles; leur valeur commune est $\frac{1}{10}$.

En général, la probabilité d'une erreur plus grande qu'une limite quelconque Δ dans le premier cas, et celle d'une erreur plus grande qu'une autre limite Δ' dans le second cas, sont égales entre elles si le rapport de Δ à Δ' est celui de g à g'.

Ainsi, lorsqu'on veut comparer la précision d'un résultat moyen, qu'une certaine recherche a formé, à celle du résultat moyen donné par une autre recherche, il suffit de calculer les nombres g et g', et de les comparer. Si l'un est double de l'autre par exemple, le second résultat est deux fois plus précis que le premier. En effet, une limite quelconque Δ étant proposée, il est aussi probable que l'erreur du premier résultat surpassera Δ qu'il est probable que l'erreur du second surpassera $\frac{1}{2}\Delta$. Les erreurs également possibles sont dans le rapport constant de 2 à 1.

Dans les deux exemples que nous avons cités, le rapport de g à g' étant celui de $0,08216$ à $0,01961$, les précisions respectives sont dans le rapport inverse, de 1961 à 8216. Le second résultat est plus de quatre fois plus précis que le premier, parce que, à probabilité égale, les erreurs auxquelles on est exposé sont quatre fois plus grandes dans le premier cas que dans le second.

XV.

L'énoncé de la règle, tel que nous l'avons donné dans l'article VI, fait connaitre immédiatement que la précision du résultat moyen augmente comme la racine carrée du nombre des observations. En effet, si l'on considère un grand nombre d'observations, on peut regarder la valeur du résultat moyen comme invariable et ne dépendant point du nombre des valeurs, mais seulement de leur grandeur propre. Il en est de même de la moyenne des carrés de ces valeurs : ainsi la différence entre la valeur moyenne des carrés et le carré A^2 du résultat moyen est sensiblement indépendante du nombre des observations. Or on divise la racine carrée du double de cette différence par la racine carrée du nombre m, pour trouver la valeur normale g, et le triple de g est la limite des plus grandes erreurs. On voit donc que cette plus grande erreur possible décroît à mesure que le nombre m augmente, et qu'elle décroît en raison inverse de la racine carrée du nombre m.

Quant à l'erreur dont la probabilité est $\frac{1}{2}$, nous savons qu'elle est toujours proportionnelle à la quantité g; et il en est de même d'une erreur quelconque dont la probabilité est donnée. Donc, pour une même recherche, la précision du résultat moyen change à mesure que le nombre des valeurs observées augmente. Elle devient double si le nombre des valeurs devient quatre fois plus grand, triple si ce nombre devient neuf fois plus grand, ainsi de suite. Cette conséquence est simple et remarquable; elle doit être connue de tous ceux qui se livrent à des recherches statistiques; elle montre combien il faut multiplier les observations pour que les résultats acquièrent un degré donné d'exactitude.

XVI.

Ce Mémoire présente l'application des théories connues à l'une des questions fondamentales de la Statistique. Pour montrer l'ensemble des propositions qu'il contient, nous indiquerons dans l'alinéa suivant le sommaire de chaque article.

Quant à la conclusion générale, on peut l'exprimer ainsi : lorsqu'on a trouvé un résultat moyen A en réunissant un grand nombre m de valeurs particulières et divisant la somme de ces valeurs par leur nombre m, il reste à évaluer le degré d'approximation. Il faut, pour cela, élever au carré chacune des valeurs particulières, former la valeur moyenne de ces carrés en divisant leur somme par leur nombre, qui est m; on retranche de cette valeur moyenne des carrés le carré A^2 du résultat moyen; on divise le double de la différence par le nombre m, et l'on extrait la racine carrée du quotient; on trouve ainsi une quantité g qui sert à mesurer le degré d'approximation : la précision du résultat est en raison inverse de ce nombre g. L'erreur du résultat sera positive ou négative; mais on doit regarder comme certain dans la pratique que la valeur absolue de cette erreur est moindre que le triple de g. On trouverait aussi cette même quantité g en divisant par m la racine carrée du double de la somme des carrés des différences entre le résultat moyen et chacune des valeurs particulières.

Sommaires des Articles.

I. L'objet du Mémoire est de donner une règle usuelle et générale pour estimer la précision des résultats moyens.

II. Le degré d'approximation pourrait être indiqué par la comparaison des deux valeurs moyennes que fournissent deux séries d'observations.

III. L'expérience fondée sur des observations nombreuses et très variées peut faire connaître exactement les lois des phénomènes dont la cause est ignorée.

IV. Remarque sur le calcul de la durée des générations humaines.

V. Conditions nécessaires à l'exactitude des recherches de ce genre.

VI. Énoncé de la règle qui donne la mesure du degré d'approximation.

VII. Définition mathématique de l'erreur du résultat moyen.

VIII. Forme commune à toutes les solutions que l'on déduit de l'Analyse des probabilités.

IX. Erreurs de mesures dans l'usage des instruments : définition de l'erreur moyenne.

X. Les mêmes notions s'appliquent aux erreurs des résultats moyens.

XI. On peut déterminer quelle probabilité il y a que l'erreur du résultat moyen est comprise entre des limites proposées; Table relative à ce calcul.

XII. On facilite l'application de la règle de l'article VI : 1° en retranchant une quantité commune de chacune des valeurs particulières; 2° en réunissant comme sensiblement égales des valeurs qui diffèrent très peu. Remarque générale sur l'usage du Calcul des probabilités.

XIII. On peut aussi trouver la mesure du degré d'approximation en divisant par le nombre des valeurs la racine carrée du double de la somme des carrés des différences entre le résultat moyen et chaque valeur particulière. Le quotient est la quantité désignée par g dans l'article VI.

XIV. Le quotient de l'unité divisée par le nombre g est la mesure exacte de la précision d'un résultat moyen.

XV. Cette précision augmente proportionnellement à la racine carrée du nombre des valeurs observées.

XVI. Résumé et conclusion.

SECOND MÉMOIRE

SUR

LES RÉSULTATS MOYENS

ET SUR

LES ERREURS DES MESURES.

SECOND MÉMOIRE

SUR

LES RÉSULTATS MOYENS

ET SUR

LES ERREURS DES MESURES.

Recherches statistiques sur la ville de Paris et le département de la Seine; 1829.

I.

Exposé de la question. Elle a pour objet de découvrir suivant quelle loi l'erreur d'un résultat dépend des erreurs partielles des mesures.

On a publié, dans le IIIe Tome de cette collection, une règle qui sert à estimer la précision des résultats moyens déduits d'un grand nombre d'observations; on se propose de compléter ici l'usage de cette règle, en y ajoutant un procédé du même genre pour les résultats du calcul qui se forment de quantités de différente nature en nombre quelconque.

Dans les applications des Sciences mathématiques, les quantités inconnues qu'il s'agit de déterminer ne sont pas des nombres dont la valeur est entièrement fixe; ces valeurs sont seulement très approchées. Les erreurs qu'il est impossible d'éviter sont comprises entre certaines limites : la connaissance de ces limites est très importante; et l'on peut dire que toute application du calcul est vague et incertaine si l'on ne parvient pas à estimer l'étendue de l'erreur dont le résultat peut être affecté.

On a vu, dans le Mémoire cité M, Tome III de cette collection, année 1826 (page ix), qu'il est facile d'estimer la précision des résultats moyens : nous donnons maintenant une seconde règle dont l'application n'est pas moins simple et qui convient à des recherches beaucoup plus étendues.

Nous supposerons donc que plusieurs quantités a, b, c, ... sont données, et que l'on détermine par le calcul une grandeur inconnue x qui dépend des valeurs données a, b, c, ...; le nombre de ces données varie selon l'espèce de la question.

On peut considérer seulement deux grandeurs connues a, b. La quantité cherchée x se trouverait en effectuant sur ces deux grandeurs a et b une certaine opération. Cela aurait lieu, par exemple, si l'on avait à déterminer une hauteur verticale nm dont l'extrémité

Fig. 1.

supérieure n est inaccessible. On trace sur le plan horizontal une droite pm qui joint un point p de ce plan et l'extrémité inférieure m de la hauteur cherchée mn. On mesure : 1° la longueur pm de cette base horizontale; 2° l'angle npm compris entre la base pm et la ligne inclinée pn. Si l'on désigne par a l'angle mesuré npm et par b la longueur de la base pm mesurée sur le plan horizontal, la hauteur verticale mn peut être facilement calculée. Cette hauteur verticale mn est une certaine fonction des deux quantités connues a et b. Ce mot de fonction, dont les géomètres font un fréquent usage, exprime que, les deux quantités a et b étant données, on doit effectuer sur a et b une certaine opération dont le dernier résultat détermine en nombre la hauteur inconnue mn.

Le nombre des quantités données pourrait être plus grand; ainsi l'inconnue pourrait être une certaine fonction de trois données différentes a, b, c. On aurait à effectuer sur ces trois données une certaine opération dont la nature est supposée connue, et qui dépend de l'espèce de la fonction. Le résultat de la dernière opération effectuée sur les trois données a, b, c déterminerait en nombre l'inconnue x.

Par exemple, si l'on a mesuré sur le terrain la longueur a d'une base pm, et si l'on veut connaître la distance mn du point m de cette

Fig. 2.

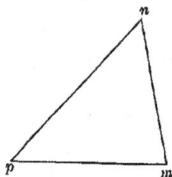

base à un point éloigné n que l'on ne peut pas atteindre, mais que l'on voit de chacune des deux extrémités m et p de la base, on sait qu'il suffit de mesurer : 1° l'angle pmn compris entre la longueur inconnue mn et la base mp; 2° l'angle npm. En effet, si l'on connaît en nombres la longueur mp de la base et les deux angles mesurés, savoir pmn et mpn, on détermine facilement, par une opération trigonométrique, la distance inconnue mn; elle est une certaine fonction des trois quantités mesurées, savoir de la base pm, que nous désignons par a, et des deux angles mpn et pmn, que nous désignons respectivement par b et c. Il entre donc trois quantités connues a, b, c dans l'expression de l'inconnue x.

Il peut arriver que la nature de la fonction soit beaucoup plus simple; par exemple, si l'on se proposait de déterminer le volume d'un prisme rectangulaire dont on mesurerait la hauteur a, la longueur b et la largeur c, il suffirait de former le produit des trois dimensions a, b, c, et ce produit exprimerait en nombre le volume du prisme.

Les exemples précédents suffisent pour donner une juste idée des questions qui sont l'objet de notre recherche.

On suppose, en général, que des quantités connues, en nombre quelconque, a, b, c, d, ... ont été mesurées, et qu'il s'agit de déterminer la valeur d'une inconnue x, qui est une certaine fonction des données a, b, c, d, ... La nature de la fonction est supposée connue, c'est-à-dire que l'on sait comment on doit opérer sur toutes les données a, b, c, d, ... pour que le résultat de la dernière opération effectuée soit la grandeur inconnue x. Cela posé, il s'agit de connaître comment les erreurs, qu'il est impossible d'éviter dans la mesure des données, peuvent influer sur l'erreur qui en doit provenir lorsqu'on détermine par le calcul la valeur de l'inconnue x.

II.

Exemples propres à faire connaître la nature de cette question.

Quelque soin que l'on apporte dans la mesure des quantités données, il est évident que l'on sera toujours exposé à des erreurs de mesures d'autant plus grandes que les instruments seront moins précis. On a vu, dans le Mémoire cité M, que, en multipliant les observations et prenant la valeur moyenne des résultats, on peut diminuer indéfiniment l'erreur de la mesure, et que, si le nombre de ces observations est assez grand, on obtient un résultat moyen qui ne peut être affecté que d'une très petite erreur; et, ce qui est fort important, on connaît, par l'application de la règle générale, l'erreur moyenne à laquelle on est exposé et dont la probabilité est $\frac{1}{2}$. Nous avons défini cette erreur moyenne dans l'article XI du Mémoire M; et il est nécessaire, avant de poursuivre la recherche actuelle, de se rappeler très distinctement cette définition et les conséquences exposées dans les articles XI, XIV et XV de ce Mémoire M. Nous supposerons donc que, par l'application de ces principes et de la règle générale qui en dérive, on connaît, pour chacune des quantités données dont la grandeur inconnue est une certaine fonction, l'erreur moyenne dont la probabilité est $\frac{1}{2}$.

On déterminera, par le même calcul, les limites de la plus grande erreur possible. En effet, on a vu, article XI, Mémoire M, que le triple de la valeur désignée par g, article X (M), surpasse la plus grande erreur positive ou négative à laquelle on soit exposé; car, sur plus de vingt mille chances, il n'y en a qu'une qui donne lieu à cette erreur. Or le calcul fait connaître la valeur de g. Ainsi $3g$ est la limite de la plus grande erreur; et, en multipliant g par le facteur 0,47708, on détermine l'erreur moyenne.

Lorsqu'on cherche une quantité inconnue dont la valeur est une certaine fonction d'une base horizontale et de deux angles, on peut supposer que chacun de ces deux angles a été mesuré par la répétition d'un assez grand nombre d'observations, et qu'il en est de même de la longueur de la base; en sorte que l'on connaît, pour chacune de ces trois grandeurs données a, b, c, l'erreur moyenne, dont la probabilité est $\frac{1}{2}$ selon la définition de l'article IX (M). Par exemple, on estimerait à une minute l'erreur moyenne de chacun des angles a et b, c'est-à-dire qu'il serait aussi probable que l'erreur commise en mesurant chacun de ces angles surpasserait une minute qu'il serait probable que cette erreur serait au-dessous d'une minute. Quant à la longueur de la base, l'erreur moyenne pourrait être, par exemple, un centimètre; en sorte qu'on n'aurait pas plus de motifs de croire que l'erreur commise dans cette mesure serait plus grande qu'un centimètre qu'on n'aurait de motif de croire que cette erreur serait moindre qu'un centimètre. Or, abstraction faite du signe, l'erreur à laquelle on serait exposé en prenant pour la grandeur inconnue x la fonction des trois quantités a, b, c dépend des trois erreurs partielles que l'on aurait pu commettre en mesurant ces trois données. L'erreur commise dans la mesure de chacun des angles influe d'une certaine manière sur l'erreur du résultat calculé, et l'erreur de la mesure de la base c influe aussi sur l'erreur du résultat total du calcul. La question que nous avons en vue consiste à examiner quelle peut être l'influence

II.   70

respective des trois erreurs partielles, en sorte que, connaissant l'erreur moyenne que l'on peut attribuer à chacune de ces mesures partielles, on en conclue l'erreur moyenne qui peut être attribuée à la
valeur inconnue, fonction des trois quantités données a, b, c.

Le nombre des quantités données, dont l'inconnue x est une certaine fonction, pourrait être beaucoup plus grand que trois. Par
exemple, si l'on avait à mesurer la différence de niveau de deux points
éloignés, on diviserait la distance totale en un certain nombre de parties, et, en appliquant l'instrument à chaque portion de cet intervalle,
on en conclurait la différence de niveau des deux extrémités.

Il en serait de même si, ayant à mesurer la distance de deux points
donnés, on appliquait la mesure à différentes portions de cet intervalle; la somme des résultats ferait connaître d'une manière approchée
la distance totale.

C'est principalement à des opérations de ce genre que l'on se propose d'appliquer la règle qui est l'objet actuel de notre recherche.
En général, on suppose qu'une grandeur x est une certaine fonction
$F(a, b, c, d, ...)$ de plusieurs quantités données a, b, c, d, ... Le
caractère de cette fonction est connu. Par exemple, il suffit, pour
trouver x, d'ajouter ensemble toutes les quantités mesurées; généralement, il faut opérer d'une certaine manière sur toutes les quantités
données a, b, c, d, e, ..., et le résultat de la dernière opération est la
valeur de x. Or on suppose que, pour chacune des quantités données,
on connaisse par expérience l'erreur moyenne qui peut être commise,
ou les limites entre lesquelles cette erreur est certainement comprise.
On demande quelle est l'erreur moyenne qui correspond au résultat
calculé, et quelles sont les limites entre lesquelles est certainement
comprise l'erreur de ce résultat.

III.

Expression différentielle de l'erreur du résultat calculé. Cette expression ne suffirait point pour résoudre la question que l'on doit se proposer.

Avant d'énoncer la règle générale qu'il faut suivre pour déterminer cette erreur moyenne du résultat du calcul, il est nécessaire de faire remarquer l'influence que peut avoir chaque erreur partielle sur l'erreur du résultat. L'Analyse mathématique résout facilement cette dernière question par la méthode différentielle ; mais, comme l'expression analytique n'est point assez généralement connue, nous y ajouterons plus bas une règle pratique d'un usage très facile, et qui, dans tous les cas possibles, conduit au même résultat. Voici, en premier lieu, l'expression analytique.

Nous désignons par $da, db, dc, \ldots$ l'erreur de chacune des mesures partielles. La fonction $F(a, b, c, \ldots)$ représente cette fonction connue qui exprime la valeur de x. Cette fonction indique une suite d'opérations qu'il faut effectuer sur les quantités données $a, b, c, \ldots$, afin que le résultat de la dernière opération soit x. Cela posé, on différentiera, par rapport à chacune des variables $a, b, c, \ldots$, l'équation

$$(1) \qquad x = F(a, b, c, \ldots),$$

et l'on trouvera

$$(2) \quad dx = F_1(a, b, c, \ldots)\, da + F_2(a, b, c, \ldots)\, db + F_3(a, b, c, \ldots)\, dc + \ldots.$$

Les coefficients $F_1(a, b, c, \ldots)$, $F_2(a, b, c, \ldots)$, $F_3(a, b, c, \ldots)$, $\ldots$ sont des fonctions de ces mêmes variables $a, b, c, \ldots$, et les valeurs numériques de ces fonctions, que nous désignerons par $F_1, F_2, F_3, \ldots$, peuvent être calculées, parce qu'on y attribue aux variables $a, b, c, \ldots$ les valeurs respectives qui proviennent des mesures. Quant aux facteurs $da, db, dc, \ldots$, placés dans la formule (2) à la suite des coefficients différentiels $F_1, F_2, F_3, \ldots$, ils représentent des quantités très petites, savoir les erreurs que l'on a commises en mesurant les grandeurs données $a, b, c, \ldots$. Par exemple, si l'une des grandeurs

SECOND MÉMOIRE SUR LES RÉSULTATS MOYENS

mesurées a est une ligne droite prise pour base, l'erreur de la mesure pourrait être d'un centimètre. Si cette grandeur a était un angle, l'erreur da de la mesure pourrait être exprimée ainsi $da = \frac{\pi}{180.60}$ ou une minute, π désignant, selon l'usage, la longueur de la demi-circonférence du cercle dont le rayon est 1. L'équation (2) pourrait donc faire connaître l'erreur de l'inconnue x si les erreurs respectives des grandeurs données da, db, dc, ... étaient connues. Mais c'est une question très différente que nous avons à résoudre; car les erreurs effectives da, db, dc, ... ne sont pas connues. On sait seulement, par l'usage répété de l'instrument qui sert à la mesure, que ces erreurs ne peuvent excéder certaines limites, et l'on regarde comme certain, dans la pratique, que la valeur exacte de la grandeur mesurée est comprise entre les deux valeurs que l'on trouve en ajoutant au résultat mesuré une quantité assez petite, que nous désignons par Da, et en retranchant Da du résultat mesuré.

Or il faut trouver, pour l'erreur de la grandeur inconnue x, une petite quantité Dx analogue à Da, c'est-à-dire telle qu'on soit précisément aussi assuré que la valeur trouvée pour x est comprise entre $x - Dx$ et $x + Dx$ qu'on est assuré que la valeur de a qui a été mesurée est comprise dans le résultat de la mesure augmentée de Da et ce même résultat diminué de Da.

IV.

Énoncé de la règle générale qui résout cette dernière question; calcul de la limite de l'erreur.

Ayant résolu cette dernière question par une analyse exacte, nous sommes parvenu à une règle générale exprimée par l'équation suivante :

$$(3) \qquad \text{D}x = \sqrt{(F_1\,\text{D}a)^2 + (F_2\,\text{D}b)^2 + (F_3\,\text{D}c)^2 + \dots}$$

Les valeurs numériques de F_1, F_2, F_3, ... sont connues. Celles des petites quantités Da, Db, Dc, ... sont données aussi, parce que l'application répétée de l'instrument a fait connaître que les erreurs des grandeurs mesurées a, b, c, ... sont respectivement comprises entre $a - Da$ et $a + Da$, $b - Db$ et $b + Db$, $c - Dc$ et $c + Dc$, ... Ainsi l'on déterminera, par l'équation (3), la valeur de Dx, et l'on en conclura que la valeur exacte de x ne diffère de celle que donne l'équation (1), savoir $x = F(a, b, c, ...)$, que d'une quantité positive ou négative moindre que Dx.

Nous avons remarqué plus haut que les limites Da, Db, Dc, ... des plus grandes erreurs que l'on puisse attribuer aux valeurs mesurées a, b, c, ... sont indiquées par l'application répétée de l'instrument. En effet, si l'on calcule le nombre que nous désignons par g dans les articles IX et suivants du Mémoire M, on sera assuré que le triple de ce nombre g surpasse la plus grande erreur positive ou négative à laquelle on est exposé en prenant pour a le résultat moyen donné par l'instrument. C'est cette valeur $3g$ que l'on prendra pour Da; en appliquant un calcul semblable à la valeur mesurée b, on connaîtra Db. Il en sera de même des limites des erreurs qui conviennent à toutes les quantités a, b, c, ... On peut donc, en appliquant l'équation (3), calculer ainsi la valeur de Dx.

V.

Application de la même règle au calcul de l'erreur moyenne.

Considérons maintenant la valeur moyenne telle qu'elle a été définie dans l'article IX du Mémoire M, et désignons par da cette erreur moyenne qui se rapporte à la grandeur mesurée a. On sait que cette erreur moyenne dépend aussi du nombre g; ainsi, ayant calculé la valeur de g qui provient de la formule rapportée dans l'article X du Mémoire M, on multipliera g par le facteur 0,47708, et l'on connaîtra l'erreur moyenne da. On opérera de la même manière pour b, c, ..., et l'on trouvera les erreurs moyennes db, dc, ...; il ne reste plus qu'à substituer, dans la formule (3), ces valeurs da, db, dc, ... au lieu de Da, Db, Dc, ... Le premier membre de l'équation exprimera la valeur cherchée de dx; on connaitra donc quelle est l'erreur moyenne que l'on peut attribuer à l'inconnue.

VI.

Remarques sur l'emploi de cette règle; énoncé exact de la conséquence qu'elle fournit.

L'analyse précédente se réduit aux propositions que nous allons énoncer. L'équation (1), savoir $x = F(a, b, c, \ldots)$, donne, par hypothèse, la valeur de x en fonction de a, b, c. .... grandeurs connues qui ont été mesurées. Les valeurs qui proviennent de ces mesures sont a, b, c, ... et elles sont affectées de petites erreurs désignées par da, db, dc. .... L'équation différentielle (2), savoir

$$dx = F_1\, da + F_2\, db + F_3\, dc + \ldots,$$

ferait connaître l'erreur dx du résultat si les erreurs partielles da, db, dc, ... étaient connues. L'équation (3), savoir

(3) $$Dx = \sqrt{(F_1\, Da)^2 + (F_2\, Db)^2 + (F_3\, Dc)^2 + \ldots}.$$

exprime que la valeur de x, déduite de l'équation (1) en mettant pour a, b, c, ... les résultats des mesures, est assujettie à une certaine erreur Dx, et que la valeur exacte de x est comprise entre $x - Dx$ et $x + Dx$, Da, Db, Dc, ... désignant les limites des plus grandes erreurs que l'on peut supposer dans les résultats des mesures de a, b, c, ... Enfin l'équation (4), savoir

(4) $$dx = \sqrt{(F_1\, da)^2 + (F_2\, db)^2 + F_3\, dc)^2 + \ldots},$$

exprime l'erreur moyenne dx de l'inconnue x, lorsqu'on désigne par da, db, dc, ... les erreurs moyennes des résultats des mesures.

Ce sont ces équations (3) et (4) qui fournissent des conséquences très utiles et très générales dans les applications du calcul. Il ne faut jamais perdre de vue la définition de l'erreur moyenne et considérer qu'une erreur moyenne partielle da est celle dont la probabilité est $\frac{1}{2}$; ainsi, en répétant la mesure un très grand nombre de fois, il arriverait deux cas différents, celui où l'erreur serait moindre que da et celui où l'erreur commise surpasserait da. Or, en comparant le nombre des événements du premier cas à celui du second, le rapport de ces deux nombres approcherait d'autant plus de l'unité que le nombre des événements serait plus grand, et l'unité est la limite de ce rapport. Il en est exactement de même de l'erreur moyenne dx exprimée par l'équation (4). L'erreur que l'on pourrait commettre en faisant x égal à $F(a, b, c, \ldots)$ est précisément aussi possible que l'erreur da ou db, ou $dc, \ldots$. La probabilité de commettre une quelconque de ces erreurs est $\frac{1}{2}$.

En considérant donc un très grand nombre de cas, il arrivera autant de fois que l'erreur commise en prenant x égal à $F(a, b, c, \ldots)$ sera au-dessous de dx qu'il arrivera de fois que cette erreur surpassera dx.

VII.

Application au cas où l'inconnue est égale à la somme des quantités mesurées.

Pour exposer complètement les conséquences que fournissent les équations (2), (3), (4), il conviendrait de multiplier les exemples; ceux que nous allons rapporter présenteront du moins quelques applications.

Le cas le plus simple est celui où l'inconnue est formée de la somme ou des différences des quantités mesurées. C'est ce qui a lieu dans les nivellements, et en général lorsqu'on divise en plusieurs parties la quantité inconnue et que, ayant mesuré séparément chacune des parties, on en conclut le résultat total.

Supposons donc que la fonction désignée précédemment par $F(a, b, c, d, e, f, \ldots)$ soit $a + b + c + d + e + \ldots$, l'équation (1) devient

$$(1) \qquad x = a + b + c + \ldots;$$

on conclut, par la différentiation, l'équation (2) ou

$$(2) \qquad dx = da + db + dc + \ldots;$$

donc, Da, Db, Dc, ... désignant les limites respectives des plus grandes erreurs que l'on puisse commettre en mesurant a, b, c, ..., on a

$$(3) \qquad Dx = \sqrt{Da^2 + Db^2 + Dc^2 + \ldots},$$

et, si l'on représente par da, db, dc, ... les erreurs moyennes et supposées connues des quantités a, b, c, ..., on a

$$(4) \qquad dx = \sqrt{da^2 + db^2 + dc^2 + \ldots}.$$

Il faut donc concevoir : 1° que l'application répétée des instruments a fait connaître que, en mesurant les quantités a, b, c, ..., les plus grandes erreurs que l'on puisse commettre sont comprises entre $a - Da$ et $a + Da$, $b - Db$ et $b + Db$, $c - Dc$ et $c + Dc$, ..., et l'on conclut de l'équation (3) que la plus grande erreur que l'on commettra en prenant pour x la somme des longueurs partielles a, b, c, ... est comprise entre cette somme $a + b + c + \ldots$ augmentée de $\sqrt{Da^2 + Db^2 + Dc^2 + \ldots}$ et $a + b + c + \ldots - \sqrt{Da^2 + Db^2 + Dc^2 + \ldots}$. Cet énoncé donne lieu à la remarque suivante.

VIII.

Remarque sur le résultat que l'on trouverait en ne considérant que les plus grandes limites des erreurs partielles.

Puisque la plus grande erreur que l'on peut commettre en mesurant la quantité a est, par hypothèse, moindre que la valeur absolue Da, on conclut que la valeur de a est certainement comprise entre $a - Da$ et $a + Da$; et, puisqu'il en est de même des limites $\pm Db$, $\pm Dc$, ... et des erreurs des mesures pour b, c, d, ..., il s'ensuit que, si, dans l'expression $x = a + b + c + \ldots$ on donne aux parties a, b, c, ... leurs plus grandes valeurs possibles, qui sont $a + Da$, $b + Db$, $c + Dc$, ..., on trouvera la plus grande valeur possible de la somme. On trouverait ensuite la moindre valeur possible de la somme en prenant pour a, b, c, ... leurs moindres valeurs possibles, qui seraient $a - Da$, $b - Db$, $c - Dc$, ...; donc la valeur de x serait certainement comprise entre la somme $a + b + c + \dots$ augmentée de $\mathrm{D}a + \mathrm{D}b + \mathrm{D}c + \dots$ et cette somme diminuée de $\mathrm{D}a + \mathrm{D}b + \mathrm{D}c + \dots$; mais on n'aurait ainsi qu'une connaissance bien imparfaite des limites de l'erreur que l'on peut commettre en prenant pour x la somme $a + b + c + \dots$ des grandeurs mesurées. En effet, ces limites extrêmes

$$a + b + c + \dots - \mathrm{D}a - \mathrm{D}b - \mathrm{D}c - \dots$$
et
$$a + b + c + \dots + \mathrm{D}a + \mathrm{D}b + \mathrm{D}c + \dots$$

comprennent certainement la valeur exacte de x; mais elles ne sont pas assez rapprochées, et l'intervalle est excessif, ce qui a lieu surtout lorsque les quantités données a, b, c, $\dots$ sont en assez grand nombre. Il n'en est pas de même des limites que donne l'équation (3), savoir

$$a + b + c + \dots + \sqrt{\mathrm{D}a^2 + \mathrm{D}b^2 + \mathrm{D}c^2 + \dots}$$
et
$$a + b + c + \dots - \sqrt{\mathrm{D}a^2 + \mathrm{D}b^2 + \mathrm{D}c^2 + \dots}.$$

Ces dernières limites correspondent précisément aux limites $a - \mathrm{D}a$, $b - \mathrm{D}b$, $c - \mathrm{D}c$, $\dots$, $a + \mathrm{D}a$, $b + \mathrm{D}b$, $c + \mathrm{D}c$, $\dots$; c'est-à-dire qu'il est précisément aussi probable que l'erreur de x, en plus ou en moins, n'excède pas $+ \sqrt{\mathrm{D}a^2 + \mathrm{D}b^2 + \mathrm{D}c^2 + \dots}$ qu'il est probable que l'erreur de a, en plus ou en moins, n'excède pas $\mathrm{D}a$. Une erreur de a plus grande que $\mathrm{D}a$ n'est pas rigoureusement impossible; mais, dans la pratique, on doit exclure cet événement, parce que sa probabilité est plus petite qu'un vingt-millième.

Or la possibilité de commettre, en plus ou en moins, une erreur plus grande que $\sqrt{\mathrm{D}a^2 + \mathrm{D}b^2 + \mathrm{D}c^2 + \dots}$ en prenant pour x la somme $a + b + c + \dots$ est exactement la même que la possibilité de commettre sur la valeur de a une erreur plus grande que $\mathrm{D}a$. La probabilité de l'un et l'autre événement est la même, et elle est plus petite qu'un vingt-millième.

La même conséquence s'applique aux erreurs $\mathrm{D}b$, $\mathrm{D}c$, $\dots$. La probabilité de commettre, dans les mesures respectives de a, b, c, $\dots$, des erreurs positives ou négatives qui surpassent $\mathrm{D}a$, $\mathrm{D}b$, $\mathrm{D}c$, $\dots$ est, par

II. 71

hypothèse, la même pour chacun de ces événements. Cela dérive de
la manière dont on a déterminé ces limites Da, Db, Dc, ...: car, après
avoir trouvé, par le calcul du résultat moyen, et séparément pour a,
b, c, ..., la valeur du nombre g, en faisant l'application de la règle
de l'article IX, Mémoire M, on a pris, pour chacun de ces cas, le
triple du nombre g. Par conséquent, la probabilité désignée par P,
dans la seconde colonne du Tableau de l'article XI, sera la même pour
chacun de ces cas, puisque le facteur ∂ est le même, savoir 3. Or la
probabilité P, commune aux erreurs Da, Db, Dc, ..., est aussi commune à l'erreur Dx exprimée par l'équation (3). On serait exactement aussi fondé à croire que, en prenant pour x la somme
$a + b + c + ...$, on commettrait une erreur positive ou négative plus
grande que $\sqrt{\mathrm{D}a^2 + \mathrm{D}b^2 + \mathrm{D}c^2 + ...}$ que l'on serait fondé à admettre
pour a, b, c, ... une erreur plus grande que Da, Db, Dc, ...

On trouve la même conclusion si l'on considère les erreurs moyennes
da, db, dc, ... En effet, pour trouver ces petites quantités da, db,
dc, ..., on a calculé séparément les valeurs du nombre g qui conviennent aux quantités mesurées a, b, c, ..., et l'on a multiplié chacun
de ces nombres g par un même facteur, savoir 0,47708 : c'est en cela
que consiste l'application de la règle qui donne l'erreur moyenne,
articles IX, X, XI du Mémoire M. Donc la probabilité de l'erreur
moyenne da est la même que celle de l'erreur moyenne db ou de
l'erreur moyenne dc. Cette probabilité commune est $\frac{1}{2}$: car les principes analytiques dont nous avons déduit l'équation (4) prouvent que
la probabilité de commettre une erreur positive ou négative égale à
$\sqrt{da^2 + db^2 + dc^2 + ...}$, en prenant pour x la somme $a + b + c + ...$,
est la même que celle des erreurs partielles da, db, dc, ...

IX.

Expression de l'erreur moyenne dans le cas général.

En général, lorsqu'on emploie l'équation (4) pour estimer l'erreur
que l'on peut commettre en prenant pour x la valeur donnée par le

calcul, savoir

$$x = F(a, b, c, \ldots),$$

on trouve que l'expression

$$dx = \sqrt{(F_1\,da)^2 + (F_2\,db)^2 + (F_3\,dc)^2 + \ldots}$$

est celle de l'erreur moyenne dx; ainsi la probabilité de se tromper, en plus ou en moins, de cette quantité dx est exactement $\frac{1}{2}$. Il y a autant à parier que l'erreur du résultat du calcul surpasse dx qu'il y a à parier que cette erreur est au-dessous de dx. Si donc on supposait que l'on applique un très grand nombre de fois la formule

(1) $$x = F(a, b, c, \ldots)$$

en mesurant les données a, b, c, ... et prenant chaque fois x égal à $F(a, b, c, \ldots)$, on commettrait dans chacun de ces calculs une certaine erreur sur la détermination de x, et cette erreur pour x proviendrait de celles que l'on aurait commises en mesurant a, b, c, ... D'un autre côté, on peut déterminer, par l'application de la règle générale des résultats moyens, Mémoire M, les erreurs moyennes da, db, dc, ..., et en conclure la quantité

$$dx = \sqrt{(F_1.da)^2 + (F_2\,db)^2 + (F_3\,dc)^2 + \ldots}$$

pour chacune des erreurs que l'on commet sur x en prenant x égal à $F(a, b, c, \ldots)$; et il peut arriver que cette erreur surpasse dx, ou soit moindre que dx. Cela posé, la conséquence analytique exprime que l'un des cas est précisément aussi probable que l'autre : ils arriveraient l'un et l'autre un même nombre de fois sur un très grand nombre d'applications du même calcul. Le rapport de ces deux nombres de fois approche continuellement de l'unité, qui en est la limite.

X.

Mesure de la probabilité d'une erreur quelconque.

Si, au lieu de multiplier le nombre g par le facteur 0.47708, on choisit un autre facteur commun, on trouvera une autre expression

de l'erreur du résultat. Cette erreur ne sera point dx, et la probabilité
ne sera point $\frac{1}{2}$; elle sera égale au nombre P (Mémoire M, article XI)
qui répond au facteur que l'on aura choisi. On connaîtra donc, dans
tous les cas, la probabilité de cette erreur différente de dx.

XI.

L'erreur que l'on déduirait de l'expression différentielle serait excessive. Exemple
particulier qui montre la vérité de cette remarque.

Nous avons dit que, en attribuant aux erreurs partielles Da, Db,
Dc, ... les plus grandes valeurs que l'on puisse admettre d'après la nature connue de l'instrument qui sert à mesurer ces quantités, on trouverait facilement les limites extrêmes de l'erreur que l'on peut commettre en prenant pour x la valeur

$$x = F(a, b, c, \ldots),$$

mais que ces limites sont trop distantes et diffèrent beaucoup des
résultats exposés dans le présent Mémoire. En effet, si l'on applique
l'équation différentielle

(2) $$Dx = F_1\, Da + F_2\, Db + F_3\, Dc + \ldots$$

et si l'on attribue à Da, Db, Dc. .... les plus grandes valeurs ou positives ou négatives qu'il soit possible d'admettre pour les erreurs de
mesure Da, Db, Dc, ..., il est certain que le second membre de l'équation (2) donnera pour Dx deux limites, dont l'une, formée de quantités toutes positives, surpassera la plus grande erreur possible, et
l'autre, formée de quantités toutes négatives, excédera aussi la plus
grande erreur négative. On serait donc assuré que toute erreur possible de x est comprise entre ces limites. Par exemple, supposons que
la fonction $F(a, b, c, \ldots)$ soit celle-ci $a^2 + b^2 + c^2 + \ldots$. on aura.
pour l'équation (2),

(2) $$Dx = 2a\, Da + 2b\, Db + 2c\, Dc + \ldots$$

Si actuellement on connaît. par l'expérience commune de l'instrument qui sert à mesurer a, que jamais l'erreur commise en plus n'excède Da et que jamais l'erreur commise en moins n'excède Da, et si l'on connaît aussi pour les autres quantités b, c, ... les plus grandes erreurs Db, Dc, ... qu'il soit possible de commettre, on substituera, dans l'équation (2) :

1° Les valeurs extrêmes de Da, Db, Dc, ... qui rendraient tous les termes positifs;

2° Ces mêmes plus grandes valeurs de Da, Db, Dc, ... qui rendraient tous les termes négatifs.

Prenant donc pour Dx la somme de tous les termes positifs, et ensuite la somme de tous les termes négatifs, on obtiendra deux limites entre lesquelles sera nécessairement comprise la valeur éventuelle de Dx, et l'on connaîtra, par ce moyen, les limites extrêmes des erreurs auxquelles on est exposé en déterminant x par le calcul, c'est-à-dire en prenant x égal à la somme des carrés $a^2 + b^2 + c^2 + \ldots$. Ce sont les limites d'erreurs que l'on déterminerait par l'équation (2); mais, en ne faisant ainsi aucun usage de l'Analyse des probabilités, on estimerait mal la précision du résultat : il est plus exact que ne l'indique cette équation (2). On doit rapprocher les limites, et conclure que le résultat du calcul est compris entre ces nouvelles limites. C'est cette conclusion que donne l'équation (3), savoir

(3) $$Dx = \pm \sqrt{(2aDa)^2 + (2bDb)^2 + 2cDc)^2 + \ldots}$$

En la comparant à l'équation (2), savoir

$$Dx = 2aDa + 2bDb + 2cDc + \ldots,$$

on voit que, au lieu de prendre la somme des termes supposés tous positifs, on prend la racine carrée de la somme des carrés de ces mêmes termes. Or ce dernier résultat a toujours une valeur absolue moindre que la somme des termes tous positifs.

XII.

Dans le cas général, l'équation différentielle (2) est

$$dx = F_1\,da + F_2\,db + F_3\,dc + \dots$$

et l'équation (3) est

(3) $$Dx = \sqrt{(F_1\,Da)^2 + (F_2\,Db)^2 + (F_3\,Dc)^2 + \dots}$$

Cette dernière équation diffère de la précédente (2) en ce que la somme des termes $F_1\,Da$, $F_2\,Db$, ..., que l'on supposerait tous positifs, est remplacée par la racine carrée de la somme des carrés de mêmes termes; or cette racine carrée est toujours moindre que la somme des termes supposés tous positifs. Une construction simple rend cette dernière conséquence sensible; en effet, à l'extrémité de la droite o 1, dont la longueur est a, on élève sur o 1 la perpendiculaire 1 2, dont la

Fig. 3.

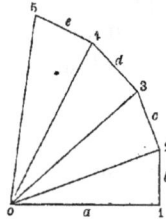

longueur est b; puis, ayant tiré la droite o 2, on élève perpendiculairement sur cette droite, au point 2, une ligne droite 2 3, dont la longueur est c. On mène la ligne o 3, et sur cette ligne, au point 3, on élève la perpendiculaire 3 4, dont la longueur est d, ainsi de suite. Le carré $\overline{o\,2}^2$ est égal à la somme des carrés $a^2 + b^2$; le carré $\overline{o\,3}^2$ est égal à $a^2 + b^2 + c^2$; le carré $\overline{o\,4}^2$ est égal à $a^2 + b^2 + c^2 + d^2$, ainsi de suite, en continuant indéfiniment la construction. Le périmètre o 1 2 3 4 est la somme des termes $a + b + c + d$, et la dernière diagonale o 4 est égale à la racine carrée de la somme des carrés, ou $\sqrt{a^2 + b^2 + c^2 + d^2}$.

Ainsi le second membre de l'équation (3), savoir

$$\sqrt{(F_1\,Da)^2 + (F_2\,Db)^2 + (F_3\,Dc)^2 + \ldots},$$

a toujours une valeur absolue moindre que le second membre de l'équation (2), formé de termes tous positifs, savoir

$$F_1\,Da + F_2\,Db + F_3\,Dc + \ldots;$$

car les valeurs de Da, Db, Dc, ... sont ici les mêmes, et l'une des quantités est le périmètre o 1 2 3 4, l'autre est la diagonale o 4. Donc l'application de l'équation (2) ne donnerait pas une juste connaissance de la précision des résultats du calcul; c'est l'équation (3) qu'il faut employer pour connaître les limites du résultat calculé qui correspondent rigoureusement aux limites des plus grandes erreurs dont les quantités mesurées puissent être affectées. Toutefois il n'est pas inutile de considérer ces limites extrêmes données par l'équation (2); car on acquiert d'abord une connaissance approchée des limites de l'erreur possible du résultat; ensuite on obtient une expression exacte en prenant la racine carrée de la somme des carrés des termes qui formaient le second membre de l'équation (2).

XIII.

La même analyse s'applique à la question qui a pour objet d'estimer la limite de l'erreur de la mesure d'une longueur composée d'un grand nombre de parties; résultat général de la solution.

La question que nous allons citer pour exemple s'est présentée, en effet, dans la pratique des arts, et elle est très propre à montrer l'usage des principes que l'on vient d'exposer.

L'analyse qui nous a servi à déterminer l'expression de l'erreur moyenne résout aussi la question suivante, dont les conséquences sont remarquables. Lorsqu'on mesure une quantité composée d'un grand nombre de parties en appliquant la mesure à chacune des parties, l'erreur du résultat total dépend des erreurs partielles suivant une certaine loi qu'il s'agit de découvrir. Nous supposons que, en mesurant chaque partie, on puisse se tromper, soit en plus, soit en moins, d'une certaine quantité que l'on regarde comme une limite connue par l'expérience. On considère que, le nombre des parties étant considérable, on ne doit pas supposer que toutes les erreurs partielles seront du même signe; il est, au contraire, extrêmement vraisemblable que, l'erreur négative étant supposée aussi facile que l'erreur positive, il s'établira, dans un grand nombre d'erreurs partielles, une compensation qui tend à diminuer l'erreur totale. Il n'est pas rigoureusement impossible que les erreurs partielles, même en très grand nombre, soient toutes positives ou toutes négatives; mais on ne doit point, dans la pratique, supposer qu'un tel événement a lieu, parce que sa probabilité est trop petite. Elle est comparable à celle de plusieurs événements que nous savons n'être pas entièrement impossibles, mais dont la probabilité est si faible que, dans l'usage ordinaire, aucun homme raisonnable ne les admet comme des motifs de ses déterminations. Il s'agit maintenant d'estimer l'erreur totale que l'on est fondé à craindre lorsque, ayant mesuré chacune des parties, on en prend la somme pour exprimer la longueur entière. On suppose que chaque erreur partielle à laquelle on est exposé peut être également positive ou négative, et que l'on sait, par une expérience répétée, que cette erreur est comprise entre de certaines limites. Il s'agit de déterminer les limites correspondantes de l'erreur totale; ces limites cherchées doivent être telles que l'on soit aussi fondé à croire que la longueur entière est comprise entre elles que l'on est fondé à croire que l'erreur d'une seule mesure est comprise entre les deux limites indiquées par l'expérience.

L'Analyse mathématique résout complètement cette question; en voici le résultat : si l'on désigne par e la limite de l'erreur positive ou négative à laquelle on est exposé en mesurant une seule partie, il faut multiplier cette limite e par la racine carrée du nombre n des parties, et le produit $e \sqrt{n}$ est précisément la limite de l'erreur positive ou négative que l'on peut commettre dans la longueur entière, composée d'un nombre n de parties.

Désignant par a le résultat total que l'on vient de trouver par l'addition des n parties, on est précisément aussi fondé à croire que la longueur cherchée est comprise entre $a + e\sqrt{n}$ et $a - e\sqrt{n}$ que l'on est fondé à croire que chaque résultat partiel est compris entre celui qu'on a trouvé, plus e, et ce résultat diminué de e. On commettrait donc une grande erreur si l'on multipliait par le nombre n la limite e d'une erreur partielle et si l'on concluait que la longueur cherchée est entre $a + ne$ et $a - ne$. Ces deux limites sont beaucoup trop éloignées, et l'on n'aurait ainsi qu'une connaissance très imparfaite de la précision du résultat. C'est par la racine carrée du nombre n, et non par ce nombre, qu'il faut multiplier l'erreur possible de chaque opération partielle.

XIV.

Exemple de cette dernière question.

La question que l'on vient d'indiquer s'est offerte plusieurs fois dans les applications, et, par exemple, lorsqu'on a voulu déterminer la hauteur de la pyramide de Memphis de Chéops. La construction de ce singulier monument permettait de mesurer séparément chaque assise, et les personnes qui se chargeaient de cette opération connaissaient par expérience la limite de l'erreur que l'on pouvait commettre, soit en plus, soit en moins, dans une mesure partielle. Il s'agissait d'estimer d'avance le degré de précision que l'on obtiendrait par ce procédé. La question ayant été résolue par l'analyse des chances, on reconnut que, pour estimer l'erreur totale à laquelle on serait exposé, il suffisait de multiplier la limite des erreurs partielles par 14, car le nombre des assises est 203. Lorsque l'opération fut achevée, on en put comparer le résultat avec celui des mesures trigonométriques du même monument, et l'on trouva entre les deux hauteurs, ainsi déterminées par des procédés très différents, une conformité singulière, dont on aurait pu être surpris si la question analytique n'avait point

II. 72

été résolue auparavant. Les mêmes conséquences s'appliquent aux grands nivellements, à la mesure des bases géodésiques et à diverses questions de ce genre.

XV.

Coefficients différentiels qui mesurent l'influence de chaque erreur partielle sur l'erreur du résultat.

Nous poursuivrons maintenant l'exposition des règles générales qui servent à estimer la précision des résultats calculés. On a rapporté plus haut l'expression différentielle de l'erreur d'une fonction quelconque $F(a, b, c, ...)$, qui contient plusieurs quantités mesurées a, b, c, d, e, ...; cette expression

$$dx = F_1(a, b, c, ...)\, da + F_2(a, b, c, ...)\, db + F_3(a, b, c, ...)\, dc + ...$$

se forme en différentiant successivement la fonction proposée $F(a, b, c, ...)$ par rapport aux variables a, b, c, ... On trouve ainsi d'autres fonctions $F_1(a, b, c, ...)$, $F_2(a, b, c, ...)$, $F_3(a, b, c, ...)$, ... dans lesquelles les valeurs attribuées à a, b, c, ... sont celles que les mesures ont données.

Les petites quantités da, db, dc, ... sont les erreurs inconnues que l'on a commises en déterminant ces valeurs de a, b, c, ... Il faut remarquer que chaque coefficient, tel que $F_1(a, b, c, ...)$, fait connaître en nombre comment l'erreur da, commise dans la mesure de la seule grandeur a, influe sur l'erreur dx; car il y a une première partie de cette erreur, savoir le premier terme $F_1(a, b, c, ...)\, da$, qui se forme en multipliant l'erreur da par le coefficient connu $F_1(a, b, c, ...)$. Plus ce coefficient est grand, plus la seule erreur da concourt à l'erreur dx du résultat calculé. La considération de ces coefficients est donc importante; car chacun d'eux mesure l'effet provenant de chacune des erreurs da, db, dc, ... pour former l'erreur dx; et il est très utile de connaître séparément l'influence de chacune des erreurs de mesure des quantités données, car on distingue ainsi quelles sont

celles de ces données qu'il est le plus nécessaire de mesurer avec
beaucoup de précision.

XVI.

Règle pratique qui fait connaître facilement la première partie de l'erreur du résultat
et le coefficient différentiel propre à cette partie.

L'emploi de l'analyse différentielle semble ici nous éloigner du but
principal, qui est de rendre les applications faciles et usuelles; mais
on peut heureusement suppléer à cet usage du Calcul différentiel. En
effet, la fonction $F(a, b, c, \ldots)$ est connue par hypothèse; on sait
comment il faut opérer sur les données a, b, c, $\ldots$ pour déterminer x,
dont la valeur est $F(a, b, c, \ldots)$. Cela posé, on donnera d'abord à a,
b, c, $\ldots$ les valeurs qui résultent immédiatement des mesures, et l'on
calculera en nombre $F(a, b, c, \ldots)$: on aura ainsi un premier résultat
que nous désignerons par F; ensuite on fera varier l'une des données,
comme la première a, en augmentant la valeur que l'on vient d'attribuer à a d'une très petite quantité. Par exemple, si a est une longueur, on ajoutera à cette longueur un centimètre, et l'on recom-
mencera l'opération précédente sans rien changer d'abord aux autres
quantités b, c, d, $\ldots$; on conservera donc exactement à ces autres
quantités les valeurs b, c, d, $\ldots$ que les mesures ont données; la
valeur de a sera seule changée. Or cette nouvelle opération donnera
un second résultat qui différera un peu du premier F. Nous le désignons par $F + D_a F$. On écrit ici $D_a F$ pour indiquer que la différence
du premier résultat au second est due à la seule variation de la quantité donnée a.

Cette petite différence $D_a F$ n'est autre chose que la partie de dx
qui provient de la petite différence D_a que l'on vient d'ajouter à la
valeur a, et cette différence est, comme on l'a supposé, par exemple
d'un centimètre. Ainsi la différence $D_a F$ que l'on vient de trouver entre
le premier résultat et le second est le premier terme $F_1(a, b, c, \ldots) D_a$
de la valeur de dx donnée par l'équation (2). Ce premier terme est le
produit de l'accroissement de a, que l'on a supposé ici un centimètre,

par le premier coefficient $F_1(a, b, c, \ldots)$, qui mesure l'influence partielle de la seule erreur de a.

Par conséquent, si l'on voulait connaître le premier coefficient, il faudrait diviser la différence trouvée $D_a F$ par un centimètre. En effet, cette différence $D_a F$ du second résultat au premier exprime ce que chaque centimètre d'erreur dans la mesure de a produit d'erreur dans la détermination de x.

Au reste, il suffit à l'objet de notre recherche de trouver $D_a F$; car c'est le premier terme de la valeur de dx donnée par l'équation (2).

XVII.

La même règle fait connaître toutes les parties de l'erreur du résultat et tous les coefficients différentiels qui s'y rapportent.

On trouvera de la même manière les autres parties de la valeur de dx. Ainsi, pour former la seconde partie $F_2(a, b, c, \ldots)\, db$, on fera varier b d'une petite quantité D_b, par exemple une minute ou une partie de minute si b est un angle, et un centimètre ou une partie de centimètre s'il s'agit d'une longueur. On attribuera donc à b la valeur $b + D_b$, et l'on calculera la fonction $F(a, b + D_b, c, \ldots)$ en conservant aux autres quantités $a, c, \ldots$ les valeurs que l'on avait employées pour calculer le premier résultat $F(a, b, c, \ldots)$: on trouvera ainsi, par une seconde opération, une valeur un peu différente de $F(a, b, c, \ldots)$, et, désignant par $D_b F$ l'écart très petit dont la nouvelle valeur surpasse $F(a, b, c, \ldots)$, on connaîtra la partie de dx que produit la variation D_b de la quantité b. Cet accroissement de dx est égal à $F_2(a, b, c, \ldots)\, D_b$, c'est-à-dire à l'erreur que produirait dans la valeur de x une erreur D_b dans la mesure de b. Ainsi, divisant l'accroissement que l'on vient de trouver dans le second calcul par l'accroissement connu D_b, on connaîtrait le coefficient $F_2(a, b, c, \ldots)$ si l'on avait besoin de le déterminer; mais il suffit de considérer le produit $F(a, b, c, \ldots)\, D_b$, qui est la seconde partie de la valeur de dx.

Un troisième calcul fera connaître de la même manière le troisième terme $F_3(a, b, c, \ldots)\,D_c$. Il faut faire varier la seule quantité c d'une petite quantité D_c, que l'on peut d'abord prendre arbitrairement, et calculer un troisième résultat $F(a, b, c + D_c, \ldots)$; en comparant ce que l'on trouve avec le premier résultat $F(a, b, c, \ldots)$, on trouvera l'accroissement D_cF, ce qui est la valeur de la troisième partie $F_3(a, b, c, \ldots)\,D_c$ de l'erreur dx.

On formera donc ainsi successivement tous les termes qui composent dx dans l'équation (2).

$$(2) \qquad dx = F_1\,da + F_2\,db + F_3\,dc + \ldots$$

XVIII.

En prenant la racine carrée de la somme des carrés des termes que l'on a déduits de la règle précédente, on trouve : 1° la limite de la plus grande erreur de l'inconnue; 2° l'erreur moyenne.

Nous avons dit que, dans ces calculs, on fait varier successivement $a, b, c, \ldots$ de petites quantités qui pouvaient d'abord être regardées comme arbitraires. On choisira, par exemple, pour D_a la plus grande erreur que l'on puisse supposer dans la mesure de la quantité a, et l'on choisira pareillement pour $Db, Dc, \ldots$ les limites des plus grandes erreurs que l'on puisse supposer dans la mesure des quantités $b, c, \ldots$. Ces limites sont celles que l'on trouve par l'application de la règle générale donnée dans le Mémoire M pour estimer exactement la précision des résultats moyens; ce sont ces limites que nous avons désignées, article IV du présent Mémoire, par $Da, Db, Dc, \ldots$, et qui entrent dans l'équation (3). On pourrait aussi prendre, pour les petites quantités $D_a, D_b, D_c, \ldots$ dont on fait varier $a, b, c, \ldots$, les erreurs moyennes $da, db, dc, \ldots$, que l'on a déterminées aussi par la règle générale pour le calcul des résultats moyens. Cela posé, soit que l'on attribue à $a, b, c, \ldots$ les plus grands écarts possibles $Da, Db, Dc, \ldots$ ou les écarts moyens $da, db, dc, \ldots$, après avoir, par autant d'opérations séparées, trouvé les termes $F_1\,Da + F_2\,Db + F_3\,Dc, \ldots$ ou $F_1\,da + F_2\,db + F_3\,dc, \ldots$, il ne reste plus qu'à prendre le carré de

574 SECOND MÉMOIRE SUR LES RÉSULTATS MOYENS

chaque terme et la racine carrée de la somme des carrés. On formera
ainsi les équations

$$D x = \sqrt{(F_1 D a)^2 + (F_2 D b)^2 + (F_3 D c)^2 + \ldots}$$

et

$$d x = \sqrt{(F_1 d a)^2 + (F_2 d b)^2 + (F_3 d c)^2 + \ldots},$$

dont l'une fait connaître la plus grande erreur possible de la valeur
$F(a, b, c, \ldots)$ trouvée pour x, et l'autre l'erreur moyenne de ce même
résultat.

XIX.

Exemple simple de l'usage de cette règle; erreur sur la mesure du volume prismatique.

Il serait utile d'éclairer ces calculs par des exemples multipliés. Ceux
que nous allons rapporter suffiront pour montrer l'usage de la règle.

On peut considérer d'abord un cas extrêmement simple, qui est
celui de la mesure du volume d'un prisme rectangulaire dont on a
mesuré les trois dimensions a, b, c. Désignant par x le volume cherché, on a

$$x = abc, \qquad d x = bc.da + ac.db + ab.dc.$$

Ces coefficients bc, ac, ab mesurent respectivement l'influence des
erreurs partielles da, db, dc, c'est-à-dire qu'ils font connaître comment chaque erreur partielle contribue à former l'erreur totale. On
voit que l'erreur dans la mesure d'une seule dimension, telle que a,
ou b, ou c, concourt d'autant plus à l'erreur totale dx que la base bc,
ou ac, ou ab, à laquelle cette dimension est perpendiculaire a plus
d'étendue. On trouve ensuite

(3) $$D x = \sqrt{b^2 c^2 D a^2 + a^2 c^2 D b^2 + a^2 b^2 D c^2}.$$

XX.

Définition de l'erreur relative, différentielle logarithmique.

On peut aussi donner à ce calcul une autre forme, comme il suit. On a

$$x = abc \qquad \text{ou} \qquad \log x = \log a + \log b + \log c,$$

et, en différentiant,

$$(e) \qquad \frac{dx}{x} = \frac{da}{a} + \frac{db}{b} + \frac{dc}{c}.$$

Or chaque terme, tel que $\frac{da}{a}$, exprime l'erreur relative de a ou l'erreur que l'on commet sur chaque unité de longueur en mesurant la ligne a; il en est de même de $\frac{db}{b}$ et de $\frac{dc}{c}$; ces termes représentent l'erreur relative, ou par unité de mesure, sur les dimensions b et c. Enfin $\frac{dx}{x}$ exprime, selon la même définition, l'erreur relative de x. L'équation (e) fait donc connaître que, dans le cas dont il s'agit, l'erreur relative du volume x se forme de la somme des erreurs relatives des trois dimensions. Cette relation spéciale provient de la forme très simple de la fonction abc, et elle n'aurait pas lieu pour une fonction différente.

De l'équation (e), que l'on peut écrire ainsi

$$dx = \frac{x}{a}\,da + \frac{x}{b}\,db + \frac{x}{c}\,dc,$$

on conclut, par les principes ci-dessus exposés, et en désignant par Dx, Da, Db, Dc les limites des plus grandes erreurs,

$$Dx = \sqrt{\frac{x^2}{a^2}\,Da^2 + \frac{x^2}{b^2}\,Db^2 + \frac{x^2}{c^2}\,Dc^2},$$

ce qui équivaut à l'équation précédente (3),

XXI.

Dans la question actuelle, on suppose que la limite de la plus grande erreur relative est la même pour chacune des trois dimensions; on en conclut la limite de la plus grande erreur relative du volume calculé.

Le quotient $\frac{da}{a}$ exprime, comme nous l'avons dit, l'erreur relative que l'on commet en mesurant la quantité a. Par exemple, si, dans cette mesure, on se trompait d'un centimètre par mètre, le quotient $\frac{da}{a}$ serait $\frac{1}{100}$.

Ainsi $\dfrac{\mathrm{D}a}{a}$ désigne la plus grande erreur relative à laquelle on soit exposé en mesurant la quantité a. Or on n'a point ici de motif de croire que $\dfrac{\mathrm{D}b}{b}$ ou $\dfrac{\mathrm{D}c}{c}$ diffère de cette même fraction $\dfrac{\mathrm{D}a}{a}$; et, puisque les trois quantités a, b, c, qui sont de la même espèce, sont mesurées par le même procédé, on voit que les trois fractions $\dfrac{\mathrm{D}a}{a}$, $\dfrac{\mathrm{D}b}{b}$, $\dfrac{\mathrm{D}c}{c}$ doivent, généralement parlant, être supposées égales, si l'on excepte les cas particuliers où les procédés ou instruments de mesure ne seraient pas les mêmes. Écrivant donc

$$\frac{\mathrm{D}a}{a} = \frac{\mathrm{D}b}{b} = \frac{\mathrm{D}c}{c} = \ldots,$$

on trouve

$$\mathrm{D}x = \sqrt{\frac{x^2}{a^2}\mathrm{D}a^2 + \frac{x^2}{b^2}\frac{b^2}{a^2}\mathrm{D}a^2 + \frac{x^2}{c^2}\frac{c^2}{a^2}\mathrm{D}a^2}$$

ou

$$\mathrm{D}x = \frac{x}{a}\mathrm{D}a\sqrt{3},$$

ou enfin

$$\frac{\mathrm{D}x}{x} = \frac{\mathrm{D}a}{a}\sqrt{3}.$$

Or $\dfrac{\mathrm{D}x}{x}$ est la limite de l'erreur relative de x, c'est-à-dire de l'erreur que l'on pourrait commettre par chaque unité en mesurant l'inconnue x; donc la limite de l'erreur relative sur le volume se trouve en multipliant la racine carrée de 3 par l'erreur relative sur une seule dimension. Ce résultat ne pouvait être fondé que sur la théorie analytique exposée ci-dessus.

XXII.

Calcul d'une hauteur verticale; expression de la limite de l'erreur.

Voici une autre question presque aussi simple, et dont les conséquences sont encore plus remarquables.

Si l'on mesure la base horizontale b et l'angle α dans le plan vertical, on trouve $b\tang\alpha$ pour l'expression de la hauteur x que l'on veut déterminer. L'équation principale (1) est

$$x = b \tang \alpha;$$

on peut la mettre sous cette forme

$$\log x = \log b + \log \tang \alpha.$$

Si maintenant on prend la différentielle du second membre par rapport à b et à α, on a

$$(2) \qquad \frac{dx}{x} = \frac{db}{b} + \frac{d\alpha}{\sin \alpha \cos \alpha};$$

car la différentielle du logarithme de $\tang \alpha$ est $\dfrac{d\alpha}{\sin \alpha \cos \alpha}$. Ainsi l'équation (2) fait connaître que l'erreur relative sur la hauteur inconnue x se forme de deux parties, savoir de l'erreur relative de la base mesurée b, et de l'erreur $d\alpha$ de l'angle α divisée par le produit $\sin \alpha \cos \alpha$. On a

$$dx = \frac{x}{b} db + \frac{x}{\sin \alpha \cos \alpha} d\alpha;$$

ainsi les coefficients de db et de $d\alpha$ qui expriment les parties de l'erreur totale correspondantes aux erreurs de mesure db et $d\alpha$ sont $\dfrac{x}{b}$ et $\dfrac{x}{\sin \alpha \cos \alpha}$, ou $\tang \alpha$ et $\dfrac{b}{\cos^2 \alpha}$.

XXIII.

L'erreur de la mesure d'un angle n'est point relative, mais elle est toujours exprimée par un nombre abstrait.

Si actuellement on forme l'équation (3), qui fait connaître la limite des erreurs de x, on a

$$Dx = \sqrt{\tang^2 \alpha \, Db^2 + \frac{b^2 D\alpha^2}{\cos^4 \alpha}}.$$

L'expression $\dfrac{dx}{x}$ est, à proprement parler, l'erreur de x comptée pour chaque unité de mesure, ou l'erreur relative de x. Quant aux erreurs sur la mesure des angles, elles sont absolues et non relatives;

578 SECOND MÉMOIRE SUR LES RÉSULTATS MOYENS

càr la différence entre un angle donné et la valeur qu'un instrument indique, c'est-à-dire l'erreur de la mesure, est indépendante de cet angle. On ne compare point l'erreur à la grandeur de l'angle; ainsi cette erreur est un nombre; elle est, par exemple, égale à $\frac{\pi}{180.60}$ si l'erreur commise est d'une minute sexagésimale. Ce nombre, qui exprime l'erreur d'un angle mesuré, est comparable à $\frac{da}{a}$, qui est aussi un nombre lorsque la grandeur mesurée a est une longueur.

XXIV.

Dans la question actuelle, l'erreur relative de la hauteur inconnue est formée do deux parties.

En appliquant cette remarque à l'équation (2) que nous avons trouvée plus haut, savoir

$$\frac{dx}{x} = \frac{db}{b} + \frac{da}{\sin\alpha\cos\alpha},$$

on voit que l'erreur relative de la hauteur inconnue x se forme de deux parties, savoir $\frac{db}{b}$, qui est l'erreur relative de la base b, et $\frac{d\alpha}{\sin\alpha\cos\alpha}$, ou le quotient du nombre $d\alpha$ par le produit $\sin\alpha\cos\alpha$, qui est ainsi un nombre. Si l'on supposait que l'angle α, dans le plan vertical, est exactement mesuré, c'est-à-dire si l'erreur $d\alpha$ était nulle, l'erreur relative $\frac{dx}{x}$ serait égale à $\frac{db}{b}$; c'est-à-dire que la hauteur verticale x serait mesurée avec le même degré de précision que la base horizontale b; et cette conséquence est, pour ainsi dire, évidente d'elle-même. Si la base était mesurée avec une exactitude parfaite, en sorte que l'erreur db dût être supposée nulle, on aurait

$$\frac{dx}{x} = \frac{d\alpha}{\sin\alpha\cos\alpha},$$

et, le produit $\sin\alpha\cos\alpha$ étant égal à $\frac{1}{2}\sin 2\alpha$, on aurait

$$\frac{dx}{x} = \frac{2d\alpha}{\sin 2\alpha}.$$

Ainsi l'erreur relative de la hauteur inconnue x serait égale au double de l'erreur de l'angle, divisé par le sinus du double de l'angle α. Mais, dans le cas général, où l'on ne peut supposer nulle l'erreur db ou l'erreur $d\alpha$, il faut calculer comme il suit la limite de la plus grande erreur relative de x et l'erreur moyenne de cette inconnue.

XXV.

Expression de la limite de cette erreur relative et expression de l'erreur relative moyenne.

En appliquant les principes ci-dessus exposés, et en désignant par Dx la limite de l'erreur de x, on a

$$\frac{Dx}{x} = \sqrt{\left(\frac{Db}{b}\right)^2 + \left(\frac{Da}{\sin\alpha\cos\alpha}\right)^2}$$

ou, mettant pour $\sin\alpha\cos\alpha$ la valeur $\frac{1}{2}\sin 2\alpha$,

$$\frac{Dx}{x} = \sqrt{\left(\frac{Db}{b}\right)^2 + \left(\frac{2D\alpha}{\sin 2\alpha}\right)^2}.$$

Telle est l'expression de la plus grande erreur relative que l'on puisse commettre sur la hauteur verticale que l'on ne mesure pas immédiatement, mais que l'on déduit de la mesure d'une base horizontale et d'un angle dans le plan vertical. Quant à l'erreur moyenne, dont la probabilité est $\frac{1}{2}$, il suffit, pour en former l'expression, de changer le caractère D qui affecte les quantités connues; on a donc

$$\frac{dx}{x} = \sqrt{\left(\frac{db}{b}\right)^2 + \left(\frac{2d\alpha}{\sin 2\alpha}\right)^2}.$$

Le caractère d indique ici l'erreur moyenne de la mesure des quantités b et α; et l'on a rapporté, dans le premier Mémoire M, la règle qui sert à déterminer cette erreur moyenne.

XXVI.

Conséquence remarquable de la dernière solution; on détermine, par les solutions de ce genre, les conditions les plus favorables à la précision. Application à la question actuelle.

Nous exposerons maintenant une des applications les plus utiles des principes qui nous ont servi à estimer la précision des résultats du calcul. Elle consiste à déduire de cette même théorie la connaissance des conditions les plus favorables à la précision. Par exemple, dans la question précédente, où l'on ne peut pas mesurer immédiatement une hauteur verticale x, on la conclut de la mesure d'une base b et d'un angle α; il s'agit d'indiquer la disposition la plus favorable parmi toutes celles que l'on peut choisir, c'est-à-dire de trouver sous quel angle α il convient d'observer l'extrémité de la hauteur verticale afin que le résultat de l'opération soit, toutes choses d'ailleurs égales, plus précis que si l'on eût choisi une disposition différente. Il n'y a personne qui ne sache qu'il est préférable de se placer à une distance telle que l'angle α soit un demi-droit. L'usage a indiqué cette position comme préférable, et, dans une question aussi simple, il n'est pas difficile d'en apercevoir la raison; mais il s'agit de la déduire d'une méthode générale qui s'étende aux questions les plus composées. Cette méthode est fondée sur les notions précédentes, qui donnent la mesure exacte de la précision des résultats calculés. Cette précision devient une quantité proprement dite; elle est exprimée en nombre : il suffit donc de reconnaître les conditions de figures qui rendront cette expression un *maximum*. Par exemple, on a trouvé que, en formant dans le plan vertical un angle α, la limite de la plus grande erreur que l'on puisse commettre dans la détermination de la hauteur inconnue, et pour chaque unité de mesure, est égale à $\dfrac{\mathrm{D}x}{x}$, dont la valeur est

$$\sqrt{\left(\frac{\mathrm{D}b}{b}\right)^2 + \left(\frac{2\,\mathrm{D}\alpha}{\sin 2\alpha}\right)^2}.$$

On voit, par cette expression, que la limite $\dfrac{\mathrm{D}x}{x}$ de l'erreur relative varie avec l'angle α. Si l'on suppose que l'instrument qui sert à mesurer les angles soit donné, et que le procédé qui sert à mesurer la base b soit aussi déterminé, on voit que, sans rien changer à ces deux modes de mesures, on pourrait faire varier beaucoup la précision du résultat, qui est ici.représenté par $\frac{Dx}{x}$. L'erreur commise par chaque unité de mesure dans la détermination de la hauteur inconnue x deviendra plus petite si, Db et $D\alpha$ demeurant les mêmes, le sinus de 2α devient plus grand. Si l'on donne à $\sin 2\alpha$ sa plus grande valeur, qui est 1, on aura pour $\frac{Dx}{x}$ une valeur moindre que si, en conservant Db et $D\alpha$, on donnait à $\sin 2\alpha$ une valeur quelconque différente de 1. Donc, en faisant usage d'un instrument donné pour la mesure des angles et d'un procédé donné pour la.mesure de la base b, on ne peut rien choisir de plus favorable à la précision du résultat que de faire l'angle α égal à un demi-droit; alors $\sin 2\alpha$ sera 1; l'expression de $\frac{Dx}{x}$ aura sa moindre valeur possible, savoir

$$\frac{Dx}{x} = \sqrt{\left(\frac{Db}{b}\right)^2 + (2D\alpha)^2}.$$

Si l'angle α n'était pas égal à un demi-droit, la valeur de $\frac{Dx}{x}$ serait plus grande que celle qui est exprimée par l'équation précédente. Le résultat de l'opération trigonométrique serait moins précis ; et la théorie précédente donne le moyen de comparer la précision relative que l'on obtient lorsque l'angle α est un demi-droit à celle qui répond à une autre valeur de α : il suffit de prendre le rapport des deux valeurs de $\frac{Dx}{x}$. On considère ici les erreurs relatives, et c'est la limite de cette erreur relative que l'on prend dans la question actuelle pour la mesure de la précision.

Les mêmes conséquences s'appliquent à l'erreur moyenne relative. La plus petite valeur a lieu, toutes choses d'ailleurs égales, lorsque l'angle α est un demi-droit ; et, désignant cette erreur moyenne par le caractère d, on a

$$\frac{dx}{x} = \sqrt{\left(\frac{db}{b}\right)^2 + (2d\alpha)^2}.$$

Nous terminerons ce Mémoire par le résumé général des propositions qu'il renferme. C'est l'objet de l'article suivant.

XXVII.

Résumé et remarques diverses.

Plusieurs quantités a, b, c, ... sont regardées comme connues
parce que la valeur de chacune d'elles est mesurée au moyen d'un
instrument dont l'application peut être répétée. Une quantité inconnue x est exprimée par une certaine fonction des données a, b, c, ...;
la nature de cette fonction est connue; c'est-à-dire que l'on sait de
quelle manière il faut opérer sur les données a, b, c, ... pour que le
résultat de la dernière opération soit l'inconnue x; chacune des données a, b, c, ... est sujette à une certaine erreur de mesure, que l'on
doit regarder comme inévitable, mais qui ne peut excéder certaines
limites. Il est évident que les erreurs de toutes ces mesures influent
sur l'erreur de l'inconnue x. La question consiste à déterminer exactement les limites entre lesquelles l'inconnue x est comprise, lorsque
l'on connaît les limites de chacune des données a, b, c, ... Tant que
ce dernier problème n'est point résolu, on ne se forme qu'une idée
imparfaite de l'erreur du résultat x.

Pour résoudre la question précédente, il faut premièrement déterminer, pour chacune des grandeurs a, b, c, ..., les limites entre lesquelles leur valeur est comprise. On trouve ces limites en répétant
plusieurs fois l'application de l'instrument et en faisant usage de la
règle générale énoncée dans un Mémoire précédent (M). Cette règle
consiste à déduire les limites cherchées des différentes valeurs que
l'on a obtenues en mesurant plusieurs fois une même quantité, telle
que a. On calcule d'abord la valeur moyenne de ces diverses quan-
tités a_1, a_2, a_3, ..., a_m en divisant leur somme $a_1 + a_2 + a_3 + ... + a_m$
par leur nombre m. On prend ensuite les carrés de ces différentes valeurs, et l'on divise la somme $a_1^2 + a_2^2 + a_3^2 + ... + a_m^2$ de ces carrés

par leur nombre m, ce qui donne la valeur moyenne des carrés, savoir

$$\frac{1}{m}(a_1^2 + a_2^2 + a_3^2 + \ldots + a_m^2).$$

On compare cette valeur moyenne des carrés au carré de la valeur moyenne, savoir $\left[\frac{1}{m}(a_1 + a_2 + a_3 + \ldots + a_m)\right]^2$, et l'on retranche de la valeur moyenne des carrés le carré de la valeur moyenne.

Le reste est ainsi exprimé

$$\frac{1}{m}(a_1^2 + a_2^2 + a_3^2 + \ldots + a_m^2) - \left[\frac{1}{m}(a_1 + a_2 + a_3 + \ldots + a_m)\right]^2.$$

On divise le double de ce reste par le nombre m, et l'on extrait la racine carrée du quotient; désignant par g cette racine carrée, on a

$$g = \sqrt{\frac{2}{m}(a_1^2 + a_2^2 + a_3^2 + \ldots + a_m^2) - \left(\frac{a_1 + a_2 + a_3 + \ldots + a_m}{m}\right)^2}.$$

C'est ce nombre g qui fait connaître la limite de l'erreur de la quantité mesurée a: il suffit de prendre le triple du nombre g; on doit regarder comme certain, dans la pratique, que la valeur exacte de a est comprise entre $a - 3g$ et $a + 3g$. L'erreur positive ou négative de la valeur a donnée par la mesure est moindre que $\pm 3g$.

Pour connaître le sens exact de cette proposition, il faut considérer que, si l'on pouvait répéter un nombre infini de fois la mesure de la quantité a, et si l'on prenait la valeur moyenne de ce nombre infini de valeurs différentes qu'on aurait obtenues, cette moyenne serait une quantité entièrement fixe; c'est-à-dire que, en mesurant de nouveau une infinité de fois cette même grandeur, la moyenne que l'on obtiendrait par cette nouvelle opération ne différerait aucunement de celle que l'on aurait obtenue par l'opération précédente. La valeur moyenne d'une infinité de résultats donnés par la mesure d'une même grandeur est invariable; on la trouverait toujours la même.

Cette dernière proposition est démontrée depuis longtemps; elle dérive d'un principe fondamental de l'Analyse des probabilités. Nous désignons par A ce résultat moyen et invariable d'un nombre infini de mesures d'une certaine grandeur a.

Si cette grandeur n'a pas été mesurée un nombre infini de fois, mais seulement un nombre de fois fini et désigné par m, la valeur moyenne de ces m mesures diffère, en général, de la quantité fixe A, et c'est la différence de cette valeur moyenne a à la grandeur fixe A que nous appelons l'*erreur de a*; or cette erreur de a est comprise entre $a - 3g$ et $a + 3g$.

Il est nécessaire de remarquer que cette conséquence s'applique aux erreurs *fortuites* dont la valeur a peut être affectée, soit en plus, soit en moins. Si l'instrument de mesure était sujet à une erreur constante qui se reproduirait toujours, et autant de fois qu'on appliquerait l'instrument, il est manifeste que cette erreur uniforme subsisterait aussi dans la valeur moyenne, quelque grand que pût être le nombre des applications du même instrument. Quant aux erreurs fortuites, elles disparaissent de plus en plus à mesure que le nombre des opérations devient plus grand. On peut toujours, en répétant indéfiniment le nombre des mesures, faire disparaître toutes les erreurs fortuites ; c'est-à-dire que la différence de la valeur moyenne à la grandeur fixe A devient de plus en plus petite lorsqu'on augmente le nombre des mesures, et cette erreur peut devenir moindre que toute quantité donnée.

On détermine, par un calcul semblable, l'erreur moyenne de la grandeur mesurée a; pour cela, on ne multiplie point par 3 le nombre précédent g; on multiplie ce nombre par le facteur 0,47708. Ce produit est l'erreur moyenne de a, et la probabilité de cette erreur est $\frac{1}{2}$; c'est-à-dire qu'on est aussi fondé à croire que l'erreur de a surpasse le produit qu'on est fondé à croire que cette erreur de a est au-dessous du même produit.

Ainsi la limite de l'erreur positive ou négative dont la valeur a peut être affectée est $\pm 3g$, et l'erreur de a qui a pour probabilité $\frac{1}{2}$ est $0,47708g$: c'est cette dernière erreur que nous appelons *moyenne*. Quant au produit $3g$, il exprime la plus grande erreur que l'on puisse, dans la pratique, attribuer à la quantité mesurée a : cette plus grande erreur n'est pas rigoureusement impossible, mais sa probabilité est extrêmement petite; elle tombe au-dessous de $\frac{1}{20000}$. Après avoir ainsi déterminé la limite de l'erreur de a et l'erreur moyenne de cette même quantité a, il faut en déduire : 1° la limite de l'inconnue x; 2° l'erreur moyenne de cette même inconnue x, qui est une certaine fonction $F(a, b, c, \ldots)$ des grandeurs mesurées $a, b, c, d, \ldots$. Pour résoudre ces deux questions, on opérera comme il suit sur la fonction donnée $F(a, b, c, \ldots)$:

1° On désigne par Da la limite de l'erreur de l'une des données a, et par Db, Dc, ... les limites des erreurs des autres données $b, c, \ldots$; ces petites quantités Da, Db, Dc, ... sont connues par l'application du procédé que l'on vient de rapporter. Cela posé, on substitue pour a, $b, c, d, \ldots$, dans la fonction $F(a, b, c, \ldots)$, les valeurs qui résultent immédiatement des mesures, ce qui donne un premier résultat F; ensuite on augmente une seule des grandeurs, telle que a, de cette petite quantité Da qui exprime la limite de l'erreur de a, et l'on calcule la nouvelle valeur $F(a + Da, b, c, \ldots)$; c'est-à-dire que l'on recommence le calcul précédent en faisant varier la seule grandeur a de l'accroissement Da, et conservant à toutes les autres données leurs valeurs précédentes. On trouve ainsi un second résultat F', qui diffère très peu de F. Nous désignons par $D_a F$ la différence $F' - F$, pour indiquer qu'elle provient de l'accroissement Da, attribué à la seule donnée a dans la fonction $F(a, b, c, \ldots)$. On opère de la même manière pour une autre donnée b, et successivement pour toutes les autres $c, d, e, \ldots$; et l'on trouve les différences $D_a F$, $D_b F$, $D_c F$, ... qui répondent aux variations D_a, D_b, D_c, ... Il ne reste plus qu'à prendre les carrés de ces différences, et la racine carrée de la somme de ces carrés : l'expression

$$\mathrm{D}x = \sqrt{(\mathrm{D}_a\mathrm{F})^2 + (\mathrm{D}_b\mathrm{F})^2 + \mathrm{D}_c\mathrm{F})^2 + \ldots}$$

est celle de la limite Dx de l'erreur de l'inconnue x : on est assuré que la valeur de x est comprise entre $F(a, b, c, \ldots) - \mathrm{D}x$ et $F(a, b, c, \ldots) + \mathrm{D}x$.

2° Si maintenant on désigne par da l'erreur moyenne de l'une des

II.

74

grandeurs connues a, et par db, dc, ... l'erreur moyenne de chacune
des autres données b, c, ..., ces erreurs moyennes seront données par
l'application de la règle que l'on a rapportée plus haut, et qui consiste
à multiplier g par le facteur 0,47708. On fera varier une seule des
grandeurs, telle que a, de la petite différence da, et l'on obtiendra un
résultat qui, étant comparé à F$(a, b, c, ...)$, donne une différence que
nous désignons par d$_a$F. Ayant déterminé ces différences pour chacune
des autres quantités b, c, ..., on ajoute tous les carrés et l'on prend la
racine carrée de la somme. L'expression

$$\mathrm{d}x = \sqrt{(\mathrm{d}_a \mathrm{F})^2 + (\mathrm{d}_b \mathrm{F})^2 + (\mathrm{d}_c \mathrm{F})^2 + \ldots}$$

est celle de l'erreur moyenne de l'inconnue x; la probabilité de cette
erreur est $\frac{1}{2}$; il est précisément aussi possible que l'erreur commise
en prenant x égal à F$(a, b, c, ...)$ surpasse cette erreur moyenne dx
qu'il est possible que l'erreur commise soit au-dessous de cette même
erreur moyenne.

On peut aussi trouver, par l'Analyse différentielle, les petits accroissements que nous avons désignés par D$_a$F, D$_b$F, D$_c$F, ... ou d$_a$F,
d$_b$F, ..., en différentiant la fonction donnée F$(a, b, c, ...)$ par rapport
aux quantités a, b, c, ...; mais l'opération pratique qui vient d'être
indiquée supplée à ce calcul; et, si l'on excepte des cas très simples
où la différentiation exige peu de calcul, on trouvera que la règle
usuelle qui vient d'être donnée conduit beaucoup plus promptement
à la connaissance des valeurs de D$_a$F, D$_b$F, ..., d$_a$F, d$_b$F, ...

Au reste, pour la facilité de l'application, on doit faire les remarques
suivantes. Dans la fonction donnée F$(a, b, c, ...)$, il s'agit de faire
varier une seule des grandeurs, par exemple a, d'une très petite quantité Da, que l'on vient de déterminer par la règle des résultats moyens.
On fera d'abord varier a d'un petit accroissement exprimé par un
nombre simple, par exemple d'une minute ou d'une seconde si a est
un angle, ou d'un centimètre ou d'un millimètre si a est une longueur. On fera donc, dans la valeur précédente de

$$x = \mathrm{F}(a, b, c, ...)$$

qui vient d'être calculée, la petite correction que doit produire cet accroissement d'une seconde ou d'un millimètre. Il ne restera plus qu'à multiplier cette correction par la valeur trouvée pour Da. En opérant de cette manière pour toutes les autres variations Db, Dc, ..., db, dc, ..., on obtiendra facilement les accroissements D$_a$F, D$_b$F, ..., d$_a$F, d$_b$F, ... qui entrent sous le signe radical dans l'expression de la limite Dx ou de l'erreur moyenne dx. Le calcul numérique que cette règle exige est beaucoup plus prompt que celui qui proviendrait des différentiations, presque toujours compliquées, des formules trigonométriques.

Les règles précédentes déterminent donc : 1° l'expression de la limite de l'erreur d'une inconnue x qui est une fonction donnée F(a, b, c, ...) de grandeurs mesurées a, b, c, ...; 2° l'erreur moyenne de cette même inconnue, c'est-à-dire l'erreur dont la probabilité est $\frac{1}{2}$. Ces deux résultats complètent la connaissance que fournit le calcul, et l'on se forme ainsi une juste idée de l'erreur à laquelle on est exposé dans chaque application.

L'expression analytique de la limite de l'erreur de l'inconnue ou de l'erreur moyenne conduit à une autre conséquence remarquable ; elle fait connaître comment les grandeurs mesurées concourent à déterminer soit la limite Dx, soit l'erreur moyenne dx, et, par conséquent, elle sert à résoudre cette question : *Quelles sont les conditions de figure et, en général, quelles sont les valeurs des données a, b, c, ... qui sont les plus favorables à la précision du résultat du calcul?* Ces valeurs sont celles qui donneraient la moindre valeur possible à la limite Dx de l'erreur de l'inconnue et, par conséquent, à l'erreur moyenne dx. Ainsi, dans les opérations trigonométriques dont l'objet est de déduire, de certaines grandeurs qui peuvent être mesurées, d'autres grandeurs que l'on ne pourrait point mesurer immédiatement, il est important de connaître quelles sont, parmi les conditions dont on peut disposer, celles qui rendraient le résultat plus précis. Il est facile de les distinguer lorsque l'expression trigonométrique est très simple, par exemple lorsqu'on veut conclure une hauteur verticale de la mesure d'une base horizontale; mais, dans des cas un peu plus composés, cette discussion nécessite un plus long examen, et la solution régulière de la question doit être fondée sur les théorèmes énoncés dans le présent Mémoire. Non seulement on parvient ainsi à connaître les conditions de figure qui doivent être préférées, ou dont il faut se rapprocher le plus qu'il est possible; mais on distingue quelles sont les quantités qu'il importe le plus de mesurer avec précision. On peut estimer, par cette théorie, le degré de précision, et comparer numériquement celle qui résulte de certaines conditions de figure avec celle que l'on obtiendrait si ces conditions étaient différentes. Nous avons, dans notre premier Mémoire sur les résultats moyens, donné une règle générale et facile pour estimer le degré d'exactitude de ces résultats. Nous étendons maintenant l'usage de cette règle à tous les cas où l'on déduit par le calcul une valeur inconnue des diverses quantités qui peuvent être mesurées immédiatement, mais dont la détermination est sujette à des erreurs inévitables. Il en résulte que la valeur calculée est elle-même sujette à une erreur correspondante. Nous déterminons les limites de cette erreur. L'emploi du calcul devient donc comparable à celui d'un instrument dont on connaît exactement la précision. Nous pensons que la publication de ces théorèmes sur les erreurs des mesures et sur la précision des résultats du calcul contribueront à perfectionner les applications des Sciences mathématiques. Ces considérations appartenaient naturellement à une Collection qui a pour objet d'observer et de constater tous les principaux éléments de la prospérité publique.

Sommaire des Articles.

I. Exposé de la question. Elle a pour objet de découvrir suivant quelle loi l'erreur d'un résultat dépend des erreurs partielles des mesures.

II. Exemples propres à faire connaître la nature de cette question.

III. Expression différentielle de l'erreur du résultat calculé. Cette expression ne suffirait point pour résoudre la question que l'on doit se proposer.

IV. Énoncé de la règle générale qui résout cette dernière question; calcul de la limite de l'erreur.

V. Application de la même règle au calcul de l'erreur moyenne.

VI. Remarques sur l'emploi de cette règle; énoncé exact de la conséquence qu'elle fournit.

VII. Application au cas où l'inconnue est égale à la somme des quantités mesurées.

VIII. Remarque sur le résultat que l'on trouverait en ne considérant que les plus grandes limites des erreurs partielles.

IX. Expression de l'erreur moyenne dans le cas général.

X. Mesure de la probabilité d'une erreur quelconque.

XI. L'erreur que l'on déduirait de l'expression différentielle serait excessive. Exemple particulier qui montre la vérité de cette remarque.

XII. Cette dernière conséquence est générale. Construction qui la rend très sensible.

XIII. La même analyse s'applique à la question qui a pour objet d'estimer la limite de l'erreur de la mesure d'une longueur composée d'un grand nombre de parties; résultat général de la solution.

XIV. Exemple de cette dernière question.

XV. Coefficients différentiels qui mesurent l'influence de chaque erreur partielle sur l'erreur du résultat.

XVI. Règle pratique qui fait connaître facilement la première partie de l'erreur du résultat et le coefficient différentiel propre à cette partie.

XVII. La même règle fait connaître toutes les parties de l'erreur du résultat et tous les coefficients différentiels qui s'y rapportent.

XVIII. En prenant la racine carrée de la somme des carrés des termes que l'on a déduits de la règle précédente, on trouve : 1° la limite de la plus grande erreur de l'inconnue; 2° l'erreur moyenne.

XIX. Exemple simple de l'usage de cette règle; erreur sur la mesure du volume prismatique.

XX. Définition de l'erreur relative, différentielle logarithmique.

XXI. Dans la question actuelle, on suppose que la limite de la plus grande erreur relative est la même pour chacune des trois dimensions; on en conclut la limite de la plus grande erreur relative du volume calculé.

XXII. Calcul d'une hauteur verticale; expression de la limite de l'erreur.

XXIII. L'erreur de la mesure d'un angle n'est point relative, mais elle est toujours exprimée par un nombre abstrait.

XXIV. Dans la question actuelle, l'erreur relative de la hauteur inconnue est formée de deux parties.

XXV. Expression de la limite de cette erreur relative et expression de l'erreur relative moyenne.

XXVI. Conséquence remarquable de la dernière solution; on détermine, par les solutions de ce genre, les conditions les plus favorables à la précision. Application à la question actuelle.

XXVII. Résumé et remarques diverses.

SUPPLÉMENT

A LA

PREMIÈRE SECTION.

MÉMOIRE D'ANALYSE

SUR LE

MOUVEMENT DE LA CHALEUR DANS LES FLUIDES.

MÉMOIRE D'ANALYSE

SUR LE

MOUVEMENT DE LA CHALEUR DANS LES FLUIDES.

(Lu à l'Académie royale des Sciences, le 4 septembre 1820.)

Mémoires de l'Académie royale des Sciences de l'Institut de France, t. XII,
p. 507 à 530. Paris, Didot; 1833 ([1]).

On est parvenu à exprimer par des équations générales à différences
partielles les conditions du mouvement des fluides. Cette découverte,
qui est un des plus beaux résultats de la Géométrie moderne, est due à
d'Alembert et à Euler. Le premier a publié ses recherches dans l'Ouvrage qui a pour titre : *Essai sur la résistance des fluides.* Euler a traité
ce même sujet dans les *Mémoires de l'Académie de Berlin*, année 1755.
Il y donne ces équations sous une forme simple et distincte qui embrasse tous les cas possibles, et il les démontre avec cette clarté admirable qui est le caractère principal de tous ses écrits.

Les équations générales qui se rapportent au mouvement des liquides
sont au nombre de quatre : trois d'entre elles expriment l'action des
forces accélératrices; la quatrième est donnée par la condition de la
continuité.

Pour connaître le mouvement du liquide, il faut pouvoir déterminer
à chaque instant la vitesse actuelle d'une molécule quelconque, la

---

([1]) Fourier étant mort le 16 mai 1830, ce Mémoire a été imprimé d'après le manuscrit
qu'il avait communiqué à l'Académie; l'extrait qui le suit a dû être tiré des papiers laissés
par l'illustre géomètre.   G. D.

direction de son mouvement, et la pression qui s'exerce en ce point de la masse fluide. Ainsi l'on regarde, dans cette analyse, comme grandeurs inconnues, trois quantités qui mesurent les vitesses partielles d'une même molécule dans le sens des trois coordonnées orthogonales, et une quatrième quantité qui mesure la pression. Ces quatre inconnues, et le temps écoulé, sont les seuls éléments du calcul. Dans les fluides élastiques, tels que l'air, la densité est variable, et elle a avec la pression un rapport très simple que des expériences réitérées ont démontré. Il y a donc toujours un nombre d'équations précisément égal à celui des quantités inconnues. Les conditions physiques de la question se trouvent ainsi déposées dans le calcul et rigoureusement exprimées, ce qui était l'objet spécial de cette recherche.

Après cet exposé, nous remarquerons que la température variable des molécules fluides est aussi une cause dynamique, que l'on ne doit point omettre d'introduire dans le calcul. Elle influe toujours sur le mouvement dans les substances aériformes; car il ne peut y avoir de changement de densité ou de pression sans qu'il en résulte des changements de température; et cette même cause concourt aussi à déterminer les mouvements des liquides toutes les fois que la distribution de la chaleur n'est pas uniforme. Nous retrouvons cette action de la chaleur dans les grands phénomènes de la nature. Les mouvements généraux et périodiques des diverses parties de l'atmosphère, et les courants principaux de l'Océan, sont occasionnés par l'inégale distribution de la chaleur solaire, dont l'effet se combine avec ceux de la gravité et de la force centrifuge. Ces considérations, et plusieurs autres du même genre, m'ont porté à rechercher avec beaucoup de soin l'expression analytique des mouvements de la chaleur dans l'intérieur des masses fluides. Il est évident de soi-même que la température de chaque molécule fluide est un élément variable qui modifie tous les mouvements intérieurs; mais il ne suffit point d'introduire dans le calcul de ces mouvements une quantité qui désigne la température; il faut ajouter une équation spéciale qui se rapporte aux variations de la chaleur en exprimant la distribution instantanée. L'objet précis de notre Mémoire est de découvrir cette nouvelle équation, afin de la joindre à celles qui représentent l'effet des forces accélératrices, et de compléter ainsi l'expression analytique des mouvements des fluides.

Nous avons considéré principalement les fluides qui ont été appelés *incompressibles*. Les mêmes principes s'appliquent aux fluides aériformes, quoique la forme des équations soit différente; mais nous pensons, en ce qui concerne cette dernière espèce de corps, que, pour achever entièrement la recherche des équations générales, il faudrait se fonder sur une série d'observations que nous ne possédons point encore.

A la suite des quatre premières équations hydrodynamiques, qui sont connues et démontrées depuis longtemps, j'ai écrit celle qui exprime les variations de la température. Les géomètres jugeront de ce nouveau résultat.

α, β, γ désignent les trois vitesses orthogonales d'une molécule dont les coordonnées sont x, y, z;
ε est la densité variable de cette molécule;
θ est la température;
t le temps écoulé.

Cette cinquième équation se forme, comme on peut le voir, d'une première partie qui exprime la distribution de la chaleur dans les masses solides : elle coïncide en cette partie avec l'équation générale que j'ai donnée dans mes premiers Mémoires en 1807, et elle contient de plus les termes qui dépendent du déplacement des molécules.

Dans la première partie de notre démonstration, nous avons rappelé celle des équations qui expriment le mouvement de la chaleur dans l'intérieur des solides et à leur surface. Si l'on examine ces questions avec toute l'attention qu'elles exigent, on reconnaîtra, comme nous l'avons dit plusieurs fois, que les principes mathématiques de la Théorie de la chaleur ne sont ni moins clairs ni moins rigoureusement démontrés que ceux des théories dynamiques; qu'ils sont féconds en applications utiles, et que les résultats sont exactement conformes à ceux des expériences; enfin, que ces principes sont indépendants de toute hypothèse physique sur la nature de la chaleur.

C'est dans les écrits de Newton que l'on trouve les premières vues sur la théorie mathématique de la chaleur. Ensuite, l'Académie des Sciences de Paris n'a cessé de diriger sur cet objet l'attention des géomètres. Amontons avait fait la première expérience propre à éclairer la question de la propagation de la chaleur. Cette question fut proposée comme sujet d'un prix pour l'année 1788. La collection de nos Mémoires contient, outre la pièce couronnée, dont l'auteur est Euler, deux autres pièces qui furent approuvées et publiées, *comme remplies de vues et de faits très bien exposés* : ce sont les termes du Rapport. L'une est de Mme Émilie du Châtelet, l'autre de Voltaire. Je ne citerai point ici les recherches ultérieures qui ont été faites sur le même sujet : j'ai voulu seulement rappeler que cette branche de la Physique mathématique a toujours été spécialement cultivée en France, et qu'elle doit à cette Académie ses progrès les plus remarquables.

Il me reste à donner une idée générale du principe que j'ai suivi pour former l'équation du mouvement de la chaleur dans les fluides.

Si l'on suppose qu'un liquide pesant est contenu dans un vase où la masse est actuellement en équilibre, et si l'on conçoit que les molécules viennent tout à coup à recevoir des températures inégales, l'équilibre cessera de subsister. Il s'établira dans toutes les parties du liquide des mouvements infiniment variés, et les conditions de ces mouvements ont des rapports nécessaires avec la distribution de la chaleur initiale. Si, indépendamment de l'inégalité des températures, qui suffirait pour occasionner ces déplacements, on suppose que la masse fluide est soumise à des impulsions extérieures qui ne se font point équilibre, les mouvements des molécules seront encore plus composés. Ils mêleront de plus en plus les différentes parties de la masse, et concourront ainsi à faire varier les températures; en sorte qu'il y a une influence réciproque des effets dynamiques proprement dits et de ceux qui dépendent de la distribution de la chaleur.

Il paraît d'abord singulièrement difficile d'assujettir à un calcul

exact toutes ces variations de température, et de les comprendre dans
une équation générale. Mais un examen très attentif de cette question
montre qu'elle peut être complètement résolue.

Pour parvenir à cette solution, il faut concevoir dans l'intérieur de
la masse un espace déterminé, par exemple le volume d'un prisme
rectangulaire compris entre six plans dont la position est donnée. On
examine tous les changements successifs que subit la quantité de chaleur contenue dans l'espace prismatique. Cette quantité varie à chaque
instant, et par deux causes très distinctes. L'une est la propriété que
les molécules du fluide ont de communiquer leur chaleur aux molécules assez voisines, lorsque les températures sont inégales. En vertu
de cette propriété, dont les liquides ne sont point dépourvus, comme
on l'a quelquefois supposé, la chaleur tend à se distribuer d'une manière plus égale, et se dispose insensiblement à l'état d'équilibre : elle
pénètre donc à travers les surfaces rectangulaires qui terminent le
prisme, et l'effet instantané de cette propriété de la chaleur est celui
qui aurait lieu si la masse était solide.

A cette première cause, commune à toute espèce de matière, il s'en
joint une autre qui est propre aux fluides. Les molécules elles-mêmes
se déplacent, et elles apportent dans cet espace prismatique la chaleur
qu'elles contiennent; ou, en sortant de ce même espace, elles emportent
cette chaleur qui leur est propre.

La question se réduit donc à faire séparément le calcul de la chaleur
acquise par l'espace prismatique en vertu de la communication, et de
la chaleur acquise par cet espace en vertu des mouvements des molécules. Nous connaissons l'expression analytique de la chaleur communiquée, et ce premier point de la question est pleinement éclairci. Il
reste donc à tenir compte de la quantité de chaleur transportée : elle
ne dépend que des vitesses des molécules et des directions qu'elles
suivent dans leurs mouvements.

On calcule donc premièrement combien il entre de chaleur par l'une
des faces du prisme, soit par voie de communication, soit à raison de
l'écoulement du fluide; secondement, combien il sort de chaleur par

la face opposée, à raison de l'une et de l'autre cause. Appliquant ce calcul à chacun des rectangles qui terminent le prisme, on connaît combien il acquiert de chaleur pendant un temps donné; et si l'on distribue cette chaleur acquise entre toutes les molécules, on connaît l'augmentation moyenne de la température pendant ce même temps. En rapportant les expressions précédentes à la durée d'un instant, et à un prisme infinitésimal, on forme l'équation dont nous avons parlé. Elle est à différences partielles, comme celles du mouvement des fluides. Par là, on introduit dans l'analyse de ces mouvements une nouvelle variable, la température, et une nouvelle équation qui sert à la déterminer.

Équations générales du mouvement et de la température des fluides incompressibles.

x, y, z, coordonnées d'un point de l'espace occupé par une molécule;

t, temps écoulé;

α, β, γ, vitesses partielles de la molécule pour augmenter les coordonnées x, y, z;

p, pression qui s'exerce contre la molécule;

ε, densité variable de la molécule;

θ, température variable de cette molécule.

Les coefficients K, C, h mesurent la conductibilité propre de la masse, la chaleur spécifique et la dilatabilité.

α, β, γ, p, ε, θ sont des fonctions de x, y, z, t.

$$\frac{1}{\varepsilon}\frac{\partial p}{\partial x} + \frac{\partial \alpha}{\partial t} + \alpha\frac{\partial \alpha}{\partial x} + \beta\frac{\partial \alpha}{\partial y} + \gamma\frac{\partial \alpha}{\partial z} - X = 0,$$

$$\frac{1}{\varepsilon}\frac{\partial p}{\partial y} + \frac{\partial \beta}{\partial t} + \alpha\frac{\partial \beta}{\partial x} + \beta\frac{\partial \beta}{\partial y} + \gamma\frac{\partial \beta}{\partial z} - Y = 0,$$

$$\frac{1}{\varepsilon}\frac{\partial p}{\partial z} + \frac{\partial \gamma}{\partial t} + \alpha\frac{\partial \gamma}{\partial x} + \beta\frac{\partial \gamma}{\partial y} + \gamma\frac{\partial \gamma}{\partial z} - Z = 0;$$

$$\frac{\partial \varepsilon}{\partial t} + \frac{\partial}{\partial x}(\alpha\varepsilon) + \frac{\partial}{\partial y}(\beta\varepsilon) + \frac{\partial}{\partial z}(\gamma\varepsilon) = 0, \qquad \varepsilon = e(1 + h\theta),$$

$$\frac{\partial \theta}{\partial t} = \frac{K}{C}\left(\frac{\partial^2 \theta}{\partial x^2} + \frac{\partial^2 \theta}{\partial y^2} + \frac{\partial^2 \theta}{\partial z^2}\right) - \left[\frac{\partial}{\partial x}(\alpha\theta) + \frac{\partial}{\partial y}(\beta\theta) + \frac{\partial}{\partial z}(\gamma\theta)\right].$$

On désigne par X, Y, Z les trois résultantes orthogonales des forces qui agissent sur une molécule quelconque dont les coordonnées sont x, y, z; e est la densité qui répond à la température zéro, assez éloignée du changement d'état.

Les quatre premières équations sont connues et démontrées depuis longtemps.

La cinquième exprime le mouvement de la chaleur dans les fluides incompressibles.

————◆◆◆————

EXTRAIT

DES NOTES MANUSCRITES CONSERVÉES PAR L'AUTEUR.

———————

On se propose d'étendre la recherche des lois du mouvement de la chaleur à une question qui paraît d'abord très composée, savoir celle de la distribution de la chaleur dans les fluides. Nous ne considérerons ici que les fluides qui ont été désignés sous le nom d'*incompressibles*. On concevra donc une masse liquide dont toutes les molécules, inégalement échauffées, sont soumises à l'action de forces accélératrices, et dans laquelle la situation et la température de chaque molécule varient à chaque instant. Il s'agit de déterminer toutes les quantités qui font connaître la vitesse actuelle des molécules, la direction de leur mouvement et leur température.

Nous désignons par α la vitesse avec laquelle une molécule dont les coordonnées sont x, y, z s'avance parallèlement à l'axe des x; β est la vitesse de la même molécule dans le sens suivant lequel les coordonnées y augmentent; et γ est la vitesse parallèle à l'axe des z. Il s'agit de déterminer α, β, γ en fonction des coordonnées x, y, z et du temps écoulé t. Nous désignons par θ la température que cette même molécule a acquise à la fin du temps t. Il est évident que, si les trois

II. 76

vitesses orthogonales α, β, γ et la température θ étaient ainsi exprimées en fonction des coordonnées x, y, z et du temps t, il ne resterait
plus rien d'inconnu dans l'état variable de la masse fluide, en sorte
que l'on pourrait déterminer cet état pour chaque instant : p est la
pression qui s'exerce à la fin du temps t sur la molécule fluide dont x,
y, z sont les coordonnées; ε est la densité actuelle de cette molécule.
Cela posé, nous admettons comme démontrées les quatre équations
suivantes :

(1)
$$\left\{ \begin{array}{l} \dfrac{1}{\varepsilon}\dfrac{\partial p}{\partial x} + \dfrac{\partial \alpha}{\partial t} + \alpha \dfrac{\partial \alpha}{\partial x} + \beta \dfrac{\partial \alpha}{\partial y} + \gamma \dfrac{\partial \alpha}{\partial z} - X = 0, \\[3mm] \dfrac{1}{\varepsilon}\dfrac{\partial p}{\partial y} + \dfrac{\partial \beta}{\partial t} + \alpha \dfrac{\partial \beta}{\partial x} + \beta \dfrac{\partial \beta}{\partial y} + \gamma \dfrac{\partial \beta}{\partial z} - Y = 0, \\[3mm] \dfrac{1}{\varepsilon}\dfrac{\partial p}{\partial z} + \dfrac{\partial \gamma}{\partial t} + \alpha \dfrac{\partial \gamma}{\partial x} + \beta \dfrac{\partial \gamma}{\partial y} + \gamma \dfrac{\partial \gamma}{\partial z} - Z = 0, \end{array} \right.$$

(2)
$$\frac{\partial \varepsilon}{\partial t} + \frac{\partial \varepsilon \alpha}{\partial x} + \frac{\partial \varepsilon \beta}{\partial y} + \frac{\partial \varepsilon \gamma}{\partial z} = 0.$$

Le terme X exprime en fonction de x, y, z et t la résultante des
forces accélératrices qui agissent parallèlement à l'axe des x sur la
molécule dont x, y, z sont les coordonnées; Y est la résultante de ces
forces parallèle à l'axe des y, et Z est leur résultante agissant dans le
sens de l'axe des z. Ces forces tendent respectivement, quand elles sont
positives, à augmenter les coordonnées x, y, z.

Il serait inutile de rappeler les démonstrations si connues de ces
équations. Nous supposons que l'on se représente les éléments de
cette question tels qu'ils sont exposés dans les Ouvrages d'Euler (Mémoires de l'Académie de Berlin pour l'année 1755).

Concevons maintenant que, par un point m de la masse fluide, on
trace un plan perpendiculaire à l'axe des z, et cherchons quelle quantité de chaleur passe, pendant un instant dt, de la partie de l'espace
qui est au-dessous de ce plan dans la partie de l'espace qui lui est supérieure. Soit ω l'aire infiniment petite d'un disque dont le centre est
en m, et qui est perpendiculaire à l'axe des z. Si toutes les molécules
étaient immobiles, et que les changements de température dussent

résulter seulement de la communication de la chaleur, qui tend toujours à se distribuer uniformément, il a été démontré ([1]) que la quantité de chaleur qui s'élèverait au-dessus du plan à travers le disque ω pendant le temps infiniment petit dt aurait pour expression $-K\frac{\partial\theta}{\partial z}\omega\,dt$. C'est la mesure exacte de la chaleur communiquée, qui, abandonnant certaines molécules, passe dans celles qui leur sont contiguës. Le coefficient K est celui que nous avons défini. Il se rapporte à la substance liquide elle-même, et exprime la facilité avec laquelle la chaleur s'y propage comme dans un milieu solide.

Indépendamment de cette chaleur qui passe d'une molécule à une autre, il faut considérer celle qui est transportée par les molécules elles-mêmes à travers le disque ω. Nous avons désigné par C la quantité de chaleur qui, étant ajoutée à l'unité de volume du liquide, porterait la masse occupant ce volume de la température o à la température 1 de l'ébullition de l'eau. D'après cela, si, pendant l'instant dt, il s'écoulait à travers le disque ω, de bas en haut, une masse liquide d'un volume μ. et d'une température exprimée par θ, cette masse apporterait dans l'espace supérieur au plan une quantité de chaleur égale à $C\mu\theta$. On regarde ici comme une constante la quantité de chaleur que la masse contient lorsqu'elle est à la température zéro de la glace fondante, et l'on ne calcule que les différences, ou positives, ou négatives, qui sont ajoutées à cette constante commune, ou qui en sont retranchées. Or le prisme fluide qui traverse le disque pendant l'instant dt a pour base l'aire ω, et cette section ω, qui au commencement de l'instant dt coïncidait avec le disque, s'en est éloignée pendant la durée de cet instant, en sorte qu'à la fin de cette durée sa distance au disque, mesurée perpendiculairement au plan de ce disque, est $\gamma\,dt$. La quantité de chaleur transportée par l'effet de ce mouvement au-dessus du plan est donc $C\omega\gamma\,dt\,\theta$.

Elle s'ajoute à la chaleur qui s'est communiquée dans le même temps en passant d'une molécule à une autre, comme cela aurait lieu

([1]) *Théorie de la chaleur*, Chap. Ier, art. 98.

dans un corps solide. Ainsi la quantité totale de chaleur qui, pendant le temps dt, s'élève à travers le disque au-dessus de son plan, soit en vertu du déplacement des molécules, soit en vertu de la communication, a pour expression

$$\omega\, dt \left(- K \frac{\partial \theta}{\partial z} + C \gamma \theta \right).$$

Si le mouvement du fluide était supposé connu, c'est-à-dire si les quantités α, β, γ étaient données en fonction de x, y, z et t; et si, de plus, on connaissait la valeur de θ en fonction de ces mêmes variables, on déterminerait donc facilement la quantité de chaleur qui, pendant un temps donné T, s'écoule à travers une portion déterminée d'un plan perpendiculaire à l'axe des z; car, désignant par zéro et a, zéro et b les limites de l'aire rectangulaire tracée sur ce plan, on écrirait $dx\, dy$ au lieu de l'aire infiniment petite ω, et l'on prendrait la valeur de l'intégrale définie

$$\int_t^{t+T} dt \int_0^a dx \int_0^b \left(- K \frac{\partial \theta}{\partial z} + C \gamma \theta \right) dy.$$

γ et θ étant des fonctions supposées connues de x, y, z, t, K et C des nombres constants, et a, b, c, t, T des nombres donnés, on trouverait la valeur numérique de l'intégrale, ou de la quantité de chaleur qui, dans le temps donné, et toute compensation faite des grandeurs positives et négatives, a passé à travers le rectangle au-dessus du plan.

La même conséquence s'applique à toutes les positions que l'on pourrait donner à l'aire infiniment petite ω qui passe par le point m. Si cet élément était situé sur un plan perpendiculaire à l'axe des y, la quantité de chaleur qui, traversant l'élément, passe pendant l'instant dt de l'espace antérieur au disque dans l'espace opposé serait

$$\omega\, dt \left(- K \frac{\partial \theta}{\partial y} + C \beta \theta \right);$$

et, si le plan de l'élément ω était perpendiculaire aux x, la quantité de chaleur qui le traverse pendant la durée dt serait

$$\omega \, dt \left(- \mathrm{K} \frac{\partial \theta}{\partial x} + \mathrm{C} \alpha \theta \right).$$

En général, on appliquerait cette conséquence à toutes les positions du plan ω. Il suffirait de remplacer α et $\frac{\partial \theta}{\partial x}$ par les quantités qui mesurent la vitesse de la molécule m perpendiculairement au plan, et le flux de la chaleur communiquée suivant cette direction. C'est ainsi que l'on déterminerait, dans une masse fluide dont le mouvement et la température variables seraient connus, le flux total de chaleur, soit transportée, soit communiquée, à travers un diaphragme dont la figure et la position seraient données.

Considérons maintenant une capacité prismatique comprise entre six plans rectangulaires infiniment voisins, dont trois passent par le point m. On déterminera, au moyen de la proposition précédente, la quantité de chaleur qui entre pendant la durée dt dans cet espace prismatique à travers le rectangle $dx \, dy$, et l'on en retranchera la chaleur qui, pendant le même temps, sort de cet espace à travers la face opposée. On connaîtra ainsi la chaleur que l'espace prismatique acquiert en vertu du transport, ou de la communication qui s'opère dans le sens des ordonnées z. On trouvera un résultat semblable par rapport à l'axe des y, et un troisième résultat pour l'axe des x. En ajoutant ces trois quantités, on connaîtra combien l'espace infinitésimal que l'on considère acquiert de chaleur pendant un instant, soit par voie de communication de molécule à molécule, soit par le transport de ces molécules. Soit Δ cette quantité totale de chaleur acquise par le volume rectangulaire dont les dimensions sont dx, dy, dz. On considérera qu'une quantité de chaleur égale à $\mathrm{C} \, dx \, dy \, dz$ élèverait une masse de liquide occupant ce volume de la température 0 à la température 1. Par conséquent, $\frac{\Delta}{\mathrm{C} \, dx \, dy \, dz}$ sera l'augmentation de température due à la chaleur acquise Δ. Il ne reste plus qu'à établir le calcul :

$$dy \, dz \left(- \mathrm{K} \frac{\partial \theta}{\partial x} + \mathrm{C} \alpha \theta \right) dt$$

est la quantité de chaleur qui, pendant la durée dt, traverse l'aire $dy\,dz$ et entre dans le prisme. Pour connaître la chaleur qui sort à travers la face opposée, il suffit d'ajouter à l'expression précédente sa différentielle prise par rapport à x seulement, et l'on a pour l'expression de cette chaleur

$$dy\,dz\left(-\,\mathrm{K}\,\frac{\partial\theta}{\partial x}+\mathrm{C}\,\alpha\theta\right)dt+dy\,dz\left(-\,\mathrm{K}\,\frac{\partial}{\partial x}\,\frac{\partial\theta}{\partial x}+\mathrm{C}\,\frac{\partial\,\alpha\theta}{\partial x}\right)dx\,dt.$$

Retranchant cette quantité de la précédente, on trouve

$$dx\,dy\,dz\left(\mathrm{K}\,\frac{\partial^{2}\theta}{\partial x^{2}}-\mathrm{C}\,\frac{\partial\,\alpha\theta}{\partial x}\right)dt$$

pour l'expression de la quantité de chaleur acquise par l'effet de la communication ou du déplacement qui s'opère dans le sens des x.

On trouvera donc aussi

$$dx\,dy\,dz\left(\mathrm{K}\,\frac{\partial^{2}\theta}{\partial y^{2}}-\mathrm{C}\,\frac{\partial\,\beta\theta}{\partial y}\right)dt$$

pour exprimer la chaleur que la molécule prismatique dont la température était θ acquiert durant l'instant dt, en vertu de la communication et du transport selon l'axe des y. Enfin l'expression

$$dx\,dy\,dz\left(\mathrm{K}\,\frac{\partial^{2}\theta}{\partial z^{2}}-\mathrm{C}\,\frac{\partial\,\gamma\theta}{\partial z}\right)dt$$

mesure la chaleur acquise par la même molécule, en vertu de la communication et du transport selon le sens des z.

On ajoutera donc ces trois quantités de chaleur acquises; et divisant la somme par $\mathrm{C}\,dx\,dy\,dz$, on connaîtra l'augmentation $\frac{\partial\theta}{\partial t}\,dt$ de la température pendant la durée dt de l'instant. On forme ainsi l'équation

$$(3)\qquad \mathrm{C}\,\frac{\partial\theta}{\partial t}=\mathrm{K}\left(\frac{\partial^{2}\theta}{\partial x^{2}}+\frac{\partial^{2}\theta}{\partial y^{2}}+\frac{\partial^{2}\theta}{\partial z^{2}}\right)-\mathrm{C}\left(\frac{\partial\,\alpha\theta}{\partial x}+\frac{\partial\,\beta\theta}{\partial y}+\frac{\partial\,\gamma\theta}{\partial z}\right).$$

C'est cette équation qui doit être jointe aux quatre précédentes (1) et (2), afin que le mouvement et les températures variables de toutes les parties de la masse fluide soient généralement exprimés.

On a considéré les variations de température dans un élément prismatique rectangulaire, et la matière qui occupe ce volume infiniment petit subit pendant la durée dt des changements dans sa densité, sa vitesse et la direction de son mouvement. Si de là il restait quelques doutes sur l'exactitude rigoureuse de la démonstration, on pourrait parvenir au même résultat par une voie différente.

En effet, si les quantités α, β, γ et θ étaient connues en fonction de x, y, z, t, on pourrait déterminer la quantité de chaleur qui, pendant la durée du temps Δt, s'ajoute à celle que contenait déjà un volume prismatique fini, compris entre des faces rectangulaires données. Il suffirait de calculer, au moyen de la proposition démontrée dans l'article précédent, combien, pendant le temps donné Δt, il entre de chaleur à travers une des faces, et combien il en sort à travers la face opposée. En faisant un calcul semblable pour chacune des six faces, on connaîtrait la nouvelle quantité de chaleur que l'espace prismatique acquiert pendant le temps donné.

Or on pourrait aussi déterminer par un autre calcul cette même quantité de chaleur. Il faudrait pour cela chercher combien une partie infiniment petite de ce prisme reçoit, pendant un instant dt, d'augmentation de température, et, multipliant cette augmentation par le coefficient C qui mesure la capacité spécifique, on connaîtrait combien l'élément infiniment petit acquiert de chaleur pendant un instant. On intégrerait ensuite par rapport aux variables x, y, z entre les limites données, par exemple depuis $x=x$, $y=y$, $z=z$ jusqu'à $x=x+\Delta x$, $y=y+\Delta y$, $z=z+\Delta z$; et l'on intégrerait aussi, par rapport au temps t, depuis $t=t$ jusqu'à $t=t+\Delta t$. Le résultat de cette intégration serait la quantité de chaleur acquise par l'espace prismatique; et il serait précisément égal au résultat que l'on aurait trouvé précédemment en ayant égard aux quantités de chaleur qui pénètrent chaque face, soit pour entrer, soit pour sortir.

On voit par là que, si les quantités α, β, γ, θ étaient trouvées en fonction de x, y, z, t, ces fonctions satisferaient à la condition que l'on vient d'énoncer. Il faut donc exprimer cette identité des deux résultats, et l'on formera ainsi une équation qui doit subsister entre les fonctions inconnues.

La quantité de chaleur qui, pendant le temps Δt, pénètre dans le prisme à travers une première face perpendiculaire à l'axe des x est

$$\int_t^{t+\Delta t} dt \int_y^{y+\Delta y} dy \int_z^{z+\Delta z} \left(-K \frac{\partial \vartheta}{\partial x} + C\alpha\theta \right) dz.$$

On doit écrire après les intégrations $x + \Delta x$ à la place de x, et retrancher le second résultat du premier, puisque l'on a vu que le premier résultat mesure la chaleur entrée par l'une des faces, et le second la chaleur sortie par la face opposée. En désignant, pour abréger, par P la fonction placée sous les signes d'intégration, on aura donc

$$-\int_t^{t+\Delta t} dt \int_y^{y+\Delta y} dy \int_z^{z+\Delta z} \Delta P \, dz,$$

pour exprimer la quantité de chaleur acquise par le prisme en vertu du transport dans le sens des x. Maintenant on doit remarquer que l'on peut écrire

$$\int dt \int dx \int dy \int \Delta \frac{\partial P}{\partial x} dz$$

au lieu de

$$\int dt \int dy \int \Delta P \, dz;$$

et surtout que, si l'on prend l'intégrale par rapport à x entre les limites x et $x + \Delta x$, on effectue par cela même la différentiation finie indiquée par le signe Δ. En effet, soit $\varphi(x)$ une fonction quelconque de x : on écrira au lieu de $\varphi(x)$, $\int \frac{d\varphi(x)}{dx} dx$ ou $\int \varphi'(x) dx$, et si l'on prend cette intégrale depuis $x = x$ jusqu'à $x = x + \Delta x$, on a $\varphi(x + \Delta x) - \varphi(x)$, c'est-à-dire $\Delta\varphi(x)$. Il suit de là que la quantité

$$-\int_t^{t+\Delta t} dt \int_y^{y+\Delta y} dy \int_z^{z+\Delta z} \Delta P \, dz,$$

ou l'expression de la chaleur acquise par la communication et le mouvement dans le sens des x peut être mise sous cette forme

$$-\int_{t}^{t+\Delta t} dt \int_{x}^{x+\Delta x} dx \int_{y}^{y+\Delta y} dy \int_{z}^{z+\Delta z} \frac{\partial \mathrm{P}}{\partial x} dz$$

ou

$$\int dt \int dx \int dy \int \left[\frac{\partial}{\partial x} \left(\mathrm{K} \frac{\partial \theta}{\partial x} \right) - \mathrm{C} \frac{\partial \alpha \theta}{\partial x} \right] dz.$$

On aura un résultat semblable si l'on calcule la différence de la chaleur entrée par une face perpendiculaire à l'axe des y à la chaleur sortie par la face opposée. Ce résultat est

$$\int dt \int dx \int dy \int \left[\frac{\partial}{\partial y} \left(\mathrm{K} \frac{\partial \theta}{\partial y} \right) - \mathrm{C} \frac{\partial \theta \theta}{\partial y} \right] dz.$$

L'expression qui se rapporte au plan perpendiculaire à l'axe des z est

$$\int dt \int dx \int dy \int \left[\frac{\partial}{\partial z} \left(\mathrm{K} \frac{\partial \theta}{\partial z} \right) - \mathrm{C} \frac{\partial \gamma \theta}{\partial z} \right] dz.$$

On omet d'écrire les limites des intégrales, qui sont les mêmes dans ces trois expressions. Leur somme sera la quantité totale de la chaleur acquise par le prisme pendant le temps Δt.

D'un autre côté, la chaleur totale qui, dans l'étendue du prisme, a déterminé les augmentations de température est exprimée, d'après ce qui a été dit plus haut, par l'intégrale

$$\int dt \int dx \int dy \int \mathrm{C} \frac{\partial \theta}{\partial t} dz,$$

et les limites des intégrations sont les mêmes que celles des intégrations précédentes. On doit donc égaler les deux résultats; et en différentiant par rapport à t, x, y, z, on aura la même équation que celle qui a été trouvée précédemment.

Les coefficients C et K ont été regardés comme constants, quoiqu'ils subissent en effet quelques variations à raison des changements de

II.   77

densité. Il serait nécessaire d'y avoir égard si l'on considérait le mouvement des milieux aériformes, ou si les différences de température
étaient extrêmement grandes. Mais dans les questions qui se rapportent aux liquides, on doit faire abstraction de ces variations presque
insensibles des coefficients. Au reste, il serait très facile d'introduire
les variations dont il s'agit dans le calcul en suivant les principes que
nous venons d'exposer.

Nous reprendrons maintenant les équations (1) et (2), et nous remarquerons que la densité ε a une relation nécessaire et connue avec
la température θ. Désignant par e la densité qui répond à une température donnée b, on aura généralement

$$\varepsilon = e[1 + h(\theta - b)];$$

car, les températures étant comprises dans des limites assez peu éloignées, les accroissements de densité, à partir d'un certain terme,
demeurent sensiblement proportionnels aux accroissements de température. On pourrait aussi ne point regarder ce rapport comme constant, et avoir égard à ces variations. Il suffirait de modifier l'expression
précédente de la relation entre ε et θ. Le coefficient h exprime, comme
on le voit, la dilatabilité de la masse fluide : on le suppose connu par
les observations.

On pourra substituer la valeur précédente de ε dans les équations (1)
et (2), et ajouter à ces équations celle que nous avons démontrée. Les
cinq équations contiendront, comme grandeurs inconnues, les vitesses
orthogonales α, β, γ, la pression p et la température θ. L'équation (2)
deviendra

$$h\frac{\partial \theta}{\partial t} + \left(\frac{\partial \alpha}{\partial x} + \frac{\partial \beta}{\partial y} + \frac{\partial \gamma}{\partial z}\right) + h\left(\frac{\partial \alpha\theta}{\partial x} + \frac{\partial \beta\theta}{\partial y} + \frac{\partial \gamma\theta}{\partial z}\right) = 0.$$

Il nous paraît préférable de conserver les équations (1) et (2), qui se
rapportent au mouvement du fluide et contiennent la densité ε, en y
ajoutant la cinquième équation (3) qui détermine les variations des
températures. Il suffira de remarquer qu'il existe entre ε et θ une rela-

tion donnée par l'expérience, et que l'on peut en général représenter comme il suit :

$$\varepsilon = e[1 + h(\theta - b)].$$

Les mouvements et les températures variables des diverses parties d'un fluide incompressible sont donc exprimés par les équations (1), (2) et (3). La dernière est celle qui exprime les températures : elle montre que le changement instantané que ces températures subissent résulte de deux causes. L'une correspond à la première partie du second membre. Elle consiste dans la communication de molécule à molécule. L'autre partie du second membre se rapporte à la seconde cause, qui est le déplacement des molécules inégalement échauffées.

Indépendamment des conditions générales exprimées par ces équations, chaque question particulière présente des conditions spéciales qui se rapportent à l'état de la surface. Cette remarque s'applique aussi aux températures; et les principes que nous avons posés serviront dans tous les cas à former les équations propres à la surface. On ne les considère point ici, parce qu'on a seulement en vue d'exprimer les conditions les plus générales, communes et applicables à toutes les questions, et qui déterminent les mouvements des molécules ou la distribution de la chaleur.

On a supposé que le vase qui contient le fluide est imperméable à la chaleur. La déperdition qui s'opère au contact des parois ou à la superficie exposée à l'air produit dans les températures des changements qui seraient exprimés par les équations à la surface.

Il est nécessaire de remarquer que l'on ne considère point dans ces recherches le cas de l'équilibre non stable, c'est-à-dire de celui qui satisfait aux conditions mathématiques de l'équilibre absolu, mais qu'une impulsion extérieure pourrait détruire aussitôt. Les changements de température contribueraient à l'impossibilité physique d'un pareil état, et la distribution de la chaleur qui aurait lieu dans le changement d'état est l'objet d'une question spéciale que nous ne traitons point ici.

Le coefficient h, qui mesure la dilatabilité, a une valeur assez petite, que l'on peut omettre dans plusieurs cas. Alors les quatre premières équations (1) et (2) sont celles qui expriment le mouvement des fluides incompressibles. L'équation (2) devient

$$\frac{\partial \alpha}{\partial x} + \frac{\partial \beta}{\partial y} + \frac{\partial \gamma}{\partial z} = 0,$$

en sorte que la cinquième équation (3) prend dans ce cas la forme suivante :

$$C\frac{\partial \theta}{\partial t} = K\left(\frac{\partial^2 \theta}{\partial x^2} + \frac{\partial^2 \theta}{\partial y^2} + \frac{\partial^2 \theta}{\partial z^2}\right) - C\left(\alpha\frac{\partial \theta}{\partial x} + \beta\frac{\partial \theta}{\partial y} + \gamma\frac{\partial \theta}{\partial z}\right).$$

On y retrouve encore les deux parties du second membre qui correspondent à deux effets distincts.

Le coefficient K, qui mesure la conductibilité propre de la masse, n'a point une valeur entièrement nulle, mais ce coefficient est très petit. On a fort peu d'expériences à ce sujet. Celles que nous avons entreprises, il y a quelques années, nous ont montré que les liquides ne sont point dépourvus de la propriété de transmettre la chaleur, et que les diverses substances présentent cette propriété à des degrés assez différents. Mais il nous a toujours paru que la valeur du coefficient est fort petite, en sorte que les changements de température sont presque entièrement déterminés dans les liquides par des mouvements intérieurs. L'effet de la communication n'est point nul, ou presque insensible, comme le supposait le comte de Rumford; mais il est certain qu'il n'influe que très lentement sur la distribution de la chaleur.

Si dans l'équation (3) on omet le coefficient très petit K, les changements de température sont exprimés par l'équation du premier ordre

$$\frac{\partial \theta}{\partial t} + \alpha\frac{\partial \theta}{\partial x} + \beta\frac{\partial \theta}{\partial y} + \gamma\frac{\partial \theta}{\partial z} = 0.$$

Si la masse fluide demeurait en repos ou en équilibre, en sorte que les vitesses α, 6, γ eussent des valeurs nulles, il est évident que les changements de température ne résulteraient que de la conductibilité propre; et, dans ce cas, la cinquième équation (3) coïncide entièrement avec celle que nous avons donnée autrefois pour exprimer les mouvements de la chaleur dans l'intérieur des masses solides.

On pourrait également, en suivant les mêmes principes, former l'équation générale qui exprime les températures variables dans les fluides élastiques en mouvement. Mais il serait nécessaire d'y introduire des éléments que des observations précises pourraient seules fournir. On connaît exactement les relations qui subsistent entre la pression, la densité et la température; on peut regarder ces résultats comme fondés sur des observations constantes. Il faudrait connaître aussi, avec le même degré de certitude, les rapports de la densité des substances aériformes avec leur capacité spécifique, et la propriété de recevoir la chaleur rayonnante. Cette branche de la Physique expérimentale n'est point encore assez perfectionnée pour que l'on puisse en déduire exactement l'équation générale qui exprime les changements de température. Il faut remarquer que, dans les fluides élastiques, les communications immédiates de la chaleur ne sont point bornées à des distances très petites, comme dans l'intérieur des masses solides ou liquides. Les rayons de chaleur traversent les milieux aériformes et se portent directement jusqu'aux plus grandes distances. Il en résulte que l'équation différentielle prend une forme très différente de celle que nous avons trouvée pour les substances solides. Elle est d'un ordre indéfini; ou plutôt elle se rapporte à cette classe d'équations qui comprennent à la fois des différences finies et des différentielles: Nous pensons que cette recherche ne pourrait être aujourd'hui entièrement achevée, et qu'elle nécessite une série complète d'observations que nous ne possédons point encore.

Il n'en est pas de même des équations propres aux fluides incompressibles. Celle qui exprime les changements de température est aussi rigoureusement démontrée que celles qui se rapportent au mouvement du fluide. C'est cette démonstration qui est l'objet de notre

Mémoire. Elle ajoute à l'expression analytique des mouvements des fluides celle des températures variables de leurs molécules, et en même temps elle donne une nouvelle extension à la théorie mathématique de la propagation de la chaleur.

RAPPORT SUR LES TONTINES.

RAPPORT SUR LES TONTINES

PRÉSENTÉ A L'ACADÉMIE DES SCIENCES DANS LA SÉANCE DU 9 AVRIL 1821 (¹).

1. Deux particuliers ont sollicité du Gouvernement l'autorisation d'établir une nouvelle tontine dont ils deviendraient les administrateurs perpétuels. Le Ministre de l'Intérieur, à qui le projet a été présenté, a désiré que l'Académie des Sciences choisît dans son sein une Commission chargée d'examiner les articles qui règlent les intérêts respectifs des actionnaires. La Commission a pris connaissance de toutes les pièces relatives à cette affaire, et elle propose le Rapport suivant.

On ne rappellera point ici la première origine des projets de ce genre, l'emploi qu'on en a fait dans les emprunts publics, les motifs qui ont obligé de recourir à des modes d'emprunt et de remboursement plus ingénieux et plus utiles, les résultats récents des tontines établies par des particuliers, et les contestations judiciaires auxquelles elles ont donné lieu. Tous ces faits sont assez connus, et montrent dans tout son

---

(¹) La Commission était composée de MM. LACROIX, POISSON et FOURIER, rapporteur. Le Rapport est publié dans l'*Analyse des travaux de l'Académie des Sciences pour l'année* 1821. Cette analyse est la dernière qui ait été faite par Delambre, auquel Fourier a succédé comme Secrétaire perpétuel. *Voir* le Tome V, p. 26, des *Mémoires de l'Académie Royale des Sciences,* années 1821 et 1822, daté de 1826. Nous avons tenu à publier ce Rapport, dont Cousin parle dans son *Éloge de Fourier* et qui a excité beaucoup d'intérêt à l'époque où il a paru.   G. D.

jour la nécessité d'un examen attentif, fondé sur les principes mathématiques propres à ce genre de questions.

2. Les *associations* que l'on a appelées *tontines*, du nom de leur inventeur, ont pour objet de mettre en commun des fonds qui, après le décès de chaque associé, sont partagés entre tous les survivants. Les biens soumis à ces obligations réciproques se trouvent ainsi soustraits à l'ordre commun de la Société; ils ne passent pas aux héritiers de droit; ils deviennent la propriété d'un petit nombre de sociétaires parvenus à un âge très avancé.

La forme la plus simple et la plus ordinaire de ces Sociétés consiste à réunir dans une même classe les personnes d'un même âge; celui des actionnaires qui vit le dernier hérite des fonds qui avaient appartenu à la classe entière.

3. On peut varier ces combinaisons à l'infini et comprendre dans la même classe des personnes dont l'âge diffère de cinq ans ou de dix ans. On peut aussi établir des rapports entre ces classes, en sorte qu'à l'extinction de l'une d'elles les revenus passent, en totalité ou en partie, aux classes survivantes, en assujettissant ces dernières à une retenue proportionnelle. Les Sociétés de ce genre sont donc susceptibles de formes très composées; et, pour opérer une compensation équitable de tant d'intérêts divers, il faudrait les régler selon les probabilités de la vie.

(Les articles 4, 5 et 6 se rapportent uniquement aux projets présentés.)

7. Afin de comprendre sous un même point de vue les questions semblables qui pourraient se présenter par la suite, et sur lesquelles l'Académie serait consultée, nous placerons ici un exposé sommaire des principes communs à toutes ces questions; on en déduira les conséquences propres à chaque cas particulier.

Les tontines sont, à proprement parler, des paris sur la vie des

hommes; ce sont des jeux de hasard dont l'issue est éloignée. Pour
s'en former une idée juste, il faut considérer attentivement la nature
des mises, les conditions du jeu et ses résultats.

Le montant de chaque mise, dans la tontine simple, est pris, en
général, sur la fortune que les joueurs laisseraient après leur mort.
Les actionnaires ne compromettent point leur revenu actuel; car ce
revenu ne peut pas diminuer, il ne peut qu'augmenter : la somme des
mises, ou l'enjeu, provient des capitaux qui seraient le partage légitime
des héritiers. Ce sont ces derniers qui fournissent la matière du pari.

8. Le fondement principal des tontines est l'exhérédation. Elles
exercent deux penchants funestes : l'un est la disposition à attendre
du hasard ce qui devrait être le fruit d'une industrie profitable à tous,
ou le résultat ordinaire des institutions; l'autre est le désir d'augmenter ses jouissances personnelles en s'isolant du reste de la société.
L'invention d'un tel jeu ne pouvait manquer de réussir; car il consiste
dans une loterie dont tous les lots rapportent quelque profit, excepté
un seul, savoir le lot de l'actionnaire qui meurt le premier; et le prix
du billet semble ne rien coûter au joueur, parce qu'il est retranché du
bien qui resterait après lui. Cette combinaison a donc un attrait qui lui
est propre; il suffit que l'usage en soit rendu facile et soit publiquement autorisé pour qu'il se répande de plus en plus dans les diverses
classes de la société. On peut, il est vrai, citer plusieurs cas où des
particuliers en feraient une application utile et même louable; mais
ces exceptions ne suffisent point pour justifier des établissements dont
la raison condamne l'objet principal.

9. Si tous les actionnaires ont le même âge et s'ils fournissent la
même mise, les conditions du jeu sont équitables, c'est-à-dire que le
sort des joueurs est le même, abstraction faite de toutes circonstances
personnelles. Si les actionnaires sont distribués en plusieurs classes,
selon les âges, et que la plus grande différence d'âge puisse être de
cinq ans, il se trouve une inégalité très sensible dans les conditions,

lorsqu'on suppose les mises égales et les intérêts égaux; si cette différence d'âge peut être de dix ans, l'inégalité est excessive.

10. Si les actionnaires ont des âges inégaux ou si, étant distribués en classes, on établit que les revenus d'une classe éteinte sont réversibles sur les classes survivantes, le jeu est beaucoup plus composé; mais on peut rendre les conditions équitables, soit en faisant varier les mises, soit en réglant les intérêts selon la proportion des âges. Cette question appartient à l'analyse des probabilités, et il y a des cas où la solution rigoureuse exigerait des calculs extrêmement longs, pour lesquels il n'existe point de Tables; mais ces cas ne sont point ceux qui se présentent communément. La question relative aux associations très nombreuses admet une solution générale et d'une application facile. Cette solution ne se trouve dans aucun Ouvrage rendu public; mais il est aisé d'y suppléer. Pour satisfaire avec plus d'étendue aux intentions du Gouvernement et de l'Académie, nous avons dû nous proposer et résoudre la question suivante.

11. Supposons que l'on forme une association très nombreuse, comprenant des personnes de tout âge, et qui ait pour objet de transmettre aux survivants les fonds mis en commun; que l'on règle, dans le projet de statuts : 1° la composition de ces classes, c'est-à-dire l'âge et le nombre de ceux qui les forment ou seulement le nombre total; 2° les valeurs respectives des mises; 3° le mode de réversibilité en faveur des survivants ou des classes survivantes; 4° les frais de gestion; 5° le mode de liquidation : il s'agit de reconnaître si les intérêts annuels sont répartis équitablement entre les classes et les actionnaires, conformément à une Table de mortalité proposée, et le taux de l'intérêt étant connu.

12. Tel est l'énoncé de la question prise dans le sens le plus général; on la résout facilement au moyen de ce principe : *Que la mise de chaque actionnaire, d'un âge donné, doit être proportionnelle à la valeur*

moyenne de toutes les sommes éventuelles que peuvent recevoir les action-naires de cet âge. La somme *éventuelle* est celle que l'on doit recevoir si un certain événement a lieu ; on estime cette somme en multipliant sa valeur absolue par la probabilité de l'événement, et l'on rapporte le payement à une époque fixe, suivant la règle de l'intérêt composé. En suivant ces principes, on est assuré de régler équitablement les inté-rêts des actionnaires.

13. Cette somme moyenne ainsi calculée est, à proprement parler, la valeur légale de la mise. En cas de contestations portées aux cours de justice, ces cours se conformeraient exactement à cette règle, parce qu'elle fait droit à tous.

Indépendamment des conséquences dont on vient d'indiquer le prin-cipe, nous avons déduit de notre solution des résultats pratiques qui donnent dans plusieurs cas une approximation suffisante, et prévien-nent du moins les erreurs principales.

14. Si l'on se borne à une première approximation, ce que l'on peut faire dans un assez grand nombre de cas, à raison de l'incerti-tude sur le choix des Tables, sur la composition des classes et sur le taux de l'intérêt, on voit que les valeurs des mises sont assez exacte-ment proportionnelles à la durée moyenne de la vie, à partir d'un âge donné.

On pourrait suivre cette règle pour déterminer les suppléments de mise, lorsque les actionnaires compris dans une même classe ont des âges différents.

15. Nous allons maintenant ajouter une remarque fort importante concernant la composition des Sociétés dont il s'agit. On conçoit que, dès l'origine d'un pareil établissement, où le revenu d'une classe est réversible sur les autres, des particuliers ou des Compagnies pourraient acquérir toutes les actions destinées aux classes des âges les moins élevés et par là se procurer, indépendamment du revenu éventuel de

leurs actions, la possession éloignée, mais certaine, d'un fonds immense appartenant à toutes les classes. A défaut de cette première spéculation, qui n'est pas la plus à craindre, parce qu'il est assez facile de la prévoir, on pourrait acquérir un grand nombre d'actions d'un certain ordre, dont la valeur intrinsèque serait supérieure à celle des autres, et cette inégalité ne pourrait être découverte que par l'expérience ou par un examen antérieur très approfondi, tel que celui que nous proposons.

16. Or il n'y a que l'application de la règle mathématique dont nous venons de parler qui rende impossibles de pareilles spéculations. Il suffit et il est nécessaire de la suivre, pour être assuré que l'établissement ne peut donner lieu à aucune de ces combinaisons; car tous les intérêts se trouveraient tellement compensés que, pour acquérir la propriété réservée aux survivants ou les actions d'un ordre quelconque, il faudrait les payer à leur juste prix. On reconnaît ainsi toute la sagesse des motifs qui ont porté le Gouvernement à exiger, conformément à la proposition du Comité de l'intérieur du Conseil d'État, que les conditions des statuts fussent l'objet d'un examen spécial fondé sur la science du calcul.

17. Nous devons maintenant considérer les résultats mathématiques des combinaisons propres aux tontines.

On remarquera d'abord que ces résultats sont opposés à ceux que procurent les Caisses d'épargne, de prévoyance, de secours, etc. Ces établissements ont un objet honorable et précieux; ils encouragent l'esprit d'ordre et d'économie, font connaître tout le prix d'un travail constant, conservent et multiplient les dons de la reconnaissance et de l'affection. Il en est de même des Banques ou des Sociétés d'assurances sur la vie humaine, lorsqu'elles sont sagement constituées. Mais, indépendamment de ces considérations générales, il convient à l'objet de ce Rapport que nous exprimions ici une des conséquences de l'examen mathématique : elle consiste en ce que les transactions qui, au prix d'un léger sacrifice, nous peuvent garantir contre les pertes fortuites, augmentent en effet l'avantage actuel de chaque possesseur. L'expression analytique de cet avantage prouve qu'il est devenu plus grand, par cela seul que le contrat de garantie a été conclu. La sécurité est un bien réel, dont on peut, sous un certain rapport, estimer et mesurer le prix; c'est une valeur nouvelle, entièrement due aux transactions qui nous prémunissent contre l'incertitude du sort, et il y a des cas où cette valeur est immense.

18. Quant aux banques de jeux ou de tontines, elles produisent les effets contraires. Aussitôt que l'on a consenti à céder une partie de ce qu'on possède, dans l'espoir d'obtenir une somme considérable, on a diminué l'avantage de sa première situation. A la vérité, si les conditions ont été réglées équitablement, la valeur mathématique moyenne demeure la même; mais l'avantage relatif est diminué, et il peut être beaucoup moindre qu'auparavant. A conditions mathématiques égales, tout échange d'une valeur certaine contre une somme éventuelle est une perte véritable; et, aux mêmes conditions, l'échange d'un bénéfice incertain contre sa valeur moyenne et fixe est un avantage acquis.

La vérité de ces propositions devient plus sensible dans les combinaisons qui servent de fondement aux tontines. Il est évident que la Société ne peut être intéressée à ce qu'une multitude de familles perdent une partie de ce qu'elles devaient posséder un jour, et qu'elles contribuent involontairement à enrichir un très petit nombre de personnes pendant les dernières années de leur vie. Ceux à qui la fortune réserve cette faveur n'en retirent pas un avantage équivalent au préjudice que les autres ont souffert.

19. Les principes énoncés dans ce Rapport ne s'appliquent pas indistinctement à tous les placements viagers; il y a un assez grand nombre de cas où l'on fait, au moyen de ces placements, un usage honorable ou nécessaire des capitaux. Rien ne s'oppose à ce que des particuliers contractent librement entre eux des obligations de ce genre;

elles ne sont restreintes que par les limites qui conservent les droits des héritiers en ligne directe. Nos lois civiles, qui n'accordent point d'action en matière de pari pour cause purement fortuite, autorisent et garantissent les contrats de rente viagère, et deux autres contrats aléatoires qui se rapportent au commerce de mer. De plus, il existe déjà en France, et il se forme chaque jour des établissements fondés sur des principes très différents de ceux des tontines, où les capitaux peuvent être placés sous les formes les plus diverses. Nous ajouterons même que nous regarderions ces établissements comme incomplets, s'ils n'offraient point aussi des modes de placement très variés, au moyen desquels des particuliers peuvent retirer de grands avantages de la combinaison des chances de la vie humaine, et se procurer, dans un âge avancé, un revenu viager, ou fixe, ou croissant; mais ces associations utiles ne peuvent point être comparées à celles qui ont pour unique objet de réunir un très grand nombre de personnes pour qu'elles se transmettent une partie de leurs biens par l'effet des survivances.

20. Si l'on veut apprécier exactement les conséquences de ce dernier mode de placement, il suffit de jeter les yeux sur la Table ci-jointe, qui convient spécialement aux tontines établies en France; elle fait connaître l'accroissement progressif du revenu annuel que les actionnaires obtiendront aux différents âges. On suppose, par exemple, qu'un très grand nombre de personnes âgées de vingt ans fournissent chacune un capital portant 100^{fr} de rente, et que le revenu total doive être partagé à la fin de chaque année entre les seuls survivants; il en résultera, pour ces derniers, une augmentation continuelle de revenu, mais cette augmentation sera peu considérable pendant un long intervalle de temps; elle ne procurera un grand avantage qu'à ceux des actionnaires qui parviendront à un âge très avancé. Le revenu, qui était de 100^{fr} pour la première année, sera de 100^{fr},98 à la seconde année, 102^{fr},63 à la troisième année, 103^{fr},04 à la quatrième année, ainsi de suite, comme on le voit dans la Table; il s'écoulera plus de vingt-six ans avant

que le revenu de l'action soit 133^{fr}; il sera égal à 150^{fr} après trente-
quatre ans environ; il s'écoulera environ quarante-quatre ans avant
que le revenu soit doublé. A la vérité, pour les derniers survivants, et
lorsqu'ils seront peu éloignés du terme de leur vie, le revenu annuel
croîtra très rapidement, et quelques-uns d'entre eux, dans une extrême
vieillesse, auront acquis à peu de frais une fortune énorme.

21. Il faut remarquer que c'est dans les dernières années seulement
que les avantages sont fortuits. Le jeu ne s'établit que lorsque les actionnaires sont en petit nombre; jusque-là, le revenu de l'action n'est
point incertain, et l'on peut être assuré que, pendant plus de quarante
années, ce revenu croîtra lentement et selon une loi semblable à celle
que l'on vient d'indiquer.

22. Les inventeurs des projets s'efforcent, pour la plupart, de dissi-
muler ces premiers résultats; ils promettent des augmentations rapides,
qu'ils supposent fondées sur le calcul des chances de la vie; ou ils remplacent par des combinaisons compliquées les modes plus simples qui
laisseraient apercevoir les conséquences inévitables de leur projet; et,
comme les connaissances positives en cette matière sont peu répandues,
il leur est facile de faire naître des espérances exagérées ou confuses.
Lorsque l'expérience a démenti leurs promesses, ils allèguent qu'ils
ont été eux-mêmes induits en erreur, et que toutefois ils s'étaient con-
formés aux règles connues; mais cette allégation est dénuée de tout
fondement. On s'en convaincra en recourant aux sources où ces règles
peuvent être puisées, depuis l'Ouvrage de M. Deparcieux, qui écrivait
sur cette matière en 1745, jusqu'aux Traités les plus récents. Les Tables
de mortalité sont encore sujettes à des incertitudes, et surtout pour les
premiers âges et pour les derniers; mais l'imperfection n'est pas telle
qu'il ne soit facile de connaître, sans aucun doute, le résultat d'une
tontine nombreuse. Nous devons rappeler à ce sujet que l'Académie
des Sciences de Paris, consultée par le Gouvernement sur le projet de
l'établissement de la Caisse dite *de Lafarge,* proposa un avis contraire

à ce projet. Nous avons trouvé dans nos Archives le Rapport de la Commission chargée de l'examen de cette question; il a été adopté dans la séance du 1er décembre 1790 : il est signé de MM. de Laplace, rapporteur, Vandermonde, Coulomb, Lagrange et Condorcet.

23. Le but principal que se proposent les inventeurs de ces projets est de créer des emplois dont ils se réservent la jouissance à perpétuité, et d'acquérir ainsi une fortune considérable à titre de frais de gestion ou de premier établissement. Leurs prétentions à cet égard sont excessives, et ils se fondent sur l'exemple de ceux qui les ont précédés dans cette carrière. Ils perçoivent des droits fixes, des rentes annuelles, des parts dans les extinctions. Nous avons sous les yeux des projets dont les auteurs auraient été autorisés, en complétant leur établissement, à recevoir, pour prix d'un travail très borné, une première somme de 1 500 000^{fr}, indépendamment d'une rente annuelle de 145 000^{fr} qui subsisterait pendant toute la durée de l'association. Aussi longtemps que l'esprit de spéculation pourra concevoir de telles espérances, il s'exercera sous les formes les plus variées, et il est facile de prévoir tous les effets d'une cause aussi active. Telle est l'origine de la plupart des projets que nous voyons se former chaque jour.

24. Il est vrai que, dans plusieurs États de l'Europe, des Gouvernements éclairés ont eu recours, pour les emprunts publics, aux combinaisons des tontines; mais il est vraisemblable que ces formes d'emprunt ne se renouvelleront jamais : on les regardait alors comme un élément nécessaire du succès; ils appartenaient donc à cette classe de dispositions dont on ne prétend pas justifier les principes, mais qui du moins s'expliquent par des motifs d'utilité générale. D'ailleurs on cherchait à rendre les chances favorables aux prèteurs, on ne prélevait point de frais de gestion; enfin, on suppléait ainsi à des impôts onéreux : mais on ne peut alléguer ces exemples en faveur d'établissements du même genre qui seraient créés par des particuliers et dont la société ne retirerait aucun avantage.

L'article 25 concerne spécialement un des projets présentés.

26. On a vu que l'accroissement du revenu au·profit des survivants d'une même classe est nécessairement médiocre et tardif. Quant à la proposition de réserver aux plus jeunes l'héritage des classes plus âgées, et de faire acquitter d'avance par les premiers le prix de cet héritage, elle n'est la source d'aucun avantage réel. Dans la tontine simple, le fonds commun, devenu la propriété du dernier survivant, passe du moins à ses héritiers de droit, et toutes les familles des sociétaires peuvent l'espérer également. Ici, cet héritage est attribué d'avance aux classes plus jeunes; ainsi pour toutes les autres l'exhérédation est consommée : mais, dans ces premières classes, chacun des actionnaires paye en annuités viagères le juste prix du fonds qui peut lui revenir un jour; il commence donc par diminuer son revenu actuel, et cette perte subsistera assez longtemps avant d'être compensée par l'accroissement de revenu résultant de la survivance. On est assuré qu'une partie de ces actionnaires les plus jeunes mourra avant que leur revenu ait repris sa valeur primitive. L'effet de l'association aura été pour eux : 1° d'aliéner le fonds; 2° de diminuer le revenu; 3° d'acquitter le prix dû aux inventeurs de la tontine.

En continuant cet examen, on voit qu'un très grand nombre d'actionnaires des quatre premières classes contribuent, pendant toute la durée de leur vie, à payer un héritage qu'ils ne doivent point recevoir. Par exemple, le revenu annuel de la classe de vingt à vingt-cinq ans ne passera aux quatre premières classes qu'après un intervalle de plus de soixante ans; car, sur un nombre d'hommes de vingt à vingt-cinq ans, il s'en trouvera un ou plusieurs qui atteindront un âge très avancé. Or, après cet intervalle, la plus grande partie des actionnaires qui composaient les quatre premières classes n'existera plus; le nombre de ceux qui formaient la quatrième classe, de quinze à vingt ans, sera réduit au-dessous de la sixième partie : par conséquent, les cinq-sixièmes auront contribué, pendant plus de soixante ans, à payer un bien qui ne sera possédé ni par eux, ni par leurs héritiers. Lorsqu'un particulier achète d'un autre une propriété qu'il doit posséder après la mort du vendeur, il a du moins la certitude d'ajouter ce fonds aux siens et d'en augmenter les avantages de sa famille; de plus, il regarde comme possible que l'annuité ne soit pas payée pendant un très long temps : ce sont les motifs ordinaires de cette sorte de contrats. Ici, toutes les conditions sont changées :

1° L'acquéreur payera certainement la rente viagère pendant plus de soixante années.

2° Il est très vraisemblable que le bien dont il paye le prix n'appartiendra ni à lui, ni à ses héritiers. Quelle utilité peut-il y avoir à troubler l'ordre commun de la transmission des biens pour arriver à de tels résultats? Et comment peut-on espérer l'autorisation publique de faire de semblables propositions à plusieurs milliers de familles, en réclamant, pour prix de son invention et de ses soins, plus de 2 pour 100 de tous les capitaux et 2 pour 100 de tous les revenus?

27. Dans le premier projet qui nous a été présenté, nous avions remarqué l'article des statuts qui autorise la réunion de plusieurs actions sur une seule tête. Nous ne traitons point ici cette question, parce que nous ignorons si les auteurs du second projet ont le dessein de conserver l'article. Nous ferons seulement remarquer que cette disposition porterait un préjudice notable à ceux qui en feraient usage et que leur consentement n'est pas, dans une pareille matière, un motif suffisant pour justifier cette lésion de leurs intérêts.

Au reste, cette partie de la question a été traitée par M. Navier dans un écrit très remarquable, présenté à l'Académie, où il a soumis à une analyse exacte et approfondie les chances relatives aux tontines.

28. Nous avons vu que les effets généraux des associations dont il s'agit se réduisent à intervertir fortuitement, sans aucun fruit pour la société, et dans un très grand nombre de familles, l'ordre commun de l'hérédité que déterminent les rapports naturels et les lois positives; mais si, indépendamment de ces motifs, on examine seulement les

conséquences relatives aux intérêts des actionnaires, on reconnaît que
le placement des capitaux en tontine est beaucoup moins favorable que
le simple contrat de rente viagère. Cette dernière transaction a aussi
pour objet d'aliéner la propriété des fonds; mais elle procure du moins
un résultat constant, facile à apprécier, et conforme à des règles simples
et connues. Celui au profit duquel la rente est constituée voit son revenu augmenter d'une quantité assez considérable; il reçoit, dès la première année et jusqu'à sa mort, une valeur fixe qui améliore sensiblement l'état de sa fortune. Tout homme prudent préférera cet avantage
moyen et invariable à un accroissement de revenu fort modique pendant un long temps, et suivi de chances très favorables, mais très incertaines.

29. On pourrait développer davantage cette comparaison du placement en tontine et du placement en rente viagère, mais nous n'insérons
point dans notre Rapport les détails de cette question; elle dépend
d'une branche de l'analyse des probabilités où l'on considère, au lieu
des valeurs absolues, les avantages relatifs que ces valeurs procurent.
On est ainsi ramené à la conséquence fondamentale que nous avons
déjà indiquée, savoir, que l'on diminue nécessairement l'avantage actuel du possesseur si l'on remplace une valeur moyenne et certaine
par des valeurs inégales assujetties à des chances. Le résultat mathématique moyen est le même; mais l'avantage réel est devenu moindre,
et il diminue de plus en plus, à mesure que les valeurs éventuelles deviennent moins probables et plus inégales.

30. Nous terminerons ce Rapport en résumant comme il suit les
conséquences principales de notre examen, savoir :
Qu'en général l'établissement des tontines ne présente point de motifs d'utilité publique, et ne nous paraît mériter à aucun titre l'autorisation du Gouvernement;
Que, si cette autorisation ne pouvait être refusée, sauf à restreindre
ces spéculations par la seule concurrence des établissements analo-

gues, et si toute la question qui nous est proposée se réduit à régler équitablement les intérêts respectifs des actionnaires, nous disons qu'on atteindra ce but, soit en réunissant dans une même classe toutes personnes du même âge, sans établir aucune relation entre les différentes classes, soit en déterminant les intérêts et les mises en sorte que chaque mise correspondante à un âge donné représente la valeur moyenne des sommes éventuelles que tous les actionnaires de cet âge peuvent recevoir;

Qu'en s'écartant de ce dernier principe, on serait exposé aux plus graves inconvénients, et notamment, que l'on pourrait donner lieu à des spéculations qui consisteraient à acquérir toutes les actions d'un certain ordre, pour s'assurer un gain énorme au détriment des autres sociétaires;

Que, dans l'intérêt des particuliers qui usent du droit d'aliéner leurs fonds, le placement en tontine est, en général, le moins avantageux de tous; que le contrat de rente viagère, constitué sur une ou plusieurs têtes, est à la fois plus simple et plus favorable; qu'il en est de même de plusieurs autres placements dont la forme peut être variée, et qui procurent un revenu viager, fixe, ou croissant avec l'âge;

En ce qui concerne les deux projets qui ont été l'objet spécial de notre examen . . . .

. . . .

Que les indemnités réclamées pour frais de gestion sont énormes, et certainement disproportionnées aux services rendus aux actionnaires;

Que l'exécution de cette entreprise donnerait lieu à des contestations inévitables et nombreuses;

Enfin, que l'Académie ne peut que refuser son approbation à un établissement irrégulier, contraire aux vues du Gouvernement, et même aux intentions des auteurs du projet.

L'Académie approuve le Rapport et en adopte les conclusions.

TABLE

DE L'ACCROISSEMENT ANNUEL DU REVENU DES FONDS PLACÉS DANS LES TONTINES.

Ages.	Revenus.	Ages.	Revenus.	Ages.	Revenus.
ans	fr c	ans	fr c	ans	fr c
0	60,00	32	113,37	64	198,61
1	74,55	33	114,64	65	206,07
2	78,05	34	115,95	66	214,21
3	81,40	35	117,29	67	223,62
4	83,92	36	118,65	68	234,58
5	85,86	37	120,15	69	247,30
6	87,53	38	121,31	70	262,58
7	88,96	39	122,59	71	279,72
8	90,24	40	123,89	72	300,36
9	91,46	41	125,23	73	324,30
10	92,50	42	126,59	74	352,38
11	93,35	43	127,98	75	385,78
12	93,99	44	129,41	76	423,95
13	94,65	45	130,86	77	470,52
14	95,32	46	132,35	78	528,57
15	95,99	47	134,10	79	598,52
16	96,67	48	135,89	80	689,83
17	97,48	49	137,96	81	805,94
18	98,31	50	140,10	82	957,64
19	99,15	51	142,55	83	1146,04
20	100,00	52	145,35	84	1379,05
21	100,98	53	148,26	85	1695,08
22	102,03	54	151,30	86	2142,01
23	103,00	55	154,75	87	2806,08
24	104,09	56	158,36	88	3700,00
25	105,15	57	162,15	89	5087,00
26	106,15	58	166,46	90	7400,00
27	107,18	59	171,01	91	11628,00
28	108,63	60	175,80	92	20350,00
29	109,70	61	180,88	93	40700,00
30	110,89	62	186,27	94	81400,00
31	112,12	63	192,43	95	»

Observations relatives à l'usage de la Table.

I. Cette Table fait connaître quel sera, après un temps donné, le revenu des actionnaires survivants. On suppose qu'une Société soit formée d'un grand nombre de personnes d'un même âge, que chacune d'elles fournisse un capital portant 100^{fr} de rente, et qu'à la fin de chaque année le revenu commun doive être partagé entre les seuls actionnaires survivants. Le revenu de ces derniers augmentera d'une année à l'autre. La Table montre le progrès annuel du revenu.

Par exemple, si l'âge des associés est vingt ans, le revenu primitif, qui était de 100^{fr}, sera de $110^{fr},89$ à trente ans; il sera de $175^{fr},88$ à soixante ans. Ceux qui parviendront à l'âge de soixante-dix ans auront $262^{fr},58$ de revenu. Ceux qui atteindront l'âge de quatre-vingts ans auront $689^{fr},83$ de revenu. Enfin, ce revenu sera de 7400^{fr} pour ceux qui auront achevé leur quatre-vingt-dixième année.

II. Lorsque le revenu marqué dans la Table, pour l'âge proposé, n'est pas 100^{fr}, comme cela avait lieu dans le cas précédent, on connaît l'augmentation de revenu en comparant le nombre qui répond à un âge plus grand.

Par exemple, si l'âge des actionnaires, à l'origine de la Société, était cinq ans, et que l'on voulût connaître combien il doit s'écouler de temps pour que le revenu fût doublé par l'effet des survivances, il faudrait, après avoir remarqué le nombre $85^{fr},86$ qui répond à cinq ans, lire les nombres suivants, et continuer jusqu'à ce qu'on trouve un nombre double ou plus grand que le double de $85^{fr},86$, et l'on reconnaît qu'il doit s'écouler plus de cinquante-quatre ans avant que le revenu annuel soit doublé; ceux des actionnaires qui parviendraient à l'âge de soixante ans auraient doublé leur revenu. En général, si l'on suppose que l'âge des actionnaires, à l'origine de la Société, a une valeur quelconque, par exemple 15, et que l'on veuille connaître dans quel rapport le revenu sera augmenté après un certain temps, par exemple après trente-cinq années, on cherchera le nombre qui répond à 15 + 35 ; et, ce nombre étant 140^{fr},10, on en conclut que le revenu, qui était à quinze ans 95^{fr},99, sera 140^{fr},10 pour ceux des actionnaires qui parviendront à l'âge de cinquante ans; le revenu sera augmenté dans le rapport de 95^{fr},99 à 140^{fr},10.

III. La partie de cette Table qui se rapporte aux premiers âges (depuis la naissance jusqu'à cinq ans) est sujette à plusieurs causes d'incertitude. La même remarque s'applique à l'usage que l'on ferait de la Table pour les âges très avancés (ceux qui sont au-dessus de quatre-vingt-cinq ans); la partie moyenne de la Table donne des résultats que l'on peut regarder comme constants.

Cette Table est déduite de documents authentiques, c'est-à-dire qu'elle peut être vérifiée au moyen de pièces officielles qui constatent des faits positifs, et qui sont conservées dans les archives publiques; mais les observations ne sont point assez nombreuses et assez variées.

On possède aujourd'hui, en France et en Angleterre, des documents non moins certains et beaucoup plus multipliés. L'examen et la discussion de ces éléments donneront un jour des connaissances précieuses; mais ce travail, plus difficile qu'il ne paraît l'être, exige nécessairement une connaissance approfondie de l'analyse des probabilités; il ne peut être utile que s'il est fondé sur les principes de cette science.

FIN DU TOME SECOND.

TABLE DES MATIÈRES

DU TOME SECOND.

	Pages
AVERTISSEMENT	V
Liste des Ouvrages scientifiques de Fourier	IX
Errata	XIII

MÉMOIRES PUBLIÉS DANS DIVERS RECUEILS.

PREMIÈRE SECTION.

MÉMOIRES EXTRAITS DES RECUEILS DE L'ACADÉMIE DES SCIENCES DE L'INSTITUT DE FRANCE.

Théorie du mouvement de la chaleur dans les corps solides (suite)	3
Mémoire sur les températures du globe terrestre et des espaces planétaires	97
Mémoire sur la distinction des racines imaginaires et sur l'application des théorèmes d'Analyse algébrique aux équations transcendantes qui dépendent de la théorie de la chaleur	129
Mémoire sur la théorie analytique de la chaleur	147
Remarques générales sur l'application des principes de l'Analyse algébrique aux équations transcendantes	185

DEUXIÈME SECTION.

NOTES ET MÉMOIRES EXTRAITS DES BULLETINS DE LA SOCIÉTÉ PHILOMATHIQUE.

Mémoire sur la propagation de la chaleur dans les corps solides	215
Mémoire sur la température des habitations et sur le mouvement varié de la chaleur dans les prismes rectangulaires. (Extrait.)	225
Question d'Analyse algébrique	243
Note relative aux vibrations des surfaces élastiques et au mouvement des ondes	257

Pages

Extrait d'un Mémoire sur le refroidissement séculaire du globe terrestre.......... 271
Sur l'usage du théorème de Descartes dans la recherche des limites des racines..... 291
Note relative au Mémoire précédent, par M. Gaston Darboux.................... 310
Solution d'une question particulière du calcul des inégalités..................... 317
Note relative au Mémoire précédent, par M. Gaston Darboux.................... 320

TROISIÈME SECTION.

NOTES ET MÉMOIRES EXTRAITS DES ANNALES DE CHIMIE ET DE PHYSIQUE.

Note sur la chaleur rayonnante.. 333
Questions sur la théorie physique de la chaleur rayonnante..................... 351
Remarques sur la théorie mathématique de la chaleur rayonnante................ 427
Recherches expérimentales sur la faculté conductrice des corps minces soumis à
l'action de la chaleur et description d'un nouveau thermomètre de contact....... 453

QUATRIÈME SECTION.

MÉMOIRES DIVERS.

Mémoire sur la statique contenant la démonstration du principe des vitesses virtuelles
et la théorie des moments.. 477
Mémoire sur les résultats moyens déduits d'un grand nombre d'observations....... 525
Second Mémoire sur les résultats moyens et sur les erreurs des mesures. :........ 549

SUPPLÉMENT A LA PREMIÈRE SECTION.

Mémoire d'Analyse sur le mouvement de la chaleur dans les fluides.............. 595
Rapport sur les tontines.. 617

PLANCHE (Photogravure). — Portrait de Fourier.................. (En frontispice.)

FIN DE LA TABLE DES MATIÈRES DU TOME SECOND.

13702   Paris. — Imprimerie GAUTHIER-VILLARS ET FILS, quai des Grands-Augustins, 55.

PREMIÈRE SECTION.

MÉMOIRES

EXTRAITS DES

RECUEILS DE L'ACADÉMIE DES SCIENCES

DE L'INSTITUT DE FRANCE.

AVERTISSEMENT.

Les Mémoires que nous publions dans ce second Volume se distribuent en trois groupes distincts.

Les plus importants peuvent être considérés comme formant un complément naturel de la *Théorie analytique de la chaleur*. On y trouvera développées les recherches que Fourier a poursuivies pendant tant d'années sur la théorie physique de la chaleur rayonnante, sur le refroidissement séculaire du globe terrestre, sur la température des espaces planétaires.

Une autre série de travaux se rapporte à la résolution des équations numériques. Fourier a, comme on sait, apporté sur cette importante question des vues qui étaient absolument neuves, et qui se sont montrées fécondes entre les mains de ses successeurs. Nous avons aussi, par quelques emprunts à l'*Histoire de l'Académie* pour les années 1823 et 1824, pu faire connaître d'une manière assez précise certaines idées sur la théorie des inégalités auxquelles l'illustre géomètre attachait une importance qu'il est permis, aujourd'hui, de trouver un peu exagérée.

Enfin, sur l'invitation de notre maître M. Joseph Bertrand, nous avons tenu à faire connaître quelques-uns des Mémoires sur l'analyse des probabilités que Fourier a publiés pour éclairer les recherches statistiques dont la direction lui avait été confiée par le comte de Chabrol.

Un seul travail échappe à cette classification : il mérite pourtant d'être signalé ici, car il a servi de début à Fourier. C'est le *Mémoire sur le principe des vitesses virtuelles,* publié en 1796 dans le Vᵉ Cahier du *Journal de l'École Polytechnique.* Nous avons reproduit ce Mémoire, remarquable à bien des égards, où se trouve donnée pour la première fois la démonstration du principe des vitesses virtuelles qui est aujourd'hui généralement adoptée.

Nous avons dû renoncer à joindre à cette édition une étude sur la vie et les écrits de Fourier. Il nous a paru que l'éloge d'Arago était trop répandu pour qu'il y eût intérêt à le reproduire. Mais nous tenons à signaler le Discours que Cousin a prononcé en venant prendre séance, comme successeur de Fourier, à l'Académie française, et surtout les nombreuses notes biographiques qu'il a ajoutées à ce Discours, et où se trouvent réunis une foule de détails intéressants qu'il tenait de Fourier lui-même, de ses contemporains ou de ses amis. On trouvera ce Discours et les notes qui l'accompagnent dans l'Ouvrage que Cousin a publié sous le titre suivant : *Fragments et souvenirs*.

Dans l'Avertissement du premier Volume, nous avions signalé comme perdu le premier Mémoire de Fourier sur la théorie de la chaleur, celui qu'il a présenté le 21 décembre 1807 à la première Classe de l'Institut. Les allusions si fréquentes et si précises que fait le grand géomètre à ce travail et aux notes qui l'accompagnent (¹) nous avaient beaucoup frappé. Comme Navier avait été chargé, après la mort de Fourier, de publier l'Ouvrage inachevé intitulé *Analyse des équations déterminées,* nous avons pensé que les papiers de Fourier avaient dû lui être remis et avaient pu, après la mort de cet éminent ingénieur, être légués à la Bibliothèque de l'École des Ponts et Chaussées. Et, en effet, nous avons retrouvé dans le riche Catalogue des Manuscrits de cette Bibliothèque le Mémoire de Fourier, inscrit sous le n° **267**. Ce Manuscrit nous a été communiqué avec beaucoup d'empressement. Nous avons pu l'étudier; il est suivi de quelques-unes des Notes que Fourier a remises en 1808 et 1809 à Lagrange et à Laplace pour répondre à leurs objections, ou pour les prévenir. Nous avons contrôlé tous les renvois que Fourier fait à ces différentes pièces; il va sans dire que nous les avons trouvés exacts.

La liste des écrits scientifiques de Fourier, que le lecteur

(¹) Voir le t. I, p. xxvi, 462, 529, 532, et le t. II, p. 103, 180, 201, 209, 278, 420.

trouvera à la suite de cet Avertissement et que nous avons tâché de rendre aussi complète que possible, montrera, nous l'espérons, que rien d'essentiel n'a été oublié dans notre édition. Comme nous n'avons jamais songé à publier les OEuvres complètes, littéraires et scientifiques, de Fourier, nous considérons notre tâche comme terminée, au moins pour le moment.

12 janvier 1890.

Gaston DARBOUX,

de l'Académie des Sciences.

LISTE

DES

OUVRAGES SCIENTIFIQUES DE FOURIER.

(Les Ouvrages marqués d'un astérisque ne figurent pas dans les deux Volumes de notre édition.)

I. — Mémoires.

Mémoire sur la Statique contenant la démonstration du principe des vitesses virtuelles et la théorie des moments (*Journal de l'École Polytechnique*, Vᵉ Cahier, p. 20; 1796).

Mémoire sur la propagation de la chaleur dans les corps solides (Extrait publié dans le *Bulletin de la Société philomathique*, t. I, p. 112-116; mars 1808).

*Théorie de la chaleur (*Annales de Chimie et de Physique*, t. III; 1816, p. 350-376).

Note sur la chaleur rayonnante (*Annales de Chimie et de Physique*, t. IV; 1817, p. 128-145).

Questions sur la théorie physique de la chaleur rayonnante (*Annales de Chimie et de Physique*, t. VI; 1817, p. 259-303).

Sur la température des habitations et sur le mouvement varié de la chaleur dans les prismes rectangulaires (Extrait publié dans le *Bulletin de la Société philomathique*; 1818, p. 1-11).

Question d'Analyse algébrique (*Bulletin de la Société philomathique*: 1818, p. 61-67).

Note relative aux vibrations des surfaces élastiques et au mouvement des ondes (*Bulletin de la Société philomathique*; 1818, p. 129-136).

II.

*Mémoire sur la théorie analytique des assurances (*Annales de Chimie et de Physique*, t. X; 1819, p. 177-189).

Extrait d'un Mémoire sur le refroidissement séculaire du globe terrestre (*Bulletin de la Société philomathique;* 1820, p. 58-70, et *Annales de Chimie et de Physique*, t. XIII; 1819, p. 418-437).

*Sur le mouvement de la chaleur dans une sphère solide dont le rayon est très grand (*Journal de Physique*, t. XC, p. 234).

Sur l'usage du théorème de Descartes dans la recherche des limites des racines (*Bulletin de la Société philomathique;* 1820, p. 156-165 et p. 181-187).

*Sur quelques nouvelles expériences thermo-électriques (en commun avec Oersted, *Annales de Chimie et de Physique,* t. XXII; 1823, p. 375-389).

Mémoire sur la température du globe terrestre et des espaces planétaires (*Mémoires de l'Académie des Sciences,* t. VII; 1827, p. 570-604, et *Annales de Chimie et de Physique,* t. XXVII; 1824, p. 136-167).

Résumé théorique des propriétés de la chaleur rayonnante (*Annales de Chimie et de Physique,* t. XXVII; 1824, p. 236-281).

*Théorie du mouvement de la chaleur dans les corps solides, Ire Partie (*Mémoires de l'Académie des Sciences,* t. IV; 1824, p. 185-555).

Remarques sur la théorie mathématique de la chaleur rayonnante (*Annales de Chimie et de Physique,* t. XXVIII; 1825, p. 337-365).

Théorie du mouvement de la chaleur dans les corps solides, IIe Partie (*Mémoires de l'Académie des Sciences,* t. V; 1826, p. 153-246).

Solution d'une question particulière du Calcul des Inégalités (*Bulletin de la Société philomathique;* 1826, p. 99-100).

Recherches expérimentales sur la faculté conductrice des corps minces soumis à l'action de la chaleur, et description d'un nouveau thermomètre de contact (*Annales de Chimie et de Physique,* t. XXXVII; 1818, p. 291-315).

Mémoire sur la théorie analytique de la chaleur (*Mémoires de l'Académie des Sciences,* t. VIII; 1829, p. 581-622).

Remarques générales sur l'application des principes de l'Analyse algébrique aux équations transcendantes (*Mémoires de l'Académie des Sciences,* t. X; 1831, p. 119-146).

Mémoire d'Analyse sur le mouvement de la chaleur dans les fluides (Ouvrage posthume, *Mémoires de l'Académie des Sciences,* t. XII; 1833, p. 507-530).

Mémoire sur la distinction des racines imaginaires et sur l'application des théorèmes d'Analyse algébrique à diverses équations transcendantes, et spécialement à celles qui dépendent de la théorie de la chaleur (*Mémoires de l'Académie des Sciences,* t. VII; 1827, p. 605-624, et *Bulletin de la Société philomathique;* p. 177-180).

II. — Écrits académiques.

Rapport sur les tontines (*Mémoires de l'Académie des Sciences,* t. V; 1826, p. 26).

*Éloge de M. Delambre (*Mémoires de l'Académie des Sciences,* t. IV; 1824, p. cciv).

*Analyse des travaux de l'Académie royale des Sciences (Partie mathématique) :

— Pendant l'année 1822 (*Mémoires de l'Académie des Sciences,* t. V; 1826, p. 231-320).
— Pendant l'année 1823 (même Recueil, t. VI; 1827, p. 1-60).
— Pendant l'année 1824 (même Recueil, t. VII; 1827, p. 1-91).
— Pendant l'année 1825 (même Recueil, t. VIII; 1829, p. 1-72).
— Pendant l'année 1826 (même Recueil, t. IX; 1830, p. 1-95).
—.Pendant l'année 1827 (même Recueil, t. X; 1831, p. 1-79).

*Éloge historique de Sir William Herschel (même Recueil, t. VI; 1827, p. 61-82).

*Éloge historique de M. Bréguet (même Recueil, t. VII; 1827, p. 92-109).

*Éloge historique de M. Charles (même Recueil, t. VIII; 1829, p. 75-87).

*Éloge historique de Laplace (même Recueil, t. X; 1831, p. 81-102).

III. — Ouvrages séparés.

Théorie analytique de la chaleur. Paris, Didot; 1822.

*Recherches statistiques sur la ville de Paris et le département de la Seine (4 Volumes publiés de 1821 à 1829 sous la direction de Fourier).

Cette publication contient plusieurs écrits de Fourier :

*Notions générales sur la population (1821, p. ix-lxxiii).

*Mémoires sur la population de la ville de Paris depuis la fin du xviie siècle (1823, p. xiii-xxviii).

Mémoire sur les résultats moyens déduits d'un grand nombre d'observations (1826, p. ix-xxxv).

Second Mémoire sur les résultats moyens et les erreurs des mesures (1829, p. ix-xlviii).

*Analyse des équations déterminées, première Partie. Paris, Didot; 1830 (Ouvrage posthume et inachevé, publié par les soins de Navier).

IV. — Manuscrits conservés à la Bibliothèque de l'École des Ponts et Chaussées.

*Leçons d'Analyse de l'École Polytechnique, 19 Leçons (1 Cahier in-4°).

*Leçons d'Analyse et de Mécanique professées à l'École Polytechnique. Manuscrits de l'auteur (1 dossier de 8 Cahiers in-4°).

*Mémoire sur la propagation de la chaleur présenté à l'Institut le 21 décembre 1807, avec Notes présentées en 1808 et 1809 (1 Vol. petit in-fol.).

*Rapport à l'Institut sur un Mémoire de M. Despretz relatif au refroidissement de plusieurs métaux (1817, 1 Mém. in-4°).

*Rapport sur un Mémoire intitulé : *Tableau des consommations de l'industrie de Paris* en 1817 (1 feuille in-4°).

Tome I.

Page	Ligne	Au lieu de	Lire
68	23	$(b-m_1)j\left(1+\dfrac{He}{K}\right)$	$(b-m_1)j\left(1+\dfrac{He}{K}\right)+(b-m_1)$
69	2	$HS\dfrac{b-a}{j\left(1+\dfrac{He}{K}\right)}$	$HS\dfrac{b-a}{j\left(1+\dfrac{He}{K}\right)+1}$
»	7	$\dfrac{1}{j\left(1+\dfrac{He}{k}\right)}$	$\dfrac{1}{j\left(1+\dfrac{He}{k}\right)+1}$
»	8	$\dfrac{1}{j}$	$\dfrac{1}{j+1}$
167	5 et 17	$+\dfrac{k}{2^3 m^3}(\sec'' x - \sec'' o)$	$-\dfrac{k}{2^3 m^3}(\sec'' x - \sec'' o)$
»	15	$+\dfrac{k}{2^2 m^2}(\ldots)$	$-\dfrac{k}{2^2 m^2}(\ldots)$
172	4	$e^{-5x}\cos 5y$	$\tfrac{1}{8}e^{-5x}\cos 5y$
182	22	température 1	température o
191	20	6^2-1	5^2-1
195	9, en remontant	$1^2, 2^2, 3^2, 4^2, 5^2$	$1, 2, 3, 4, 5$
207	12	$\dfrac{1}{n}\sin nx$ et $-\dfrac{1}{n}\sin nx$	$\sin nx$ et $-\sin nx$
212	2, en remontant	$\dfrac{\pi}{2}$	$\dfrac{\pi}{4}$
213	15		numéroter (m) l'équation
248	10	2π	$2\pi r$
392	10	$\cos qx$	$\cos q_j x$
432	5	$\dfrac{1}{\sqrt{\pi t}}$	$\sqrt{\dfrac{\pi}{t}}$
474	8, en remontant	l'équation	l'intégration

PARIS. — IMPRIMERIE GAUTHIER-VILLARS ET FILS

Quai des Grands-Augustins, 55

136 303

www.ingramcontent.com/pod-product-compliance
Lightning Source LLC
Chambersburg PA
CBHW060819220326
41599CB00017B/2226